빅데이터
연구
한 권으로 끝내기

송태민·송주영 지음

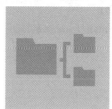

Cracking the Big Data Analysis

한나래
아카데미

빅데이터 연구 한 권으로 끝내기

지은이 | 송태민·송주영
펴낸이 | 한기철

2015년 1월 30일 1판 1쇄 펴냄
2015년 12월 15일 1판 2쇄 펴냄

펴낸곳 | 한나래출판사
등록 | 1991. 2. 25 제22-80호
주소 | 서울시 마포구 월드컵로3길 39, 2층 (합정동)
전화 | 02-738-5637·팩스 | 02-363-5637·e-mail | hannarae91@naver.com
www.hannarae.net

ⓒ 2015 송태민·송주영
published by Hannarae Publishing Co.
Printed in Seoul

ISBN 978-89-5566-178-1 94310
ISBN 978-89-5566-051-7 (세트)

* 이 도서의 국립중앙도서관 출판시도서목록(CIP)은 e-CIP 홈페이지(http://www.nl.go.kr/ecip)와
국가자료공동목록시스템(http://www.nl.go.kr/kolisnet)에서 이용하실 수 있습니다.
(CIP제어번호: CIP2015000989)

머리말

세상이 하루가 다르게 복잡해지면서 우리 인간들의 사회활동 결과로 쌓이는 데이터의 양도 비약적으로 증가하고 있다. 특히, 모바일 인터넷과 소셜 미디어의 확산으로 데이터량이 기하급수적으로 증가함으로써 데이터를 분석하여 가치 있는 정보를 찾아내고 활용하는 일이 무엇보다 중요한 시대가 되었다.

기존의 관리·분석 체계로는 감당할 수 없을 정도로 방대한 분량의 빅데이터는 그 자체만으로는 큰 의미가 없다. 이를 분석하여 다양한 사회현상을 탐색·기술하고 인과성을 발견하여 미래를 예측하기 위해서는 과학적인 연구방법이 필요하다. 또한 이렇게 방대한 데이터를 집적·관리하고, 복잡하고 다양한 사회현상을 분석할 수 있는 능력을 지닌 데이터 사이언티스트(data scientist)의 역할도 중요시되고 있다.

빅데이터는 미래 국가 경쟁력에도 큰 영향을 미칠 것으로 예측된다. 이에 따라 각국은 안전을 위협하는 글로벌 요인이나 테러, 재난재해, 질병, 사회위기 등의 사회 위험요인에 선제적으로 대응하기 위해 빅데이터 분석을 도입하고 있다. 많은 국가와 기업에서는 SNS를 통해 생산되는 소셜 빅데이터를 분석하여 사회적 문제의 해결은 물론, 새로운 경제적 효과와 일자리 창출을 위하여 적극적으로 노력하고 있다. 우리나라는 최근 정부3.0과 창조경제의 추진 및 실현을 위하여 정부의 주요 정책과제의 지원과 함께 다양한 분야에서 빅데이터의 활용가치가 강조되고 있다.

공공기관이 관리하고 있는 정형화된 빅데이터를 이용하여 새로운 사회현상을 발견하기 위한 연구는 정해진 변인들에 대한 개인과 집단의 관계를 살피는 데는 유용하다. 그러나 사이버상에 언급된 개인별 문서에서 논의된 관련 정보 상호 간의 연관관계를 밝히고 원인을 파악하는 데는 한계가 있다. 이에 반해 소셜 빅데이터는 훨씬 방대한 양의 데이터를 활용하여 다양한 참여자의 의견과 생각을 확인할 수 있기 때문에 기존의 정형화된 빅데이터 등과 함께 활용하면 사회현상을 보다 정확하게 예측할 수 있다. 그동안 저자들은 정형화된 빅데이터의 분석 경험을 바탕으로 비정형화된 빅데이터를 연결하여 분석함으로써 급속히 변화하는 사회현상을 예측하기 위한 노력을 경주해 왔다.

본서는 실제 빅데이터를 분석하여 미래를 예측하기 위해 빅데이터 수집부터 분석, 결과까지의 모든 연구과정과 분석방법을 자세히 기술하고 있다. 이러한 점에서 본서는 몇 가지 특징을 가진다.

첫째, 기본적인 통계지식과 고급통계를 모르더라도 한 권으로 쉽게 따라 할 수 있도록 구성하였다.

둘째, 대부분의 빅데이터 연구 실전자료와 결과는 국내 유수의 학회지에 게재하여 검증을 받았다.

셋째, 빅데이터를 이용하여 분석을 실시하는 연구자를 위해 빅데이터의 수집부터 분석 및 고찰에 이르기까지 전체 분석과정을 다양한 시각자료와 함께 깊이 있게 담았다.

넷째, 공공기관의 빅데이터를 활용하여 공공사업의 효율성과 효과성을 평가할 수 있는 다양한 방법론을 제시하였다.

또한 본서는 빅데이터 연구를 위한 방법론과 실제 예제를 포함하고 있어 본서를 이용하는 독자들은 사회현상을 예측하기 위한 연구를 쉽게 할 수 있을 것이다. 본서의 1부(1~2장)에서는 빅데이터 분석의 이론적 배경과 빅데이터 연구방법론을 설명하였으며, 2부(3~9장)에서는 국내의 온라인 뉴스 사이트, 블로그, 카페, SNS, 게시판 등 온라인 채널에서 수집된 빅데이터와 공공기관의 빅데이터를 이용하여 연구에 적용한 실제사례를 기술하였다.

1장에는 빅데이터의 개념, 전망, 분석기술, 활용방안, 프라이버시 보호방안, 국내외 공공 빅데이터 현황에 대해 상세히 기술하였다. 2장에는 과학적 연구설계, 표본추출과 가설검정, 통계분석, 구조방정식모형, 다층모형에 대해 다양한 예제를 통하여 상세하게 기술하였다. 3장에는 '소셜 빅데이터를 이용한 청소년 자살 위험요인 예측' 연구를, 4장에는 '한국의 사이버따돌림 위험요인 예측' 연구를, 5장에는 '소셜 빅데이터를 활용한 인터넷 중독 위험요인 예측' 연구를, 6장에는 '소셜 빅데이터를 활용한 북한 관련 위험요인 예측' 연구를, 7장에는 '소셜 빅데이터를 활용한 보건복지정책 수요 예측' 연구를, 8장에는 범죄 빅데이터를 활용한 '한국 남자 청소년의 범죄지속 위험예측 요인분석' 연구를, 9장에는 인터넷 중독 관련 빅데이터를 이용하여 '인터넷 중독 사업 성과평가' 연구의 실제사례를 기술하였다.

아울러 본서에 기술한 대부분의 연구들은 2013년부터 최근까지 국내 학회지 등에 게재된 저자들의 논문을 기초로 하였고, 일부 내용은 빅데이터의 연구사례를 설명하기 위해 작성된 것으로 구체적인 분석 내용들은 저자들의 의견임을 밝힌다.

이 책을 저술하는 데는 많은 주변 분들의 도움이 컸다. 먼저 본서의 출간을 가능하게 해 주신 한나래출판사 한기철 사장님과 조광재 상무님 및 관계자분들께 감사의 인사를 드린다. 한나래출판사 편집부 직원들의 헌신적인 노력 또한 고마울 따름이다. 저자들이 집필하면서 참고했던 서적이나 논문의 저자분들께도 머리숙여 감사를 드린다. 특히, 소셜 빅데이터 수집을 지원해 주신 SKT 스마트인사이트의 김정선 부장님과 임직원들께 무한한 감사를 드린다. 끝으로, 급속히 변화하는 사회현상을 빅데이터 분석을 통하여 예측하고 창조적인 발견을 이끌어 내고자 하는 모든 분들에게 이 책이 실질적으로 도움이 되고, 빅데이터 연구에 대한 학문적 발전과 함께 더 나은 미래를 개척하는 데 일조할 수 있기를 진심으로 희망한다.

2015년 1월
송태민·송주영

일러두기

- 이 책의 2부(3~9장)에는 실제 국내 학회지 등에 게재된 내용을 본문에 기술하였다.

- 본문의 분석방법은 매뉴얼 형식으로 수록하여 초급자가 쉽게 따라 할 수 있도록 구성하였다.

- 본서에 사용된 모든 데이터 파일과 구조모형 및 다층모형 파일은 한나래출판사 홈페이지(http://www.hannarae.net) 자료실에서 내려받을 수 있다.

- IBM SPSS Statistics와 Amos 평가판은 (주)데이타솔루션 홈페이지(http://www.datasolution.kr/trial/trial.asp)를 방문하여 정회원 가입 후 설치할 수 있다.

- HLM 7.0X 평가판은 SSI(http://www.ssicentral.com/hlm/downloads.html)를 방문하여 정회원 가입 후 설치할 수 있다.

차례

1부 빅데이터 연구방법론

2부 빅데이터 연구 실전

1부에서는 빅데이터의 이론적 배경과 빅데이터를 분석하기 위한 다양한 연구방법론을 설명하였다.

1장에는 빅데이터의 개념, 전망, 분석기술, 활용방안, 프라이버시 보호방안, 국내외 공공 빅데이터 현황에 대해 상세히 기술하였다. 2장에는 과학적 연구설계, 표본추출과 가설검정, 통계분석, 데이터마이닝, 구조방정식모형, 다층모형에 대해 다양한 예제를 통하여 상세하게 기술하였다.

1부

빅데이터
연구방법론

1장

빅데이터의
이론적 배경

최근 스마트폰, 스마트TV, RFID, 센서 등의 급속한 보급과 모바일 인터넷과 소셜미디어의 확산으로 데이터량이 기하급수적으로 증가하고 데이터의 생산, 유통, 소비 체계에 큰 변화를 주면서 데이터가 경제적 자산이 될 수 있는 빅데이터 시대를 맞이하게 되었다(송태민, 2012).[2] 2011년 기준 전세계 인터넷 이용자의 43.9%에 해당하는 8억 5천여 명이 소셜 미디어 이용자이며, 2016년에는 15억 명에 달할 것으로 예측하고 있다(Garter, 2012). 2011년 7월 현재 우리나라 만 3세 이상 인구의 인터넷 이용률은 78.0%이며, 이 중 만 6세 이상 인터넷 이용자의 66.5%가 1년 이내에 SNS를 이용하는 것으로 보고되었다(방송통신위원회·한국인터넷진흥원, 2012).[3]

세계 각국의 정부와 기업들은 빅데이터가 향후 국가와 기업의 성패를 가름할 새로운 경제적 가치의 원천이 될 것으로 기대하며, The Economist, Gartner, McKinsey 등은 빅데이터를 활용한 시장변동 예측과 신사업 발굴 등 경제적 가치창출 사례와 효과를 제시하고 있다. The Economist(2010)[4]는 빅데이터를 제대로 활용하면 전 세계가 직면한 환경, 에너지, 식량, 의료문제를 상당 부분 해결할 것으로 전망하였다. Gartner(2012)[5]는 2011년 이머징 기술 전망에서 빅데이터는 21세기 원유로 현재는 기술발생단계(technology trigger)지만 2012년 이후 가장 빠르게 성숙하는 신기술로 전망하였다. Mckinsey(2011)[6]는 빅데이터의 활용에 따라 기업과 공공분야의 경쟁력 확보와 생산성 향상, 사업혁신·신규사업 발굴의 차이가 생길 것이라고 보았으며, 유럽 공공분야에서 연 2,500억 달러의 경제적 효과가 있을 것으로 예측하였다. IDC(2012)[7]는 전 세계 빅데이터 시장은 2010년 32억 달러에서 2015년에는 169억 달러로 향후 5년간 연평균 40% 성장을 예측하였다. Policy Exchange(2012)[8]는 영국에서 빅데이터 도입

---

1. 본 장의 이론적 배경의 일부 내용은 '송태민·진달래·박대순·박현애·안지영·김정선(2014). 보건복지 빅데이터 효율적 관리방안 연구. 한국보건사회연구원'에서 수행한 내용임을 밝힌다.

2. 송태민(2012). 보건복지 빅데이터 효율적 활용방안. 보건복지포럼, 통권 제193호, pp. 68-76.

3. 방송통신위원회·한국인터넷진흥원(2012). 2011년 인터넷 사용자 실태조사.

4. The Economist(2010). www.economist.com/node/15557443

5. Gartner(2012). www.gartner.com/newsroom/id/2124315

6. McKinsey Global Institute(2011). Big Data: The Next Frontier for Innovation, Competition and Productivity.

7. http://bits.blogs.nytimes.com/2012/03/07/idc-sizes-up-the-big-data-market/?_php=true&_type=blogs&module=Search&mabReward=relbias%3Ar&_r=0

8. Policy Exchange(2012). The Big Data Opportunity.

시 공공부문에서는 연간 160~330억 파운드를 절감할 것으로 예측하고, CEBR(2012)[9]는 향후 5년간(2012~2017년) 영국 산업 전체에서 약 2,160억 파운드(약 395조 원)의 경제적 효과가 발생할 것으로 전망하였다. 일본 총무성(2012)[10]은 빅데이터의 활용이 촉진되면 부가가치의 창출이나 사회적 비용의 절감으로 총 16조 원 이상의 경제적인 효과를 얻을 수 있을 것으로 예상하였다. 국가정보화전략위원회(2011)[11]는 한국의 공공부문에서 빅데이터 도입 시 약 10조 7,000억의 정부지출이 감소할 것이라고 예측하였고, 현대경제연구원(2012)[12]은 세원개발의 효율성 향상으로 인한 세수증대, 의료·복지를 포함한 행정 전반의 효율성 제고와 실시간 교통 혼잡비용 감소 등 중장기적으로는 약 2조 1,000억~4조 2,000억 원의 부가가치 유발효과가 발생할 것이라고 예측하였다.

특히, 빅데이터는 미래 국가경쟁력에도 큰 영향을 미칠 것으로 예측하고 국가별로는 안전을 위협하는 글로벌요인이나 테러, 재난재해, 질병, 위기 등에 선제적으로 대응하기 위해 우선적으로 도입하고 있다. 미국은 대통령 직속 기관인 과학기술정책실(Office of Science and Technology Policy)에서 2012년 3월 29일 2억 달러(한화 약 2,260억 원) 이상을 투입해 빅데이터 기술을 개발한다는 '빅데이터 연구개발 이니셔티브(Big Data Research and Development Initiative)'[13]를 발표하였다. 영국은 The Foresight Horizon Scanning Centre[14]를 설립·운영하여 비만대책 수립, 잠재적 위험관리(해안침식, 기후변화), 전염병 대응 등 사회 전반의 다양한 문제에 빅데이터 기술을 활용하고 있다. EU는 대지진과 쓰나미로 인한 자연재난, 테러, 참여와 네트워크, 글로벌 위기 등 미래 탐구를 위한 iKnow(Interconnect Knowledge) 프로젝트를 추진하여 세계 변화의 불확실성에 대응하고 있다(한국정보화진흥원, 2012).[15] OECD는 빅데이터를 비즈니스 효율성을 제공하는 새로운 자산으로 인식하고 제15차 WPIIS 회의[16]에서 빅데이터의 경제학 측정을 의제로 채택하였다. 그리고, 호주 정보관리청은 정부2.0을 통해 방대한 양의 정보를 검색하고 분석 및 재활용할 수 있는 자동화된 툴을 개발하여 시간과 자원을 절감

---

9. Centre for Economics and Business Research(2012). Data Equity: Unlocking the Value of Big Data.

10. 総務省(2012). 平成24年度版 情報通信白書.

11. 국가정보화전략위원회(2011). 빅데이터를 활용한 스마트정부 구현.

12. 이부영(2012). 빅데이터의 생성과 새로운 사업기회 창출. 현대경제연구원.

13. 전자신문. 미정부, 빅데이터에 2억 달러 투자 …… 오바마 "모두 도우라". 2012. 3. 30.
http://www.etnews.com/201203300326

14. https://www.gov.uk/government/groups/horizon-scanning-centre

15. 송영조(2012). 선진국의 데이터 기반 국가미래전략 추진현황과 시사점. 한국정보화진흥원.

16. OECD. 15th Meeting of the Working Party on Indicators for the Information Society. 2011. 6. 7-8.

하고 있다(국가정보화전략위원회, 2011).

한국은 최근 정부3.0과 창조경제의 추진과 실현을 위하여 현 정부의 주요 정책과제를 지원하기 위하여 다양한 분야에서 빅데이터의 활용가치가 강조되고 있다. 빅데이터는 데이터의 형식이 다양하고, 방대할 뿐만 아니라 그 생성 속도가 매우 빨라 기존의 데이터를 처리하던 방식이 아닌 새로운 관리 및 분석방법을 요구한다. 또한, 트위터·페이스북 등 소셜미디어에 남긴 정치·경제·사회·문화에 대한 메시지는 그 시대의 감성과 정서를 파악할 수 있는 원천으로 등장함에 따라, 대중매체에 의해 수립된 정책의제는 이제 소셜미디어로부터 파악할 수 있으며, 개인이 주고받은 수많은 댓글과 소셜 로그정보는 공공정책을 위한 공공재로서 진화 중에 있다(송영조, 2012).[17] 이와 같이 많은 국가와 기업에서는 SNS를 통하여 생산되는 소셜 빅데이터의 활용과 분석을 통하여 새로운 경제적 효과와 일자리 창출은 물론, 사회적 문제를 해결하기 위하여 적극적으로 노력하고 있다.

2 | 빅데이터 개념

'빅데이터(Big Data)란 무엇인가?' Wikipedia는 "빅데이터란 기존 데이터베이스 관리도구로 데이터를 수집·저장·관리·분석할 수 있는 역량을 넘어서는 대량의 정형 또는 비정형 데이터 세트 및 이러한 데이터로부터 가치를 추출하고 결과를 분석하는 기술"로 정의한다(2014. 8. 2.). Gartner(2012)는 "더 나은 의사결정, 시사점 발견 및 프로세스 최적화를 위해 사용되는 새로운 형태의 정보처리가 필요한 대용량, 초고속 및 다양성의 특성을 가진 정보자산"으로 정의하며, McKinsey(2011)는 "일반적인 데이터베이스 소프트웨어 도구가 수집·저장·관리·분석하기 어려운 대규모의 데이터"로 정의한다.[18] 국가정보화전략위원회에서는 "대용량 데이터를 활용·분석하여 가치 있는 정보를 추출하고, 생성된 지식을 바탕으로 능동적으로 대응하거나 변화를 예측하기 위한 정보화 기술"이라고 정의한다(국가정보화전략위원회, 2011). 또한 삼성경제연구소에 따르면 "빅데이터란 수십에서 수천 테라바이트 정도의 거대한 크기를 가지고 여러 가지 다양한 비정형 데이터를 포함하고 있으며, 생성·유통·소비가 몇 초에서 몇

---

17. 송영조(2012). 빅데이터 시대! SNS의 진화와 공공정책. 한국정보화진흥원.

18. 'Gartner(2012). The Importance of Big Data: A Definition.', 'McKinsey Global Institute(2011). Big Data: The Next Frontier for Innovation, Competition and Productivity.'

시간 단위로 일어나 기존의 관리 및 분석 체계로는 감당할 수 없을 정도의 거대한 데이터의 집합으로, 대규모 데이터와 관계된 인력·조직·기술 및 도구(수집·저장·검색·공유·분석·시각화 등)까지 모두 포함하는 개념"이다(함유근·채승병, 2012).[19] 이와 같은 정의를 살펴볼 때, 빅데이터란 방대한 양의 데이터로서 양적인 의미뿐만 아니라 데이터 분석과 활용을 포괄하는 개념으로 사용된다(송태민, 2012).[20]

정부3.0의 효과적인 추진과 생애주기별 맞춤형 보건복지 및 국민 행복 실현을 위한 보건복지분야 빅데이터의 효율적 활용방안을 모색하기 위하여 보건복지분야 빅데이터 추진방안이 마련되었다. 정부3.0은 공공정보를 적극 개방·공유하고, 부처 간 칸막이를 없애고 소통·협력함으로써 국정과제에 대한 추진동력을 확보하고 국민 맞춤형 서비스를 제공함과 동시에 일자리 창출과 창조경제를 지원하는 새로운 정부운영 패러다임을 의미한다. 빅데이터의 주요 특성은 일반적으로 3V(Volume, Variety, Velocity)를 기본으로 2V(Value, Veracity)나 1C(Complexity)의 특성을 추가하여 설명한다. 특히, 보건복지분야에서는 국민의 생명과 직결되는 정보를 다루고 있어 빅데이터에서 가치(Value)와 신뢰성(Veracity)은 매우 중요하다고 할 수 있다.

빅데이터의 특성(5V, 1C)과 정부3.0의 연관성을 예로 들면, [그림 1-1]과 같이 추진전략(보건복지부 3.0 사례)과 유기적인 연관성이 있다.[21] 보건복지부 3.0의 '소통하는 투명한 보건복지'는 빅데이터 이용을 활성화하기 위해 공공 데이터를 적극 개방함으로써 활용 가능한 자료가 복잡하고(Complexity), 양이 매우 방대(Volume)해진다. 보건복지부 3.0의 '일 잘하는 유능한 보건복지'는 빅데이터를 활용한 과학적 행정 구현으로 다양한(Variety) 정보의 결합이 가능하고, 정부운영시스템 개선으로 인해 자료의 축적 속도(Velocity)가 빠르다. 또한 보건복지부 3.0의 '국민중심 보건복지 서비스'는 빅데이터 분석결과를 기초로 수요자 맞춤형 서비스 통합을 제공함으로써 신뢰성 있는(Veracity) 새로운 가치(Value)를 창출한다.

---

19. 함유근·채승병(2012). 빅데이터 경영을 바꾸다. 삼성경제연구소.

20. 송태민(2012). 보건복지 빅데이터 효율적 활용방안. 보건복지포럼, 통권 제193호, 한국보건사회연구원.

21. '오미애(2014). 정부3.0과 빅데이터: 보건복지분야 사례를 중심으로. 보건·복지 Issue & Focus, 제230호, 한국보건사회연구원'의 내용을 보완함.

일 잘하는
유능한 보건복지

국민의 알권리 충족

- 홈페이지 개편을 통한 접근성 강화
- 국민실생활 편의에 맞게 6개 분야로 구분해서 제공

정부 내 칸막이 해소

- 기관 간 정보시스템 연계

협업/소통 지원을 위한 시스템 개선

- 행정정보 공동이용 및 정보공유 확대

수요자 맞춤형 서비스 통합 제공

- 국민 개개인의 생애주기별/유형별 원스톱 복지서비스 제공
- 시스템 연계/통합을 통한 불편 해소

창업 및 기업활동 원스톱 지원 강화

- 기업 유형별 원스톱 맞춤형 서비스 지원
- 기업 역량 강화를 위한 인프라 구축/지원

공공데이터의 민간 활용 활성화

- 데이터 개방 협의체 구성 및 운영
- 공공DB 품질개선 및 API 개발지원 등

빅데이터를 활용한 행정 구현

- 보건복지부 및 산하기관이 보유한 빅데이터를 구축/활용하여 서비스 제공 및 새로운 일자리 창출

정보 취약계층 접근성 제고

- 장애인 등의 취약계층이 쉽게 접근할 수 있도록 접근성 강화
- 취약계층의 이용편의 향상을 위한 원스톱 서비스 구현

민/관 협치 강화

- 국민소통채널 다양화
- 민원/제도 개선 협의회의 적극적 운영
- 청각장애인에게 원활한 고충상담 서비스지원을 위한 영상상담시스템 운영

소통하는
투명한 보건복지

국민중심
보건복지 서비스

[그림 1-1] 빅데이터의 특성과 보건복지부 3.0 추진전략

3 | 빅데이터 전망

빅데이터는 이미 국내외 금융·유통·통신·제조·서비스·공공·의료 등 다양한 분야의 산업에서 활용되고 있다. 그러나 국내에서는 아직 관련 기업의 인식수준이 낮은 편이며, 실제로 활용하는 사례도 드문 것으로 나타났다(테이코, 2013).[22] 미국은 기술적 관점에서 관리하기가 힘들다는 이유로 기업의 30% 정도는 빅데이터를 기회라기보다는 문제로 인식하고 있고, 나머지 70%는 빅데이터 분석을 통해 수요자, 시장, 파트너, 비용, 인력 운용 측면에서 새로운 사실들을 발견할 수 있을 것으로 보고 있다(TDWI, 2011).[23] 일본은 2012년 현재 빅데이터는 발전단계이며 이용목적은 대체로 사업성과에 직접적인 향상이나 개선의 목적이 상위를 차지하고 있으며, 빅데이터를 이용하는 데 있어 문제가 되는 요인으로 인재의 확보를 들고, 획기적인 분석방법이 개발되면 크게 성장할 가능성이 있다고 보았다(独立行政法人 情報処理推進機構,

---

22. 테이코산업연구소(2013). 빅데이터 관련시장 실태와 전망. 테이코.

23. TDWI(2011). Big Data Analytics. www.TDWI.org.

2012).[24] 이와 같이 많은 국가에서 빅데이터가 산업에 미치는 파급효과를 전망함에 따라 빅데이터는 정보통신기술과 함께 국가의 새로운 성장동력이 될 것으로 보인다(김정선 외, 2014).[25] 가트너는 2012년 이머징 기술 전망에서 빅데이터를 가장 빠르게 성숙하는 신기술로 전망하였다(Gatner, 2012).[26]

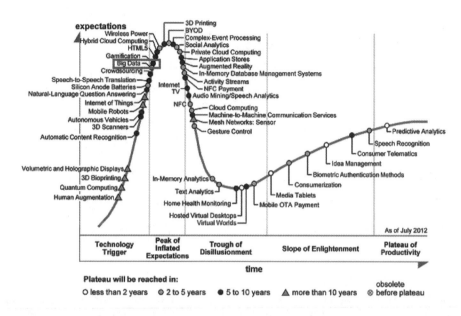

[그림 1-2] 2012년도 가트너의 이머징 기술 하이프사이클(Hype Cycle)

전 세계 빅데이터 시장은 2010년 32억 달러에서 2015년 169~321억 달러로 향후 5년간 연평균 39~60% 성장이 예측된다(KISTI, 2013).[27]

24. 独立行政法人 情報処理推進機構(2012). くらしと経済の基盤としてのITを考える研究会報告書. つながるITがもたらす豊かなくらしと経済.

25. 김정선·권은주·송태민(2014). 분석지의 확장을 위한 소셜 빅데이터 활용연구(국내 '빅데이터' 수요공급 예측). 지식경영연구, **15**(3), pp. 173-192.

26. Gatner(2012). Hype Cycle for Emerging Technologies. http://www.gartner.com/newsroom/id/2124315

27. KISTI(2013). 빅데이터 산업의 현황과 전망. KISTI Market Report.

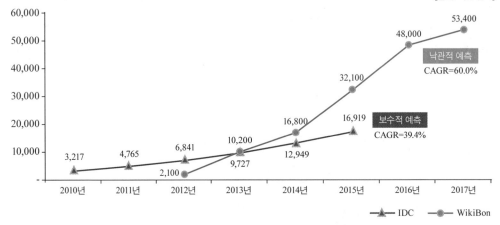

[단위: 백만 달러]

[그림 1-3] 주요 시장조사기관의 빅데이터 세계시장 규모

　　국내 빅데이터 시장은 2015년 약 2억 6,320만 달러, 2020년 약 9억 달러(한화 1조 원)에 이를 것으로 예상되며, 향후 빅데이터 기술이 전체 산업 영역으로 확대 적용될 것을 감안한다면 빅데이터 관련 시장규모는 예상치를 상회할 것으로 전망된다(KISTI, 2013).

[표 1-1] 국내 빅데이터 시장 현황 및 전망　　　　　　　　　　　　　　　　　　　　[단위: 백만 달러]

구분	2010년	2011년	2012년	2013년	2014년	2015년	연평균 성장률
servers	0.6	0.8	0.9	1.1	1.5	2.0	27.6%
storage	3.8	6.8	12.5	18.9	24.0	29.0	50.0%
networking	3.9	4.8	7.1	9.8	12.2	14.4	25.3%
software	16.9	20.4	29.1	37.8	47.3	65.6	22.9%
service	42.8	48.2	69.7	95.7	123.2	152.2	23.6%
계	88.0	78.8	119.3	163.3	206.2	263.2	25.1%
세계시장 비중	2.1	1.7	1.7	1.7	1.6	1.6	

자료: 2012년 방송통신산업 통계 연보. ITSTAT(정보통신산업진흥원), IDC(2012) 자료를 기반으로 KISTI 추정.
* 상기 자료는 방송통신위원회 및 한국정보통신협회, 지식경제부 및 한국전자통신산업진흥회가 제공하는 IT산업 통계(ISTAT)를 기반으로 국내 서버(중대형 컴퓨터), 스토리지(저장장치), 네트워크 장비 소프트웨어, IT 서비스 시장 규모를 조사한 후, 빅데이터 부문 예상 진입 비율을 적용하여 산출함.

　　국내외를 막론하고 많은 IT업체가 빅데이터의 활용과 지원서비스에 주력하고 있다. 미국의 IT벤더는 2009년 이후 빅데이터 관련 기업을 인수 합병하거나 제품과 서비스를 계속해서 투입하고 있다. 일본은 2010년 이후 주요 IT사업자가 하둡(Hadoop)의 통합(integration)사업을 전개하고, 복합 이벤트 처리기술 개발에 힘쓰고 있다(송태민, 2013).[28]

---

28. 송태민(2013). 일본의 빅데이터 동향. 보건복지포럼, 통권 제204호, 한국보건사회연구원.

[표 1-2] 일본 IT벤더의 빅데이터 이용 동향

회사명	시기	주요 시책
히타치제작소	2011년 11월	클라우드 컴퓨팅사업 'HarmoniousCloud' 서비스에 '빅데이터 활용 서비스'와 '스마트 인프라 서비스' 메뉴를 추가했다.
일본IBM	2011년 11월	일본 기업의 글로벌 진출과 현지 비즈니스 강화를 지원하기 위해, 고객의 방대한 정보를 경영전략에 활용하기 위한 기반을 제공하는 클라우드 서비스를 개시했다. 분석대상은 중국어, 영어, 스페인어, 불어, 독일어 등 11개 언어이다.
NEC	2011년 11월	센서 등에서 수집된 빅데이터를 실시간으로 분석하여 사용자에게 제공함과 동시에 분석 시스템에서 사용하는 분산 스토리지의 소비전력을 기존 대비 2/3로 줄일 빅데이터 처리 기반기술을 개발했다.
일본HP	2011년 12월	기업의 빅데이터 활용을 위한 IT 인프라 구축을 지원하는 솔루션인 'HPHadoopHBase 서비스'를 발표했다. 이 솔루션은 'Hadoop'에 각종 서비스를 원스톱으로 제공한다.
후지츠	2012년 1월	빅데이터를 활용하기 위한 기반 클라우드 서비스인 '데이터 활용 기반 서비스'를 제공하기 시작했다. 대량의 센싱 데이터를 수집·축적·통합하고 실시간으로 처리하고 일괄 처리에 의한 장래예측 등을 실시하는 '정보관리 통합서비스', '통신제어 서비스' 등을 제공한다.
NTT데이터	2012년 1월	비정형 데이터를 활용하는 분석 솔루션을 제공하기 위하여 미국 MarkLogic사와의 협력에 합의했다. 이 제휴로 비정형 데이터 분석에 효과적인 '네이티브형 XML 데이터베이스'를 활용한 빅데이터 활용 솔루션을 제공할 수 있게 되었다.

자료: 独立行政法人 情報処理推進機構(2012). くらしと経済の基盤としてのITを考える研究会報告書, つながるITがもたらす豊かなくらしと経済. p. 136.

4 | 빅데이터 분석기술

4-1 빅데이터 기술

정보통신기술의 주도권이 인프라, 기술, SW 등에서 데이터로 이동함에 따라 빅데이터의 역할은 분석과 추론(전망)의 방향으로 진화하여 가치창출의 원천요소로 작용하고 있다(정지선, 2011).[29]

---

29. 정지선(2011). 신가치창출 엔진, 빅데이터의 새로운 가능성과 대응전략. 한국정보화진흥원.

국내 빅데이터 시장은 [표 1-3]과 같이 데이터를 수집·저장·관리·표현하는 인프라 SW제품으로 하둡과 맵리듀스 기술 등이 있다. 통계, 데이터마이닝, 기계학습, 패턴인식 등을 위한 분석 SW제품으로는 IBM, 솔트룩스 등에서 개발한 기술이 있고, 서버·스토리지·운영체제·데이터베이스 등 여러 소프트웨어와 하드웨어를 통합하는 어플라이언스로는 EMC, IBM, Oracle 등에서 개발한 기술이 있다. 또한 빅데이터 분석, 인프라, 서비스를 동시에 제공하는 서비스 플랫폼으로 Google, Amazon, MS, SKT 등에서 개발한 기술이 있다(KISTI, 2013).[30]

[표 1-3] 빅데이터 기술 및 서비스 현황

구분	인프라 SW제품	분석 SW제품	어플라이언스	서비스 플랫폼
주요 내용	데이터 수집·저장·관리·표현 등 빅데이터 처리 분석 플랫폼을 위한 인프라가 되는 단일 소프트웨어 제품	통계·데이터마이닝·기계학습·패턴인식 등을 통한 분석을 제공하는 실시간 분석 소프트웨어 제품	여러 가지 빅데이터 쿼리 소프트웨어가 최적화되어 설치된 통합제품	빅데이터 분석을 위한 인프라와 서비스 동시 제공
주요 제품 기술	Hadoop, Hbase, Cassandra, NoSQL, MapReduce	EMC Greenplum, IBM MPP Data Warehouse, Oracle Big Data Appliance, Teradata Aster Data, 솔트룩스 트루스토리, 사이람 NetMetrica, 넥스알 NDAP, 그루터 BAAS	EMC Greenplum, IBM MPP Data Warehouse, Oracle Big Data Appliance, Teradata Aster Data,	Google BigQuery, Amazon AWS, MS Azure, Social Metrics, 다음소프트, SKT 스마트 인사이트

자료: 2012 중소기업 기술로드맵. 빅데이터 처리분석 플랫폼. 한국과학기술정보연구원.

빅데이터 기술은 '생성→수집→저장→분석→표현'의 처리 전 과정을 거치면서 요구되는 개념으로, 분석기술과 인프라는 [표 1-4]와 같다. 빅데이터 분석기술은 통계, 데이터마이닝, 기계학습, 자연어처리, 패턴인식, 소셜네트워크 분석, 비디오·오디오·이미지 프로세싱 등이 해당된다. 빅데이터의 활용·분석·처리 등을 포함하는 인프라에는 BI, DW, 클라우드 컴퓨팅, 분산데이터베이스, 분산병렬처리, 하둡(Hadoop) 분산파일시스템(HDFS), MapReduce 등이 해당된다(Pete Warden, 2011; 장상현, 2012).[31]

---

30. KISTI(2013). 빅데이터 산업의 현황과 전망. KISTI Market Report.

31. Pete Warden(2011). *Big Data Glossary*. O'Reilly Media. 장상현(2012). 빅데이터와 스마트교육. 한국정보과학회지, **30**(6), pp. 59~64.

[표 1-4] 빅데이터 처리 프로세스별 기술 영역

구분	영역	개요
소스	내부데이터	database, file management system
	외부데이터	file, multimedia streaming
수집	크롤링(crawling)	검색엔진의 로봇을 이용한 데이터 수집
	ETL(Extraction, Transformation, Loading)	소스데이터 추출, 전송, 변환, 적재
저장	NoSQL database	비정형 데이터 관리
	storage	빅데이터 관리
	servers	초경량 서버
처리	mapreduce	데이터 추출
	processing	다중업무처리
분석	NLP(Neuro Linguistic Programming)	자연어처리
	machine learning	기계학습을 통해 데이터 패턴 발견
	serialization	데이터 간의 순서화
표현	visualization	데이터를 도표나 그래픽으로 표현
	acquisition	데이터 획득 및 재해석

자료: Pete Warden(2011). *Big Data Glossary*. O'Reilly Media.

빅데이터 관련기술은 크게 수집기술, 저장기술, 처리기술, 분석기술, 활용기술, 기타 기술로 정의할 수 있다(김정선 외, 2014).

1) 수집기술

빅데이터 수집기술은 크게 데이터 크롤러인 웹로봇이 매일 뉴스와 트위터를 방문하여 데이터를 수집하여 해당 기관의 DB에 보관하는 full crawl 방식이 있고, 새로운 토픽(예: 자살)이 설정되면 수집조건에 따라 웹로봇이 설정된 사이트를 방문하여 데이터를 수집하는 focus crawl 방식이 있다.

빅데이터 수집기술로는 [표 1-5]와 같이 크롤링, 카산드라, 로그수집기, 센싱, RSS, Open API 등이 있다.

[표 1-5] 빅데이터 수집기술

영역	내용
크롤링 (crawling)	주로 검색엔진의 웹로봇을 이용하여 SNS, 뉴스, 웹정보 등 조직 외부, 즉 인터넷에 공개되어 있는 웹문서(정보) 수집
카산드라 (Cassandra)	분산 시스템에서 방대한 분량의 데이터를 처리할 수 있도록 디자인된 오픈 소스 데이터베이스 관리 시스템
로그수집기 (log collector)	조직 내부에 존재하는 웹서버의 로그 수집, 웹 로그, 트랜잭션 로그, 클릭 로그, 데이터베이스 로그 데이터 등을 수집
센싱(sensing)	각종 센서를 통해 데이터 수집
RSS(Really Simple Syndication or Rich Site Summary)	데이터의 생산, 공유, 참여 환경인 웹2.0을 구현하는 기술로 필요한 데이터를 프로그래밍을 통해 수집
Open API (Open Application Program Interface)	서비스·정보·데이터 등을 어디서나 쉽게 이용할 수 있도록 운영체제와 응용프로그램 간 통신에 사용되는 언어나 메시지 형식의 개방된 API로 데이터 수집 방식을 제공

2) 저장기술

빅데이터 저장기술로는 [표 1-6]과 같이 데이터웨어하우스, RDB, 클라우드, X86, 디스크(스토리지), NoSQL, SAN 등이 있다.

[표 1-6] 빅데이터 저장기술

영역	내용
데이터웨어하우스 (Data Warehouse, DW)	사용자의 의사결정 지원을 위하여 다양한 운영 시스템에서 추출·변제·통합·요약된 데이터베이스
RDB (Relational DataBase)	관계형 데이터를 저장·수정하고 관리할 수 있는 데이터베이스로, SQL 문장을 통하여 데이터베이스의 생성, 수정 및 검색 등의 서비스 제공
클라우드(cloud)	인터넷 기반의 컴퓨팅 기술로, 무형의 형태로 하드웨어, 소프트웨어 컴퓨팅 자원을 제공하는 기술
X86	인텔이 개발한 마이크로프로세서 계열을 이르는 말로, 이들과 호환되는 프로세서들에서 사용한 명령어 집합 구조들을 통칭
디스크, 스토리지 (disk, storage)	데이터와 명령어를 저장하기 위해 사용하는 장치로, 빠른 속도 및 안정성을 강화한 하드디스크 기반의 저장장치
NoSQL (Not only SQL)	클라우드 환경에서 발생하는 빅데이터를 효과적으로 저장·관리하는 비정형 데이터 관리를 위한 데이터 저장기술
SAN (Storage Area Network)	대규모 네트워크 사용자들을 위하여 디스크 어레이, 테이프 라이브러리, 옵티컬 주크박스 등과 같은 서로 다른 종류의 데이터 저장장치를 관련 서버와 함께 연결하는 특수목적용 스토리지 전용 네트워크

3) 처리기술

빅데이터 처리기술로는 [표 1-7]과 같이 가상화, 맵리듀스, 스케일아웃, 어플라이언스, 하둡, 인메모리, 에이치베이스, R, 드레멜, 퍼콜레이터, 너치, 인덱싱, 스톰, 하둡 분산파일시스템 등이 있다.

[표 1-7] 빅데이터 처리기술

영역	내용
가상화 (virtualization)	물리적인 컴퓨팅 자원을 논리적으로 나누어 사용자에게 서로 다른 서버, 운영체제 등의 장치로 보이게 하는 기술
맵리듀스 (MapReduce)	분산 시스템상에서 데이터 추출, 대용량 데이터를 병렬처리로 지원하기 위하여 구글이 제안한 분산처리 소프트웨어 프레임워크
스케일아웃 (scale out)	서버의 대수를 늘려 트래픽을 분산하여 처리능력을 향상시키는 방식
어플라이언스 (appliance)	데이터웨어하우징을 위해 서버, 스토리지, 운영체제, 데이터베이스, BI, 데이터마이닝 등 여러 가지 하드웨어(HW)와 소프트웨어(SW)가 최적화된 상태로 통합된 장비
하둡(Hadoop)	분산 시스템상에서 대용량 데이터 처리 분석을 위한 대규모 분산 컴퓨팅을 지원하는 자바 기반 소프트 프레임워크
인메모리 (In-memory)	메모리상에 필요한 데이터와 이의 인덱스를 메모리에 저장하여 처리하는 기법
에이치베이스 (Hbase)	컬럼 기반의 데이터베이스로 대규모 데이터 처리를 위한 분산 데이터 저장소
R	통계계산 및 시각화를 위해 R언어와 개발환경을 제공하며 이를 통해 기본적인 통계기법부터 모델링, 최신 데이터마이닝 기법까지 구현 및 개선 가능한 오픈소스 프로젝트
드레멜(Dremel)	빠른 속도로 쿼리를 수행하여 대용량 데이터를 분석하는 분산처리가 지원되는 기술
퍼콜레이터 (Percolator)	구글의 검색 엔진에서 검색 인덱스를 작성하기 위해 채택된 기술
너치(Nutch)	자료와 정보를 검색하는 크롤러
인덱싱(indexing)	대량의 데이터를 유형이나 연관성 등 일정한 순서에 따라 체계적으로 정리하여 특정 정부를 쉽게 발견하기 위한 기법
스톰(Storm)	다양하게 분산되어 있는 정보들로부터 메타 데이터의 추출·통합·저장·관리 및 활용을 위한 기반 구조, 응용 프레임워크, 개발방법론을 제공하는 데이터 추론 플랫폼
하둡 분산파일시스템 (HDFS, Hadoop Distributed File System)	이기종 간의 하드웨어로 구성된 클러스터에서 대용량 데이터 처리를 위하여 개발된 분산 파일시스템으로, 분산된 서버의 로컬 디스크에 파일을 저장하고 파일의 읽기, 쓰기 등과 같은 연산을 운영체제가 아닌 API를 제공하여 처리

4) 분석기술

빅데이터 분석기술로는 [표 1-8]과 같이 NDAP, 기계학습, 네트워크, 시멘틱 웹, 온톨로지, 패턴인식, EDW, 데이터마이닝, 텍스트마이닝, 오피니언마이닝, 웹마이닝, 현실마이닝, 소셜 네트워크 분석, 클러스터 분석, 통계적 분석, 음성인식, 영상인식, 증강현실, 인공지능, Mahout, ETL, 알고리즘, 프레겔 등이 있다.

[표 1-8] 빅데이터 분석기술

영역	내용
NDAP (NexR Data Analytics Platform)	데이터 형태와 관계없이 모든 데이터의 수집·처리·저장·분석 등과 관련한 모든 엔드투엔드 서비스를 제공하는 플랫폼
기계학습 (machine learning)	인공지능의 한 분야로 패턴인식 등 컴퓨터가 학습할 수 있도록 알고리즘과 기술을 개발
네트워크(network)	개인 또는 집단이 하나의 노드가 되어 각 노드들 간의 상호 의존적인 관계에서 만들어지는 관계구조
시멘틱 웹 (Semantic web)	분산 환경에서 리소스에 대한 정보와 자원 간의 관계 및 의미 정보를 온톨로지 형태로 표현하고 이를 자동화 처리가 가능하도록 하는 프레임워크
온톨로지(Ontology)	도메인 내에서 공유하는 데이터들을 개념화하고 명시적으로 정의한 기술
패턴인식 (pattern recognition)	데이터로부터 중요한 특징이나 속성을 추출하여 입력 데이터를 식별할 수 있도록 분류하는 기법
EDW (Enterprise Data Warehouse)	기존 DW(Data Warehouse)를 전사적으로 확장한 모델
데이터마이닝 (data mining)	대용량의 데이터, 데이터베이스 등에서 감춰진 지식, 새로운 규칙 등의 유용한 정보를 패턴인식, 인공지능 기법 등을 이용하여 데이터 간의 상호 관련성 및 유용한 정보를 추출하는 기법
텍스트마이닝 (text mining)	자연어로 구성된 비정형 텍스트 데이터에서 패턴 또는 관계를 추출하여 가치와 의미 있는 정보를 찾아내는 기법
오피니언마이닝 (opinion mining)	웹서버 내의 데이터베이스에 저장되어 있는 어떤 주제 혹은 특정 대상자의 의견을 포함하고 있는 텍스트 속에서 의미를 추출하여 감성(긍정, 부정 등)을 분석하는 기법
웹마이닝 (web mining)	인터넷상에서 수집된 정보를 데이터마이닝 기법으로 분석 통합하는 기법
현실마이닝 (reality mining)	사람들의 행동패턴을 예측하기 위해 현실에서 발생하는 사회적 행동과 관련된 정보를 휴대폰, GPS 등의 기기를 통해 얻고 분석하는 기법
소셜 네트워크 분석 (social network analysis)	소셜 미디어를 언어분석 기반 정보추출을 통해 이슈를 탐지하고 흐름이나 패턴 등의 향후 추이를 분석하는 기법
클러스터 분석 (cluster analysis)	관심과 취미에 따른 유사성을 정의하여 비슷한 특성의 개체들을 합쳐 서로 다른 그룹의 유사 특성을 발굴하는 기법
통계적 분석 (statistical analysis)	전통적인 분석방법으로 주로 수치형 데이터에 대하여 확률을 기반으로 어떤 현상의 추정, 예측을 검증하는 기법
음성인식 (speech recognition)	사람의 음성을 컴퓨터가 해석하여 그 내용을 문자 데이터로 전환하는 처리기법
영상인식 (vision recognition)	객체 인식 기술을 이용하여 추출된 전자적 데이터를 여러 목적에 따른 알고리즘을 적용하여 정보를 처리하는 기법
증강현실 (Augmented Reality, AR)	가상현실(Virtual Reality, VR)의 한 분야로 현실세계와 가상세계를 중첩하여 사용자에게 보다 나은 현실감을 제공하는 기법
인공지능 (Artificial Intelligence, AI)	인간의 지능을 연구하고 이를 모델링하여 이론적 체계를 세우고 다양한 응용 시스템으로 구현하는 기법
Mahout (Apache Mahout)	분산처리가 가능하고 확장성을 가진 기계학습을 기반으로 비슷한 속성분류를 처리하는 기법의 라이브러리
ETL (Extraction, Transformation, Loading)	필요한 소스데이터 추출 후 변환을 거쳐 시스템에서 시스템으로 데이터를 이동(추출, 전송, 변환, 적재)시키는 기법
알고리즘 (algorithm)	컴퓨터 혹은 디지털 대상의 과업을 수행하는 방법에 대한 설명으로 명확히 정의된 한정된 개수의 규제나 명령들의 집합
프레겔(Pregel)	정점 중심의 메시지 전달방식을 이용하는 그래프 처리에 적합한 클라우드 기반 분산처리 프레임워크

5) 활용기술

빅데이터 활용기술로는 [표 1-9]와 같이 BI, 인포그래픽스, SaaS, PaaS, IaaS, DaaS 등이 있다.

[표 1-9] 빅데이터 활용기술

영역	내용
BI (Business Intelligence)	신속하고 정확한 비즈니스 의사결정에 필요한 데이터의 수집·저장·처리·분석하는 일련의 기술과 응용시스템 기술의 집합
인포그래픽스 (Infographics)	복잡한 정보, 자료 또는 지식의 시각적 표현
SaaS (Software as a Service)	클라우드 환경에서 동작하는 온라인 오피스 등 서비스로서의 소프트웨어
PaaS (Platform as a Service)	클라우드 환경에서 동작하는 애플리케이션이나 서비스가 실행되는 환경을 제공하는 서비스로서의 플랫폼
IaaS (Infrastructure as a Service)	클라우드 환경에서 동작하는 OS 및 응용프로그램을 포함한 IT 자원(서버, 스토리지, DB 등)의 제공이 가능한 서비스로서의 인프라
DaaS (Desktop as a Service)	클라우드 환경에서 동작하는 데스크톱으로 PaaS, SaaS를 결합한 데스크톱 서비스

6) 기타 기술

빅데이터의 기타 기술에는 [표 1-10]과 같이 아파치, 자바, HTML5 등이 있다.

[표 1-10] 빅데이터 기타 기술

영역	내용
아파치(Apache)	클라이언트 요청을 처리하기 위해 모듈화된 접근을 사용하여 주요 소스코드를 변경하지 않고 서버측 기능을 구현하는 유연하고 확장 가능한 웹서버
자바(JAVA)	객체지향적 프로그래밍 언어로 보안성이 뛰어나며 컴파일한 코드는 다른 운영체제에서 사용할 수 있도록 클래스(class)로 제공
HTML5 (Hyper Text Mark-up Language 5)	복잡한 애플리케이션까지 제공할 수 있는 웹애플리케이션 플랫폼으로 진화한 HTML을 개선한 마크업 언어

빅데이터 분야에서는 '소셜 애널리틱스(social analytics)'가 페이스북, 트위터, SNS 등에서 수집되는 비정형 데이터를 신속하게 분석한다. 소셜미디어에서 정보를 추출하고 분석하는 방법은 크게 3가지로 나눌 수 있다.

첫째, 텍스트마이닝(text mining)은 언어로 쓰인 비정형 텍스트에서 자연어처리기술을 이용하여 유용한 정보를 추출하거나 연계성을 파악하고, 분류 혹은 군집화, 요약 등 빅데이터의 숨겨진 의미 있는 정보를 발견하는 것이다. 둘째, 오피니언마이닝(opinion mining)은 소셜미디어의 텍스트 문장을 대상으로 자연어처리기술과 감성분석기술을 적용하여 사용자의 의견을 분석하는 것으로, 마케팅에서는 버즈(buzz; 입소문)분석이라고도 한다. 셋째, 네트워크분석(network analytics)은 네트워크 연결구조와 연결강도를 분석하여 어떤 메시지가 어떤 경로를 통해 전파되는지, 누구에게 영향을 미칠 수 있는지를 파악하는 것이다.

소셜데이터는 일반적인 웹환경(HTTP, RSS)에서 수집 가능한 정보들을 웹크롤러를 통하여 수집하고, 연계정보는 각 출처에서 제공하는 Open API를 이용하여 필요한 정보를 수집한다(권정은·정지선, 2012).[32] 기초분석을 위해 형태소분석을 통하여 추출된 텍스트 데이터의 언어적 형태를 분석하여 구성요소들(명사·동사·형용사·전치사·조사 등)을 식별 및 분류한다. 구문분석을 통하여 언어적 구성요소들의 배치나 구조적 특성을 분석하여 의미적 연관관계를 유추하고, 감성분석을 통해 내용에 언급된 감성 표현들을 선별하여 감성 표현의 대상을 식별하고, 감성의 종류를 구분한다. 분석의 기초자료인 언어분석을 위한 각종 용어사전, 개체명사전, 이형태어사전, 감성어사전, 분류체계, 분류규칙, 분류학습 데이터 등을 지속적으로 수정·관리해야 한다.

소셜 빅데이터 분석 절차 및 방법은 [그림 1-4]와 같다(송태민·송주영, 2013).[33] 첫째, 해당 주제와 관련한 문서를 (자살)분석 모델링을 통해 수집대상과 수집범위를 설정한 후, 대상채널(뉴스·블로그·카페·게시판·SNS 등)에서 크롤러 등 수집엔진(로봇)을 이용하여 수집한다. 이때 불용어를 지정하여 수집의 오류를 방지하고 자살 관련 키워드 그룹(원인·유형·대상·장소·지역·방법 등)을 지정한다.

---

32. 권정은·정지선(2012). 청소년 위기극복을 위한 빅데이터 기반 정책 시나리오. 한국정보화진흥원.
33. 송태민·송주영(2013). 빅데이터 분석방법론.

둘째, 수집한 비정형 데이터를 분석한다. 비정형 데이터 분석은 버즈 분석, 키워드 분석, 감성분석, 계정분석 등으로 진행한다. 청소년 자살버즈 수집사례와 같이 비정형 데이터를 연구자가 수집한 원상태로 분석하는 데는 어려움이 있다. 따라서 수집한 비정형 데이터를 텍스트마이닝, 오피니언마이닝, 네트워크 분석을 통하여 분류하고 정제하는 절차가 필요하다.

셋째, 비정형 빅데이터를 정형 빅데이터로 변환해야 한다. 자살 관련 주제 분석 시 문서의 분석사례를 살펴보면, 자살버즈 각각의 문서는 ID로 코드화하여야 하고, 문서 내 키워드나 방법 등도 모두 코드화하여야 한다.

넷째, 사회현상과 연계해 분석하기 위하여 정형화된 빅데이터를 오프라인 통계(조사) 자료와 연계해야 한다. 오프라인 통계(조사) 자료는 대부분 정부나 공공기관에서 유료 또는 무료로 제공하기 때문에, 연계대상 자료와 함께 연계 가능한 ID(일별·월별·연별·지역별)를 확인한 후 오프라인 자료를 수집하여 연계(merge)할 수 있다.

다섯째, 오프라인 통계(조사) 자료와 연계된 정형화된 빅데이터의 분석은 요인 간의 인과관계나 시간별 변화궤적을 분석할 수 있는 구조방정식모형이나 일별(월별·연별), 지역별 사회현상과 관련된 요인과의 관계를 분석할 수 있는 다층모형, 그리고 수집된 키워드의 분류과정을 통해 새로운 현상을 발견할 수 있는 데이터마이닝 분석이나 시각화를 실시할 수 있다.

[그림 1-4] 소셜 빅데이터 분석 절차 및 방법(자살버즈 분석사례)

미국 국립보건원은 다양한 질병을 연구하기 위해 유전자 데이터를 공유·분석할 수 있는 유전자 데이터 공유를 통한 질병치료체계를 마련하여 주요 관리 대상에 해당하는 질병에 대한 관리 및 예측을 실시하고 있다. 현재 1,700명의 유전자 정보를 아마존 클라우드에 저장하여 누구나 데이터를 이용할 수 있도록 구축하였다(www.1000genomes.org/). 미국 국립보건원 산하 국립의학도서관에서는 사용자가 요구하는 다양한 약에 대한 정보를 제공하고 제조사와 사용자 간의 쌍방향 상호작용을 통해 약의 정보를 제공하는 Pillbox 프로젝트를 통한 의료개혁을 추진하고 있다. Pillbox 서비스(www.pillbox.nlm.nih.gov/)로 미국 국립보건원에 접수되는 알약의 기능이나 유효기간을 문의하는 민원 수는 100만 건 이상으로 평균 한 건당 확인하는 소요 비용 50달러를 감안하면 연간 5,000만 달러의 비용-절감효과가 있는 것으로 전망된다.

싱가포르 PA(People's Association)는 1,800개 이상의 주민위원회센터(커뮤니케이션센터)에서 진행되는 다양한 활동을 공유하기 위해 주민위원회센터 네트워크 기반의 맞춤형 복지사회를 구현하였다. 싱가포르 PA는 빅데이터 처리를 위하여 다양한 인종, 나이, 문화, 소득, 연령에 따른 주민의 데이터를 수집·분석하여 개인별 맞춤형 서비스를 제공하고 있다. IBM과 미국 건강보험회사인 웰포인트(Wellpoint)는 의사와 다른 의료진들이 진단과 환자치료에 이용할 수 있는 애플리케이션(왓슨)을 개발하여 제공한다. 왓슨은 임상실험 및 우수 치료사례 등 과거 데이터를 분석하여 환자에게 가장 적절한 치료방법을 제공하고 최신 정보를 과학적인 방법으로 제시한다. 구글 독감예보서비스(구글 플루트렌드; www.google.org/flutrends/)는 구글 홈페이지에서 독감, 인플루엔자 등 독감과 관련된 검색어 쿼리의 빈도를 조사하여 독감 확산 조기 경보체계를 제공한다. 구글 검색트렌드(www.google.co.kr/trends/)는 전 세계 사용자가 구글 홈페이지에 입력한 검색어를 분석하여 특정 시간에 특정 지역에서 특정 검색어에 대한 검색량을 표준화하여 통계를 제공한다.

---

34. 본 절의 일부 내용은 '한국정보화진흥원(2012). 빅데이터로 진화하는 세상(Big Data 글로벌 선진사례)'을 분석·재정리하였으며, '송태민(2013). 우리나라 보건복지 빅데이터 동향 및 활용방안. 과학기술정책, 통권 제192호, pp. 56-73'의 내용을 수정·보완한 것임을 밝힌다.

사례1: 아마존 클라우드

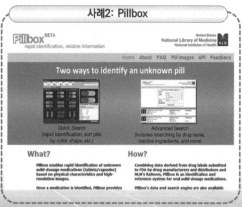

사례2: Pillbox

사례3: 싱가포르 주민네트워크 기반 맞춤형 복지

사례4: 구글 독감예보 서비스

사례5: 싱가포르 위험분석 및 이슈 스캐닝

사례6: 샌프란시스코 범죄예방 시스템

자료: 한국정보화진흥원(2012). 빅데이터로 진화하는 세상(Big Data 글로벌 선진사례).

보건분야의 국내 활용사례로, 질병관리본부에서 운영하는 한국인체자원은행네트워크(kbn.cdc.go.kr/)는 16개 병원을 통해 36만 명의 인체자원을 확보하여 질병지표 발굴 및 질병의 조기 진단을 위해 활용하고 있다. 또한 DNA Link(dnalink.com/)에서는 질병관리 분석과 개인의 유전체 염기서열 분석으로 맞춤형 건강진단서비스를 제공하는 유전자 분석시스템을 제공한다.

 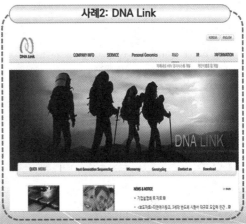

자료: 한국정보화진흥원(2012). 빅데이터로 진화하는 세상(Big Data 글로벌 선진사례).

한국보건복지정보개발원의 지역보건의료정보시스템은 보건복지부의 가족건강사업, 검진사업, 구강보건사업, 노인보건사업, 한의약공공보건사업, 영양개선사업, 건강생활실천통합서비스, 보건소방문건강관리사업, 만성질환관리사업, 정신보건사업, 감염병관리사업을 포함하여 총 29종의 보건사업 정보를 관리한다(ETRI, 2014).[35]

복지분야의 국외사례는 주로 안전과 관련한 빅데이터 활용이 주를 이룬다. 싱가포르에서는 국가위험관리시스템(Risk Assessment Horizon Scanning)을 구축하여 질병, 금융위기 등 모든 국가적 위험을 수집 및 분석한다(사례5). RAHS(hsc.gov.sg)는 2004년부터 빅데이터를 기반으로 한 위험관리계획을 추진하여 수집된 정보를 시뮬레이션, 시나리오 기법을 통해 분석하여 사전 위험예측 및 대응방안을 모색하고 있다.

---

35. ETRI(2014). 사회보장부분 빅데이터 R&D 사업기획연구.

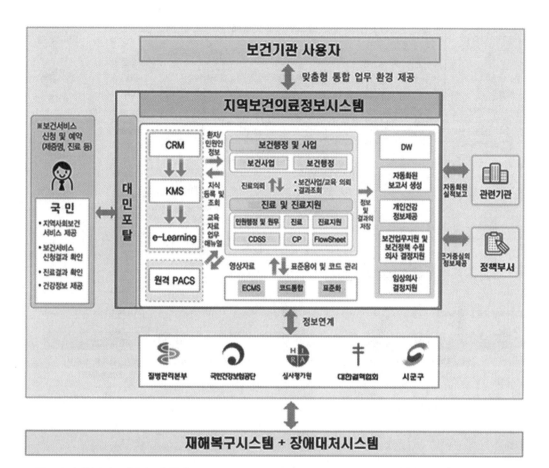

[그림 1-5] 지역보건의료정보시스템 구성도

샌프란시스코 경찰청은 범죄발생지역 및 시각을 예측하여 범죄를 미연에 방지하기 위한 범죄예방시스템을 구축하였다(www.crimemapping.com). 범죄예방시스템은 과거 범죄를 분석하여 효율적으로 경찰을 배치하고 과거 범죄자 및 범죄유형을 SNS를 통해 지속적으로 관찰함으로써 그와 관련된 조직 및 범죄에 대한 예방을 하고 있다(사례6).

복지분야의 국내 활용현황으로는 보건복지부가 사회복지통합관리망(행복e음)을 개발하여 수요자 중심의 복지서비스를 구현하였다. 사회복지통합관리망은 각종 복지 급여 및 서비스 지원 대상자의 자격 및 이력에 관한 정보를 통합관리하고 지자체 복지업무 처리를 지원하는 중앙집중형 정보시스템으로, 크게 복지급여통합관리시스템, 상담사례관리시스템, 사회복지시설정보시스템으로 구성되어 있다. 사회복지통합관리망은 총 123종의 보건복지사업 수혜자 이력 및 정보를 관리하며, 범부처 보건복지사업 296종 중 118종의 사업정보를 관리한다(ETRI, 2014).

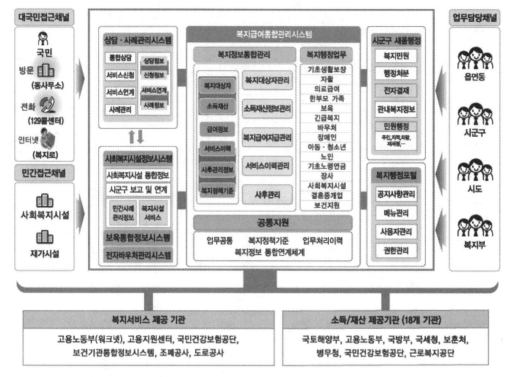

[그림 1-6] 사회복지통합관리망 구성도

빅데이터의 등장과 함께 공공 및 민간기관에서는 개인정보가 단순히 한 개인을 식별하기 위한 목적이 아닌 다양한 목적으로 폭넓게 활용되면서 개인의 정보유출과 프라이버시 침해에 대한 우려가 높아지고 있다. 개인에 관련된 정보를 정부나 공공기관 혹은 서비스 제공자가 실시간으로 감시하는 행위는, 사회 전체의 안전과 편의라는 공통의 가치를 위해 개인이 자신의 프라이버시를 부분적으로 포기함을 암묵적으로 동의한 것으로 여겨지고 있다. 하지만 실제적으로는 개인의 가치를 다양하게 반영한 선택적인 계약에 의한 것이 아니라 일률적인 점이 문제가 되고 있다. 빅데이터의 물결은 현대 정보사회에서 거부할 수 없는 거대한 흐름이다. 빅데이터의 존재를 긍정적으로 인식하고 이를 적극적으로 활용함으로써 빅데이터는 개개인을

---

36. 본 절은 '송태민·이중순(2014). 일본의 빅데이터 프라이버시 보호방안. 보건복지포럼, 통권 제210호, 한국보건사회연구원'의 내용을 수정·보완한 것임을 밝힌다.

위한 혹은 개개인이 새로운 비즈니스의 기회를 창출하는 데 없어서는 안 되는 획기적인 자원으로서 그 가치를 더해 갈 것이다. 따라서 빅데이터의 긍정적 활용을 위해서는 우선 빅데이터의 이용으로 인해 발생할 수 있는 부작용과 이에 대한 대책을 검토하고 개개인의 존중을 기본으로 하는 사회 전체의 공정한 규칙을 마련해야 할 것이다. 그 중에서 가장 시급한 문제 중하나가 빅데이터를 활용하는 경우 프라이버시에 대한 보호방안이다. 본 절에서는 우리나라와 사회제도면에서 유사한 일본을 중심으로 빅데이터의 활용을 위한 프라이버시 보호방안에 대해 살펴본다.

6-1 개인정보와 프라이버시 개요

1) 개인정보 개요

개인정보의 법률상 정의는 '개인정보법(제2조 제1호)'과 '정보통신망 이용촉진 및 정보보호 등에 관한 법률 제2조 제6호'에서 "살아 있는 개인에 관한 정보로서 성명, 주민등록번호 및 영상 등을 통하여 개인을 알아볼 수 있는 정보(해당 정보만으로는 특정 개인을 알아볼 수 없더라도 다른 정보와 쉽게 결합하여 알아볼 수 있는 것을 포함한다.)를 말한다."라고 규정하고 있다. OECD는 개인정보보호지침(Guidelines on the Protection of Privacy and Transborder Flows of Personal Data)에서 개인데이터(personal data)는 식별되거나 식별될 수 있는 개인에 관한 모든 정보를 지칭한다고 정의한다. EU도 개인정보보호지침(Directive95/46EC)에서 개인데이터는 식별되거나 식별될 수 있는 자연인에 관한 모든 정보를 지칭한다고 규정하고, 식별 가능한 개인이란 직접 또는 간접적으로 신원확인번호, 신체적·생리적·정신적·경제적·사회적 동일성(identity)을 나타내는 요소를 참조하여 그 신원이 확인될 수 있는 사람을 지칭한다고 정의한다.

한편 미국의 프라이버시법(Privacy Act, 1974)에서 개인정보는 행정기관이 보유하는 개인기록(record)에서 개인에 관한 정보(information about an individual)의 개개항목 또는 그 집합을 의미하며 여기에는 개인의 이름, 식별번호, 부호, 지문, 성문 등이 있고 특정 개인과 연결지을 수 있는(linkable) 정보가 포함된다. 최근에는 스마트폰의 ID와 같이 해당 개인의 고유한 식별자(identifying particular)도 개인정보로 취급되고 있다. 일본의 '개인정보의 보호에 관한 법률'상에 정의된 개인정보는 '생존하는 개인에 관한 정보로서 해당 정보에 포함된 성명, 생년월일과 그외 개인을 식별할 수 있는 것(타의 정보와 쉽게 결합하여 그에 의해 특정의 개인을 식별할 수 있는 것을 포함한다.)'이라고 규정하고 있어 우리나라의 개인정보법에서의 표현과 유사함을 알 수 있다.

위에서 보는 바와 같이 각국의 개인정보에 대한 법적인 정의는 유사하며 우리나라의 것을 기준으로 개인정보를 전체적으로 열거하면, '성명, 주민등록번호를 비롯하여 주소, 성별, 본적, 가족관계와 여권번호, 운전면허증번호 등 신상에 관한 기본정보와 신장, 체중, 장애 정도, 생체인식정보, DNA, 혈액형, 지병 등과 같이 신체의 특징을 나타내거나 건강의료에 관련된 정보, 그리고 소득, 재산, 보험가입현황, 신용정보, 채권, 채무 등의 경제관계 정보, 병역, 직업 경력, 사회활동경력, 전과기록 및 법률 위반기록 등의 사회경력정보가 있고, 친구, 선후배, 애인 등의 인적관계정보, 종교, 취미, 사상, 신조, 가치관, 정치적 성향 등의 내면정보를 비롯하여 기타 통신내역, 위치정보, 음주, 흡연량' 등의 정보가 포함된다. 개인정보는 본인 확인을 위한 정보인 식별정보와 본인에 부속된 속성정보로 대별할 수 있다. 식별정보에는 성명, 주민등록번호, 여권번호와 얼굴사진, 지문, 성문, 홍채, 유전자 등의 생체정보가 있다. 이는 그 자체로서 개인을 식별하거나 특정 지을 수 있는 정보이다. 성명의 경우 동명이인이 존재하는 경우도 있지만 사회통념상 독립적으로 개인을 특정하는 데 사용되고 있으므로 식별정보로서 분류된다.

주소, 생년월일, 성별, 인종, 국적 등은 단독으로 특정 개인을 식별할 수는 없지만 조합에 의해 본인을 식별할 수 있는 준식별 정보이다. 속성정보에는 건강의료정보, 경제상황정보, 개인의 신용정보, 학력과 경력정보 등이 있다. 신용정보와 학력, 경력정보에 포함된 신용카드 번호나 학번, 사번과 같은 개인 ID 정보는 일반적으로 기본식별 정보와 준식별 정보를 근거로 발행되어 개인을 특정하는 데 사용되므로 식별정보로 분류할 수 있다. 법률상에서 정의된 '개인정보'와 이를 기술하는 데 사용된 '개인에 관한 정보'를 비교해 보면 후자가 전자를 포함하는 개념임을 알 수 있다(그림 1-7).

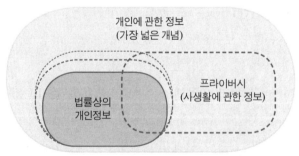

자료: 노무라연구소 小林慎太郎. ビッグデータ社会におけるプライバシー～「個人情報」から
「プライバシー」の保護へ～'第176回NRIメディアフォーラム資料. 2012. 11. 26.

[그림 1-7] 개인에 관한 정보와 개인정보 및 프라이버시의 관계

즉, 개인에 관한 정보가 보다 넓은 개념의 집합이고 개인정보는 그 중 일부인 것이다. 개인에 관한 정보 중에는 개인의 식별로 연결되기가 어려워 법률적으로 개인정보에 포함되지 않는 것들이 있다. 따라서 이러한 정보는 개인에 관한 정보로서 그 중요성이나 의미와 가치가 작은 것으로 취급되어 왔다. 그러나 정보통신기술의 발전과 인터넷의 등장으로 지금까지 비개인정보로 취급되었던 사항들이 다른 정보와 결합하여 개인을 특정 지을 수 있는 사회로 변화해 감에 따라 개인정보가 차지하는 영역이 점차 확대되어 가고 있는 상황이다. 과거에는 혼잡한 길거리의 사진에 촬영된 사람들의 정보는 '개인에 관한 정보'에서 제외되었고, 도서관 자료의 열람정보와 같은 행동이력 등은 사회적인 상식의 범위에서 개인정보로 간주하지 않았던 사항들이었다(그림 1-8).

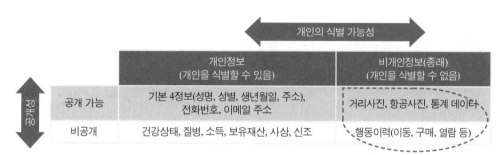

자료: 노무라연구소 小林慎太郎. ビッグデータ社会におけるプライバシー~「個人情報」から
「プライバシー」の保護へ~'第176回NRIメディアフォーラム資料. 2012. 11. 26.

[그림 1-8] 개인정보 식별성과 공개성

최근 들어 인터넷상의 프라이버시 보호에 대한 논의와 함께 그러한 정보들이 개인정보의 범주에 포함되고 있다. 특히, 데이터 분석기술의 발달과 함께 그러한 경향은 더욱 가속화되고 있으며 그동안 의미나 존재 가치가 없던 비개인정보들이 활용을 전제로 새로운 가치를 창출하는 빅데이터로서 재평가받고 있는 것이다.

2) 프라이버시 개요

개인에 관한 정보 중에는 사생활에 관계되는 프라이버시(privacy) 부분이 있다(그림 1-9). 프라이버시의 사전적인 의미는 개인의 사생활이나 사적인 일 또는 그것이 남에게 알려지지 않거나 간섭받지 않을 권리를 말하며, 사생활(私生活)로 번역하기도 하지만 프라이버시는 권리를 포함한 더 큰 범주에 속한다.

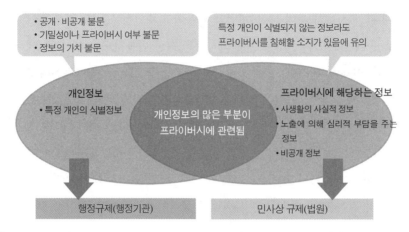

자료: 鈴木 正朝. プライバシーの権利と個人情報保護法. 総務省マイナンバーシンポジウム資料. 2012. 11.

[그림 1-9] 개인정보와 프라이버시에 해당하는 정보의 관계

프라이버시를 내용에 따라 분류하면 결정프라이버시(decisional privacy), 공간프라이버시 (spatial privacy 혹은 locational privacy), 의도프라이버시(intentional privacy), 정보프라이버시 (informational privacy), 통신프라이버시(communicational privacy), 물리적·정신적 프라이버시 (physical and psychological privacy)[37] 등으로 나눌 수 있다. 프라이버시는 초기에 '혼자 있을 권리(the right to be left alone)'로서 자기 자신에 관한 정보가 남에게 함부로 공개되거나 침해되지 않는 권리의 소극적인 개념에서 정보화의 물결과 함께 '자신의 정보를 통제할 수 있는 권리 (the right to control information about oneself)'로 발전하게 되었다.[38] 즉, 자신의 정보를 수집, 가공, 유통 및 제공하는 데에 있어 접근권 및 통제권을 가지고 언제, 무슨 정보를 어느 범위까지 누구에게 유통시키는가를 스스로 결정하는 '정보의 자기결정권'을 의미하게 된 것이다. 이처럼 프라이버시 권리는 당초의 소극적인 개념에서 출발하여 정보사회에서는 '정보의 자기결정 권'과 같은 적극적이고 능동적인 권리의 개념으로 바뀐 것이다.

프라이버시권의 법적 지위는 유엔에서 선포한 세계인권선언을 비롯하여 각국에서는 헌법과 법률에 의해 국민의 기본권으로 보호하고 있다. 세계인권선언(Universal Declaration of Human Rights)[39] 12조에는 '어느 누구도 자신의 사생활, 가족, 가정 또는 통신에 대하여 자의적인 간섭을 받지 않으며 자신의 명예와 신용에 대하여 공격을 받지 아니 한다. 모든 사람은

---

37. http://itlaw.wikia.com/wiki/Right_of_privacy. 2013/09/13

38. http://en.wikipedia.org/wiki/Right_to_privacy. 2013/09/13

39. http://www.humanrights.com/what-are-human-rights/universal-declaration-of-human-rights.html. 2013/09/13

그러한 간섭과 공격에 대하여 법률의 보호를 받을 권리를 가진다.'라고 규정하고 있다. 우리나라 헌법에서는 제16조 공간에 대한 프라이버시, 제17조 사생활의 비밀과 자유로서의 프라이버시, 제18조 통신에 대한 프라이버시를 국민의 기본권으로 보장하고 있다. 이를 침해하였을 때는 민법에서 불법적 행위에 의한 침해로서 제750조 불법행위의 내용에 대한 손해를 배상할 책임이 있고, 제751조(재산 이외의 손해의 배상에서) 자유 또는 명예를 해하거나 기타 정신상의 고통에 대해 배상할 책임이 발생한다.

3) 익명성의 개요

익명의 사전적 의미는 '자신의 본래 이름 혹은 아이덴티티를 밝혀 드러내지 않고 숨기는 것'을 말한다. 익명화(anomymize)된 정보는 개인정보보호법상의 개인정보에는 해당하지 않는다는 인식이 일반적이다. 그러나 현재까지 익명화가 어떻게 처리되어야 하는지에 대한 명확한 설명이나 구체적인 기준이 없는 실정이다. 익명화란 식별요소에 대해 '일대다'의 관계를 유지하면서 '일대일'의 본인 도달 가능성을 없애는 작업이라고 볼 수 있다.[40] 개인정보에 대한 처리의 한 형태로 '가명화(pseudonymity)'가 있다. 가명화란 일반적인 식별요소를 상대적인 식별요소로 치환한 것이다. 예를 들어 <이름+상품구입이력>으로 구성된 정보를 <회원 ID+상품구입이력>으로 바꾸는 것이다. 이는 해당 회원 ID에 상대적인 본인 도달 가능성이 인정되는 한 익명화는 아니다. 익명화된 정보는 식별 요소성이 부족해서 타 정보와의 용이한 조합 가능성이 인정되지 않음으로써 개인정보에서 벗어날 수 있다. 이에 비해 가명화된 정보는 특정의 사업자와의 관계에서는 여전히 개인정보인 것이다.

　웹서비스를 이용하는 경우 프라이버시를 보호하는 차원에서 가명을 사용하기도 한다. 그러나 사업자 입장에서는 이용자에 대한 계속적이고 부가적인 서비스 등에서 편의성을 위해서, 혹은 이용자를 식별하고 추적하거나 부정행위를 막을 목적으로 ID 등록을 요구하고 있다. 또한, 연락수단으로서 이메일주소를 요구하기도 한다. 이런 관계에서 일단 ID를 취득하게 되면 비록 가명에 의한 회원등록이라고 할지라도 본인 도달 가능성이 어느 정도 실현된다고 볼 수 있다.

---

40. 中田響(2007). 個人情報性の判講造. 慶藤義塾大メディア·コミュニケーション究所紀要, No.57, pp. 145~161.

빅데이터의 활용에서 가장 논란이 되고 있는 것은 개인의 각종 기록정보를 수집하여 분석함으로 해서 생길 수 있는 프라이버시의 침해에 대한 문제다. 이는 외부로부터의 침입에 의한 데이터의 유출 위험성과 데이터 취급자의 부적절한 업무처리로 인한 무의식적인 공개와 같은 잠재적 위험성 그리고 내부자의 불법적인 열람행위 등에서 비롯되는 위험성을 내포한다. 프라이버시가 노출되거나 개인정보가 악용된 경우 사회적으로 큰 파장이 일어남은 물론 경제적인 면에서도 손해배상과 대책비용의 발생, 사업활동의 자숙 혹은 신용 저하에 따른 매출감소 등의 비용이 발생한다.

　　법제도의 측면에서는 한국과 일본의 경우 개인정보법이 제정되어 있으며, 미국에는 옵트아웃을 기반으로 한 '소비자 프라이버시 권리장전(Consumer Privacy Bill of Rights)'이 마련되어 있고, 유럽에는 옵트아웃[41]을 기반으로 한 'EU 데이터보호규정(General Data Protection Regulation)' 등이 정비되어 있다. 조직적인 대책으로는 법에서 규정한 안전관리 조치를 준수하는 차원에서 정보보호관리체계(ISMS)와 프라이버시 영향평가(PIA) 등의 시스템 운용과 관리상의 각종 기법이 도입되고 있다. 또한 기술적인 면에서도 프라이버시 보호 데이터마이닝(Privacy-Preserving Data Mining, PPDM) 등 여러 가지 기법이 연구 개발되어 적용되고 있다. 그러나 개인정보보호를 과도하게 중시하면 빅데이터의 활용을 저해하게 될 우려가 있다. 이는 서비스 공급자와 이용자가 상호 간에 다양한 효용성을 얻을 수 있는 기회를 놓치는 것이 된다. 이러한 점에서 법제도적·기술적 대책을 적절히 운용하여 정보 주체가 안심하고 자신의 데이터를 제공하게 하여 빅데이터가 적극적으로 활용되게 하는 일이 중요하다.

1) 정보보호관리체계 인증을 통한 프라이버시 보호

정보보호관리체계(Information Security Management System, ISMS)는 기업이나 조직이 정보보호 활동을 체계적이고 지속적으로 수행하기 위해 보안정책을 수립하고 이에 근거한 계획의 작성, 실시, 운영, 그리고 일정 기간 후의 보안 방침과 계획의 재검토 등을 포함한 전체적인 위험관리를 지속적으로 수행하는 체계를 말한다.[42] 기업이나 조직이 ISMS를 보유하고 유지

---

41. 옵트인(Opt-in) 방식은 개인정보를 처리하기 전에 정보주체에게 먼저 동의를 받는 방식으로, 정보주체가 동의를 해야만 개인정보를 처리할 수 있다. 옵트아웃(Opt-out) 방식은 정보주체의 동의를 받지 않고 개인정보를 처리하는 방식으로, 정보주체가 거부의사를 밝힌 경우에는 개인정보 처리를 즉시 중단해야 한다.

42. http://isms.kisa.or.kr/kor/intro/intro01.jsp. 2013/09/13

하고 있는지에 대해서는 'ISMS 인증제도'를 통하여 제도적으로 보증 받는다. 이는 제3자 기관에 의한 인증심사에 의해 정보보안관리체계의 국제규격인 'ISO/IEC 17799:2000' 및 'BS 7799-2:1999'에 입각한 평가를 받는 것이다. ISMS에 요구되는 범위는 'ISO/IEC 15408' 등이 정하는 기술적인 정보보안대책의 레벨이 아니라 조직 전체에서 보안관리체제를 구축·감시하고 위기관리를 실시하는 것이다. ISMS는 개별적인 문제에 대한 기술대책 외에도 조직관리의 일환으로서 스스로의 위험을 평가하여 필요한 보안레벨을 정하고 계획에 따라 자원을 배분해서 시스템을 운용하는 것이다. 조직이 보호해야 할 정보자산에 대해서 기밀성·완전성·가용성을 균형 있게 유지하고 개선하는 것이 ISMS의 기본 개념이다.

2) 프라이버시 영향평가를 통한 프라이버시 보호

프라이버시 영향평가(Privacy Impact Assessment, PIA)는 개인정보를 수집하여 취급하는 정보시스템의 기획·구축·보수·유지 과정에서 개인정보 제공자의 프라이버시에 대한 영향을 '사전'에 평가하는 일련의 프로세스를 말한다 이를 통하여 잠재적인 프라이버시 침해위험성을 분석하고 대안적인 방법이나 보호방안을 검증하는 등, 정보시스템의 구축운용을 적정하게 실시할 수 있도록 하는 과정을 포함한다. 설계단계에서부터 프라이버시 보호대책을 검토함으로써 정보시스템 가동 후의 프라이버시 리스크를 최소한으로 억제할 수 있어 향후 시스템의 개보수에 따르는 추가비용의 발생을 막을 수 있다. PIA는 2008년 4월 ISO22307(Financial services Privacy Impact Assessment)로서 표준화되었다. 부제의 타이틀이 의미하는 바와 같이 금융서비스를 제공하는 기업이 고객과 거래처 등의 재무데이터의 처리와 관련된 프라이버시 보호와 리스크에 대처하기 위한 방법론이 정의되어 있다. 그러나 그 내용은 금융 관련 서비스에 특화한 것이 아니고 민간부문 및 공공부문을 불문하고 다양한 분야에 적용 가능한 것이다. 또한, 요구사양이 각국의 법체계나 사회제도에 의존하지 않는 최대공약수적인 내용이다. 실제적으로 법령상의 해석이나 익명화와 같은 기술적인 대책만으로는 개인정보의 이용을 정당화하는 데 충분한 근거를 마련할 수 없는 상황이 생길 때가 많다. 이런 상황을 해소하는 데 있어 PIA의 프로세스로서 활용하는 것이 유효할 수 있다. 즉 개인정보의 보호와 이용의 균형을 도모하기 위해 개인정보의 이용에 수반되는 프라이버시에 대한 영향 리스크를 평가해서 정보 이용에 의해 초래되는 편익과 비교한다. 이를 토대로 정보 주체자를 비롯한 이해관계자들의 의향을 파악하여 이를 반영한 적절한 조치를 강구함으로써 정보이용에 대한 정당성을 확보하는 것이다.

3) 프라이버시 보호기술을 통한 프라이버시 보호

개인과 관계되는 정보를 유통함에 있어서 법제도적인 대책과 조직적인 대책을 완수하기 위해서는 기술적인 대책이 뒷받침되어야 한다. 프라이버시 보호를 위해 정보유통에 강한 제약조건을 두게 되면 정보의 가치를 잃게 되거나 손상되어 사회적으로는 물론 정보 주체자인 본인에게도 손실을 가져오게 된다. 서비스를 개인화하는 데 있어 개인정보는 불가결한 요소이기 때문이다. 이러한 문제를 기술적으로 보완하기 위하여 최근 개인정보의 이용과 프라이버시 보호의 밸런스를 취하는 방안이 연구되고 있다. 그중에서 프라이버시 보호 데이터마이닝에 관한 연구가 대표적으로 관심을 받고 있다.

　　PPDM은 개인정보나 기밀정보의 안전성을 유지하고 개인의 프라이버시를 보호하면서 대규모의 데이터로부터 특징이나 규칙성 등을 추출하고 새로운 지식을 발견하는 데 활용하기 위한 기술을 총칭한다. PPDM에는 데이터가 가진 정보의 일부를 누락시키거나 개인을 특정할 수 있는 요소를 삭제·은폐하는 등의 익명화 수법과 통계학적인 처리에 의해 DB에 잡음을 첨가하여 통계적인 성질을 유지하면서 데이터의 누설을 막는 교란수법, 데이터가 가진 정보에 손상을 입히지 않고 당사자 간에 정보를 주고받는 암호화 수법 등이 있다. 현재는 정보 공개에 일반적으로 활용될 수 있는 익명화 기술이 많이 연구되고 있다. 그러나 데이터의 익명화는 정보의 손실을 초래하여 데이터마이닝의 결과에 영향을 미치므로 활용 용도에 따라 프라이버시 보호 수준을 고려하여 익명화 처리에 특히 주의를 기울일 필요가 있다. 암호화 수법 중에는 데이터를 복수의 그룹으로 나누어 분리 보관하고, 그룹 사이의 공개키 암호로 데이터를 암호화한 채로 필요에 따라 데이터마이닝을 위한 계산을 실시하여 그 결과만을 전체 그룹 사이에 공유하는 비밀계산 기술도 최근 연구되고 있다.

6-3 시사점

어느 나라를 막론하고 현재 빅데이터를 활용하는 데 있어 가장 큰 과제는 개인의 사생활 비밀보호 및 개인정보보호이다. 앞에서 언급한 바와 같이 개인정보보호에 중점을 두면 빅데이터의 활용을 저해할 우려가 있다. 개인정보보호법 등 관련 법률을 자의적으로 해석하여 수집된 개인데이터를 공공의 목적으로 활용하기 위해 제3자에게 제공하는 기관은 많다. 개인정보보호법의 목적이 '개인정보의 수집·유출·오용·남용으로부터 사생활의 비밀 등을 보호함으로써 국민의 권리와 이익을 증진하고'로 되어 있지만, 개인정보와 비개인정보를 명확히 구분하기가 곤란하고 비즈니스에 있어 자동적으로 수집되는 데이터가 비개인정보라고 할지라도 프라이버시를 침해할 가능성이 있다. 특히 소셜미디어에 공개된 개인정보는 위변조 오남용이 쉽고 상업적 이용을 위한 정보수집 등에 노출될 수 있기 때문에 프라이버시 침해 등의 문제가 발생할 가능성이 매우 높다. 개인정보의 흐름이 이미 국경을 넘어선 지 오래다. 구글, 트위터, 유튜브 등의 글로벌 기업의 서비스에 국내법상에 문제가 있는 부분이 있더라도 이를 국내에서 국내법의 규정에 따라 제재를 가할 수는 없다. 따라서 이제는 국제협력을 도모하면서 선진국 수준에 부응하는 프라이버시 보호와 개인정보보호제도를 정착시켜야 할 시점에 와 있다. 해외에서는 이미 법적인 관점에서의 개인정보보호보다는 사회적인 관점에서의 프라이버시 보호가 중시되는 경향으로 흐르고 있다.

방송통신위원회는 2013년 12월 18일 '빅데이터 개인정보보호 토론회'와 2014년 3월 19일 '온라인 개인정보보호 세미나'를 통해 가이드라인에 대한 의견을 수렴하고 가이드라인을 제시하였다. 현재 빅데이터 활용에 있어 개인정보보호법의 핵심 화두는 정보주체의 사전 동의를 받는 것이 곤란할 경우 법적으로 어떻게 조치할 것인가 하는 문제다.

특히, 우리나라의 개인정보보호법제는 개인정보의 수집·이용·제공 등과 관련하여 엄격한 사전동의방식(Opt-in)을 채택하고 있어, [표 1-11]의 가이드라인안은 이러한 동의의 엄격한 요건을 상당 부분 완화시키는 내용을 담고 있다(국회입법조사처, 2014). 본 가이드라인에 대한 시민단체의 비판핵심은 다음과 같다.

첫째, 정보통신서비스 제공자는 공개된 개인정보 및 이용내역 정보를 정보주체의 동의 없이 수집 이용할 수 있어서 문제가 있다. 이는 현행 법률상 개인정보의 수집 및 활용은 일부 예외적인 경우를 제외하고 원칙적으로 그것이 어떠한 정보이든 정보주체의 동의가 필요하다는 점을 전제로 하고 있다. 둘째, 공개된 개인정보 및 이용내역 정보를 활용하여 정보주체의 동의 없이 새로운 정보를 생성할 위험성이 있다. 셋째, 공개된 개인정보를 동의 없이 제3자에게 제공할 수 있도록 하고 있어서 사생활 침해의 가능성을 높인다.

[표 1-11] 가이드라인의 주요 내용

구분	내용
공개된 개인정보 (제3조)	• 정보통신서비스 제공자가 공개된 개인정보를 수집하고자 하는 경우에는 별도의 정보주체의 동의를 얻지 않아도 된다.
이용내역 정보의 수집 (제4조)	• 정보통신서비스 제공자는 정보주체의 거부의사가 있지 않을 경우 서비스 계약체결과 이행을 위하여 필요한 이용내역 정보를 수집하여 조합·분석 또는 처리하는 경우 별도로 정보주체의 동의를 얻지 않아도 된다.
새로운 개인정보의 생성 (제5조)	• 정보통신서비스 제공자는 정보주체의 거부의사가 있지 않을 경우 정당하고 합리적인 범위 내에서 정보주체의 별도 동의 없이 공개된 개인정보 및 이용내역 정보 등을 활용하여 새로운 개인정보를 생성할 수 있다.
비식별화 (제6조)	• 정보주체의 동의를 받거나 법령상 허용되는 경우가 아닌 한, 공개된 개인정보, 이용내역 정보, 생성된 개인정보(공개된 개인정보 등)는 비식별화 조치를 취한 후 조합·분석 또는 처리하여야 한다. • 비식별화 정보는 재식별화되지 않도록 하여야 한다. • 공개된 개인정보 등의 처리과정에서 임시로 생성된 개인정보는 목적을 달성한 경우 지체 없이 파기하거나 비식별화되어야 한다.
민감정보의 생성금지 (제8조)	• 정보주체의 동의를 받거나 법률상 허용되는 경우가 아닌 한, 사상·신념·건강 등 정보주체의 사생활을 현저히 침해할 우려가 있는 정보의 생성을 목적으로 개인정보 등을 조합·분석 또는 처리해서는 안 된다.
공개된 개인정보 등의 제3자 제공 (제11조)	• (공개된 개인정보와 이용내역 정보를 활용하여) '새로이 생성된 정보' 그리고 '이용내역 정보'를 제3자에게 제공하기 위해서는 제공받는 자, 이용목적, 항목, 보유 및 이용기간 등을 알리고 정보주체의 동의를 받아야 한다. • 공개된 개인정보는 정보주체의 동의 없이 제3자에게 제공이 가능하다.

자료: 심우민. 빅데이터 개인정보보호 가이드라인과 입법과제. 이슈와 논점, 국회입법조사처. 2014. 6. 12.

현재 제시되고 있는 가이드라인안의 내용을 구현하기 위해서는 다음과 같은 관련 입법(법률)에 대한 권한을 가진 입법자들의 의사결정이 요구된다(국회입법조사처, 2014). 첫째, 동의요건의 문제는 헌법상 기본권으로서 보장되는 개인정보 자기결정권의 실현 수단으로서의 성격을 가지는 것이기 때문에 이를 완화시키기 위해서는 사회적 차원의 합의가 요구된다. 둘째, 가이드라인안은 동의요건 완화를 위해 기존 개인정보보호법제에서는 개념이 정비되어 있지 않은 '공개된 개인정보', '이용내역정보', '생성된 개인정보'의 개념을 새롭게 제시하고 있는데, 과연 이러한 개인정보 개념이 필요한지, 만일 필요하다면 어떻게 법률적 차원에서 수용해야 하는지에 대한 국회 차원의 논의가 필요하다. 빅데이터로부터 개인을 보호하기 위해 가장 중요한 것은 특정 개인을 식별하지 못하도록 하는 익명화와 정보접근 및 정보처리에 대한 통제다. 그러나 정보접근 및 정보처리에 대한 통제를 강하게 하면 정보활용을 활성화할 수 없기 때문에 빅데이터의 '활용과 보호의 균형'에 대한 효과적인 정책이 우선적으로 마련되어야 할 것이다(송태민, 2013).[43]

---

43. 송태민(2013). 우리나라 보건복지 빅데이터 동향 및 활용방안. 과학기술정책, 192, 과학기술정책연구원.

7-1 공공데이터 및 빅데이터 국내 관련 조직

공공정보를 적극적으로 개방하고 공유하며 부처 간의 칸막이를 없애 소통하고 협력함으로써 국민 맞춤형 서비스를 제공하고 동시에 일자리 창출과 창조경제를 지원하는 정부 운영 패러다임의 일환으로 정부3.0이 출범하였다. 정부3.0이 제기된 배경으로는 정보통신기술(ICT)의 환경 변화로 인하여 정부 내부 및 정부 간 또는 민간과 개방·공유·소통·협력을 통하여 개인 맞춤형 서비스를 제공하고자 하는 것으로, 기하급수적으로 증가하는 데이터의 양과 IT 발달로 인한 빅데이터의 등장 이유를 들 수 있다.

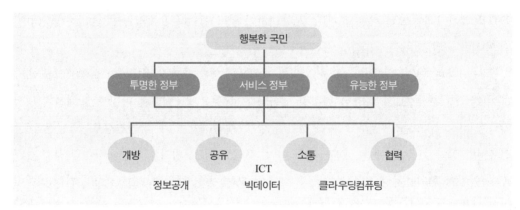

자료: 안전행정부(2014). 정부3.0 길라잡이.

[그림 1-10] 정부3.0 목표

1) 정부의 공공데이터 제공 현황

현 정부가 출범하면서 정부조직법에 의하여 정부조직을 15부 2처 18청에서 17부 3처 17청으로 개편하였다. [그림 1-11]은 17부 3처 17청의 공공데이터 제공 현황이다. 기획재정부, 미래창조과학부를 비롯한 17개 부처에서는 총 727건의 공공데이터를 서비스하고 있으며, 법제처, 국가보훈처, 식품의약품안전처에서는 총 49건의 공공데이터를 서비스하고 있다. 국세청, 관세청, 조달청을 비롯한 17개 청에서는 총 414건의 공공데이터를 홈페이지를 통하여 서비스하고 있다.

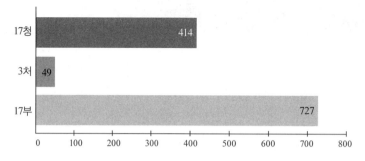

[그림 1-11] 17부 3처 17청의 공공데이터 제공 현황(2014. 03. 20. 기준)

2) 공공기관 및 지자체의 빅데이터 담당부서 및 업무현황

공공기관의 빅데이터 관련 조직을 개설한 기관은 [표 1-12]와 같다. 건강보험심사평가원 의료 정보지원센터는 건강보험심사평가원이 보유하고 있는 다양한 빅데이터를 기반으로 한 IT 인 프라 및 정보 활용을 적극 지원하고 보건의료산업 발전에 기여하는 것에 목적을 두고 있다. 공개용 데이터베이스 및 사용 유저 수를 확대하기 위한 인프라를 확장하였으며, 빅데이터 인 력 양성을 위한 교육 프로그램을 마련하였다.

국민건강보험공단 빅데이터 운영실은 2013년 9월 9일 건강보험 빅데이터 운영센터를 개소 하여 전국민 건강정보와 다양한 비정형 데이터를 융합한 빅데이터를 바탕으로 개인별 평생 맞춤형 건강서비스를 제공하고 관련 정보를 공개·개방하고 있다. 국민건강보험공단은 전국 민 5천만 명의 출생에서부터 사망까지 자격 및 보험료 자료, 병의원 이용내역과 건강검진 결 과, 가입자의 희귀난치성 질환 및 암등록정보 등 10년 동안 축적된 1조 3,034억 건의 빅데이 터를 보유하고 있다. 국민건강보험공단의 빅데이터 운영실에서는 대용량의 정형·비정형 데이 터를 처리할 수 있도록 지역별·질환별·연령군별·사업장별 다량의 건강정보를 가공 구축할 수 있도록 하였으며, 개인별·인구집단별로 다양한 맞춤형 건강관리서비스를 제공하고 있다.

한국전자통신연구원에서는 빅데이터 소프트웨어 연구소를 개설하여 빅데이터 관련 분야 소프트웨어 컴퓨팅 산업의 원천기술 개발사업을 담당하고 있다.

한국정보화진흥원은 빅데이터 전략센터를 개설하였는데, 빅데이터 기획부, 미래전략연구 부, 지식자원 활용부로 총 3개 부서로 구성되어 있으며, 빅데이터 사업 기획 및 정책 수립, 빅 데이터 컨설팅, 데이터 기반 아젠다 발굴 등의 업무를 담당하고 있다. 뿐만 아니라 빅데이터 분석 활용센터를 개설하여 빅데이터를 분석할 수 있는 인프라를 구축하고 다양한 분야에서 생산되는 데이터를 활용할 수 있도록 다양한 서비스를 제공하고 있다.

[표 1-12] 빅데이터 관련 부서 현황

관련 부처	부서명	담당업무
건강보험심사평가원	의료정보 지원센터	• 보건의료정보 공개 포털시스템 구축 운영 • 보건의료 빅데이터 전문 인력 발굴 및 양성 확대
국민건강보험공단	빅데이터 운영실	• 빅데이터 체계 및 구축, 데이터 관리 • 개인별 평생 맞춤형 건강서비스 제공
한국전자통신연구원 (ETRI)	빅데이터 소프트웨어 연구소	• 빅데이터 관련 분야 소프트웨어 컴퓨팅 산업 원천기술 개발사업 진행 등
한국정보화진흥원 (NIA)	빅데이터 전략센터	• 사업기획 및 정책수립 거버넌스 체계구축 운영 컨설팅 및 시범사업 발굴/추진 • 빅데이터 분석/유통기반 구축 • 국가DB 관련 정책 및 기본계획 수립지원, 법제도 연구 • 국가DB 확충, 품질, 성과관리 및 활용촉진, 국가DB 관련 방법론, 표준보급 등
	빅데이터 분석 활용센터	• 빅데이터 활용 스마트 서비스 시범사업 • 빅데이터 산업 생태계 조성 등 여건 조성 • 빅데이터 인력양성 지원

[표 1-13]은 지자체의 빅데이터 관련 부서 현황을 나타낸 것이다. 경기도청에서는 공공데이터 개방 추진 및 빅데이터 활성화를 추진하기 위해 정보화기획담당관실에서 운영하고 있다. 부산광역시청에서는 u-City 정보담당관 부서를 개설하여 정부3.0 관련 공공데이터를 총괄 관리 담당하고 있으며, 빅데이터 과제개발 발굴을 담당하고 있다. 부산 해운대구청에서는 빅데이터 분석팀을 개설하여 빅데이터 관련 자료 수집 및 과제개발을 하고 있으며, 타 기관과의 빅데이터 시스템 연계 추진을 위한 업무도 담당하고 있다. 광주광역시청에서는 빅데이터 관련 과제발굴 및 현황 조사업무를 맡고 있으며, 충청남도청 안전자치행정국에서는 충청남도의 빅데이터 관련 과제발굴을 위한 업무를 담당하고 있다.

[표 1-13] 지자체의 빅데이터 관련 부서 현황

지자체	부서명	팀원	담당업무
경기도	정보화기획관 정보서비스담당관	2	• 공공데이터 개방 추진 • 빅데이터 활용 및 활성화 추진
부산 해운대	빅데이터 분석팀	4	• 빅데이터 적용 업무 발굴 추진 및 수집 • 분석 정책방향 설정 및 빅데이터 시스템 구축 및 운영 • 타 기관 시스템 연계 추진 • 통계 전반의 통계연보 발간 및 행정지도 등
부산광역시	u-City 정보담당관	1	• 정부3.0부 총괄 (빅데이터 과제)
충청남도	안전자치행정국 정보화지원과	1	• 충남 공공데이터 관련 Open API 개발 • 공공데이터 보유현황 파악관리 및 시스템 연계사업 • 빅데이터 관련 과제발굴 및 지원 업무
광주광역시	기획조정실 정보화담당관	1	• 빅데이터 과제발굴 및 현황조사

7-2 빅데이터 관련 인력양성 현황

빅데이터 관련 시장의 지속적 성장과 더불어 대규모 데이터 속에서 새로운 가치를 창출하기 위하여 빅데이터 전문인력의 양성이 중요한 국가 경쟁력 중 하나로 부각되고 있다. 빅데이터 인력을 양성하기 위하여 기반역량, 기술역량, 분석역량, 사업역량으로 구분하여 전문적인 교육을 통한 인력 양성을 기대하고 있다. [표 1-14]는 국내 빅데이터 관련 인력을 양성하는 교육기관 현황이다. 국내에서는 총 13개 교육기관(가천대학교, 경북대학교, 국민대학교, 동국대학교, 서강대학교, 서울과학기술대학교, 서울대학교, 숙명여자대학교, 숭실대학교, 연세대학교, 울산과학기술대학원, 충북대학교, 한국과학기술원)에서 데이터 과학자를 양성하기 위한 빅데이터 커리큘럼을 개설하여 운영하고 있다.

[표 1-14] 국내 빅데이터 관련 학과 현황

대학교	학과
가천대학교	컴퓨터공학과
경북대학교	빅데이터 분석과
국민대학교	경영분석: 빅데이터 통계전공, 빅데이터 경영 MBA
동국대학교	글로벌 소셜 창의 인재양성 교육과정
서강대학교	정보통신대학원 정보서비스트랙
서울과학기술대학교	데이터사이언스 석사과정
서울대학교	빅데이터 MBA
숙명여자대학교	빅데이터융합 전공
숭실대학교	소프트웨어공학과
연세대학교	정보대학원 매경-연세대 빅데이터학과
울산과학기술대학원	비즈니스 분석과정
충북대학교	비즈니스 데이터 융합과정
한국과학기술원	지식서비스공학 전공

자료: 한국정보화진흥원(2014). 빅데이터 커리큘럼 참조 모델 Ver 1.0.

7-3 공개·개방된 빅데이터 현황

'공급자 위주'에서 '국민 중심' 정보 공개로 패러다임이 전환됨에 따라 공공정보가 민간의 창의성 및 혁신적인 아이디어와 결합하여 새로운 비즈니스를 창출할 수 있는 생태계 조성을 위해 많은 나라에서 공공정보의 공개를 추진하고 있다. 우리나라는 2011년 7월부터 정부와 공공기관이 보유한 데이터를 대대적으로 개방하여, 기관 간 공유는 물론 국민과 기업이 상업적으로 자유롭게 활용할 수 있도록 공공데이터 개방을 추진하고 있다. 공공데이터는 각 기관이 전자적으로 생성 또는 취득하여 관리하고 있는 모든 데이터베이스(DB) 또는 전자화된 파일로 범정부 차원에서 영리·비영리적 목적에 관계없이 개발·활용을 촉진하고 있다. 공공데이터 개방과 관련하여 2013년 10월 '공공데이터의 제공 및 이용 활성화에 관한 법률'이 제정·시행됨에 따라 각 부처별로 분야별 공공데이터의 공개와 효율적 활용방안을 모색하고 있다.

1) 국외 공공데이터 현황

월드와이드웹재단(World Wide Web Foundation)[44]에서 발표한 전 세계 77개국을 대상으로 한 공개데이터(open data) 현황보고서에 따르면, 1위 영국, 2위 미국, 3위 스웨덴, 4위 뉴질랜드, 5위 노르웨이, 덴마크, 7위 호주, 8위 캐나다, 9위 독일, 10위 프랑스, 네덜란드, 12위 한국순으로 나타났다. 2013년 10월 현재 공개되고 있는 공공데이터는 영국 15,769건, 미국 90,565건, 한국 7,822건으로 보고되었다.

Country	Rank	Readiness Sub-Index	Implementation Sub-Index	Impact Sub-Index	ODB Overall
United Kingdom	1	100.00	100.00	79.91	100.00
United States	2	95.26	96.67	100.00	93.38
Sweden	3	95.20	83.14	71.95	85.75
New Zealand	4	81.88	65.49	89.81	74.34
Norway	5	91.88	70.98	46.15	71.86
Denmark	5	83.54	70.20	55.73	71.78
Australia	7	87.88	64.71	51.19	67.68
Canada	8	79.11	63.92	51.59	65.87
Germany	9	74.50	63.14	53.81	65.01
France	10	79.39	64.31	39.07	63.92
Netherlands	10	85.92	67.06	21.42	63.66
Korea (Rep. of)	12	77.19	54.90	24.56	54.21
Iceland	13	62.99	52.94	26.45	51.01
Estonia	14	72.38	49.41	24.00	49.45
Finland	14	91.19	41.18	40.87	49.44
Japan	14	76.99	47.06	27.94	49.17

자료: http://www.opendataresearch.org/dl/odb2013/Open-Data-Barometer-2013-Global-Report.pdf

[그림 1-12] 국외 공공데이터 순위(2013년)

(1) 영국

영국의 공공데이터 포털(data.gov.uk)에서는 정부 지출, 매핑, 사회, 보건, 정부, 환경, 교육, 비즈니스 및 경제, 범죄 및 사법, 도시와 관련된 공공정보를 서비스하고 있다. 전체 15,769건의 데이터 중 보건분야는 1,686건(10.7%), 사회분야는 1,896건(12.0%)을 서비스한다.

---

44. 월드와이드웹재단(World Wide Web Foundation)은 월드와이드웹을 고안한 팀 버너스 리가 인터넷의 가치를 증진시키기 위하여 설립한 비영리재단이다.

[표 1-15] 영국의 Open Data DB 현황(2014년 2월 21일 기준)

분류	DB 구축 현황	분류	DB 구축 현황
정부 지출	2,462(15.6)	환경	3,282(20.8)
매핑	2,049(13.0)	교육	858(5.4)
사회	1,896(12.0)	비즈니스 및 경제	561(3.6)
보건	1,686(10.7)	범죄 및 사법	493(3.1)
정부	1,607(10.2)	도시	875(5.5)
자료: 영국 공공데이터 포털(data.gov.uk)		계	15,769(100.0)

(2) 미국

미국의 공공데이터 포털(data.gov)에서는 농업·소비자·교육·에너지·건강·공공안전 등의 분야별 공개데이터를 서비스한다. 포털을 통해 서비스하고 있는 데이터 세트는 총 90,565건이다. 특히, 보건 관련 분야의 오픈데이터는 별도의 사이트에서 서비스하고 있다. 보건분야의 경우 '미국 공공데이터(data.gov)'에서는 미국사회보건부(U.S. Department of Health and Human Service)에서 서비스하는 1,127개 데이터 세트를 구성하여 서비스하고 있으며, '보건 관련 공공데이터 제공 사이트(healthdata.gov)'에서 1,450개 데이터 세트를 별도로 주제별로 분류하여 제공한다.

[표 1-16] 미국 보건 관련 공공데이터 제공 사이트 DB 현황(2014년 2월 24일 기준)

분류	DB 구축 현황	분류	DB 구축 현황
Medicare	510(35.2)	질관리	14(1.0)
보건(건강)	174(12.0)	치료	13(0.9)
NNDSS	84(5.8)	투석설비 비교	11(0.8)
인구통계	74(5.1)	방문건강 비교	8(0.6)
공중보건	70(4.8)	건강통계	7(0.5)
병원 비교	55(3.8)	방문간호 비교	6(0.4)
관리	53(3.7)	보급	4(0.3)
사회/보건의료	52(3.6)	보건 및 휴먼 서비스	4(0.3)
기타	45(3.1)	흡연 및 니코틴 의존	4(0.3)
보건 및 휴먼 서비스	39(2.7)	분류체계	3(0.2)
안전	36(2.5)	메디케어 연락 관련	3(0.2)
의료인	33(2.3)	의사 비교	3(0.2)
어린이 건강	27(1.9)	임신 및 백신	1(0.1)
의료비용	25(1.7)	서비스	1(0.1)
Medicaid	25(1.7)	공급자	1(0.1)
의생명과학연구	20(1.4)	web metrics	1(0.1)
역학	17(1.2)	미분류	27(1.9)
자료: 미국 보건 관련 공공데이터 제공 사이트(healthdata.gov)		계	1,450(100.0)

(3) 일본

일본 정부의 빅데이터 추진전략은 2013년 6월 고도 정보통신 네트워크 사회추진전략본부[약칭 IT종합전략본부(본부장: 수상)]가 발표한 '세계 최첨단 IT 국가창조선언'(이하 '창조적 선언')의 공정표에 잘 나타나 있다. IT종합전략본부는 IT 정보자원을 활용하여 미래를 창조하는 국가비전으로서 '창조적 선언'(2013년 6월 14일 내각 결정)을 수립했다. 이 선언에는 향후 2020년까지 세계 최고 수준의 IT 활용 사회 실현을 목표로 ① 혁신적인 신산업·신서비스의 창출과 전체 산업의 성장을 촉진하는 사회의 실현, ② 국민이 건강하고, 안심하고 쾌적하게 생활하는 세계에서 가장 안전하고 재해에 강한 사회의 실현, ③ 공공서비스를 누구나 언제 어디서나 원스톱으로 받을 수 있는 사회의 실현의 3개 항목에 대한 지향해야 할 사회 모습을 제시하였다. 이 공정표는 어느 부처가 언제까지 구체적으로 무엇을 실시하는지를 밝히고, 각 부처 간 연계가 필요한 시책에 대해서는 개별 역할분담과 달성해야 할 사항을 명확히 하여 꾸준히 구체적인 성과로 연결시키는 것을 목적으로 책정한 것이다. 공정표에는 '창조적 선언'에 나타난 전략과 목표에 대해 단기·중기·장기(표 1-17)로 나누어 각 부처가 실시할 시책이 명시되어 있다. 오픈데이터·빅데이터 활용의 추진 시책은 상기의 첫 번째 목표인 '혁신적인 신산업·신서비스의 창출과 전체 산업의 성장을 촉진하는 사회의 실현'이 제시되었으며, 다음은 단기·중기·장기별로 나누어 추진할 계획이다.[45]

[표 1-17] 일본의 빅데이터 장기 추진계획 (2019~2021년)

계획	세부계획
제도정비	IT종합전략본부 이래 설치된 새로운 검토 조직에시 정리된 제도 재검토의 방침에 따라 국제협력도 배려하면서 각 시책을 실시한다(내각관방, 관계부처).
활용촉진	각 분야(지역 활성화, 대중교통, 방재, 의료·건강, 에너지 등)의 실증 프로젝트 등의 성과를 살려, 새로운 서비스의 창출을 촉진한다(내각관방, 내각부, 총무성, 후생노동성, 농림수산성, 경제산업성, 국토교통성, 문부과학성).
인재육성	새로운 서비스, 새로운 사업전략 입안과 신기술 창출에 빅데이터를 활용할 수 있는 인재(데이터 사이언티스트 등) 육성에 착수한다(문부과학성).
기술개발	빅데이터의 활용을 촉진하기 위해 데이터 및 네트워크의 안전성·신뢰성 향상 및 상호 운용성 확보, 대규모 데이터의 축적·처리기술의 고도화 등 공통기술의 조기 확립을 도모함과 동시에 새로운 비즈니스, 새로운 서비스의 창출로 이어지는 새로운 데이터 활용기술의 연구개발 및 그 활용을 추진한다. 구체적으로는 데이터 활용기술(수집·전송, 처리, 활용·분석 등)에 대한 각 부처의 역할을 명확히 하고 나아가 각 부처가 연계하여 다른 목적으로 수집된 다양한 데이터에서 유용한 정보·지식을 실시간으로 추출할 수 있는 기술을 실용화하고, 정보를 유통·순환시켜 분야의 경계를 넘어 정보가 활용됨으로써 신사업, 신서비스의 창출을 촉진한다(총무성, 문부과학성, 경제산업성)

자료: 高度情報通信ネットワーク社会推進戦略本部. 世界最先端IT国家創造宣言工程表. 2013. 6. 14.

---

45. 송태민·박대순·진달래·이중순·안지영(2013). 인터넷 건강정보게이트웨이 시스템 구축 및 운영. 한국보건사회연구원.

(4) 뉴질랜드[46]

뉴질랜드의 공공데이터 포털(data.govt.nz)에서는 농업, 산림 및 어업, 예술·문화유산, 건축구조 및 주택, 무역 및 산업, 교육, 근로자, 에너지, 환경보전, 국가재정·세금 및 경제, 보건, 사회 공공기반시설, 인구 및 사회, 과학 및 연구 등으로 분류하여 현재 2,423개의 데이터 세트를 구성하여 서비스를 제공한다.

[표 1-18] 뉴질랜드 Open Data DB 현황

분류	DB 구축 현황	분류	DB 구축 현황
농업, 산림 및 어업	15(0.62)	land	1737(71.69)
예술, 문화유산	8(0.33)	지방 및 지역정부	9(0.37)
건축구조 및 주택공급	13(0.54)	Maori and Pasifika	7(0.29)
무역 및 산업	37(1.53)	이민	2(0.08)
교육	25(1.03)	인구 및 사회	38(1.57)
근로자	17(0.70)	과학 및 연구	13(0.54)
에너지	17(0.70)	국가 공무 성과	144(5.94)
환경보전	52(2.15)	관광	13(0.54)
국가재정 및 세금	186(7.68)	운송	24(0.99)
보건	46(1.90)	장관 내각 및 포트폴리오	2(0.08)
사회 공공기반시설	4(0.17)	미분류	5(0.21)
형평성	9(0.37)	계	2,423(100.0)

(5) 캐나다[47]

캐나다 정부는 2011년 3월 18일 세 가지 주요 공개정책(공개정보, 공개 데이터, 열린 대화)에 따라 공공데이터에 대한 이니셔티브를 발표했다. 지방정부별로 공공정보 제공 사이트를 별도로 운영하고, 정보공개에 대한 접근성을 강화하고 있다. 2011년 공개 데이터에 대한 이니셔티브에 따라 공공데이터 포털이 운영되고 있으며, 19개 분류체계에 의하여 244,617건의 데이터 세트를 구축하여 제공한다.

　　공공데이터(data.gc.ca/eng) 포털에서는 기관별, 데이터 타입별, 제공하는 데이터의 파일 형태별(엑셀, PDF, XML 등), 키워드별(Tag), 주제별, 라이센스 여부 등으로 데이터를 분류하여 서비스하고 있다. [표 1-19]는 캐나다 오픈데이터 포털에서 제공하는 주제별 분류에 따른 DB 현황이다. 기술, 자연 및 환경, 과학기술, 사회 및 문화, 건강 및 안전, 법 등으로 분류하여 DB를 제공한다.

---

46. 뉴질랜드 공공데이터 포털(data.govt.nz). 2014/02/25

47. 캐나다 공공데이터: http://data.gc.ca/eng/canadas-action-plan-open-goverment. 2014/03/27

[표 1-19] 캐나다 Open Data 주제별 분류에 의한 DB 현황

분류	DB 구축 현황	분류	DB 구축 현황
기술	175,626(71.80)	노동	395(0.16)
자연 및 환경	31,089(12.71)	교육 및 훈련	222(0.09)
과학기술	27,177(11.11)	정보통신	198(0.08)
경제 및 산업	3,895(1.59)	법	101(0.04)
사람	1,539(0.63)	미술, 음악, 문학	23(0.01)
농업	1,311(0.54)	역사 및 고고학	12(0.00)
사회 및 문화	1,198(0.49)	군	8(0.00)
건강 및 안전	630(0.26)	프로세스	7(0.00)
정부 및 정치	626(0.26)	언어 및 언어학	6(0.00)
교통수단	554(0.23)	계	244,617(100.0)

(6) 싱가포르[48]

싱가포르 공공데이터 포털(data.gov.sg)에서는 제공 기관별, 주제별로 데이터를 분류하여 서비스를 제공하고 있으며, 제공하는 파일은 XLS, CSV 형태로 지원한다. 싱가포르 오픈데이터 포털에서는 [표 1-20]과 같이 농업, 가축 생산 및 어업, 경영통계, 교육, 환경, 보건 등 주제별로 38가지로 분류하여 총 8,836건의 데이터 세트를 구성하여 서비스를 제공하고 있다.

[표 1-20] 싱가포르 Open Data 주제별 분류에 의한 DB 현황

분류	DB 구축 현황	분류	DB 구축 현황
농업, 가축 생산 및 어업	46(0.5)	노동	117(1.3)
투자 및 국제무역, 지불 균형	1750(19.8)	노동비용	20(0.2)
금융, 보험 및 재정통계	715(8.1)	(시설 등의)위치	21(0.2)
경영통계	652(7.4)	거시경제 통계	61(0.7)
건축업	93(1.1)	제조업	974(11.0)
문화 및 휴양	30(0.3)	Planning Cadastre	2(0.0)
국민경제 계정	560(6.3)	인구 및 가구 특성	534(6.0)
경제	2(0.0)	물가	1047(11.8)
교육	396(4.5)	공공재정	93(1.1)
에너지	67(0.8)	과학기술 및 혁신	42(0.5)
환경	139(1.6)	사회	21(0.2)
농업	7(0.1)	공동체 및 시민사회	53(0.6)
보건	324(3.7)	구조	8(0.1)
가구소득 및 가구비용	20(0.2)	관광여행	9(0.1)
주택 및 도시계획	249(2.8)	수송	24(0.3)
Imagery Basemap Earth Cover	42(0.5)	운송 및 입고	122(1.4)
MDG 지표	1(0.0)	유틸리티 통신	2(0.0)
정보사회	284(3.2)	기타	11(0.1)
Justice, Crime and Crisis Management	69(0.8)	기타 서비스	229(2.7)
		계	8,836(100.0)

자료: 싱가포르 open data(data.gov.sg)

---

48. 싱가포르 공공데이터(data.gov.sg). 2014/02/25

(7) 독일

독일은 공공데이터 공개를 위하여 정보기술계획위원회(IT Planning Council)에서 국가 수준의
데이터와 지방 연방 수준의 데이터를 통합 게재하는 포털을 제안하여 2013년 1월부터 1년간
시범운영을 하였다.

독일은 정부 스스로가 '정보 공개'라는 정치적 의미를 공개적으로 밝히는 것이 필요하다
고 인식하고 데이터 공개를 위하여 '열린 정부' 전략을 필수조건으로 내걸었다. 열린 정부 전
략으로는 투명성, 협력, 참여를 내걸고 행정기관·정치기관·시민사회·기업 등이 오픈데이터
네트워크를 형성해 나갈 수 있도록 환경을 조성하였다(그림 1-13 참조).

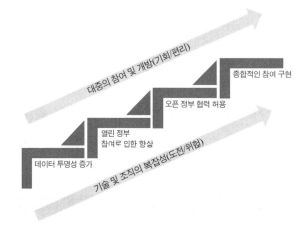

자료: Bundesministerium des Innern, Open Government Data Deutschland, 2012.

[그림 1-13] 독일 공공데이터 공개를 위한 '열린 정부' 구현 모델

독일 공공데이터 포털(govdata.de)에서는 데이터를 주제별, 주요 키워드별, 자료 개방 분류
별(무료/사용 제한), 제공 데이터 형식(HTML/WMS/지도/CSV/XLS 등)으로 분류하여 서비스를
제공하고 있다. [표 1-21]은 독일의 주제별 분류에 의한 DB 현황으로, 전체 12,298건의 데이
터 세트 중 건강 관련 DB는 104건을 제공한다.

[표 1-21] 독일 Open Data 주제별 분류에 의한 DB 현황

분류	DB 구축 현황	분류	DB 구축 현황
인프라, 건설 및 주택	2,894(23.5)	소비자 보호	433(3.5)
지리	2,874(23.4)	공공행정 및 예산/세금	218(1.8)
인구	2,203(17.9)	건강	104(0.8)
교육 및 과학	1,760(14.3)	문화, 휴양, 스포츠, 관광	70(0.6)
경제 및 고용	668(5.4)	수송 및 교통	60(0.5)
환경 및 기후	483(3.9)	정치 및 선거	42(0.3)
사회	481(3.9)	법	8(0.1)
		계	12,298(100.0)

(8) 호주

호주는 정부2.0을 통한 정보 개방 및 투명한 문화로의 전환 및 시민과의 협력 강화를 목표로 공공데이터(data.gov.au) 웹사이트를 개설하여 운영하고 있다.[49] 128개 정부기관에서 데이터 세트 정보를 제공받아 25개 그룹으로 분류하여 정보를 서비스하고 있으며 지속적인 정보공개 요구를 통해 데이터를 접수받고 있다.

호주 공공데이터 포털(data.gov.au)에서는 사업지원 및 규정, 사회기반시설, 커뮤니케이션, 군사안보, 커뮤니티 서비스, 문화업무, 환경, 교육 및 훈련, 고용, 거버넌스, 보건의료, 재무관리, 토착업무, 국제규정, 이민, 해상서비스, 천연자원, 사법행정, 1차산업, 보안, 과학, 스포츠 및 레크리에이션, 관광, 무역, 운송 등으로 분류하여 데이터 세트를 제공하고 있다(표 1-22 참조).

[표 1-22] 호주 Open Data 주제별 분류에 의한 DB 현황

분류	DB 구축 현황	분류	DB 구축 현황
사업지원 및 규정	69(11.7)	국제규정	-
사회기반시설	-	이민	-
커뮤니케이션	15(2.5)	해상서비스	-
군사안보	-	천연자원	-
커뮤니티 서비스	133(22.5)	사법행정	-
문화업무	19(3.2)	1차산업	-
환경	66(11.2)	보안	-
교육 및 훈련	13(2.2)	과학	92(15.6)
고용	10(1.7)	스포츠 및 레크리에이션	50(8.5)
거버넌스	-	관광	6(1.0)
보건의료	37(6.3)	무역	-
재무관리	53(9.0)	운송	24(4.1)
토착업무	3(0.5)	계	590(100.0)

2) 국내 공공데이터 현황

우리나라는 공공데이터를 공공데이터 포털(data.go.kr)에서 공개하고 있으며, 2014년 6월 30일 현재 698개의 기관에서 9,378건의 데이터 세트를 제공하고 있다. 전체 데이터 중 보건/복지 분야 데이터는 15.9%이다. 보건분야 700건, 복지분야 771건으로 총 1,471건의 공공데이터를 제공한다(표 1-23 참조). 이 데이터 중 지방자치단체에서 제공하는 DB는 전체의 73.6%를 차지

---

49. 한국정보화진흥원(2010). Gov 2.0 시대의 공공정보 및 공공서비스 활성화 전략. CIO Report.

하며, 1,082건의 데이터 세트를 제공하고 있다. 공공기관에서는 224건, 국가행정기관에서는 150건, 정부투자기관에서는 15건의 데이터 세트를 제공한다. [표 1-24]는 공공데이터를 제공하는 서비스 유형으로, 다운로드 서비스가 857건으로 가장 높았으며, 링크 서비스도 507건으로 높게 나타났다.

[표 1-23] 보건복지분야 제공주체별 공공데이터 자료 현황(2014. 06. 30. 기준)

구분		공공기관[1]	국가 행정기관[2]	정부 투자기관[3]	지방 자치단체	계
보건	건강보험	43			2	45
	보건의료	41	52	1	355	449
	식품의약안전	2	55		149	206
복지	공적연금	23				23
	기초생활보장		1		26	27
	노동	47	20	1	7	75
	노인·청소년	7	1	3	126	137
	사회복지보건의료	2	3	4	86	95
	보육·가족 및 여성	2	1		1	4
	보훈	13	1		29	43
	사회복지일반	39	14	1	222	276
	주택	1	1	5	36	43
	취약계층지원	4	1		43	48
계		224	150	15	1,082	1,471
		(15.2)	(10.2)	(1.0)	(73.6)	(100.0)

[1] 공공기관(총 37개 기관): (재)한국장애인개발원, 공무원연금공단, 국가보훈처, 국립암센터, 국립중앙의료원, 국민건강보험공단, 국민연금공단, 근로복지공단, 노사발전재단, 대한적십자사, 대한주택보증주식회사, 도로교통공단, 중소기업기술정보진흥원, 축산물품질평가원, 한국건강증진재단, 한국고용정보원, 한국과학기술정보연구원, 한국광해관리공단, 한국국제보건의료재단, 한국노인인력개발원, 한국보건복지정보개발원, 한국보건산업진흥원, 한국보건의료인국가시험원, 한국보훈복지의료공단, 한국사회복지협의회, 한국사회적기업진흥원, 한국산업인력공단, 한국양성평등교육진흥원, 한국장애인고용공단, 한국청소년정책연구원, 한국환경공단, 건강보험심사평가원, 국민건강보험공단, 국립암센터, 대한적십자사, 한국보훈복지의료공단, 한국산업안전보건공단

[2] 국가행정기관(총 12개 기관): 고용노동부, 국가보훈처, 국세청, 국토교통부, 병무청, 보건복지부, 식품의약품안전처, 안전행정부, 여성가족부, 중소기업청, 질병관리본부, 특허청

[3] 정부투자기관(총 7개 기관): (재)한국보육진흥원, 서울시복지재단, 울산광역시도시공사, 인천광역시의료원, 코레일네트웍스, 한국청소년활동진흥원, 한국토지주택공사

[표 1-24] 보건복지분야 공공데이터 서비스 제공 유형 현황(2014. 06. 30. 기준)

서비스 제공 현황		보건	복지	계
단수	LINK[1]	241	266	507
	OPEN API	22	16	38
	다운로드	393	464	857
복수	그리드, 다운로드, OPEN API	25	16	41
	다운로드, LINK[1]	14	3	17
	분류 없음	5	6	11
계		700	771	1,471

[1] 개방 예정 자료 포함.

3) 시사점

우리나라는 공공데이터를 공공데이터 포털을 통해 제공한다. 제공하는 서비스 유형은 대부분 다운로드나 링크서비스이고, 빅데이터 유형도 문서파일이나 통계표 위주의 2차 자료이다. 따라서 정부가 요구하는 민간의 창의성 및 혁신적 아이디어를 결합하기 위한 공공데이터로는 미흡한 실정이다. 다시 말해 익명화된 원시정보(1차 자료)가 제공되어야 민간이 가진 소셜빅데이터와의 연계가 가능한데, 2차 자료로는 새로운 비즈니스를 창출하기 어려울 것이다.

공공데이터 포털에서 제공하는 오픈 API는 총 1,471건이고 이 중 보건복지분야는 100건이다. 대부분의 오픈 API는 지자체의 병의원·의원·약국 조회서비스를 제공하고, 식품의약품안전 오픈 API는 모범음식점·화학물질·식품정보 등을 복지분야는 복지시설 관련 정보(주소, 서비스 내용) 등을 제공한다. 공공데이터 활용사례는 311건이고 이 중 보건복지분야 활용사례는 50건이다.

보건분야는 의료기관의 위치정보와 진료과목, 예방접종 등에 대한 애플리케이션을 제공하며, 복지분야는 사회복지시설정보, 봉사활동 종합정보, 노인일자리 정보 등을 제공한다. 현재 제공 중인 공공데이터는 공공기관의 포털에서 제공 중인 서비스가 대부분을 차지하며, 행정자료로 자동 취합되는 원시자료의 실시간 제공은 매우 미흡한 실정이다. 따라서 보건복지빅데이터를 활용하기 위해서는 현재 공공기관의 포털에서 제공되는 정보의 원시정보를 실시간으로 제공할 수 있는 방안이 마련되어야 할 것으로 본다.

보건복지분야는 다른 분야보다 공공데이터와 수요자 간의 밀접한 관계가 요구된다. 수요자 중심의 보건복지 공공데이터를 제공하기 위해서는 보건복지부 내 관련 부서, 타 부서 및 지자체, 관련 기관 간의 공공데이터 조정 및 연계를 위한 컨트롤타워의 구축이 필요할 것이다.

끝으로 정부와 공공기관이 보유·관리하고 있는 빅데이터는 통합방안보다는 각각의 빅데이터의 집단별 특성을 분석하여 위험(또는 수요)집단 간 연계를 통한 예측(위험예측 또는 질병예측 등) 서비스가 제공되어야 할 것이다. 즉, 빅데이터 분석을 통한 개인별 맞춤형 서비스는 프라이버시를 침해할 수 있기 때문에 위험(또는 수요)집단별 맞춤형 서비스가 제공되어야 할 것이다.

2장

빅데이터 연구방법론

● 주요 내용 ●
1. 과학적 연구설계
2. 표본추출과 가설검정
3. 통계분석
4. 구조방정식모형
5. 다층모형

세상은 하루가 다르게 복잡해지면서 우리 인간들의 활동 결과로 쌓이는 데이터의 양도 계속 증가하고 있다. 특히, 모바일 인터넷과 소셜미디어의 확산으로 데이터의 양이 기하급수적으로 증가하여 데이터가 경제적 자산이 될 수 있는 빅데이터(big data) 시대에는 데이터를 분석하여 문제를 해결할 수 있는 역량이 연구자의 핵심 경쟁력이 되고 있다. 빅데이터를 분석하여 다양한 사회현상을 탐색·기술하고 인과성을 발견하여 미래를 예측하기 위해서는 과학적인 연구방법이 필요하다.

빅데이터는 기존의 관리·분석 체계로는 감당할 수 없을 정도의 방대한 분량의 데이터로 이와 같이 복잡하고 다양한 사회현상 데이터를 관리하고 분석할 수 있는 능력을 가진 데이터 사이언티스트의 역할은 그 중요성을 더해 가고 있다. 따라서 연구자는 수많은 온·오프라인 빅데이터에서 새로운 가치를 찾기 위해서는 끊임없이 과학적·창조적인 탐구과정을 거쳐야 한다. 본 장에서는 빅데이터를 분석하기 위해 데이터 사이언티스트가 습득해야 할 기본적인 과학적 연구방법에 관한 지식을 소개한다.

1-1 과학적 연구설계

과학(science)은 사물의 구조·성질·법칙 등을 관찰 가능한 방법으로 얻어진 체계적·이론적 지식의 체계를 말하며, 자연과학은 인간에 의해 나타나지 않은 모든 자연현상을 다루고, 사회과학은 인간의 행동과 그들이 이루는 사회를 과학적인 방법으로 연구한다(위키백과, 2014. 8. 2). 과학적 지식의 습득방법은 현상에 대한 문제를 개념화하고 가설화하여 검정하는 단계를 거쳐야 한다. 즉, 과학적 사고를 통하여 문제를 해결하기 위해서는 논리적인 설득력과 경험적 검정을 통하여 추론해야 한다. 과학적인 추론방법으로는 연역법과 귀납법이 있다. 과학적 연구설계를 하기 위해서는 사회현상에 대한 문제를 제기하고 연구목적과 연구주제를 설정한 후, 문헌고찰을 통해 연구모형과 가설을 도출한다. 그리고 조사설계와 측정도구를 개발하고 표본추출 후 자료수집 및 분석과정을 거쳐 결론에 도달해야 한다.

[표 2-1] 연역법과 귀납법

과학적 추론방법	정의 및 특징
연역법	• 일반적인 사실이나 기존 이론에 근거하여 특수한 사실을 추론하는 방법이다. • '이론→가설→사실'의 과정을 거친다. • 이론적 결과를 추론하는 확인적 요인분석의 개념이다. • 예: '모든 사람은 죽는다→소크라테스는 사람이다→그러므로 소크라테스는 죽는다'
귀납법	• 연구자가 관찰한 사실이나 특수한 경우를 통해 일반적인 사실을 추론하는 방법이다. • '사실→탐색→이론'의 과정을 거친다. • 잠재요인에 대한 기존의 가설이나 이론이 없는 경우 연구의 방향을 파악하기 위한 탐색적 요인 분석의 개념이다. • 예: '소크라테스도 죽고 공자도 죽고 ○○○ 등도 죽었다→이들은 모두 사람이다→그러므로 사람은 죽는다'

1-2 연구의 개념

개념은 어떤 현상을 나타내는 추상적인 생각으로, 과학적 연구모형의 구성개념(construct)으로 사용되며 연구방법론상의 개념적 정의와 조작적 정의에 의해 파악할 수 있다.

[표 2-2] 연구의 개념

구분	정의 및 특징
개념적 정의 (conceptual difinition)	• 연구하고자 하는 개념에 대한 추상적인 언어적 표현으로 사전에 동의된 개념이다. • 예: 자아존중감
조작적 정의 (operational definition)	• 개념적 정의를 실제 관찰(측정) 가능한 현상과 연결시켜 구체화시킨 진술이다. • 예(자아존중감: Rosenberg Self Esteem Scales) 나는 내가 다른 사람들처럼 가치 있는 사람이라고 생각한다. 니는 좋은 성품을 기졌다고 생각힌디. 나는 대체적으로 실패한 사람이라는 느낌이 든다. 나는 대부분의 다른 사람들과 같이 일을 잘할 수가 있다. 나는 자랑할 것이 별로 없다. 나는 내 자신에 대하여 긍정적인 태도를 가지고 있다. 나는 내 자신에 대하여 대체로 만족한다. 나는 내 자신이 좀 더 존경할 수 있었으면 좋겠다. 나는 가끔 내 자신이 쓸모없는 사람이라는 느낌이 든다. 나는 때때로 내가 좋지 않은 사람이라고 생각한다.

1-3 변수의 측정

과학적 연구를 위해서는 적절한 자료를 수집하고, 수집한 자료가 통계분석에 적합한지를 파악해야 한다. 측정(measurement)은 경험적으로 관찰한 사물과 현상의 특성에 대해 규칙에 따라 기술적으로 수치를 부여하는 것을 말한다. 측정규칙, 즉 척도는 일정한 규칙을 가지고 관찰대상이 가지는 속성의 질적 상태에 따라 값(수치나 수)을 부여하는 것이다(김계수, 2013: p. 119). 변수(variable)는 측정한 사물이나 현상에 대한 속성 또는 특성으로서 경험적 개념을 조작적으로 정의하는 데 사용할 수 있는 하위 개념을 말한다.

1) 척도

척도(scale)는 변수의 속성을 구체화하기 위한 측정단위로, 측정의 정밀성에 따라 크게 명목척도, 서열척도, 등간척도, 비율(비)척도로 분류한다.

[표 2-3] 척도

구분	정의 및 특징
명목척도 (nominal scale)	• 변수를 범주로 구분하거나 이름을 부여하는 것으로 변수의 속성을 양이 아니라 종류나 질에 따라 나눈다. • 예: 주거지역, 혼인상태, 종교, 질환 등
서열척도 (ordinal scale)	• 변수의 등위를 나타내기 위해 사용되는 척도로, 변수가 지닌 속성에 따라 순위가 결정된다. • 예: 학력, 사회적 지위, 공부 등수, 서비스 선호순서 등
등간척도 (interval scale)	• 자료가 가지는 특성의 양에 따라 순위를 매길 수 있다. • 동일 간격에 대한 동일 단위를 부여함으로써 등간성이 있고 임의의 영점과 임의의 단위를 가지며 덧셈법칙은 성립하나 곱셈법칙은 성립하지 않는다(성태제, 2008: p. 22) • 예: 온도, IQ점수, 주가지수 등
비율(비)척도 (ratio scale)	• 등간척도의 특수성에 비율개념이 포함된 것으로 절대영점과 임의의 단위를 지니고 있으며 덧셈법칙과 곱셈법칙 모두 적용된다. • 예: 몸무게, 키, 나이, 소득, 매출액 등

척도는 속성에 따라 [그림 2-1]과 같이 정성적 데이터와 정량적 데이터로 구분하기도 한다.

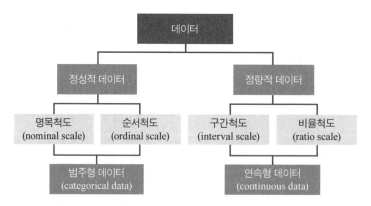

[그림 2-1] 척도의 속성에 따른 데이터의 분류

척도는 측정을 위한 도구로 사회과학에서는 다양한 변수들이 여러 차원으로 구성되어 단일 문항으로 측정하기 어렵다. 사회과학분야에서 많이 사용되는 측정방법으로는 리커트 척도(Likert scale), 보가더스의 사회적 거리척도(Bogardus social distance scale), 어의차이척도(semantic differential scale), 서스톤 척도(Thurstone scale), 거트만 척도(Guttman scale) 등이 있다.

[표 2-4] 척도의 구성유형

구분	정의 및 특징							
리커트 척도	• 문항끼리의 내적 일관성을 파악하기 위한 척도로, 찬성이나 반대의 상대적인 강도를 판단할 수 있다. • 유헬스 기기의 서비스 질 평가를 위한 측정사례							
	유헬스를 이용한 건강관리서비스를 통해 느낀 서비스의 질에 관한 질문이다.	전혀 그렇지 않음 ··· ··· ··· 매우 그러함 ① ② ③ ④ ⑤ ⑥ ⑦						
	1. 유헬스는 적당한 건강관리서비스를 해준다.							
	2. 유헬스는 건강관리에 많은 콘텐츠를 제공한다.							
	3. 유헬스 기기의 측정값은 신뢰할 수 있다.							
보가더스 사회적 거리척도	• 사회관계에서 다른 유형의 사람들과 친밀한 사회적 관계를 측정하는 척도이다. • 에볼라 바이러스 감염 나라에 대한 보가더스 사회적 거리 측정사례							
	1. 귀하는 귀하의 나라에 에볼라 바이러스 감염 나라의 사람이 방문하는 것을 허용하겠습니까? 2. 귀하는 귀하의 나라에 에볼라 바이러스 감염 나라의 사람이 사는 것을 허용하겠습니까? 3. 귀하는 같은 직장에 에볼라 바이러스 감염 나라의 사람이 일하는 것을 허용하겠습니까? 4. 귀하는 이웃에 에볼라 바이러스 감염 나라의 사람이 사는 것을 허용하겠습니까?							
어의차이척도	• 척도의 양극점에 서로 상반되는 형용사나 표현을 제시하여 측정하는 방법이다. • 현재 사용하고 있는 유헬스 기기의 품질 평가를 위한 측정사례							
	귀하가 이용 중인 유헬스 기기의 품질을 평가해 주시기 바랍니다. 　　　　　　+3　+2　+1　0　−1　−2　−3 ① 경제적이다.　---　---　---　---　---　---　---　경제적이지 않다. ② 믿을 만하다.　---　---　---　---　---　---　---　믿지 못한다. ③ 정확하다.　---　---　---　---　---　---　---　정확하지 않다. ④ 편리하다.　---　---　---　---　---　---　---　불편하다.							
서스톤 척도	• 측정변수를 나타내는 지표들 사이에 경험적 구조를 발견하려는 측정방법이다. • 일련의 자극에 대하여 피험자의 주관적인 양적 판단에 의존하는 방법이다(김은정, 2007: p. 305). • 서스톤 척도의 측정값은 응답자(평가자)가 찬성하는 모든 문항의 가중치를 합하여 평균을 계산한다. • 개인주의 가치에 대한 서스톤 척도의 측정사례(김은정, 2007: p. 306)							
	가중치 문항 (1.1) 사회의 의사를 받아들이기 위해 개인의 의사를 억압하는 것은 자신의 숭고한 목적을 성취하는 일이다. (8.9) 타인의 요구를 흔쾌히 수용하면 자기 개성을 희생시키게 된다. (10.4) 능력의 한계까지 자기발전을 이루려고 하는 것은 인간존재의 주된 목적이다.							
거트만 척도	• 어떤 태도나 개념을 측정할 수 있는 질문들을, 질문의 강도에 따라 순서대로 나열할 수 있는 경우에 적용되며 누적척도법(cumulative scale)이라고 부른다. • 가장 강도가 강한 질문에 긍정적인 응답을 하였다면, 나머지 응답에도 긍정적인 대답을 하였다고 본다. • 거트만 척도는 해당 연구에 대한 경험적 관찰을 통하여 구성되며 척도구성의 정확도는 재생계수(coefficient of reproduction)로 산출한다.							
	1. 당신은 담배를 피우십니까? 2. 당신은 하루에 담배를 반 갑 이상 피우십니까? 3. 당신은 하루에 담배를 한 갑 이상 피우십니까?							

2) 변수

변수(variable)는 상이한 조건에 따라 변하는 모든 수를 말하며 최소한 두 개 이상의 값(value)을 가진다. 변수와 상반되는 개념인 상수(constant)는 변하지 않는 고정된 수를 말한다. 변수는 변수 간의 인과관계에 따라 독립변수·종속변수·매개변수·조절변수로 구분하며 속성에 따라 질적 변수와 양적 변수로 구분한다.

독립변수(independent variable)는 다른 변수에 영향을 주는 변수를 나타내며 예측변수(predictor variable), 설명변수(explanatory variable), 원인변수(cause variable), 공변량 변수(covariates variable)라고 부르기도 한다. 종속변수(dependent variable)는 독립변수에 의해 영향을 받는 변수로 반응변수(response variable) 또는 결과변수(effect variable)를 말한다. 매개변수(mediator variable)는 독립변수와 종속변수 사이에서 독립변수의 결과인 동시에 종속변수의 원인이 되는 변수를 말하며, 연구에서 통제되어야 할 변수를 말한다. 따라서 매개효과는 독립변수와 종속변수 사이에 제3의 매개변수가 개입될 때 발생한다(Baron & Kenny, 1986). 조절변수(moderation variable)는 변수의 관계를 변화시키는 제3의 변수가 있는 경우로, 변수 간(예: 독립변수와 종속변수 간)의 관계의 방향이나 강도에 영향을 줄 수 있는 변수를 말한다. 질적 변수(qualitative variable)는 분류를 위하여 용어로 정의되는 변수이며, 양적 변수(quantitative variable)는 양의 크기를 나타내기 위하여 수량으로 표시하는 변수를 말한다(성태제, 2008: p. 26). 예를 들어, 알코올 의존이 삶의 만족도로 가는 경로에 우울감이 영향을 미치고 있다면 독립변수는 알코올 의존, 종속변수는 삶의 만족도, 매개변수는 우울감이 된다. 스트레스에서 자살로 가는 경로에서 남녀 집단 간 차이가 있다고 하면, 스트레스는 독립변수, 자살은 종속변수, 성별은 조절변수가 된다.

1-4 분석단위

분석단위는 분석수준이라고 부르며 연구자가 분석을 위하여 직접적인 조사대상인 관찰단위를 더욱 세분화하여 하위단위로 나누거나 상위단위로 합산하여 실제 분석에 이용하는 단위로, 자료분석의 기초단위가 된다(박정선, 2003: p. 286). 분석단위는 표본추출이 되는 모집단의 최소단위로 개인, 집단 혹은 특정 조직이 될 수 있다(김은정, 2007: p. 46). 연구를 수행하는 과정에서 분석단위를 잘못 선정하거나 조사결과에 대해 해석을 잘못하거나 조사결과로부터 그릇된 결론을 내리는 오류를 범할 수 있다(이주열 외 2013: p. 79). 분석단위에 대한 잘못된 추론으로는 생태학적 오류(ecological fallacy), 개인주의적 오류(individualistic fallacy), 환원주의적 오류(reductionism fallacy) 등이 있다. 생태학적 오류는 집단 내 집단의 특성에 근거하여 그 집단에 속한 개인의 특성을 추정할 때 범할 수 있는 오류이다(예: 천주교 집단의 특성을 분석한 다음 그 결과를 토대로 천주교도 개개인의 특성을 해석할 경우). 개인주의적 오류는 생태학적 오류와 반대로 개인을 분석한 결과를 바탕으로 개인이 속한 집단의 특성을 추정할 때 범할 수 있는 오류이다(예: 어느 사회 개인들의 질서의식이 높은 것으로 나타났다고 해서 바로 그 사회가 질서 있는 사회라고 해석하는 경우). 환원주의적 오류는 개인주의적 오류가 포함된 개념으로, 광범위한 사회현상을 이해하기 위해 개념이나 변수들을 지나치게 한정하거나 환원하여 설명하는 경향을 말한다(예: 심리학자가 사회현상을 진단하는 경우 심리변수는 물론 경제변수, 정치변수 등 다각적으로 분석해야 하는데 심리변수만으로 사회현상을 진단하는 경우). 따라서 개인주의적 오류는 분석단위에서 오는 오류이고, 환원주의적 오류는 변수선정에서 오는 오류이다.[1]

2 | 표본추출과 가설검정

2-1 조사설계

광범위한 대상 집단(모집단)에서 특정 정보를 과학적인 방법으로 알아내는 것이 통계조사이다. 통계조사를 위해서는 조사목적·조사대상·조사방법·조사일정·조사예산 등을 사전에 계획해야 한다. 즉, 조사계획서에는 조사의 필요성과 목적을 기술하고, 조사목적과 조사예산, 그리고 조사일정에 따라 모집단을 선정한 후 전수조사인가 표본조사인가를 결정해야 한다. 그리고 조사목적을 달성할 수 있는 조사방법(면접조사, 우편조사, 전화조사, 집단조사, 인터넷 조사 등)을 결정하고 상세한 조사일정과 조사에 필요한 소요예산을 기술해야 한다. 일반적인 통계조사는 '조사계획→설문지 개발→표본추출→사전조사→본 조사→자료입력 및 수정→통계분석→보고서 작성'의 과정을 거쳐야 한다.

　사회과학 연구에서는 조사도구로 설문지(questionnaire)를 많이 사용한다. 설문지는 조사대상자로부터 필요한 정보를 얻기 위해 작성된 양식으로, 조사표 또는 질문지라고 한다. 설문지에는 조사배경, 본 조사항목, 응답자 인적사항 등이 포함되어야 한다. 조사배경에는 조사주

---

1. http://cafe.naver.com/south88/1008, 2014/09/20

관자의 신원을 명시하고 조사가 통계적인 목적으로만 활용된다는 것을 명시하고, 개인정보를 활용할 경우 개인정보 활용 동의에 대한 내용이 자세히 기술되어야 한다. 응답자의 인적사항은 인구통계학적 배경으로 성별, 나이, 주거지, 교육수준, 직업, 소득수준, 문화적 성향 등이 포함되어야 한다. 인구통계학적 변인에 따라 본 조사항목에 대한 반응을 분석할 수 있고, 조사한 표본이 모집단을 대표할 수 있는지 검토할 수 있다. 인구통계학적 배경의 조사항목은 가능한 조사의 마지막 부분에 위치하는 것이 좋다.

설문지는 응답내용이 한정되어 응답자가 그중 하나를 선택하는 폐쇄형 설문과 응답자들이 질문에 대해 자유롭게 응답하도록 하는 개방형 설문이 있다. 설문지 개발 시 주의할 점은 한쪽으로 편향되는 설문(예: 대다수의 일반 시민을 위하여 지하철 노조의 파업은 법적으로 금지되어야 한다고 생각하십니까?)과 쌍렬식 질문[이중질문(예: 스트레스에 음주나 흡연이 어느 정도 영향을 미친다고 생각하십니까?)]은 피해야 한다. 설문지가 개발된 후, 본 조사를 실시하기 전에 설문지의 예비테스트와 조사원의 훈련을 위해 시험조사(pilot survey)를 실시하여야 한다. 조사원 훈련은 연구책임자가 주관하여 조사의 목적, 표집 및 면접방법, 코딩방법 등을 교육하고 조사원끼리 면접자-피면접자의 역할 학습(role paly), 조사지도원의 경험담 등에 대한 교육이 이루어져야 한다. 특히 본 조사에서 첫인사는 매우 중요하기 때문에 소속과 신원, 조사명, 응답자 선정경위, 조사 소요시간, 응답에 대한 답례품 등을 상세히 설명해야 한다.

2-2 표본추출

과학적 조사연구 과정에서 측정도구가 구성된 후 연구대상 전체를 대상(전수조사)으로 할 것인가, 일부만을 대상(표본조사)으로 할 것인가 자료수집의 범위가 결정되어야 한다. 모집단은 연구자의 연구대상이 되는 집단 전체를 의미하며 과학적 연구가 추구하는 목적은 모집단의 성격을 기술하거나 추론하는 것이다(박용치 외, 2009: p. 245). 모집단 전체를 조사한다는 것은 비용의 과다(경제성), 시간의 부족(시간성) 등으로 문제점이 많기 때문에 모집단에 대한 지식이나 정보를 얻고자 할 때 모집단의 일부인 표본을 추출하여 모집단을 추론한다. [그림 2-2]와 같이 모수(parameter)는 모집단(population)의 특성값을 나타내는 것으로, 모평균(μ), 표준편차(σ), 상관계수(ρ) 등을 말하며, 통계량(statistics)은 표본(sample)으로부터 얻어지는 표본의 특성값으로 표본평균($\bar{x}$), 표본의 표준편차(s), 표본의 상관계수(r) 등이 있다.

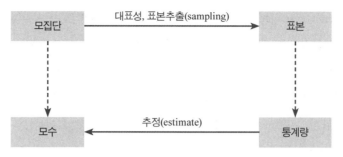

[그림 2-2] 전수조사와 표본조사의 관계

　　모집단에서 표본을 추출하기 위해서는 표본의 대표성을 유지하기 위하여 표본의 크기를 결정해야 한다. 표본의 크기는 모집단의 성격, 연구목적, 시간과 비용 등에 따라 결정하며, 일반적으로 여론조사에서 표본크기는 신뢰수준과 표본오차(각 표본이 추출될 때 모집단의 차이로 기대되는 오차)로 구할 수 있다. 표준오차(각 표본들의 평균이 전체 평균과 얼마나 떨어져 있는지를 알려주는 것으로, 표본분포의 표준편차를 말한다. 표본의 크기가 크면 표준오차는 작아지고, 표본의 크기가 작으면 표준오차는 커진다.)로 표본의 크기를 구할 수도 있다.[2]

※ 신뢰수준과 표본오차를 이용하여 표본의 크기 구하기

$$SE = \pm Z_{\frac{\alpha}{2}} \sqrt{\frac{P(1-P)}{n}}$$

SE: 표본오차, n: 표본의 크기
Z: 신뢰수준의 표준점수(95%=1.96, 99%=2.58)
P=모집단에서 표본의 비율이 틀릴 확률
　(95%: P=0.5, 99%: P=0.1)

예제　복지수요를 파악하기 위하여 P=0.5 수준을 가진 신뢰수준 95%에서 표본오차를 3%로 전화조사를 실시할 경우 적당한 표본의 크기는?

$n = (\pm Z)^2 \times P(1-P)/(SE)^2 = (\pm 1.96)^2 \times 0.5 \times (1-0.5)/(0.03)^2 ≒ 1,067$명

　　표본을 추출하는 방법은 크게 확률표본추출과 비확률표본추출 방법으로 나눌 수 있다. 확률표본추출(probability sampling)은 모집단의 모든 구성요소들이 표본으로 추출될 확률이 알려져 있는 조건하에서 표본을 추출하는 방법으로 단순무작위 표본추출, 체계적 표본추출, 층화표본추출, 집락표본추출 등이 있다. 단순무작위표본추출(simple random sampling)은 모집단의 모든 표본단위가 선택될 확률을 동일하게 부여하여 표본을 추출하는 방법이다. 체계

---

2. 공식: N(표본의 크기)$\geq [1/d$(표준오차)$]^2$. 예: 표준오차가 2.5%일 경우 표본의 크기는 $N \geq (1/0.025)^2 = 1,600$이 된다.

적 표본추출(systematic sampling)은 모집단의 구성요소에 일련번호를 부여한 후 매번 K번째 요소를 표본으로 선정하는 방법으로, 계통적 표본추출이라고 한다(이주열 외, 2013: p. 163). 층화표본추출(stratified sampling)은 모집단을 일정한 기준에 따라 2개 이상의 동질적인 계층으로 구분하고, 각 계층별로 단순무작위추출법을 적용하여 표본을 추출하는 방법이다(전보협, 2009: p. 78). 집락표본추출(cluster sampling)은 표본들을 군집으로 묶어 이들 집단을 선택하고, 다시 선택된 집단 안에서 표본을 추출하는 방법이다(전보협, 2009: p. 79). 층화집락무작위표본추출은 층화표본추출, 집락표본추출, 단순무작위추출법을 모두 사용하여 표본을 추출하는 방법이다[예: 서울시민 의식 실태조사→서울시를 25개 구(층)로 나누고, 구에서 일부 동을 추출(집락: 1차 추출단위)하고, 동에서 일부 통을 추출(집락: 2차 추출단위)하고, 통 내 가구대장에서 가구를 무작위로 추출]

비확률표본추출(nonprobability sampling)은 모집단의 모든 구성요소들이 표본으로 추출될 확률이 알려져 있지 않은 상태에서 표본을 추출하는 방법으로 편의표본추출, 판단표본추출, 눈덩이표본추출, 할당표본추출 등이 있다. 편의표본추출(convenience sampling)은 연구자의 편의에 따라 표본을 추출하는 방법으로, 임의표본추출(accidental sampling)이라고도 한다. 판단표본추출은 모집단의 의견이 반영될 수 있는 것으로 판단되는 특정집단을 표본으로 선정하는 방법으로, 목적표본추출(purposive sampling)이라고도 한다. 할당표본추출(quota sampling)은 미리 정해진 기준에 따라 전체 표본으로 나눈 다음, 각 집단별로 모집단이 차지하는 구성비에 맞추어 표본을 추출하는 방법이다. 눈덩이표본추출(snowball sampling)은 처음에는 모집단의 일부 구성원을 표본으로 추출하여 조사한 다음, 그 구성원의 추천을 받아 다른 표본을 선정하여 조사과정을 반복하는 방법이다.

표본추출 후 자료수집의 타당도를 확보하기 위해서는 인터뷰 시 나타날 수 있는 효과를 최소화하기 위해 노력해야 한다. 인터뷰 시 나타날 수 있는 대표적인 효과로는 동조효과, 후광효과, 겸양효과, 호손효과, 무관심효과 등이 있다. 동조효과는 다수의 생각에 동조하여 응답하는 것이다. 후광효과는 평소 생각해본 적이 없는 내용인데 면접자의 질문을 받고서 없던 생각을 새로이 만들어서 응답하는 것이다. 겸양효과는 면접자의 비위를 맞추려고 응답하는 것이다. 호손효과는 연구대상자들이 실험에서 사용되는 변수나 처치보다는 실험하고 있다는 상황 자체에 영향을 받는 경우이다. 무관심효과는 면접을 빨리 끝내려고 내용을 보지 않고 응답하는 경우이다.

1 무작위추출방법

• SPSS 프로그램에서 무작위추출(난수추출)방법: 1,000명 중 20명을 무작위로 추출
  (1,000명의 조사응답자 중 20명을 무작위 추첨하여 답례품을 증정할 경우)

1단계: 변수 2개(seq, id)를 만든다(파일명: 무작위추출법.sav).

2단계: 변수 seq에 1~20의 일련번호를 입력한다.

3단계: [SPSS 실행]→[변환]→[변수계산]→[대상변수: id]
  - 숫자식 표현[RND(uniform(1)×1000+0.5)]→[0과 1 사이의 난수값에 1000(명)을 곱하여
    반올림하라는 의미]

4단계: [데이터]→[케이스 정렬]→[정렬기준(오름차순)]

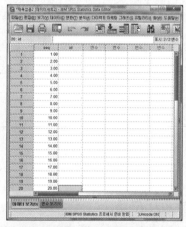

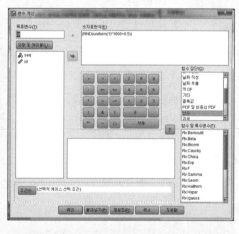

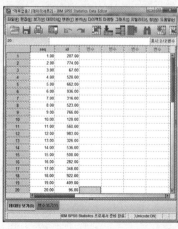

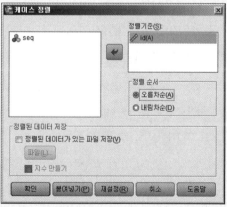

2-3 가설검정[3]

과학적 연구를 위해서 연구자는 연구하고자 하는 대상에 대해 문제 인식을 갖고 많은 논문과 보고서를 통해 개념 간의 인과적인 개연성을 확보해야 한다. 그리고 기존의 이론과 연구자의 경험에 의해 연구모형을 구축하고, 그 모형에 기초하여 가설을 설정하고 검정하여야 한다.

가설(hypothesis)은 연구와 관련한 잠정적인 진술이다. 표본에서 얻은 통계량을 근거로 모집단의 모수를 추정하기 위해서는 가설검정을 실시한다. 가설검정은 연구자가 통계량과 모수 사이에서 발생하는 표본오차(sampling error)의 기각 정도를 결정하여 추론할 수 있다. 따라서 모수의 추정값은 일치하지 않기 때문에 신뢰구간(interval estimation)을 설정하여 가설의 채택 여부를 결정한다. 신뢰구간은 표본에서 얻은 통계량을 가지고 모집단의 모수를 추정하기 위하여 모수가 놓여 있으리라고 예상하는 값의 구간을 의미한다.

가설은 크게 귀무가설[또는 영가설, (H_0)]과 대립가설[또는 연구가설, (H_1)] 로 나뉜다. 귀무가설은 '모수가 특정한 값이다.' 또는 '두 모수의 값은 동일(차이가 없다)하다.'로 선택하며, 대립가설은 '모수가 특정한 값이 아니다.' 또는 '한 모수의 값은 다른 모수의 값과 다르다(크거나 작다).'로 선택하는 가설이다. 즉, 귀무가설은 기존의 일반적인 사실과 차이가 없다는 것이며, 대립가설은 연구자가 새로운 사실을 발견하게 되어 기존의 일반적인 사실과 차이가 있다는 것이다. 따라서 가설검정은 표본의 추정값이 유의한 차이가 있다는 것을 검정하는 것이다.

가설은 이론적으로 완벽하게 검정된 것이 아니기 때문에 2가지 오류가 발생한다. 1종오류(α)는 H_0가 참인데도 불구하고 H_0를 기각하는 오류이고(즉 실제로 효과가 없는데 효과가 있다고 나타내는 것), 2종오류(β)는 H_0가 거짓인데도 불구하고 H_0를 채택하는 경우이다(즉 실제로 효과가 있는데 효과가 없다고 나타내는 것). 가설검정은 유의확률(p-value)과 유의수준(significance)을 비교하여 귀무가설이나 대립가설의 기각 여부를 결정한다. 유의확률은 표본에서 산출되는 통계량으로 귀무가설이 틀렸다고 기각하는 확률을 말한다.

유의수준은 유의확률인 p-값이 어느 정도일 때 귀무가설을 기각하고 대립가설을 채택할 것인가에 대한 수준을 나타낸 것으로 'α'로 표시한다. 유의수준은 연구자가 결정하는 것으로 일반적으로 '0.01, 0.05, 0.1'로 결정한다.

가설검정에서 '$p < \alpha$'이면 귀무가설을 기각하게 된다. 즉, 가설검정이 '$p < .05$'이면 1종오류가 발생할 확률을 5% 미만으로 허용한다는 의미이며, 가설이 맞을 확률이 95% 이상으로 매

---

3. 가설검정의 일부 내용은 '송태민·김계수(2012). 보건복지연구를 위한 구조방정식모형. pp. 30-31'을 일부 발췌한 것임을 밝힌다.

우 신뢰할 만하다고 간주하는 것이다. 따라서 통계적 추정은 표본의 특성을 분석하여 모집단의 특성을 추정하는 것으로 가설검정을 통하여 판단할 수 있다.

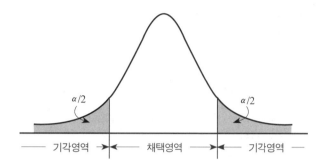

[그림 2-3] 귀무가설 채택/기각 영역

통계분석은 수집된 자료를 이해하기 쉬운 수치로 요약하는 기술통계(descriptive statistics)와, 모집단을 대표하는 표본을 추출하여 표본의 특성값으로 모집단의 모수를 추정하는 추리통계(stochastic statistics)가 있다. 수집된 자료를 분석하기 위한 많은 통계 프로그램이 있으나, 본 장에서는 SPSS(Statistical Package for Social Science) 프로그램을 사용한다.

3-1 기술통계 분석

각종 통계분석에 앞서 측정된 변수들이 지닌 분포의 특성을 파악해야 한다. 기술통계는 수집된 자료를 정리·요약하여 자료의 특성을 파악하기 위한 것으로, 자료의 중심위치(대푯값), 산포도, 왜도, 첨도 등 분포의 특징을 파악할 수 있다.

1) 중심위치(대푯값)

중심위치란 자료가 어떤 위치에 집중되어 있는가를 나타내며 한 집단의 분포를 기술하는 대표적인 수치라는 의미로 대푯값이라고도 한다.

대푯값	설명
산술평균(mean)	평균(average, mean)이라고 하며, 중심위치 측도 중 가장 많이 사용되는 방법이다. • 모집단의 평균 $(\mu) = \dfrac{1}{N}(X_1 + X_2 + \cdots X_n) = \dfrac{1}{N}\sum X_i$ • 표본의 평균 $(\bar{x}) = \dfrac{1}{n}(X_1 + X_2 + \cdots X_n) = \dfrac{1}{n}\sum X_i$
중앙값(median)	측정값들을 크기순으로 배열하였을 경우, 중앙에 위치한 측정값이다. n이 홀수 개이면 $\dfrac{n+1}{2}$ 번째 n이 짝수 개이면 $\dfrac{n}{2}$ 번째와 $\dfrac{n+1}{2}$ 번째 측정값의 산술평균
최빈값(mode)	자료의 분포에서 가장 빈도가 높은 관찰값을 말한다.
4분위수(quartiles)	자료를 크기순으로 나열한 경우 전체의 1/4(1.4분위수), 2/4(2.4분위수), 3/4(3.4분위수)에 위치한 측정값을 말한다.
백분위수 (percentiles)	자료를 크기 순서대로 배열한 자료에서 100등분한 후 위치해 있는 값으로, 중앙값은 제50분위수가 된다.

2) 산포도(dispersion)

중심위치 측정은 자료의 분포를 파악하는 데 충분하지 못하다. 산포도는 자료의 퍼짐 정도와 분포의 모형을 통하여 분포의 특성을 살펴보는 것이다.

산포도	설명
범위(range)	자료를 크기순으로 나열한 경우 가장 큰 값과 가장 작은 값의 차이를 말한다.
평균편차 (mean deviation)	편차는 측정값들이 평균으로부터 떨어져 있는 거리(distance)이고, 평균편차는 편차합의 절대값 평균을 말한다. $$MD = \frac{1}{n}\sum |X_i - \bar{X}|$$
분산(variance)과 표준편차(standard deviation)	산포도의 정도를 나타내는 데 가장 많이 쓰며, 통계분석에서 매우 중요한 개념이다. • 모집단의 분산: $\sigma^2 = \dfrac{1}{N}\sum(X_i - \mu)^2$ • 모집단의 표준편차: $\sigma = \sqrt{\dfrac{1}{N}\sum(X_i - \mu)}$ • 표본의 분산: $s^2 = \dfrac{1}{n-1}\sum(X_i - \bar{X})^2$ • 표본의 표준편차: $s = \sqrt{\dfrac{1}{n-1}\sum(X_i - \bar{X})}$ N: 관찰치수, X: 관찰값, μ: 모집단의 평균, $\bar{X}$: 표본의 평균
변이계수(coefficient of variance)	상대적인 산포도의 크기를 쉽게 파악할 때 사용된다. • 변이계수 $(CV) = \dfrac{s}{\bar{x}}$ 또는 $\dfrac{s}{\bar{x}} \times 100$ s: 표준편차, $\bar{x}$: 평균
왜도(skewness)와 첨도(kurtosis)	• 왜도는 분포의 모양이 중앙 위치에서 왼쪽이나 오른쪽으로 치우쳐 있는 정도를 나타내며, 분포의 중앙 위치가 왼쪽이면 '+'의 값, 오른쪽이면 '-'의 값을 가진다. • 첨도는 평균값을 중심으로 뾰족한 정도를 나타낸다. '0'이면 정규분포에 가깝고, '+'이면 정규분포보다 뾰족하고, '-'이면 정규분포보다 완만하다.

❷ 연구데이터의 특성

- 본 연구의 기술통계와 추리통계 분석에 사용한 연구데이터는 한국보건사회연구원 복지패널의 1차년도(2006년)부터 4차년도(2009년)까지의 가구와 가구원용 패널을 머지하여 사용하였다. 분석대상(1차년도)의 측정항목은 다음과 같다.

    ☞ 연구자는 분석 조사설계서의 대상항목을 사전에 충분히 숙지해야 한다.

1. 조사설계서(가구): (2006년_1차_복지패널)_조사설계서-가구용.xls
2. 조사설계서(가구원): (2006년_1차_복지패널)_조사설계서-가구원용.xls
3. 연구대상 파일: 복지패널_1차_4차.sav

구분	대상항목	변수명	변수값
가구원 패널	패널 간 가구머지키	h01_merkey	
	개인패널 ID	h01_pid	
	삶의 만족도(8항목)	p0103_5 ~ p0103_12	1. 매우 불만족, 2. 대체로 불만족, 3. 그저 그렇다, 4. 대체로 만족, 5. 매우 만족
	알코올 의존(4항목)	p0105_5 ~ p0105_8	1. 예, 2. 아니오
	우울감(11항목)	p0105_9 ~ p0105_19	1. 극히 드물다(1주일에 1일 이하), 2. 가끔 있었다(1주일에 2~3일간), 3. 종종 있었다(1주일에 4~5일간), 4. 대부분 그랬다(1주일에 6일 이상)
	자아존중감(10항목)	p0105_20 ~ p0105_29	1. 대체로 그렇지 않다, 2. 보통이다, 3. 대체로 그렇다, 4. 항상 그렇다
가구 패널	가구원 수	h0101_1	실수
	가구주와의 관계	h0101_3	가구주 코드 참조
	성별	h0101_4	1. 남, 2. 여
	태어난 연도	h0101_5	연도
	교육수준	h0101_6	1(미취학) ~ 8(대학원)
	장애종류	h0101_8	0(비해당) ~ 16
	만성질환	h0101_10	0(비해당) ~ 3
	혼인상태	h0101_11	0(비해당) ~ 5(미혼)
	건강상태	h0102_2	1(아주 건강) ~ 5
	외래진료횟수	h0102_3	실수
	입원횟수	h0102_4	실수
	이용 의료기관 형태	h0102_7	0(비해당) ~ 5
	건강검진횟수	h0102_8	실수
	주요 병명	h0102_9	병명 코드 참조
	경제활동 참여	h0103_4	코드 참조

※ 연구 데이터의 자세한 설명은 '송태민·김계수(2012). 보건복지 연구를 위한 구조방정식모형. pp. 394-397'을 참조하기 바란다.

잠재변인의 문항구성표

본 연구데이터에서 잠재변인으로 사용되는 알코올 의존, 우울감, 자아존중감, 삶의 만족도의 문항 구성은 다음과 같다.

① 알코올 의존

알코올 의존이나 알코올과 관련된 문제를 발견하는 데는 보편적으로 CAGE가 사용된다. CAGE 검사도구는 4가지 문항을 '예(1), 아니오(0)'로 간결하게 측정할 수 있으며, 이 중 두 가지 문항 이상에 해당되면 알코올 고위험군으로 정의한다. 본 연구에서는 아니오가 '2'로 측정되어 '0'으로 변환한 후, 측정변수로 구성하여 분석에 투입하였다.

② 우울감

복지패널에서는 우울감을 측정하기 위해 CES-D(Center for Epidemiological Studies-Depression scales)를 활용하였다. 본 척도는 우울과 관련된 11개 문항을 각 측정시점에서 지난 1주일간의 심리상태를 리커트 척도(1: 극히 드물다, 2: 가끔 있다, 3: 종종 있다, 4: 대부분 그렇다)로 자기보고식으로 측정하였고 긍정문은 역코딩하여 사용하였다. 총점이 높을수록 우울감은 증가한다고 보았다.

③ 자아존중감

복지패널에서는 자아존중감 태도를 측정하기 위해 Rosenberg self esteem scales의 측정문항을 사용하였다. 본 척도는 4점 리커트 척도(1: 대체로 그렇지 않다, 2: 보통이다, 3: 대체로 그렇다, 4: 항상 그렇다)로 측정하였고 부정문항은 역코딩하여 사용하였다. 총점이 높을수록 자아존중감이 높다고 보았다. 본 연구의 자아존중감 잠재변수에는 10개 문항 중 9개 문항('나는 내 자신이 좀 더 존경할 수 있었으면 좋겠다.' 문항은 타당도가 낮아 제외하였다.)이 사용되었다.

④ 삶의 만족도

주관적 지표로 5점 리커트 척도(1: 매우 불만족, 2: 대체로 불만족, 3: 그저 그렇다, 4: 대체로 만족, 5: 매우 만족)로 측정하였다. 본 연구의 삶의 만족도 잠재변수에는 7개 문항이 사용되었다.

우울감 측정문항(총 11문항): CES-D(Center for Epidemiological Studies-Depression Scales)	역코딩	자아존중감 측정문항(총 9문항): Rosenberg Self Esteem Scales	역코딩
		1. 나는 내가 다른 사람들처럼 가치 있는 사람이라고 생각한다.	×
1. 먹고 싶지 않고 식욕이 없다.	×	2. 나는 좋은 성품을 가졌다고 생각한다.	×
2. 비교적 잘 지냈다.	○	3. 나는 대체적으로 실패한 사람이라는 느낌이 든다.	○
3. 상당히 우울했다.	×		
4. 모든 일들이 힘들게 느껴졌다.	×	4. 나는 대부분의 다른 사람들과 같이 일을 잘할 수가 있다.	×
5. 잠을 설쳤다(잠을 잘 이루지 못했다).	×		
6. 세상에 홀로 있는 듯한 외로움을 느꼈다.	×	5. 나는 자랑할 것이 별로 없다.	○
7. 큰 불만 없이 생활했다.	○	6. 나는 내 자신에 대하여 긍정적인 태도를 가지고 있다.	×
8. 사람들이 나에게 차갑게 대하는 것 같았다.	×		
9. 마음이 슬펐다.	×	7. 나는 내 자신에 대하여 대체로 만족한다.	×
10. 사람들이 나를 싫어하는 것 같았다.	×	8. 나는 가끔 내 자신이 쓸모없는 사람이라는 느낌이 든다.	○
11. 도무지 뭘 해 나갈 엄두가 나지 않았다.	×		
		9. 나는 때때로 내가 좋지 않은 사람이라고 생각한다.	○
CAGE 측정문항(총 4문항)		삶의 만족도 측정문항(총 7문항)	
1. 술을 줄여야 한다고 느낀 경험 2. 술로 인해 비난받는 것을 귀찮아 하는 느낌 3. 술 마시는 것에 대한 죄책감 4. 숙취제거를 위해 아침에 술을 마신 경험		1. 건강 만족도 2. 가족의 수입 만족도 3. 주거환경 만족도 4. 가족관계 만족도 5. 직업만족도 6. 사회적 친분관계 만족도 7. 여가생활 만족도	

③ 범주형 변수의 빈도분석

- 범주형 변수는 평균과 표준편차의 개념이 없기 때문에 변수값의 빈도와 비율을 계산해야 한다. 따라서 범주형 변수는 빈도, 중위수, 최빈값, 범위, 백분위수 등 분포의 특징을 살펴보는 데 의미가 있다.

1단계: 데이터파일을 불러온다(분석파일: 복지패널_1차_4차.sav).
2단계: [분석] → [기술통계량] → [빈도분석][빈도분석 대상변수(장애종류)]
3단계: [통계량] → [사분위수, 백분위수, 중위수, 최빈값]을 선택한다.
4단계: 결과를 확인한다.

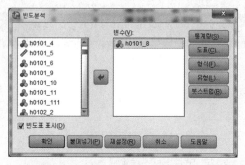

빈도분석

통계량

h0101_8 1번.장애종류(h0101_8)

N	유효	2443
	결측	1044
중위수		.00
최빈값		0
범위		16
백분위수	25	.00
	50	.00
	75	.00

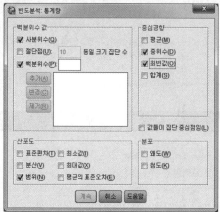

h0101_8 1번.장애종류(h0101_8)

		빈도	퍼센트	유효 퍼센트	누적퍼센트
유효	0	2255	64.7	92.3	92.3
	1	122	3.5	5.0	97.3
	3	26	.7	1.1	98.4
	4	10	.3	.4	98.8
	5	4	.1	.2	98.9
	6	1	.0	.0	99.0
	8	1	.0	.0	99.0
	11	1	.0	.0	99.1
	16	23	.7	.9	100.0
	합계	2443	70.1	100.0	
결측	시스템 결측값	1044	29.9		
합계		3487	100.0		

❹ 연속형 변수의 빈도분석

• 연속형 변수는 평균과 분산으로 변수의 퍼짐 정도를 파악하고 왜도와 첨도로 정규분포를 기준으로 어느 정도 뾰족한지를 파악한다.

※ 왜도는 절대값 3 미만, 첨도는 절대값 10 미만이면 정규성 가정을 충족한다(Kline, 2010).

1단계: 데이터파일을 불러온다(분석파일: 복지패널_1차_4차.sav).
2단계: [분석]→[기술통계량]→[기술통계][대상변수(건강상태, 외래진료횟수, 입원횟수)]
3단계: [옵션]→[평균, 표준편차, 분산, 최소값, 최대값, 첨도, 왜도]를 선택한다.
4단계: 결과를 확인한다.

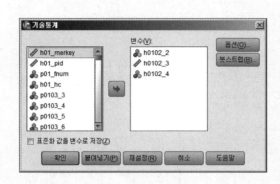
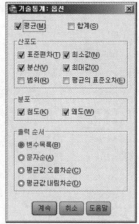

기술통계량

	N	최소값	최대값	평균	표준편차	분산	왜도		첨도	
	통계량	통계량	통계량	통계량	통계량	통계량	통계량	표준오차	통계량	표준오차
h0102_2 1번.건강상태 (h0102_2)	2443	1	5	2.34	1.087	1.181	.657	.050	-.440	.099
h0102_3 1번. 외래진료횟수(h0102_3)	2443	0	372	10.22	24.201	585.709	6.457	.050	57.298	.099
h0102_4 1번.입원횟수 (h0102_4)	2443	0	10	.09	.385	.148	10.071	.050	196.449	.099
유효수 (목록별)	2443									

결과 해석 표본 수 2,443명을 조사한 건강상태의 평균은 2.34, 표준편차(평균으로부터 떨어진 거리의 평균)는 1.087로 분포의 중앙위치가 정규분포보다 왼쪽(왜도: 0.657)으로 치우쳐 있으며, 정규분포보다 완만한 분포(첨도: −0.440)를 나타내고 있다. 건강상태는 정규성 가정을 충족하는 것으로 나타났으나, 외래진료횟수와 입원횟수는 왜도의 절대값이 3 이상, 첨도의 절대값이 10 이상으로 정규성 가정에서 벗어난 것으로 나타났다.

정규성 검정(로그변환)

분석변수가 정규성 가정을 위배할 경우, 상용로그로 치환하여 사용할 수 있다.

1단계: 데이터파일을 불러온다(분석파일: 복지패널_1차_4차.sav).
2단계: [변환] → [변수계산]
3단계: [대상변수: LN 외래], [숫자표현식: LG10(h0102_3)]
4단계: 결과를 확인한다.

기술통계량

	N	최소값	최대값	평균	표준편차	분산	왜도		첨도	
	통계량	통계량	통계량	통계량	통계량	통계량	통계량	표준오차	통계량	표준오차
LN외래	1746	.00	2.57	.8160	.50873	.259	.441	.059	-.119	.117
유효수 (목록별)	1746									

결과 해석 다변량 정규성 검정에서 벗어난 외래진료횟수의 상용로그 치환 결과 왜도는 절대값 3 미만, 첨도는 절대값 10 미만으로 정규성 가정을 충족하는 것으로 나타났다.

3-2 추리통계

추리통계는 표본의 연구결과를 모집단에 일반화할 수 있는지를 판단하기 위하여, 표본의 통계량으로 모집단의 모수를 추정하는 통계방법이다. 추리통계는 가설검정을 통하여 표본의 통계량으로 모집단의 모수를 추정한다. 추리통계에서는 모집단의 평균을 추정하기 위해 평균분석을 실시하고, 변수 간의 상호 의존성을 파악하기 위해 교차분석·상관분석·요인분석·군집분석 등을 실시하며, 변수 간의 종속성을 분석하기 위해 회귀분석과 로지스틱 회귀분석 등을 실시해야 한다.

⑤ 교차분석

- 빈도분석은 단일 변수에 대한 통계의 특성을 분석하는 기술통계이지만, 교차분석은 두 가지 이상의 변수 사이에 상관관계를 분석하기 위해 사용하는 추리통계이다.

- 교차분석은 한 변수의 빈도분석표를 작성하는 것과는 달리, 2개 이상의 행(row)과 열(column)을 가지는 교차표(crosstabs)를 작성하여 관련성을 검정한다.

- 즉, 조사한 자료들은 항상 모집단(population)에서 추출한 표본이고, 통상 모집단의 특성을 나타내는 모수(parameter)는 알려져 있지 않기 때문에 관찰 가능한 표본의 통계량(statistics)을 가지고 모집단의 모수를 추정한다.

- 이러한 점에서 χ^2-test는 분할표(contingency table)에서 행과 열을 구성하고, 두 변수 간의 독립성(independence)과 동질성(homogeneity)을 검정해 주는 통계량을 가지고 우리가 조사한 표본에서 나타난 두 변수 간의 관계를 모집단에서도 동일하다고 판단할 수 있는가에 대한 유의성을 검정해 주는 것이다.

  - 독립성 검정: 모집단에서 추출한 표본에서 관찰 대상을 사전에 결정하지 않고 검정을 실시하는 것으로, 대부분의 통계조사가 이에 해당된다.

  - 동질성 검정: 모집단에서 추출한 표본에서 관찰 대상을 사전에 결정한 후, 두 변수 간의 검정을 실시하는 것으로, 주로 임상실험 결과의 분석에 이용(예: 비타민 C를 투여한 임상군과 투여하지 않은 대조군과의 관계)한다.

- χ^2-test 순서

1단계: 가설 설정[귀무가설(H_0): 두 변수가 서로 독립적이다.]

2단계: 유의수준(α) 결정(통상 0.01이나 0.05를 많이 사용한다.)

3단계: 표본의 통계량에서 유의확률(p) 산출

4단계: $p<\alpha$의 경우, 귀무가설을 기각하고 대립가설을 채택

- 연관성 측도(measures of association)

  - χ^2-test에서 H_0를 기각할 경우 두 변수가 얼마나 연관되어 있는가를 나타낸다.

  - 분할계수(contingency coefficient): R(행)×C(열)의 크기가 같을 때 사용한다. ($0 \leq C \leq 1$)

  - Cramer's V: $R \times C$의 크기가 같지 않을 때도 사용이 가능하다. ($0 \leq V \leq 1$)

  - Kendall's τ(타우): 행과 열의 수가 같거나(τ_b) 다른(τ_c) ordinal data에 사용한다.

  - Somer's D: ordinal data에서 두 변수 간에 인과관계가 정해져 있을 때 사용한다(예: 전공과목, 졸업 후 직업). ($-1 \leq D \leq 1$)

- η(이타): categorical data와 continuous data 간의 연관측도를 나타낸다.

　(0≤η≤1, 1에 가까울수록 연관관계가 높다.)

- Pearson's R: Pearson 상관계수로, interval data 간의 선형적 연관성을 나타낸다.

　(-1≤R≤1)

교차분석(사례)

- 성별×건강상태의 교차분석

1단계: 데이터파일을 불러온다(분석파일: 복지패널_1차_4차.sav).

2단계: [분석]→[기술통계량]→[교차분석]→[행: 성별, 열: 건강상태]를 선택한다.

3단계: [셀 형식]→[관측빈도, 행, 열]을 선택한다.

4단계: [통계량]→[카이제곱, 분할계수, 파이 등]을 선택한다.

5단계: 결과를 확인한다.

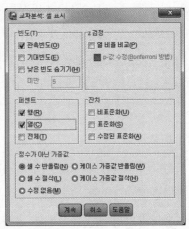

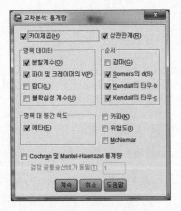

			h0102_2 1번.건강상태(h0102_2)					전체
			1	2	3	4	5	
h0101_4 1번.성별 (h0101_4)	1	빈도	517	1019	294	344	62	2236
		h0101_4 1번.성별 (h0101_4) 중 %	23.1%	45.6%	13.1%	15.4%	2.8%	100.0%
		h0102_2 1번.건강상태 (h0102_2) 중 %	95.9%	92.8%	89.6%	85.6%	81.6%	91.5%
	2	빈도	22	79	34	58	14	207
		h0101_4 1번.성별 (h0101_4) 중 %	10.6%	38.2%	16.4%	28.0%	6.8%	100.0%
		h0102_2 1번.건강상태 (h0102_2) 중 %	4.1%	7.2%	10.4%	14.4%	18.4%	8.5%
전체		빈도	539	1098	328	402	76	2443
		h0101_4 1번.성별 (h0101_4) 중 %	22.1%	44.9%	13.4%	16.5%	3.1%	100.0%
		h0102_2 1번.건강상태 (h0102_2) 중 %	100.0%	100.0%	100.0%	100.0%	100.0%	100.0%

카이제곱 검정

	값	자유도	점근 유의확률 (양측검정)
Pearson 카이제곱	45.310[a]	4	.000
우도비	43.107	4	.000
선형 대 선형결합	45.096	1	.000
유효 케이스 수	2443		

a. 0 셀 (0.0%)은(는) 5보다 작은 기대 빈도를 가지는 셀입니다. 최소 기대빈도는 6.44입니다.

대칭적 측도

		값	점근 표준오차[a]	근사 T값[b]	근사 유의확률
명목척도 대 명목척도	파이	.136			.000
	Cramer의 V	.136			.000
	분할계수	.135			.000
순서척도 대 순서척도	Kendall의 타우-b	.121	.018	6.212	.000
	Kendall의 타우-c	.080	.013	6.212	.000
	Spearman 상관	.131	.020	6.553	.000[c]
등간척도 대 등간척도	Pearson의 R	.136	.022	6.777	.000[c]
유효 케이스 수		2443			

결과 해석 남자의 건강상태(23.1%+45.6%)가 여자의 건강상태(10.6%+38.2%)보다 높으며, 유의한 차이(χ^2=45.310, $p<.01$)가 있는 것으로 나타났다. $R \times C$가 다르므로 Cramer의 연관척도는 .136으로 유의한 연관관계($p<.01$)가 있는 것으로 나타났다.

6 평균의 검정(집단별 평균분석)

• 평균값의 비교

평균값의 비교는 분석하고자 하는 변수가 연령, 소득, 외래진료횟수 등과 같이 연속형 변수로 평균과 표준편차를 이용하여 자료를 분석하는 통계적 기법이다. 평균분석의 종류는 다음과 같다.

1. 집단별 평균분석: 집단별로 평균을 분석하는 방법이다.

1단계: 데이터파일을 불러온다(분석파일: 복지패널_1차_4차.sav).

2단계: [분석]→[평균비교]→[평균분석]

3단계: 평균을 구하고자 하는 연속변수(외래진료횟수)를 종속변수로, 집단변수(성별)를 독립변수로 이동한다.

4단계: [옵션]→[평균, 표준편차, 분산분석표]를 선택한다.

5단계: 결과를 확인한다.

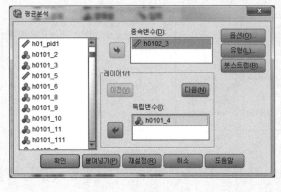
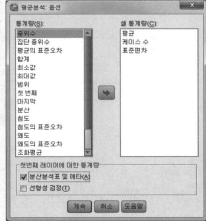

보고서

h0102_3 1번.외래진료횟수(h0102_3)

h0101_4 1번.성별(h0101_4)	평균	N	표준편차
1	9.28	2236	22.673
2	20.33	207	35.407
합계	10.22	2443	24.201

분산분석표

		제곱합	자유도	평균제곱	F	유의확률
h0102_3 1번. 외래진료횟수(h0102_3) * h0101_4 1번.성별 (h0101_4)	집단-간 (조합)	23125.608	1	23125.608	40.116	.000
	집단-내	1407176.844	2441	576.476		
	합계	1430302.452	2442			

결과 해석 여자의 평균 외래진료횟수(20.33)가 남자의 평균 외래진료횟수(9.28)보다 많으며, 성별 외래진료횟수에 대해 유의한 평균의 차이(F=40.116, p<.01)가 있는 것으로 나타났다.

7 평균의 검정(일표본 T검정)

2. 일표본 T검정: 모집단의 평균을 알고 있을 때 모집단과 단일표본의 평균을 검정하는 방법이다.

1단계: 데이터파일을 불러온다(분석파일: 2011_2013청소년자살_missing.sav).

2단계: 가설을 세운다(H_0: μ_1=100, H_1: $\mu_1 \neq 100$). 즉 43,173버즈(문서)의 1주차 평균 확산 수가 모집단의 1주차 평균 확산 수인 100회보다 더 높은 값인지를 검증한다.

3단계: [분석]→[평균비교]→[일표본 T검정]

4단계: [검정변수]→[1주차 확산 수(V83)]→[검정값: 100(모집단의 평균값)]을 지정한다.

5단계: 결과를 확인한다.

일표본 통계량

	N	평균	표준편차	평균의 표준오차
V83 1주차확산수	43173	108.88	211.187	1.016

일표본 검정

	검정값 = 100					
			유의확률 (양쪽)	평균차	차이의 95% 신뢰구간	
	t	자유도			하한	상한
V83 1주차확산수	8.739	43172	.000	8.882	6.89	10.87

결과 해석 43,173문서를 대상으로 측정한 1주차 확산 수의 평균은 108.88, 표준편차는 211.19로, 1주차 확산 수의 평균값은 1주차 확산 수의 검정값 100회보다 유의하게 높다고 볼 수 있다(t=8.74, p=.00<.01). 따라서 대립가설(H_1: $\mu_1 \neq 100$)이 채택되고 95% 신뢰구간은 6.89~10.87로 이 신뢰구간이 0을 포함하지 않으므로 대립가설을 지지하는 것으로 나타났다.

---

8 평균의 검정(독립표본 T검정)

3. **독립표본 T검정**: 두 개의 모집단에서 각각의 크기 n1, n2의 표본을 추출하여 모집단 간 평균의 차이를 검정하는 방법이다.

1단계: 데이터파일을 불러온다(분석파일: 복지패널_1차_4차.sav).

2단계: 가설을 세운다(H_0: 남녀 두 집단 간 외래진료횟수 평균의 차이는 없다).

☞ 등분산 검정(H_0: $\sigma_1^2 = \sigma_2^2$) 후 평균의 차이 검정(H_0: $\mu_1 = \mu_2$)을 실시한다. 즉, 등분산 검정에서 p>.01이면 99% 신뢰구간에서 등분산이 성립되어 평균의 차이 검정을 위한 t 값은 '등분산이 가정됨'을 확인한 후 해석해야 한다.

3단계: [분석]→[평균비교]→[독립표본 T검정]

4단계: 평균을 구하고자 하는 연속변수(외래진료횟수)를 검정변수로, 집단변수(성별)를 독립변수로 이동하여 집단을 정의(1, 2)한다.

5단계: [옵션]→[평균, 표준편차, 분산분석표]를 선택한다.

6단계: 결과를 확인한다.

집단통계량

	h0101_4 1번.성별 (h0101_4)	N	평균	표준편차	평균의 표준오차
h0102_3 1번. 외래진료횟수(h0102_3)	1	2236	9.28	22.673	.479
	2	207	20.33	35.407	2.461

독립표본 검정

		Levene의 등분산 검정		평균의 동일성에 대한 t-검정					차이의 95% 신뢰구간	
		F	유의확률	t	자유도	유의확률 (양쪽)	평균차	차이의 표준오차	하한	상한
h0102_3 1번. 외래진료횟수(h0102_3)	등분산이 가정됨	48.487	.000	-6.334	2441	.000	-11.048	1.744	-14.469	-7.628
	등분산이 가정되지 않음			-4.406	221.907	.000	-11.048	2.507	-15.989	-6.107

결과 해석 독립표본 T검정을 하기 전에 두 집단에 대해 분산의 동질성을 검정해야 한다. 외래 진료횟수는 Levene의 등분산 검정 결과, $F=48.487$(등분산을 위한 F 통계량), '$p=.00<.01$'로 등 분산의 가정이 성립되지 않은 것으로 나타났으며[$t=-4.406(p<.01)$], 남녀 두 집단의 평균의 차이 는 유의한 것으로 나타났다.

⑨ 평균의 검정(대응표본 T검정)

4. **대응표본 T검정**: 동일한 모집단에서 각각의 크기 n1, n2의 표본을 추출하여 평균 간의 차이 를 검정하는 방법이다.

1단계: 데이터파일을 불러온다(분석파일: 대응사례_다이어트.sav).

2단계: 가설을 세운다(H_0: $\mu_1=\mu_2$, H_1: $\mu_1\neq\mu_2$). 비만환자 20명의 다이어트약 복용 전과 복용 후 의 체중을 측정한 후, 약의 복용이 체중감량에 효과가 있었는지를 검정한다.

3단계: [분석]→[평균비교]→[대응표본 T검정]

4단계: [대응변수]→[다이어트 전 체중↔다이어트 후 체중]을 지정한다.

5단계: [옵션]→[평균, 표준편차, 분산분석표]를 선택한다.

6단계: 결과를 확인한다.

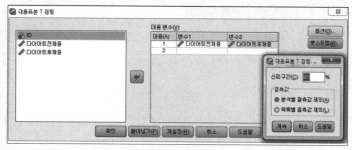

대응표본 통계량

		평균	N	표준편차	평균의 표준오차
대응 1	다이어트전체중	136.7500	20	18.37583	4.10896
	다이어트후체중	129.4000	20	18.45735	4.12719

대응표본 상관계수

		N	상관계수	유의확률
대응 1	다이어트전체중 & 다이어트후체중	20	.992	.000

대응표본 검정

		대응차					t	자유도	유의확률 (양쪽)
		평균	표준편차	평균의 표준오차	차이의 95% 신뢰구간 하한	상한			
대응 1	다이어트전체중 - 다이어트후체중	7.35000	2.34577	.52453	6.25215	8.44785	14.013	19	.000

결과 해석 다이어트 전 체중과 다이어트 후 체중의 평균의 차이는 7.35±2.35로 나타났으며, 통계량은 유의한 차이가 있는 것으로 검정되어(t=14.01, p<.01) 귀무가설을 기각하는 것으로 나타났다.

10 평균의 검정(일원배치 분산분석)

- 3개 이상의 평균값의 비교

  - T검정이 2개의 집단에 대한 평균값의 검정을 위한 분석이라면, 3개 이상의 집단에 대한 평균값의 비교분석은 ANOVA(analysis of variance)를 사용할 수 있다. 종속변수는 구간척도나 정량적인 연속형 척도로, 종속변수가 2개 이상일 경우 다변량 분산분석(MANOVA)을 사용한다. 특히, 독립변수(요인)가 하나 이상의 범주형 척도로서 요인이 1개이면 일원배치 분산분석(one-way ANOVA), 요인이 2개일 경우에는 이원배치 분산분석(two-way ANOVA)이라고 한다.

5. 일원배치 분산분석(one-way ANOVA)

1단계: 데이터파일을 불러온다(분석파일: 2011_2013청소년자살_missing.sav).

2단계: 가설을 세운다(H_0: $\mu_1-\mu_2-\cdots\mu_k=0$, H_1: $\mu_1-\mu_2-\cdots\mu_k\neq0$). 즉 H_0는 자살원인 군집별 평균 버즈 확산 수는 유의한 차이가 없다(같다). H_1은 자살원인 군집별 평균 버즈 확산 수는 유의한 차이가 있다(다르다).

3단계: [분석] → [평균비교] → [일원배치 분산분석][종속변수: 확산 수(V82), 요인: 자살원인군집 (QCL1)]

4단계: [옵션] → [기술통계, 분산 동질성 검정, 평균 도표]를 선택한다.

5단계: [사후분석]을 선택한다.

☞ 분산분석에서 $H_0(\sigma_1^2-\sigma_2^2-\cdots\sigma_k^2=0)$가 기각될 경우, 요인수준들이 평균 차이를 보이는지 사후검정 (multiple comparisons)을 해야 한다. 사후검정(다중비교)에는 통상 Tukey(작은 평균 차이에 대한 유의성 발견 유리), Scheffe(큰 평균 차이에 대한 유의성 발견 유리)를 선택한다. 등분산이 가정되지 않을 경우는 Dunnett의 T_3를 선택한다.

6단계: 결과를 확인한다.

기술통계

V82 확산수

	N	평균	표준편차	표준오차	평균에 대한 95% 신뢰구간 하한값	상한값	최소값	최대값
1 수능성적+우울질병	11207	486.41	860.026	8.124	470.49	502.34	2	2208
2 해고생활고+수능성적	94	79.77	23.846	2.459	74.88	84.65	2	87
3 성폭행충격+고통열등감	2345	109.35	177.068	3.657	102.18	116.52	2	482
4 얼굴격정+학교폭력	31116	149.44	300.470	1.703	146.10	152.77	2	1143
5 해고생활고+사망이혼	619	8.94	11.123	.447	8.06	9.82	2	57
합계	45381	228.52	517.997	2.432	223.76	233.29	2	2208

분산의 동질성 검정

V82 확산수

Levene 통계량	df1	df2	유의확률
4921.074	4	45376	.000

일원배치 분산분석

V82 확산수

	제곱합	df	평균제곱	F	유의확률
집단-간	1005216368	4	251304092.1	1020.765	.000
집단-내	11171201056	45376	246191.843		
합계	12176417425	45380			

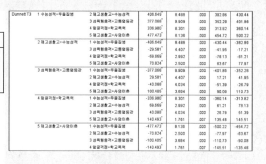

Dunnett T3

(I)	(J)	평균차(I-J)	표준오차	유의확률	95% 신뢰구간 하한	상한
1 수능성적+우울질병	2 해고생활고+수능성적	406.649*	8.486	.000	382.86	430.44
	3 성폭행충격+고통열등감	377.068*	8.909	.000	352.28	401.86
	4 얼굴격정+학교폭력	336.980*	8.301	.000	313.82	360.14
	5 해고생활고+사망이혼	477.473*	8.136	.000	454.72	500.22
2 해고생활고+수능성적	1 수능성적+우울질병	-406.649*	8.486	.000	-430.44	-382.86
	3 성폭행충격+고통열등감	-29.581*	4.407	.000	-41.95	-17.21
	4 얼굴격정+학교폭력	-69.669*	2.992	.000	-78.13	-61.21
	5 해고생활고+사망이혼	70.824*	2.500	.000	63.67	77.97
3 성폭행충격+고통열등감	1 수능성적+우울질병	-377.068*	8.909	.000	-401.86	-352.28
	2 해고생활고+수능성적	29.581*	4.407	.000	17.21	41.95
	4 얼굴격정+학교폭력	-40.088*	4.034	.000	-51.39	-26.79
	5 해고생활고+사망이혼	100.405*	3.684	.000	90.00	110.73
4 얼굴격정+학교폭력	1 수능성적+우울질병	-336.980*	8.301	.000	-360.14	-313.82
	2 해고생활고+수능성적	69.669*	2.992	.000	61.21	78.13
	3 성폭행충격+고통열등감	40.088*	4.034	.000	28.79	51.39
	5 해고생활고+사망이혼	140.493*	1.761	.007	135.48	145.51
5 해고생활고+사망이혼	1 수능성적+우울질병	-477.473*	8.136	.000	-500.22	-454.72
	2 해고생활고+수능성적	-70.824*	2.500	.000	-77.97	-63.67
	3 성폭행충격+고통열등감	-100.405*	3.684	.000	-110.73	-90.08
	4 얼굴격정+학교폭력	-140.493*	1.761	.007	-145.51	-135.48

동일 집단군

V82 확산수

	QCL1 자살원인군집번호	N	유의수준 = 0.05에 대한 부집단 1	2	3
Tukey B[a,b]	5 해고생활고+사망이혼	619	8.94		
	2 해고생활고+수능성적	94	79.77	79.77	
	3 성폭행충격+고통열등감	2345		109.35	
	4 얼굴격정+학교폭력	31116		149.44	
	1 수능성적+우울질병	11207			486.41
Scheffe[a,b]	5 해고생활고+사망이혼	619	8.94		
	2 해고생활고+수능성적	94	79.77	79.77	
	3 성폭행충격+고통열등감	2345	109.35	109.35	
	4 얼굴격정+학교폭력	31116		149.44	
	1 수능성적+우울질병	11207			486.41
	유의확률		.092	.427	1.000

평균 도표

(자살원인군집번호별 확산수의 평균 도표)

결과 해석 군집 1(수능성적+우울질병)의 평균 버즈 확산 수는 486.41로 가장 높게 나타났으며, 군집 5(해고생활고+사망이혼)의 평균 버즈 확산 수는 8.94로 가장 낮게 나타났다. 분산의 동질성 검정 결과 귀무가설이 기각되어 군집 간 분산이 다르게 나타나(p=.00<.01) 사후검정에서 Dunnett의 T_3를 확인해야 한다. 분산분석에서 F=1020.765(p=.00<.01)로 군집별 확산 수의 평균에 차이가 있는 것으로 나타났다. 5개의 군집 간 평균의 차이를 검정하는 사후검정에서 등분산 가정이 기각되어 Dunnett의 T_3 검정 결과 모든 군집에서 유의한 차이를 보였다. 등분산 가정이 성립되지 않기 때문에 동일 집단군에 대한 확인은 평균도표를 분석하여 확인할 수 있다. 군집 1의 평균이 가장 크며, 동일한 군집인 2, 3, 4집단은 그 다음으로 크고, 군집 5의 평균은 가장 작은 것으로 나타났다. 즉 2, 3, 4집단은 집단 간 평균의 차이가 없는 것으로 나타났다.

⑪ 평균의 검정(이원배치 분산분석)

- 이원배치 분산분석은 독립변수(요인)가 2개인 경우 집단 간 평균비교를 하기 위한 분석방법이다. 두 요인에 대한 상호작용이 존재하는지를 우선적으로 점검하고, 상호작용이 존재하지 않으면 각각의 요인의 효과를 따로 분리하여 분석할 수 있다. 상호작용효과는 종속변수에 대한 독립변수들의 결합효과로서, 종속변수에 대한 독립변수의 효과가 다른 독립변수의 각 수준에서 동일하지 않다는 것을 의미한다(성태제, 2008: p. 162).
- 이원배치 분산분석은 종속변수에 대한 모집단의 분포가 정규분포여야 하고, 집단 간 모집단의 분산이 같은지 검정하여야 한다(등분산 검정).

6. 이원배치 분산분석(two-way ANOVA)

1단계: 데이터파일을 불러온다(분석파일: 의료패널(전체_2009)_노인.sav).

2단계: 연구문제: 노인구분(전기, 후기)과 교육수준[1(미취학), 2(초졸), 3(중졸), 4(고졸), 5(대졸), 6(대학원 이상)]에 따라 외래의료 이용횟수(종속변수)에 차이가 있는가? 그리고, 노인구분과 교육수준의 상호작용효과는 있는가?

3단계: [분석]→[일반선형모형]→[일변량 분석]→[종속변수: 외래의료이용횟수(oucount_111), 고정요인: 노인구분(aging1), 교육수준(c88_1]]을 선택한다.

4단계: [옵션]→[기술통계량, 동질성 검정]을 선택한다.

5단계: [도표]]→[수평축 변수: 노인구분, 선구분 변수: 교육수준]을 선택한 후 [추가]를 선택한다.

　☞ 교육수준별로 구분하여 노인구분에 따른 외래의료 이용횟수를 구분하여 도표로 제시한다.

6단계: 사후분석

사후분석은 이원분산분석의 실행결과 집단 간 차이가 있는 것으로 나타날 경우, 어떤 집단 간의 차이가 있는지 알아보고자 하는 것이다(교육수준은 6개 수준이므로 사후비교분석을 실시할 수 있다).

7단계: 결과를 확인한다.

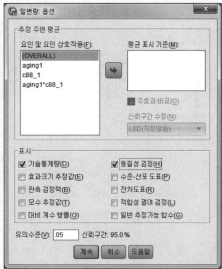
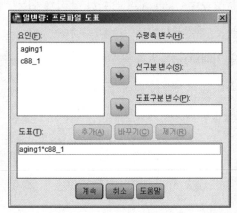
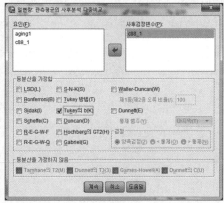

기술통계량

종속 변수: oucount_111

aging1	c88_1	평균	표준편차	N
.00	1.00	1.3089	.44364	305
	2.00	1.2137	.45214	1237
	3.00	1.1648	.44518	513
	4.00	1.1273	.47554	516
	5.00	1.0703	.47164	186
	6.00	1.0168	.41705	37
	합계	1.1870	.45921	2794
1.00	1.00	1.2396	.49698	240
	2.00	1.2252	.45911	284
	3.00	1.3481	.40381	54
	4.00	1.3901	.28380	52
	5.00	1.2340	.50434	38
	6.00	1.3407	.29029	5
	합계	1.2543	.46123	673
합계	1.00	1.2784	.46870	545
	2.00	1.2159	.45332	1521
	3.00	1.1823	.44435	567
	4.00	1.1513	.46733	568
	5.00	1.0981	.48014	224
	6.00	1.0553	.41499	42
	합계	1.2001	.46031	3467

오차 분산의 등일성에 대한 Levene의 검정[a]

송속 변수: oucount_111

F	df1	df2	유의확률
2.029	11	3455	.022

개체-간 효과 검정

종속 변수: oucount_111

소스	제 III 유형 제곱합	자유도	평균 제곱	F	유의확률
수정 모형	15.351[a]	11	1.396	6.706	.000
절편	690.390	1	690.390	3317.366	.000
aging1	2.458	1	2.458	11.812	.001
c88_1	2.159	5	.432	2.075	.066
aging1 * c88_1	5.977	5	1.195	5.744	.000
오차	719.034	3455	.208		
합계	5727.577	3467			
수정 합계	734.385	3466			

a. R 제곱 = .021 (수정된 R 제곱 = .018)

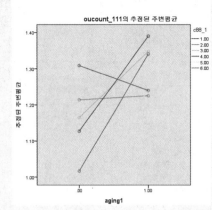

프로파일 도표

oucount_111의 추정된 주변평균

동일집단군

oucount_111

		집단군		
c88_1	N	1	2	3
Tukey B^c 6.00	42	1.0553		
5.00	224	1.0981	1.0981	
4.00	568	1.1513	1.1513	1.1513
3.00	567	1.1823	1.1823	1.1823
2.00	1521		1.2159	1.2159
1.00	545			1.2784

c. 유의수준 = .05.

결과 해석 외래의료서비스 이용횟수(oucount_111)에 대한 노인구분(aging1)과 교육수준(c88_1)의 효과는 노인구분(F=11.812, $p<.01$)과 교육수준(F=2.075, $p<.1$)에서 유의한 차이가 있는 것으로 나타났으며, 노인구분과 교육수준의 상호작용효과가 있는 것으로 나타나(F=5.744, $p<.01$), 전기노인보다 후기노인의 교육수준이 높을수록 외래의료 이용횟수가 많았다. 사후 검정결과 교육수준 1, 교육수준 2, 교육수준 3, 4, 교육수준 5, 교육수준 6의 순으로 외래의료 이용이 많은 것으로 나타났다. 프로파일 도표에서도 교육수준 3, 4집단의 선이 비슷하게 교차되어 동일한 집단인 것을 확인할 수 있다.

⑫ 산점도(scatter diagram)

- 두 연속형 변수 간의 선형적 관계를 알아보고자 할 때 가장 먼저 실시한다.
- 두 변수에 대한 데이터 산점도를 그리고, 직선관계식을 나타내는 단순회귀분석을 실시한다.

1단계: 데이터파일을 불러온다(분석파일: 복지패널_1차_4차.sav).
2단계: [그래프]→[레거시 대화상자]→[산점도]→[단순 산점도]→[정의]를 선택한다.
3단계: [Y축: 삶의 만족도(*LI*1), X축: 자아존중감(*SE*1), 우울감(*DE*1)]을 지정한다.
4단계: [제목: 삶의 만족도와 자아존중감의 산점도]를 입력한다.
5단계: 결과를 확인한다.

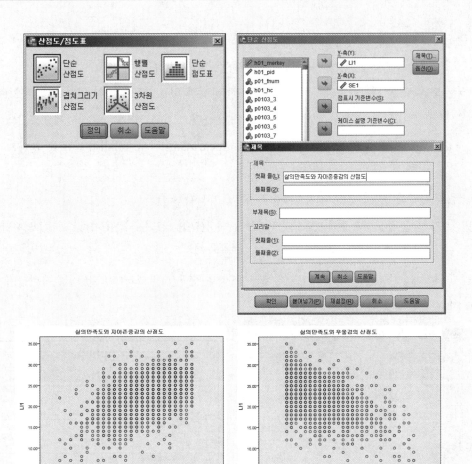

결과 해석 삶의 만족도와 자아존중감의 산점도는 두 변수가 양(+)의 선형관계(positive linear relationship)를 보이고 있어, 자아손중감이 많은 노인의 삶의 만속도가 높은 것을 알 수 있다. 반면, 삶의 만족도와 우울감의 산점도는 음(-)의 선형관계(negative linear relationship)를 보이고 있어, 우울감이 많은 노인의 삶의 만족도가 낮은 것을 알 수 있다.

13 상관분석(correlation analysis)

- 정량적인 두 변수 간의 선형관계가 존재하는지를 파악하고 상관관계의 정도를 측정하는 분석방법이다.
- 두 변수 간의 관계가 어느 정도 밀접한지를 측정하는 분석기법이다.
- 상관계수의 범위는 -1에서 1의 값을 가지며, 상관계수의 크기는 관련성 정도를 나타낸다. 상관계수의 절대값이 크면 두 변수는 밀접한 관계이며, '+'는 양의 상관관계, '-'는 음의 상

관관계를 나타내고, '0'은 두 변수 간에 상관관계가 없음을 나타낸다. 따라서 상관관계는 인과관계를 의미하는 것은 아니고 관련성의 정도를 검정하는 것이다.

- 상관분석은 조사된 자료의 수에 따라 모수적 방법과 비모수적 방법이 있다. 일반적으로 표본 수가 30이 넘는 경우는 모수적 방법을 사용한다. 모수적 방법에는 상관계수로 Pearson을 선택하고, 비모수적 방법에는 상관계수로 Spearman이나 Kendall의 타우를 선택한다.

1단계: 데이터파일을 불러온다(분석파일: 복지패널_1차_4차.sav).

2단계: 가설 설정(노인의 삶의 만족도($LI1$), 자아존중감($SE1$), 알코올 의존($CA1$), 우울감($DE1$)은 상호 관련성이 있는가?)

3단계: [분석] → [상관분석] → [이변량 상관계수] → [변수($LI1$, $SE1$, $CA1$, $DE1$)]를 지정한다.

4단계: 결과를 확인한다.

상관계수

		LI1	CA1	DE1	SE1
LI1	Pearson 상관계수	1	-.088**	-.523**	.489**
	유의확률 (양쪽)		.000	.000	.000
	N	3465	3465	3460	3463
CA1	Pearson 상관계수	-.088**	1	.114**	-.095**
	유의확률 (양쪽)	.000		.000	.000
	N	3465	3487	3473	3476
DE1	Pearson 상관계수	-.523**	.114**	1	-.516**
	유의확률 (양쪽)	.000	.000		.000
	N	3460	3473	3473	3472
SE1	Pearson 상관계수	.489**	-.095**	-.516**	1
	유의확률 (양쪽)	.000	.000	.000	
	N	3463	3476	3472	3476

**. 상관계수는 0.01 수준(양쪽)에서 유의합니다.

결과 해석 삶의 만족도와 자아존중감은 강한 양(+)의 상관관계를 보이고 있으며, 상관계수는 0.489로 유의한 상관($p<.01$)을 나타내고 있다. 삶의 만족도와 우울감은 강한 음(−)의 상관관계를 보이고 있으며, 상관계수는 −0.523으로 유의한 상관($p<.01$)을 보이고 있다. 삶의 만족도와 알코올 의존은 약한 음의 상관관계($r=-.088$, $p<.01$)를 보이고 있다. 자아존중감과 우울감은 강한 음의 상관관계($r=-.516$, $p<.01$)를 보이고 있다.

상관분석(집단별 잠재변인 간 상관관계 분석)

- 집단별(일반가구, 저소득층가구) 잠재변인(알코올 의존, 우울감, 자아존중감, 삶의 만족도) 간 상관관계 분석을 위해서는 다중집단 확인적 요인분석 모형이 필요하다.

※ '집단별 잠재변인 간 상관관계 분석'에 대한 자세한 설명은 '송태민·김계수(2012). 보건복지 연구를 위한 구조방정식 모형. pp. 449-451'을 참고하기 바란다.

- 집단별 잠재변인 간 상관관계 해석
  - 일반가구와 저소득층가구의 알코올 의존과 우울감은 강한 양의 상관관계를 보이고 있으며, 자아존중감과 우울감 간에는 강한 음의 상관관계를 보이고 있는 것으로 나타났다.

	알코올 의존	우울감	자아존중감	삶의 만족도
알코올 의존	1	.159[**]	−.216[**]	−.085[*]
우울감	.153[**]	1	−.677[**]	−.674[**]
자아존중감	−.193[**]	−.726[**]	1	.774
삶의 만족도	−.119[**]	−.584[**]	.683[**]	1

[**]: $p<.01$, [*]: $p<.05$
주: 변인 간 상관관계는 1을 기준으로 일반가구는 대각선의 하단, 저소득층가구는 대각선의 상단에 표시한다.

1단계: 연구모델(집단상관분석.amw)을 구현한 후 집단관리창이 있는 그룹을 지정(일반가구, 저소득층가구)한다.

2단계: 일반가구와 저소득층가구의 데이터를 연결시킨다. 일반가구와 저소득층가구에 각각 [Grouping Variable(h01_hc)]을 지정한 후, 각각에 파일명은 동일하게(알코올SELECT.sav) 하고 [Group Value(일반가구: 1, 저소득층가구: 2)]를 지정한다.

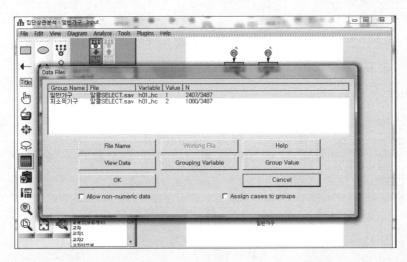

3단계: 결과물 옵션을 지정한다.
  - [Correlations of estimates]를 선택한다.

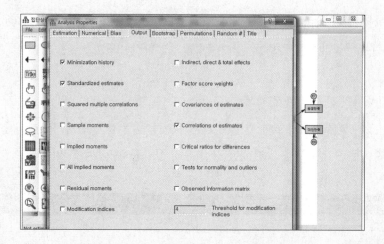

4단계: 실행아이콘(calculate estimate)으로 다중집단의 확인적 요인분석 모형을 실행한다.

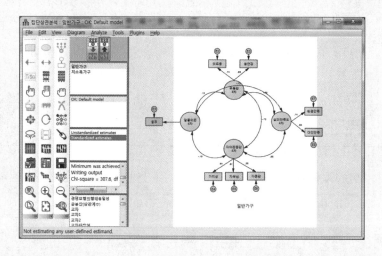

5단계: 결과를 확인한다.

　- [View] → [Text Output]

　- [Estimates] → [Scalars] → [Correlations]에서 일반가구의 상관계수를 확인한다.

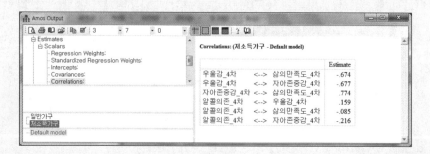

- [Estimates]→[Scalars]→[Covariances]에서 일반가구의 상관계수에 대한 유의수준을 확인한다.

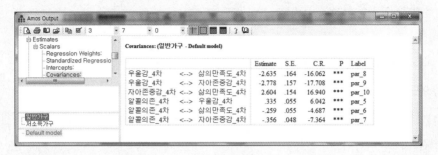

- [Estimates]→[Scalars]→[Correlations]에서 저소득가구(그림의 저소득가구를 선택)의 상관계수를 확인한다.

- [Estimates]→[Scalars]→[Covariances]에서 저소득가구의 상관계수에 대한 유의수준을 확인한다.

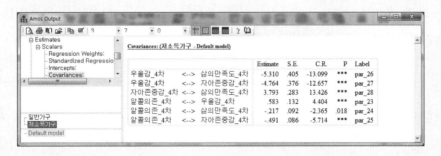

14 편상관분석(partial correlation analysis)

- 부분상관분석(편상관분석)은 두 변수 간의 상관관계를 분석한다는 점에서는 단순상관분석과 같으나 두 변수에 영향을 미치는 특정 변수를 통제하고 분석한다는 점에서 차이가 있다.
- 예를 들면, 삶의 만족도와 우울감 간의 피어슨 상관계수를 구했을 때, 알코올 의존의 영향

을 받게 되어 상관계수가 높게 나타난다.
- 따라서 삶의 만족도와 우울감 간의 순수한 상관관계를 알고자 하는 경우 알코올 의존을 통제하여 편상관분석을 실시한다.

1단계: 데이터파일을 불러온다(분석파일: 복지패널_1차_4차.sav).

2단계: 연구문제: 삶의 만족도와 우울감 간의 순수한 상관관계는?

3단계: [분석]→[상관분석]→[편상관계수]→[변수(*LI*1, *DE*1), 제어변수(*CA*1)]를 지정한다.

4단계: 결과를 확인한다.

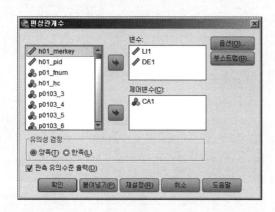

상관			LI1	DE1
통제변수				
CA1	LI1	상관	1.000	-.519
		유의수준(양측)	.	.000
		df	0	3457
	DE1	상관	-.519	1.000
		유의수준(양측)	.000	.
		df	3457	0

결과 해석 알코올 의존(*CA*1)을 통제한 상태에서 삶의 만족도와 우울감의 편상관계수는 '−0.519'로 앞에서 분석한 단순상관분석의 피어슨 상관계수 '−0.523'보다 낮게 나타났다.

⑮ 단순회귀분석(simple regression analysis)

- 회귀분석(regression)
  - 회귀분석은 상관분석과 분산분석의 확장된 개념으로, 연속변수로 측정된 두 변수 간의 관계를 수학적 공식으로 함수화하는 통계적 분석기법($Y=aX+b$)이다.
  - 회귀분석은 종속변수와 독립변수 간의 관계를 함수식으로 분석하는 것이다.
  - 회귀분석은 독립변수의 수와 종속변수의 척도에 따라 다음과 같이 구분한다.
    · 단순회귀분석: 연속형 독립변수 1개, 연속형 종속변수 1개
    · 다중회귀분석: 연속형 독립변수 2개 이상, 연속형 종속변수 1개
    · 이분형 로지스틱 회귀분석: 연속형 독립변수 1개 이상, 이분형 종속변수 1개
    · 다항 로지스틱 회귀분석: 연속형 독립변수 1개 이상, 다항 종속변수 1개

1단계: 데이터파일을 불러온다(분석파일: 복지패널_1차_4차.sav).

2단계: 연구문제: 노인의 우울감은 삶의 만족도에 영향을 미치는가?

3단계: [분석]→[회귀분석]→[선형]→[종속변수(*LI*1), 독립변수(*DE*1)]를 지정한다.

4단계: [통계량]→[추정값, 모형 적합]을 선택한다.

5단계: 결과를 확인한다.

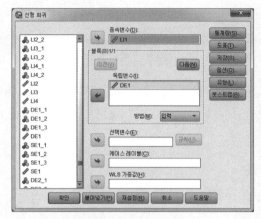
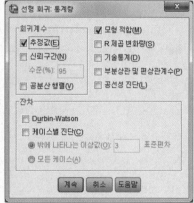

모형 요약

모형	R	R 제곱	수정된 R 제곱	추정값의 표준오차
1	.523ᵃ	.274	.274	3.45386

a. 예측자: (상수), DE1

계수ᵃ

모형		비표준화 계수		표준화 계수	t	유의확률
		B	표준오차	베타		
1	(상수)	28.570	.170		167.750	.000
	DE1	-.423	.012	-.523	-36.122	.000

a. 종속변수: LI1

ANOVAᵃ

모형		제곱합	자유도	평균제곱	F	유의확률
1	회귀	15565.229	1	15565.229	1304.804	.000ᵇ
	잔차	41251.077	3458	11.929		
	전체	56816.306	3459			

a. 종속변수: LI1

b. 예측자: (상수), DE1

결과 해석 결정계수 R^2은 총변동 중에서 회귀선에 의해 설명되는 비율을 의미하며, 삶의 만족도의 변동 중에서 27.4%가 우울감에 의해 설명된다는 것을 의미한다. 따라서 $0 \leq R^2 \leq 1$의 범위를 가지고 1에 가까울수록 회귀선이 표본을 설명하는 데 유의하다. 수정된 R^2은 자유도를 고려하여 조정된 R^2으로, 일반적으로 모집단의 R^2을 추정할 때 사용된다. 단순회귀분석이나 표본의 수가 충분히 클 경우 R^2값과 동일하다. 분산분석표는 회귀식이 통계적으로 유의한가를 검정하는 것으로, F통계량(1304.804)에 대한 유의확률이 p=.000<.01로 회귀식은 매우 유의하다고 할 수 있다. 회귀식은 Y=28.57-.423DE1으로 회귀식의 상수값과 회귀계수는 통계적으로 매우 유의하다(p<.01). 표준화 계수(베타)는 회귀계수의 크기를 비교하기 위해 상수(절편)를 0으로 한 표준화 변수에 의한 회귀계수를 뜻하며, 본 연구의 표준화 회귀선은 Y=-.523DE1이 된다. 즉 우울이 한 단위 증가하면 삶의 만족도가 .523씩 감소하는 것을 의미한다.

16 다중회귀분석(multiple regression analysis)

- 두 개 이상의 독립변수가 종속변수에 미치는 영향을 분석하는 것이다. 다중회귀분석에서 고려해야 할 사항은 다음과 같다.

  - 독립변수 간의 상관관계, 즉 다중공선성(multicollinearity) 진단에서 다중공선성이 높은 변수(공차한계가 낮은 변수)는 제외되어야 한다.

    ☞ 다중공선성: 회귀분석에서 독립변수 중 서로 상관이 높은 변수가 포함되어 있을 때는 분산·공분산 행렬의 행렬식이 0에 가까운 값이 되어 회귀계수의 추정정밀도가 매우 나빠지는 현상을 말한다.

  - 잔차항 간의 자기상관(autocorrelation)이 없어야 한다. 즉, 상호 독립적이어야 한다[Durbin-Watson의 통계량이 0에 가까우면 양의 상관, 4에 가까우면 음의 상관, 2에 가까우면(Durbin-Watson의 통계량의 기준값은 2로 정상분포곡선을 나타낸다) 상호 독립적이라고 할 수 있다(성태제, 2008: p. 266)].

  - 편회귀잔차도표를 이용하여 종속변수와 독립변수의 등분산성을 확인해야 한다.

- 다중회귀분석에서 독립변수를 투입하는 방식은 크게 두 가지가 있다.

  - 입력방법: 독립변수를 동시에 투입하는 방법으로 한번에 다중회귀모형을 구성할 수 있다.

  - 단계선택법: 독립변수의 통계적 유의성을 검정하여 회귀모형을 구성하는 방법으로, 유의도가 낮은 독립변수는 단계적으로 제외하고 적합한 변수만으로 다중회귀모형을 구성한다.

가. 입력(동시 투입)방법에 의한 다중회귀분석

1단계: 데이터파일을 불러온다(분석파일: 복지패널_1차_4차.sav).

2단계: 연구문제: 노인의 삶의 만족도에 영향을 미치는 독립변수(우울감, 자아존중감, 알코올 의존)는 무엇인가?

3단계: [분석] → [회귀분석] → [선형 회귀분석] → [종속변수(*LI*1), 독립변수(*DE*1, *SE*1, *CA*1)] 지정 → [방법: 입력]을 선택한다.

4단계: [통계량] → [추정값, 모형 적합, 공선성 진단, Durbin-Watson]을 선택한다.

    ☞ 다중회귀분석에서는 회귀모형이 가진 가정을 검토해야 한다. 회귀모형의 가정은 변수와 잔차에 관한 것으로 다중공선성, 잔차의 독립성에 관한 것이다.

5단계: [도표]를 선택(잔차의 정규분포성과 분산의 동질성을 검정)한다.

- Y축[ZPRED(종속변수의 표준화 예측값)], X축[ZRESID(독립변수의 표준화 예측값)]을 지정한다.

6단계: [옵션]을 선택한다.

7단계: 결과를 확인한다.

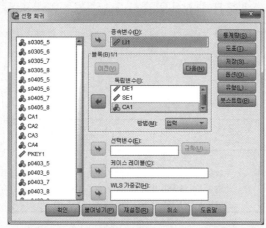

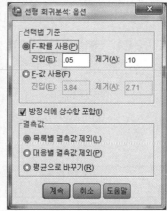

모형 요약b

모형	R	R 제곱	수정된 R 제곱	추정값의 표준오차	Durbin-Watson
1	.583a	.340	.339	3.29474	1.585

a. 예측값: (상수), CA1, SE1, DE1

b. 종속변수: LI1

분산분석a

모형		제곱합	자유도	평균 제곱	F	유의확률
1	회귀 모형	19309.849	3	6436.616	592.948	.000b
	잔차	37505.004	3455	10.855		
	합계	56814.853	3458			

a. 종속변수: LI1

b. 예측값: (상수), CA1, SE1, DE1

결과 해석 독립변수와 종속변수의 상관관계는 .583이며, 독립변수들은 종속변수를 34%(R^2=.34) 설명한다. 수정된 R^2(.339)은 다중회귀분석에서 독립변수가 추가되면 결정계수(R^2)가 커지는(다중공선성의 문제 발생) 것을 수정하기 위해 무선오차의 영향을 고려한 것이다 [즉, 사례 수가 많지 않을 경우 수정된 R^2으로 해석하는 것이 더 정확하다(성태제, 2008: p. 272)]. Durbin-Watson 통계량은 1.585로 기준값인 2에 근접하고 0과 4에 가깝지 않기 때문에 자기상관관계는 없는 것으로 나타났다. 회귀식의 통계적 유의성을 나타내는 분산분석표는 F값이 592.948(p<.01)로 유의한 것으로 나타나, 유의수준 .01에서 회귀모형이 통계적으로 유의한 것으로 나타났다.

계수ᵃ

모형		비표준화 계수		표준화 계수	t	유의확률	공선성 통계량	
		B	표준오차	베타			공차	VIF
1	(상수)	19.122	.539		35.469	.000		
	DE1	-.298	.013	-.368	-22.793	.000	.732	1.367
	SE1	.279	.015	.298	18.460	.000	.735	1.361
	CA1	-.074	.059	-.018	-1.269	.205	.985	1.015

a. 종속변수: LI1

결과 해석 우울감은 삶의 만족도에 음(−)의 영향(B=−.298, p<.01)을 미치고, 자아존중감은 삶의 만족도에 양(+)의 영향(B=.279, p<.01)을 미치는 것으로 나타났다. 알코올 의존은 삶의 만족도에 영향(B=−.074, p>.01)을 미치지 않는 것으로 나타났다 공차한계는 0.1보다 크고, 분산팽창지수(VIF)가 10보다 작기 때문에 다중공선성의 문제는 없는 것으로 나타났다.

계수ᵈ

모형		비표준화 계수		표준화 계수	t	유의확률	공선성 통계량	
		B	표준오차	베타			공차	VIF
1	(상수)	19.072	.538		35.468	.000		
	DE1	-.299	.013	-.370	-22.958	.000	.736	1.359
	SE1	.280	.015	.299	18.530	.000	.736	1.359

a. 종속변수: LI1

결과 해석 상기 회귀모형에서 알코올 의존이 삶의 만족도에 유의한 영향을 미치지 않기 때문에 삶의 만족도를 추정하는 회귀모형을 구성하기 위해서는 알코올 의존($CA1$) 변수를 제거하고 다중회귀분석을 실시하여 회귀식을 추정해야 한다. 따라서, 삶의 만족도를 예측하는 회귀모형은 $LI1$=19.072−.299$DE1$+.280$SE1$로 나타났다.

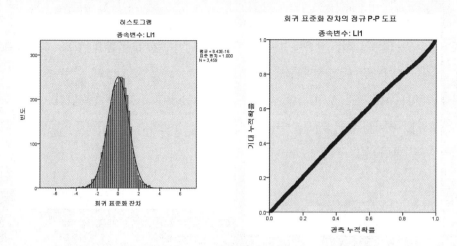

결과 해석 잔차의 정규분포 가정을 검정하기 위해 분석한 결과 정규분포 히스토그램이 0을 기준으로 좌우 적절하게 분포하고, 정규 P-P도표가 대각선으로 직선의 형태를 띠고 있어 잔차가 정규분포를 보이는 것으로 나타났다.

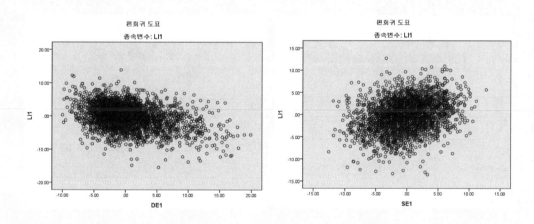

결과 해석 종속변수의 표준화된 잔차와 독립변수 간 산포도의 모양이 원점 0을 중심으로 특정한 형태를 보이지 않을 때 종속변수(삶의 만족도)의 분산이 독립변수(우울감, 자아존중감) 분산에 대해 등분산성을 가진다는 가정을 충족시킬 수 있다. 본 등분산 검정에서는 0을 중심으로 일정하지 않게(random) 분포하고 있으므로 등분산의 가정을 채택할 수 있다.

나. 단계적 투입방법에 의한 다중회귀분석

1단계: 데이터파일을 불러온다(분석파일: 복지패널_1차_4차.sav).

2단계: 연구문제: 노인의 삶의 만족도에 영향을 미치는 독립변수(우울감, 자아존중감, 알코올 의존)는 무엇인가?

3단계: [분석]→[회귀분석]→[선형 회귀분석]→[종속변수(*LI*1), 독립변수(*DE*1, *SE*1, *CA*1)]를 지정한 후 [방법: 단계 선택]을 선택한다.

4단계: [통계량]→[추정값, 모형 적합, 공선성 진단, Durbin-Watson]을 선택한다.

5단계: [도표]를 선택(잔차의 정규분포성과 분산의 동질성을 검정)한다.

6단계: 결과를 확인한다.

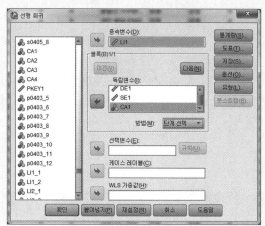
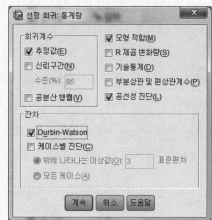

모형 요약^{c}

모형	R	R 제곱	수정된 R 제곱	추정값의 표준오차	Durbin-Watson
1	.523^a	.274	.274	3.45434	
2	.583^b	.340	.339	3.29503	1.584

a. 예측값: (상수), DE1

b. 예측값: (상수), DE1, SE1

c. 종속변수: LI1

분산분석^{a}

모형		제곱합	자유도	평균 제곱	F	유의확률
1	회귀 모형	15564.353	1	15564.353	1304.371	.000^b
	잔차	41250.501	3457	11.932		
	합계	56814.853	3458			
2	회귀 모형	19292.370	2	9646.185	888.460	.000^c
	잔차	37522.484	3456	10.857		
	합계	56814.853	3458			

a. 종속변수: LI1

b. 예측값: (상수), DE1

c. 예측값: (상수), DE1, SE1

결과 해석 모형 1은 우울감이 투입된 경우로, 우울감이 삶의 만족도를 27.4% (R^2=.274) 설명하는 것으로 나타났다. 모형 2는 우울감과 자아존중감이 동시에 투입된 경우로, 우울감과 자아존중감이 삶의 만족도를 34.0%(R^2=.340) 설명하고 있다. Durbin-Watson 통계량은 1.584로 잔차항 간의 자기상관은 없는 것으로 나타났다. 모형 1의 *F*값은 1304.371(p<.01)로 유의한 것으로 나타났으며, 모형 2의 *F*값도 888.460(p<.01)으로 유의한 것으로 나타나, 유의수준 .01에서 회귀모형 1과 2는 통계적으로 유의한 것으로 나타났다.

계수[a]

모형		비표준화 계수		표준화 계수	t	유의확률	공선성 통계량	
		B	표준오차	베타			공차	VIF
1	(상수)	28.570	.170		167.696	.000		
	DE1	-.423	.012	-.523	-36.116	.000	1.000	1.000
2	(상수)	19.072	.538		35.468	.000		
	DE1	-.299	.013	-.370	-22.958	.000	.736	1.359
	SE1	.280	.015	.299	18.530	.000	.736	1.359

a. 종속변수: LI1

제외된 변수[a]

모형		베타 입력	t	유의확률	편상관계수	공선성 통계량		
						공차	VIF	최소공차한계
1	SE1	.299[b]	18.530	.000	.301	.736	1.359	.736
	CA1	-.029[b]	-1.974	.049	-.034	.987	1.013	.987
2	CA1	-.018[c]	-1.269	.205	-.022	.985	1.015	.732

a. 종속변수: LI1
b. 모형내의 예측값: (상수), DE1
c. 모형내의 예측값: (상수), DE1, SE1

결과 해석 모형 1은 $LI1=28.570-.423DE1$로 회귀모형이 통계적으로 유의한 것으로 나타났으며, 모형 2도 $LI1=19.072-.299DE1+.280SE1$로 회귀모형이 통계적으로 유의한 것으로 나타났다. 다중회귀분석에서 단계적 분석방법은 독립변수를 하나씩 추가하여 이미 모형에 포함된 변수에 대한 유의성을 검정한 후 유의하지 않은 변수는 제외하는 방법을 사용한다. 본 분석의 모형 1에서 우울감($DE1$)이 가장 유의하여 모형에 포함되었으며, 자아존중감($SE1$)과 알코올 의존($CA1$)은 제외된 것을 알 수 있다. 모형 2에서는 유의성이 있는 $DE1$과 $SE1$이 포함되었으며, 유의성이 없는 $CA1$은 제외된 것을 알 수 있다.

⑰ 더미변수를 이용한 회귀분석

• 회귀분석 시 독립변수 중에 명목변수가 있을 경우 그 변수를 더미변수(dummy variable) 또는 가상변수로 변환하여 분석해야 할 경우가 있다. 더미변수는 변수변환을 통하여 생성할 수 있다.

- 예제: 삶의 만족도($LI1$)가 교육수준(EDU)에 영향을 받는다면, 교육수준은 명목변수이기 때문에 더미변수를 생성하여 회귀분석을 실시해야 한다.

- 교육수준은 초졸(1), 중·고졸(2), 대졸 이상(3)의 3개의 집단을 가지고 있으므로 더미변수의 개수는 2개가 된다. 즉, 회귀모형은 $Y=b_0+b_1D_1+b_2D_2$가 된다.

- 더미변수의 선택은 다음과 같다.

· 초졸: $EDU=1$이면 $D_1=0$, $D_2=0$

· 중·고졸: $EDU=2$이면 $D_1=1$, $D_2=0$

· 대졸 이상: $EDU=3$이면 $D_1=0$, $D_2=1$

※ 예제 데이터 불러오기

- 데이터파일을 불러온다(분석파일: 복지패널_1차_4차.sav).

- 예제 더미변수의 변환은 syntax를 사용하면 편리하다(명령문 파일: 복지패널_교육수준그룹화.sps).

- 명령문(복지패널_교육수준그룹화.sps)을 불러온다.

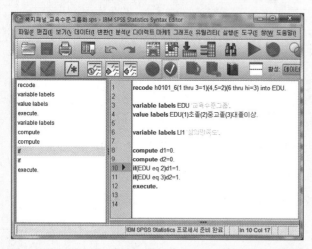

※ 명령문 이해하기
- recode: 변수변환(교육수준 그룹화)
- var labels(변수명)
- value label(변수값)
- compute(변수 생성)
- if(조건문)
- execute. (실행)

※ 좌측의 명령문을 전체 선택하여 실행하면 독립변수(d_1, d_2)를 생성할 수 있다.

1단계: 데이터파일을 불러온다(분석파일: 복지패널_1차_4차.sav).

2단계: 연구문제: 교육수준이 삶의 만족도에 영향을 미치는가?

3단계: [분석]→[회귀분석]→[선형 회귀분석]→[종속변수($LI1$), 독립변수(d_1, d_2)]를 지정한 후 [방법: 입력]을 선택한다.

4단계: [통계량]→[추정값, 모형 적합, 공선성 진단, Durbin-Watson]을 선택한다.

5단계: 결과를 확인한다.

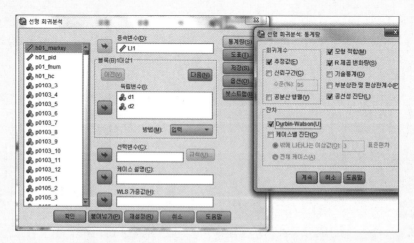

모형 요약[b]

| 모형 | R | R 제곱 | 수정된 R 제곱 | 추정값의 표준오차 | 통계량 변화량 | | | | | Durbin-Watson |
					R 제곱 변화량	F 변화량	df1	df2	유의확률 F 변화량	
1	.217[a]	.047	.046	3.95592	.047	85.403	2	3462	.000	1.489

a. 예측값: (상수), d2, d1
b. 종속변수: LI1

분산분석[a]

모형		제곱합	자유도	평균 제곱	F	유의확률
1	회귀 모형	2673.008	2	1336.504	85.403	.000[b]
	잔차	54177.965	3462	15.649		
	합계	56850.974	3464			

a. 종속변수: LI1
b. 예측값: (상수), d2, d1

결과 해석 회귀모형은 유의수준 .01에서 유의한 것으로 나타났다(F=85.403, p=.000<.01). 회귀모형의 설명력은 4.6%(수정된 결정계수: .046)로 매우 낮은 것으로 나타났다.

계수[a]

| 모형 | | 비표준화 계수 | | 표준화 계수 | t | 유의확률 | 공선성 통계량 | |
		B	표준오차	베타			공차	VIF
1	(상수)	22.217	.099		223.729	.000		
	d1	.310	.153	.036	2.028	.043	.868	1.152
	d2	2.269	.178	.227	12.767	.000	.868	1.152

a. 종속변수: LI1

결과 해석 독립변수의 회귀계수가 모두 유의하여 회귀식은 $LI1$=$.036d_1$+$.227d_2$이다[회귀계수의 크기를 비교하기 위해서는 표준화 회귀계수(베타)를 사용한다].

· 초졸 이하의 삶의 만족도 추정 $LI1$=$.036d_1(0)$+$.227d_2(0)$=0
· 중·고졸의 삶의 만족도 추정 $LI1$=$.036d_1(1)$+$.227d_2(0)$=.036
· 대졸 이상의 삶의 만족도 추정 $LI1$=$.036d_1(0)$+$.227d_2(1)$=.227

따라서 교육수준이 높을수록 삶의 만족도가 높은 것으로 나타났다.

18 신뢰성 분석(reliability)

- 신뢰성은 동일한 측정 대상(변수)에 대해 같거나 유사한 측정도구(설문지)를 사용하여 매번 반복 측정할 경우 동일하거나 비슷한 결과를 얻을 수 있는 정도를 말한다.
- 신뢰성은 측정한 다변량 변수 사이의 일관된 정도를 의미한다. 따라서 신뢰성 정도는 동일한 개념에 대하여 반복적으로 측정했을 때 나타나는 측정값들의 분산을 의미한다.
- 신뢰성은 SPSS에서 Cronbach's alpha나 Amos 프로그램의 결과물을 이용하여 구할 수 있다. 일반적으로 사회과학분야에서는 신뢰성 지수가 0.6 이상인 경우는 신뢰성이 있다고 해석한다.

1단계: 데이터파일을 불러온다(분석파일: 복지패널_1차_4차.sav).

2단계: 연구문제: 한국 노인의 자아존중감을 측정하기 위해 Rosenberg가 제시한 10개의 문항으로 구성된 자아존중감 검사척도를 신뢰할 수 있는가?

3단계: [분석]→[척도]→[신뢰도 분석]→[항목(자아존중감: p0105_20~p0105_29)]을 지정한다.

4단계: [통계량]→[항목, 척도, 항목 제거 시 척도, 분산분석표]를 선택한다.

5단계: 결과를 확인한다.

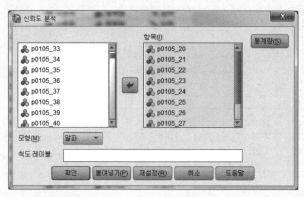

항목 총계 통계량

	항목이 삭제된 경우 척도 평균	항목이 삭제된 경우 척도 분산	수정된 항목-전체 상관관계	항목이 삭제된 경우 Cronbach 알파
p0105_20 가치있는 사람임(p0105_20)	27.47	13.464	.595	.698
p0105_21 좋은 성품을 지녔음(p0105_21)	27.52	14.208	.498	.714
p0105_22 실패한 사람이라는 느낌이듦(p0105_22)	26.76	14.510	.467	.719
p0105_23 다른 사람들과 같이 일을 잘할 수 있음(p0105_23)	27.28	13.942	.444	.723
p0105_24 자랑할 것이 별로 없다(p0105_24)	27.31	14.813	.394	.730
p0105_25 긍정적인 태도를 가졌다(p0105_25)	27.41	13.743	.580	.701
p0105_26 대체로 만족(p0105_26)	27.69	13.409	.589	.698
p0105_27 내 자신을 존경할수 있으면 좋겠음(p0105_27)	27.84	18.721	-.246	.810
p0105_28 내 자신이 쓸모없는 사람이라는 느낌(p0105_28)	26.64	14.845	.482	.719
p0105_29 내가 좋지 않은 사람이라고 생각함(p0105_29)	26.59	15.668	.367	.734

신뢰도 통계량

Cronbach의 알파	항목 수
.810	9

결과 해석 노인의 자아존중감 10개 문항 중 p0105_27(내 자신을 존경할 수 있으면 좋겠음)을 제거한 경우 신뢰도는 .810(.748→.810)으로 나타나, 한국 노인의 자아존중감 척도는 9개 문항으로 구성할 수 있다. p0105_27을 제거한 후 신뢰성 분석을 다시 실시하면 신뢰도는 .810으로 높게 나타난다.

19 요인분석(factor analysis)

- 타당성(validity)은 측정도구(설문지)를 통하여 측정한 것이 실제에 얼마나 가깝게 측정되었는가를 나타낸다. 즉, 타당성은 측정하고자 하는 개념이나 속성이 정확하게 측정되었는가를 나타내는 개념으로, 탐색적 요인분석이나 확인적 요인분석을 통해 검정된다.
- 요인분석은 여러 변수들 간의 상관관계를 분석하여 상관이 높은 문항이나 변인들을 묶어서 몇 개의 요인으로 규명하고 그 요인의 의미를 부여하는 통계분석 방법으로, 측정도구의 타당성을 파악하기 위해 사용된다. 또한 소셜 빅데이터 분석에서 수많은 키워드(변수)의 축약에도 요인분석이 사용된다.

※ 요인분석 절차
- 요인 수 결정: 고유값(eigen value: 요인을 설명할 수 있는 변수들의 분산 크기)이 1보다 크면 변수 1개 이상을 설명할 수 있다는 것을 의미한다. 일반적으로 고유값이 1 이상인 경우를 기준으로 요인 수를 결정한다.
- 공통분산(communality)은 총분산 중 요인이 설명하는 분산비율로, 일반적으로 사회과학 분야에서는 총분산의 60% 정도 설명하는 요인을 선정한다.
- 요인부하량(factor loading)은 각 변수와 요인 간의 상관관계의 정도를 나타내는 것으로, 해당변수를 설명하는 비율을 나타낸다. 일반적으로 요인부하량이 절대값 0.4 이상이면 유의한 변수로 간주하며, 표본의 수와 변수가 증가할수록 요인부하량의 고려 수준도 낮출 수 있다(김계수, 2013: p. 401).
- 요인회전: 요인에 포함되는 변수의 분류를 명확히 하기 위해 요인축을 회전시키는 것으로, 직각회전(varimax)과 사각회전(oblique)을 많이 사용한다.

1단계: 데이터파일을 불러온다(분석파일: 복지패널_1차_4차.sav).

2단계: 연구문제: 한국 노인의 우울감을 측정하기 위하여 사용된 CES-D(11개의 문항) 측정도구는 타당한가?

3단계: [분석]→[차원감소]→[요인분석]→[변수(우울감: p0105_9~p0105_19)]를 선택한다.

4단계: [기술통계: 계수, KMO 검정]→[요인추출: 스크리도표]→[요인회전: 베리멕스]를 선택한다.

5단계: [옵션]→[계수출력형식: 크기순 정렬]을 선택한다.

6단계: 결과를 확인한다.

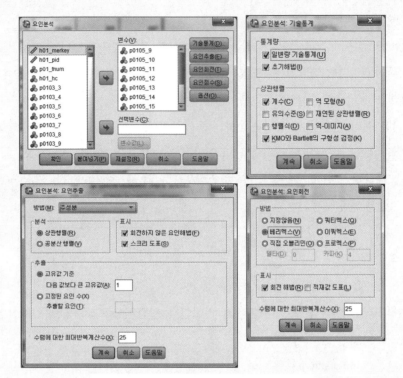

KMO와 Bartlett의 검정

표준형성 적절성의 Kaiser-Meyer-Olkin 측도.		.898
Bartlett의 구형성 검정	근사 카이제곱	15796.677
	자유도	55
	유의확률	.000

결과 해석 표본이 적절한가를 측정하는 KMO값이 1에 가깝고(.898), Bartlett 검정(변수들 간의 상관이 0인지를 검정) 결과 유의하여($p<.01$) 상관행렬이 요인분석을 하기에 적합하다고 할 수 있다.

설명된 총분산

성분	초기 고유값			추출 제곱합 적재값			회전 제곱합 적재값		
	합계	% 분산	% 누적	합계	% 분산	% 누적	합계	% 분산	% 누적
1	5.070	46.087	46.087	5.070	46.087	46.087	4.062	36.931	36.931
2	1.265	11.498	57.585	1.265	11.498	57.585	2.272	20.654	57.585
3	.903	8.209	65.795						
4	.687	6.249	72.043						
5	.593	5.391	77.434						
6	.550	5.000	82.434						
7	.490	4.451	86.885						
8	.421	3.827	90.711						
9	.361	3.280	93.991						
10	.353	3.205	97.196						
11	.308	2.804	100.000						

추출 방법: 주성분 분석.

요인분석의 목적은 변수의 수를 줄이는 것이기 때문에 상기 결과에서 요인 1의 고유값 합계는 5.070이며 설명력은 약 46.1%이다. 요인 2의 고유값 합계는 1.265이고 설명력은 약 11.5%이다.

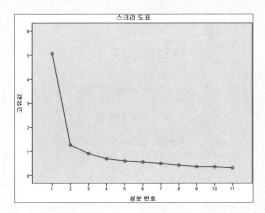

위의 그림은 고유값을 보여주는 스크리차트로 가로축은 요인의 수, 세로축은 고유값을 나타낸다. 고유값이 요인 2부터 크게 작아지고 또 크게 꺾이는 형태를 보이고 있어 이 자료를 이용하여 요인분석을 실시할 수 있는 것으로 나타났다.

성분행렬^a

	성분	
	1	2
p0105_9	.626	-.221
p0105_10	.605	-.347
p0105_11	.787	-.061
p0105_12	.733	-.187
p0105_13	.645	-.186
p0105_14	.768	.004
p0105_15	.607	-.331
p0105_16	.560	.657
p0105_17	.802	.105
p0105_18	.540	.685
p0105_19	.729	.040

회전된 성분행렬^a

	성분	
	1	2
p0105_12	.725	.217
p0105_11	.706	.353
p0105_10	.697	.014
p0105_15	.691	.028
p0105_14	.656	.399
p0105_9	.651	.132
p0105_13	.649	.173
p0105_17	.634	.502
p0105_19	.604	.409
p0105_18	.111	.865
p0105_16	.143	.851

회전하기 전의 요인특성을 보면 요인 1과 요인 2의 구분이 어렵다. 요인을 회전시키는 이유는 변수의 설명축인 요인을 회전시킴으로써 요인의 분류를 명확히 하기 위한 것이다. 본 요인분석에서는 요인 1을 외로움, 요인 2를 사회성 부족으로 명명하고, 요인 1에는 p0105_9~p0105_15, p0105_17, p0105_19(.725~.604)의 9개 항목이 포함되고, 요인 2에는 p0105_16과 p0105_18(.865, .851)의 2개 항목이 포함된다.

• 요인분석을 이용한 회귀분석
　- 요인으로 묶어 회귀분석을 실시할 수 있다.

- [분석]→[요인분석]→[요인점수]→[변수로 저장]을 선택한다.
- 요인분석이 끝나면 편집기창에 두 개의 새로운 요인변수(FAC1_1, FAC2_1)가 추가된다.

- [분석]→[회귀분석]→[선형 회귀분석]
- [종속변수(LI1), 독립변수(FAC1_1, FAC2_1)]를 지정한다.
- [통계량], [도표]를 선택한다.

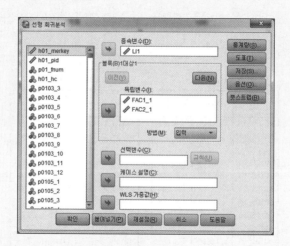

계수^a

모형		비표준화 계수		표준화 계수	t	유의확률	공선성 통계량	
		B	표준오차	베타			공차	VIF
1	(상수)	22.791	.059		388.112	.000		
	FAC1_1	-1.963	.059	-.484	-33.395	.000	1.000	1.000
	FAC2_1	-.824	.059	-.202	-13.938	.000	1.000	1.000

a. 종속변수: LI1

결과 해석 외로움 요인(FAC1_1)과 사회성 부족(FAC2_1)은 삶의 만족도에 모두 부적의 유의한 영향을 미치는 것으로 나타났으며, 사회성 부족 요인보다 외로움 요인의 영향력이 더 큰 것으로 나타났다.

⑳ 다변량 분산분석

- ANOVA(Analysis of Variance)의 이원배치분산분석은 1개의 종속변수(노인의 외래의료 이용 횟수)와 2개의 독립변수(노인 구분, 교육 정도)의 집단(그룹) 간 종속변수의 평균의 차이를 검정한다.
- MANOVA(Multivariate Analysis of Variance)는 2개 이상의 종속변수와 2개 이상의 독립변수의 집단 간 종속변수들의 평균의 차이를 검정한다.

1단계: 데이터파일을 불러온다.
- 예제 데이터 불러오기는 syntax를 사용하면 편리하다.
- 명령문(다변량 분산분석.sps)을 불러온다.

2단계: 연구문제: 독립변수(시부, 군부) 간에 종속변수(민간의료기관 이용횟수, 공공의료기관 이용횟수)의 평균의 차이가 있는가?

3단계: [분석] → [일반선형모형] → [다변량] → [종속변수(민간(n1), 공공(n2)] → [고정요인(지역(r)]을 선택한다.

4단계: [옵션](기술통계량, 모수추정값, 동질성 검정)을 선택한다.

5단계: 결과를 확인한다.

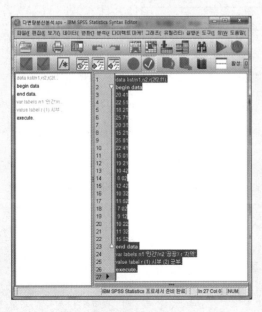

※ 명령문 이해하기
- data list: 변수 할당
  · n1: f2(숫자 2자리)
  · n2: f2(숫자 2자리)
  · r: f1(숫자 1자리)
- begin data.
  (data 할당)
  end data.
- var labels(변수명)
- value label(변수값)
- execute.(실행)

※ 좌측의 명령문을 전체 선택하여 실행(▶)하면 '다변량 분산분석.sav' 파일을 생성할 수 있다.

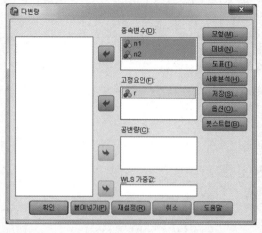
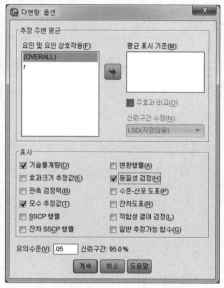

기술통계량

	r	평균	표준편차	N
n1	1	20.10	3.542	10
	2	10.30	2.214	10
	합계	15.20	5.761	20
n2	1	3.70	2.452	10
	2	2.70	1.889	10
	합계	3.20	2.191	20

다변량 검정[a]

효과		값	F	가설 자유도	오차 자유도	유의확률
절편	Pillai의 트레이스	.989	778.155[b]	2.000	17.000	.000
	Wilks의 람다	.011	778.155[b]	2.000	17.000	.000
	Hotelling의 트레이스	91.548	778.155[b]	2.000	17.000	.000
	Roy의 최대근	91.548	778.155[b]	2.000	17.000	.000
r	Pillai의 트레이스	.928	109.831[b]	2.000	17.000	.000
	Wilks의 람다	.072	109.831[b]	2.000	17.000	.000
	Hotelling의 트레이스	12.921	109.831[b]	2.000	17.000	.000
	Roy의 최대근	12.921	109.831[b]	2.000	17.000	.000

a. Design: 절편 + r
b. 정확한 통계량

**공분산행렬에 대한
Box의 동일성 검정**[a]

Box의 M	2.359
F	.692
df1	3
df2	58320.000
유의확률	.557

오차 분산의 동일성에 대한 Levene의 검정[a]

	F	df1	df2	유의확률
n1	2.064	1	18	.168
n2	.404	1	18	.533

결과 해석 기술통계량에서 민간의료기관의 집단별 외래의료이용이 높은 것으로 나타났다. Box의 동일성 검정 결과, 유의확률(p)이 .557로 유의수준 .05에서 집단 간 종속변수의 공분산 행렬이 동일하다는 귀무가설을 채택한다($p>.05$). 집단 간 종속변수의 오차분산은 동일한 것으로 나타났으며(민간: $p=.168>.05$, 공공: $p=.533>.05$), 지역의 Wilks의 람다(다변량검정표에서 효과 r을 확인한다.)는 .072로 유의수준 .01에서 유의한 차이가 있어 지역별 공공과 민간의 의료기관 이용은 차이가 있음을 알 수 있다.

개체-간 효과 검정

소스	종속 변수	제 III 유형 제곱합	자유도	평균 제곱	F	유의확률
수정 모형	n1	480.200[a]	1	480.200	55.055	.000
	n2	5.000[b]	1	5.000	1.044	.320
절편	n1	4620.800	1	4620.800	529.773	.000
	n2	204.800	1	204.800	42.766	.000
r	n1	480.200	1	480.200	55.055	.000
	n2	5.000	1	5.000	1.044	.320
오차	n1	157.000	18	8.722		
	n2	86.200	18	4.789		
합계	n1	5258.000	20			
	n2	296.000	20			
수정 합계	n1	637.200	19			
	n2	91.200	19			

결과 해석 각각의 종속변수가 지역에 따라 차이가 있는지를 검정한 결과(개체-간 효과 검정표에서 소스 r을 확인한다.) 민간의료이용은 지역별 차이가 있었으나($F=55.055$, $p<.01$), 공공의료이용은 차이가 없는 것으로 나타났다($F=1.044$, $p=.320>.05$).

모수 추정값

종속 변수	모수	B	표준오차	t	유의확률	95% 신뢰구간 하한값	95% 신뢰구간 상한값
n1	절편	10.300	.934	11.029	.000	8.338	12.262
	[r=1]	9.800	1.321	7.420	.000	7.025	12.575
	[r=2]	0[a]	.	.	.	.	.
n2	절편	2.700	.692	3.902	.001	1.246	4.154
	[r=1]	1.000	.979	1.022	.320	-1.056	3.056
	[r=2]	0[a]	.	.	.	.	.

결과 해석 민간의료기관의 의료이용 모수는 $10.300+9.8r$로 지역별로, 유의한 차이가 나타났으나($p=.000<.01$), 공공의료기관의 모수는 $2.7+1.0r$로, 지역별로 차이가 없는 것으로 나타났다($p=.320>.05$). 이로써 민간과 공공의 의료이용횟수는 다르다는 것을 알 수 있다.

㉑ 이분형(binary, dichotomous) 로지스틱 회귀분석

- 로지스틱 회귀분석(logistic regression)
  - 로지스틱 회귀모형은, 독립변수는 양적 변수를 가지고 종속변수는 다변량을 가지는 비선형 회귀분석을 말한다.
  - 일반적으로 회귀분석의 적합도 검정은 잔차의 제곱합을 최소화하는 최소자승법을 사용하지만 로지스틱 회귀분석은 사건발생 가능성을 크게 하는 확률, 즉 우도비(likelihood)를 최대화하는 최대우도추정법을 사용한다.

- 로지스틱 회귀분석은 독립변수(공변량)가 종속변수에 미치는 영향을 승산의 확률인 오즈비(odds ratio)로 검정한다. 예를 들어, 니코틴 의존도에 따라 금연성공 여부 (1: 성공, 0: 실패)를 예측하기 위한 확률비율의 승산율(odds ratio)에 대한 로짓모형은 $\ln \frac{P(Y=1|X)}{P(Y=0|X)} = \beta_0 + \beta_1 X$ 로 나타내며, 여기서 회귀계수는 승산율의 변화를 추정하는 것으로 결과값에 엔티로그를 취하여 해석한다.

- 이분형 로지스틱 회귀분석은 독립변수들이 양적 변수를 가지고 종속변수가 2개의 범주 (0, 1)를 가지는 회귀모형의 분석을 말한다.

1단계: 데이터파일을 불러온다(분석파일: 2008_개인(L1)_20130625.sav).

2단계: 연구문제: 종속변수(금연성공 여부)에 영향을 미치는 개인요인은 무엇인가?

3단계: [분석]→[회귀분석]→[이분형 로지스틱]→[종속변수: 금연성공 여부(v83_1), 공변량: 연령(v7), 평균흡연량(v9), 총흡연기간(v20), 니코틴 의존도(v21), 스트레스 유무(v44), 보조제(0: 행동요법, 1: 약물요법), 사회보장형태(lo_13)]를 지정한다.

4단계: [옵션]→[exp(B)에 대한 신뢰구간, 모형에 상수 포함]을 선택한다.

5단계: 결과를 확인한다.

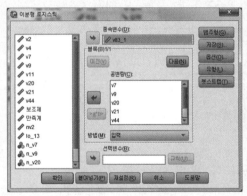
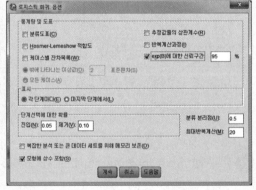

방정식에 포함된 변수

		B	S.E.	Wals	자유도	유의확률	Exp(B)	EXP(B)에 대한 95% 신뢰구간	
								하한	상한
1 단계[a]	v7	.031	.001	963.167	1	.000	1.031	1.029	1.033
	v9	-.004	.001	66.182	1	.000	.996	.995	.997
	v20	-.008	.001	60.667	1	.000	.992	.990	.994
	v21	-.063	.002	876.813	1	.000	.939	.935	.943
	v44	.064	.012	27.523	1	.000	1.066	1.041	1.092
	보조제	-.183	.010	343.140	1	.000	.833	.817	.849
	lo_13	.584	.018	1045.829	1	.000	1.793	1.730	1.857
	상수항	-1.283	.028	2040.927	1	.000	.277		

결과 해석 모든 독립변수가 종속변수(금연성공 여부)에 유의한 영향을 미치는 것으로 나타났다. 특히 서비스내용(보조제)의 경우 행동요법을 사용하는 경우의 금연성공확률이 54.6% [1/{1+exp(−.183)}]로 나타났으며, 사회보장형태(lo_13)의 경우 의료급여가입자의 금연성공확률은 35.8%[1/{1+exp(.584)}]로 나타났다. 그리고 약물요법을 사용하는 경우의 금연성공확률은 45.4%[1/{1+exp(.183)}]로 나타났으며, 건강보험가입자의 금연성공확률은 64.2% [1/{1+exp(−.584)}]로 나타났다.

22 다항(multinomial, polychotomous) 로지스틱 회귀분석

• 독립변수들이 양적 변수를 가지고 종속변수가 3개 이상의 범주를 가지는 회귀모형을 말한다.

1단계: 데이터파일을 불러온다(분석파일: 왕따_2011_13_원인합산 1 이상_요일추가_eng.sav).

2단계: 연구문제: 종속변수(사이버따돌림유형: 피해자, 가해자, 방관자, 일반인)에 미치는 영향요인은 무엇인가?

3단계: [분석] → [회귀분석] → [다항 로지스틱] → [종속변수: 사이버따돌림유형(bullying), 공변량: Impulse, Obesity, Stress, Appearance, Lack_of_social, Culture, Multicultural, Iljin]을 선택한다.

4단계: [통계량]을 선택한다.

5단계: 결과를 확인한다.

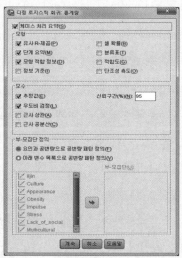

bullying[a]		B	표준오차	Wald	자유도	유의확률	Exp(B)	Exp(B)에 대한 95% 신뢰구간	
								하한값	상한값
1.00	절편	-.589	.009	4202.262	1	.000			
	Impulse	.165	.018	88.013	1	.000	1.180	1.140	1.221
	Obesity	.586	.125	22.014	1	.000	1.797	1.407	2.295
	Stress	-.432	.032	186.927	1	.000	.649	.610	.690
	Appearance	.189	.021	82.377	1	.000	1.208	1.160	1.258
	Lack_of_social	1.103	.131	71.216	1	.000	3.014	2.332	3.894
	Culture	.254	.024	112.174	1	.000	1.289	1.230	1.351
	Multicultural	.108	.065	2.775	1	.096	1.114	.981	1.265
	Iljin	-.134	.019	48.139	1	.000	.875	.843	.909
2.00	절편	-2.312	.018	16953.279	1	.000			
	Impulse	.012	.034	.124	1	.725	1.012	.946	1.083
	Obesity	-.633	.366	2.997	1	.083	.531	.259	1.087
	Stress	-.530	.065	66.790	1	.000	.588	.518	.668
	Appearance	.419	.036	132.977	1	.000	1.520	1.415	1.632
	Lack_of_social	.347	.272	1.625	1	.202	1.415	.830	2.413
	Culture	.024	.048	.253	1	.615	1.024	.933	1.125
	Multicultural	-.224	.141	2.536	1	.111	.799	.607	1.053
	Iljin	.535	.031	302.598	1	.000	1.708	1.608	1.814
3.00	절편	-2.746	.021	17577.656	1	.000			
	Impulse	.989	.030	1058.671	1	.000	2.689	2.533	2.854
	Obesity	-.196	.317	.383	1	.536	.822	.441	1.531
	Stress	-.186	.061	9.301	1	.002	.830	.736	.936
	Appearance	.107	.044	5.819	1	.016	1.113	1.020	1.214
	Lack_of_social	.623	.242	6.647	1	.010	1.864	1.161	2.992
	Culture	.121	.050	5.785	1	.016	1.128	1.023	1.245
	Multicultural	-.142	.142	1.007	1	.316	.867	.657	1.145
	Iljin	.561	.033	281.797	1	.000	1.753	1.642	1.872

a. 참조 범주는 4.00입니다. 4.00.

결과 해석 상기 분석결과를 표로 나타내면 Table 1과 같다. 이 표를 보면, 충동요인은 방관자와 피해자에게 영향을 미치는 것으로 나타났다. 즉, 충동요인은 가해자에게는 영향을 미치지 않으나, 피해자와 방관자에게는 영향을 미치는 것으로 나타났다. 비만요인은 피해자에게는 양(+)의 영향을 미치고 가해자에게는 음(-)의 영향(p<.1)을 미쳐, 비만원인이 피해자에게 영향이 더 큰 것으로 나타났다. 스트레스요인은 일반인보다 피해자, 가해자, 방관자에게 영향을 적게 미치는 것으로 나타나, 직접적인 스트레스 원인으로 사이버상에 사이버따돌림이 발생하는 것은 아닌 것으로 나타났다. 외모요인은 가해자, 피해자, 방관자의 순으로 영향을 미치는 것으로 나타났다. 즉, 외모요인이 모든 사이버따돌림 유형의 원인이 되는 것으로 나타났다. 사회성 부족 요인은 피해자와 방관자에게는 영향을 미치고 가해자에게는 영향을 미치지 않는 것으로 나타나, 사회성 부족 요인은 사이버따돌림 피해자와 방관자의 원인이 되는 것으로 나타났다. 문화적 요인은 피해자와 방관자에게는 영향을 미치고 가해자에게는 영향을 미치지 않는 것으로 나타나, 문화적 요인은 사이버따돌림 피해자와 방관자의 원인이 되는 것으로 나타났다. 다문화요인은 피해자에게만 영향(p<.1)을 미치는 것으로 나타나, 다문화 원인이 사이버따돌림 피해자에게 영향을 주는 것으로 나타났다. 일진요인은 피해자에게는 음의 영향을 미치고 가해자와 방관자에게는 양의 영향을 미치는 것으로 나타나, 일진요인이 가해자와 방관자의 원인이 되는 것으로 나타났다.

Table 1. Multinomial Logistic Regression Analysis Type[*]

Type[*] Causes	Victim			Bully			Outsider		
	B	P	Odd ratios	B	P	Odd ratios	B	P	Odd ratios
Intercept	-0.59	$p<.001$		-2.31	$p<.001$		-2.75	$p<.001$	
Impulse	0.17	$p<.001$	1.18	0.01	$p=.725$	1.01	0.99	$p<.001$	2.69
Obesity	0.59	$p<.001$	1.80	-0.63	$p=.083$	0.53	-0.20	$p=.536$	0.82
Stress	-0.43	$p<.001$	0.65	-0.53	$p<.001$	0.59	-0.19	$p=.002$	0.83
Appearance	0.19	$p<.001$	1.21	0.42	$p<.001$	1.52	0.11	$p=.016$	1.11
Lack of social	1.10	$p<.001$	3.01	0.35	$p=.202$	1.42	0.62	$p=.010$	1.86
Culture	0.25	$p<.001$	1.29	0.02	$p=.615$	1.02	0.12	$p=.016$	1.13
Multicultural	0.11	$p=.096$	1.11	-0.22	$p=.111$	0.80	-0.14	$p=.316$	0.87
Iljin	-0.13	$p<.001$	0.88	0.54	$p<.001$	1.71	0.56	$p<.001$	1.75

[*] base category: Public

㉓ 군집분석(cluster analysis)

- 군집분석은 동일집단에 속해 있는 개체들의 유사성에 기초하여 집단을 몇 개의 동질적인 군집으로 분류하는 분석기법이다. 군집분석에는 군집의 수를 연구자가 지정하는 비계층적 군집분석(K-평균 군집분석)과 가까운 대상끼리 순차적으로 군집을 묶어 가는 계층적 군집분석이 있다.

1단계: 데이터파일을 불러온다(분석파일: 2011_2013청소년자살_missing.sav).

2단계: 연구문제: 자살요인들의 특성을 세분화하기 위해 군집분석을 실시한다.

3단계: [분석] → [분류분석] → [K평균 군집분석]을 실행한다.

   - 본 예제는 연구자가 군집의 수를 선택하는 K-평균 군집분석을 적용하였다.

4단계: 필요한 변수[요인분석에서 요인점수로 생성된 변수들(SUR1~SUR8)]를 선택하여 우측 변수 목록 상자로 이동시킨다.

- [반복계산]을 클릭하여 반복횟수를 선택한다(기본설정: 10). 본 연구는 50을 선택하였다.

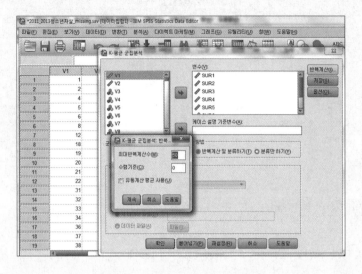

5단계: [저장] → [소속군집]을 선택하여 소속군집을 나타내는 새로운 변수(군집변수)를 생성한 다(새로운 변수명: QCL_1).

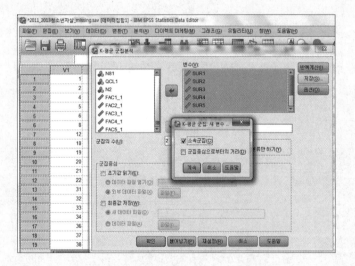

6단계: [옵션]→[군집중심 초기값, 분산분석표]를 선택한다.

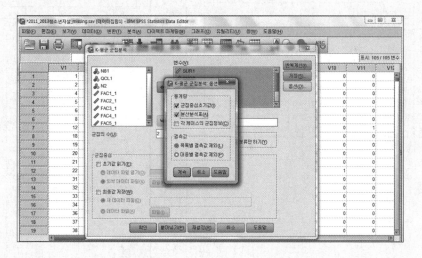

7단계: 군집의 수를 결정한다(기본값은 2로 설정).

- 군집의 수를 여러 번 반복하여 결과를 확인한 후, 최종 군집 수를 결정한다. 군집의 수를 결정할 때는 최종 군집중심에 포함될 수 있는 요인이 2개 이상이 되어야 한다.
- 군집이 4개로 결정될 때는 군집 3의 최종 군집중심값이 매우 작은 반면, 군집이 5개로 결정될 때 최종 군집중심은 1개 이상의 요인의 군집별 중심값이 1 이상으로 나타나, 본서에서는 군집 수를 5개로 결정하였다.

최종 군집중심

	군집			
	1	2	3	4
SUR1	-.46358	-.07105	.01632	-.16666
SUR2	-.00803	.19962	-.01837	.09619
SUR3	-.41268	2.58581	-.21349	.09948
SUR4	.57098	-.23034	.00840	.10866
SUR5	-.61332	.19407	-.00790	.08244
SUR6	6.59452	.23882	-.12737	.04511
SUR7	-.39866	-.08866	-.11736	7.72588
SUR8	-.19318	.16212	-.01014	-.02572

최종 군집중심

	군집				
	1	2	3	4	5
SUR1	-.36633	-.28098	-.41386	.11624	-.15632
SUR2	-.30097	-.41981	-.23560	.08389	.14471
SUR3	-.01619	-.04592	-.47743	.03347	.11248
SUR4	1.65817	1.00325	-.16888	-.37774	.02845
SUR5	-.31090	-.41905	-.99223	.13676	.12531
SUR6	-.17302	-.28053	1.97792	-.09213	.09444
SUR7	-.12334	14.34789	-.18249	-.11446	7.09772
SUR8	-.18720	-.22299	2.85190	-.14507	-.00550

8단계: 군집결과를 해석한다.

- 초기 군집별 군집중심값과 최대반복 수(23)를 확인한다.

초기 군집중심

	군집				
	1	2	3	4	5
SUR1	-.75292	-.24213	-.88318	1.10318	.97417
SUR2	-1.10021	1.48415	1.26478	2.13657	-1.96865
SUR3	-.53156	2.64728	.20278	5.86109	-.81523
SUR4	4.76504	-1.01620	-1.06310	-.99030	-2.08945
SUR5	-1.37463	-1.07528	2.43381	-1.74472	2.56557
SUR6	5.44289	-.45780	7.57163	-.36460	-.21355
SUR7	6.78609	14.64837	-.47202	-.11498	7.31866
SUR8	-.74559	-.23877	5.02755	-1.28137	5.02442

반복계산정보[a]

반복계산	군집중심의 변화량				
	1	2	3	4	5
1	7.587	3.647	6.716	6.700	5.957
2	1.393	1.229	1.142	.076	3.852
3	.693	1.036	.215	.038	.184
4	1.114	.000	.072	.201	.000
5	.221	.000	.040	.070	.000
6	.060	.000	.003	.014	.000
7	.018	.000	.000	.004	.000
8	.014	.000	.000	.003	.000
9	.013	.000	.000	.003	.000
10	.008	.000	.000	.002	.000
11	.004	.000	.000	.001	.000
12	.248	.000	.000	.072	.000
13	.113	.000	.008	.036	.000
14	.075	.000	.002	.024	.000
15	.067	.000	.006	.023	.000
16	.061	.000	.012	.022	.000
17	.027	.000	.002	.009	.000
18	.033	.000	.000	.012	.000
19	.024	.000	.002	.009	.000
20	.014	.000	.000	.005	.000
21	.003	.000	.000	.001	.000
22	.002	.000	.000	.001	.000
23	.000	.000	.000	.000	.000

- 최종 군집중심 해석에서 군집 1은 SUR4(1.29), SUR3(.48), 군집 2는 SUR7, SUR4, 군집 3은 SUR8, SUR6, 군집 4는 SUR5, SUR1, 군집 5는 SUR7, SUR2로 나타났다.
- 요인분석을 통하여 청소년 자살원인에 대해 8개의 요인으로 분류하고, 다시 군집분석을 실시하여 5개의 집단으로 세분화하였다. 군집 1은 20,570 buzz(건)이며 수능성적요인과 우울질병요인의 유형을 분류할 수 있다. 군집 2는 110 buzz로 적으나 해고생활고요인과 수능성적요인의 유형으로 분류할 수 있다. 군집 3은 4,212 buzz로 성폭행충격요인과 열 등감고통요인의 유형을 분류할 수 있다. 군집 4는 57,600 buzz로 요인의 중심값은 낮지 만 외모걱정요인과 학교폭력요인의 유형으로 분류할 수 있다. 군집 5는 1,165 buzz로 해 고생활고요인과 사망이혼요인의 유형으로 분류할 수 있다.
- 분산분석 결과 모든 요인은 군집 간 유의한 차이가 있는 것으로 나타났다.

※ 본 연구에서는 군집별로 2개의 중심값이 높은 요인을 결정하기 위해 1 이하의 낮은 중심 값 요인도 선정하였다.

최종 군집중심					
	군집				
	1	2	3	4	5
SUR1	-.34535	-.28098	-.41190	.15715	-.15632
SUR2	-.23237	-.41981	-.23633	.09814	.14471
SUR3	.48019	-.04592	-.48010	-.13857	.11248
SUR4	1.28503	1.00325	-.16520	-.44932	.02845
SUR5	-.24268	-.41905	-.99105	.15740	.12531
SUR6	-.21450	-.28053	1.98380	-.06984	.09444
SUR7	-.16590	14.34789	-.18291	-.09833	7.09772
SUR8	-.16128	-.22299	2.84794	-.15012	-.00550

분산분석						
	군집		오차			
	평균제곱	자유도	평균제곱	자유도	F	유의확률
SUR1	1156.881	4	.945	83652	1224.564	.000
SUR2	486.138	4	.977	83652	497.683	.000
SUR3	1708.713	4	.918	83652	1860.650	.000
SUR4	11455.572	4	.452	83652	25328.772	.000
SUR5	1703.271	4	.919	83652	1854.198	.000
SUR6	4455.630	4	.787	83652	5661.593	.000
SUR7	20649.715	4	.013	83652	1634022.727	.000
SUR8	9000.302	4	.570	83652	15798.899	.000

- 각 군집별 설명과 분포 수는 다음과 같다.

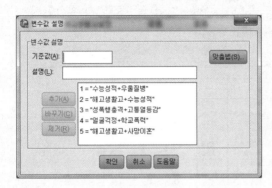

각 군집의 케이스 수		
군집	1	20570.000
	2	110.000
	3	4212.000
	4	57600.000
	5	1165.000
유효		83657.000
결측		.000

24 세분화

• 군집분석에서의 세분화는 군집별로 각각의 특성을 도출하기 위해 군집분석에서 분류된 군집(QCL_1→QCL1으로 변수변환)에 대한 자살감정[N81(1=부정, 2=보통, 3=긍정)]과 사이트구분[N2(1=뉴스, 2=SNS)]의 카이제곱 검정으로 확인한다.

1단계: 데이터파일을 불러온다(분석파일: 2011_2013청소년자살_missing.sav).
2단계: [분석]→[기술통계량]→[교차분석]에서 통계량(카이제곱)과 셀(행, 열)을 선택한 후 결과를 확인한다.

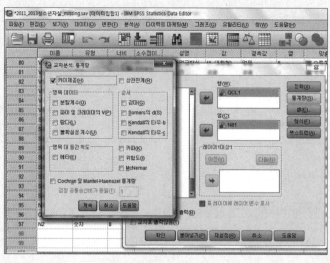

			N81			
			1	2	3	전체
QCL1	1	빈도	5562	2344	3680	11586
		QCL1 중 %	48.0%	20.2%	31.8%	100.0%
		N81 중 %	26.5%	24.0%	27.1%	26.1%
	2	빈도	7	4	2	13
		QCL1 중 %	53.8%	30.8%	15.4%	100.0%
		N81 중 %	0.0%	0.0%	0.0%	0.0%
	3	빈도	1189	501	739	2429
		QCL1 중 %	49.0%	20.6%	30.4%	100.0%
		N81 중 %	5.7%	5.1%	5.4%	5.5%
	4	빈도	13868	6740	8952	29560
		QCL1 중 %	46.9%	22.8%	30.3%	100.0%
		N81 중 %	66.1%	69.1%	65.9%	66.7%
	5	빈도	346	170	220	736
		QCL1 중 %	47.0%	23.1%	29.9%	100.0%
		N81 중 %	1.6%	1.7%	1.6%	1.7%
전체		빈도	20972	9759	13593	44324
		QCL1 중 %	47.3%	22.0%	30.7%	100.0%
		N81 중 %	100.0%	100.0%	100.0%	100.0%

결과 해석 군집 1은 자살감정이 긍정인 buzz가 31.8%로 나타났다.

			N2		전체
			1.00	2.00	
QCL1	1	빈도	2140	18428	20568
		QCL1 중 %	10.4%	89.6%	100.0%
		N2 중 %	20.9%	25.1%	24.6%
	2	빈도	7	103	110
		QCL1 중 %	6.4%	93.6%	100.0%
		N2 중 %	0.1%	0.1%	0.1%
	3	빈도	436	3776	4212
		QCL1 중 %	10.4%	89.6%	100.0%
		N2 중 %	4.3%	5.1%	5.0%
	4	빈도	7411	50187	57598
		QCL1 중 %	12.9%	87.1%	100.0%
		N2 중 %	72.6%	68.3%	68.9%
	5	빈도	221	944	1165
		QCL1 중 %	19.0%	81.0%	100.0%
		N2 중 %	2.2%	1.3%	1.4%
전체		빈도	10215	73438	83653
		QCL1 중 %	12.2%	87.8%	100.0%
		N2 중 %	100.0%	100.0%	100.0%

결과 해석 사이트별로는 모든 군집에서 SNS의 buzz가 80% 이상으로 유의한 차이가 있는 것으로 나타났다.

1. 연구목적

청소년 자살에 대한 많은 선행연구들은 인간행동의 복잡하고 역동적인 과정을 고려하지 못하고, 각 변인들의 개별적인 영향만을 살펴봄으로써 청소년 자살의 원인을 명확히 밝혀낼 수 없었다(이주리, 2009). 본 연구는 데이터마이닝의 의사결정나무 분석을 통하여 자살버즈 확산의 다양한 변인들 간의 상호작용 관계를 모두 분석함으로써 청소년 자살버즈의 확산에 대한 위험요인을 파악하고자 한다.

2. 조사도구

가. 종속변수

청소년 자살버즈의 1주차 확산 수로, 본 연구에서는 확산 수의 평균(108.88회)을 기준으로 108회 미만은 유지(0), 108회 이상은 위험(1)으로 명목형 변수(DTD)로 변환하여 사용하였다.

나. 독립변수

요인분석에서 추출된 8개 요인(SUR1~SUR8)이 요인점수의 평균(0)보다 크면 위험(1), 작으면 유지(0)로 변수변환(DT1~DT8)하여 사용하였다.

• 변수변환은 SPSS syntax를 사용하면 편리하다.

```
compute DTD=9.
if(V83 ge 108)DTD=1.
if(V83 le 107)DTD=0.
missing values DTD(9).
compute DT1=0.
if(SUR1 gt 0)DT1=1.
compute DT2=0.
if(SUR2 gt 0)DT2=1.
compute DT3=0.
if(SUR3 gt 0)DT3=1.
compute DT4=0.
if(SUR4 gt 0)DT4=1.
compute DT5=0.
if(SUR5 gt 0)DT5=1.
compute DT6=0.
if(SUR6 gt 0)DT6=1.
compute DT7=0.
if(SUR7 gt 0)DT7=1.
```

```
compute DT8=0.
if(SUR8 gt 0)DT8=1.
execute.
VARIABLE LABELS DTD'1주확산 수'.
VALUE LABELS DTD(0)유지(1)위험.
VARIABLE LABELS DT1'폭력요인'
   /DT2'사망이혼요인'
   /DT3'우울질병요인'
   /DT4'수능성적요인'
   /DT5'걱정얼굴요인'
   /DT6'고통열등감요인'
   /DT7'해고생활고요인'
   /DT8'성폭행충격요인'/.

VALUE LABELS DT1 to DT8
   (0)낮음 (1)높음.
```

1단계: 변수변환을 실시한다.

- SPSS syntax를 실행(▶)하면 종속변수(DTD)와 독립변수(DT1~DT8)가 생성된다(파일명:
2011_2013청소년자살_missing.sav).

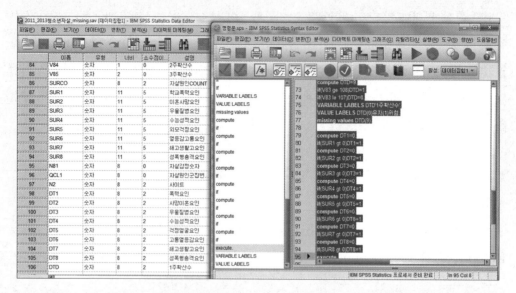

2단계: 의사결정나무를 실행시킨다.

- [SPSS 메뉴]→[분류분석]→[트리]

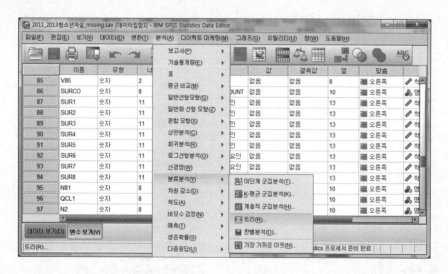

3단계: 종속변수(목표변수)로 DTD를 선택하고 이익도표(gain chart)를 산출하기 위하여 목표
(target) 범주를 선택한다(본 연구에서는 '위험' 범주를 목표로 하였다).

☞ [범주]를 활성화시키기 위해서는 반드시 범주에 value label을 부여해야 한다.[예(syntax): VALUE
LABELS DTD (0)유지 (1)위험]

4단계: 독립변수(예측변수)를 선택한다.

- 본 연구의 독립변수는 요인분석에서 생성된 8개의 요인에 대한 요인점수의 평균을 기준
  으로 생성된 명목형 변수(DT1~DT8)를 선택한다.

5단계: 확장방법(growing method)을 결정한다.

- 의사결정나무 분석은 다양한 분리기준, 정지규칙, 가지치기 방법의 결합으로 정확하고
  빠르게 의사결정나무를 형성하기 위해 다양한 알고리즘이 제안되고 있는데, 대표적인
  알고리즘으로 CHAID, CRT, QUEST가 있다.
- 본 연구에서는 목표변수와 예측변수 모두 명목형으로 CHAID를 사용하였다.

구분	CHAID	CRT	QUEST
목표변수	명목형, 순서형, 연속형	명목형, 순서형, 연속형	명목형
예측변수	명목형, 순서형, 연속형	명목형, 순서형, 연속형	명목형, 순서형, 연속형
분리기준	χ^2-검정, F-검정	지니지수, 분산의 감소	χ^2-검정, F-검정
분리개수	다지분리(multiway)	이지분리(binary)	이지분리(binary)

자료: 최종후·한상태·강현철·김은석·김미경·이성건(2006). 데이터마이닝 예측 및 활용. 한나래아카데미.

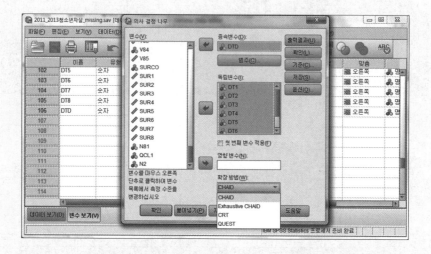

6단계: 타당도(validation)를 선택한다.

- 타당도는 생성된 나무가 표본에 그치지 않고 분석표본의 출처인 모집단에 확대 적용될 수 있는가를 검토하는 작업을 의미한다(허명회, 2007: pp. 116-117).
- 즉, 관측표본을 훈련표본(training data)과 검정표본(test data)으로 분할하여 훈련표본으로 나무를 만들고 그 나무의 평가는 검정표본으로 한다.
- [확인(L)]을 선택하여 [분할표본 타당성 검사(S)]를 선택한 후 [결과표시]를 지정한 후 [계속 버튼]을 누른다.

 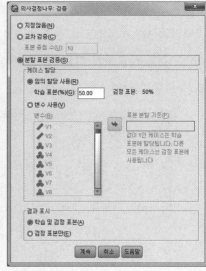

7단계: 기준(criteria)을 선택한다.

- 기준은 나무의 깊이, 분리기준 등을 선택한다.

- [기준(C)]을 선택한 후 [확장한계] 탭을 선택한다. 본 연구의 확장한계는 나무의 최대깊이는 4로 선택하였고, 최소 케이스 수는 [기본값]인 상위 노드(부모노드)의 최소 케이스 수 100, 하위 노드의 최소 케이스 수 50으로 지정하였다.

- [CHAID]를 선택한 후 분리기준(유의성 수준, 카이제곱 통계량)을 선택한다. 유의성 수준이 작을수록 단순한 나무가 생성되며, 범주합치기에서는 유의수준이 클수록 병합이 억제된다. 카이제곱 통계량은 피어슨 또는 우도비 중 선택이 가능하다(자세한 내용은 '최종후 외, 2002: pp. 99-101'을 참조하기 바란다).

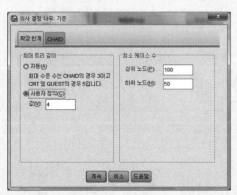 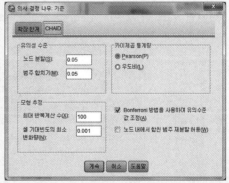

8단계: [출력결과(U)]를 선택한 후 [계속 버튼]을 누른다.

- 출력결과에서는 트리표시, 통계량, 노드성능, 분류규칙을 선택할 수 있다.

- 이익도표를 산출하기 위해서는 통계량에서 [비용, 사전확률, 점수 및 이익값]을 선택한 후 [누적통계량]을 선택해야 한다.

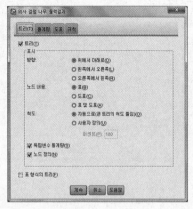
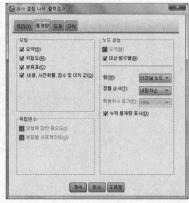
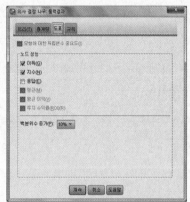
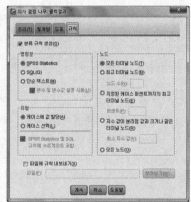

9단계: [저장(S)]을 선택한 후 [계속 버튼]→[(의사결정나무 메인메뉴에서) 확인 버튼]을 누른다.

- 터미널 노드 번호, 예측값 등을 저장한다(본 연구에서는 저장하지 않음).

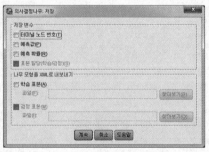

10단계: 결과를 확인한다.

　- [의사결정나무]→[확인]

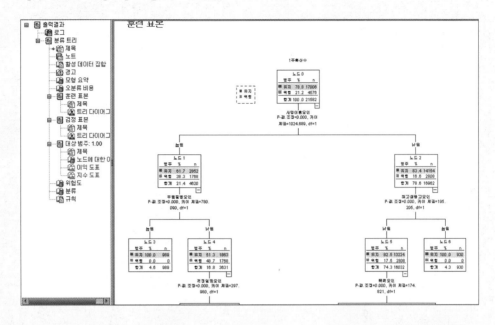

3. 분석방법

본 연구에서는 SPSS 22.0의 분류분석에서 트리를 사용하여 데이터마이닝의 의사결정나무 (decision tree) 분석을 실시하였다. 데이터마이닝은 기존의 회귀분석이나 구조방정식과 달리 특별한 통계적 가정이 필요하지 않다는 장점이 있다(이주리, 2009: p. 235).

데이터마이닝의 의사결정나무 분석은 결정규칙에 따라 나무구조로 도표화하여 분류(classification)와 예측(prediction)을 수행하는 방법으로, 판별분석과 회귀분석을 조합한 마이닝 기법이다. 따라서 의사결정나무 분석은 측정자료를 몇 개의 유형으로 세분화(segmentation)하거나, 결과 변인을 몇 개의 등급으로 구분하는 분류(classification), 여러 개의 예측변인 중 결과변인에 영향력이 높은 변인을 선별하는 차원축소 및 변수 선택(variable screening) 등의 목적으로 사용하는 데 적합하다(임희진·유재민, 2007: pp. 619-620).

의사결정나무 분석 알고리즘은 가능한 모든 상호작용효과를 자동적으로 탐색하는 CHAID를 사용하였으며, 종속변수가 이산형이므로 분리기준은 카이제곱(χ^2) 검정을 사용하였다. 상위 노드(부모마디)의 최소 케이스 수는 100이며, 하위 노드(자식마디)의 최소 케이스 수는 50으로 설정하고, 최대 나무깊이는 3수준으로 결정하였다. 그리고 의사결정나무 분석의 훈련표본(training data)과 검정표본(testing data)은 50:50으로 설정하였다.

4. 청소년 자살버즈 확산 예측모형

청소년 자살버즈 확산 예측모형에 대한 의사결정나무 분석결과는 다음 그림과 같다.

※ 아래 의사결정나무는 분할표본 검증을 지정하지 않고 분석한 결과이다.

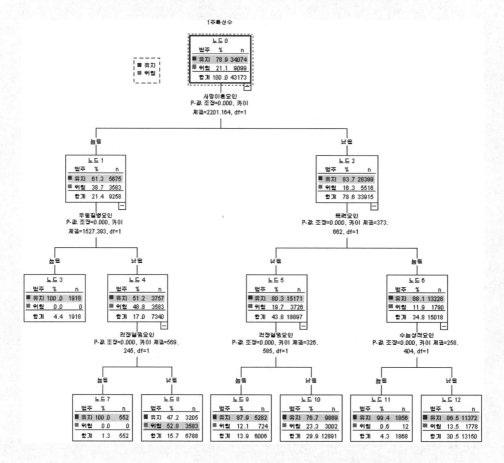

나무구조의 최상위에 있는 뿌리마디는 독립변수가 투입되지 않은 종속변수의 빈도를 나타낸다. 뿌리마디의 자살버즈 확산 위험은 21.1%로 나타났다. 뿌리마디 하단의 가장 상위에 위치하는 변수가 종속변수에 가장 영향력이 높은(관련성이 깊은) 변수로, 본 분석에서는 사망이혼요인의 영향력이 가장 큰 것으로 나타났다. 즉, 사망이혼요인이 높은 경우 자살버즈 확산의 위험은 38.7%로 증가한 반면, 사망이혼요인이 낮은 경우 자살버즈 확산의 위험은 16.3%로 감소한 것으로 나타났다. 사망이혼요인의 검색이 높은 집단의 경우 자살버즈 확산의 위험에 우울질병요인, 걱정얼굴요인의 순으로 영향을 주는 것으로 나타났다. 사망이혼요인의 검색이 낮은 집단의 경우 자살버즈 확산의 위험에 폭력요인, 걱정얼굴요인, 수능성적요인의 순으로 영향을 주는 것으로 나타났다

5. 청소년 자살버즈 확산 예측모형에 대한 이익도표(gain chart)

다음 표와 같이 이익도표의 가장 상위 노드가 청소년 자살버즈 확산이 가장 높은 집단으로, 사망이혼요인의 검색이 높고 우울질병요인과 걱정얼굴요인의 검색이 낮은 8번째 노드의 지수 (index)가 250.5%로 뿌리마디와 비교했을 때 8번 노드의 조건을 가진 청소년 자살버즈의 확산위험은 약 2.51배로 나타났다. 두 번째로 청소년 자살버즈 확산이 높은 집단은 10번 노드로, 뿌리마디와 비교했을 때 청소년 자살버즈의 확산위험은 1.59배로 나타났다.

노드에 대한 이득

| 노드 | 노드별 | | | | | | 누적 | | | | | |
| | 노드 | | 이득 | | | | 노드 | | 이득 | | | |
	N	퍼센트	N	퍼센트	반응	지수	N	퍼센트	N	퍼센트	반응	지수
8	6788	15.7%	3583	39.4%	52.8%	250.5%	6788	15.7%	3583	39.4%	52.8%	250.5%
10	12891	29.9%	3002	33.0%	23.3%	110.5%	19679	45.6%	6585	72.4%	33.5%	158.8%
12	13150	30.5%	1778	19.5%	13.5%	64.2%	32829	76.0%	8363	91.9%	25.5%	120.9%
9	6006	13.9%	724	8.0%	12.1%	57.2%	38835	90.0%	9087	99.9%	23.4%	111.0%
11	1868	4.3%	12	0.1%	0.6%	3.0%	40703	94.3%	9099	100.0%	22.4%	106.1%
3	1918	4.4%	0	0.0%	0.0%	0.0%	42621	98.7%	9099	100.0%	21.3%	101.3%
7	552	1.3%	0	0.0%	0.0%	0.0%	43173	100.0%	9099	100.0%	21.1%	100.0%

본 연구에서 데이터 분할에 의한 타당성 평가를 위해 훈련표본과 검정표본을 비교한 결과 훈련표본의 위험추정값은 .193(표준오차 .003), 검정표본의 위험추정값은 .190(표준오차 .003)으로 본 청소년 자살버즈 확산 예측모형은 일반화에 무리가 없는 것으로 나타났다.

위험도

표본	추정값	표준오차
훈련	.193	.003
검정	.190	.003

성장방법: CHAID
종속변수: DTD

분류

| 표본 | 감시됨 | 예측 | | |
		.00	1.00	정확도(%)
훈련	.00	15672	1334	92.2%
	1.00	2827	1749	38.2%
	전체 퍼센트	85.7%	14.3%	80.7%
검정	.00	15697	1371	92.0%
	1.00	2724	1799	39.8%
	전체 퍼센트	85.3%	14.7%	81.0%

성장방법: CHAID
종속변수: DTD

4-1 구조방정식모형의 구성

구조방정식모형(Structural Equation Modeling, SEM)은 측정모형(measurement model)과 구조모형(structural model)을 통하여 모형 간의 인과관계를 파악하는 방정식 모형이다. 구조방정식모형은 공분산구조분석(covariance structure analysis), 공분산구조모형(covariance structure modeling), 인과모델링(causal modeling), 잠재변수모델(latent variable model), LISREL(LInear Structural RELations)이라고도 불린다. 즉, 구조방정식모형은 이론적인 배경하에서 측정변수를 통한 잠재요인을 발견하고 잠재요인 간의 인과관계의 가설을 검증하는 것이다. 구조방정식모형은 측정모형과 구조모형(이론모형이라고도 함)을 확인적 요인분석(Confirmatory Factor Analysis, CFA)과 회귀분석(regression analysis) 형태로 적절하게 결합시켜 놓은 방정식이다. 본서의 구조방정식모형 분석은 제임스 L. 아버클(James L. Arbuckle) 교수가 개발한 Amos(Analysis of moment structure)를 사용하였다.

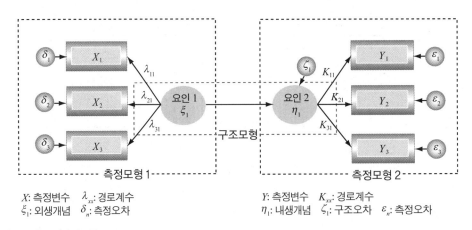

X: 측정변수 λ_{xx}: 경로계수 Y: 측정변수 K_{xx}: 경로계수
ξ_1: 외생개념 δ_n: 측정오차 η_1: 내생개념 ζ_1: 구조오차 ε_n: 측정오차

[그림 2-4] 구조방정식모형

---

4. 본 절은 빅데이터 분석의 핵심도구인 구조방정식모형의 개요를 설명하기 위하여 '송태민·김계수(2012). 보건복지 연구를 위한 구조방정식모형. pp. 14-49'의 내용에서 일부 발췌한 것임을 밝힌다.

경로분석(path analysis)은 관측변수들 간에 가정된 인과관계를 추정하는 방법이다. 경로분석은 다수의 독립변수와 다수의 종속변수 간 공분산이나 상관관계를 이용하여 인과적인 효과를 분석하는 방법이다. 경로분석에서 모형은 관측변수들 간의 관계로만 이루어져 있어 연구모형의 표기도 직사각형으로 구성한다.

경로분석이 구조방정식모형과 다른 점은 요인분석을 통한 잠재요인의 연결이 없다는 것이다. 연구자는 경로분석을 통하여 복잡한 연구모형에서 변수 간 인과관계를 한 번의 분석으로 측정할 수 있으며, 또한 중회귀분석에서 파악하기 어려운 직접효과, 간접효과, 총효과를 쉽게 파악할 수 있다.

■ **경로분석의 기본가정**

첫째, 구성개념의 측정항목이 단일항목(사각형)으로 구성되어 있다.

둘째, 측정오차는 존재하지 않고 구조오차만 존재한다.

셋째, 외생변수(독립변수)와 내생변수(종속변수)의 관계는 직선적(linear)이고 합산적(additive)이다.

넷째, 변수들은 양적 변수(등간척도, 비율척도)로 구성해야 한다. 예외적으로 성별(0: 남, 1: 여)이나 Yes/No(0: No, 1: Yes)와 같은 이분법적 변수는 분석과정에서 사용할 수 있다.

■ **경로도형에서의 효과**

경로도형(path diagram)은 변수 간의 관계를 그림으로 나타낸 것이다. 경로분석을 통하여 얻을 수 있는 공변량은 변수 간의 전체적인 효과로 다음과 같이 분해할 수 있다.

$$공변량(전체\ 효과) = 인과효과(직접효과 + 간접효과) + 의사효과 \qquad (2\text{-}1)$$

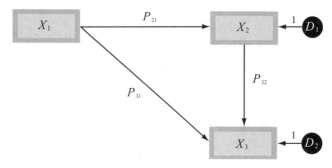

[그림 2-5] 경로도형의 전체 효과(직접효과＋간접효과)

여기서 직접효과(direct effect)는 직접적인 인과관계를 나타낸 것으로, 이론적인 구성체계 내에서 하나의 독립변수(X_1)가 종속변수(X_2)에 영향을 미치는 것을 나타낸다(직접효과 = P_{21}, P_{31}, P_{32}).

간접효과(indirect effect)는 독립변수의 효과가 하나 이상의 중간변수에 의해 매개되어 종속변수에 영향을 미치는 경우를 나타낸다. X_1과 X_3 사이에는 직접효과와 간접효과가 동시에 발생하는 것을 알 수 있다(간접효과 = $P_{21} \times P_{32}$). Amos에서는 간접효과와 총효과에 대한 크기는 제공하지만 그것에 대한 유의확률은 곧바로 제공하지 않는다. 따라서 연구자는 간접효과에 대한 유의확률을 부트스트래핑(bootstrapping)이나 소벨 검정(Sobel test)을 이용하여 구한다.

의사효과(spurious effect)는 두 독립변수가 직접적인 연결은 없으나 제3의 변수에 의해 동시에 영향을 받음으로써 두 변수 간에 관계가 있는 것처럼 보이는 경우를 말한다(의사효과 = $P_{21} \times P_{31}$).

4-3 구조방정식모형의 적합도 검증

모형의 적합도는 구축한 모형과 실제 자료 사이의 일치도를 나타낸다. 즉, 구축한 모형과 실제로 조사·관측한 표본자료와의 부합성을 살펴보는 것이다. Amos에서 모형의 적합성 평가는 기본적으로 절대적합지수, 증분적합지수, 간명적합지수 등을 이용한다.

절대적합지수는 연구자가 수집한 데이터의 공분산행렬과 이론을 바탕으로 한 연구모델에서 추정한 공분산행렬이 얼마나 적합한지를 보여 주는 것으로, 모형의 전반적인 부합도를 평가하는 지수이다.

증분적합지수는 기초모형에 대한 제안모형의 부합도를 평가하는 것이다(기초모형은 측정변수 사이에 공분산 또는 상관관계가 없는 모형으로 독립모형이라고 한다. 제안모형은 연구자가 이론적 배경하에 설정한 모형이다).

간명적합지수는 제안모형의 적합지수, 즉 모형의 복잡성과 객관성의 차이를 비교하는 것을 말한다. 간명적합지수는 모델 간 비교를 하기 때문에 2개 이상의 모델 중 어느 모델(예: 제안모델과 수정모델)이 적합한지를 비교할 때 매우 유용하다. 주요 모형의 적합도 지수와 판단 기준은 [표 2-5]와 같다.

[표 2-5] 모형의 적합도 지수 및 판단 기준

모형평가지수	적합도 지수	최적모형 부합치
절대적합지수 (absolute fit index)	χ^2	p-값이 .05 이상이면 양호
	$Q(\chi^2/df)$	≤ 2(매우 양호), ≤ 3(양호), ≤ 5(보통)
	GFI(Goodness Fit Index)	≥ 0.9(양호)
	AGFI(Adjusted Goodness Fit Index)	≥ 0.9(양호)
	RMR(Root Mean Squared Residual)	≤ 0.05(양호)
	RMSEA(Root Mean Squared Error of Approximation)	≤ 0.05(매우 양호), ≤ 0.08(양호), ≤ 0.1(보통)
증분적합지수 (incremental fit index)	NFI(Normed Fit Index)	≥ 0.9(양호)
	TLI(Tucker-Lewis Index) 또는 NNFI	≥ 0.9(양호)
	CFI(Comparative Fit Index)	≥ 0.9(양호)
간명적합지수 (parsimonious fit index)	PGFI(Parsimonious Goodness Fit Index)	높을수록 양호
	PNFI(Parsimonious Normed Fit Index)	높을수록 양호
	AIC(Akaike Information Criteria)	낮을수록 양호

χ^2은 Amos에서 CMIN으로 표현된다. χ^2은 표본의 크기가 클 경우에는 모델이 부적합하게 나타날 수 있다. 또한 χ^2을 이용한 적합성 검증에서 표본의 크기가 작을 경우 모델이 적합하다고 나타날 수 있기 때문에 표본의 크기가 적절한 경우에만 올바른 값을 구할 수 있는 한계를 지닌다(Kline, 2010: p. 201). 그리고 모델의 복잡성에 따라 영향을 많이 받을 수 있다. 따라서 Q[Normed χ^2(CMIN/df)]를 사용하여 모델의 적합도를 검증할 수 있다. 일반적으로 '$Q \leq 5$'이면 수용할 만하며 '$Q \leq 3$'이면 좋다고 할 수 있다(Wheaton et al., 1977).

RMR은 측정척도에 영향을 받는 단점이 있기 때문에 변수들의 척도가 다를 경우 SRMR(Standardized RMR)을 사용하기도 한다. SRMR 값은 0.8 이하이면 수용할 수(acceptable fit) 있다(Hu & Bentler, 1999).

SRMR은 모델 간 비교 시 유용하게 사용되며, Amos에서 [Plugins]→[Standardized RMR]을 선택한 후 실행 아이콘을 클릭하면 제공된다.

TLI는 Amos에서 비표준적합지수(Non-Normed Fit Index, NNFI)로 TLI 지수의 장점은 자료의 크기에 민감하지 않다는 것이다. 이 때문에 χ^2 지표의 문제를 보조할 수 있는 지표로 꼽힌다.

4-4 조절효과와 매개효과

■ 조절효과

조절효과(moderation effect)는 변수 혹은 요인이나 변수 관계를 변화시키는 제3의 변수나 요인이 있는 경우를 말한다. 아래의 예에서 변수 Z의 수준에 따라 Y에 대한 X의 영향력이 다르다면 변수 Z는 변수 X와 변수 Y 사이에서 조절(moderates)한다고 한다. Amos에서 조절효과의 연구모형 분석은 다중집단 분석(multiple group analysis)을 이용한다. 연속형 조절변수는 범주형 조절변수로 변환하여 분석할 수 있다.

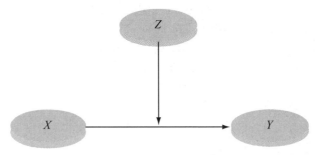

[그림 2-6] 조절효과 연구모형

■ 매개효과

매개효과(mediator effect)는 독립변수(X)와 종속변수(Y) 사이에 제3의 변수인 매개변수(M)가 개입될 때 발생한다(Baron & Kenny, 1986). Hair 등(2006)은 Baron & Kenny(1986)의 연구에 기초하여 매개효과를 검증하기 위해 다음 4가지 단계를 제시하고 있다(김계수, 2010; 우종필, 2012).

첫째, X-Y, X-M, M-Y의 유의한 상관 정도를 확인한다.

둘째, X와 Y 사이에 M이 개입된 상태에서 X와 Y의 유의한 정도가 1단계에서처럼 그대로이거나 변화가 없다면 매개효과는 없다고 해석한다.

셋째, X와 Y 사이에 M이 개입된 상태에서 X와 Y의 관계가 유의하지만 약하게 영향을 미치는 것으로 변하면 부분매개(partial mediation)를 보인다고 해석한다.

넷째, X와 Y 사이에 M이 개입된 상태에서 X와 Y의 관계가 유의하지 않은 것으로 변하면 완전(전부)매개(full mediation)를 보인다고 해석한다.

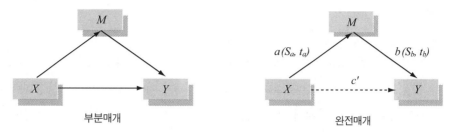

a: X-M의 비표준화 계수(estimate), S_a: X-M의 표준오차(S.E.), t_a: X-M의 C.R., c': X-Y의 경로계수

[그림 2-7] 부분매개와 완전매개

■ 간접효과(매개효과)의 통계적 유의성 검증

Amos 프로그램에서는 간접효과와 총효과 크기는 제공하고 있다. 그러나 간접효과에 대한 통계적 유의성은 제공하지 않는다. 연구자는 직접효과에 대해서는 결과표에 나타난 C.R.값이나 P값 등을 통해 유의성을 알 수 있다. Amos에서는 간접효과에 대한 유의성을 제공해 주지 않기 때문에 간접효과의 유의성 검증을 위하여 부트스트래핑 방법을 사용한다. 부트스트래핑은 자료들이 다변량 정규분포를 따른다는 통계적 가정의 제약으로부터 자유로운 비모수적 추론을 제공한다. 즉, 부트스트래핑은 모집단(population)의 분포에 대해 모수적 가정을 하지 않고 표본자료의 추론으로 모수(parameter)를 추론하게 된다.

부트스트래핑과 달리 소벨 검정은 모든 자료가 정규분포를 따른다는 가정하에 통계적 유의성을 검정하는 것을 말한다. 간접효과의 유의성을 평가하는 소벨 검정은 크리스토퍼 J. 프리처(Kristopher J. Preacher) 교수의 웹사이트(http://quantpsy.org/sobel/sobel.htm)를 방문하여 쉽게 계산할 수 있다. 연구자는 소벨 검정 통계량과 관련 확률로 간접효과를 계산할 수 있다 (Input에 해당 값을 입력해 계산한 후 $p<\alpha$이면 'X와 Y의 간접효과는 유의하다'라는 대립가설을 채택한다).

	Input:		Test statistic:	Std. Error:	p-value:
a		Sobel test:			
b		Aroian test:			
S_a		Goodman test:			
S_b	Reset all		Calculate		

	Input:		Test statistic:	p-value:
t_a		Sobel test:		
t_b		Aroian test:		
		Goodman test:		
	Reset all		Calculate	

비표준화 계수와 표준오차 사용   C.R. 사용

[그림 2-8] 간접효과 소벨 검정

4-5 다중집단 분석

연구자는 다중집단 분석(multiple group analysis)을 통해서 조절효과를 확인할 수 있다. 다중집단 분석은 구조방정식모형에서 조절효과와 집단 간 차이 여부를 분석할 때 사용한다. 예를 들어, 청소년비행에 관한 연구에서 남녀집단 간 차이가 있는지 없는지를 알아보는 연구를 한다고 가정하자. 여기서 긴장은 독립변수, 비행은 종속변수, 성별은 조절변수가 된다.

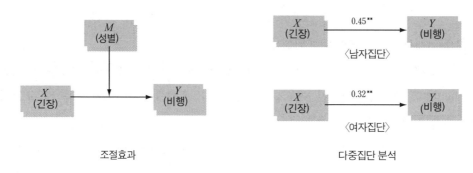

조절효과   다중집단 분석

[그림 2-9] 조절효과와 다중집단 분석

    앞의 예에서 두 집단 간 경로계수의 크기를 가지고 서로 통계적으로 유의한 차이가 있는지 없는지를 알고자 하는 경우, 연구자는 다중집단 분석방법을 이용하여 모델 내 경로의 통계적 유의성뿐만 아니라 집단 간 경로의 통계적 유의성에 대한 차이를 검증해야 한다. 다중집단 분석에서 경로계수의 차이는 집단 간 경로계수를 자유롭게 하는 비제약모델과 고정하는 제약모델 간 차이를 통하여 검증한다. 다중집단 분석은 다중집단 확인적 요인분석을 실시한 이후, 다중집단 경로분석이나 다중집단 구조방정식모형 분석을 실시한다.

    다중집단 확인적 요인분석은 집단 간 교차타당성(cross validation)을 검증할 때 사용된다. 교차타당성은 동일한 모집단이나 이질 모집단에서 얻은 2개 이상의 표본들이 서로 동일한 결과를 보이는지를 검증하는 것이다. 교차타당성을 검증하기 위해서는 측정 동일성(measurement equivalence)에 대한 분석이 필요하다. 측정 동일성은 다수의 응답자들이 측정도구(예: 설문지)에 대해서 동등하게 인식하고 있다는 것을 검증하는 과정이다. 측정 동일성은

[표 2-6]과 같이 5단계로 나뉜다(Myers et al., 2000; Mullen, 1995).[5] 측정 동일성의 모델 간 비교는 통계량 차이($\Delta\chi^2$)를 통해서 유의한지를 검증한다.

연구자는 Amos 프로그램을 이용한 다중집단 분석과정에서 경로를 직접 제약하는 방법과 아이콘을 이용하는 방법을 이용할 수 있다. 경로를 직접 제약하는 방법의 경우는 연구자가 각각의 경로에 직접 제약을 한 다음 비제약모델과 제약모델을 비교하는 것이다. 이 방법은 제약하는 경로계수의 수만큼 각각 분석해야 하는 번거로움이 있다.

아이콘을 이용한 집단 간 비교분석방법은 비제약모델과 제약모델을 차례로 비교하는 방법이다. 연구자는 Amos 프로그램에서 다중집단 분석 아이콘(🎭)을 이용하는 방법으로 집단 간 차이 여부를 한번에 쉽게 알 수 있다. 아이콘을 이용한 측정 동일성 분석단계는 형태 동일성에 이어 요인부하량 동일성, 공분산 동일성, 오차분산 동일성의 제약 순서로 진행한다.

[표 2-6] 측정 동일성 분석단계

단계	측정 동일성	모델형태
1	형태 동일성 (model 1: 비제약)	비제약모델로 집단 간 어떠한 제약도 하지 않은 상태
2	요인부하량 동일성 (model 2: λ제약)	요인부하량 제약모델로 집단 간 요인부하량을 동일하게 제약한 모델
3	공분산 동일성 (model 3: ϕ제약)	공분산 제약모델로 집단 간 공분산 및 잠재변수의 분산을 동일하게 제약한 모델
4	요인부하량, 공분산 동일성 (model 4: λ, ϕ제약)	요인부하량, 공분산 제약모델로 집단 간 요인부하량, 공분산을 동일하게 제약한 모델
5	요인부하량 공분산, 오차분산 동일성 (model 5: λ, ϕ, θ제약)	요인부하량, 공분산, 오차분산 제약모델로 집단 간 요인부하량, 공분산, 오차분산을 동일하게 제약한 모델

4-6 잠재성장곡선 모델링

잠재성장곡선 모델링(Latent Growth curve Modeling, LGM)은 시간의 경과에 따른 어떤 변수의 변화를 측정한 종단적 데이터(longitudinal data)에 대해 그 변화패턴을 분석하고자 할 때

---

5. 다중집단 분석방법으로 Benlter(1980)와 MacCallum 등(1994)은 측정 동일성(metric equivalence) 검정방법을, Steenkamp 등(1998)은 스칼라 동일성(scalar invariance) 검정방법을 제안하였다(김계수, 2010). 본서에서는 Amos 결과의 다중집단 분석단계와 일치하는 Myers 등(2000)과 Mullen(1995)이 제시하는 측정 동일성 검증 5단계를 기술하였다(우종필, 2012).

사용하는 방법이다. 잠재성장곡선 모델링은 세 번 이상 또는 그 이상의 종단자료(longitudinal data)[6]나 패널자료(panel data)에 대하여 집단평균 또는 개인에 대한 변화량을 확인하는 연구방법이다(Duncan et al., 1999). 잠재성장곡선 모델링은 기본적으로 두 단계를 거쳐 분석한다. 1단계를 비조건적 모델(unconditional model) 분석단계, 2단계를 조건적 모델(conditional model) 분석단계라고 부른다(Kline, 2010: p. 306).

1단계인 비조건적 모델 분석단계에서는 일정 기간 동안 발달곡선(종속변수의 변화 추이)을 측정한 다음 각 개인의 반복측정값(repeated measure) 자료를 적합시킨다. 연구자는 비조건적 모델 분석을 통하여 평균 발달곡선의 초기값(intercept), 변화율(slope)을 구할 수 있다. 2단계인 조건적 모델 분석단계에서는 1단계에서 구한 잠재요인(latent factor)으로서의 초기값과 변화율을 다양한 예측요인(공변량, 독립변수)에 연결시켜 초기값과 변화율에 영향을 미치는 효과를 찾아낸다. 즉, 조건적 모델은 변수의 조절효과를 검증하는 것이라고 할 수 있다.

잠재성장곡선 모델링의 방정식은 식 (2-2)와 같다.

$$Y = \beta_{0i} + \beta_{1i}[t] + \varepsilon \qquad (2\text{-}2)$$

여기서, β_{0i}: 개인 i의 초기상태

β_{1i}: 시간 변화에 따른 개인의 변화율

$[t]$: 성장의 모양이나 시간을 나타내는 변수

ε: 개인 i에 대한 시간에서 관찰되지 않은 오차

자료의 상황에 따라서는 2차함수에 의한 비선형 잠재성장 모델링(nonlinear latent growth modeling)을 추정할 수 있다. 비선형 잠재성장 모델링의 방정식은 식 (2-3)과 같다.

$$Y = \beta_{0i} + \beta_{1i}[t] + \beta_{2i}[t^2] + \varepsilon \qquad (2\text{-}3)$$

즉, 잠재성장곡선 모델링 분석을 하기 위해서는 3회 이상 측정한 양적 변수(등간척도, 비율척도)가 있어야 하며, 변수의 측정값은 측정기간 동안 동일한 측정단위와 시간대를 가져야 한다.

---

6. 종단자료에는 코호트 자료(cohort data)와 패널자료가 있으나, LGM은 패널자료에 대부분 사용한다.

[표 2-7] 잠재성장곡선모델 기본 설명

변수명	변수종류	내용
잠재변수 (latent variable)	ICEPT, SLOPE	ICEPT는 절편(intercept)으로 초기값을 의미하고, SLOPE는 기울기로 변화율을 의미한다.
관측변수 (observed variable)	X_1, X_2, X_3, X_4, X_5	측정 기간에 측정된 측정값을 나타낸다.
측정오차 (measurement error)	E_1, E_2, E_3, E_4, E_5	관측변수의 측정오차를 말한다.
경로계수 (regression weight)	잠재변수와 관측변수 간 요인부하량(회귀계수)	ICEPT의 경로계수는 1로 고정, SLOPE 경로계수는 0, 1, 2, 3, 4 등 으로, 모형에 따라 경로계수가 달라질 수 있다.
공분산 (covariance)	잠재변수 간 공분산	잠재변수(ICEPT, SLOPE) 사이에 공분산이 설정되어 있는 것을 나타낸다.

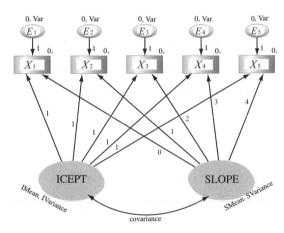

[그림 2-10] 잠재성장곡선모델의 기본 형태(제약모델)

5 │ 다층모형[7]

5-1 다층모형의 개념

우리 주변의 많은 사회조직과 사회현상은 집단 간에 위계적 관계를 가진다. 위계적 관계 속에서 개개인이 속한 상위 조직이나 현상은 각 조직과 현상마다 나름의 특성을 지닌다. 예를 들면, 사회조직의 경우 보건복지서비스를 이용하는 개인은 시군구에 속하고 개인이 속한 시군

---

7. 본 절은 빅데이터 분석의 핵심도구인 다층모형의 개요를 설명하기 위하여 '송태민·송주영(2013). 빅데이터 분석방법론. pp. 14-40'의 내용을 발췌한 것임을 밝힌다.

구는 시도에 속한다. 학생은 학급에 속하며 학급은 학교에 속하고 학교는 지역에 속한다. 사회현상의 경우 일별 현상은 월별 현상에 속하고 월별 현상은 연별 현상에 속한다. 연구자는 사회조직과 사회현상으로부터 많은 데이터를 수집하여 분석할 수 있다. 또한 개인이 속한 조직과 사회현상에 대한 많은 데이터를 공공기관이나 민간기관이 무료로 제공하는 채널을 통하여 쉽게 수집할 수 있다.

위계적 구조를 가진 변인 간의 인과관계를 분석하기 위해서는 자료가 속한 모든 상하위 단위의 다양성과 특성을 반영할 수 있는 통계적 분석기법이 필요하다. 그동안 개인과 집단 간 인과관계의 분석은 분산분석이나 회귀분석을 사용하여 왔다. 그러나 분산분석과 회귀분석은 그룹 간의 단순한 비교 또는 자료의 위계적 구조를 고려하지 않은 상태에서 변인 간의 인과관계에 초점을 두기 때문에 조직 특성의 영향을 받는 변인 사이에 상관관계가 존재한다는 사실을 고려하지 않고 개인이 서로 독립적으로 분포하는 것을 가정하고 있지 않다(유정진, 2006: p. 170). 또한 위계적 구조를 가진 자료에 단층구조의 분석기법인 분산분석이나 회귀분석을 사용하면 집단수준에서의 상관이 개인수준의 상관보다 크게 나타나는 집계화의 오류(aggregative fallacy)나 집단수준에서의 예측변수의 효과를 개인수준에서 해석함으로써 발생하는 생태학적 오류(ecological fallacy)가 발생할 수 있으며, 이 경우 회귀계수의 표준오차가 실제보다 작게 산출되는 통계적 위험성이 있다(강상진, 1998: p. 215; Hox, 2002).

이와 같이 개인적 수준과 지역적 수준의 위계적 특성을 가진 자료를 분산분석이나 회귀분석과 같은 단층 분석모형에 활용함으로써 분석단위 선정에서 발생할 수 있는 오류를 범할 수 있다. 따라서 다층구조(hierarchical structure) 또는 내재적 구조(nested structure)를 가지는 자료의 분석에는 자료가 속한 모든 상하위의 다양성과 특성을 반영할 수 있는 통계적 분석기법인 위계적 선형모형(hierarchical linear model)이 적합하다(Raudenbush & Bryk, 2002). 위계적 선형모형은 흔히 다층모형(multilevel model)이라고 부르며, 수집된 자료들의 구조가 다층적이거나 내재적일 때 사용한다. 다층구조에서는 같은 지역에 속한 개인의 특성은 상호 종속적인 반면, 다른 지역의 개인들과는 독립적이라는 점에서 다층적 또는 위계적 자료가 된다.

■ 다층모형 분석의 장점과 단점[8]

다층모형 분석의 장점은 다음과 같다. 첫째, 회귀분석에서는 통상 개인의 예측변인(독립변수)을 가지고 종속변인(종속변수)을 예측하지만 다층모형 분석에서는 개인의 예측뿐만 아니라 개

---

8. 본 다층모형분석의 장점과 단점의 일부 내용은 '유정진(2006). 위계적 선형모형의 이해와 활용. 아동학회지, **27**(3), pp. 171-172'의 내용을 인용하였다.

인보다 상위에 있는 그룹의 예측변인을 가지고 종속변인을 예측함으로써 더욱 향상된 모형을 제공한다. 둘째, 다층모형 분석에서는 종속변인의 보다 많은 변량(variance)을 설명할 수 있고, 각각의 회귀계수도 실제 값에 더 근접한 값을 제시해 줄 수 있다. 또 각각의 상위 조직 내에서의 개인과 종속변인의 관계를 볼 수 있다. 셋째, 단일수준으로 추정된 고정계수(fixed coefficient)의 값을 임의적으로(randomly) 변화시킴으로써 상호 위계적으로 포섭되는(nested) 사회과학 자료들에 대한 설명이 가능하므로 개인의 종속변수의 총변량에서 나타나는 지역 간 변량과 개인 간 변량을 체계적으로 분리할 수 있고 지역수준의 변수들이 개인수준의 변수들에 어느 정도 영향을 미치는지 산출할 수 있다(전기석·이현석, 2006: p. 174).

한편 다층모형 분석의 단점은 다음과 같다. 첫째, 적은 표본 수를 대상으로 하는 연구에는 적합하지 않다(Pollack, 1998). 다층모형 분석에서 적절한 파워를 얻기 위한 표본의 크기에 대해 명확한 지침은 없다. 하지만 다층모형 분석에서 0.9 정도의 파워를 얻기 위해서는 30개의 그룹과 그룹당 30명(30/30법칙)으로 900명 정도의 표본 수가 요구되며, 수준 간 상호작용(cross-level interaction)에 관심이 있다면 50개의 그룹과 그룹당 20명이 필요하다는 주장이 있다(Kreft, 1996). 그리고 그룹을 많이 확보하였다면 그룹당 개인 수는 적어도 무방하며 반대로 개인 수가 많으면 그룹 수는 적어도 괜찮다는 주장도 어느 정도 힘을 얻고 있다. 둘째, 그룹 간 변량(between group variance)의 차이가 적다면 다층모형 분석은 그다지 추천할 방법이 아니다. 즉, 그룹 간 변량의 비율 대 총변량(total variance)을 의미하는 집단 내 상관계수(Intraclass Correlation Coefficient, ICC)가 매우 낮은 경우, 이는 그룹 간 변량이 매우 적다는 의미로 종속변인을 예측하는 데 조직의 특성은 큰 문제가 되지 않는다. 그러나 일반적으로 ICC가 0.05 이상이면 집단 간 변이가 있다고 보며, ICC가 0.05보다 작더라도 집단 간 변이에 대한 경험적 연구결과가 있을 경우에는 다층모형 분석을 실시할 수 있다는 연구(Heck & Thomas, 2009)도 있다. 셋째, 다층모형 분석에서는 2수준에 내재되어 있는 1수준의 예측변인에 미치는 영향은 파악할 수 있지만, 1수준의 예측변인들이 2수준의 예측변인에 미치는 영향은 알 수가 없다.

5-2 2수준 다층모형

다층모형은 분석단위에 따라 2수준 다층모형(two-level hierarchical model), 3수준 다층모형 (three-level hierarchical model), 4수준 다층모형(four-level hierarchical model)으로 구분할 수 있다. 2수준 다층모형은 분석단위가 2단계인 가장 표준적인 모형으로, 종속변수의 척도에 따라 다음과 같이 분석모형을 설정할 수 있다.

■ 종속변수(금연성공 여부)가 이항변수인 경우

1수준 모형(개인수준)

$$\log[\phi_{ij} / (1 - \phi_{ij})] = \eta_{ij} = \beta_{0j} + \sum_{q=1}^{Q} \beta_{qj} X_{qij} \tag{2-4}$$

여기서, η_{ij}: 지역사회 j에 거주하는 금연클리닉 이용자 i가 금연에 성공할 승산로그(log of the odds)값

ϕ_{ij}: 지역사회 j에 거주하는 금연클리닉 이용자 i의 금연성공확률

β_{0j}: j번째 지역의 절편(intercept)

β_{qj}: j번째 지역의 X변인의 회귀계수(고정효과)

X_{qij}: j번째 지역의 금연클리닉 이용자 i의 독립변수

2수준 모형(지역수준)

$$\beta_{0j} = \gamma_{00} + \sum_{s=1}^{S} \gamma_{os} \omega_{sj} + \mu_{oj}, \ \mu_{oj} \sim N(0, \tau_{00}) \tag{2-5}$$

$$\beta_{qj} = \gamma_{q0}, \ q = 1, 2, \cdots, Q$$

여기서, τ_{00}: 금연클리닉 이용자의 평균 금연성공 승산로그값에 대한 지역 간 변량(분산)

γ_{00}: 2수준(지역)의 모형이 갖는 절편

γ_{os}: 2수준의 회귀계수(고정효과)

ω_{sj}: 2수준의 예측(독립)변수

μ_{oj}: 2수준의 무선효과로 2수준의 특성을 설명하지 못하는 각 지역별 잔차

■ 종속변수(자살검색량)가 연속형 변수인 경우

1수준 모형(월수준)

$$Y_{ij} = \beta_{0j} + \beta_{1j} X_{ij} + r_{ij} \tag{2-6}$$

여기서, Y_{ij}: j년도에 있는 i월의 자살검색량

β_{0j}: j년도의 절편

β_{1j}: j년도 X변인의 회귀계수(고정효과)

X_{ij}: j년도에 있는 i월의 독립변수(스트레스, 음주, 운동검색량)

r_{ij}: 1수준, 즉 j년도에 있는 i월의 무선효과로 1수준의 예측변인들에 의해 설명되지 않는 1수준(월)의 잔차

2수준 모형(연수준)

$$\beta_{0j} = \gamma_{00} + \gamma_{01}W_j + u_{0j}$$
$$\beta_{1j} = \gamma_{10} + \gamma_{11}W_j + u_{1j}$$

(2-7)

여기서, γ_{00}, γ_{10}: 2수준, 즉 연도의 모형이 갖는 절편

γ_{01}, γ_{11}: 2수준의 회귀계수(고정효과)

W_j: 2수준의 예측변수(자살률)

u_{0j}, u_{1j}: 2수준의 무선효과로 2수준(년) 특성을 설명하지 못한 각 연도별 잔차

5-3 다층모형 분석방법

다층분석은 크게 기초모형과 연구모형으로 구분하여 단계적으로 분석할 수 있다. 기초모형은 무조건 모형(unconditional model)이라 부르며 모형에 독립변수를 투입하지 않은 모형으로, 기초모형 분석을 통해 종속변수의 총분산 중 개인수준 및 지역(또는 조직)수준이 설명하는 분산의 비율을 검증하는 데 활용할 수 있다. 기초모형 분석에서 지역효과와 관련된 무선효과(random effect)의 통계적 유의성이 확인되면 연구모형을 설정할 수 있다. 연구모형은 다시 무조건적 기울기 모형(unconditional slope model), 조건적 모형(conditional model)으로 구분하여 분석할 수 있다.

무조건적 기울기 모형은 개인요인들이 종속변수에 미치는 영향에 있어 지역에 따라 차이가 발생하는가를 개인요인에 대한 무선효과와 고정효과를 통하여 검증하는 것이다. 무조건적 기울기 모형에서 개인요인에 대한 무선효과의 통계적 유의성이 확인되면 이는 개인요인들이 종속변수에 미치는 영향에 지역 간 차이가 있음을 의미하는 것으로, 이로써 지역요인의 투입이 필요(조건적 모형 분석 가능)하다는 것을 확인할 수 있다.

조건적 모형은 개인요인과 지역요인이 개인요인의 종속변수에 미치는 영향을 검증하는 것으로 조건적 모형의 설정에서 유의할 점은 무조건적 기울기 모형의 무선효과 검증에서 유의

미하지 않았던 개인특성 변수는 조건적 모형 검증에서 고정미지수로 묶어서 분석해야 한다.

다음은 상호작용효과 모형(interaction effect model)으로 무조건적 기울기 모형에서의 무선 효과의 유의성을 나타낸 개인요인 변수들과 조건적 모형에서 지역요인의 고정효과에서 유의 성을 나타낸 변수들의 상호작용에 의해 종속변수에 미치는 영향을 검증하기 위한 상호작용 효과를 분석할 수 있다.

[표 2-8] 다층모형 분석 절차

분석 절차	분석 내용
무조건 모형	무선효과의 유의성 확인 후, 연구모형 설정
무조건적 기울기 모형	무선효과와 고정효과의 유의성 확인 후, 조건적 모형 설정
조건적 모형	무조건적 기울기 모형의 무선효과 검증에서 유의미한 변수만 미지수로 설정한 후, 개인요인과 지역요인의 무선효과와 고정효과 검증
상호작용효과 모형	무조건적 기울기 모형의 무선효과 검증에서 유의미한 변수와 조건적 모형의 지역요인의 고정 효과 검증에서 유의미한 변수의 상호작용효과 검증

■ 고정효과, 무선효과, 집단 내 상관계수

고정효과(fixed effect)는 1수준과 2수준 모형에서 설정한 개인변수와 지역변수들의 효과를 나 타내는 모수(회귀계수)이다. 1수준 무선효과(random effect)는 1수준의 예측변인들로 설명하지 못한 개인별 잔차이고, 2수준 무선효과는 지역의 특성을 설명하지 못한 지역별 잔차다. 집단 내 상관계수(Intraclass Correlation Coefficient, ICC)는 동일한 수준에 속한 하위수준 간의 유사 성을 보여 주는 것으로, 2수준(지역) 차이로 설명되는 분산비율을 말한다.

종속변수가 연속형인 경우 ICC = τ_{00}(2수준 분산)/[τ_{00}(2수준 분산)+σ^2(1수준 분산)]으로 산출 한다. 종속변수가 이항변수인 경우 Snijders & Bosker(1999)가 제시한 로짓모형에 대한 ICC 공식인 ICC = τ_{00}(2수준 분산)/[τ_{00}(2수준 분산)+$\pi^2/3$]으로 산출한다. 이때 1수준 분산에 사용 하는 π값은 3.1415이다. ICC의 산출식은 다음과 같다.

$$\text{종속변수 연속형: ICC}(\rho) = \tau_{00}/(\tau_{00}+\sigma^2) \tag{2-8}$$

$$\text{종속변수 이분형: ICC}(\rho) = \tau_{00}/(\tau_{00}+\pi^2/3) \tag{2-9}$$

■ 다층모형 추정방법, 편향도, 중심화

다층모형의 추정방법으로 최대우도법(Maximum Likelihood, ML)[9]을 사용한다. 특히, 한정최대 우도추정법(REstricted Maximum Likelihood, REML)은 무선효과의 분산추정을 계산하는 과정에서 고정효과의 자유도가 감소하는 것을 고려할 수 있다(Raudenbush & Bryk, 2002). 고정효과의 최종추정은 종속변수의 분포를 정상분포로 가정하지 않는 표준오차(robust standard error)를 사용할 수 있다.

편향도(deviance)는 자료와 모형의 적합성 부족을 의미하는 함수로 작을수록 우수한 모형으로 인증하며, 모형 간 고정효과와 무선효과를 비교함으로써 어떤 모형이 종속변수를 더욱 잘 설명해 주는지 파악할 수 있다(유정진, 2006: p. 174).

중심화(centering)는 다층분석에서 독립변수가 0일 때 종속변수의 기대값(평균)인 Intercept의 무선오차(random variance)는 무의미한 정보를 전달할 수 있기 때문에 기대값을 실제 데이터에서 독립변수의 가장 대표적인 곳(평균값)에 위치시키면, 그때 기대값과 무선오차가 실질적인 정보전달을 하게 된다. 다층모형 분석에서 투입하는 개인요인 변수(연속형 변수)들은 그룹평균(group mean), 지역요인 변수(연속형 변수)들은 전체 평균(grand mean)으로 중심화할 수 있다.

5-4 다층모형 사용방법

다층모형, 즉 위계적 선형모형은 자료의 특성에 초점을 맞추어 명명한 용어로, 이 모형이 적용하고 있는 성장연구, 조직효과연구, 메타연구 등에서 측정한 자료가 모두 위계적이라는 공통적인 특성을 반영하여 붙은 명칭이다(서민원, 2003: p. 45). 다층모형을 다루는 통계 프로그램은 여러 학문 분야에서 다양하게 발전해 왔다. HLM, MLWIN, SAS PROC MIXED, SPSS GLMM 등으로 이 중 가장 많이 사용하는 프로그램은 브라이언 라우덴부시(Bryan Raudenbush) 등이 개발한 HLM이다. HLM은 라우덴부시 등이 최신화하여 2013년 현재 HLM 7.0을 제공하고 있다. 본고의 다층모형 분석은 HLM 7.0을 사용하였다.

---

9. 다층자료를 전통적 회귀분석의 보통최소자승법(Ordinary Least Square, OLS)으로 추정할 경우 두 가지 문제가 발생한다. 첫째, 동일한 조직에 속한 개인들이 조직특성을 공유함으로써 각 개인의 자료는 독립적이지 않아 오차항 사이에 상관관계가 존재하여 표준오차를 과소 추정하게 되고, 이는 1차 오류(α오류)를 발생시켜 유의미하지 않은 추정계수를 유의미한 것으로 검증하게 된다. 둘째, 전통적 회귀분석의 계수는 고정효과 계수로 모든 조직에서 동일한 것으로 간주되어 계수추정의 편의(bias)를 가져옴으로써 조직 간 차이를 설명하지 못한다(Hox, 2002; Raudenbush & Bryk, 2002; 이동영·이정주, 2007: p. 182).

다층모형 프로그램(HLM 7.0)을 실행하기 전에 MDM(Multivariate Data Matrix) 파일을 작성하여야 한다. MDM 파일은 SPSS, SAS, ASCII, STATA 등 다양한 형식의 데이터로 작성할 수 있다.

1) HLM 7.0 실행 및 MDM 파일 만들기
- [시작]→[프로그램]→[SSI, Inc]→[HLM7]
- HLM 7.0을 실행하면 다음과 같은 초기화면이 나온다.

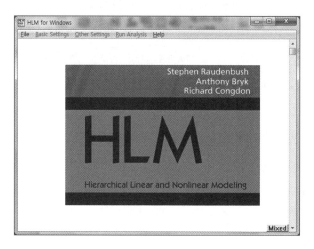

[그림 2-11] HLM for Window

- [File]→[Make new MDM file]→[Stat package input]

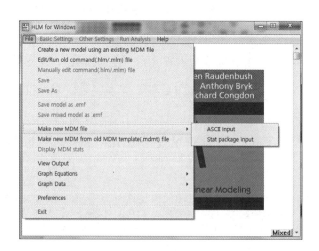

[그림 2-12] WHLM Window

- [File]→[Make new MDM file]→[Stat package input]을 실행하면 다음과 같은 MDM
파일 형태의 선택화면이 나타난다. 본고의 실전 데이터는 2수준이며 1수준의 개인요인이
2수준의 지역요인에 위계적으로 포섭되어 있기 때문에 Default Model(HLM2)을 선택한
후 [OK]를 선택한다.

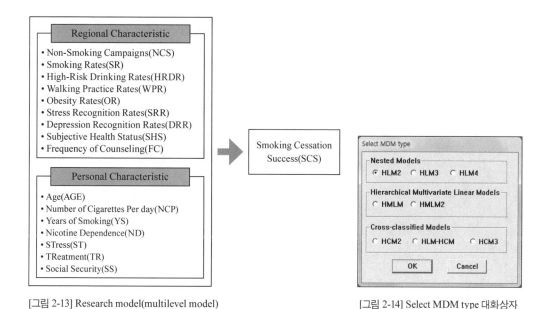

[그림 2-13] Research model(multilevel model)   [그림 2-14] Select MDM type 대화상자

- [그림 2-15]와 같이 MDM- HLM2 대화상자가 나타나면 다음의 순서대로 MDM 파일을
작성한다.

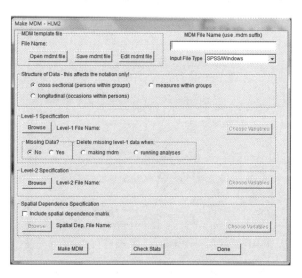

[그림 2-15] Make MDM-HLM2 대화상자

가. pull-down 메뉴의 [Input File Type]에서 [SPSS/Windows]를 선택한다.

나. Data structure(cross sectional, longitudinal, measures within groups)를 정의한다. 본 실전
자료는 cross sectional data이다.

다. Level-1 명세서(Specification)에서 [Browse] 선택 후, [Open Data File]에서 Level-1
SPSS 파일(2008_개인(L1)_20130625.sav)을 선택[열기]한다.

이때, Level 1과 Level 2를 연결시킬 ID(V4)는 SPSS에서 오름차순으로 정렬하여야
한다.

[데이터]→[케이스 정렬]→[V4 지정]→[확인]→[파일 저장]

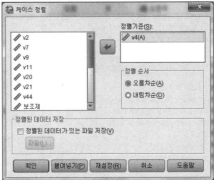

라. [Choose Variables] 선택 후 [Choose Variables – HLM2] 대화상자에서 Level-2(지역
요인)와 연결할 수 있는 ID를 선택하고(ID: V4), Level-1에서 사용할 변수들을 선택한
후[종속변수(금연성공 여부): V83_1, 독립변수(Age: V7, NCP: V9, YS: V20, ND: V21, ST: V44,
TR: 보조제, SS: LO_13)] [OK]를 누른다.

마. Level-1 파일에 결측치(missing data)가 있는 경우 [Yes]를 선택하고 결측치 데이터를 언제 제외시킬 것인지 선택[MDM 파일 작성 시 제외(making mdm), 분석실행 시 제외(running analyses)]한다. 본 실전 데이터는 결측치가 있으므로 [making mdm]을 선택한다.

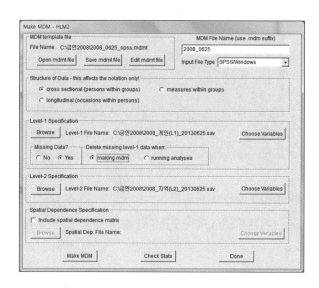

바. Level-2 명세서(Specification)에서 [Browse] 선택 후, [Open Data File]에서 Level-2 SPSS 파일(2008_지역(L2)_20130625.sav)을 선택[열기]한다.

사. [Choose Variables] 선택 후 [Choose Variables – HLM2] 대화상자에서 Level-1(개인 요인)과 연결할 수 있는 ID를 선택하고(ID: V4), Level-2에서 사용할 변수들을 선택한 후(NSC: R1, SR: R2, HRDR: R3, WPR: R4, OR: R5, SRR: R6, DRR: R7, SHS: R10, FC: R11) [OK]를 누른다.

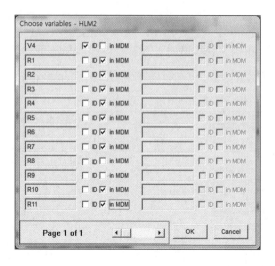

아. [MDM File Name]에 MDM 파일명을 입력한 후[2008_0625], [Save mdmt file]을
선택한 후 [Save MDM Template File] 대화상자에서 MDMT 파일명을 저장한다
(2008_0625_SPSS).

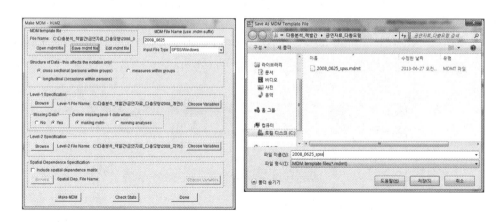

자. [Make MDM] 버튼을 선택한 후, MDM 파일의 기술통계를 확인한다. Level-1과
Level-2에 사용된 모든 변수의 기술통계를 확인할 수 있다.

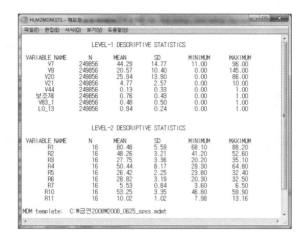

차. [Done] 버튼을 선택하면 최종 작성된 MDM 파일(2008_0625.MDM)을 확인할 수 있다.

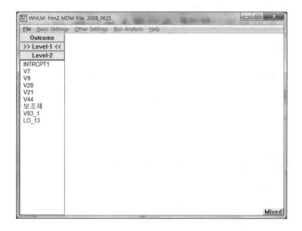

2) MDM 파일 분석하기

MDM 파일을 구축하고 나면 [표 2-8]의 다층모형 분석 절차와 같이 4단계로 모형을 검증한다.

1단계: 무조건적 모형 검증

기초모형으로 설명변수(독립변수)를 투입하지 않은 상태에서 보건소 금연클리닉 이용자의 금연성공 여부에 대한 지역 간 분산을 분석한다(고정효과, 무선효과 확인).

　가. 종속변수(V83_1) 선택 후 [Outcome variable] 탭을 선택한다.

　나. 기본값은 Level-1 모형의 종속변수가 연속형 변수로 설정되어 있다.

다. 종속변수는 이항변수로 베르누이 분포를 따르므로 확률을 로짓으로 변환하여 분석한다. [Basic Settings]→[Distribution of Outcome Variable]→[Bernoulli]를 선택[OK]한다.

라. Level-1 모형의 종속변수가 이항변수로 설정되어 있다.

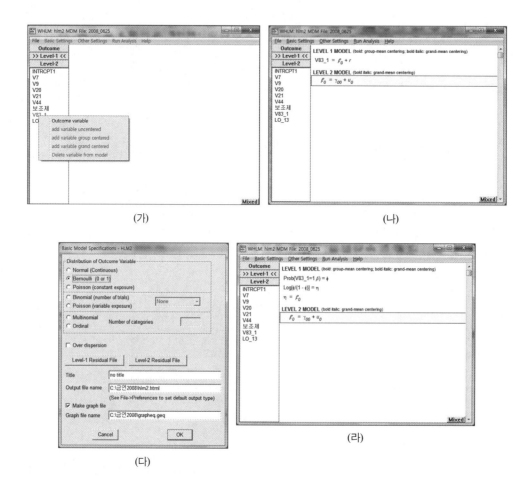

(가)   (나)

(다)   (라)

마. [Run Analysis]→[Run the model shown]을 선택한다.

바. 반복연산(iteration)이 실행된다. 결과파일을 확인한다.

(마)

(바)

사. 기초모형 모델과 Mixed Model을 기술한다.

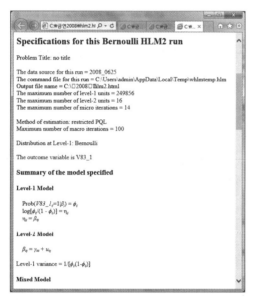

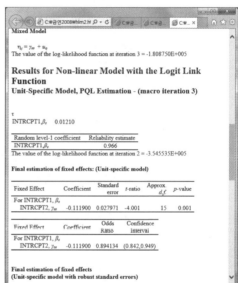

(사)

아. 무선효과의 표준편차(SD), 분산(σ^2), χ^2, 유의확률(p-value)을 확인한다.

자. [Final estimation of fixed effects(population-average model with robust standard errors)]
에서 고정효과(fixed effect)의 회귀계수(coefficient), 표준오차(standard error), 유의확률,
오즈(승산)비(odds ratio)를 확인한다.

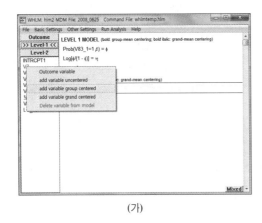

Final estimation of fixed effects
(Unit-specific model with robust standard errors)

Fixed Effect	Coefficient	Standard error	t-ratio	Approx. d.f.	p-value
For INTRCPT1, β_0					
INTRCPT2, γ_{00}	-0.111900	0.027082	-4.132	15	<0.001

Fixed Effect	Coefficient	Odds Ratio	Confidence Interval
For INTRCPT1, β_0			
INTRCPT2, γ_{00}	-0.111900	0.894134	(0.844,0.947)

The robust standard errors are appropriate for datasets having a moderate to large number of level 2 units. These data do not meet this criterion.

Final estimation of variance components

Random Effect	Standard Deviation	Variance Component	d.f.	χ^2	p-value
INTRCPT1, u_0	0.10998	0.01210	15	454.74762	<0.001

Results for Population-Average Model

The value of the log-likelihood function at iteration 2 = -3.544497E+005

Final estimation of fixed effects: (Population-average model)

Fixed Effect	Coefficient	Standard error	t-ratio	Approx. d.f.	p-value
For INTRCPT1, β_0					
INTRCPT2, γ_{00}	-0.111437	0.027969	-3.984	15	0.001

Fixed Effect	Coefficient	Odds Ratio	Confidence Interval
For INTRCPT1, β_0			
INTRCPT2, γ_{00}	-0.111437	0.894548	(0.843,0.950)

Final estimation of fixed effects
(Population-average model with robust standard errors)

Fixed Effect	Coefficient	Standard error	t-ratio	Approx. d.f.	p-value
For INTRCPT1, β_0					
INTRCPT2, γ_{00}	-0.111437	0.026832	-4.153	15	<0.001

Fixed Effect	Coefficient	Odds Ratio	Confidence Interval
For INTRCPT1, β_0			
INTRCPT2, γ_{00}	-0.111437	0.894548	(0.845,0.947)

(아)   (자)

2단계: 무조건적 기울기 모형 검증

개인별 요인들이 종속변수(개인별 금연성공 여부)에 미치는 영향에 지역 간 차이가 있는지를 검증하는 것이다. 개인요인이 종속변수에 미치는 영향은 고정효과로 분석하고, 개인요인이 지역에 따라 차이가 있는지는 무선효과로 분석한다.

> 가. 독립변수(AGE: V7)를 선택한 후, 그룹평균(add variable group centered)으로 중심화(centering)한다.
>
> 나. Level-2의 무선효과(u_1)는 더블클릭하여 미지수로 지정해야 한다.

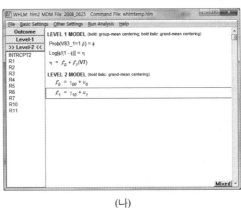

(가)   (나)

> 다. 독립변수(NCP: V9, YS: V20, ND: V21)를 연속하여 선택한 후, 그룹평균으로 중심화한다.
>
> 라. Level-2의 무선효과(u_2, u_3, u_4)는 더블클릭하여 미지수로 지정해야 한다.

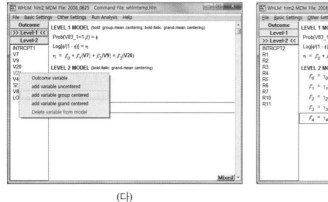

(다) (라)

마. 독립변수(ST: V44, TR: 보조제, SS: LO_13)를 선택한 후, 중심화하지 않고(add variable uncentered) 지정한다.

바. Level-2의 무선효과(u_5, u_6, u_7)는 더블클릭하여 미지수로 지정해야 한다.

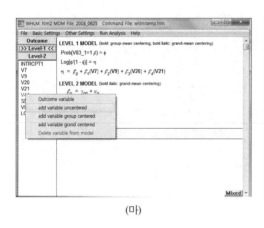

(마) (바)

사. [Other Settings]→[Iteration Settings]에서 [Number of macro iterations]를 500으로 지정하고 반복연산의 최대값(500)일 때 중단 지정[Stop iterating]한 후 [OK]를 누른다. (본 연구자료는 약 25만 건으로 모든 변수의 미지수 추정값의 수렴값을 0.0001로 하기 위해서는 수천 번의 반복연산을 해야 하기 때문에 본 연구에서는 500회로 제한하였다.)

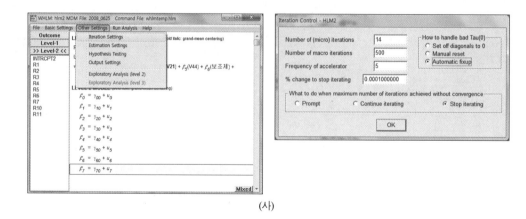

(사)

아. [Run Analysis]→[Run the model shown]을 선택한다.

자. 반복연산이 실행된다. 결과파일을 확인한다.

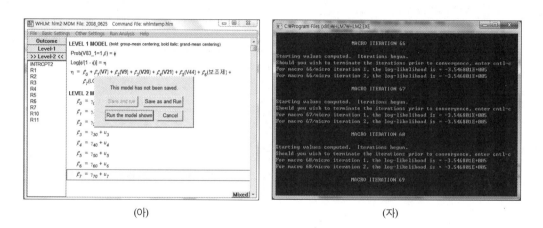

(아)   (자)

차. 무조건적 기울기 모형과 Mixed Model을 기술한다.

카. 독립변수들의 무선효과에 대한 표준편차(SD), 분산(σ^2), χ^2, 유의확률(p-value)을 확인한다.

타. [Final estimation of fixed effects(Population-average model with robust standard errors)]
에서 독립변수들의 고정효과의 회귀계수, 표준오차, 유의확률, 오즈비를 확인한다[보조
제는 한글로 결과에서는 (For □□□□□□ slope, β_6)로 출력된다].

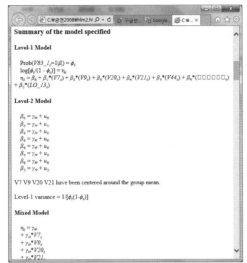

Summary of the model specified

Level-1 Model

$$Prob(V83\_1_i=1|\beta_j) = \phi_{ij}$$
$$\log[\phi_{ij}/(1 - \phi_{ij})] = \eta_{ij}$$
$$\eta_{ij} = \beta_{0j} + \beta_{1j}*(V7_{ij}) + \beta_{2j}*(V9_{ij}) + \beta_{3j}*(V20_{ij}) + \beta_{4j}*(V21_{ij}) + \beta_{5j}*(V44_{ij}) + \beta_{6j}*(\square\square\square\square\square_{ij}) + \beta_{7j}*(LO\_13_{ij})$$

Level-2 Model

$$\beta_{0j} = \gamma_{00} + u_{0j}$$
$$\beta_{1j} = \gamma_{10} + u_{1j}$$
$$\beta_{2j} = \gamma_{20} + u_{2j}$$
$$\beta_{3j} = \gamma_{30} + u_{3j}$$
$$\beta_{4j} = \gamma_{40} + u_{4j}$$
$$\beta_{5j} = \gamma_{50} + u_{5j}$$
$$\beta_{6j} = \gamma_{60} + u_{6j}$$
$$\beta_{7j} = \gamma_{70} + u_{7j}$$

V7 V9 V20 V21 have been centered around the group mean.

Level-1 variance = $1/[\phi_{ij}(1-\phi_{ij})]$

Mixed Model

$$\eta_{ij} = \gamma_{00}$$
$$+ \gamma_{10}*V7_{ij}$$
$$+ \gamma_{20}*V9_{ij}$$
$$+ \gamma_{30}*V20_{ij}$$
$$+ \gamma_{40}*V21_{ij}$$

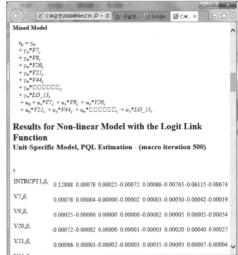

Mixed Model

$$\eta_{ij} = \gamma_{00}$$
$$+ \gamma_{10}*V7_{ij}$$
$$+ \gamma_{20}*V9_{ij}$$
$$+ \gamma_{30}*V20_{ij}$$
$$+ \gamma_{40}*V21_{ij}$$
$$+ \gamma_{50}*V44_{ij}$$
$$+ \gamma_{60}*\square\square\square\square\square_{ij}$$
$$+ \gamma_{70}*LO\_13_{ij}$$
$$+ u_{0j} + u_{1j}*V7_{ij} + u_{2j}*V9_{ij} + u_{3j}*V20_{ij}$$
$$+ u_{4j}*V21_{ij} + u_{5j}*V44_{ij} + u_{6j}*\square\square\square\square\square_{ij} + u_{7j}*LO\_13_{ij}$$

Results for Non-linear Model with the Logit Link Function

Unit-Specific Model, PQL Estimation - (macro iteration 500)

τ

INTRCPT1,β₀	0.12888	0.00078	0.00025	-0.00072	0.00086	-0.00765	-0.06115	-0.08674
V7,β₁	0.00078	0.00004	-0.00000	-0.00002	0.00003	-0.00030	-0.00042	-0.00019
V9,β₂	0.00025	-0.00000	0.00000	0.00000	-0.00002	0.00005	0.00005	-0.00054
V20,β₃	-0.00072	-0.00002	0.00000	0.00001	-0.00003	0.00020	0.00040	0.00027
V21,β₄	0.00086	0.00003	-0.00002	-0.00003	0.00035	-0.00093	0.00007	-0.00004

(차)

The robust standard errors are appropriate for datasets having a moderate to large number of level 2 units. These data do not meet this criterion.

Final estimation of variance components

Random Effect	Standard Deviation	Variance Component	d.f.	χ²	p-value
INTRCPT1, u₀	0.35900	0.12888	15	324.97282	<0.001
V7 slope, u₁	0.00609	0.00004	15	35.95239	0.002
V9 slope, u₂	0.00208	0.00000	15	16.32165	0.361
V20 slope, u₃	0.00384	0.00001	15	20.60608	0.150
V21 slope, u₄	0.01880	0.00035	15	59.52064	<0.001
V44 slope, u₅	0.06882	0.00474	15	32.64473	0.006
□□□□□ slope, u₆	0.23531	0.05537	15	335.06061	<0.001
LO_13 slope, u₇	0.32621	0.10641	15	316.28202	<0.001

WARNING: the macro iterations were stopped prior to convergence.
You may want to re-run the analysis with a higher number of macro iterations.

Results for Population-Average Model

The value of the log-likelihood function at iteration 2 = -3.537444E+005

Final estimation of fixed effects: (Population-average model)

Fixed Effect	Coefficient	Standard error	t-ratio	Approx. d.f.	p-value
For INTRCPT1, β₀					
INTRCPT2, γ₀₀	-0.416916	0.092796	-4.493	15	<0.001
For V7 slope, β₁					

(카)

Final estimation of fixed effects:
(Population-average model with robust standard errors)

Fixed Effect	Coefficient	Standard error	t-ratio	Approx. d.f.	p-value
For INTRCPT1, β₀					
INTRCPT2, γ₀₀	-0.416916	0.085399	-4.882	15	<0.001
For V7 slope, β₁					
INTRCPT2, γ₁₀	0.032402	0.001757	18.445	15	<0.001
For V9 slope, β₂					
INTRCPT2, γ₂₀	-0.003729	0.000588	-6.340	15	<0.001
For V20 slope, β₃					
INTRCPT2, γ₃₀	-0.009100	0.001346	-6.760	15	<0.001
For V21 slope, β₄					
INTRCPT2, γ₄₀	-0.062302	0.004851	-12.842	15	<0.001
For V44 slope, β₅					
INTRCPT2, γ₅₀	0.054739	0.019632	2.788	15	0.014
For □□□□□ slope, β₆					
INTRCPT2, γ₆₀	-0.219928	0.056855	-3.868	15	0.002
For LO_13 slope, β₇					
INTRCPT2, γ₇₀	0.504270	0.077905	6.473	15	<0.001

Fixed Effect	Coefficient	Odds Ratio	Confidence Interval
For INTRCPT1, β₀			
INTRCPT2, γ₀₀	-0.416916	0.659076	(0.549,0.791)
For V7 slope, β₁			
INTRCPT2, γ₁₀	0.032402	1.032932	(1.029,1.037)
For V9 slope, β₂			
INTRCPT2, γ₂₀	-0.003729	0.996278	(0.995,0.998)
For V20 slope, β₃			
INTRCPT2, γ₃₀	-0.009100	0.990942	(0.988,0.994)
For V21 slope, β₄			
INTRCPT2, γ₄₀	-0.062302	0.939599	(0.930,0.949)

(타)

3단계: 조건적 모형 검증

개인요인과 지역요인이 금연성공 여부에 미치는 영향을 검증하는 것으로 무조건적 기울기 모형의 무선효과 검증에서 유의성이 있는 개인요인(Age: V7, ND: V21, ST: V44, TR: 보조제, SS: LO_13)은 지역요인의 무선효과를 검증하고, 유의미하지 않은 개인요인(NCP: V9, YS: V20)은 고정미지수로 투입하여 검증한다.

가. Level-2의 초기값($\mathcal{L}_0$)을 클릭한 후 Level-2의 독립변수(NSC: R1)를 선택한 후, 전체 평균(add variable grand centered)으로 중심화한다.

나. 연속하여 나머지 Level-2의 독립변수(SR: R2, HRDR: R3, WPR: R4, OR: R5, SRR: R6, DRR: R7, SHS: R10, FC: R11)를 전체 평균으로 중심화하여 투입한다.

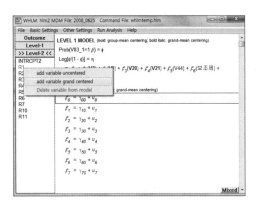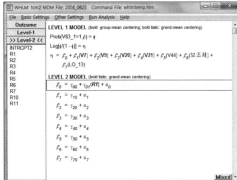

(가)

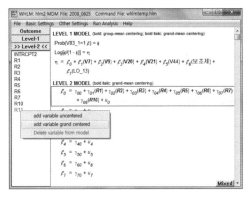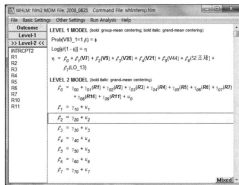

(나)

다. 무조건적 기울기 모형의 무선효과 검증에서 유의성이 있는 개인요인(Age: V7, ND: V21, ST: V44, TR: 보조제, SS: LO_13)은 지역요인의 무선효과를 검증한다. 즉 Level-2의 무선효과(u_1, u_4, u_5, u_6, u_7)는 클릭하여 미지수로 지정해야 한다.

라. 유의미하지 않은 개인요인(NCP: V9, YS: V20)은 고정미지수로 투입하여 검증한다. 즉 Level-2의 무선효과(u_2, u_3)는 더블클릭하여 고정미지수로 지정해야 한다.

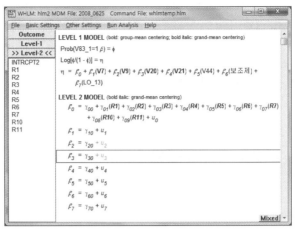

(다), (라)

마. [Run Analysis]→[Run the model shown]을 선택한다.

바. 반복연산이 실행된다. 결과파일을 확인한다.

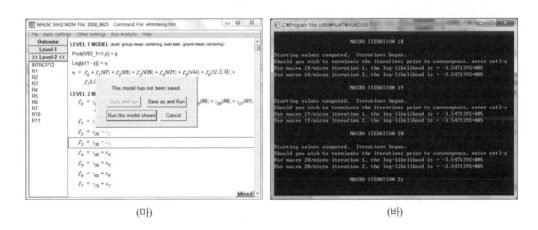

(마)   (바)

사. 조건적 모형과 Mixed Model을 기술한다.

아. 독립변수들의 무선효과에 대한 표준편차(SD), 분산(σ^2), χ^2, 유의확률(p-value)을 확인한다.

자. [Final estimation of fixed effects(Population-average model)]에서 독립변수들의 고정효과의 회귀계수, 표준오차, 유의확률, 오즈비를 확인한다.

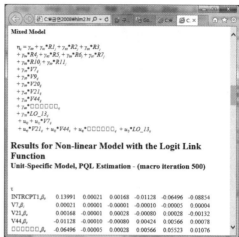

(사)

The robust standard errors cannot be computed for this model.

Final estimation of variance components

Random Effect	Standard Deviation	Variance Component	d.f.	χ^2	p-value
INTRCPT1, u_0	0.37404	0.13991	6	358.32049	<0.001
V7 slope, u_1	0.00370	0.00001	15	132.78555	<0.001
V21 slope, u_4	0.01659	0.00028	15	87.78123	<0.001
V44 slope, u_5	0.06508	0.00424	15	31.45774	0.008
□□□□□ slope, u_6	0.23501	0.05523	15	334.71188	<0.001
LO_13 slope, u_7	0.32252	0.10402	15	311.65556	<0.001

WARNING: the macro iterations were stopped prior to convergence. You may want to re-run the analysis with a higher number of macro iterations.

Results for Population-Average Model

The value of the log-likelihood function at iteration 2 = -3.540597E+005

Final estimation of fixed effects: (Population-average model)

Fixed Effect	Coefficient	Standard error	t-ratio	Approx. d.f.	p-value
For INTRCPT1, β_0					
INTRCPT2, γ_{00}	-0.414676	0.096495	-4.297	6	0.005
R1, γ_{01}	0.015249	0.005242	2.909	6	0.027

(아)

Final estimation of fixed effects: (Population-average model)

Fixed Effect	Coefficient	Standard error	t-ratio	Approx. d.f.	p-value
For INTRCPT1, β_0					
INTRCPT2, γ_{00}	-0.414676	0.096495	-4.297	6	0.005
R1, γ_{01}	0.015249	0.005242	2.909	6	0.027
R2, γ_{02}	-0.001826	0.006449	-0.283	6	0.787
R3, γ_{03}	-0.019721	0.006395	-3.084	6	0.022
R4, γ_{04}	0.000940	0.001846	0.509	6	0.629
R5, γ_{05}	-0.005462	0.010356	-0.527	6	0.617
R6, γ_{06}	0.003930	0.006422	0.605	6	0.567
R7, γ_{07}	-0.023661	0.020223	-1.170	6	0.286
R10, γ_{08}	-0.027576	0.006422	-4.294	6	0.005
R11, γ_{09}	0.083130	0.031508	2.638	6	0.039
For V7 slope, β_1					
INTRCPT2, γ_{10}	0.031930	0.001377	23.181	15	<0.001
For V9 slope, β_2					
INTRCPT2, γ_{20}	-0.004008	0.000524	-7.656	249758	<0.001
For V20 slope, β_3					
INTRCPT2, γ_{30}	-0.008620	0.001058	-8.146	249758	<0.001
For V21 slope, β_4					
INTRCPT2, γ_{40}	-0.061799	0.004780	-12.930	15	<0.001
For V44 slope, β_5					
INTRCPT2, γ_{50}	0.057174	0.020811	2.747	15	0.015
For □□□□□ slope, β_6					
INTRCPT2, γ_{60}	-0.217902	0.060198	-3.620	15	0.003
For LO_13 slope, β_7					

(자)

4단계: 상호작용효과 모형 검증

무조건적 기울기 모형에서의 무선효과의 유의성을 나타낸 개인요인 변수들(절편: INTRCPT1, Age: V7, ND: V21, ST: V44, TR: 보조제, SS: LO_13)과 조건모형에서 지역요인의 고정효과에서 유의성을 나타낸 변수들(NSC: R1, HRDR: R3, SHS: R10, FC: R11)의 상호작용에 의해 종속변수에 미치는 영향을 검증하기 위해 상호작용효과(interaction effect)를 분석한다.

　　가. Level-2의 초기값($\mathcal{L}_0$)을 클릭한 후 지역변수(R1-R11)를 모두 삭제한다.

　　나. Level-2의 초기값을 클릭한 후 조건모형의 지역요인 고정효과의 유의성을 나타내는 변수(R1, R3, R10, R11)를 차례로 전체 평균으로 중심화하여 투입한다.

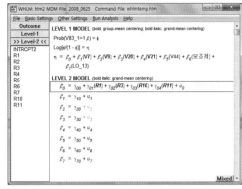

|(가)|(나)|

다. 무조건적 기울기 모형의 무선효과의 유의성을 나타낸 개인요인 변수들의 무선효과
($\mathcal{L}_1$, $\mathcal{L}_4$, $\mathcal{L}_5$, $\mathcal{L}_6$, $\mathcal{L}_7$)를 차례로 클릭한 후 조건모형의 지역요인 고정효과의 유의성을 나
타내는 변수(R1, R3, R10, R11)를 차례로 전체 평균으로 중심화하여 투입한다.

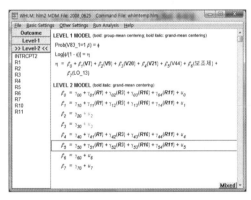

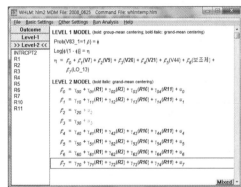

(다)

라. [Run Analysis]→[Run the model shown]을 선택한다.

마. 반복연산이 실행된다. 결과파일을 확인한다.

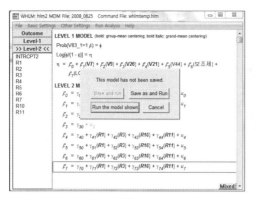
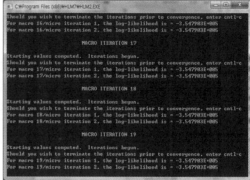

(라)   (마)

바. 상호작용효과 모델과 Mixed Model을 기술한다.

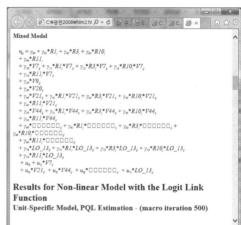

(바)

사. 상호작용 독립변수들(V7, V21, V44, 보조제, LO_13)의 무선효과에 대한 표준편차(SD), 분산(σ^2), χ^2, 유의확률(p-value)을 확인한다.

아. [Final estimation of fixed effects(Population-average model)]에서 개인요인 독립변수들과 지역요인 독립변수의 상호작용에 대한 고정효과의 회귀계수, 표준오차, 유의확률, 오즈비를 확인한다.

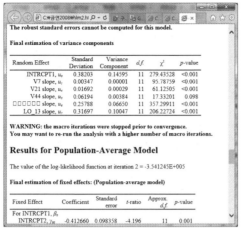

(사)

The robust standard errors cannot be computed for this model.

Final estimation of variance components

Random Effect	Standard Deviation	Variance Component	d.f.	χ^2	p-value
INTRCPT1, u_0	0.38203	0.14595	11	279.43528	<0.001
V7 slope, u_1	0.00347	0.00001	11	95.78759	<0.001
V21 slope, u_4	0.01692	0.00029	11	61.12505	<0.001
V44 slope, u_5	0.06194	0.00384	11	17.33201	0.098
□□□□□□ slope, u_6	0.25788	0.06650	11	357.29911	<0.001
LO_13 slope, u_7	0.31697	0.10047	11	206.22724	<0.001

WARNING: the macro iterations were stopped prior to convergence.
You may want to re-run the analysis with a higher number of macro iterations.

Results for Population-Average Model

The value of the log-likelihood function at iteration 2 = -3.541245E+005

Final estimation of fixed effects: (Population-average model)

Fixed Effect	Coefficient	Standard error	t-ratio	Approx. d.f.	p-value
For INTRCPT1, β_0					
INTRCPT2, γ_{00}	-0.412660	0.098358	-4.196	11	0.001

(아)

Final estimation of fixed effects: (Population-average model)

Fixed Effect	Coefficient	Standard error	t-ratio	Approx. d.f.	p-value
For INTRCPT1, β_0					
INTRCPT2, γ_{00}	-0.412660	0.098358	-4.196	11	0.001
R1, γ_{01}	-0.018586	0.025657	-0.724	11	0.484
R3, γ_{02}	-0.021875	0.042242	-0.518	11	0.615
R10, γ_{03}	0.003566	0.038653	0.092	11	0.928
R11, γ_{04}	0.040943	0.119655	0.342	11	0.739
For V7 slope, β_1					
INTRCPT2, γ_{10}	0.032058	0.001340	23.921	11	<0.001
R1, γ_{11}	-0.000370	0.000244	-1.519	11	0.157
R3, γ_{12}	0.000789	0.000404	1.955	11	0.076
R10, γ_{13}	0.000356	0.000364	0.977	11	0.349
R11, γ_{14}	0.000212	0.001200	0.177	11	0.863
For V9 slope, β_2					
INTRCPT2, γ_{20}	-0.004021	0.000524	-7.680	249758	<0.001
For V20 slope, β_3					
INTRCPT2, γ_{30}	-0.008625	0.001058	-8.148	249758	<0.001
For V21 slope, β_4					
INTRCPT2, γ_{40}	-0.061870	0.004866	-12.715	11	<0.001
R1, γ_{41}	-0.000405	0.001211	-0.334	11	0.745
R3, γ_{42}	-0.001720	0.002024	-0.850	11	0.414
R10, γ_{43}	0.001642	0.001816	0.904	11	0.385
R11, γ_{44}	-0.000572	0.005958	-0.096	11	0.925
For V44 slope, β_5					
INTRCPT2, γ_{50}	0.059009	0.021031	2.806	11	0.017
R1, γ_{51}	0.011417	0.005369	2.126	11	0.057
R3, γ_{52}	-0.020015	0.009354	-2.140	11	0.056
R10, γ_{53}	-0.009666	0.008092	-1.194	11	0.257

참고문헌

1. 강상진(1998). 교육 및 사회연구를 위한 연구방법으로서의 다층모형과 전통적 선형모형의 비교분석 연구. 교육평가연구, **11**(1), 207-258.

2. 김계수(2013). 조사연구방법론. 한나래아카데미.

3. 김계수(2010). 구조방정식모형 분석. 한나래아카데미.

4. 김계수(2009). 잠재성장모델링과 구조방정식 모델 분석. 한나래아카데미.

5. 김은정(2007). 사회조사분석사: 조사방법론. 삼성북스.

6. 박용치·오승석·송재석(2009). 조사방법론. 대영문화사.

7. 박정선(2003). 다수준 접근의 범죄학적 활용에 대한 연구. 형사정책연구, **14**(4), 281-314.

8. 서민원(2003). 다층모형의 논리적 구조와 적용: 대학교육의 효과 측정과 분석. 교육평가연구, **16**(2), 43-63.

9. 성태제(2008). 알기 쉬운 통계분석. 학지사.

10. 송태민·김계수(2012). 보건복지연구를 위한 구조방정식모형. 한나래아카데미.

11. 우종필(2012). 구조방정식모델 개념과 이해. 한나래아카데미.

12. 유정진(2006). 위계적 선형모형의 이해와 활용. 아동학회지, **27**(3), 169-187.

13. 이동영·이정주(2007). 장애인근로자의 직무만족에 대한 조직효과분석: 2005년 장애인 근로자 실태조사를 활용한 위계적 선형모형(HLM)의 적용. 사회보장연구, **23**(1), 177-203.

14. 이주리(2009). 중학생의 자살사고 예측모형: 데이터마이닝을 적용한 위험요인과 보호요인의 탐색. 아동과 권리, **13**(2), 227-246.

15. 이주열·이정환·신승배(2013). 조사방법론. 군자출판사.

16. 임희진·유재민(2007). 청소년 진로상황의 불확실성에 대한 보호요인과 위험요인의 탐색. 제4회 한국청소년패널 학술대회 논문집, 613-638.

17. 전기석·이현석(2006). 위계적 선형모형을 이용한 오피스 임대료 결정요인 분석. 국토연구, **49**, 171-184.

18. 전국대학보건관리학교육협의회(2009). 보건교육사를 위한 조사방법론. 한미의학.

19. 최종후·한상태·강현철·김은석·김미경·이성건(2006). 데이터마이닝 예측 및 활용. 한나래아카데미.

20. 허명회(2007). SPSS Statistics 분류분석. (주)데이타솔루션.

21. Baron, R. M. & Kenny, D. A. (1986). The moderator-mediator variable in social psychological research: conceptual, strategic, and statistics considerations. *Journal of Personality and Social Psychology*, **51**(6), 1173-1182.

22. Benlter, P. M. (1980). Multivariate Analysis with Latent Variables: Causal Modeling. *Annual Review of Psychology*, **31**, 419-456.

23. Duncan, T. E., Duncan, S. C., Strycker, A. L., Li F. & Alpert, A. (1999). *An Introduction to*

Latent Variable Growth Curve Modeling; Concepts, Issues, and Applications. Mahwah, NJ: Lawrence Erlbaum Associates.

24. Hair, J. F. Jr., Black, W. C., Babin, B. J., Anderson, R. E. & Tatham, R. L. (2006). *Multivariate Data Analysis*(6th ed.). Prentice-Hall International.

25. Heck, R. & Thomas, S. (2009). *An Introduction to Multilevel Modeling Techniques*(2nd ed.). New York, NY: Routledge.

26. Hox, J. (2002). *Multilevel Analysis: Techniques and Applications.* Mahwah, NJ: Lawrence Erlbaum.

27. Kline, R. B. (2010). *Principles and Practice of Structural Equation Modeling*(3rd ed.). NY: Guilford Press.

28. Kreft, I. (1996). *Are multilevel Techniques Necessary? An Overview, Including Simulation Studies.* unpublished manuscript. California State University, Los Angeles.

29. MacCallum, R. M., Rosnowski, C. M. & Reith, I. (1994). Alternative Strategies for Cross-Validation of Covariance Structure Models. *Multivariate Behavioral Research,* **29**, 1-32.

30. Myers, M. B., Calantone, R. J., Page, T. J. & Taylor, C. R. (2000). Academic insights: an application of multiple-group causal models in assessing cross-cultural measurement equivalence. *Journal of International Marketing,* **8**(4), 108-121.

31. Mullen, M. R. (1995). Diagnosing measurement equivalence in cross-national research. *Journal of International Business Studies,* **26**, 573-596.

32. Pollack, B. N. (1998). Hierarchical linear modeling and the 'Unit of Analysis' problem: A solution for analyzing response of intact group members. *Group Dynamics: Theory, Research, and Practice,* **2**, 299-312.

33. Preacher, K. J., Wichman, A. L., MacCallum, R. C. & Briggs, N. E. (2008). *Latent Growth Curve Modeling.* CA: Sage Publications Inc.

34. Preacher, K. J. & Hayes, A. F. (2004). SPSS and SAS procedures for estimating indirect effects in simple mediation models. *Behavior Research Methods, Instruments & Computers,* **36**, 717-731.

35. Raudenbush, S. W. & Bryk, A. S. (2002). *Hirearchical Linear Models: Applications and Data Analysis Methods.* Thousand Oaks, CA: Sage.

36. Snijders, T. & Bosker, R. (1999). *Multilevel Models: An Introduction to Basic and Advanced Multilevel Modeling.* London, England: Sage Publications.

37. Steenkamp, J. & Baumgartner, H. (1998). Assessing Measurement Invariance in Cross-National Consumer Research. *Journal of Consumer Research,* **25**(june), 78-79.

38. Wheaton, B., Mutten, B., Alwin, D. & Summers, G. (1977). Assessing reliability and stability in panel models, In D. R. Heise(Eds.). *Sociological methodology,* San Francisco: Jossy-Bass, 84-136.

2부에서는 국내의 SNS 등 온라인 채널과 오프라인 조사에서 수집된 빅데이터를 이용한 실제 연구사례를 기술하였다.

3장은 '소셜 빅데이터를 활용한 청소년 자살위험요인 예측' 연구사례를, 4장은 '소셜 빅데이터를 활용한 한국의 사이버따돌림 위험요인 예측' 연구사례를, 5장은 '소셜 빅데이터를 활용한 인터넷 중독 위험요인 예측' 연구사례를, 6장은 '소셜 빅데이터를 활용한 북한 관련 위협요인 예측' 연구사례를, 7장은 '소셜 빅데이터를 활용한 보건복지정책 수요 예측' 연구사례를, 8장은 범죄 빅데이터를 활용한 '한국 남자 청소년의 범죄지속 위험예측 요인분석' 연구사례를, 9장은 인터넷 중독 관련 빅데이터를 이용하여 '인터넷 중독 사업 성과평가' 연구사례를 기술하였다.

2부

빅데이터 연구
실전

3장

청소년 자살위험 예측

우리나라의 자살에 의한 사망률(자살률)은 2012년 인구 10만 명당 29.1명으로 경제협력개발기구(OECD) 회원국의 평균자살률 12.5명에 비해 높게 나타났으며, 2012년 자살로 인한 총 사망자 14,160명 중 1,632명이 30세 미만으로 자살이 10대와 20대의 사망원인 1위를 차지하고 있다(Statistics Korea, 2013). 2012년 우리나라 청소년(13~24세) 10명 중 6명이 전반적인 생활과 학교생활로 인해 스트레스를 받고 있으며, 청소년의 11.2%가 지난 1년 동안 한 번이라도 자살하고 싶다는 생각을 해 본 적이 있는 것으로 나타났다(Statistics Korea, 2013). 청소년 자살생각의 주된 이유로는 성적 및 진학문제(28.0%), 경제적 어려움(20.5%), 외로움·고독(14.1%), 가정불화(13.6%), 직장문제(6.7%), 기타(17.1%)의 순으로 나타났고, 기타 이유로는 이성문제, 질환, 장애, 친구불화 등으로 나타났다. 이와 같이 자살이 청소년 사망의 주요 원인으로 나타남에 따라, 전 세계적으로 청소년 자살에 대한 다차원적인 예방과 개입의 필요성이 증가하고 있으며, 이에 따라 청소년 자살예방에 대해 다각적인 노력을 하고 있는 실정이다.

그동안 자살에 관한 연구는 자살원인을 밝히기 위하여 정신과적 요인, 생물학적·의학적 요인, 사회적·환경적 요인 등에 초점을 두고 진행되어 왔다(Bae & Woo, 2011). 자살행동의 원인에 대한 선행연구들은 다양한 변인들을 보고하고 있으며, 특히 개인적 변인으로 우울(Konick & Gutierrez, 2005), 무망감, 충동성, 스트레스 대처능력 부족, 낮은 자존감(Wilburn & Smith, 2005) 등을 보고하였다. 자살은 매우 다양하고 복잡한 원인으로 나타나지만, 스트레스와 같은 다양한 외적 자극에 의해서도 영향을 받으며(Hong & Jeon, 2005), 극심한 스트레스에 노출되는 것은 개인의 능력 혹은 자원을 초과하여 개인의 안녕을 위협할 수 있으며, 자살사고와 자살행동의 위험한 전조라고 보고하였다(Izadinia et al., 2010). 자살은 단편적으로 이루어지는 것이 아니라 사회적·심리적 자원과 스트레스요인이 상호작용함으로써 우울증이나 알코올중독 등의 질환이 동반되고, 이들 질환이 시간을 두고 진행되면서 결국 자살에 이르는 일련의 과정을 거친다(Park et al., 2010). 평소 우울증을 앓고 있는 사람은 주변의 자살사건과 같은 외적 자극에 노출되었을 때 자살을 모방하는 경향이 있다는 연구결과가 있다(Peruzzi & Bongar, 1999).

특히, 청소년의 자살원인은 매우 다양하며, 우리나라 고등학생들의 경우, 빈번하게 바뀌는

---

1. This manuscript was originally written by Tae Min Song, Juyoung Song, Ji-Young An, L. L. Hayman and Jong-Min Woo to prepare the draft of a paper to be submitted to an international journal.

입시정책의 혼란과 학업에 대한 스트레스가 참기 어려운 긴장을 야기함에 따라, 이로부터 벗어날 수 있는 수단으로 자살을 선택하고 있는 실정이다(Yoon & Lee, 2012). 이런 청소년들의 대부분은 현실에 대한 인지적 숙지보다는 정서적·감정적 동요에 의한 일시적인 충동감, 분노감, 자기조절능력 저하 등을 경험하면서 자살을 선택한다(Kim, 2012). 교내 팀 스포츠 참여와 같은 사회적 네트워크가 이들의 소속감을 증가시켜 청소년의 자살행동을 감소시킬 수 있다는 연구도 보고된 바 있다(Brown & Blanton, 2012). 자아존중감은 청소년 자살의 대표적인 보호요인으로 자아존중감이 낮을수록 자살위험이 높아지는 것으로 보고되었다(Heather et al., 2010). 청소년 자살에 영향을 미치는 가족요인으로는 부모의 별거와 이혼 및 부모자녀 간의 낮은 유대관계가 스트레스로 작용하여 자살의 위험요인이라고 보고하였다(Beautrais, 2003). 친구관계에서 발생하는 폭력 피해경험이 우울 등의 부정적 감정을 매개하여 자살생각에 영향을 미친다(Kaufman, 2009). 외모 및 용돈 스트레스는 자살충동에 영향을 미치는 것으로 나타났다(Kim et al., 2013). 가족원 중 자살한 사람이 있다는 것은 청소년 자살위험성을 높이는 중요한 요인이 될 수 있다(Bridge et al., 1997). 부모의 관심은 자녀들이 자살생각을 하지 않게 하는 긍정적인 효과가 있다(Fergusson & Lynskey, 1995). 또래 친구와의 상호관계가 부족한 청소년은 우울을 유발하여 자살생각에 이르는 것으로 나타났다(Kendel et al., 1991). 자기통제가 부족할수록 자살의 가능성이 높은 경향이 있다(Kim, 2008). 낮은 가계소득으로 인해 지속적으로 스트레스를 받은 청소년은 자살생각을 많이 하는 경향이 있다(Toprak et al., 2011). 신문과 방송, 그리고 인터넷에서 구체적으로 자살경위 및 방식을 묘사하는 경우, 이를 그대로 재현하는 모방자살이 뒤따를 수 있다(Kim, 2011).

한편, 우리나라는 최근 스마트기기의 보급이 확산됨에 따라 모바일 인터넷과 SNS 이용이 급속히 증가하였다. 2013년 7월 현재 우리나라의 만 3세 이상 인구의 인터넷 이용률은 82.1%이며 이 중 만 6세 이상 인구의 55.1%가 1년 이내에 SNS를 이용하는 것으로 나타났다(The Ministry of Science, 2013). 사회관계망 서비스인 SNS는 실시간성과 가속성이라는 특성으로 인해 사회 전반의 문제에 대한 이슈가 이를 통해 확산된다. 특히, SNS는 청소년들이 일상생활 속에서 갖는 우울한 감정이나 스트레스, 고민을 들을 수 있고 행태를 이해할 수 있는 공간으로 SNS상에서 나타나는 자살에 대한 감정표현이나 심리적 위기 행태들을 분석하면 위험징후와 유의미한 패턴을 감지하여 자살을 예방하는 데 긍정적 효과를 발휘할 수 있다(National Information Society Agency, 2012).

이러한 SNS를 통하여 전송되는 데이터의 양이 기하급수적으로 증가하여 데이터가 경제적 자산으로서의 가치를 인정받기 시작하면서 빅데이터의 활용과 분석이 국가와 기업의 성패를 가름할 새로운 경제적 가치의 원천이 될 것으로 기대하며 다양한 부문에서 빅데이터의 적극적인 활용을 시도하고 있다. 우리나라는 이미 수많은 빅데이터를 정부 및 공공기관이나 민간기관의 검색포털이나 SNS에서 관리·저장하고 있으나 정보접근과 분석방법의 어려움으로 빅데이터의 활용과 분석은 미흡한 실정이다(Song et al., 2013). 특히, 청소년 자살의 원인과 관련 요인을 구명하기 위하여 기존에 실시하던 횡단적 조사나 종단적 조사 등을 대상으로 한 연구는 정해진 변인들에 대한 개인과 집단의 관계를 보는 데에는 유용하나, 사이버상에서 언급된 개인별 담론(buzz)이 사회적 현상들과 얼마나 어떻게 연관되어 있는지 밝히고 원인을 파악하는 데는 한계가 있다(Song et al., 2014).

소셜 빅데이터를 활용한 데이터마이닝(data mining)의 의사결정나무(decision tree) 분석은 이러한 한계를 극복하기 위하여 통계적 가정 없이 분석과정에 근거한 결정규칙에 따라 새로운 상관관계나 패턴 등을 발견함으로써 자살과 같은 인간행동의 복잡하고 역동적인 현상에서 발생하는 다양한 원인들의 상호작용 관계를 효과적으로 분석하는 데 유용한 도구라고 할 수 있다(Lee, 2009).

이에 본 연구는 우리나라 온라인 뉴스사이트, 블로그, 카페, SNS, 게시판 등에서 수집한 소셜 빅데이터를 바탕으로 청소년 자살의 위험을 예측할 수 있는 모형과 연관 규칙을 제시하고자 한다. 본 연구의 목적은 소셜 빅데이터를 활용하여 데이터마이닝의 의사결정나무 분석을 통해 한국의 청소년 자살위험 예측모형을 제시하는 데 있으며, 구체적인 목적은 다음과 같다. 첫째, 청소년 자살위험에 영향을 미치는 요인을 파악한다. 둘째, 청소년 자살위험요인을 예측할 수 있는 의사결정나무를 개발한다.

2 | 연구방법

2-1 연구대상

본 연구는 국내의 온라인 뉴스 사이트, 블로그, 카페, SNS, 게시판 등 인터넷을 통해 수집된 소셜 빅데이터를 대상으로 하였다. 본 분석에서는 215개의 온라인 뉴스사이트, 4개의 블로그(네이버, 네이트, 다음, 티스토리), 3개의 카페(네이버, 다음, 뿜뿌), 2개의 SNS(트위터, 미투데이), 4개의 게시판(네이버지식인, 네이트지식, 네이트톡, 네이트판) 등 총 228개의 온라인 채널을 통해 수집 가능한 텍스트 기반의 담론을 소셜 빅데이터로 정의하였다. 청소년 자살 토픽의 수집은 2011년 1월 1일부터 2013년 3월 31일(821일)까지 해당 채널에서 요일별, 주말, 휴일을 고려하지 않고 매 시간단위로 수집하였으며, 수집한 총 221,691건 중에서 청소년 자살의 원인을 언급한 83,657건(37.7%)의 담론을 본 연구의 분석에 포함시켰다.

본 연구를 위한 소셜 빅데이터의 수집에는 크롤러(crawler)를 사용하였고, 토픽의 분류는 주제분석(text mining) 기법을 사용하였다. 크롤러는 인터넷 링크를 따라다니며 방문한 사이트의 모든 페이지 복사본을 생성함으로써 문서를 수집한다. 주제분석은 자연어 처리기술을 이용하여 유용한 정보를 추출하거나 연계성을 파악하고, 분류 혹은 군집화함으로써 소셜 빅데이터의 의미 있는 정보를 발견하는 것이다. 청소년 자살 관련 토픽은 모든 청소년을 포함시키기 위해 '여학생 자살, 남중생 자살, 남고생 자살, 남학생 자살, 여중생 자살, 중학생 자살, 여고생 자살, 고등학생 자살, 고딩 자살, 중딩 자살, 초딩 자살, 초등학생 자살, 중학교 자살, 고등학교 자살, 초등학교 자살'의 15개 유사어를 사용하였다. 그리고 수집기간에 자살과 관련 없는 용어인 '자살골, NLL, 싸이, 김장훈, 문재인, 노무현, 안철수, 공방, 민정수석, 대통령, 김주익, 악어새, 의혹, 박정희, 박근혜, 김대중, 후보, 민심장악, 신경전, 무소속, 대선후보, 여당, 야당, 아랑, 아랑사또전, 강문영, 신민아, 무영, 무연, 이준기, 광해, 이병헌, 베르테르, 영화광해, 알랭드보통, 장편소설, 소설, 영화, 혼자살기, 혼자살지, 이명박, 혼자살게, 돌고래쇼, 혼자살, 동물쇼, 돌고래'의 46개 불용어를 사용하여 수집하였다.

- 본 연구대상인 '청소년 자살 관련 소셜 빅데이터 수집'은 소셜 빅데이터 수집 로봇(웹크롤)과 담론분석(주제어 및 감성분석) 기술을 보유한 SKT에 의뢰하여 수집하였다.

- 청소년 자살 수집조건

구분	키워드 그룹	불용어(자살토픽)
청소년 자살	여학생 자살, 남중생 자살, 남고생 자살, 남학생 자살, 여중생 자살, 중학생 자살, 여고생 자살, 고등학생 자살, 고딩 자살, 중딩 자살, 초딩 자살, 초등학생 자살, 중학교 자살, 고등학교 자살, 초등학교 자살	
원인	내적인 문제 - 가난, 갈등, 강요, 거지, 걱정, 건강문제, 게임중독, 격분, 결핍, 경쟁, 경제적 이유, 고독, 고통, 공부, 과거, 놀림, 돈, 무관심, 무능력, 무시, 무책임, 배신, 별거, 병고, 부부싸움, 분통, 불만, 불안, 불의, 비관, 비난, 비만, 비행, 빈곤, 사망, 사별, 사회적 분노, 살해, 상처, 생활고, 성적, 성적비관, 성적인 문제, 소문, 수능, 술, 스트레스, 슬픔, 시선, 신체적 장애, 신체적 질병, 이혼, 인격파탄, 임신, 자살시도, 저주, 정신적 장애, 정신질환, 진학, 질병, 처신, 충격, 충동적, 콤플렉스, 탈락, 포기, 학업, 학업문제, 흡연 외적인 문제 - 가정문제, 가정불화, 감옥, 감옥생활, 게임중독, 경쟁위주, 경제문제, 경제적 형편, 계부모와의 관계, 교사와의 관계, 근무문제, 노동문제, 따돌림, 매체, 모방자살, 별거, 부모와의 사별, 부모의 이혼, 부모의 폭행, 불륜, 사랑하는 사람의 자살, 사회문제, 사회적 이유, 성추행, 성폭력, 성폭행, 실직, 아르바이트, 엄마 때문에, 연예인 자살, 왕따, 이성친구 문제, 이성친구의 상실, 인터넷, 주변인의 자살, 중간고사, 처신, 취업난, 폭력, 학교, 학교생활, 학교성적, 학교폭력, 학대, 해고, 혐의	자살골, NLL, 싸이, 김장훈, 문재인, 노무현, 안철수, 공방, 민정수석, 대통령, 김주익, 악어새, 의혹, 박정희, 박근혜, 김대중, 후보, 민심장악, 신경전, 무소속, 대선후보, 여당, 야당, 아랑, 아랑사또전, 강문영, 신민아, 무영, 무연, 이준기, 광해, 이병헌, 베르테르, 영화광해, 알랭드보통, 장편소설, 소설, 영화, 혼자살기, 혼자살지, 이명박, 혼자살게, 돌고래쇼, 혼자살, 동물쇼, 돌고래
방법	가스, 가스 중독사, 감기약, 거식증, 고카페인, 끈, 넥타이, 농약, 동반자살, 락스, 마취제, 목매기, 목매달기, 목매달림, 밧줄, 번개탄, 본드, 분신자살, 살충제, 세제, 손목긋기, 수면제, 신나, 아파트에서 뛰어내리기, 안락사, 약, 약물, 약물복용, 약물중독, 약물흡입, 유리파편, 음독, 음독자살, 익사, 자살글, 자살동호회, 자살사이트, 자살카페, 자해, 전깃줄, 전선, 제초제, 줄, 진통제, 질식, 질식사, 철사, 칼, 칼부림, 투신, 투신자살, 할복자살, 핫식스, 허리띠, 연탄, 번개탄	

- 소셜 빅데이터의 수집은 해당 토픽에 대한 이론적 배경 등을 분석하여 온톨로지(ontology)를 개발한 후, 온톨로지의 키워드를 수집하는 top-down 수집방식과 해당 토픽을 웹크롤로 수집한 후 유목화(범주화)하는 bottom-up 수집방식이 있다. 본 연구의 청소년 자살 관련 수

집 키워드는 bottom-up 수집방식이 사용되었다.

• 청소년 자살 담론의 정형화(코드화)

문항번호	변수명	설명	비고
1	ID	문서번호	
2	사이트(226개)		수집 사이트 코드 시트 참조
3~38	버즈 내 언급 코드(36개)	1: 존재 " ": 없음	언급 키워드 코드 시트 참조
39~56	원인 언급 코드(18개)	1: 존재 " ": 없음	
57~74	방법 언급 코드(18개)	1: 존재 " ": 없음	
75	최초 작성 문서	1: 최초 작성 문서 " ": 확산 문서	
76	년	YYYY	2011, 2012, 2013
77	월	MM	1~12
78	일	DD	1~31
79	시	HH	0: 무응답, 1~24
80	트위터 언급방식	1: 대화형, 2: 전파형, 3: 독백형, 4: reply형, 5: 정보링크형	사이트가 트위터일 때만 표시
81	자살감정 (버즈 긍부정 척도)	A: 긍정, B: 보통, C: 부정, D: 없음	
82	확산 수	문서 확산 수	V83+V84+V85
83	1주 확산 수	1주치 문서 확산 수	
84	2주 확산 수	2주차 문서 확산 수	
85	3주 확산 수	3주차 문서 확산 수	

2-2 연구도구

청소년 자살과 관련하여 수집된 버즈는 주제분석과 감성분석(opinion mining) 과정을 거쳐 다음과 같이 정형화 데이터로 코드화하여 사용하였다. 감성분석은 자살과 관련하여 수집된 담론이 긍정적('자살할거다', '자살 좋다' 등)인가 부정적('자살 안타깝다', '자살 나쁘다' 등)인가에 대한 심리적 표현을 분석한다.

1) 자살 원인

청소년 자살 원인의 분류는 이론적 배경과 2013 청소년 통계(Statistics Korea, 2013)에서 자살 원인으로 분석된 '사망, 수능, 우울증, 성폭행, 고통, 충격, 성적, 걱정, 스트레스, 해고, 왕따, 폭력, 생활고, 이혼, 열등감, 얼굴, 질병, 학교폭력'의 18개로, 대상이 있는 경우는 '1', 없는 경우는 '0'으로 코드화하였다.

2) 자살방법

자살방법의 분류는 소셜 담론에서 자살방법으로 추정된 '투신자살, 분신자살, 동반자살, 전깃줄, 번개탄, 음독자살, 자해, 할복자살, 수면제, 연탄, 밧줄, 넥타이, 농약, 가스, 고카페인, 철사, 본드, 질식'의 18개로, 방법이 있는 경우는 '1', 없는 경우는 '0'으로 코드화하였다.

3) 자살 감정

자살 감정은 감성분석을 통하여 자살을 긍정적으로 인식하는 표현(예: '자살할거다', '자살 선택하다', '자살 좋다', '자살 쉽다' 등)이 담긴 버즈, 자살을 부정적으로 인식하는 표현(예: '자살 안타깝다', '자살 나쁘다', '자살 심각하다', '자살 충격적이다' 등)이 담긴 버즈, 자살을 보통으로 인식하는 표현(긍적적 표현과 부정적 표현이 혼합된 문서)이 담긴 버즈를 코드화(1: 긍정, 2: 보통, 3: 부정)하였다. 본 연구의 최종 자살 감정에 사용된 변인은 자살위험(1: 자살을 긍정과 보통으로 인식하는 문서)과 자살보호(0: 자살을 부정적으로 인식하는 문서와 감성분석의 내용이 없는 문서)로 코드화하였다.

❷ 자살 감성분석

- 자살관련 주제분석 및 감성분석
    - 자살관련 원인은 주제분석을 통하여 총 18개 키워드로 분류하였다.
    - 자살관련 방법은 주제분석을 통하여 총 18개 키워드로 분류하였다.
    - 자살관련 감정은 감성분석을 통하여 총 3개(긍정, 보통, 부정)로 분류하였다.

※ 텍스트마이닝에서 사용하는 사전은 《21세기 세종계획》과 같은 범용 사전이 있지만 대부분 분석의 목적에 맞게 사용자가 설계한 사전을 사용한다.

본 연구의 사이버 따돌림 주제분석은 SKT에서 관련 문서 수집 후 원시자료(raw data)에서 나타난 상위 2,000개의 키워드를 대상으로 유목화하여 사용자 사전을 구축하였다.

1. 자살관련 감성분석

- 자살감정은 감성어사전[긍정('자살할거다', '자살 선택하다', '자살 좋다', '자살 쉽다' 등), 부정('자살 안타깝다', '자살 나쁘다', '자살 심각하다', '자살 충격적이다' 등), 보통(긍정적 표현과 부정적 표현이 혼합된 문서)]을 활용하여 자살감정변수[V81(A: 긍정, B: 보통, C: 부정)]로 수집하였다.
- 자살감정은 변수변환(문자를 숫자로 변환) 후 긍정과 보통은 '자살위험'으로, 부정과 내용 없음은 '자살보호'로 결정하였다.

1단계: 데이터파일을 불러온다(분석파일: 청소년자살_최종.sav).
2단계: 프로그램 파일을 실행시킨다(파일명: 자살감정.sps).
3단계: 결과를 확인한다.

```
recode V81('A'=3)('B'=2)('C'=1)('D'=9) into N81.
missing values N81(9).
VARIABLE LABELS N81'자살감정숫자'.
VALUE LABELS N81(1)부정(2)보통(3)긍정.
```

```
recode N81(2, 3=1)(1, 9=0) into suicide_t1.
variable labels suicide_t1 'suicide thought'.
value labels  suicide_t1 (1)risk(0)protection.
execute.
```

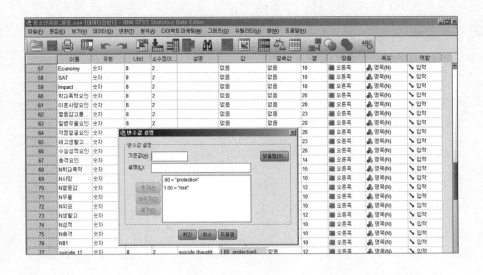

2-3 분석방법

본 연구에서는 한국의 청소년 자살위험요인을 설명하는 가장 효율적인 예측모형을 구축하기 위해 특별한 통계적 가정이 필요하지 않은 데이터마이닝의 의사결정나무 분석방법을 사용하였다. 데이터마이닝의 의사결정나무 분석은 방대한 자료 속에서 종속변인을 가장 잘 설명하는 예측모형을 자동적으로 산출해 줌으로써 각기 다른 원인을 가진 청소년 자살에 대한 위험요인을 쉽게 파악할 수 있다.

   본 연구의 의사결정나무 형성을 위한 분석 알고리즘은 CHAID(Chi-squared Automatic Interaction Detection), Exhaustive CHAID, CRT(Classification and Regression Trees), QUEST(Quick, Unbiased, Efficient Statistical Tree) 확장방법(growing method) 중 모형의 예측률이 가장 높은 Exhaustive CHAID를 사용하였다. Exhaustive CHAID(Bigg et al., 1991)는 이산형인 종속변수의 분리기준으로 카이제곱(χ^2) 검정을 사용하며, 모든 가능한 조합을 탐색하여 최적분리를 찾는다. 정지규칙(stopping rule)으로 관찰값이 충분하여 상위 노드(부모마디)의 최소 케이스 수는 100으로, 하위 노드(자식마디)의 최소 케이스 수는 50으로 설정하였고, 나무깊이는 3수준으로 정하였다. 그리고 데이터 분할에 의한 타당성 평가를 위해 훈련표본

(training data)과 검정표본(test data)의 비율은 70:30으로 설정하였다. 본 연구의 기술분석, 다중로지스틱 회귀분석, 의사결정나무 분석은 SPSS 22.0을 사용하였다.

2-4 연구의 윤리적 고려

연구에 대한 윤리적 고려를 위하여 한국보건사회연구원 생명윤리위원회(IRB)의 승인(No. 2014-1)을 얻은 후 연구를 진행하였다. 연구대상 자료는 한국보건사회연구원과 SKT가 2013년 5월에 수집한 2차 자료를 활용하였으며, 수집된 소셜 빅데이터는 개인정보를 인식할 수 없는 데이터로 대상자의 익명성과 기밀성이 보장되는 연구이다.

3 │ 연구결과

3-1 주요 변인들의 기술통계

청소년이 자살 토픽을 언급한 전체 버즈는 221,691건이며, 이 중 자살의 원인을 언급한 버즈는 37.7%였다. 청소년 자살검색의 원인은 학교폭력, 우울, 성적, 외모, 사망, 열등감, 충격, 생활고의 순으로 나타났다. 청소년 자살방법은 투신, 목을 매거나 압박을 가하여 질식(넥타이, 철사), 살충제에 의한 자의중독 및 노출(농약), 기타 수단(연탄, 본드, 분신, 카페인)의 순으로 나타났다(표 3-1).

[표 3-1] Descriptive Statistics of Factors

cause of suicide				method of suicide			
cause	buzz(%)	cause[*]	buzz(%)	method	buzz(%)	method[†]	buzz(%)
dying	10,309(6.4)	school violence	28,665(24.7)	jumping	3,404(38.2)	bond	1,017(12.0)
SAT	2,768(1.7)			posse	172(1.9)		
melancholia	8,518(5.3)			double suicide	810(9.1)		
sexual assault	2,977(1.8)	dying	13,809(11.9)	cords	199(2.2)	coal briquette	1,139(13.5)
pain	9,195(5.7)			briquette	56(0.6)		
impact	9,057(5.6)	inferiority	9,726(8.4)	overdose	121(1.4)	pesticide	1,031(12.2)
test scores	16,234(10.0)			self-harm	1,130(12.7)		
worry	8,548(5.3)	melancholy	17,921(15.5)	disembowelment	62(0.7)	wire	293(3.5)
stress	10,833(6.7)	appearance	15,213(13.1)	sleeping pills	668(7.5)	jumping	3,577(42.3)
firing	643(0.4)			coal briquette	345(3.9)		
bullying	15,282(9.4)			tether	126(1.4)		
violence	28,665(17.7)	economy	1,275(1.1)	tie	111(1.2)	posse	172(2.0)
economy	742(0.5)			pesticide	300(3.4)		
divorce	6,249(3.9)	SAT	17,791(15.3)	gas	841(9.4)	tie	1,227(14.5)
inferiority	1,234(0.8)			caffeine	7(0.1)		
appearance	8,393(5.2)	impact	11,574(10.0)	wire	45(0.5)	caffeine	7(0.1)
disease	2,142(1.3)			glue	247(2.8)		
school violence	20,127(12.4)			suffocation	256(2.9)		

[*] 18개 원인에 대해 요인분석(고유값 1 이상)을 실시하여 8개 원인요인으로 축약함.
[†] 18개 방법에 대해 요인분석(고유값 1 이상)을 실시하여 8개 방법요인으로 축약함.

③ 연구도구 만들기(주제분석, 요인분석)

1. 자살원인 요인분석

- 자살원인 주제분석 및 요인분석
  - 자살원인 키워드는 주제분석을 통하여 총 18개(사망, 수능, 우울증, 성폭행, 고통, 충격, 성적, 걱정, 스트레스, 해고, 왕따, 폭력, 생활고, 이혼, 열등감, 얼굴, 질병, 학교폭력) 키워드로 분류하였다.
  - 따라서 [표 3-1]의 자살원인(cause of suicide)은 18개 키워드(변수)에 대한 요인분석을 통하여 변수축약을 실시해야 한다.

1단계: 데이터파일을 불러온다(분석파일: 청소년자살_최종.sav).

2단계: [분석]→[차원감소]→[요인분석]→[변수: V39(사망), V40(수능), V41(우울증), V42(성폭행), V43(고통), V44(충격), V45(성적), V46(걱정), V47(스트레스), V48(해고), V49(왕따), V50(폭력), V51(생활고), V52(이혼), V53(열등감), V54(얼굴), V55(질병), V56(학교폭력)]을 선택한다.

3단계: [요인회전]→[베리멕스]를 지정한다.

4단계: [옵션]→[계수출력형식: 크기순 정렬, 작은 계수 표시 안 함]을 선택한다.

5단계: 결과를 확인한다.

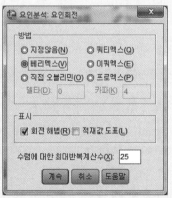

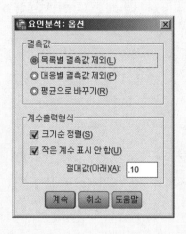

설명된 총분산

성분	초기 고유값			추출 제곱합 적재값			회전 제곱합 적재값		
	합계	% 분산	% 누적	합계	% 분산	% 누적	합계	% 분산	% 누적
1	2.027	11.261	11.261	2.027	11.261	11.261	1.785	9.915	9.915
2	1.386	7.703	18.964	1.386	7.703	18.964	1.377	7.650	17.565
3	1.312	7.291	26.255	1.312	7.291	26.255	1.305	7.250	24.815
4	1.224	6.799	33.053	1.224	6.799	33.053	1.235	6.863	31.678
5	1.158	6.431	39.484	1.158	6.431	39.484	1.183	6.570	38.248
6	1.079	5.996	45.480	1.079	5.996	45.480	1.180	6.557	44.805
7	1.067	5.930	51.410	1.067	5.930	51.410	1.158	6.433	51.237
8	1.018	5.658	57.068	1.018	5.658	57.068	1.050	5.831	57.068
9	.956	5.309	62.377						
10	.922	5.120	67.497						
11	.881	4.894	72.391						
12	.862	4.787	77.178						
13	.843	4.681	81.858						
14	.821	4.563	86.421						
15	.791	4.397	90.818						
16	.777	4.316	95.134						
17	.658	3.655	98.789						
18	.218	1.211	100.000						

결과 해석 18개의 자살원인 변수가 총 8개의 요인(고유값 1 이상)으로 축약되었다.

회전된 성분행렬[a]

	성분							
	1	2	3	4	5	6	7	8
V56 학교폭력	.909	-.109						
V50 폭력	.907	-.120		-.123				
V39 사망	-.135	.747			-.137			
V52 이혼	-.110	.695		-.127				
V41 우울증			.672					
V55 질병			.632					
V47 스트레스			.602	.269				
V45 성적	-.129	-.128	.104	.680	-.144			
V40 수능			-.105	.577				
V49 흉따	-.234	-.514		-.531	-.174			-.283
V46 걱정					.694			
V54 얼굴					.659			
V53 열등감						.805		
V43 고등			.162		.155	.711		
V51 생활고							.755	
V48 해고							.754	
V42 성폭행			-.101		-.229			.795
V44 충격					.297			.554

결과 해석 회전된 성분행렬 분석결과 학교폭력요인(학교폭력, 폭력), 이혼사망요인(사망, 이혼), 질병우울요인(우울증, 질병, 스트레스), 수능성적요인(성적, 수능), 걱정얼굴요인(걱정, 얼굴), 열등감고통요인(열등감, 고통), 해고생활고요인(해고, 생활고), 충격성폭행요인(충격, 성폭행)으로 결정되었다.

• 빅데이터 분석을 하기 위해서는 요인분석 결과로 결정된 8개 요인에 포함된 변수합산 후, 이분형 변수변환을 실시한다.

```
compute 학교폭력요인=V56+V50.           compute N열등감=0.
compute 이혼사망요인=V52+V39.           if(열등감고통요인 ge 1) N열등감=1.
compute 열등감고통요인=V53+V43.         compute N우울=0.
compute 질병우울요인=V55+V41+V47.       if(질병우울요인 ge 1) N우울=1.
compute 걱정얼굴요인=V46+V54.           compute N외모=0.
compute 해고생활고요인=V48+V51.         if(걱정얼굴요인 ge 1) N외모=1.
compute 수능성적요인=V40+V45.           compute N생활고=0.
compute 충격요인=V42+V44.               if(해고생활고요인 ge 1) N생활고=1.
execute.                                compute N성적=0.
compute N학교폭력=0.                    if(수능성적요인 ge 1) N성적=1.
if(학교폭력요인 ge 1) N학교폭력=1.      compute N충격=0.
compute N사망=0.                        if(충격요인 ge 1) N충격=1.
if(이혼사망요인 ge 1) N사망=1.          execute.
```

※ 상기 명령문(자살원인.sps)을 실행하면 8개의 이분형 요인(N학교폭력~N충격)이 생성된다.

2. 자살방법 요인분석

• 자살방법 주제분석 및 요인분석

   - 자살방법 키워드는 주제분석을 통하여 총 18개(투신자살, 분신자살, 동반자살, 전깃줄, 번개탄, 음독자살, 자해, 할복자살, 수면제, 연탄, 밧줄, 넥타이, 농약, 가스, 고카페인, 철사, 본드, 질식) 키워드로 분류되었다.

   - 따라서 [표 3-1]의 자살방법(method of suicide)은 18개 키워드(변수)에 대한 요인분석을 통하여 변수축약을 실시한다.

1단계: 데이터파일을 불러온다(분석파일: 청소년자살_최종.sav).

2단계: [분석] → [차원감소] → [요인분석] → [변수: V57(투신자살), V58(분신자살), V59(동반자살), V60(전깃줄), V61(번개탄), V62(음독자살), V63(자해), V64(할복자살), V65(수면제), V66(연탄), V67(밧줄), V68(넥타이), V69(농약), V70(가스), V71(고카페인), V72(철사), V73(본드), V74(질식)]를 선택한다.

3단계: [요인회전] → [베리멕스]를 지정한다.

4단계: [옵션] → [계수출력형식: 크기순 정렬, 작은 계수 표시 안 함]을 선택한다.

5단계: 결과를 확인한다.

 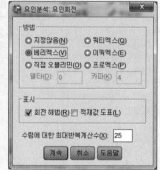

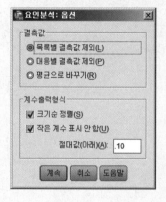

설명된 총분산

성분	초기 고유값			추출 제곱합 적재값			회전 제곱합 적재값		
	합계	% 분산	% 누적	합계	% 분산	% 누적	합계	% 분산	% 누적
1	1.362	7.565	7.565	1.362	7.565	7.565	1.180	6.557	6.557
2	1.128	6.264	13.830	1.128	6.264	13.830	1.174	6.523	13.080
3	1.090	6.053	19.883	1.090	6.053	19.883	1.153	6.407	19.487
4	1.077	5.982	25.865	1.077	5.982	25.865	1.115	6.194	25.681
5	1.030	5.722	31.587	1.030	5.722	31.587	1.051	5.841	31.522
6	1.025	5.695	37.282	1.025	5.695	37.282	1.030	5.722	37.245
7	1.007	5.594	42.876	1.007	5.594	42.876	1.012	5.624	42.869
8	1.002	5.567	48.443	1.002	5.567	48.443	1.003	5.574	48.443
9	.999	5.552	53.995						
10	.989	5.493	59.488						
11	.982	5.457	64.944						
12	.978	5.431	70.375						
13	.953	5.292	75.668						
14	.928	5.157	80.825						
15	.920	5.110	85.935						
16	.892	4.957	90.891						
17	.871	4.838	95.729						
18	.769	4.271	100.000						

결과 해석 18개의 자살방법 변수가 총 8개의 요인(고유값 1 이상)으로 축약되었다.

회전된 성분행렬[a]

	성분							
	1	2	3	4	5	6	7	8
V73 본드	.742	-.167	.183	-.125				
V70 가스	.687	.226		.202				
V66 연탄	.145	.675		.136				
V59 동반자살		.558	.182	-.151	.141		.289	
V61 번개탄		.500					-.271	
V69 농약	.195		.633		.104			.130
V62 음독자살			.627		-.136			
V65 수면제		.230	.465				-.252	
V72 철사				.703			.104	
V74 질식	.221	.105		.559		.178		
V63 자해				-.155	.698	.171	.209	
V68 넥타이				.158	.616	-.104		
V60 전깃줄						.726		
V57 투신자살	-.106		.149	.115		.588		-.105
V58 분신자살				.244		-.131	.686	-.107
V67 넷줄				.145	.277	.296	-.237	-.402
V64 할복자살							-.252	-.104
V71 고카페인								.964

결과 해석 회전된 성분행렬 분석결과 본드가스요인(본드, 가스), 연탄동반요인(연탄, 동반자살, 번개탄), 음독농약요인(농약, 음독자살, 수면제), 철사질식요인(철사, 질식), 자해넥타이요인(자해, 넥타이), 전깃줄투신요인(전깃줄, 투신자살), 분신자살요인(분신자살), 고카페인요인(고카페인)으로 결정되었다.

- 빅데이터 분석을 하기 위해서는 요인분석 결과로 결정된 8개 요인에 포함된 변수합산 후, 이분형 변수변환을 실시한다.

```
compute 본드가스요인=V73+V70.            compute N농약=0.
compute 연탄동반요인=V66+V59+V61.        if(음독농약요인 ge 1) N농약=1.
compute 음독농약요인=V62+V69+V65.        compute N철사=0.
compute 철사질식요인=V72+V74.            if(철사질식요인 ge 1) N철사=1.
compute 자해넥타이요인=V63+V68.          compute N투신=0.
compute 전깃줄투신요인=V60+V57.          if(전깃줄투신요인 ge 1) N투신=1.
compute 분신자살요인=V58.                compute N분신=0.
compute 고카페인요인=V71.                if(분신자살요인 ge 1) N분신=1.
execute.                                 compute N넥타이=0.
compute N본드=0.                         if(자해넥타이요인 ge 1) N넥타이=1.
if(본드가스요인 ge 1) N본드=1.           compute N카페인=0.
compute N연탄=0.                         if(고카페인요인 ge 1) N카페인=1.
if(연탄동반요인 ge 1) N연탄=1.           execute.
```

※ 상기 명령문(자살방법.sps)을 실행하면 8개의 이분형 요인(N본드~N카페인)이 생성된다.

❹ 자살 관련 버즈 현황(빈도분석, 다중응답분석)

- 자살 감성 버즈를 확인한다.

1단계: 데이터파일을 불러온다(분석파일: 청소년자살_최종.sav).

2단계: [분석]→[기술통계량]→[빈도분석]→[변수: 자살감정(suicide_t1), 사이트(N2)]를 선택한다.

3단계: 결과를 확인한다.

suicide_t1 suicide thought

		빈도	퍼센트	유효 퍼센트	누적퍼센트
유효	.00 protection	60305	72.1	72.1	72.1
	1.00 risk	23352	27.9	27.9	100.0
	합계	83657	100.0	100.0	

N2 사이트

		빈도	퍼센트	유효 퍼센트	누적퍼센트
유효	1.00 뉴스	10215	12.2	12.2	12.2
	2.00 SNS	73438	87.8	87.8	100.0
	합계	83653	100.0	100.0	
결측	시스템 결측값	4	.0		
합계		83657	100.0		

- [표 3-1]의 자살요인에 대한 기술통계 작성을 위해 다중응답분석을 실행한다(원인요인).

1단계: 데이터파일을 불러온다(분석파일: 청소년자살_최종.sav).

2단계: [분석]→[다중응답]→[변수군 정의]

3단계: [변수군에 포함된 변수: V39(사망)~V56(학교폭력)]

4단계: [변수들의 코딩형식: 이분형(1), 이름: 원인]→[추가]를 선택한다.

5단계: [분석]→[다중응답]→[다중응답 빈도분석]

6단계: 결과를 확인한다.

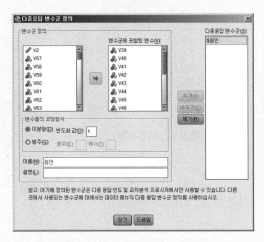
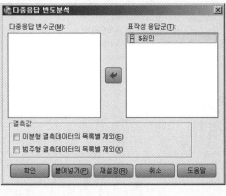

- 다중응답분석을 실행한다(원인요인그룹).

1단계: 데이터파일을 불러온다(분석파일: 청소년자살_최종.sav).

2단계: [분석]→[다중응답]→[변수군 정의]

3단계: [변수군에 포함된 변수: N학교폭력~N충격]

4단계: [변수들의 코딩형식: 이분형(1), 이름: 원인그룹]→[추가]를 선택한다.

5단계: [분석]→[다중응답]→[다중응답 빈도분석]

6단계: 결과를 확인한다.

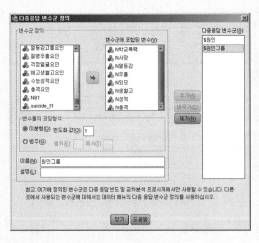
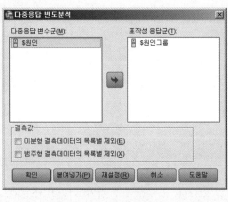

$원인 빈도

		응답		케이스 퍼센트
		N	퍼센트	
$원인[a]	V39 사망	10309	6.4%	12.3%
	V40 수능	2768	1.7%	3.3%
	V41 우울증	8518	5.3%	10.2%
	V42 성폭행	2977	1.8%	3.6%
	V43 고통	9195	5.7%	11.0%
	V44 충격	9057	5.6%	10.8%
	V45 성적	16234	10.0%	19.4%
	V46 걱정	8548	5.3%	10.2%
	V47 스트레스	10833	6.7%	12.9%
	V48 해고	643	0.4%	0.8%
	V49 음마	15282	9.4%	18.3%
	V50 폭력	28665	17.7%	34.3%
	V51 생활고	742	0.5%	0.9%
	V52 이혼	6249	3.9%	7.5%
	V53 열등감	1234	0.8%	1.5%
	V54 임금	8393	5.2%	10.0%
	V55 질병	2142	1.3%	2.6%
	V56 학교폭력	20127	12.4%	24.1%
합계		161916	100.0%	193.5%

$원인그룹 빈도

		응답		케이스 퍼센트
		N	퍼센트	
$원인그룹[a]	N학교폭력	28665	24.7%	37.2%
	N사망	13809	11.9%	17.9%
	N열등감	9726	8.4%	12.6%
	N우울	17921	15.5%	23.3%
	N외모	15213	13.1%	19.7%
	N생활고	1275	1.1%	1.7%
	N성적	17791	15.3%	23.1%
	N충격	11574	10.0%	15.0%
합계		115974	100.0%	150.5%

- 다중응답분석을 실행한다(방법요인, 방법요인그룹).

1단계: 데이터파일을 불러온다(분석파일: 청소년자살_최종.sav).

2단계: [분석] → [다중응답] → [변수군 정의]

3단계: [변수군에 포함된 변수: V57(투신자살)~V74(질식)],

　　　　[변수군에 포함된 변수: N본드~N카페인]

4단계: [변수들의 코딩형식: 이분형(1), 이름: 방법, 방법그룹] → [추가]를 선택한다.

5단계: [분석] → [다중응답] → [다중응답 빈도분석]

6단계: 결과를 확인한다.

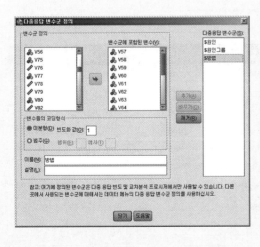
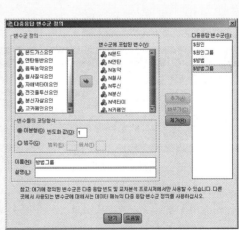

		응답 N	응답 퍼센트	케이스 퍼센트
$방법[a]	V57 투신자살	3404	38.2%	42.7%
	V58 분신자살	172	1.9%	2.2%
	V59 등반자살	810	9.1%	10.2%
	V60 전깃줄	199	2.2%	2.5%
	V61 번개탄	56	0.6%	0.7%
	V62 음독자살	121	1.4%	1.5%
	V63 자해	1130	12.7%	14.2%
	V64 할복자살	62	0.7%	0.8%
	V65 수면제	668	7.5%	8.4%
	V66 연탄	345	3.9%	4.3%
	V67 밧줄	126	1.4%	1.6%
	V68 벽타이	111	1.2%	1.4%
	V69 농약	300	3.4%	3.8%
	V70 가스	841	9.4%	10.6%
	V71 고카페인	7	0.1%	0.1%
	V72 철사	45	0.5%	0.6%
	V73 본드	247	2.8%	3.1%
	V74 질식	256	2.9%	3.2%
합계		8900	100.0%	111.7%

$방법그룹 빈도

		응답 N	응답 퍼센트	케이스 퍼센트
$방법그룹[a]	N본드	1017	12.0%	13.0%
	N연탄	1139	13.5%	14.6%
	N농약	1031	12.2%	13.2%
	N철사	293	3.5%	3.8%
	N투신	3577	42.3%	45.8%
	N분신	172	2.0%	2.2%
	N벽타이	1227	14.5%	15.7%
	N카페인	7	0.1%	0.1%
합계		8463	100.0%	108.3%

3-2 청소년 자살위험에 미치는 영향요인

사망요인을 제외하고 모든 요인이 자살보호보다 자살위험에 더 많이 영향을 주는 것으로 나타났다. 자살위험에 영향을 미치는 요인으로는 외모요인, 열등감요인, 우울요인, 충격요인, 학교폭력요인, 생활고요인, 성적요인의 순으로 나타났다.

[표 3-2] Binary Logistic of Suicide Causes[*]

variable	B	S.E.	P	OR(95%CI)[†]
intercept	−1.222	.014	.000	
school violence	.180	.017	.000	1.197(1.158~1.237)
dying	−.239	.022	.000	.788(.754~.823)
inferiority	.275	.023	.000	1.316(1.257~1.378)
melancholy	.258	.019	.000	1.294(1.248~1.343)
appearance	.518	.019	.000	1.679(1.616~1.744)
economy	.159	.062	.001	1.172(1.038~1.324)
SAT	.130	.019	.000	1.139(1.097~1.183)
impact	.163	.022	.000	1.176(1.127~1.229)

[*]base category: protection, [†]Adjusted Odds Ratio(95% Confidence Interval)

⑤ 로지스틱 회귀분석

- [표 3-2]는 자살위험에 영향을 미치는 요인들에 대한 이분형 로지스틱 회귀분석 결과다.
- 이분형 로지스틱 회귀분석
  - 독립변수들이 양적 변수를 가지고 종속변수가 2개의 범주(0, 1)를 가지는 회귀모형을 말한다.
    ☞ 소셜 빅데이터에서 수집된 독립변수들은 2개의 범주(0, 1)인 양적 변수를 가진다.

1단계: 데이터파일을 불러온다(분석파일: 청소년자살_최종.sav).

2단계: 연구문제: 종속변수(자살감정)에 영향을 미치는 독립변수(원인요인)들은 무엇인가?

3단계: [분석] → [회귀분석] → [이분형 로지스틱]

4단계: [종속변수: 자살감정(suicide_t1)], [공변량: N학교폭력, N사망, N열등감, N우울, N외모, N생활고, N성적, N충격]

5단계: [옵션] → [exp에 대한 신뢰구간]을 선택한다.

6단계: 결과를 확인한다.

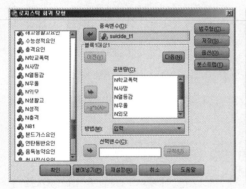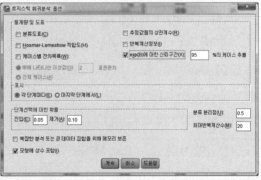

방정식에 포함된 변수

		B	S.E.	Wals	자유도	유의확률	Exp(B)	EXP(B)에 대한 95% 신뢰구간	
								하한	상한
1 단계[a]	N학교폭력	.180	.017	112.268	1	.000	1.197	1.158	1.237
	N사망	-.239	.022	113.138	1	.000	.788	.754	.823
	N열등감	.275	.023	138.640	1	.000	1.316	1.257	1.378
	N우울	.258	.019	190.762	1	.000	1.294	1.248	1.343
	N외모	.518	.019	716.379	1	.000	1.679	1.616	1.744
	N생활고	.159	.062	6.596	1	.010	1.172	1.038	1.324
	N성적	.130	.019	46.465	1	.000	1.139	1.097	1.183
	N충격	.163	.022	54.146	1	.000	1.176	1.127	1.229
	상수항	-1.222	.014	7114.311	1	.000	.295		

3-3 청소년 자살위험요인 예측모형

노드 분리 기준을 이용하여 나무형 분류모형에 따른 모형의 예측률(정분류율)을 검증하여 예측력이 가장 높은 모형을 선택하였다. 트리의 분리 정확도를 나타내는 정분류율을 비교 분석한 결과, Exhaustive CHAID와 CRT 알고리즘의 검정표본의 정분류율이 72.2%와 72.3%로 가장 높았으나, CRT 알고리즘은 2차 데이터마이닝에서 훈련표본의 정확도가 Exhaustive CHAID보다 낮아, 훈련표본과 검정표본의 정분류율이 높게 나타난 Exhaustive CHAID 알고리즘을 선택하였다(표 3-3).

[표 3-3] Predictive Performance according to Modeling Methods

modeling methods	training data		test data	
	correct(%)	wrong(%)	correct(%)	wrong(%)
CHAID	72.1	27.9	72.0	28.0
Exhaustive CHAID	72.1	27.9	72.2	27.8
CRT	72.0	28.0	72.3	27.7
QUEST	72.0	28.0	72.2	27.8

한국의 청소년 자살위험 예측모형에 대한 의사결정나무 분석결과는 [그림 3-1]과 같다. 훈련표본의 나무구조 최상위에 있는 네모는 뿌리마디로서, 예측변수(독립변수)가 투입되지 않은 종속변수(청소년 자살위험)의 빈도를 나타낸다. 뿌리마디에서 청소년의 자살위험은 28.1%(16,489건), 자살보호는 71.9%(42,225건)로 나타났다. 뿌리마디 하단의 가장 상위에 위치하는 요인이 청소년 자살위험 예측에 가장 영향력이 높은(관련성이 깊은) 요인으로, '외모요인'의 영향력이 가장 큰 것으로 나타났다. 즉, '외모요인'의 위험이 높은 경우 청소년 자살위험이 이전의 28.1%에서 37.1%로 증가한 반면, 청소년 자살보호는 이전의 71.9%에서 62.9%로 낮아졌다. '외모요인'이 높고 '충격요인'이 높으면 청소년 자살위험이 이전의 37.1%에서 40.7%로 증가한 반면, 청소년 자살보호는 이전의 62.9%에서 59.3%로 낮아졌다. '충격요인'이 높더라도 '성적요인'이 높으면 청소년 자살위험이 이전의 40.7%에서 30.8%로 감소한 반면, 청소년 자살보호는 이전의 59.3%에서 69.2%로 높아졌다.

뿌리마디 하단의 '외모요인'의 위험이 낮은 경우 청소년 자살위험이 이전의 28.1%에서 26.1%로 낮아진 반면, 청소년 자살보호는 이전의 71.9%에서 73.9%로 높아졌다. '외모요인'이 낮더라도 '우울요인'이 높으면 청소년 자살위험이 이전의 26.1%에서 31.4%로 증가한 반

면, 청소년 자살보호는 이전의 73.9%에서 68.6%로 낮아졌다. '우울요인'이 높고 '열등감요인'
이 높으면 청소년 자살위험이 이전의 31.4%에서 35.4%로 높아진 반면, 청소년 자살보호는 이
전의 68.6%에서 64.6%로 낮아졌다.

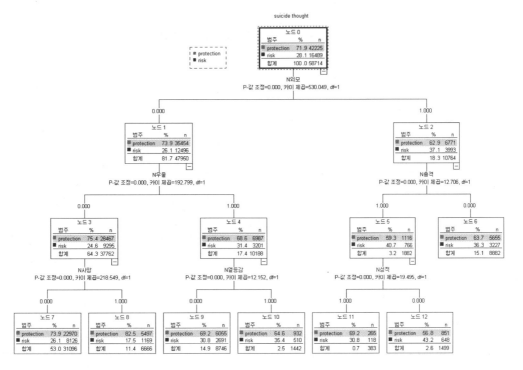

[그림 3-1] Predictive Model of Risk Factors for Suicide

6 데이터마이닝 의사결정나무 분석

- [표 3-3]의 모형 예측률(정분류율)을 검증하여 예측력이 가장 높은 모형을 선택하기 위해서
  는 알고리즘별 훈련표본과 검정표본으로 정분류에 대한 성능 평가를 실시하여 결정한다.
  - 훈련표본과 검정표본의 정분류율(correct%)이 높게 나타난 알고리즘을 결정한다.

1단계: 의사결정나무를 실행시킨다(파일명: 청소년자살_최종.sav).
  - [SPSS 메뉴]→[분류분석]→[트리]

2단계: 종속변수(목표변수: suicide_t1)를 선택하고 이익도표(gain chart)를 산출하기 위하여 목표

(target) 범주를 선택한다(본 연구에서는 'protection'과 'risk' 모두를 목표 범주로 설정하였다).

☞ [범주]를 활성화시키기 위해서는 반드시 범주에 value label을 부여해야 한다. [예(syntax): value labels suicide_t1 (1)risk (0)protection]

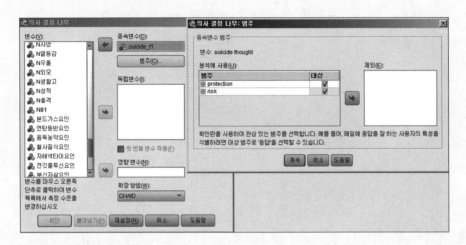

3단계: 독립변수(예측변수)를 선택한다.

- 본 연구의 독립변수는 8개의 자살원인으로 이분형 변수(N학교폭력, N사망, N열등감, N우울, N외모, N생활고, N성적, N충격)를 선택한다.

4단계: [확인] → [분할표본 타당성 검사, 훈련표본(70), 검정표본(30)] → [계속]을 누른다.

5단계: 4가지 확장방법(growing method)을 선택하여 정분류율을 확인한다.

- [CHAID, Exhaustive CHAID, CRT, QUEST]를 차례로 선택한다.

6단계: 결과를 확인한다.

- [분할표본 타당성 검사]의 훈련표본과 검정표본은 임의 추출되기 때문에 실행시기마다 정분류율이 달라진다. 따라서 정분류율이 높은 알고리즘을 결정하기 위해서는 각각의 알고리즘을 3회 정도 반복 실행하여 정분류율의 평균값을 산출하여 비교하는 것이 좋다.

- 본 연구에서는 [CHAID, Exhaustive CHAID, CRT, QUEST]에 대해 3회 마이닝 결과를 비교하였다.

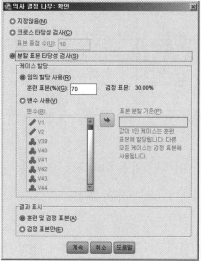

분류

표본	감시됨	예측		
		.00 protection	1.00 risk	정확도(%)
훈련	.00 protection	42206	0	100.0%
	1.00 risk	16317	0	0.0%
	전체 퍼센트	100.0%	0.0%	72.1%
검정	.00 protection	18099	0	100.0%
	1.00 risk	7035	0	0.0%
	전체 퍼센트	100.0%	0.0%	72.0%

성장방법: CHAID

분류

표본	감시됨	예측		
		.00 protection	1.00 risk	정확도(%)
훈련	.00 protection	42264	0	100.0%
	1.00 risk	16389	0	0.0%
	전체 퍼센트	100.0%	0.0%	72.1%
검정	.00 protection	18041	0	100.0%
	1.00 risk	6963	0	0.0%
	전체 퍼센트	100.0%	0.0%	72.2%

성장방법: EXHAUSTIVE CHAID

분류		예측		
표본	감시믐	.00 protection	1.00 risk	정확도(%)
훈련	.00 protection	42153	0	100.0%
	1.00 risk	16407	0	0.0%
	전체 퍼센트	100.0%	0.0%	72.0%
검정	.00 protection	18152	0	100.0%
	1.00 risk	6945	0	0.0%
	전체 퍼센트	100.0%	0.0%	72.3%

성장방법: CRT

분류		예측		
표본	감시믐	.00 protection	1.00 risk	정확도(%)
훈련	.00 protection	42189	0	100.0%
	1.00 risk	16367	0	0.0%
	전체 퍼센트	100.0%	0.0%	72.0%
검정	.00 protection	18116	0	100.0%
	1.00 risk	6985	0	0.0%
	전체 퍼센트	100.0%	0.0%	72.2%

성장방법: QUEST

- [그림 3-1]은 [확장방법]의 정분류율이 가장 높은 [Exhaustive CHAID] 알고리즘에 대한 데이터마이닝을 실시한 결과다.

1단계: 의사결정나무를 실행시킨다(파일명: 청소년자살_최종.sav).

　- [SPSS 메뉴]→[분류분석]→[트리]

2단계: 종속변수(목표변수: suicide_t1)를 선택하고 이익도표를 산출하기 위하여 목표 범주를 선택한다(본 연구에서는 'protection'과 'risk' 모두를 목표 범주로 설정하였다).

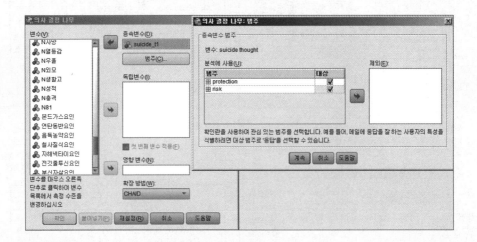

3단계: 독립변수(예측변수)를 선택한다.

　- 본 연구의 독립변수는 8개의 자살원인으로 이분형 변수(N학교폭력, N사망, N열등감, N우울, N외모, N생활고, N성적, N충격)를 선택한다.

4단계: [확인]→[분할표본 타당성 검사, 훈련표본(70), 검정표본(30)]→[계속]을 누른다.

5단계: 확장방법을 결정한다.

　- 본 연구에서는 정분류율이 높은 [Exhaustive CHAID] 알고리즘을 사용하였다.

6단계: 타당도(validation)를 선택한다.

7단계: 기준(criteria)을 선택한다.

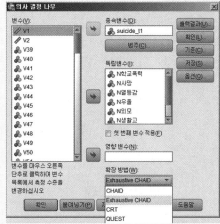

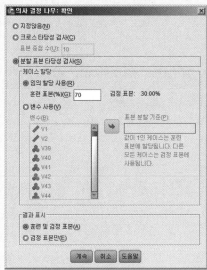
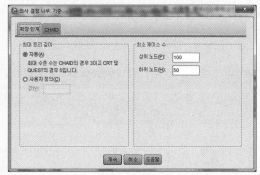

8단계: [출력결과(U)]를 선택한 후 [계속]을 누른다.

- 출력결과에서는 트리표시, 통계량, 노드성능, 분류규칙을 선택할 수 있다.
- 이익도표를 산출하기 위해서는 [통계량]에서 [비용, 사전확률, 점수 및 이익값]을 선택한
  후 [누적통계량]을 선택한다.

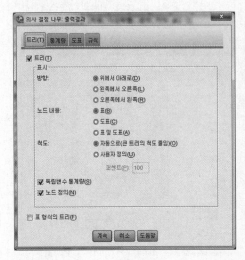
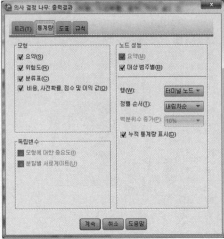

9단계: 결과를 확인한다.

- [트리다이어그램]→[선택]을 누른다.

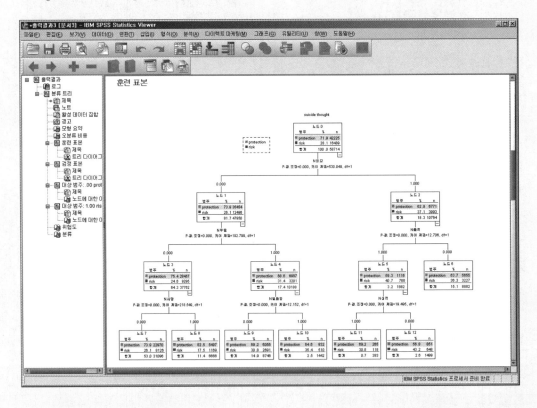

3-4 청소년 자살위험요인 예측모형에 대한 이익도표

본 연구에서 청소년 자살위험이 가장 높은 경우는 '외모요인'의 위험이 높으면서 '충격요인'의 위험이 높고 '성적요인'의 위험이 낮은 조합으로 나타났다. 즉, 12번 노드의 지수(index)가 147.4%로 뿌리마디와 비교했을 때 12번 노드의 조건을 가진 집단의 청소년 자살위험이 약 1.47배로 나타났다.

청소년 자살보호가 가장 높은 경우는 '외모요인'의 위험이 낮으면서 '우울요인'의 위험이 낮고 '사망요인'의 위험이 높은 조합으로 나타났다. 즉, 8번 노드의 지수가 114.1%로 뿌리마디와 비교했을 때 8번 노드의 조건을 가진 집단의 청소년 자살보호가 1.14배로 낮게 나타났다 (표 3-4). 본 연구의 데이터 분할에 의한 타당성 평가를 위해 훈련표본과 검정표본을 비교한 결과 훈련표본의 위험추정값(risk estimate)은 0.278(standard error: 0.002), 검정표본의 위험추정값은 0.282(standard error: 0.003)로 본 청소년 자살위험요인 예측모형의 일반화에 무리가 없는 것으로 나타났다.

[표 3-4] Profit Chart of Predictive Models of Suicide

type	node	profit index				cumulative index			
		node(n)	node(%)	gain(%)	index(%)	node(n)	node(%)	gain(%)	index(%)
risk	12	1,451	2.5	3.7	147.4	1,451	2.5	3.7	147.4
	6	8,800	15.0	19.2	128.0	10,251	17.5	22.9	130.7
	10	1,438	2.5	3.1	125.4	11,689	20.0	26.0	130.1
	11	404	.7	.8	114.1	12,093	20.7	26.8	129.5
	9	8,729	14.9	16.4	109.8	20,822	35.6	43.1	121.3
	7	31,028	53.0	49.6	93.6	51,850	88.6	92.7	104.7
	8	6,704	11.4	7.3	63.4	58,554	100.0	100.0	100.0
protection	8	6,704	11.4	13.1	114.1	6,704	11.4	13.1	114.1
	7	31,028	53.0	54.3	102.4	37,732	64.4	67.3	104.5
	9	8,729	14.9	14.3	96.2	46,461	79.3	81.7	103.0
	11	404	.7	.7	94.6	46,865	80.0	82.3	102.9
	10	1,438	2.5	2.2	90.2	48,303	82.5	84.6	102.5
	6	8,800	15.0	13.4	89.2	57,103	97.5	98.0	100.5
	12	1,451	2.5	2.0	81.8	58,554	100.0	100.0	100.0

6 데이터마이닝 의사결정나무 분석(계속)

- 결과 확인

  - [노드에 대한 이익]→[선택]을 누른다.

대상 범주: .00 protection

노드에 대한 이익

표본	노드	노드별						누적					
		노드		이득				노드		이득			
		N	퍼센트	N	퍼센트	응답	지수	N	퍼센트	N	퍼센트	응답	지수
훈련	8	6704	11.4%	5524	13.1%	82.4%	114.1%	6704	11.4%	5524	13.1%	82.4%	114.1%
	7	31028	53.0%	22956	54.3%	74.0%	102.4%	37732	64.4%	28480	67.3%	75.5%	104.5%
	9	8729	14.9%	6067	14.3%	69.5%	96.2%	46461	79.3%	34547	81.7%	74.4%	103.0%
	11	404	0.7%	276	0.7%	68.3%	94.6%	46865	80.0%	34823	82.3%	74.3%	102.9%
	10	1438	2.5%	937	2.2%	65.2%	90.2%	48303	82.5%	35760	84.6%	74.0%	102.5%
	6	8800	15.0%	5671	13.4%	64.4%	89.2%	57103	97.5%	41431	98.0%	72.6%	100.5%
	12	1451	2.5%	857	2.0%	59.1%	81.8%	58554	100.0%	42288	100.0%	72.2%	100.0%
검정	8	2849	11.3%	2354	13.1%	82.6%	115.1%	2849	11.3%	2354	13.1%	82.6%	115.1%
	7	13402	53.4%	9938	55.2%	74.2%	103.3%	16251	64.7%	12292	68.2%	75.6%	105.4%
	9	3714	14.8%	2599	14.4%	70.0%	97.5%	19965	79.5%	14891	82.6%	74.6%	103.9%
	11	148	0.6%	106	0.6%	71.6%	99.8%	20113	80.1%	14997	83.2%	74.6%	103.9%
	10	580	2.3%	355	2.0%	61.2%	85.3%	20693	82.4%	15352	85.2%	74.2%	103.4%
	6	3772	15.0%	2327	12.9%	61.7%	86.0%	24465	97.5%	17679	98.1%	72.3%	100.7%
	12	638	2.5%	338	1.9%	53.0%	73.8%	25103	100.0%	18017	100.0%	71.8%	100.0%

성장방법: EXHAUSTIVE CHAID
종속변수: suicide_t1 suicide thought

대상 범주: 1.00 risk

노드에 대한 이익

표본	노드	노드별						누적					
		노드		이득				노드		이득			
		N	퍼센트	N	퍼센트	응답	지수	N	퍼센트	N	퍼센트	응답	지수
훈련	12	1460	2.5%	617	3.8%	42.3%	151.2%	1460	2.5%	617	3.8%	42.3%	151.2%
	10	754	1.3%	282	1.7%	37.4%	133.8%	2214	3.8%	899	5.5%	40.6%	145.3%
	6	8749	14.9%	3175	19.4%	36.3%	129.8%	10963	18.7%	4074	24.9%	37.2%	133.0%
	11	387	0.7%	130	0.8%	33.6%	120.2%	11350	19.4%	4204	25.7%	37.0%	132.5%
	9	4238	7.2%	1417	8.7%	33.4%	119.6%	15588	26.6%	5621	34.3%	36.1%	129.0%
	8	8681	14.8%	2654	16.2%	30.6%	109.4%	24269	41.4%	8275	50.6%	34.1%	122.0%
	7	34287	58.6%	8092	49.4%	23.6%	84.4%	58556	100.0%	16367	100.0%	28.0%	100.0%
검정	12	629	2.5%	277	4.0%	44.0%	158.3%	629	2.5%	277	4.0%	44.0%	158.3%
	10	296	1.2%	113	1.6%	38.2%	137.2%	925	3.7%	390	5.6%	42.2%	151.5%
	6	3823	15.2%	1399	20.0%	36.6%	131.5%	4748	18.9%	1789	25.6%	37.7%	135.4%
	11	165	0.7%	40	0.6%	24.2%	87.1%	4913	19.6%	1829	26.2%	37.2%	133.8%
	9	1851	7.4%	619	8.9%	33.4%	120.2%	6764	26.9%	2448	35.0%	36.2%	130.1%
	8	3762	15.0%	1123	16.1%	29.9%	107.3%	10526	41.9%	3571	51.1%	33.9%	121.9%
	7	14575	58.1%	3414	48.9%	23.4%	84.2%	25101	100.0%	6985	100.0%	27.8%	100.0%

성장방법: EXHAUSTIVE CHAID
종속변수: suicide_t1 suicide thought

- 결과 확인(위험추정값)

위험도

표본	추정값	표준오차
훈련	.278	.002
검정	.282	.003

성장방법: EXHAUSTIVE CHAID
종속변수: suicide_t1 suicide thought

데이터마이닝 의사결정나무 분석(일반화)

- [그림 3-1]과 [표 3-4]는 청소년 자살예측모형의 일반화를 위해 훈련표본에 대한 마이닝 결과를 제시한 것으로, 학술논문 편집위원의 검토결과에 따라 일반화 자료(훈련표본과 검정표본을 구분하지 않은 전체 자료)에 대한 결과를 제시할 필요가 있다.

1단계: 의사결정나무를 실행시킨다(파일명: 청소년자살_최종.sav).

2단계: 종속변수(목표변수: suicide_t1)를 선택하고 이익도표를 산출하기 위하여 목표 범주를 선택한다.

3단계: 독립변수(예측변수)를 선택한다.

4단계: [확인]→[지정하지 않음]→[계속]을 누른다.

5단계: 확장방법을 결정한다.

- 본 연구에서는 정분류율이 높은 [Exhaustive CHAID] 알고리즘을 사용하였다.

6단계: 타당도를 선택한다.

7단계: 기준을 선택한다.

8단계: [출력결과(U)]를 선택한 후 [계속]을 누른다.

- 출력결과에서는 트리표시, 통계량, 노드성능, 분류규칙을 선택할 수 있다.

- 이익도표를 산출하기 위해서는 [통계량]에서 [비용, 사전확률, 점수 및 이익값]을 선택한 후 [누적통계량]을 선택한다.

9단계: 결과를 확인한다.

- [의사결정나무]→[확인]

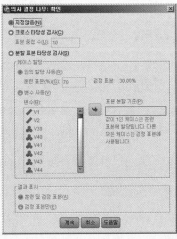

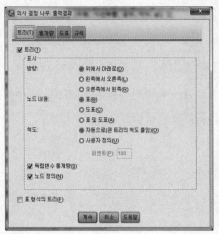 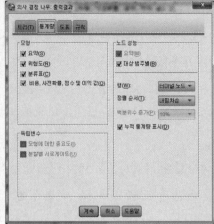

• 결과해석(의사결정나무)

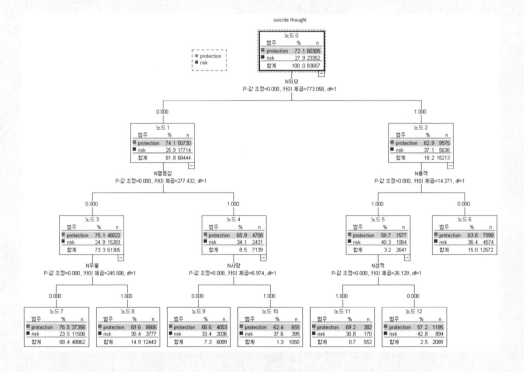

청소년의 자살위험은 27.9%(23,352건), 자살보호는 72.1%(60,305건)로 나타났다. 뿌리마디 하단의 가장 상위에 위치하는 요인이 청소년 자살위험 예측에 가장 영향력이 높은(관련성이 깊은) 요인으로, '외모요인'의 영향력이 가장 큰 것으로 나타났다. 즉, '외모요인'의 위험이 높은 경우 청소년 자살위험이 이전의 27.9%에서 37.1%로 증가한 반면, 청소년 자살보호는 이전의 72.1%에서 62.9%로 낮아졌다. '외모요인'이 높고 '충격요인'이 높으면 청소년 자살위험이 이전의 37.1%에서 40.3%로 증가한 반면, 청소년 자살보호는 이전의 62.9%에서 59.7%로

낮아졌다. '충격요인'이 높더라도 '성적요인'이 높으면 청소년 자살위험이 이전의 40.3%에서 30.8%로 감소한 반면, 청소년 자살보호는 이전의 59.7%에서 69.2%로 높아졌다.

- 결과해석(이익도표)

청소년 자살위험이 가장 높은 경우는 '외모요인'의 위험이 높으면서 '충격요인'의 위험이 높고 '성적요인'의 위험이 낮은 조합으로 나타났다. 즉, 12번 노드의 조건을 가진 집단의 청소년 자살위험이 약 1.53배로 나타났다. 청소년 자살보호가 가장 높은 경우는 '외모요인'의 위험이 낮으면서 '열등감요인'의 위험이 낮고 '우울요인'의 위험이 낮은 조합으로 나타났다. 즉, 7번 노드의 조건을 가진 집단의 청소년 자살보호가 1.06배로 낮게 나타났다

대상 범주: .00 protection

노드에 대한 이익

노드	노드별						누적					
	노드		이득				노드		이득			
	N	퍼센트	N	퍼센트	응답	지수	N	퍼센트	N	퍼센트	응답	지수
7	48862	58.4%	37356	61.9%	76.5%	106.1%	48862	58.4%	37356	61.9%	76.5%	106.1%
8	12443	14.9%	8666	14.4%	69.6%	96.6%	61305	73.3%	46022	76.3%	75.1%	104.1%
11	552	0.7%	382	0.6%	69.2%	96.0%	61857	73.9%	46404	76.9%	75.0%	104.1%
9	6089	7.3%	4053	6.7%	66.6%	92.3%	67946	81.2%	50457	83.7%	74.3%	103.0%
6	12572	15.0%	7998	13.3%	63.6%	88.3%	80518	96.2%	58455	96.9%	72.6%	100.7%
10	1050	1.3%	655	1.1%	62.4%	86.5%	81568	97.5%	59110	98.0%	72.5%	100.5%
12	2089	2.5%	1195	2.0%	57.2%	79.4%	83657	100.0%	60305	100.0%	72.1%	100.0%

성장방법: EXHAUSTIVE CHAID
종속변수: suicide_t1 suicide thought

대상 범주: 1.00 risk

노드에 대한 이익

노드	노드별						누적					
	노드		이득				노드		이득			
	N	퍼센트	N	퍼센트	응답	지수	N	퍼센트	N	퍼센트	응답	지수
12	2089	2.5%	894	3.8%	42.8%	153.3%	2089	2.5%	894	3.8%	42.8%	153.3%
10	1050	1.3%	395	1.7%	37.6%	134.8%	3139	3.8%	1289	5.5%	41.1%	147.1%
6	12572	15.0%	4574	19.6%	36.4%	130.3%	15711	18.8%	5863	25.1%	37.3%	133.7%
9	6089	7.3%	2036	8.7%	33.4%	119.8%	21800	26.1%	7899	33.8%	36.2%	129.8%
11	552	0.7%	170	0.7%	30.8%	110.3%	22352	26.7%	8069	34.6%	36.1%	129.3%
8	12443	14.9%	3777	16.2%	30.4%	108.7%	34795	41.6%	11846	50.7%	34.0%	122.0%
7	48862	58.4%	11506	49.3%	23.5%	84.4%	83657	100.0%	23352	100.0%	27.9%	100.0%

성장방법: EXHAUSTIVE CHAID
종속변수: suicide_t1 suicide thought

- 결과 확인(위험추정값)

위험도

추정값	표준오차
.279	.002

성장방법: EXHAUSTIVE CHAID
종속변수: suicide_t1 suicide thought

4-1 연구목적

그동안 자살에 대한 연구는 통계자료와 조사데이터의 분석을 통하여 국가 간 자살률 비교나 자살요인 등에 초점을 맞춘 연구가 진행되어 왔으나 이러한 연구는 자살에 대한 개별적 변인을 보는 데에는 장점이 있으나, 개별 대상자로부터 파악한 변수들이 지역변수나 사회·환경적인 변수와 얼마나 어떻게 관련되는지는 불분명하며, 실시간으로 원인을 분석하는 데는 한계가 있다. 따라서 본 연구는 소셜 빅데이터를 활용하여 청소년 자살검색의 개인별 요인과 사회·환경적 요인을 검증함으로써 자살과 관련된 실질적인 행동을 예측하여 정부차원의 온라인 자살예방 대응체계를 마련하고자 한다.

본 연구에서 구조모형과 다층모형에 사용된 일수준의 변수는 Agnew의 GST의 긴장요인으로 판단된 스트레스검색, 자살검색을 사용하고, 매개변수는 스트레스–취약모델의 건강생활실천요인(운동검색, 음주검색)을 사용하였다. 다층모형에 사용된 월수준의 변수는 Agnew의 MST 이론에서 제시한 경제적 결핍요인으로 판단된 경제활동인구 수와 전세가격지수를 사용하고 긴장요인으로는 청소년 자살자 수를 사용하였다.

4-2 연구모형 및 연구가설

본 연구의 목적은 소셜 빅데이터를 활용하여 우리나라 청소년의 자살검색에 영향을 미치는 요인 분석에 있다. [그림 3-2]와 같이 2011년과 2012년의 자살검색요인을 비교 분석하기 위해 다중집단 구조모형(multiple group structural model)으로 구성하였고, 월별 요인인 경제활동인구 수, 전세가격지수, 청소년 자살자 수(자살률)가 자살검색의 결정요인에 미치는 영향을 분석하기 위하여 다층모형(multi-level model)으로 구성하였다.

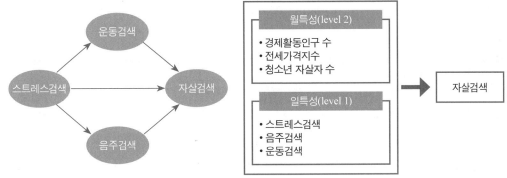

[그림 3-2] 연구모형(다중집단 구조모형, 다층모형)

본 연구모형에 따른 구체적인 연구가설은 다음과 같다.

첫째, 자살검색의 예측요인은 무엇인가?

둘째, 자살검색의 구조모형은 집단(연도) 간 차이가 있는가?

셋째, 자살검색에 영향을 주는 일별 요인과 월별 요인은 무엇인가?

4-3 연구대상 및 측정도구

본 연구는 국내의 온라인 뉴스 사이트, 블로그, 카페, SNS, 게시판 등 인터넷을 통해 수집된 소셜 빅데이터를 대상으로 하였다. 2011년 1월 1일부터 2012년 12월 31일까지 해당 채널에서 청소년 자살 관련 토픽 196,691 버즈(buzz: 입소문, 온라인상의 담론)를 수집하였으며, 수집된 토픽 중 자살(196,691 버즈), 스트레스(22,912 버즈), 음주(6,264 버즈), 운동(15,774 버즈) 토픽을 추출하여 분석하였다.[2]

본 연구의 측정도구 중 종속변수로는 소셜 빅데이터에서 수집된 자살검색량을 사용하였으며 다층분석의 일별(level 1) 독립변수로는 소셜 빅데이터에서 수집된 스트레스·음주·운동 검색량을 사용하였다. 그리고 월별(level 2) 독립변수로는 통계청 사망원인 통계자료 중 2011년과 2012년 월별 청소년 자살자 수와 월별 경제활동인구 수 통계자료, 한국은행의 월별 전세가격지수 통계자료를 사용하였다.

---

2. 본 연구를 위한 소셜 빅데이터의 수집 및 토픽 분류는 한국보건사회연구원과 SK텔레콤이 수행하였으며, 자료의 수집에는 크롤러를 사용하였고 토픽의 분류는 텍스트마이닝 기법을 사용하였다.

4-4 통계분석

본 연구의 구조모형 적합도 비교에는 증분적합지수(incremental fit index)인 NFI(Normed Fit Index), CFI(Comparative Fit Index), TLI(Tucker-Lewis Index)와 절대적합지수(absolute fit index)인 RMSEA(Root Mean Squared Error of Approximation)를 사용하였다. 일반적으로 CFI를 비롯한 증분적합지수들은 0.9보다 크면 모형 적합도가 양호하다고 해석한다(Hu et al., 1999). RMSEA는 대표본이나 다수의 관측변수들로 인해 발생하는 통계량의 문제점을 보완하기 위해 개발된 적합지수이다. 일반적으로 RMSEA가 0.05 이하이면 적합도가 매우 좋고, 0.05와 0.08 사이의 값을 나타내면 양호하다고 해석하며, 0.10 이상이면 적합도가 좋지 않다고 해석한다(Bollen et al., 1993). 본 연구의 간접효과에 대한 유의성 검증은 모든 자료가 정규성 분포를 따른다는 가정하에 유의성을 검증하는 Sobel Test(Preacher & Hayes, 2004)를 실시하였다. 그리고 본 연구의 다층모형의 모수 추정방식은 무선효과(random effect)의 분산을 추정하는 과정에서 고정효과(fixed effect)의 자유도 감소를 고려하는 한정최대우도추정법(REstricted Maximum Likelihood, REML)을 사용하였다(Raudenbush & Bryk, 2002). 본 연구의 기술통계 분석은 SPSS 22.0을 사용하였고, 구조모형과 다중집단 분석은 AMOS 22.0을 사용하였다. 그리고 청소년 자살검색 결정요인의 다층모형 분석은 HLM 7.0을 사용하였다.

4-5 연구결과

1) 주요 변인들의 기술통계

본 연구의 주요 변인들의 다변량 정규성을 확인한 결과 소셜 빅데이터에서 수집된 모든 변인(자살, 스트레스, 음주, 운동) 검색량의 왜도가 3 이상, 첨도가 10 이상인 것으로 나타나, 상용로그(lg10)로 치환하여 사용하였다(표 3-5).

[표 3-5] 주요 변인들의 기술통계

연도 [자살자 수 (전체, 청소년)]	자살검색			스트레스검색			음주검색			운동검색		
	Mean± S.D.	K[a]	S[b]	Mean± S.D.	K[a]	S[b]	Mean± S.D.	K[a]	S[b]	Mean± S.D.	K[a]	S[b]
2011 (15,906, 373)	2.04 ±.36	4.83	1.75	1.37± .24	2.60	.67	.85± .27	1.38	-.49	1.23± .22	2.51	.59
2012 (14,179, 337)	2.50 ±.26	.21	.59	1.57± .19	1.12	.35	.96± .24	2.32	-.77	1.23± .22	2.82	-.32

[a] Kurtosis, [b] Skewness

⑦ 다변량 정규성 검정

- 다변량분석의 기본적인 가정은 정규분포이다. 모든 변수의 왜도가 절대값 3 미만, 첨도가 절대값 10 미만일 경우 변수들의 분포가 정규성이 있다고 본다(Kline, 2010). 왜도와 첨도는 SPSS의 기술통계에서 분석한다.

1단계: 데이터파일을 불러온다(분석파일: 자살_2011_Buzz_청소년_1.sav).

2단계: [분석] → [기술통계량] → [기술통계] → [변수: SUICIDE, STRESS, DRINKING, EXERCISE] 선택 → [옵션] → [첨도, 왜도] 지정 → [계속 버튼] → [확인 버튼]을 누른다.

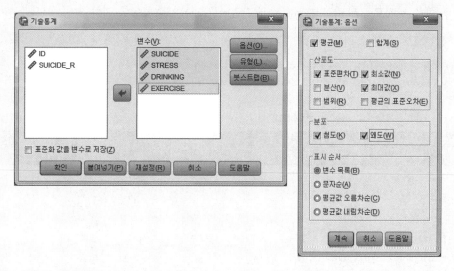

3단계: 결과를 확인한다.

기술통계량

	N	평균	표준편차	왜도		첨도	
	통계량	통계량	통계량	통계량	표준오차	통계량	표준오차
SUICIDE	365	2.0387	.36447	1.753	.128	4.835	.255
STRESS	365	1.3675	.23665	.671	.128	2.596	.255
DRINKING	365	.8477	.27414	-.486	.128	1.378	.255
EXERCISE	365	1.2331	.22429	.588	.128	2.513	.255
유효수 (목록별)	365						

- 소셜 빅데이터(자살, 스트레스, 음주, 운동)의 왜도는 3 이상, 첨도는 10 이상으로 정규성의 가정을 벗어나, 모든 독립변수를 상용로그(lg10)로 치환하여 사용하였다.
  - 자살검색량 로그변환 syntax: compute SUICIDE=lg10(전체Y).

2) 다중집단 구조모형 분석

자살검색 요인의 다중집단 구조모형 분석은 연구모형의 적합성을 검증한 후, 집단 간 등가제약 과정을 거쳐 경로계수 간 유의미한 차이를 검증하였다. 자살검색 다중집단 구조모형 분석을 위한 연구모형의 적합도는 $\chi^2(df, p)$=20.841(2, p<.05), NFI=.982(양호), TLI=.904(양호), CFI=.984(양호), RMSEA=.114(부족)로 RMSEA를 제외한 대부분의 적합도에서 적합한 것으로 나타났다. 2011년과 2012년 모두 스트레스검색에서 음주, 운동, 자살검색으로 가는 경로와 운동검색에서 자살검색으로 가는 경로가 양(+)으로 유의한 영향을 미치는 것으로 나타났다.

구조모형 내 자살검색 요인 변수 간의 인과관계에 있어 두 집단(2011년, 2012년) 사이에 유의미한 차이가 존재할 수 있어 모형 내 존재하는 모든 경로계수에 대해 각각 동일성 제약을 가한 모형을 기저모형과 비교하기 위해 집단 간 구조모형 분석을 실시하였다. 두 집단 사이의 경로에 동일성 제약을 가한 모형은 '스트레스→운동'으로 가는 경로가 2012년에 비해 2011년이 더 강하게 영향을 받은 것으로 나타났다(표 3-6).

[표 3-6] 자살검색 결정요인의 다중집단 구조모형 분석

경로	전체		2011년		2012년		C.R.[1]	$\Delta\chi^2$
	B(β)	C.R.	B(β)	C.R.	B(β)	C.R.		
스트레스→운동	.700(.744)	30.08**	.721(.761)	22.38**	.595(.597)	14.22**	−2.39*	5.674
스트레스→자살	1.013(.609)	15.87**	.813(.528)	8.84**	.850(.603)	11.39**	.31	.102
스트레스→음주	.584(.528)	16.78**	.578(.499)	10.98**	.620(.492)	10.78**	.54	.287
운동→자살	.390(.221)	6.221**	.352(.217)	3.872**	.256(.181)	3.75**	−.85	.693
음주→자살	−.056(−.038)	−1.345	.037(.028)	.662	−.139(−.124)	−2.80**	−2.36*	5.352

**p<.01, *p<.05, [1]Critical Ratios for differences

스트레스검색과 자살검색 경로에 운동검색과 음주검색의 매개효과를 살펴보기 위해 효과분해를 실시한 결과, 2011년과 2012년 모두 부분 매개효과(partial mediation)가 있는 것으로 나타났다. 따라서 우리나라 청소년은 스트레스를 경험할 경우 건강생활실천요인(운동, 음주)을 찾게 되고 이러한 건강생활실천요인이 자살검색에 영향을 미치는 것으로 나타났다(표 3-7).

[표 3-7] 건강생활실천요인의 자살검색 매개효과

경로	2011년			2012년		
	총효과	직접효과	간접효과[1]	총효과	직접효과	간접효과[1]
운동매개 스트레스→자살	.706	.535	.171***	.650	.548	.102***
DP→MP[2]	.706***→.535***			.650***→.548***		
음주매개 스트레스→자살	.706	.674	.032***	.650	.706	-.055***
DP→MP[2]	.706***→.674***			.650***→.706***		

주: [1] Sobel test: ***$p<.01$
　　[2] mediator effect: DP(Direct Path coefficient), MP(Mediator Path coefficient)

8 다중집단 구조모형의 적합성 검증 및 모수 추정값

- 2011년과 2012년의 청소년 자살요인 구조모형 비교는 다중집단 구조모형 분석으로 검증한다. 다중집단 구조모형의 적합성 검증은 다중집단 구조모형을 설계한 후 실시한다.
- 다중집단 구조모형을 설계하기 전에 자살요인(스트레스 취약요인) 구조모형을 설계한다.

1단계: Amos를 실행한다.
- [시작]→[프로그램]→[IBM SPSS Statistics]→[IBM SPSS Amos 22]→[Amos Graphics]
- Amos를 실행하면 다음과 같은 초기화면이 나타난다.

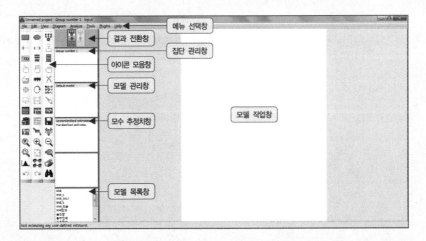

2단계: 구조모형을 그린다.

- 아이콘 모음창에서 ■(관측변수) 아이콘을 마우스로 클릭한 다음 모델 작업창에 마우
스포인터를 위치시키고 왼쪽 마우스 버튼을 누른 상태에서 대각선 하단 방향으로 끌어
당기면 사각형(관측변수)이 생성된다. ⬚(복사), ⯑(구조오차), ←(일방향화살표) 등을 이용
하여 구조모형을 완성한다.

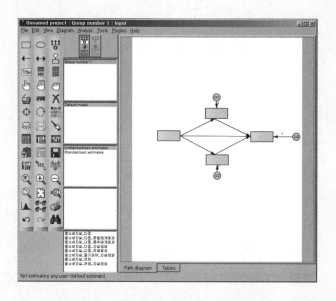

3단계: [데이터 불러오기] 아이콘을 클릭하여 '자살_2011_Buzz_청소년_1.sav' 파일을
불러온다.

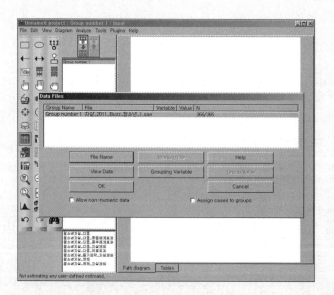

4단계: 관측변수의 변수명을 입력한다.

- [변수목록] 아이콘을 클릭하여 [Variables in Dataset] 창에 나타난 변수들을 선택한 다음 원하는 관측변수 안으로 끌어당겨서 [Variable Label]에서 영문 변수명을 차례로 입력한다.

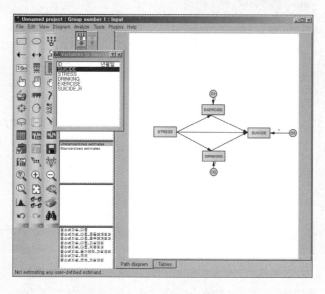

5단계: 다중집단 구조모형을 그린다.

- 집단관리창에 있는 [Group number 1]을 더블클릭한다.

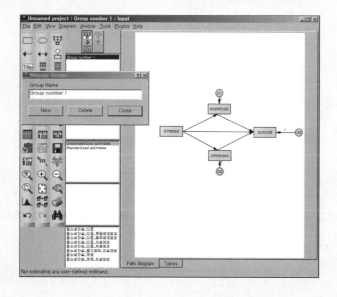

- 생성된 [Manage Groups] 창에서 [New] 버튼을 누르면 [Group number 2]가 생성된다.

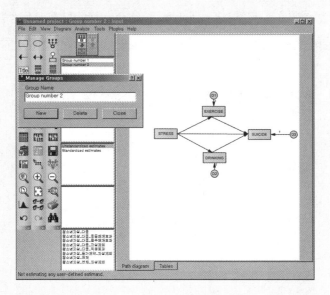

- 위의 상태는 두 집단을 연결할 수 있는 모델 2개가 생성된 것으로서 [Group number 1]
에는 '2011년'을, [Group number 2]에는 '2012년'을 입력한다.

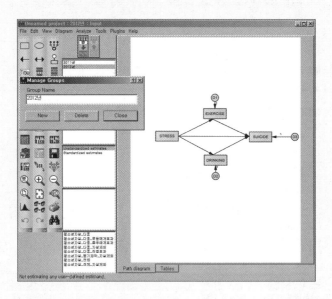

- [File]→[Data Files]에서 '2011년', '2012년'에 각각의 데이터를 연결한다(이때, 2011년과
2012년 두 집단의 모든 변수는 동일하게 설정해야 한다).

2011년: 자살_2011_Buzz_청소년_1.sav, 2012년: 자살_2012_Buzz_청소년_1.sav

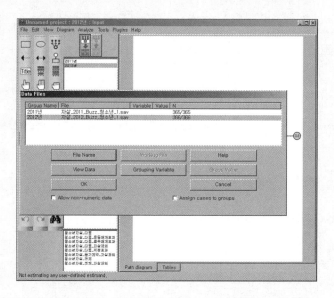

- 하나의 모델을 두 집단으로 나누었기 때문에 분석결과에 혼동이 올 수 있다. 그러므로 모델 작업창에 각 집단의 이름을 입력해야 한다. 모델관리창의 '2011년'을 지정하여 [Title 아이콘] 클릭→[모델 작업창] 클릭→[Figure Caption] 창이 생성되면 [Caption]란에 '2011년'이라고 모델명을 입력한다. 같은 방법으로 '2012년' 집단의 이름을 입력한다. 이름의 위치를 수정할 때는 [이동아이콘]을 사용한다.

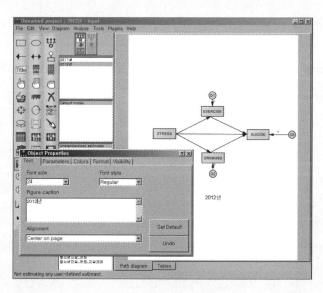

6단계: 다중집단 구조모형을 저장한다.

- [File]→[Save as]를 클릭하여 '청소년자살_다중'으로 저장한다.

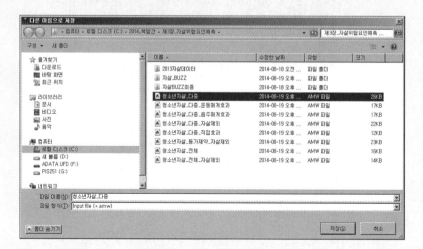

7단계: 실행한 후 결과를 확인한다.

- ▓▓ (실행) 아이콘을 클릭한 후 ▓▓ (결과보기) 아이콘으로 결과를 확인한다.

※ 연구데이터에 결측값이 있으면 [View]→[Analysis Properties]→[Estimation]→ [Estimate Means and Intercepts]를 선택해야 한다.

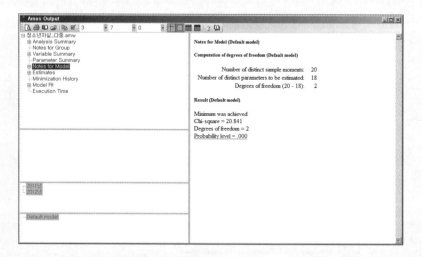

- [Model Fit]를 선택하여 적합도를 확인한다.

- 연구모형의 적합도는 $\chi^2(df, p)$=20.841(2, .000), GFI=.986, NFI=.982, TLI=.904, RMSEA=.114로 RMSEA를 제외한 대부분의 적합도에서 적합한 것으로 나타났다.

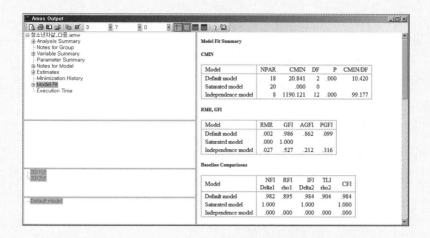

⑨ 집단 간 구조모형 분석

- 집단 간 경로계수의 크기 비교는 다중집단 구조모형 분석에서 가능하다. 다중집단 구조모형 분석은 측정 동일성 제약이 끝난 후, 집단 간 등가제약 과정을 거쳐 경로계수 간 유의미한 차이가 있는지 보아야 한다. 본 연구의 다중집단 구조모형은 경로모형으로, 각 요인에 대한 측정 동일성은 검증할 필요가 없기 때문에 요인 사이의 경로계수로 집단 간 차이를 검증하였다.

1단계: 집단 간 등가제약을 수행한다.

- 2011년의 경로를 (b1~b5)로 지정한다. 이때 [All groups]는 해제한다.

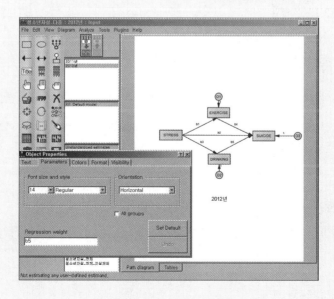

- 2012년의 경로를 (bb1~bb5)로 지정한다.

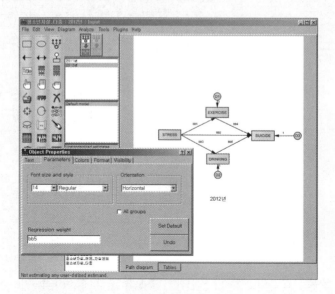

2단계: 집단 간 등가제약을 실시한다.

- 모델창에서 [XX: Default model]을 더블클릭한다.
- [Manage Models] 창에서 [New]를 클릭한다.

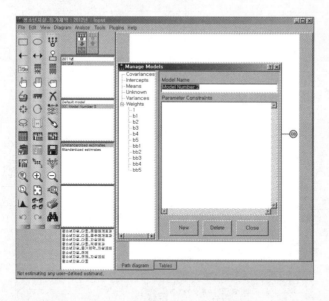

- [Manage Models] 창에서 [Model Name]에 'p1'을 입력한다.
- [Parameter Constrains] 창에 'b1=bb1'을 입력한다.

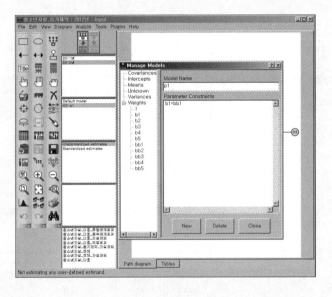

- [Manage Models] 창에서 [New]를 클릭한 후 같은 방식으로 p2(b2=bb2), p3(b3=bb3), p4(b4=bb4), p5(b5=bb5)로 집단별 비교경로에 대한 제약모형을 만든다.
- 개별경로에 대한 제약이 끝나면 모든 경로에 대한 제약모형을 만든다.
- [Manage Models] 창에서 [New]를 클릭한 다음 [Model Name]에 'all constrains'을 입력하고, [Parameter Constrains] 창에 모든 경로를 입력한 후 [Close]를 클릭한다.

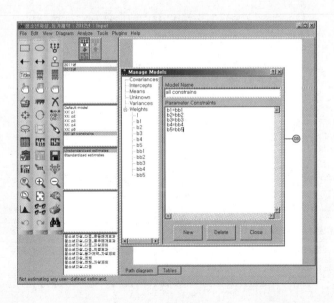

- 다중집단 구조모형을 저장한다.
- [File] →[Save as]를 클릭하여 '청소년자살_등가제약.amw'로 저장한다.

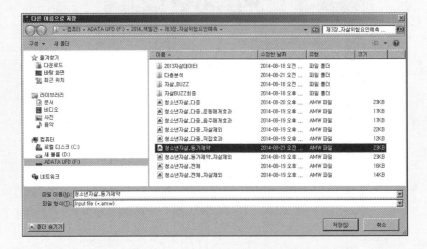

3단계: 집단 간 경로계수의 유의미한 차이는 Amos의 [Critical ratios for differences]에서 집
   단 간 C.R.값을 확인하여 검증할 수 있다.
   - [View]→[Analysis Properties]→[Output]→[Critical ratios for differences]를 선택
   한다.

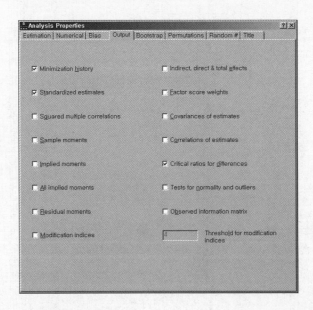

4단계: 집단 간 등가제약모형(청소년자살_등가제약.amw)을 실행한다.

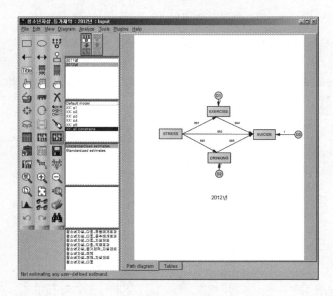

5단계: 결과를 확인한다.

- [View] → [Text Output] → [Model Fit]에서 모든 경로의 적합도를 확인한다.
- 두 집단 간 경로에 동일성 제약을 가한 모형은 [p1(CMIN: 5.674), p5(CMIN: 5.352)] 경로의
  모형에서 집단 간 유의미한 차이를 보였다(각 모형에서 $\Delta\chi^2$은 자유도 1일 때 χ^2값 3.84(유의수
  준: .05)보다 크기 때문에 2개의 모형에서 통계적으로 유의미한 차이를 보인다.)

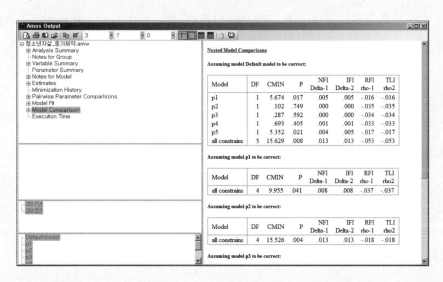

- [Pairwise Parameter Comparisons]→[Critical Ratios for Differences]에서 'b1-bb1'의 차이를 나타내는 C.R.값(-2.387)을 확인한다.
- 계속해서 'b2-bb2, b3-bb3, b4-bb4, b5-bb5' 계수를 확인한다.

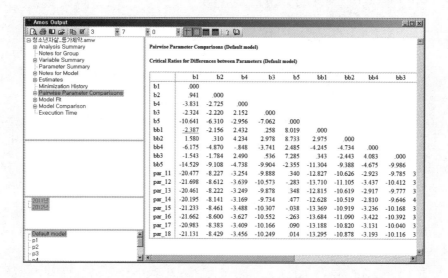

Pairwise Parameter Comparisons (Default model)

Critical Ratios for Differences between Parameters (Default model)

	b1	b2	b4	b3	b5	bb1	bb2	bb4	bb3	
b1	.000									
b2	.941	.000								
b4	-3.831	-2.725	.000							
b3	-2.324	-2.220	2.152	.000						
b5	-10.641	-6.310	-2.956	-7.062	.000					
bb1	-2.387	-2.156	2.432	.258	8.019	.000				
bb2	1.580	.310	4.234	2.978	8.733	2.975	.000			
bb4	-6.175	-4.870	-.848	-3.741	2.485	-4.245	-4.734	.000		
bb3	-1.543	-1.784	2.490	.536	7.285	.343	-2.443	4.083	.000	
bb5	-14.529	-9.108	-4.738	-9.904	-2.355	-11.304	-9.388	-4.675	-9.986	
par_11	-20.477	-8.227	-3.254	-9.888	.340	-12.827	-10.626	-2.923	-9.785	3
par_12	-21.698	-8.612	-3.639	-10.573	-.283	-13.710	-11.105	-3.437	-10.412	3
par_13	-20.461	-8.222	-3.249	-9.878	.348	-12.815	-10.619	-2.917	-9.777	3
par_14	-20.195	-8.141	-3.169	-9.734	.477	-12.628	-10.519	-2.810	-9.646	4
par_15	-21.233	-8.461	-3.488	-10.307	-.038	-13.369	-10.919	-3.236	-10.168	3
par_16	-21.662	-8.600	-3.627	-10.552	-.263	-13.684	-11.090	-3.422	-10.392	3
par_17	-20.983	-8.383	-3.409	-10.166	.090	-13.188	-10.820	-3.131	-10.040	3
par_18	-21.131	-8.429	-3.456	-10.249	.014	-13.295	-10.878	-3.193	-10.116	3

- [Critical Ratios for Differences]에서 집단별 경로 간 C.R.값을 확인하면 동일성 제약 모형과 같이 p1(b1-bb1: -2.387), p5(b5-bb5: -2.355)에서 유의미한 차이를 보인다(유의수준: .05에서의 C.R.값은 1.96이다).
- 이로써 모든 경로계수에 각각 동일성 제약을 가한 모형의 결과와 [Critical Ratios for Differences]의 집단별 경로계수의 비교가 동일한 결과를 보이는 것을 알 수 있다.

⑩ 다중집단 구조모형의 효과분해

• 매개효과는 독립변수와 종속변수 사이에 제3의 변수인 매개변수가 개입될 때 발생한다. 본 연구의 다중집단 구조모형의 매개효과 모형은 음주와 운동의 2개 구조모형으로 구성할 수 있다.
- 매개모형을 설계하기 위해 기존의 '청소년자살_다중.amw'의 다중집단모형을 불러와서 삭제아이콘을 이용하여 운동과 음주의 [관측변수]와 [구조오차]를 삭제한다.

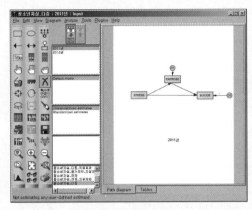
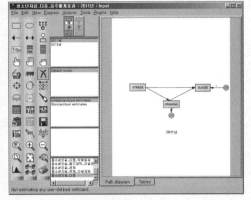

(가) 운동 매개효과 모형   (나) 음주 매개효과 모형

• 운동 매개효과 분석

1단계: 위의 그림 (가)의 모형에서 [View]→[Analysis Properties]에서 표준화 회귀계수
(Standardized Estimates)와 효과(Indirect, direct & total effects)를 선택한다.

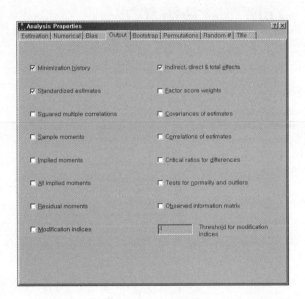

2단계: [실행]한 후 결과를 확인한다.

[View]→[Text Output]→[Estimates]→[Matrices]에서 '스트레스→자살' 간의
[Standardized]→[Total Effects, Direct Effects, Indirect Effects]를 확인한다(실행파
일: 청소년자살_다중_운동 매개효과.amw). (하단의 집단선택창에서 2011년과 2012년을 선택하면
두 집단의 매개효과를 확인할 수 있다.)

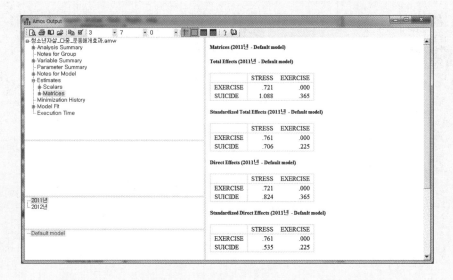

• 음주 매개효과 분석

1단계: 그림 (나)의 모형을 [실행]한 후 결과를 확인한다.

- [View] → [Text Output] → [Estimates] → [Matrices]에서 '스트레스 → 자살' 간의
  [Standardized] → [Total Effects, Direct Effects, Indirect Effects]를 확인한다(실행파일:
  청소년자살_다중_음주 매개효과.amw).

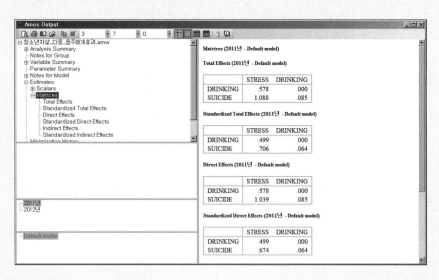

⑪ 다중집단 구조모형의 매개효과

- 매개효과(mediator effect)는 독립변수(X)와 종속변수(Y) 사이에 제3의 변수인 매개변수(M)가 개입될 때 발생한다. 본 연구에서 Hair 등(2006)이 제안한 매개효과 검증을 위한 절차는 다음과 같다.

1단계: 다중집단 구조모형에서 '스트레스→자살' 간의 직접적인 상관관계(경로계수)를 분석한다[기존 다중집단 구조모형에서 삭제 아이콘을 이용하여 관측변수와 구조오차를 삭제한 후 실행한다(청소년자살_다중_직접효과.amw)].

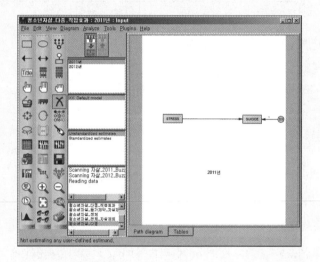

2단계: [실행]한 후 결과를 확인한다.

- [View]→[Text Output]→[Estimates]에서 '스트레스→자살' 간의 직접효과를 확인한다(β=.706, p<.001).
- 2011년의 경우 '스트레스→자살' 간에 '운동'은 부분매개(partial mediation)하여 자살에 대한 직접적인 영향이 조금 감소[β=.706(p<.001) → β=.535(p<.05)]하였다. '스트레스→자살' 간에 '음주'도 부분매개하여 자살에 대한 직접적인 영향이 조금 감소[β=.706(p<.001)→ β=.674(p<.001)]한 것으로 나타났다.

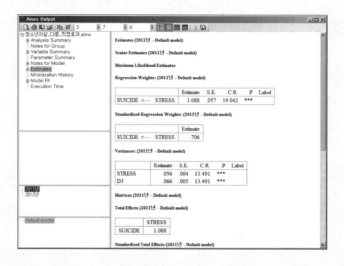

12 매개효과(간접효과)의 유의성 검증(Sobel test)

- 매개효과(간접효과)의 유의성을 평가하는 Sobel test는 모든 자료가 정규분포를 따른다는 가정하에 통계적 유의성을 검증한다.

1단계: 2011년과 2012년의 '운동'의 간접효과 유의성을 검증한다.

- 2011년과 2012년의 '스트레스→운동' 간의 C.R.(2011년: 22.379, 2012년: 14.224), '운동→자살' 간의 C.R.(2011년: 9.567, 2012년: 3.513)를 프리처(Preacher, K.J.) 교수의 웹사이트(http://quantpsy.org/sobel/sobel.htm)에 접속하여 분석한다. [Input]에 해당 수치를 입력한 후 [Calculate] 버튼을 누르면 [p-value]가 자동으로 계산된다[2011년(p=.000), 2012년(p=.001)].

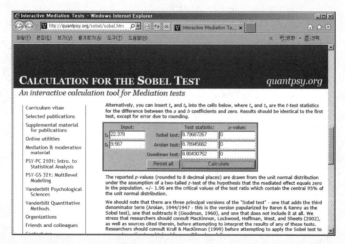

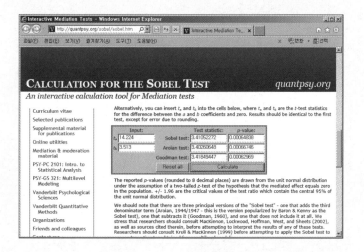

2단계: 2011년과 2012년의 '음주'의 간접효과 유의성을 검증한다.

- 2011년과 2012년의 '스트레스→음주' 간 C.R.(2011년:10.979, 2012년: 10.783), '음주→자살' 간 C.R.(2011년: 15.804, 2012년: 15.580)를 프리처 교수의 웹사이트(http://quantpsy.org/sobel/sobel.htm)에 접속하여 분석한다. [Input]에 해당 수치를 입력한 후 [Calculate] 버튼을 누르면 [p-value]가 자동으로 계산된다[2011년(p=.000), 2012년(p=.000)].

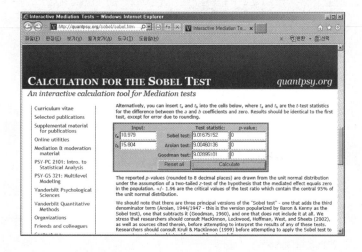

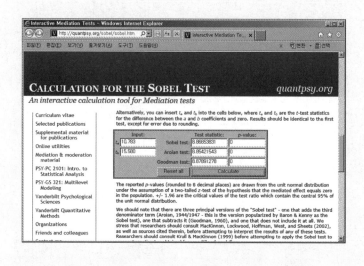

3) 다층모형 분석

다층모형의 1수준(일수준) 변수로 SUICIDE(자살), STRESS(스트레스), DRINKING(음주), EXERCISE(운동)를 사용하였고, 2수준(월수준) 변수로는 EPOP(경제활동인구수), REPR(전세가격지수), YSSR(청소년자살률)을 사용하였다.

청소년의 자살검색의 결정요인에 대한 다층분석을 위해 3개의 분석모형 함수를 검증하였으며, 그 결과를 [표 3-8]과 같이 정리하였다.

[표 3-8] 다층모형

모델	수식
Model 1	$SUICIDE_{ij} = \gamma_{00} + u_{0j} + r_{ij}$
Model 2	$SUICIDE_{ij} = \gamma_{00}$ $+ \gamma_{10} * STRESS_{ij}$ $+ \gamma_{20} * DRINKING_{ij}$ $+ \gamma_{30} * EXERCISE_{ij}$ $+ u_{0j} + u_{1j} * STRESS_{ij} + u_{2j} * DRINKING_{ij} + u_{3j} * EXERCISE_{ij} + r_{ij}$
Model 3	$SUICIDE_{ij} = \gamma_{00} + \gamma_{01} * EPOP_j + \gamma_{02} * REPR_j + \gamma_{03} * YSSR_j$ $+ \gamma_{10} * STRESS_{ij}$ $+ \gamma_{20} * DRINKING_{ij}$ $+ \gamma_{30} * EXERCISE_{ij}$ $+ u_{0j} + u_{1j} * STRESS_{ij} + u_{2j} * DRINKING_{ij} + u_{3j} * EXERCISE_{ij} + r_{ij}$

13 자살검색 다층모형 MDM 파일 만들기

- HLM 7.0을 실행한다.
  - [시작]→[프로그램]→[SSI, Inc]→[HLM7]
- MDM 파일을 만든다.

1단계: [File]→[Make new MDM file]→[Stat package input]을 선택한다.

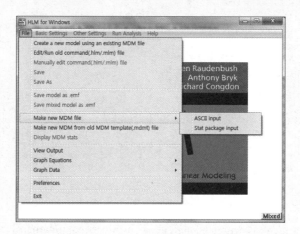

- [File]→[Make new MDM file]→[Stat package input]을 실행하면 다음과 같은 MDM
  파일 형태의 선택화면이 나타난다. 본고의 자살검색 다층분석 데이터는 2수준이며 1수
  준의 일별 요인이 2수준의 월별 요인에 위계적으로 포섭(nested)되어 있기 때문에 Default
  Model(HLM2)을 선택한 후 [OK]를 누른다.

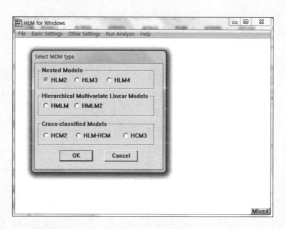

2단계: 아래 그림과 같이 MDM- HLM2 대화상자가 나타나면 다음 순서대로 MDM 파일을
작성한다.

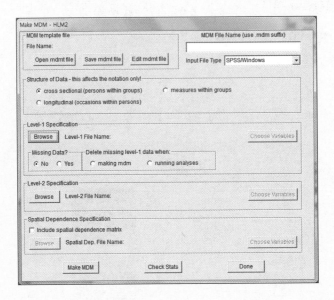

가. pull-down 메뉴의 [Input File Type]에서 'SPSS/Windows'를 선택한다.

나. Data Structure(cross-sectional, longitudinal, measures within groups)를 정의한다. 본 실전
자료는 cross-sectional data이다.

다. Level-1 명세서(specification)에서 [Browse] 선택 후 [Open Data File]에서 Level-1
SPSS 파일(다층분석_201408_청소년_1수준.sav)을 선택[열기]한다. 이때 Level 1과 Level
2를 연결시킬 ID(ID2)는 오름차순으로 정렬한다.

- [데이터]→[케이스 정렬]→[정렬 기준: ID2]→[확인]을 누른 후 파일을 저장한다.

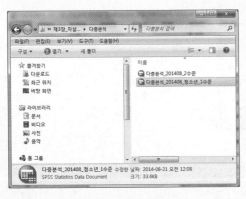
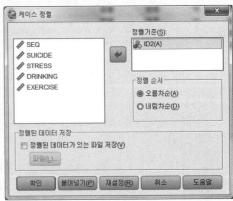

라. [Choose Variables] 선택 후 [Choose variables – HLM2] 대화상자에서 Level-2(월별 요인)와 연결할 수 있는 ID(ID2)를 선택하고, Level-1에서 사용될 변수들을 선택한[종속변수: 자살검색(SUICIDE), 독립변수: 스트레스(STRESS), 음주(DRINKING), 운동(EXERCISE)] 후 [OK]를 누른다.

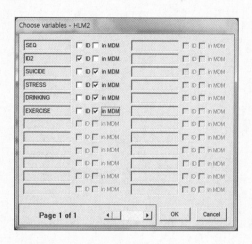

마. Level-1 파일에 결측값(Missing Data)이 있는 경우 'Yes'를 선택하고 결측값을 언제 제외시킬 것인지 선택[MDM 파일 작성 시 제외(making mdm), 분석 실행 시 제외(running analyses)]한다. 본 연구 데이터는 결측값이 없으므로 [Missing Data: No]를 선택한다.

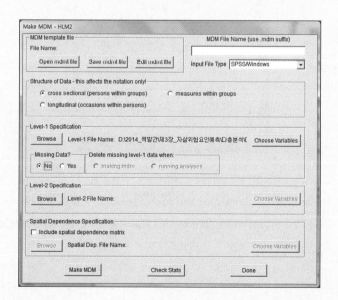

바. Level-2 명세서에서 [Browse] 선택 후 [Open Data File]에서 Level-2 SPSS 파일(다층
분석_201408_2수준.sav)을 선택[열기]한다.

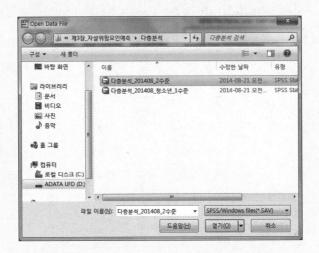

사. [Choose Variables] 선택 후 [Choose variables-HLM2] 대화상자에서 Level-1(일별 요
인)과 연결할 수 있는 ID(ID2)를 선택하고, Level-2에서 사용될 변수를 선택한(EPOP,
REPR, YSSR) 후 [OK]를 누른다.

아. [MDM File Name]에 MDM 파일명을 입력하고, [자살_0821] [Save mdmt file]을 선
택한 후 [Save As MDM Template File] 대화상자에서 MDMT 파일명을 [저장](청자
살_0821_SPSS)한다.

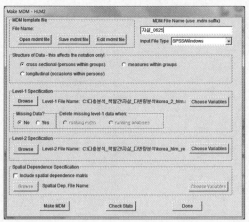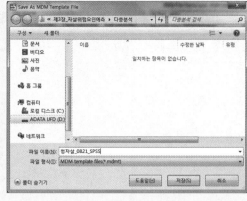

자. [Make MDM] 버튼을 선택한 후 MDM 파일의 기술통계를 확인한다. Level-1과 Level-2에 사용된 모든 변수의 기술통계를 확인할 수 있다.

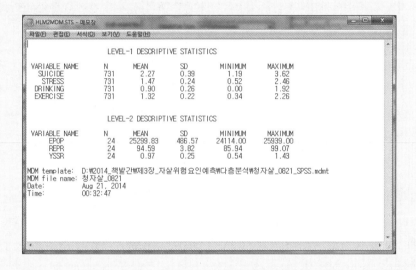

차. [Done] 버튼을 선택하면 최종 작성된 MDM 파일(청자살_0821.MDM)을 확인할 수 있다.

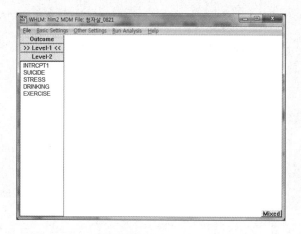

⑭ 자살검색 다층모형 MDM 파일 분석하기

• MDM 파일이 구축되면 2장의 [표 2-8]의 다층모형 분석 절차와 같이 3단계로 모형을 검증한다.

1단계: 무조건 모형

- 기초모형으로 설명변수(독립변수)를 투입하지 않은 상태에서 일별 자살검색량에 대한 지역 간 분산을 분석한다(고정효과, 무선효과 확인).

가. 종속변수(SUICIDE) 선택 후 [Outcome variable] 탭을 선택한다.

나. 기본값은 Level-1 모형의 종속변수가 연속형 변수로 설정되어 있다.

(SUICIDE는 연속형 변수이므로 기본값인 [Basic Settings] → [Distribution of Outcome Variable] → [Normal(continuous)]를 지정한다.)

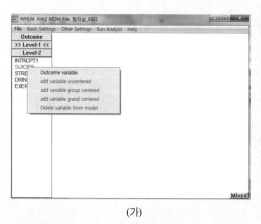

(가)

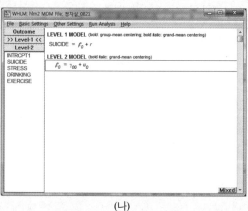

(나)

다. [Run Analysis]→[Run the model shown]을 선택한다.

라. 반복연산(iteration)이 실행되면 결과파일을 확인한다.

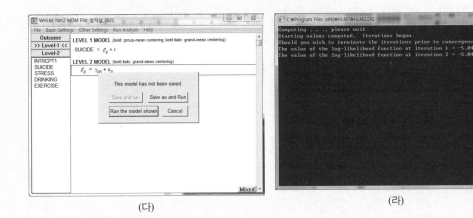

(다)   (라)

마. 기초모형 모델과 Mixed Model을 기술한다.

바. 무선효과의 표준편차(SD), 분산(σ^2), χ^2, 유의확률(p-value)을 확인한다.

사. [Final estimation of fixed effects (with robust standard errors)]에서 고정효과의 회귀계

수, 표준오차, 유의확률을 확인한다.

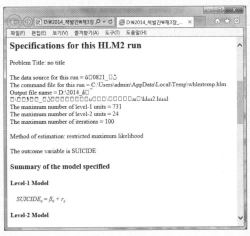
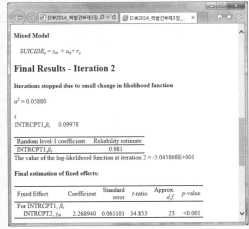

(마)

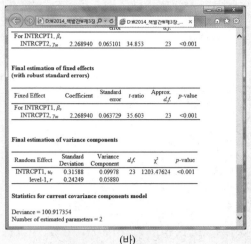

For INTRCPT1, β_0
　INTRCPT2, γ_{00}　2.268940　0.065101　34.853　23　<0.001

Final estimation of fixed effects
(with robust standard errors)

Fixed Effect	Coefficient	Standard error	t-ratio	Approx. d.f.	p-value
For INTRCPT1, β_0					
INTRCPT2, γ_{00}	2.268940	0.063729	35.603	23	<0.001

Final estimation of variance components

Random Effect	Standard Deviation	Variance Component	d.f.	χ^2	p-value
INTRCPT1, u_0	0.31588	0.09978	23	1203.47624	<0.001
level-1, r	0.24249	0.05880			

Statistics for current covariance components model

Deviance = 100.917354
Number of estimated parameters = 2

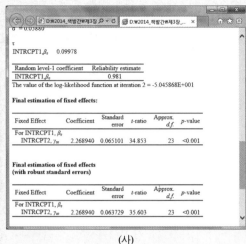

$\sigma = 0.05880$

τ
INTRCPT1, β_0　0.09978

Random level-1 coefficient	Reliability estimate
INTRCPT1, β_0	0.981

The value of the log-likelihood function at iteration 2 = -5.045868E+001

Final estimation of fixed effects:

Fixed Effect	Coefficient	Standard error	t-ratio	Approx. d.f.	p-value
For INTRCPT1, β_0					
INTRCPT2, γ_{00}	2.268940	0.065101	34.853	23	<0.001

Final estimation of fixed effects
(with robust standard errors)

Fixed Effect	Coefficient	Standard error	t-ratio	Approx. d.f.	p-value
For INTRCPT1, β_0					
INTRCPT2, γ_{00}	2.268940	0.063729	35.603	23	<0.001

(바)	(사)

아. 파일을 저장한다.

- [File]→[Save As] (파일명: 청자살_무조건.hlm)

2단계: 무조건적 기울기 모형

- 일별 요인들이 종속변수(일별 자살검색량)에 대한 영향에서 월별 차이가 있는지를 검증하는 것이다. 일별 요인이 종속변수에 미치는 영향은 고정효과로 분석하고, 일별 요인이 월별에 따라 차이가 있는지는 무선효과로 분석한다.

가. 독립변수(STRESS)를 선택한 후 중심화하지 않고(add variable uncentered) 지정한다.

나. Level-2의 무선효과(u_1)는 더블클릭하여 미지수로 지정해야 한다.

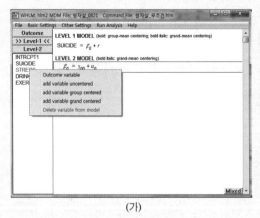

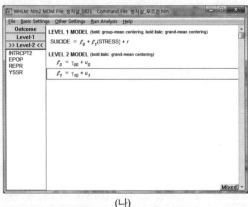

(가)	(나)

다. 독립변수(DRINKING, EXERCISE)를 연속하여 선택한 후 중심화하지 않고 지정한다.

라. Level-2의 무선효과(u_2, u_3)는 클릭하여 미지수로 지정한다.

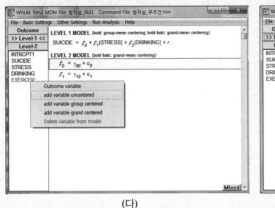

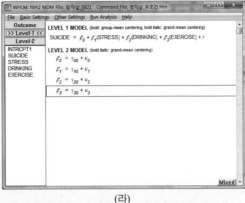

(다)　　　　　　　　　　　　　　　　　　　(라)

마. [Other Settings]→[Iteration Settings]에서 [Number of macro iterations: 200]을 지
정하고 Iteration이 최대값(200)일 때 중단 지정[Stop iterating] 후 [OK]를 선택한다.
(본 연구자료는 case는 적으나 모든 변수의 미지수 추정값의 수렴값을 .0001로 하기 위해서는 100
번 이상의 반복연산(iteration)이 요구된다. 기본값인 100으로 실행할 경우, 실행창에 'Do you want
to continue until convergence?' 메시지가 나타나고 'y'를 선택해야 실행이 끝난다. 따라서 본 연구
에서는 200회로 제한하였다.)

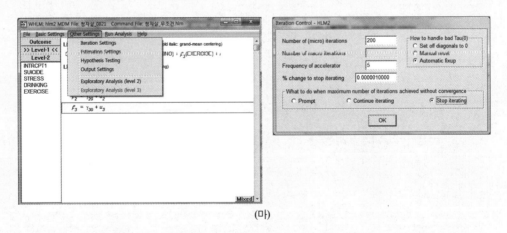

(마)

바. [Run Analysis]→[Run the model shown]을 선택한다.

사. 반복연산이 실행되면 결과파일을 확인한다.

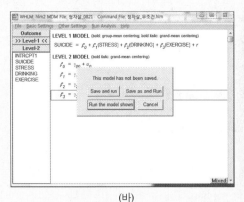

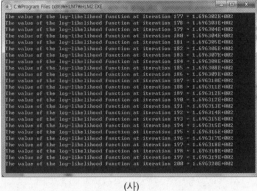

(바)   (사)

아. 무조건적 기울기 모델과 Mixed Model을 기술한다.

자. 독립변수들의 무선효과에 대한 표준편차(SD), 분산(σ^2), χ^2, 유의확률을 확인한다.

차. [Final estimation of fixed effects (with robust standard errors)]에서 독립변수들의 고정

효과의 회귀계수, 표준오차, 유의확률을 확인한다.

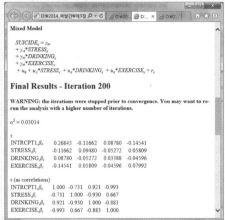

(아)

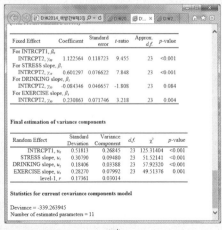

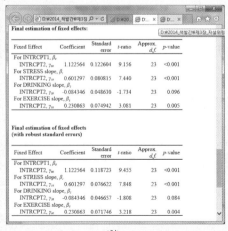

(자)   (차)

카. 파일을 저장한다.

- [File]→[Save As] (파일명: 청자살_무조건기울기.hlm)

3단계: 조건적 모형

- 일별 요인과 월별 요인이 청소년 자살검색량에 미치는 영향을 검증하는 것이다. 무조건적 기울기 모형의 무선효과 검증에서 유의성이 있는 일별 모든 요인[스트레스(STRESS), 음주(DRINKING), 운동(EXERCISE)] 검색량은 월별 요인의 무선효과를 검증하기 위해 모두 미지수로 투입하여 검증한다.

가. Level-2의 초기값($\mathcal{L}_0$)을 클릭하고 Level-2의 독립변수(경제활동인구 수: EPOP)를 선택한 후 전체 평균(add variable grand centered)으로 중심화한다.
   - 계속해서 전세가격지수(REPR), 청소년자살률(YSSR)을 선택한 후 전체 평균으로 중심화한다.
나. 무조건적 기울기 모형의 무선효과 검증에서 유의성이 있는 초기값과 일별 요인(STRESS, DRINKING, EXERCISE)은 미지수로 투입하여 검증한다[즉, Level-2의 무선효과(u_0, u_1, u_2, u_3)는 더블클릭해서 미지수로 지정한다].

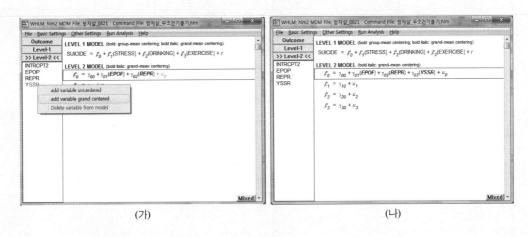

(가)   (나)

다. [Run Analysis]→[Run the model shown]을 선택한다.
라. 반복연산이 실행되면 결과파일을 확인한다.

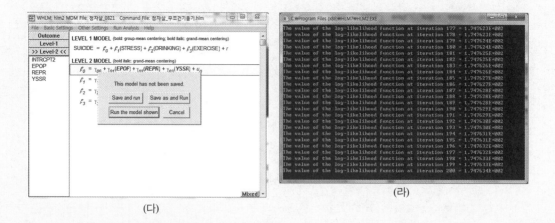

(다)　　　　　　　　　　　　　　　　　　(라)

마. 조건적 모델과 Mixed Model을 기술한다.

바. 독립변수들의 무선효과에 대한 표준편차(SD), 분산(σ^2), χ^2, 유의확률을 확인한다.

사. [Final estimation of fixed effects (with robust standard errors)]에서 독립변수들의 고정
　　효과의 회귀계수, 표준오차, 유의확률을 확인한다.

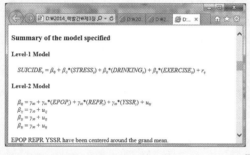
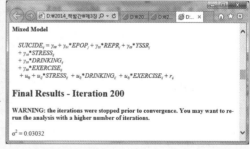

(마)

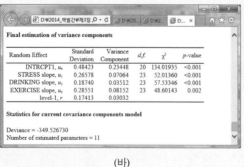

(바)

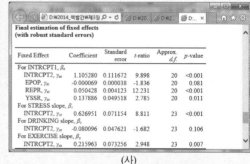

(사)

아. 파일을 저장한다(파일명: 청자살_조건.hlm).

[표 3-9]의 기초모형(Model 1: Unconditional Model)은 설명변수(독립변수)를 투입하지 않은 상태에서 청소년의 일별 자살검색량에 대한 월별 분산을 분석함으로써 이후 모형에서 투입된 다른 독립변수들의 설명력을 살펴볼 수 있다. 즉, 기초모형은 다층분석을 통해 일별 자살검색량이 월별로 차이를 보이고 있는지 검증하는 것이다. Model 1에서 고정효과를 살펴보면, 일별 자살검색량의 전체 평균은 268.83건으로 95% 신뢰구간($p<.001$)에서[3] 기초 통계값 자료에서 산출된 평균(269.07)과 비슷함을 알 수 있다. 이는 한국 청소년의 월평균 자살검색량이 268.83건이 될 확률을 나타내는 것으로 통계적으로 유의하다($\beta=2.27$, $p<.001$).[4] 무선효과를 살펴보면, 일별 수준의 자살검색량의 분산은 .06이며, 월별 수준의 분산은 .10으로 통계적으로 유의한 것으로 나타났다($\chi^2=1203.48$, $p<.001$). 따라서 자살검색량은 월별로 상당한 변량이 존재한다고 볼 수 있다.

동일한 수준에 속한 하위수준 간의 유사성을 보여주는 집단 내 상관계수(Intraclass Correlation Coefficient, ICC)를 통해 월별 자살검색량의 분산비율을 계산해 보면 0.625[.10/(.10+.06)][5]이다. 이는 곧 일별 자살검색량에 대한 총분산 중 월별 수준의 분산이 차지하는 비율이 62.5%임을 나타내는 것이다. 따라서 일별 수준의 분산이 차지하는 비율은 약 37.5%임을 알 수 있다. 이 결과는 모든 월의 자살검색량이 같다는 χ^2의 귀무가설(null hypothesis)을 기각함으로써 일별 자살검색량의 평균이 월별로 통계적으로 유의한 차이가 있음을 보여주는 것이다($p<.001$). 이는 자살검색량이 일별 요인에 의해서도 영향을 받지만, 월별 요인에도 영향을 받으므로 일별, 월별 검색량의 차이를 분석하기 위해서는 일별 변수 및 월별 변수를 모두 투입하여 다층모형 분석을 실시하는 것이 타당하다는 사실을 입증해 주는 결과라 할 수 있다.

---

3. 일일 자살검색량의 전체 평균은 실제 검색량의 무조건모형 분석결과 회귀계수는 268.83(표준오차: 42.50, t-ratio: 6.33, $p<.001$)으로 유의하게 나타났다.

4. [표 3-9]의 상용로그로 치환한 자살검색량의 회귀계수와 유의수준을 참조함.

5. 종속변수가 연속형인 경우 ICC=τ_{00}(2수준 분산)/[τ_{00}(2수준 분산)+σ^2(1수준 분산)]으로 산출한다.

[표 3-9] Multi-level Model Analysis in Suicide Research Factors

Parameter \ Model		Model 1 Unconditional model		Model 2 Unconditional Slope model		Model 3 Conditional model	
Fixed Effect		Coef.	S.E.	Coef.	S.E.	Coef.	S.E.
Level 1	Intercept (γ_{00})	2.27	$.06^{***}$	1.12	$.12^{***}$	1.11	$.11^{***}$
	STRESS			.60	$.08^{***}$	.63	$.07^{***}$
	DRINKING			$-.08$	.05	$-.08$	.05
	EXERCISE			.23	$.07^{***}$	.22	$.07^{***}$
Level 2	EPOP					-.00	.00
	REPR					.05	$.00^{***}$
	YSSR					.14	$.05^{***}$
Random Effect		σ^2	χ^2	σ^2	χ^2	σ^2	χ^2
level 2, u_0		.10	1203.48***	.27	125.31***	.23	134.02***
level 1, r		.06		.03		.03	
STRESS				.09	51.52^{***}	.07	52.01^{**}
DRINKING				.03	57.92^{***}	.04	57.53^{***}
EXERCISE				.08	49.51^{***}	.08	48.60^{***}
ICC		.625		.9		.88	
Deviance		100.92		-339.26		-349.52	

*** $p<.001$, ** $p<.01$, * $p<.05$

⑮ 기초모형(무조건 모형) 검증

- ⑭ 청소년 자살검색 다층모형 MDM 파일 분석하기의 기초모형을 실행한 결과는 다음과 같다.
  - [표 3-9]의 Model 1의 [Intercept, γ_{00}]는 그림 (나)의 Fixed Effect(with robust standard errors)에서 Coefficient(2.27), Standard error(.06), p-value(<.001)를 참조하여 작성한다.
  - [표 3-9]의 Model 1의 월별 수준의 분산인 [level 2, u_0]는 그림 (가)의 Random Effect의 [INTRCPT1, u_0]에서 Standard Deviation(.31), Variance Component(.10), χ^2(1203.48), p-value(<.001)를 참조하여 작성한다. 일별 수준의 분산인 [level 1, r]는 그림 (가)의 Random Effect의 [level-1, r]에서 Standard Deviation(.24), Variance Component(.06)를 참조하여 작성한다.

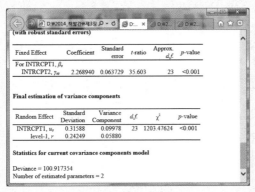
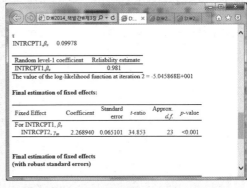

(가)   (나)

- 기초모형에서 산출된 계수와 결과해석은 다음과 같다.

  - 청소년의 일별 자살검색량은 통계적으로 유의하였다(β=2.27, p<.001). 무선효과를 살펴보면, 일별 수준의 자살검색량(level 1, r)의 분산은 .06이며, 월별 수준(level 2, u_0)의 분산은 .10으로 통계적으로 유의하게 나타나(χ^2=1203.48, p<.001), 청소년의 자살검색량은 월별로 상당한 변량이 존재한다고 볼 수 있다.

  - 집단 내 상관계수(ICC)는 종속변수가 연속형인 경우 ICC=τ_{00}(2수준 분산)/[τ_{00}(2수준 분산)+σ_2(1수준 분산)]으로 산출한다.

ICC=.10/(.10+.06)=0.625는 일별 청소년의 자살검색량에 대한 총분산 중 월별 수준의 분산이 차지하는 비율이 약 62.5%임을 나타내는 것으로, 일별 수준의 분산이 차지하는 비율은 약 37.5%(100%-62.5%)임을 알 수 있다. 이는 자살검색량이 일별 요인에 의해서도 영향을 받지만 월별 요인에도 영향을 받으므로 일별, 월별 검색량의 차이를 분석하기 위해서는 일별 변수 및 월별 변수를 모두 투입하여 다층모형 분석을 실시하는 것이 타당함을 입증해 주는 결과라 할 수 있다.

16 일별 자살검색량 전체 평균 산출

- 일별 청소년 자살검색량의 전체 평균을 구하기 위해서는 청소년 자살검색량에 대해 로그 치환하기 전의 원 변수(전체_Y)를 사용하여 무조건적 모형을 검증해야 한다.

1단계: MDM 파일을 작성한다.

2단계: 종속변수(전체Y) 선택 후 [Outcome variable] 탭을 선택한다.

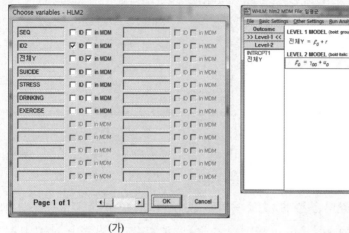

(가)

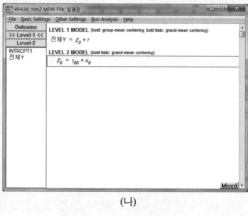

(나)

3단계: [Run Analysis]→[Run the model shown]을 선택한 후 결과파일을 확인한다.

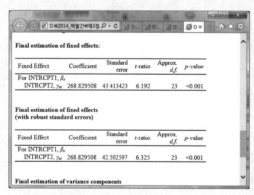

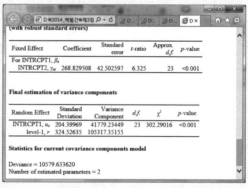

(다)

- 일별 자살검색량의 전체 평균은 268.83건으로 신뢰구간 95%에서 유의한 차이가(표준오차: 42.50, *t*-ratio: 6.33, *p*<.001) 있는 것으로 나타났다.

[표 3-9]의 Model 2의 검증은 일별 요인들이 일별 자살검색량에 미치는 영향에서 월별에 따라서도 차이가 발생하는가를 알아보는 것이다. 따라서 일별 스트레스·음주·운동 검색량이 자살검색량에 미치는 영향을 고정효과를 통해 파악하고 이들 개별 요인이 월별에 따라서도 차이를 보이는가에 대해 무선효과를 통해 살펴보았다. 일별(Level 1) 자살검색량에 대한 고정효과를 분석한 결과 스트레스검색량과 운동검색량은 통계적으로 유의미하여 자살검색량에 양(+)의 영향을 주는 것으로(스트레스: β=.60, p<.001, 운동: β=.23, p<.001) 나타났다. 확인된 일별 특성변수와 자살검색량의 관련성에서 각 변수가 월별로 차이가 나는지에 대해 무선효과 검증을 실시한 결과, 스트레스검색량의 적합도(χ^2=51.52, p<.001), 음주검색량의 적합도(χ^2=57.92, p<.001), 운동검색량의 적합도(χ^2=49.51, p<.001)가 통계적으로 유의미한 것으로 확인되어 일별 수준의 변수들이 자살검색량에 미치는 영향에서 월별 간 차이가 있음(χ^2=125.31, p<.001)을 확인하였다. 따라서 이는 분석에서 월별 요인의 투입이 필요함을 입증하는 결과라 할 수 있다. 다시 말해, 일별 특성에서 스트레스검색량이 높아질수록 자살검색량이 높아지며 이러한 효과는 월별에 따라서 차이가 있음을 보여준다. 그리고 무선효과 검증에서 유의미한 일별 특성 변수(스트레스·음주·운동 검색량)는 조건적 모형 검증에서 미지수로 묶어서 분석할 필요가 있는 것으로 나타났다. 연도별 자살검색량의 ICC는 .9로 산출되었다.

17 무조건 기울기 모형 검증

- 무조건적 기울기 모형에서 MDM 파일 만들기와 분석하기는 본 장의 13 자살검색 다층모형 MDM 파일 만들기와 14 자살검색 다층모형 MDM 파일 분석하기를 참고하기 바란다.
  - [표 3-9]의 Model 2의 [Intercept, γ_{00}], STRESS, DRINKING, EXERCISE의 고정효과는 그림 (나)의 Fixed Effect(with robust standard errors)에서 [Intercept, γ_{00}]의 경우 [For INTRCPT1, β_0]에서 Coefficient(1.12), Standard error(.12), p-value(<.001)를 참조한다.
  - STRESS의 경우 [For STRESS slope, β_1]에서 Coefficient(.60), Standard error(.08), p-value(p<.001)를 참조하여 작성한다.
  - [표 3-9]의 Model 2의 2수준 무선효과[level 2, u_0], 1수준 무선효과[level 1, r], STRESS, DRINKING, EXERCISE는 그림 (가)의 Random Effect에서 [level 2, u_0]의

경우 Standard Deviation(.52), Variance Component(.27), χ^2(125.31), p-value(<.001)를 참조하여 작성한다. [level-1, r]의 경우 Standard Deviation(.17), Variance Component(.03)를 참조하여 작성한다(나머지 독립변수들을 차례로 작성한다).

- STRESS의 경우 [STRESS slope, u_1]에서 Standard Deviation(.31), Variance Component(0.09), χ^2(51.52), p-value(p<.001)를 참조하여 작성한다.

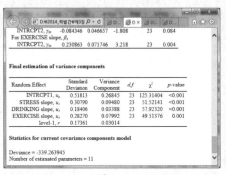

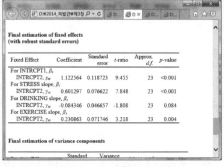

(가)   (나)

- 무조건 기울기 모형에서 산출된 계수와 결과해석은 다음과 같다.

  - 일별(Level 1) 자살검색량에 대한 고정효과를 분석한 결과, 음주검색량(DRINKING)은 자살검색량(SUICIDE)에 영향을 주지 않는 것으로 나타났고(β=-.08, p=.08), 스트레스검색량(STRESS)과 운동검색량(EXERCISE)은 자살검색량에 영향을 주는 것으로(스트레스: β=.60, p<.001, 운동: β=.23, p<.001) 나타났다.

  - 무선효과 검증 결과 스트레스검색량의 적합도(χ^2=51.52, p=.001), 음주검색량의 적합도(χ^2=57.92, p<.001), 운동검색량의 적합도(χ^2=49.51, p<.001)가 통계적으로 유의미하고, 초기값의 무선효과가 유의미하여(χ^2=125.31, p<.001) 일별 수준의 변수들이 자살검색량에 미치는 영향에 월별 수준 간 차이가 있음을 확인하였다. 이는 일별 특성에서 스트레스검색량이 높아질수록 자살검색량이 높아지는 것으로, 이러한 효과는 월별에 따라서 차이가 있음을 보여준다.

  - 무선효과 검증에서 유의미성이 있는 변수(Intercept, STRESS, DRINKING, EXERCISE)는 일별 수준의 변수가 자살검색량(SUICIDE)에 미치는 영향에 월별 간 차이가 있음을 의미하는 것으로, 월별 요인을 투입[조건적 모형(Model 3) 검증 시 미지수로 설정]해야 함을 알 수 있다.

  - 연도별 자살검색량의 ICC=.27/(.27+.03)=0.9로 나타났다. 이는 일별 요인이 투입된 자살검색량의 월별 분산이 차지하는 비율이 90.0%인 것을 나타낸다.

[표 3-9]의 Model 3은 청소년의 일별 요인(스트레스·음주·운동 검색량)과 월별 경제활동인구 수, 전세가격지수, 청소년자살률이 자살검색량에 미치는 영향을 분석한 것이다. 즉, 앞서 Model 2에서 월별 변수를 투입할 수 있는 일별 요인 변수인 스트레스·음주·운동 검색량을 동시에 투입하는 연구모형을 검증한 것이다. 일별 요인과 월별 요인을 동시에 고려하였을 때 자살검색량에 영향을 미치는 요인의 영향력을 검증하기 위해 자살검색량에 대한 고정효과를 분석한 결과, 수준 1인 일별 요인 변수는 무조건적 기울기 모형(Model 2)의 검증과 비슷한 결과를 보였다. 수준 2인 월별 청소년 자살률(β=0.14, p<.001)은 자살검색량에 양(+)의 영향을 미치는 것으로 나타났다. 이는 월별 청소년 자살률이 증가하면 자살검색량도 증가한다는 것을 의미한다. 그리고 전세가격지수(β=0.05, p<.001)는 자살검색량에 양(+)의 영향을 미치는 것으로 나타났다. 이는 월별 전세가격지수가 증가하면 자살검색량이 증가한다는 것을 의미한다. 무선효과 검증 결과, 일별 스트레스검색량(χ^2=52.01, p<.001), 음주검색량(χ^2=57.53, p<.001), 운동검색량(χ^2=48.60, p<.001)은 월별로 차이가 있는 것으로 나타났으며, 조건적 모형에서 연도별 자살검색량의 ICC는 .88로 산출되었다.

⑱ 조건적 모형 검증

- 조건적 모형에서 MDM 파일 만들기와 분석하기는 본 장의 ⑬ 자살검색 다층모형 MDM 파일 만들기와 ⑭ 자살검색 다층모형 MDM 파일 분석하기를 참고하기 바란다.

  - [표 3-9]의 Model 2의 [Intercept, γ_{00}], STRESS, DRINKING, EXERCISE의 고정효과는 그림 (가)의 Fixed Effect(with robust standard errors)에서, [Intercept, γ_{00}]의 경우는 [For INTRCPT1, β_0– INTRCPT2, γ_{00}]에서 Coefficient(1.11), Standard error(.11), p-value(<.001)를 참조하여 작성한다(나머지 일별 독립변수들을 차례로 작성한다).
  - STRESS의 경우에는 [For STRESS slope, β_1 – INTRCPT2, γ_{10}]에서 Coefficient(.63), Standard error(.07), p-value(<.001)를 참조하여 작성한다.
  - [표 3-9]의 Model 3 Level 2의 EPOP은 그림 (가)의 Fixed Effect(with robust standard errors)에서 [For INTRCPT1, β_0 – For EPOP, γ_{01}]에서 Coefficient(–.00), Standard

error(.00), *p*-value(.081)를 참조하여 작성한다(나머지 월별 독립변수들을 차례로 작성한다).

- [표 3-9]의 Model 3의 무선효과, 즉 [level 2, u_0], [level 1, r], STRESS, DRINKING, EXERCISE는 그림 (나) Random Effect에서, [level 2, u_0]의 경우에는 [INTRCPT1, u_0]에서 Standard Deviation(.48), Variance Component(.23), χ^2(134.02), *p*-value(<.001)를 참조하여 작성한다. [level-1, r]의 경우에는 Standard Deviation(.17), Variance Component(.03)를 참조하여 작성한다.

- STRESS의 경우에는 [STRESS slope, u_1]에서 Standard Deviation(.27), Variance Component(.07), χ^2(52.01), *p*-value(<.001)를 참조하여 작성한다(DRINKING, EXERCISE 도 차례로 작성한다).

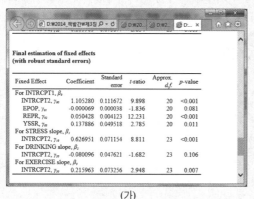

(가)

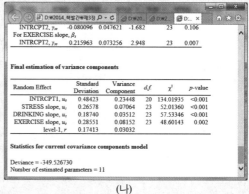

(나)

- 조건적 모형에서 산출된 계수와 결과해석은 다음과 같다.

   - Model 3에서 청소년의 자살검색의 고정효과를 분석한 결과 수준 1인 일별 요인은 무조건적 기울기 모형(Model 2)에서 영향을 미쳤던 요인(스트레스·음주· 운동 검색량)과 비슷한 통계적 유의성을 보였다.

   - 수준 2인 월별 청소년 자살률과 전세가격지수는 청소년 자살검색에 양(+)의 유의한 영향을 미치는 것으로 나타났다. 이는 청소년 자살률이 높을수록, 전세가격지수가 높을수록 청소년의 자살검색이 증가한다는 것을 의미한다.

   - 연도별 자살검색량의 ICC=.23/(.23+.03)=.88로 산출되었고, 편향도는 −349.52로 나타났다.

본 연구는 데이터마이닝의 의사결정나무 분석기법에 소셜 빅데이터를 적용하여 분석함으로써 한국 청소년의 자살위험요인에 대한 예측모형을 개발하고자 한 것이다. 본 연구의 결과를 요약하면 다음과 같다.

첫째, SNS상의 청소년 자살원인은 학교폭력, 우울, 성적, 외모, 사망, 열등감, 충격, 생활고 등으로 나타났다. 이는 2012년 청소년 통계에서 조사된 자살생각 원인인 성적, 경제적 어려움, 외로움, 가정불화, 직장문제, 기타(이성, 질환, 친구불화 등)의 내용과 다름을 알 수 있다.

둘째, SNS상의 청소년 자살방법은 투신(42.3%), 질식(18.0%), 살충제(12.2%), 본드(12.0%), 기타의 순으로 나타났다. 이는 2012년 통계청 사망원인통계에서 19세 이하 청소년의 실제 자살방법인 투신(57.1%), 질식(27.5%), 본드(7.4%), 살충제(2.1%), 기타의 순과 비슷하게 나타나, 한국의 청소년들은 가장 폭력적이고 충동적이며 치명적인 방법인 투신을 많이 선택하는 것을 알 수 있다. SNS상에서 검색하는 청소년의 자살방법이 실제 청소년 자살 사망자의 자살방법과 비슷한 것은 온라인상의 자살 경위 및 자살방법을 언론에서 구체적으로 묘사하는 경우 모방자살을 유발할 수 있다는 연구(Kim & Yun, 2011)를 지지하는 것으로, 언론의 자세한 자살보도는 자율적으로 규제되어야 할 것이다.

셋째, 청소년 자살위험요인은 외모요인, 열등감요인, 우울요인, 충격요인, 학교폭력요인, 생활고요인, 성적요인의 순으로 나타났는데, 이는 외모(Kim et al., 2013), 자아존중감, 우울, 충동(Kim, 2012), 학교폭력, 생활, 학업스트레스가 자살충동에 영향을 미친다는 연구들을 지지한다고 볼 수 있다.

넷째, 청소년의 자살위험요인을 예측하는 가장 중요한 변인은 외모요인으로 나타났다. 외모요인의 위험이 높을 경우 자살위험은 증가하였고 자살보호는 감소한 것으로 나타나, 외모스트레스가 자살 충동에 영향을 미친다는 기존의 연구(Kim et al., 2013)를 지지하는 것으로 나타났다. 외모요인의 위험이 높고 충동요인의 위험이 높을 경우 자살위험은 증가하였고 자살보호는 감소한 것으로 나타나, 자살을 선택하는 청소년의 대부분은 현실에 대한 인지적 숙지보다는 충동감, 분노감, 자기조절능력 저하 등에 영향을 받는다는 기존의 연구(Kim, 2012)를 지지하는 것으로 나타났다. 또한 이는 성형수술의 실패로 인한 자살보도(Korea New Network, 2014)에 따른 자살검색과 관계가 있는 것으로 보인다. 외모요인의 위험과 충동요인의 위험이 높고 성적요인의 위험이 높을 경우에는 자살위험은 감소하고 자살보호가 증가하는 것으로 나타나, 우리나라 청소년들이 빈번하게 바뀌는 입시정책의 혼란과 학업에 대한 스트레스가 자살에 영향을 준다는 기존의 연구(Yoon & Lee, 2012; Seo & Jung, 2013)를 지지하는 것으로 나타났다.

다섯째, 외모요인의 위험이 낮더라도 열등감 위험이 높으면 자살위험은 증가하고 자살보호는 감소한 것으로 나타나, 자아존중감이 청소년 자살의 대표적인 보호요인이라는 기존의 연구(Heather et al., 2010)를 지지하는 것으로 나타났다. 외모요인과 열등감 위험이 낮더라도 우울감 위험이 높으면 자살위험은 증가하고 자살보호는 감소한 것으로 나타나, 우울증이 있는 사람이 주변의 자살사건에 노출되었을 경우 모방자살이 증가한다는 연구결과(Peruzzi & Bongar, 1999)를 지지하는 것으로 나타났다.

마지막으로, 청소년 자살위험이 가장 높은 경우는 외모요인의 위험이 높으면서 충격요인의 위험이 높고, 성적요인의 위험이 낮은 조합으로, 이 집단의 자살위험은 뿌리마디와 비교한 경우 약 1.56배 증가하였다. 반면에 자살보호의 위험이 가장 높은 경우는 외모요인의 위험이 낮으면서 열등감요인의 위험이 낮고 우울감요인의 위험이 낮은 조합으로, 이 집단의 자살보호 위험은 뿌리마디와 비교한 경우 약 1.06배로 증가하였다. 따라서 온라인상에 언급된 자살원인은 자살보호보다 자살위험에 더 큰 영향을 주는 것으로 나타났다.

본 연구를 근거로 우리나라의 자살예방과 관련하여 다음과 같은 정책적 함의를 도출할 수 있다.

첫째, 청소년 자살위험요인은 외모요인, 충격요인, 성적요인, 우울요인, 열등감요인 등이 복합적으로 영향을 미치는 것으로 나타나, 정부의 청소년 자살예방 및 위기관리 프로그램에 이러한 복합적인 요인을 예방하고 치료할 수 있는 방안이 마련되어야 할 것이다.

둘째, 청소년은 온라인상에서 자살과 관련한 담론을 주고받으며 이러한 언급이 실제적인 자살과 관련된 심리적·행동적 특성으로 노출될 수 있기 때문에 본 연구의 자살예측모형에 따른 위험 징후가 예측되면 실시간으로 개입할 수 있는 애플리케이션의 개발이 필요할 것이다(Song et al., 2013).

셋째, SNS에서 주고받는 자살관련 소셜 담론은 개인의 일상생활에서 느끼는 우울한 감정이나 고민이 기록되는 온라인상의 심리적 부검보고서라고 할 수 있다. 따라서 핀란드가 국가적 차원의 오프라인 보고서를 바탕으로 자살을 줄였다면 우리나라는 소셜 빅데이터 분석을 통해 국가차원의 자살예방 대책이 마련되어야 할 것이다(Song et al., 2014).

본 연구는 개개인의 특성을 가지고 분석한 것이 아니고 그 구성원이 속한 전체 집단의 자료를 대상으로 분석하였기 때문에 이를 개인에게 적용하였을 경우 생태학적 오류(ecological fallacy)가 발생할 수 있다. 또한, 본 연구에서 정의된 자살원인 관련요인(용어)은 버즈 내에서 발생한 단어의 빈도로 정의되었기 때문에 기존의 조사 등을 통한 이론적 모형에서의 자살원인과 의미가 다를 수 있으므로 후속 연구에서의 검증이 필요할 것으로 본다. 그러나 이러한 제한점에도 불구하고 본 연구는 소셜 빅데이터에서 수집된 자살 버즈를 주제분석과 감성분석을 통하여 자살감정, 자살원인, 자살방법 등을 분류하였고, 데이터마이닝 분석을 통하여 청소년 자살위험요인의 예측모형을 제시한 점에서 분석방법론적으로 의의가 있다. 또한, 실제적인 내용을 빠르게 효과적으로 파악하여 사회통계가 지닌 한계를 보완할 수 있는 새로운 조사방법으로서의 빅데이터의 가치를 확인하였다는 점에서 조사방법론적 의의를 가진다고 할 수 있다.

참고문헌

1. Alloy, L. B., Hartlage, S. & Abramson, L. Y. (1988). Testing the Cognitive Diathesis-stress Theories of Depression: Issues of Research Design, Conceptualization, and Assessment. In Alloy, L. B. (Ed.). *Cognitive Processes in depression*. New York, NY: The Guilford Press, 31-73.

2. Bae, S. B. & Woo, J. M. (2011). Suicide prevention strategies from medical perspective. *J Korean Med Assoc*, **54**(4), 386-391.

3. Beautrais, A. L. (2003). Suicide and serious suicide attempts in youth: A Multiple-group comparison study. *Am J Psychiatry*, **160**(6), 1093-1099.

4. Bigg, D. B., Ville, B. & Suen, E. (1991). A Method of choosing multiway partitions for classification and decision trees. *Journal of Applies Statistics*, **18**, 49-62.

5. Bridge, J. A., Brent, D. A., Johnson, B. A. & Connolly, J. (1997) Familial aggregation of psychiatric disorders in a community sample of adolescents. *J Am Acad Child Adolesc Psychiatry*, **36**, 628-637.

6. Brown, D. R. & Blanton, C. J. (2012). Physical activity, sport participation, and suicidal behavior among college students. *Med Sci Sports Exerc*, **34**(7), 1087-1096.

7. Fergusson, D. M. & Lynskey, M. T. (1995). Childhood circumstances, adolescent adjustment, and suicide attempts in a New Zealand birth cohort. *J Am Acad Child Adolesc Psychiatry*, **34**(5), 612-622.

8. Goldston, D. B., Daniel. S. S., Reboussin, D. M., Frazier, P. H. & Harris, A. E. (2001). Cognitive risk factors and suicide attempts among formerly hospitalized adolescents: A prospective naturalistic study. *J am Acad Child Adolesc Psychiatry*, **40**(1), 91-99.

9. Heather, L. R., Michael, A. B., Nishad, K. & Youth Net Hamilton (2010). Youth engagement and suicide risk: Testing a mediated model in a Canadian community sample. *J Youth Adolescence*, **39**(3), 243-258.

10. Hong, Y. S. & Jeon, S. Y. (2005). The effects of life stress and depression for adolescent suicidal ideation. *Mental Health & Social Work*, **19**, 125-149.

11. Izadinia, N., Amiri, M., Jahromi, R. G. & Hamidi, S. (2010). A study of relationship between suicidal ideas, depression, anxiety, resiliency, daily stresses and mental health among Teheran university students. *Procedia Soc Behav Sci*, **5**, 1515-1519.

12. Kaufman, J. M. (2009). Gendered responses to serious strain: The argument for a general strain theory of deviance. *Justice Q*, **26**(3), 410-444.

13. Kendel, D. B., Ravis, V. H. & Davies, M. (1991). Suicidal ideation in adolescence: Depression, substance abuse, and other risk factor. *J Youth Adolesc*, **20**(2), 289-309.

14. Kim, B. S. & Yun, D. H. (2011). Prevention of suicide infection on part of ad\-vance guard in media. *Newspapers and Broadcasting*, **7**, 22-26.

15. Kim, H. J. (2008). Effect factors of adolescences suicide risk. *J Kor Soc Child Welfare*, **27**, 69-93.

16. Kim, K. M., Youm, Y. S. & Park, Y. M. (2013). Impact of school violence on psychological well-being Korean students happiness and suicidal impulse. *J Kor Contents Assoc*, **13**(1), 236-247.

17. Kim, M. K. (2012). Relationship between negative emotions, family Resilience, self-esteem and suicide ideation in university students. *Kor Assoc Family Welfare*, **17**(1), 61-83.

18. Kim, S. A. (2009). Effects of childhood stress, depression, and social support on middle school adolescent suicidal ideation. *Kor J Family Welfare*, **14**(3), 5-27.

19. Konick, L. C. & Gutierrez, P. M. (2005). Testing a model of suicide ideation in college students. *Suicide and Life Threatening Behavior*, **35**(2), 18-92.

20. Lee, J. L. (2009). A forecast model on high school students' suicidal ideation: The investigation risk factors and protective using data mining. *Journal of the Korean Home Economics Association*, **47**(5), 67-77.

21. Meltzer, H., Harrington, R., Goodman, R. & Jenkins, R. (2001). *Children and Adolescents Who Try to Harm, Hurt or Kill Themselves*. National Statistics London Office.

22. National Information Society Agency (2012). *Implications for Suicide Prevention Policy of Youth Described in the Social Analysis*. Seoul, Korea: National Information Society Agency.

23. Park, J. Y., Lim, Y. O. & Yoon, H. S. (2010). Suicidal impulse caused by stress in Korea: Focusing on mediation effects of existent spirituality, family support, and depression. *Kor J Soc Welfare Studies*, **41**(4), 81-105.

24. Peruzzi, N. & Bongar, B. (1999). Assessing risk for completed suicide in patients with major depression: Psychologists' views of critical factors. *Professional Psychology; Research and Practice*, **30**(6), 576-80.

25. Rudd, M. D. & Rajab, M. H. (2001). *Treating Suicidal Behavior: An Effective Time-limited Approach*. New York (NY): Guilford Press.

26. Seo, S. J. & Jung, M. S. (2013). Effect of family flexibility on the idea of adolescents suicide: the senior year of high school boys. *J Kor Contents Assoc*, **13**(5), 262-274.

27. Song, T. M., Song, J., An, J. Y., Hayman, L. L. & Woo, J. M. (2014). Psychological and social factors affecting internet searches on suicide in Korea: A big data analysis of Google search trends. *Yonsei Med J.*, **55**(1), 254-263.

28. Song, T. M., Song, J., An, J. Y. & Jin, D. (2013). Multivariate analysis of factors for search on suicide using social big data. *Korean Journal of Health Education and Promotion*, **30**(3), 59-73.

29. SPSS Inc. (1998). *AnswerTree 1.0 User's Guide*. Chicago.

30. Stack, S. (2005). Suicide in the media: A quantitative review of studies based on non-fictional stories. *Suicide Life Threat Behav*, **35**, 121-133.

31. Statistics Korea (2013). *2013 Youth Statistics*.

32. Statistics Korea (2013). *Annual Report on the Causes of Death Statistics 2012*.

33. The Ministry of Science, ICT and Future Planning · Korea Internet & Security Agency (2013). *2013 Survey on the Internet Usage*.

34. Toprak, S., Cetin, I., Guven, T., Can, G. & Demircan, C. (2011) Self-harm, suicidal ideation and suicide attempts among college. *Psychiatry Res*, **87**, 140-144.

35. Tousignant, M., Mishara, B. L., Caillaud, A., Fortin, V. & St-Laurent, D. (2005). The impact of media coverage of the suicide of a well-known Quebec reporter: The case of Gaëtan Girouard. *Soc Sci Med*, **60**, 1919-1926.

36. Turecki, G. (2005). Dissecting the suicide phenotype: The role of impulsive-aggressive behaviours. *J Psychiatry Neurosci*, **30**(6), 398-408.

37. Wilburn, V. R. & Smith, D. E. (2005). Stress, self-esteem, and suicidal ideation in late adolescents. *Adolescence*, **40**, 33-45.

38. Yoon, M. S. & Lee, H. S. (2012). The relationship between depression, job preparing stress and suicidal ideation among college students: moderating effect of problem drinking. *Kor J Youth Studies*, **19**(3), 109-137.

Failure pessimism suicide of plastic surgery. Korea New Network. [accessed on 2014 February 8. Available at:http://www.knn.co.kr/news/todaynews_read.asp?ctime=20130625064242&stime=20130625064625&etime=20130625064227&userid=skkim&newsgubun=accidents.

http://ask.nate.com/

http://kin.naver.com/index.nhn

http://me2day.net/

http://pann.nate.com/

http://pann.nate.com/talk/

http://www.daum.net/

http://www.nate.com/

http://www.naver.com/

http://www.ppomppu.co.kr/

http://www.tistory.com/

https://twitter.com/

4장

cyber bullying(사이버따돌림) 위험 예측

1-1 연구의 필요성

최근 전세계적으로 스마트 미디어의 보급이 확산되고, 일상생활에서의 모바일 인터넷과 SNS의 이용이 급속히 증가하고 있다. 개인, 집단, 사회의 관계를 네트워크로 연결하는 SNS는 실시간성과 가속성이라는 특징을 지녔기 때문에 그 어떠한 매체보다 이슈에 대한 확산 속도가 빠르다. 인터넷과 SNS는 정보검색과 온라인 채팅 등 긍정적인 효과와 함께 사이버따돌림, 인터넷 중독, 게임과몰입 등과 같은 부정적인 효과가 나타나기도 한다. 특히, SNS는 청소년들이 일상생활에서 느끼는 우울한 감정이나 스트레스, 고민을 해소하는 공간으로 활용된다. 이러한 SNS에서 사이버따돌림에 노출된 청소년들이 자살을 선택하거나 폭력의 가해자가 됨에 따라 심각한 사회문제로 떠오르고 있다.

우리나라는 2013년 11월 현재 청소년의 29.2%, 일반인의 14.4%가 타인에게 사이버따돌림을 가한 경험이 있으며, 청소년의 30.3%, 일반인의 30.0%가 사이버따돌림의 피해를 경험한 것으로 조사되었다(Korea Communications Commission · Korea Internet & Security Agency, 2013). 사이버따돌림은 인터넷이나 SNS와 같은 사이버 공간을 통하여 언제, 어디서든 지속적으로 이루어지기 때문에 심리적인 고통의 측면에서 전통적 따돌림과 같이 피해자가 공격적이거나(Sahin et al., 2012) 무기력해지고, 극단적으로 민감해지는 감정의 불균형을 가져와 자해와 자살충동과 같은 심리적 상해를 가져올 수 있다(Moon et al., 2011).

전통적 따돌림(traditional bullying)은 일반적으로 한 학생이 반복적이고 지속적으로 한 명 혹은 그 이상의 다른 학생들의 부정적인 행동에 노출되는 것을 말하며(Olweus, 1994), 이때 부정적인 행동은 심리적·신체적 괴롭힘 등을 포함한다(Song, 2013). 사이버따돌림(cyber bullying)은 '개인 혹은 집단이 자기 자신을 스스로 방어하기 힘든 피해자를 대상으로 반복적으로 전자기기를 통해 이루어지는 공격적 행동 혹은 행위로 정의한다(Slonje et al., 2013: p.26). Willard(Willard, 2007)는 사이버따돌림의 유형을 다음 7가지로 정의하였다. 플레이밍(flaming)은 '무례하고 상스러운 메시지로 온라인상에서 싸우는 것'을 말한다. 사이버괴롭힘(harassment)은 '반복적으로 불쾌하고 비열하고 모욕적인 메시지를 보내는 것'을 말한다. 혈

---

1. This manuscript was originally written by Juyoung Song, Tae Min Song, to prepare the draft of a paper to be submitted to an international journal.

뜯기(denigration)는 '타인의 명예를 훼손하는 루머나 가십거리를 온라인상에 유포하는 것'을 말한다. 위장하기(impersonation)는 '다른 사람인 것처럼 가장하고 상대방의 평판이나 교우관계에 손해를 입히기 위한 자료를 유포하는 것'을 말한다. 아우팅(outing)은 '의도적으로 공유하고 싶지 않은 예민하거나 창피한 사적 정보가 폭로되는 것'을 말한다. 배척(exclusion)은 '온라인 그룹에서 누군가를 고의적으로 잔인하게 배제시키는 것'을 말한다. 사이버스토킹(cyberstalking)은 '공포심이나 불안감을 주는 욕설이나 협박을 담고 있는 메일을 반복적으로 송신하는 것'을 말한다. 이와 같이 사이버따돌림의 정의는 사이버폭력과 같은 포괄적인 의미로 사용된다.

일부 연구에서는 전통적 따돌림에 참여한 사람들이 사이버따돌림의 행위를 보이고(Smith et al., 2008), 전통적 따돌림을 당한 사람들이 사이버따돌림의 피해를 입는 경향이 높음을 밝혀내었다(Katzer et al., 2009). Moon 등(Moon et al., 2011)의 연구에서는 자해와 자살충동은 전통적 따돌림에서도 발견할 수 있을 뿐만 아니라 사이버따돌림과도 연관이 깊은 것으로 나타났다. 전통적 따돌림을 당하는 학생들은 충동성이 높고(Kim et al., 2001), 가해학생의 심리적 특성은 충동성(Olweus, 1994)과 관계가 있다고 보고되었다. 전통적 따돌림은 개인이 지각한 스트레스와 관련이 있는 것으로 나타났다(Coie, 1990). 전통적 따돌림은 개인과 집단 간 문화적 차이에서 오는 피할 수 없는 문화적 충돌 현상으로 보고되었으며(Park, 2000), 영화나 TV, 연극 등에서 특정 갱 집단을 보여주는 집단문화나 집단따돌림 현상을 그대로 모방·학습하여 그것을 실천하는 과정에서 전통적 따돌림 현상이 발생할 수 있는 것으로 나타났다(Lee, 2007). 전통적 따돌림의 가해자는 지배성과 유의한 정적인 상관이 있는 것으로 밝혀졌다(Olweus, 1994). 한국의 다문화 가정 자녀의 37%가 전통적 따돌림을 당하고 있다고 보고되었다(Kim, 2012). 외모가 뚱뚱해서 어울리지 못하는 등 신체적 특성에 의해 전통적 따돌림을 당하는 경우가 있으며(Noh, 2011), 전통적 따돌림 행동은 피해아동의 외모(Roland, 1988), 대인관계와 사회적 기술(Randoll, 1997)과 관련이 있다고 보고되었다.

전통적으로 한 학급에서 발생하는 따돌림은 집단에 속한 개인의 역할에 따라 가해, 피해, 방관으로 구분한다(Gini et al., 2008). 가해아동은 따돌림행위의 주체로, 적극적이고 의도적으로 때로는 다른 아이를 선동한다. 피해아동은 따돌림행위의 대상으로, 신체적·정신적인 피해를 경험한다. 가해자와 피해자를 제외한 다수는 방관자로, 따돌림은 자신과 무관하며, 흥미를 느끼거나 구경을 하지만 가해아동을 말리거나 피해아동을 돕는 것과 같은 개입을 전혀 하지 않는다(Jang & Choi, 2010). 이와 같이 다수의 방관자들이 사실은 또래 괴롭힘 행위를 유지 또는 악화시키는 데 크게 기여한다는 사실이 밝혀지면서(Hawkins et al., 2001) 방관자에 대한 관심도 많아지고 있다. 국내의 연구에서는 전통적 따돌림 유형을 가해성향이 높고 피해성향이 낮은 가해집단, 가해성향이 낮고 피해성향이 높은 피해집단, 가해성향과 피해성향이 모두 높은 가해피해집단, 가해성향과 피해성향이 모두 낮은 일반집단으로 구분하기도 한다(Choi et al., 2001). 전통적 따돌림의 유형별 분포는 노경아·백지숙(Noh & Baik, 2013)의 연구에서는 가해집단(14.1%), 피해집단(4.8%), 가해피해집단(6.8%), 일반집단(74.2%)으로 나타났으며, 노언경·홍세희(No & Hong, 2013)의 연구에서는 전체 청소년의 61.8%는 일반집단이며 나머지 38.2%가 가해집단, 피해집단, 가해피해집단으로 나타났다. 전통적 따돌림의 피해자는 가해자보다 불안감이 많으며(Bond et al., 2001), 전통적 따돌림으로 인한 분노가 가득하고 지속될수록 누적되어 때로는 가해자가 되기도 한다(Kim, 2004). 가장 극단적인 따돌림 피해를 입은 학생이 때로는 가장 공격적인 가해자가 될 수도 있다고 보고되었다(Perry et al., 1998).

이와 같이 사이버따돌림의 심각성에도 불구하고 관련 연구는 충분히 이루어지지 않고 있다(Slonje et al., 2013). 사이버따돌림에 관한 연구는 지금까지 전통적 따돌림과 사이버따돌림에 대한 정의(Olweus, 1994)나 연관성(Smith, 2012)에 대한 것이고, 실제 사이버상에서 이루어지는 따돌림의 행위를 분석하여 전통적 따돌림과의 관계를 실증적으로 검증한 연구는 현재까지는 없는 실정이다.

한편 SNS를 통하여 전송되는 데이터의 양이 기하급수적으로 증가하고 데이터가 경제적 자산으로서 그 가치를 인정받기 시작하면서, 다양한 부문에서 빅데이터의 적극적인 활용을 시도하고 있다. 우리나라는 이미 수많은 빅데이터를 정부 및 공공기관이나 민간기관의 검색포털이나 SNS에서 관리·저장하고 있으나 정보접근과 분석방법의 어려움으로 빅데이터의 활용과 분석은 미흡한 실정이다(Song et al., 2013). 특히, 사이버따돌림의 원인과 관련 요인을 구명하기 위하여 기존에 실시하던 횡단적 조사나 종단적 조사 등을 대상으로 한 연구는 정해진 변인들에 대한 개인과 집단의 관계를 보는 데는 유용하나 사이버상에서 언급된 개인별 버즈(buzz: 입소문)가 사회적 현상들과 얼마나 어떻게 연관되어 있는지 밝히고 원인을 파악하는 데는 한계가 있다. 이러한 점에서 소셜 빅데이터를 활용한 데이터마이닝의 의사결정나무 분석은 특별한 통계적 가정 없이 결정규칙에 따라 새로운 상관관계나 패턴 등을 발견함으로써 사이버따돌림과 같은 인간행동의 복잡하고 역동적인 현상에서 발생하는 다양한 원인들의 상호작용 관계를 효과적으로 분석하는 데 유용한 도구라고 할 수 있다. 이에 본 연구는 우리나라 온라인 뉴스사이트, 블로그, 카페, SNS, 게시판 등에서 수집된 소셜 빅데이터를 바탕으로 사이버따돌림의 유형에 따라 나타나는 원인을 설명할 수 있는 예측모형과 연관 규칙을 제시하고자 한다.

1-2 연구목적

본 연구의 목적은 소셜 빅데이터를 활용하여 데이터마이닝의 의사결정나무 분석을 통해 한국의 사이버따돌림의 유형별 위험요인 예측모형을 제시하는 데 있으며, 구체적인 목적은 다음과 같다.

첫째, 사이버따돌림 유형을 분류하고 유형별로 영향을 미치는 요인을 파악한다.

둘째, 사이버따돌림의 유형별 위험요인을 예측할 수 있는 의사결정나무를 개발한다.

2 | 연구방법

2-1 연구설계

본 연구는 한국의 사이버따돌림에 대한 유형별 위험요인을 예측하기 위하여 소셜 빅데이터를 활용한 데이터마이닝 분석 연구이다.

2-2 연구대상

본 연구는 국내의 온라인 뉴스 사이트, 블로그, 카페, SNS, 게시판 등 인터넷을 통해 수집된 소셜 빅데이터를 대상으로 하였다. 본 분석에서는 214개의 온라인 뉴스사이트, 4개의 블로그(네이버, 네이트, 다음, 티스토리), 3개의 카페(네이버, 다음, 뿜빠), 2개의 SNS(트위터, 미투데이), 4개의 게시판(네이버지식인, 네이트지식, 네이트톡, 네이트판) 등 총 227개의 온라인 채널을 통해 수집 가능한 텍스트 기반의 웹문서(버즈)를 소셜 빅데이터로 정의하였다. 2011년 1월 1일부터 2013년 3월 31일(821일)까지 해당 채널에서 사이버따돌림 관련 토픽 435,565건을 수집하여 분석하였다. 본 연구에서 사이버따돌림은 Willard(2007)가 정의한 사이버폭력과 같은 포괄적 의미로 사용하였다. 본 연구를 위해 소셜 빅데이터 수집에는 크롤러(crawler)를 사용하였고 토픽 분류에는 주제분석(text mining) 기법을 사용하였다. 사이버따돌림 관련 토픽은 전통적 따돌림 관련 유사어 '은따, 영따, 영원히 따, 전따, 반따, 뚱따, 뚱뚱해서 따돌림, 직따, 직장 왕따, 직장 따돌림, 이지메, 카카오톡 왕따, 카카오톡 따돌림, 카톡 왕따, 카톡 따돌림, 카카오스토리 왕따, 카카오스토리 따돌림, 카스 왕따, 카스 따돌림(*트위터: '카따'로 수집), 집단따돌림, 집단 괴롭힘, 불링, 사이버 불링, 싸이버 불링, 또래폭력, 집단폭력, 동료학대, 집단학대, 담배셔틀, 빵셔틀, 온라인 따돌림, 사이버 따돌림'의 33개 유사어를 사용하였으며, '점프3대, 호야왕따, 왕따소설, 왕따만화, 카따마르카푸껫, 카페왕따, 힌디어, 전따소설'의 9개 불용어를 사용하여 수집하였다. 그리고 사이버따돌림 토픽은 요일별, 주말, 휴일을 고려하지 않고 매 시간단위로 수집하였다. 본 연구의 실제 분석대상은 전체 사이버따돌림 버즈(435,565건)에서 사이버따돌림의 원인을 언급한 103,212건의 버즈를 대상으로 하였다.

2-3 연구의 윤리적 고려

연구에 대한 윤리적 고려를 위하여 한국보건사회연구원 생명윤리위원회(IRB)의 승인(No. 2014-1)을 얻은 후 연구를 진행하였다. 연구대상 자료는 한국보건사회연구원과 SKT가 2013년 5월에 수집한 2차 자료를 활용하였으며, 수집된 소셜 빅데이터는 개인정보를 인식할 수 없는 데이터로 대상자의 익명성과 기밀성이 보장되는 연구이다.

---

1 연구대상 수집하기

- 본 연구대상인 '사이버따돌림 관련 소셜 빅데이터 수집'은 소셜 빅데이터 수집 로봇(웹크롤)과 담론분석(주제어 및 감성분석) 기술을 보유한 SKT에 의뢰하여 이루어졌다.

- 사이버따돌림 수집조건

토픽	유사어	불용어
왕따	은따, 영따, 영원히 따, 전따, 반따, 뚱따, 뚱뚱해서 따돌림, 직따, 직장 왕따, 직장 따돌림, 이지메, 카카오톡 왕따, 카카오톡 따돌림, 카톡 왕따, 카톡 따돌림, 카카오스토리 왕따, 카카오스토리 따돌림, 카스 왕따, 카스 따돌림(* 트위터: "카따"로 수집), 집단따돌림, 집단 괴롭힘, 불링, 사이버 불링, 싸이버 불링, 또래폭력, 집단폭력, 동료학대, 집단학대, 담배셔틀, 빵셔틀, 온라인 따돌림, 사이버 따돌림	점프3대, 호야왕따, 왕따소설, 왕따만화, 카따마르카, 푸껫, 푸껫, 카페왕따, 힌디어, 전따소설
	수집기간	수집채널
	2011. 01. 01 ~ 2013. 03. 31	1. 뉴스: 온라인상에 게재되는 214개 뉴스 사이트 2. 블로그: 네이트블로그, 네이버블로그, 다음블로그, 티스토리 3. 카페: 네이버카페, 다음카페, 뽐뿌 4. SNS: 트위터, 미투데이 5. 게시판: 네이버지식인, 네이트지식, 네이트톡, 네이트판

- 사이버따돌림 담론의 정형화(코드화)

문항번호	변수명	설명	비고
1	ID	문서번호	
2	사이트(226개)		수집 사이트 코드 시트 참조
3~5	심리 유형	심리 유형 카운트	피해자, 가해자, 방관자
6~84	대상 언급 코드(79개)	1: 존재 " ": 없음	
85~202	원인 언급 코드(118개)	1: 존재 " ": 없음	
203~293	방법 언급 코드(91개)	1: 존재 " ": 없음	언급 키워드 코드 시트 참조
294~375	장소 언급 코드(82개)	1: 존재 " ": 없음	
376~391	지역 언급 코드(16개)	1: 존재 " ": 없음	
392~406	유형 언급 코드(15개)	1: 존재 " ": 없음	
407	최초 작성 문서	1: 최초 작성 문서 " ": 확산 문서	
408	년	YYYY	2011, 2012, 2013
409	월	MM	1~12
410	일	DD	1~31
411	시	HH	0: 무응답, (1-24)
412	트위터 언급방식	1: 대화형, 2: 전파형, 3: 독백형, 4: reply형, 5: 정보링크형	사이트가 트위터일 때만 표시
413	왕따 감정 (버즈 긍부정 척도)	A: 긍정, B: 보통, C: 부성, D: 없음	
414	확산 수	문서 확산 수	(V415+V416+V417)
415	1주 확산 수	1주차 문서 확산 수	
416	2주 확산 수	2주차 문서 확산 수	
417	3주 확산 수	3주차 문서 확산 수	

- 본 연구의 사이버따돌림 토픽은 수집 로봇(웹크롤)으로 해당 토픽을 수집한 후 유목화(범주화)하는 bottom-up 수집방식을 사용하였다.

2-4 연구도구

사이버따돌림과 관련하여 수집된 버즈는 주제분석(text mining)과 감성분석(opinion mining)의 과정을 거쳐 다음과 같이 정형화 데이터로 코드화하여 사용하였다.

1) 사이버따돌림 대상

사이버따돌림 대상은 '가족, 가족들, 패밀리, 훼미리, 패미리, 할머니, 할아버지, 아버지, 어머니, 아빠, 엄마, 아내, 부인, 주부, 부부, 부모, 계부, 계모, 장모, 아들, 오빠, 언니, 동생, 어린이, 아이, 커플, 애인, 학생들, 학생, 초중고생, 중딩, 중학생, 중삐리, 중고등학생, 고딩, 고삐리, 고교생, 여고생, 고등학생, 대딩, 직장인, 친구, 친구들, 청소년, 남녀, 남자, 여자, 여자들, 남성, 여성, 가해자, 피해자, 어른, 노인, 10대, 20대, 30대, 40대, 50대, 60대, 70대, 80대, 10대 남성, 10대 여성, 20대 남성, 20대 여성, 30대 남성, 30대 여성, 40대 남성, 40대 여성, 50대 남성, 50대 여성, 60대 남성, 60대 여성, 70대 남성, 70대 여성, 80대 남성, 80대 여성'의 79개로 분류하고, 대상이 있는 경우는 '1', 없는 경우는 '0'으로 코드화하였다.

2) 사이버따돌림 원인

사이버따돌림 원인은 '신체적 미성숙, 장애, 비만, 소아비만, 왜소, 외모, 얼굴, 자폐증, 사회성 부족, 사교성 부족, 학교 부적응, 친구 수 부족, 과잉보호, 공주병, 왕자병, 잘난 척, 고자질, 은둔형 외톨이, 성격, 콤플렉스, 눈치, 이간질, 아부, 대인기피, 착한 척, 오타쿠, 우월성 과시, 이기주의, 인내력 부족, 공격성, 폭행, 스트레스 해소, 분노, 자존감, 지배욕, 무시, 충동, 충동적, 질투, 시기, 비행경험, 가출, 일탈, 갈등, 좌절, 열등감, 반항, 세력, 부모와 대화부족, 부모폭력, 부모감시, 부부싸움, 부모 무관심, 부모애착, 부모애정, 부모훈육, 부모이혼, 가족관계, 가족해체, 친구폭력, 친구왕따, 친구괴롭힘, 친구애착, 비행친구와의 접촉, 친구, 이성친구, 선생폭력, 선생꾸지람, 선생무관심, 선생애착, 학교대형화, 폐쇄적 학급조직, 교사역할 약화, 핵가족화, 폭력용인풍토, 집단주의문화, 파벌주의, 인간존중심 상실, 가치기준 전도, 사회적 불평등, 경제적 파산, 학벌지상주의, 입시경쟁과열, 왕따문화, 병영문화, 조폭문화, 경쟁교육, 소득불평등, 폭력적 사회, 다문화 가정, 대중매체 폭력성, 온라인게임, 스마트폰, 연예인, 영화, 소설, 유흥업소 출입, 흡연, 담배, 음주, 알코올, 술, 일진, 유해업소, 약물, 마약, 범죄, 양아치, 날나리, 취미, 취향, 돈, 금전, 물건, 물품, 옷, 의류, 가방'의 118개로 분류하고, 원인이 있는 경우는 '1', 없는 경우는 '0'으로 코드화하였다.

3) 사이버따돌림 방법

사이버따돌림 방법은 '가해행위, 가혹행위, 감금강간, 격리, 경시, 고문, 공갈, 공격, 공부방해, 과잉친절, 괴롭힘, 구박, 금품갈취, 기피, 꼴통취급, 노예, 놀림, 놀지 않기, 능멸, 돈갈취, 돈뺏기, 동영상, 뒷담, 뒷담화, 따돌림, 때리기, 루머, 마녀사냥, 막말, 면박, 멸시, 모욕, 모함, 몰매, 무시, 물건갈취, 범죄, 비난, 비웃기, 비웃음, 비판, 빈정거리기, 빵셔틀, 사진찍기, 살인, 살해, 성적 모욕, 성추행, 성폭력, 성폭행, 성희롱, 셔틀, 소문, 소문내기, 소외, 시비, 신체적 학대, 심부름, 심부름시키기, 악담, 악플, 야유, 열외, 옷갈취, 옷벗기기, 옷뺏기, 옷찢기, 와이파이셔틀, 외면, 욕설, 위협, 장난, 조롱, 집단폭행, 째려보기, 체벌, 침뱉기, 티아라놀이, 폭력, 폭력처벌, 폭력행위, 폭로, 폭행, 폭행구타, 핍박, 학교폭력, 학대, 함정, 협박, 협박하기, 횡포'의 91개로 분류하고, 방법이 있는 경우는 '1', 없는 경우는 '0'으로 코드화하였다.

4) 사이버따돌림 장소

사이버따돌림 장소는 'pc방, 감옥, 건물, 게임, 고등학교, 골목, 공원, 교도소, 교실, 교회, 구글, 초등학교, 군대, 기업, 네이트, 놀이터, 대학가, 대학교, 대학병원, 도서관, 독서실, 동네, 동물원, 동산, 마트, 메시지, 모바일, 미니홈피, 미투데이, 바다, 방송, 백화점, 버스, 복도, 분수대, 빵집, 사립학교, 사무실, 산, 서점, 수학여행, 시골동네, 시장, 싸이월드, 아나운서실, 아파트, 여고, 연습실, 옥상, 온라인, 외고, 우리집, 운동장, 인천공항, 졸업식, 주차장, 중학교, 지하철, 직장, 직장 내, 집, 집안, 채팅, 체육관, 체육시간, 초등학교, 카카오스토리, 카카오톡, 카톡방, 카페, 캠퍼스, 컴퓨터, 택시, 트위터, 페이스북, 학교축제, 학급, 학원, 호텔, 화장실, 휴대전화, 학교'의 82개로 분류하고 장소가 있는 경우는 '1', 없는 경우는 '0'으로 코드화하였다.

5) 사이버따돌림 유형

사이버따돌림 유형은 감성분석을 통하여 가해자 심리의 표현(예: '왕따 당할 만하다', '왕따 쉽다', '왕따 정당하다' 등)이 담긴 버즈, 피해자 심리의 표현(예: '왕따 당하다', '같이 놀지 않는다', '무서운 왕따' 등)이 담긴 버즈, 방관자 심리의 표현(예: '왕따 경험 있다', '왕따 도움 필요하다', '왕따 친구 있다' 등)이 담긴 버즈의 횟수로 분류하였다.

- 사이버따돌림 관련 주제분석 및 감성분석
  - 사이버따돌림 대상은 주제분석을 통하여 총 79개 키워드로 분류하였다.
  - 사이버따돌림 원인은 주제분석을 통하여 총 118개 키워드로 분류하였다.
  - 사이버따돌림 방법은 주제분석을 통하여 총 91개 키워드로 분류하였다.
  - 사이버따돌림 장소는 주제분석을 통하여 총 82개 키워드로 분류하였다.
  - 사이버따돌림 유형은 감성분석을 통하여 총 3개(가해자, 피해자, 방관자)로 분류하였다.

※ 주제분석에는《21세기 세종계획》과 같은 범용사전이 있지만 대부분 분석 목적에 맞게 사용자가 설계한 사전을 사용한다.

본 연구의 사이버따돌림 주제분석은 SKT에서 관련 문서를 수집한 후 원시자료(raw data)에서 나타난 상위 2,000개의 키워드를 대상으로 유목화(범주화)하여 사용자 사전을 구축하였다.

1. 사이버따돌림 유형 분석

- 사이버따돌림 유형은 감성분석을 통하여 가해자(문항번호 4: V4), 피해자(문항번호 3: V3), 방관자(문항번호 5: V5)의 버즈 횟수로 분류하였다.

1단계: 데이터파일을 불러온다(분석파일: 사이버따돌림_최종.sav).
2단계: 프로그램 파일을 실행시킨다(파일명: 왕따감정.sps).
3단계: 결과를 확인한다.

```
compute bullying=4.
if(V3 ge V4 and V3 ge V5) bullying=1.
if(V4 ge V3 and V4 ge V5) bullying=2.
if(V5 ge V3 and V5 ge V4) bullying=3.
execute.
value labels bullying(1)victims(2)offender(3)bystander(4)public.
```

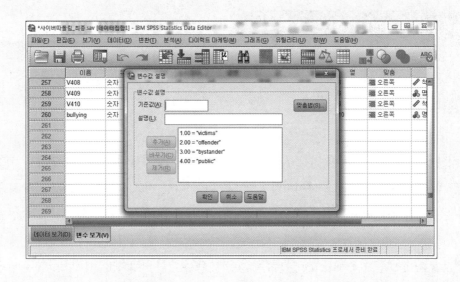

2-5 자료 분석방법

본 연구에서는 한국의 사이버따돌림 유형별 위험요인을 설명하는 가장 효율적인 예측모형을 구축하기 위해 특별한 통계적 가정이 필요하지 않은 데이터마이닝의 의사결정나무 분석방법을 사용하였다. 데이터마이닝의 의사결정나무 분석은 방대한 자료 속에서 종속변인을 가장 잘 설명하는 예측모형을 자동 산출해 줌으로써 각기 다른 원인을 가진 사이버따돌림 유형에 대한 위험요인을 쉽게 파악할 수 있다. 본 연구의 의사결정나무 형성을 위한 분석 알고리즘은 CHAID(Chi-squared Automatic Interaction Detection), Exhaustive CHAID, CRT(Classification and Regression Tree), QUEST(Quick, Unbiased, Efficient Statistical Tree) 확장방법(growing method) 중 모형의 예측률이 가장 높은 CHAID를 사용하였다. CHAID는 가능한 모든 상호 작용효과를 자동 탐색하며 종속변수가 이산형인 분리기준으로 카이제곱(χ^2) 검정을 사용한 다. 정지규칙(stopping rule)으로 상위 노드(부모마디)의 최소 케이스 수는 100으로, 하위 노드 (자식마디)의 최소 케이스 수는 50으로 설정하였고, 나무깊이는 3수준으로 정하였다. 그리고 데이터 분할에 의한 타당성 평가를 위해 훈련표본(training data)과 검정표본(test data)의 비율은 70:30으로 설정하였다. 본 연구의 기술분석, 다중로지스틱 회귀분석, 의사결정나무 분석은 SPSS 22.0을 사용하였다.

3-1 주요 변인들의 기술통계

사이버따돌림 토픽을 언급한 전체 버즈 435,565건 중 사이버따돌림의 원인을 언급한 버즈는 23.7%(103,212건)로 나타났다. 사이버따돌림 원인을 언급한 버즈 중 사이버따돌림의 유형은 아무런 감정을 표현하지 않은 일반인은 56%(57,817건)로 나타났으며 피해자는 32.3%(33,361건), 가해자는 6.4%(6,587건), 방관자는 5.3%(5,447건)의 순으로 나타났다. 사이버따돌림의 원인은 충동요인, 일진요인, 외모요인, 문화적 요인 등의 순으로 나타났고, 사이버따돌림 방법은 폭력요인, 셔틀요인, 괴롭힘요인, 집단폭행요인 등의 순으로 나타났다. 사이버따돌림 장소는 학교요인, 집안요인, 산요인, 운동장요인 등의 순으로 나타났다(표 4-1).

[표 4-1] Descriptive Statistics

cyber bullying cause				cyber bullying method		cyber bullying place	
cause[*]	buzz(%)	cause[†]	buzz(%)	method[‡]	buzz(%)	method[§]	buzz(%)
impulse	294(0.4)	impulse	19,848(29.9)	not play	120(0.2)	SNS	4,208(4.9)
obesity	279(0.4)			violence	18,600(31.2)	school	27,447(31.9)
princess	160(0.2)	obesity	279(0.4)	insult	2,090(3.5)	katok	2,729(3.2)
stress	1,998(2.9)			shuttle	9,542(16.0)	playground	4,805(5.6)
drug	3,791(5.4)			mock	296(0.5)	mart	3,628(4.2)
deviation	967(1.4)	stress	5,841(8.8)	collective violence	5,510(9.2)	work place	2,060(2.4)
appearance	12,729(18.3)	appearance	12,729(19.2)	rear discourse	1,323(2.2)	home	19,774(23.0)
money	8,413(12.1)			harassment	6,030(10.1)	mountain	9,127(10.6)
envy	3,879(5.6)	lack of social	298(0.4)	harsh action	581(1.0)	apartment	2,467(2.9)
lack of social	147(0.2)			booing	232(0.4)	subway	1,784(2.1)
assault	8,568(12.3)	culture	8,955(13.5)	blame	4,110(6.9)	garage	676(0.8)
smoking	3,246(4.7)			mischief	3,593(6.0)	bakery	2,620(3.0)
culture	798(1.1)	multicultural	1,127(1.7)	malicious writing	2,042(3.4)	campus	361(0.4)
ruling	5,886(8.5)			intimidation	2,766(4.6)	reading room	445(0.5)
multicultural	1,127(1.6)			abuse	792(3.3)		
iljin	17,327(24.9)	iljin	17,327(26.1)	murder	1,992(3.3)	mini homepage	3,881(4.5)

[*] Performs primary factor analysis for the 118 due to reduced factors cause 16.
[†] The shortened to eight factors factors due sixteen shortened as a result of the analysis of the primary factors.
[‡] Performs primary factor analysis for the 91 due to reduced factors method 16.
[§] Performs primary factor analysis for the 91 due to reduced factors place 15.

연구도구 만들기(주제분석, 요인분석)

- 사이버따돌림 원인의 주제분석 및 요인분석
  - 사이버따돌림 원인은 주제분석을 통하여 총 118개(사망~가방) 키워드로 분류되었다.
  - 따라서 [표 4-1]의 사이버따돌림 원인(cyber bullying cause)은 118개 키워드(변수)에 대한 요인분석을 통하여 변수축약을 실시해야 한다.

1. 사이버따돌림 원인 1차 요인분석

1단계: 데이터파일을 불러온다(분석파일: 사이버따돌림_최종.sav).

2단계: [분석]→[차원감소]→[요인분석]→[변수: V86(사망)~V202(가방)]를 선택한다.

3단계: [요인회전]→[베리멕스]를 지정한다.

4단계: [요인추출]→[추출: 고정된 요인 수(16)]를 지정한다.

5단계: [옵션]→[계수출력형식: 크기순 정렬, 작은 계수 표시 안 함]을 지정한다.

6단계: 결과를 확인한다.

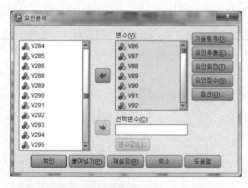
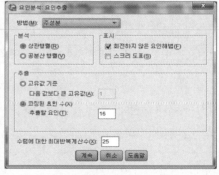
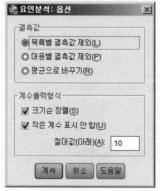

설명된 총분산

성분	초기 고유값			추출 제곱합 적재값			회전 제곱합 적재값		
	합계	% 분산	% 누적	합계	% 분산	% 누적	합계	% 분산	% 누적
1	2.648	3.270	3.270	2.648	3.270	3.270	2.045	2.524	2.524
2	1.644	2.029	5.299	1.644	2.029	5.299	1.556	1.922	4.446
3	1.550	1.913	7.212	1.550	1.913	7.212	1.554	1.919	6.365
4	1.521	1.878	9.090	1.521	1.878	9.090	1.489	1.839	8.204
5	1.427	1.761	10.852	1.427	1.761	10.852	1.473	1.819	10.023
6	1.381	1.705	12.557	1.381	1.705	12.557	1.433	1.769	11.792
7	1.333	1.645	14.202	1.333	1.645	14.202	1.400	1.728	13.520
8	1.263	1.560	15.762	1.263	1.560	15.762	1.307	1.614	15.134
9	1.233	1.522	17.284	1.233	1.522	17.284	1.300	1.605	16.739
10	1.192	1.472	18.756	1.192	1.472	18.756	1.286	1.588	18.327
11	1.175	1.451	20.207	1.175	1.451	20.207	1.251	1.545	19.871
12	1.173	1.448	21.656	1.173	1.448	21.656	1.239	1.530	21.401
13	1.135	1.401	23.057	1.135	1.401	23.057	1.195	1.475	22.876
14	1.128	1.392	24.449	1.128	1.392	24.449	1.188	1.466	24.342
15	1.113	1.374	25.823	1.113	1.374	25.823	1.155	1.426	25.768
16	1.104	1.363	27.186	1.104	1.363	27.186	1.148	1.417	27.186

결과 해석 118개의 사이버따돌림 원인 변수가 총 16개의 요인으로 축약되었다.

회전된 성분행렬[a]

	성분													
	1	2	3	4	5	6	7	8	9	10	11	12	13	14
V129 충동	.973		.111		.102									
V121 충동적	.973		.111		.102									
V88 소아비만		.852												
V87 비만		.833												
V118 자존감		.302	.281		.141						.105			
V123 시기			.519									.124		
V114 공격성			.375		.272							-.214	.120	-.103
V127 갈등			.374								.136			.132
V122 질투			.359		-.192							.235		
V128 좌절	.167		.314											
V131 반항			.276		.218				.137					
V171 경쟁교육			.263											
V99 환자병				.820										
V98 공주병				.790										
V189 약물	.144		.102		.513		.236				.110			
V185 알코올					.470		.105							
V92 자폐증					.403				-.110			.158		
V86 장애			.119		.403									.108
V142 가족관계			.110		.305									
V141 부모이혼			-.116		.260									.136
V95 학교부적응					.232		.212				.151			
V102 은둔형외톨이					.161							.105		
V188 유해업소					.156									
V184 음주						.835	.102							

결과 해석 회전된 성분행렬 분석결과 충동요인(충동), 비만요인(비만, 소아비만), 공주(왕자)병요인(왕자병, 공주병), 스트레스해소요인(음주, 스트레스해소), 약물요인(약물, 알코올, 장애, 자폐, 공격), 일탈요인(일탈, 가출), 외모(외모, 연예인, 얼굴), 금전요인(옷, 가방, 물건, 돈), 시기요인(질투, 시기), 사회성부족요인(핵가족화, 사회성부족, 과잉보호), 폭행범죄요인(폭행, 범죄), 담배요인(담배, 흡연), 문화요인(양아치, 조폭문화), 지배욕분노요인(지배욕, 분노, 스마트폰), 다문화열등감요인(다문화, 열등감), 일진요인(일진, 술, 사회적 불평등)으로 결정되었다.

• 빅데이터 분석을 하기 위해서는 요인분석 결과로 결정된 16개 요인에 포함된 변수를 합산한 후 이분형 변수변환을 실시한다.

```
compute 충동요인=V121+V129.
compute 비만요인=V87+V88.
compute 공주병요인=V99+V98.
compute 스트레스해소요인=V184+V116.
compute 약물요인=V189+V185+V86+V92+V114.

…

compute 담배요인=V183+V182.
compute 문화요인=V192+V170.
compute 지배욕분노요인=V119+V177+V117.
compute 다문화열등감요인=V174+V130.
compute 일진요인=V187+V186+V164.
execute.
```

```
compute N충동=0.
if(충동요인 ge 1) N충동=1.
compute N비만=0.
if(비만요인 ge 1) N비만=1.
compute N공주=0.
if(공주병요인 ge 1) N공주=1.
compute N스트레스=0.
if(스트레스해소요인 ge 1) N스트레스=1.
…
compute N지배욕=0.
if(지배욕분노요인 ge 1) N지배욕=1.
compute N다문화=0.
if(다문화열등감요인 ge 1) N다문화=1.
compute N일진=0.
if(일진요인 ge 1) N일진=1.
execute.
```

※ 위의 명령문(왕따원인.sps)을 실행하면 16개의 이분형 요인(N충동~N일진)이 생성된다.

• 1차 요인분석의 결과로 생성된 16개 요인에 대해 2차 요인분석을 통하여 변수축약을 실시한다.

2. 사이버따돌림 원인 2차 요인분석

1단계: 데이터파일을 불러온다(분석파일: 사이버따돌림_최종.sav).

2단계: [분석]→[차원감소]→[요인분석]→[변수: N충동~N일진]을 선택한다.

3단계: [요인회전]→[베리멕스]를 지정한다.

4단계: [요인추출]→[추출: 고정된 요인 수(8)]를 지정한다.

5단계: [옵션]→[계수출력형식: 크기순 정렬, 작은 계수 표시 안 함]을 지정한다.

6단계: 결과를 확인한다.

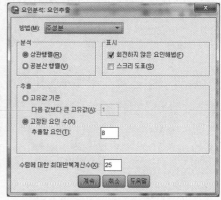

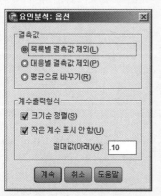

설명된 총분산

성분	초기 고유값			추출 제곱합 적재값			회전 제곱합 적재값		
	합계	% 분산	% 누적	합계	% 분산	% 누적	합계	% 분산	% 누적
1	1.353	8.454	8.454	1.353	8.454	8.454	1.290	8.065	8.065
2	1.110	6.939	15.394	1.110	6.939	15.394	1.092	6.823	14.888
3	1.108	6.923	22.317	1.108	6.923	22.317	1.088	6.798	21.686
4	1.047	6.547	28.864	1.047	6.547	28.864	1.069	6.680	28.366
5	1.036	6.472	35.336	1.036	6.472	35.336	1.057	6.606	34.971
6	1.016	6.350	41.685	1.016	6.350	41.685	1.041	6.505	41.477
7	1.000	6.251	47.937	1.000	6.251	47.937	1.011	6.317	47.794
8	.982	6.140	54.076	.982	6.140	54.076	1.005	6.283	54.076
9	.965	6.029	60.106						
10	.961	6.005	66.110						
11	.935	5.844	71.955						
12	.919	5.745	77.700						
13	.911	5.696	83.397						
14	.896	5.601	88.997						
15	.890	5.565	94.562						
16	.870	5.438	100.000						

결과 해석 16개의 사이버따돌림 원인 변수가 총 8개의 요인으로 축약되었다.

표 제목: 회전된 성분행렬ª

	성분							
	1	2	3	4	5	6	7	8
N충동	.595							
N약물	.517			-.149			.154	.126
N시기	.479			.378				
N지배욕	.397	-.221		-.133		-.381	-.396	-.224
N스트레스		.700	-.164			-.352		
N담배		.598	.170			.250		
N일탈	.340	.419			-.126		.167	
N문화	-.120		.746					
N금전	.126		.681			-.104		
N외모	.104			.717			.162	
N폭행	.232		-.588			.129	.171	
N공주					.762			
N사회성부족	.187				.657			
N일진						.810	-.112	
N다문화	.125					-.126	.827	
N비만								.955

결과 해석 회전된 성분행렬 분석결과 충동시기요인(충동, 약물, 시기, 지배욕, 폭행), 스트레스일탈요인(스트레스, 담배, 일탈), 문화금전요인(문화, 금전), 외모요인(외모), 공주사회성부족요인(공주, 사회성부족), 일진요인(일진), 다문화요인(다문화), 비만요인(비만)으로 결정되었다.

- 빅데이터 분석을 하기 위해서는 요인분석 결과로 결정된 8개 요인에 포함된 변수를 합산한 후 이분형 변수변환을 실시한다.

```
compute 충동1=V121+V129+V189+V185+
V86+V92+V114+V122+V123+V119+V177+
V117+V115+V191.
compute 비만1=V87+V88.
compute 스트레스1=V184+V116+V183+V182+
V126+V125.

…

compute 외모1=V90+V178+V91.
compute 다문화1=V174+V130.
compute 일진1=V187+V186+V164.
execute.
```

```
compute N스트레스1=0.
if(스트레스1 ge 1) N스트레스1=1.
compute N외모1=0.
if(외모1 ge 1) N외모1=1.

…

compute N문화1=0.
if(문화1 ge 1) N문화1=1.
compute N다문화1=0.
if(다문화1 ge 1) N다문화1=1.
compute N일진1=0.
if(일진1 ge 1) N일진1=1.
execute.
```

※ 위의 명령문(왕따원인.sps)을 실행하면 8개의 이분형 요인[N충동1(Impulse)~N일진1(Iljin)]이 생성된다.

3 사이버따돌림 관련 버즈 현황(빈도분석, 다중응답분석)

- 사이버따돌림 유형(피해자, 가해자, 방관자, 일반인)과 언급 채널을 확인한다.

1단계: 데이터파일을 불러온다(분석파일: 사이버따돌림_최종.sav).

2단계: [분석]→[기술통계량]→[빈도분석]→[변수: bullying(사이버따돌림), channel(사이트)]
을 선택한다.

3단계: 결과를 확인한다.

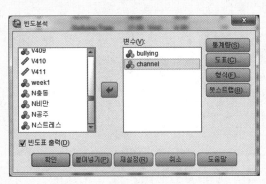

bullying Bullying Type

		빈도	퍼센트	유효 퍼센트	누적퍼센트
유효	1.00 Victims	33361	32.3	32.3	32.3
	2.00 Offender	6587	6.4	6.4	38.7
	3.00 Bystander	5447	5.3	5.3	44.0
	4.00 Public	57817	56.0	56.0	100.0
	합계	103212	100.0	100.0	

channel

		빈도	퍼센트	유효 퍼센트	누적퍼센트
유효	1.00 SNS	61185	59.3	59.3	59.3
	2.00 블로그	15230	14.8	14.8	74.0
	3.00 카페	9401	9.1	9.1	83.2
	4.00 게시판	10750	10.4	10.4	93.6
	5.00 뉴스	6628	6.4	6.4	100.0
	합계	103194	100.0	100.0	
결측	시스템 결측값	18	.0		
합계		103212	100.0		

- 다중응답분석을 실행한다(1차 원인 요인).

1단계: 데이터파일을 불러온다(분석파일: 사이버따돌림_최종.sav).

2단계: [분석]→[다중응답]→[변수군 정의]

3단계: [변수군에 포함된 변수(N충동~N일진)]를 선택한다.

4단계: [변수들의 코딩형식: 이분형(1), 이름: 원인1]을 지정한 후 [추가]를 선택한다.

5단계: [분석]→[다중응답]→[다중응답 빈도분석]

6단계: 결과를 확인한다.

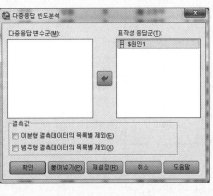

- [표 4-1]을 기술한다.
- 다중응답분석을 실행한다(2차 원인 요인).

1단계: 데이터파일을 불러온다(분석파일: 사이버따돌림_최종.sav).

2단계: [분석]→[다중응답]→[변수군 정의]

3단계: [변수군에 포함된 변수: Impulse ~Iljin]

4단계: [변수들의 코딩형식: 이분형(1), 이름: 원인2]를 지정한 후 [추가]를 선택한다.

5단계: [분석]→[다중응답]→[다중응답 빈도분석]

6단계: 결과를 확인한다.

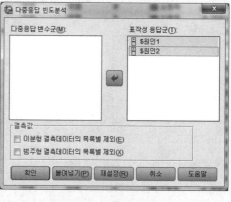

$원인1 빈도

		응답 N	응답 퍼센트	케이스 퍼센트
$원인1[a]	N충동	294	0.4%	0.6%
	N비만	279	0.4%	0.5%
	N공주	160	0.2%	0.3%
	N스트레스	1998	2.9%	3.7%
	N약물	3791	5.4%	7.1%
	N일탈	967	1.4%	1.8%
	N외모	12729	18.3%	23.8%
	N금전	8413	12.1%	15.7%
	N시기	3879	5.6%	7.3%
	N사회성부족	147	0.2%	0.3%
	N폭행	8568	12.3%	16.0%
	N담배	3246	4.7%	6.1%
	N문화	798	1.1%	1.5%
	N지배욕	5886	8.5%	11.0%
	N다문화	1127	1.6%	2.1%
	N일진	17327	24.9%	32.4%
합계		69609	100.0%	130.2%

$원인2 빈도

		응답 N	응답 퍼센트	케이스 퍼센트
$원인2[a]	Impulse	19848	29.9%	37.1%
	Obesity	279	0.4%	0.5%
	Stress	5871	8.8%	11.0%
	Appearance	12729	19.2%	23.8%
	Lack_of_social	298	0.4%	0.6%
	Culture	8955	13.5%	16.8%
	Multicultural	1127	1.7%	2.1%
	Iljin	17327	26.1%	32.4%
합계		66434	100.0%	124.3%

- [표 4-1]을 기술한다.
- 다중응답분석을 실행한다(방법, 장소).

1단계: 데이터파일을 불러온다(분석파일: 사이버따돌림_최종.sav).

2단계: [분석]→[다중응답]→[변수군 정의]

3단계: [변수군에 포함된 변수: NSNS장소~N미니홈피장소]

4단계: [변수들의 코딩형식: 이분형(1), 이름: 장소]를 지정한 후 [추가]를 선택한다.

5단계: [분석]→[다중응답]→[다중응답 빈도분석]

6단계: 결과를 확인한다.

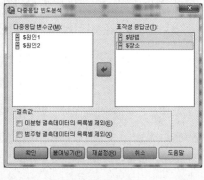

$방법 빈도

		응답		케이스 퍼센트
		N	퍼센트	
$방법[a]	N놀지않기방법	120	0.2%	0.3%
	N폭력방법	18600	31.2%	48.4%
	N모욕방법	2090	3.5%	5.4%
	N셔틀방법	9542	16.0%	24.8%
	N비웃기방법	296	0.5%	0.8%
	N폭행방법	5510	9.2%	14.3%
	N뒷담화방법	1323	2.2%	3.4%
	N괴롭힘방법	6030	10.1%	15.7%
	N가혹행위방법	581	1.0%	1.5%
	N야유방법	232	0.4%	0.6%
	N비난방법	4110	6.9%	10.7%
	N장난방법	3593	6.0%	9.4%
	N악플방법	2042	3.4%	5.3%
	N협박방법	2766	4.6%	7.2%
	N학대방법	792	1.3%	2.1%
	N살인방법	1992	3.3%	5.2%
합계		59619	100.0%	155.2%

$장소 빈도

		응답		케이스 퍼센트
		N	퍼센트	
$장소[a]	NSNS장소	4208	4.9%	9.0%
	N학교장소	27447	31.9%	58.6%
	N카톡장소	2729	3.2%	5.8%
	N운동장장소	4805	5.6%	10.3%
	N마트장소	3628	4.2%	7.7%
	N직장장소	2060	2.4%	4.4%
	N집안장소	19774	23.0%	42.2%
	N산장소	9127	10.6%	19.5%
	N아파트장소	2467	2.9%	5.3%
	N지하철장소	1784	2.1%	3.8%
	N주차장장소	676	0.8%	1.4%
	N밤집장소	2620	3.0%	5.6%
	N캠퍼스장소	361	0.4%	0.8%
	N독서실장소	445	0.5%	0.9%
	N미니홈피장소	3881	4.5%	8.3%
합계		86012	100.0%	183.6%

3-2 사이버따돌림 유형에 미치는 영향요인

충동요인은 방관자와 피해자에게 영향을 미치는 것으로 나타났다. 즉, 충동요인은 가해자에게는 영향을 미치지 않으나, 피해자와 방관자에게는 영향을 미치는 것으로 나타났다. 비만요인은 피해자에게는 양(+)의 영향을 미치고 가해자에게는 음(-)의 영향을 미쳐, 비만원인이 피해자에게 영향이 더 큰 것으로 나타났다. 스트레스요인은 일반인보다 피해자, 가해자, 방관자에서 영향을 적게 미치는 것으로 나타나, 직접적인 스트레스 원인으로 사이버상에 사이버따돌림이 발생하는 것은 아닌 것으로 확인되었다. 외모요인은 가해자, 피해자, 방관자의 순으로 영향을 미치는 것으로 나타나, 외모요인이 모든 사이버따돌림 유형의 원인이 되는 것으로 나타났다. 사회성 부족요인은 피해자와 방관자에게는 영향을 미치고 가해자에게는 영향을 미치지 않는 것으로 나타나, 사회성 부족요인이 사이버따돌림 피해자와 방관자의 원인이 되는 것으로 확인되었다. 문화적 요인은 피해자와 방관자에게는 영향을 미치고 가해자에게는 영향을 미치지 않는 것으로 나타나, 사이버따돌림 피해자와 방관자의 원인이 되는 것으로 나타났다. 다문화요인은 피해자에게만 영향을 미치는 것으로 나타나, 다문화원인이 사이버따돌림 피해자에게 영향을 주는 것으로 나타났다. 일진요인은 피해자에게는 음의 영향을 미치고 가해자와 방관자에게는 양의 영향을 미치는 것으로 나타나, 일진요인이 가해자와 방관자에게 영향을 많이 미치지만, 피해자에게는 영향을 적게 미치는 것으로 나타났다(표 4-2).

[표 4-2] Multinomial Logistic Regression Analysis

type[*] causes	victim			bully			outsider		
	B	P	Odds ratio	B	P	Odds ratio	B	P	Odds ratio
intercept	−0.59	$p<.001$		−2.31	$p<.001$		−2.75	$p<.001$	
impulse	0.17	$p<.001$	1.18	0.01	$p=.725$	1.01	0.99	$p<.001$	2.69
obesity	0.59	$p<.001$	1.80	−0.63	$p=.083$	0.53	−0.20	$p=.536$	0.82
stress	−0.43	$p<.001$	0.65	−0.53	$p<.001$	0.59	−0.19	$p=.002$	0.83
appearance	0.19	$p<.001$	1.21	0.42	$p<.001$	1.52	0.11	$p=.016$	1.11
lack of social	1.10	$p<.001$	3.01	0.35	$p=.202$	1.42	0.62	$p=.010$	1.86
culture	0.25	$p<.001$	1.29	0.02	$p=.615$	1.02	0.12	$p=.016$	1.13
multicultural	0.11	$p=.096$	1.11	−0.22	$p=.111$	0.80	−0.14	$p=.316$	0.87
iljin	−0.13	$p<.001$	0.88	0.54	$p<.001$	1.71	0.56	$p<.001$	1.75

[*] base category: Public

④ 다항 로지스틱 회귀분석

- [표 4-2]는 사이버따돌림 유형에 영향을 미치는 요인들에 대한 다항로지스틱 회귀분석의 결과다.

1단계: 데이터파일을 불러온다(분석파일: 사이버따돌림_최종.sav).

2단계: [분석]→[회귀분석]→[다항 로지스틱 회귀분석]→[종속변수: bullying(사이버따돌림유형), 공변량: Impulse, Obesity, Stress, Appearance, Lack_of_social, Culture, Multicultural, Iljin]

3단계: [통계량]을 선택한다.

4단계: 결과를 확인한다.

bullying Bullying Type[a]		B	표준오차	Wald	자유도	유의확률	Exp(B)	Exp(B)에 대한 95% 신뢰구간	
								하한값	상한값
1.00 Victims	절편	-.589	.009	4202.262	1	.000			
	Impulse	.165	.018	88.013	1	.000	1.180	1.140	1.221
	Obesity	.586	.125	22.014	1	.000	1.797	1.407	2.295
	Stress	-.432	.032	186.927	1	.000	.649	.610	.690
	Appearance	.189	.021	82.377	1	.000	1.208	1.160	1.258
	Lack_of_social	1.103	.131	71.216	1	.000	3.014	2.332	3.894
	Culture	.254	.024	112.174	1	.000	1.289	1.230	1.351
	Multicultural	.108	.065	2.775	1	.096	1.114	.981	1.265
	Iljin	-.134	.019	48.139	1	.000	.875	.843	.909
2.00 Offender	절편	-2.312	.018	16953.279	1	.000			
	Impulse	.012	.034	.124	1	.725	1.012	.946	1.083
	Obesity	-.633	.366	2.997	1	.083	.531	.259	1.087
	Stress	-.530	.065	66.790	1	.000	.588	.518	.668
	Appearance	.419	.036	132.977	1	.000	1.520	1.415	1.632
	Lack_of_social	.347	.272	1.625	1	.202	1.415	.830	2.413
	Culture	.024	.048	.253	1	.615	1.024	.933	1.125
	Multicultural	-.224	.141	2.536	1	.111	.799	.607	1.053
	Iljin	.535	.031	302.598	1	.000	1.708	1.608	1.814
3.00 Bystander	절편	-2.746	.021	17577.656	1	.000			
	Impulse	.989	.030	1058.671	1	.000	2.689	2.533	2.854
	Obesity	-.196	.317	.383	1	.536	.822	.441	1.531
	Stress	-.186	.061	9.301	1	.002	.830	.736	.936
	Appearance	.107	.044	5.819	1	.016	1.113	1.020	1.214
	Lack_of_social	.623	.242	6.647	1	.010	1.864	1.161	2.992
	Culture	.121	.050	5.785	1	.016	1.128	1.023	1.245
	Multicultural	-.142	.142	1.007	1	.316	.867	.657	1.145
	Iljin	.561	.033	281.797	1	.000	1.753	1.642	1.872

a. 참조 범주는 4.00 Public입니다. 4.00 Public.

3-3 한국의 사이버따돌림 유형별 위험요인 예측모형

노드분리 기준을 이용하여 나무형 분류모형에 따른 모형의 예측률(정분류율)을 검증하여 예측력이 가장 높은 모형을 선택하였다. 트리의 분리 정확도를 나타내는 정분류율을 비교 분석한 결과 QUEST 알고리즘의 훈련표본에서 정분류율이 73.8%로 가장 높았다. 그러나 검정표본에서 정확도가 72.8%로 낮아져, 훈련표본과 검정표본의 정확도의 차이가 크지 않으면서 훈련표본의 정분류율이 높게 나타난 CHAID 알고리즘을 선택하였다(표 4-3).

[표 4-3] Predictive Performance of Modeling Methods

modeling methods	training data		test data	
	correct(%)	wrong(%)	correct(%)	wrong(%)
CHAID	73.5	26.5	73.6	26.4
Exhaustive CHAID	73.4	26.6	73.6	26.4
CRT	73.1	26.9	74.5	25.5
QUEST	73.8	26.2	72.8	27.2

한국의 사이버따돌림 유형별 위험요인의 예측모형에 대한 의사결정나무 분석결과는 [그림 4-1]과 같다. 나무구조의 최상위에 있는 뿌리마디는 예측변수(독립변수)가 투입되지 않은 종속변수(사이버따돌림유형)의 빈도를 나타낸다. 뿌리마디의 사이버따돌림 유형 비율을 보면, 사이버따돌림 피해자가 73.6%, 가해자가 14.5%, 방관자가 11.9%로 나타났다. 뿌리마디 하단의 가장 상위에 위치하는 요인이 종속변수에 가장 영향력이 높은(관련성이 깊은) 요인으로, 본 분석에서는 사이버따돌림 유형의 위험예측에 '충동요인'의 영향력이 가장 큰 것으로 나타났다. 즉, '충동요인'의 위험이 높은 경우 피해자의 위험이 이전의 73.6%에서 68.7%, 가해자의 위험이 이전의 14.5%에서 11.5%로 감소한 반면, 방관자의 위험은 이전의 11.9%에서 19.9%로 크게 증가하였다. '충동요인'이 높더라도 '일진요인'이 높으면 피해자의 위험은 이전의 68.7%에서 78.9%로 증가한 반면, 가해자의 위험은 이전의 11.5%에서 7.8%, 방관자의 위험은 이전의 19.9%에서 13.3%로 크게 감소한 것으로 나타났다. '일진요인'이 높더라도 '스트레스요인'이 높으면 피해자의 위험은 이전의 78.9%에서 73.1%로 감소한 반면, 가해자의 위험은 7.8%에서 9.4%로 증가하였고, 방관자의 위험도 13.3%에서 17.6%로 증가한 것으로 나타났다. 한편, '충동요인'의 위험이 낮은 집단의 경우 피해자의 위험이 이전의 73.6%에서 74.9%로, 가해자의 위험이 이전의 14.5%에서 15.3%로 증가한 반면, 방관자의 위험은 이전의 11.9%

에서 9.8%로 감소하였다. '충동요인'이 낮더라도 '일진요인'이 높으면 피해자의 위험은 이전의 74.9%에서 55.4%로 크게 감소한 반면, 가해자의 위험은 이전의 15.3%에서 26.1%로, 방관자의 위험은 이전의 9.8%에서 18.5%로 크게 증가한 것으로 나타났다. '일진요인'이 높더라도 '문화요인'이 높으면 피해자의 위험은 이전의 55.4%에서 73.0%로 증가한 반면, 가해자의 위험은 26.1%에서 11.2%로 감소하였고 방관자의 위험은 18.5%에서 15.8%로 감소한 것으로 나타났다(그림 4-1).

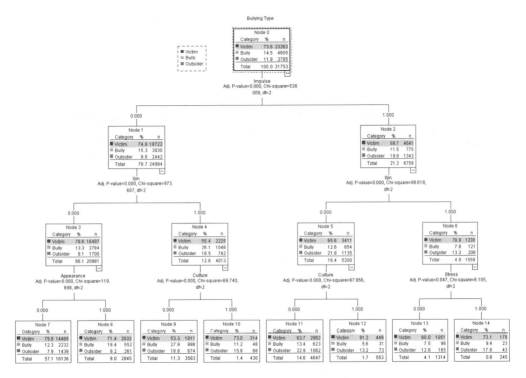

[그림 4-1] Decision Tree of CHAID Model

3-4 한국의 사이버따돌림 유형별 위험요인 예측모형에 대한 이익도표

본 연구에서 사이버따돌림 피해자의 위험이 가장 높은 경우는 '충동요인'의 위험이 높으면서 '일진요인'의 위험이 낮고 '문화요인'의 위험이 높은 조합으로 나타났다. 즉, 12번 노드의 지수(index)가 110.4%로 뿌리마디와 비교했을 때 12번 노드의 조건을 가진 집단의 사이버따돌림 피해위험이 약 1.10배로 나타났다. 사이버따돌림 가해자의 위험이 가장 높은 경우는 '충동요인'의 위험이 낮으면서 '일진요인'의 위험이 높고 '문화요인'의 위험이 낮은 조합으로 나타났다. 즉, 9번 노드의 지수가 192.1%로 뿌리마디와 비교했을 때 9번 노드의 조건을 가진 집단의 사이버따돌림 가해위험이 약 1.92배로 나타났다. 사이버따돌림 방관자의 위험이 가장 높은 경우는 '충동요인'의 위험이 높으면서 '일진요인'의 위험이 낮고 '문화요인'의 위험이 낮은 조합으로 나타났다. 즉, 11번 노드의 지수가 191.7%로 뿌리마디와 비교했을 때 11번 노드의 조건을 가진 집단의 사이버따돌림 방관위험이 약 1.92배로 나타났다. 본 연구의 데이터 분할에 의한 타당성 평가를 위해 훈련표본과 검정표본을 비교한 결과 훈련표본의 위험추정값(risk estimate)은 0.264(standard error: 0.002), 검정표본의 위험추정값은 0.267(standard error: 0.004)로, 본 사이버따돌림 유형별 위험요인에 대한 예측모형의 일반화에 무리가 없는 것으로 나타났다(표 4-4).

[표 4-4] Profit Chart of Predictive Models

type	node	profit index				cumulative index			
		node: n	node: %	gain(%)	index(%)	node: n	node: %	gain(%)	index(%)
victim	12	553	1.7	1.9	110.4	553	1.7	1.9	110.4
	13	1,314	4.1	4.5	108.7	1,867	5.9	6.4	109.2
	7	18,136	57.1	61.9	108.4	20,003	63.0	68.3	108.5
	14	245	.8	.8	99.3	20,248	63.8	69.1	108.4
	10	430	1.4	1.3	99.2	20,678	65.1	70.4	108.2
	8	2,845	9.0	8.7	97.1	23,523	74.1	79.1	106.8
	11	4,647	14.6	12.7	86.6	28,170	88.7	91.8	103.5
	9	3,583	11.3	8.2	72.5	31,753	100.0	100.0	100.0
bully	9	3,583	11.3	21.7	192.1	3,583	11.3	21.7	192.1
	8	2,845	9.0	12.0	133.8	6,428	20.2	33.7	166.3
	11	4,647	14.6	13.5	92.4	11,075	34.9	47.2	135.3
	7	18,136	57.1	48.5	84.9	29,211	92.0	95.7	104.0
	10	430	1.4	1.0	77.0	29,641	93.3	96.7	103.6
	14	245	.8	.5	64.7	29,886	94.1	97.2	103.3
	13	1,314	4.1	2.1	51.4	31,200	98.3	99.3	101.1
	12	553	1.7	.7	38.7	31,753	100.0	100.0	100.0
outsider	11	4,647	14.6	28.1	191.7	4,647	14.6	28.1	191.7
	9	3,583	11.3	17.8	157.8	8,230	25.9	45.9	177.0
	14	245	.8	1.1	147.2	8,475	26.7	47.0	176.1
	10	430	1.4	1.8	132.7	8,905	28.0	48.8	174.0
	12	553	1.7	1.9	110.7	9,458	29.8	50.7	170.3
	13	1,314	4.1	4.4	105.3	10,772	33.9	55.1	162.4
	8	2,845	9.0	6.9	77.0	13,617	42.9	62.0	144.5
	7	18,136	57.1	38.0	66.6	31,753	100.0	100.0	100.0

5 데이터마이닝 의사결정나무 분석

• [표 4-3] 모형의 예측률(정분류율)을 검증하여 예측력이 가장 높은 모형을 선택하기 위해서는 알고리즘별 훈련표본과 검정표본으로 정분류에 대한 성능평가를 실시하여 결정한다. 훈련표본과 검정표본의 정분류율(correct%)이 높게 나타난 알고리즘을 결정한다.

1단계: 의사결정나무를 실행시킨다(파일명: 사이버따돌림_최종.sav).
   - [SPSS 메뉴] → [분류분석] → [트리]를 선택한다.
2단계: [종속변수(목표변수): bullying]을 선택하고 이익도표(gain chart)를 산출하기 위하여 목표 범주를 선택한다(본 연구에서는 'Victims', 'Offender', 'Bystander'를 목표 범주로 설정하였다).

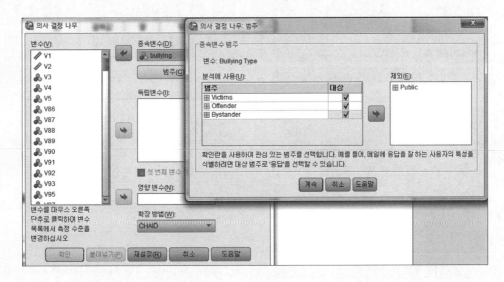

3단계: [독립변수(예측변수)]를 선택한다.
   - 본 연구의 독립변수는 8개의 사이버따돌림 원인으로, 이분형 변수(Impulse, Obesity, Stress, Appearance, Lack_of_social, Culture, Multicultural, Iljin)를 선택한다.
4단계: [확인] → [분할표본 타당성 검사: 훈련표본(70), 검정표본(30)] → [계속]을 누른다.
5단계: 네 가지 확장방법(growing method)을 선택하여 정분류율을 확인한다.
   - [CHAID, Exhaustive CHAID, CRT, QUEST]를 차례로 선택한다.
6단계: 결과를 확인한다.
   - [분할표본 타당성 검사]의 훈련표본과 검정표본은 임의추출되기 때문에 실행시기마다

정분류율이 달라진다. 따라서 정분류율이 높은 알고리즘을 결정하기 위해서는 각각의
알고리즘을 3회 정도 반복 실행하여 정분류율의 평균값을 산출하여 비교하는 것이 좋
다.
- 본 연구에서는 [CHAID~QUEST]에 대해 3회 마이닝 결과를 비교하였다.

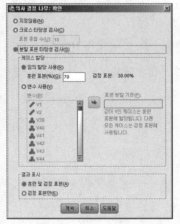

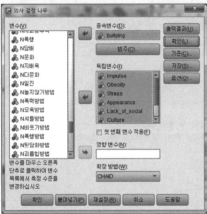

		예측			
표본	감시됨	1.00 Victims	2.00 Offender	3.00 Bystander	정확도(%)
훈련	1.00 Victims	23363	0	0	100.0%
	2.00 Offender	4605	0	0	0.0%
	3.00 Bystander	3785	0	0	0.0%
	전체 퍼센트	100.0%	0.0%	0.0%	73.6%
검정	1.00 Victims	9998	0	0	100.0%
	2.00 Offender	1982	0	0	0.0%
	3.00 Bystander	1662	0	0	0.0%
	전체 퍼센트	100.0%	0.0%	0.0%	73.3%

성장방법: CHAID

		예측			
표본	감시됨	1.00 Victims	2.00 Offender	3.00 Bystander	정확도(%)
훈련	1.00 Victims	23299	0	0	100.0%
	2.00 Offender	4531	0	0	0.0%
	3.00 Bystander	3896	0	0	0.0%
	전체 퍼센트	100.0%	0.0%	0.0%	73.5%
검정	1.00 Victims	10062	0	0	100.0%
	2.00 Offender	2056	0	0	0.0%
	3.00 Bystander	1561	0	0	0.0%
	전체 퍼센트	100.0%	0.0%	0.0%	73.6%

성장방법: EXHAUSTIVE CHAID

표본	감시물	예측		3.00	
		1.00 Victims	2.00 Offender	Bystander	정확도(%)
훈련	1.00 Victims	23556	0	0	100.0%
	2.00 Offender	4586	0	0	0.0%
	3.00 Bystander	3829	0	0	0.0%
	전체 퍼센트	100.0%	0.0%	0.0%	73.7%
검정	1.00 Victims	9805	0	0	100.0%
	2.00 Offender	2001	0	0	0.0%
	3.00 Bystander	1618	0	0	0.0%
	전체 퍼센트	100.0%	0.0%	0.0%	73.0%

성장방법: CRT

표본	감시물	예측		3.00	
		1.00 Victims	2.00 Offender	Bystander	정확도(%)
훈련	1.00 Victims	23433	0	0	100.0%
	2.00 Offender	4624	0	0	0.0%
	3.00 Bystander	3829	0	0	0.0%
	전체 퍼센트	100.0%	0.0%	0.0%	73.5%
검정	1.00 Victims	9928	0	0	100.0%
	2.00 Offender	1963	0	0	0.0%
	3.00 Bystander	1618	0	0	0.0%
	전체 퍼센트	100.0%	0.0%	0.0%	73.5%

성장방법: QUEST

- [그림 4-1]은 [확장방법]의 정분류율이 가장 높은 [CHAID] 알고리즘에 대해 데이터마이닝을 실시한 결과다.

1단계: 의사결정나무를 실행시킨다(파일명: 사이버따돌림_최종.sav).

  - [SPSS 메뉴]→[분류분석]→[트리]

2단계: [종속변수(목표변수): bullying]을 선택하고 이익도표를 산출하기 위하여 목표 범주를
  선택한다(본 연구에서는 'Victims', 'Offender', 'Bystander'를 목표 범주로 설정하였다).

3단계: [독립변수(예측변수)]를 선택한다.

4단계: [확인]→[분할표본 타당성 검사: 훈련표본(70), 검정표본(30)]→[계속]을 누른다.

5단계: 확장방법을 결정한다.

  - 본 연구에서는 정분류율이 높은 [CHAID] 알고리즘을 사용하였다.

6단계: 타당도(validation)를 선택한다.

7단계: 기준(criteria)을 선택한다.

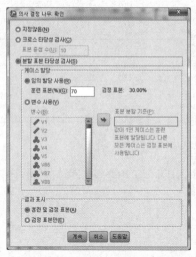
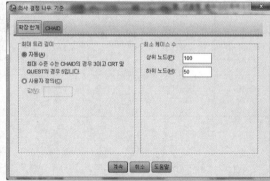

8단계: [출력결과(U)]를 선택한 후 [계속] 버튼을 누른다.

- 출력결과에서는 트리표시, 통계량, 노드성능, 분류규칙을 선택할 수 있다.

- 이익도표를 산출하기 위해서는 통계량에서 [비용, 사전확률, 점수 및 이익값]을 선택한 후 [누적통계량]을 선택한다.

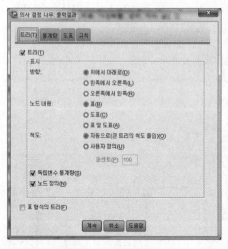
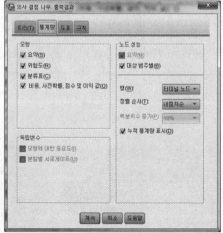

9단계: 결과를 확인한다.

- [트리다이어그램]→[선택]

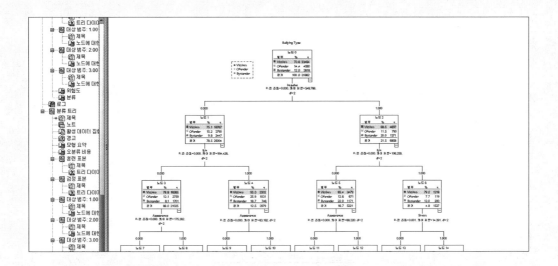

- [노드에 대한 이익]→[선택]

대상 범주: 1.00 Victims

노드에 대한 이익

표본	노드	노드별						누적					
		노드		이득				노드		이득			
		N	퍼센트	N	퍼센트	응답	지수	N	퍼센트	N	퍼센트	응답	지수
훈련	13	1308	4.1%	1058	4.5%	80.9%	109.8%	1308	4.1%	1058	4.5%	80.9%	109.8%
	7	18166	57.0%	14570	62.1%	80.2%	108.9%	19474	61.1%	15628	66.6%	80.3%	109.0%
	12	649	2.0%	517	2.2%	79.7%	108.2%	20123	63.2%	16145	68.8%	80.2%	108.9%
	10	533	1.7%	377	1.6%	70.7%	96.0%	20656	64.8%	16522	70.4%	80.0%	108.6%
	14	229	0.7%	160	0.7%	69.9%	94.9%	20885	65.5%	16682	71.1%	79.9%	108.5%
	8	2859	9.0%	1995	8.5%	69.8%	94.8%	23744	74.5%	18677	79.6%	78.7%	106.8%
	11	4672	14.7%	2962	12.6%	63.4%	86.1%	28416	89.2%	21639	92.2%	76.2%	103.4%
	9	3446	10.8%	1825	7.8%	53.0%	71.9%	31862	100.0%	23464	100.0%	73.6%	100.0%

대상 범주: 2.00 Offender

노드에 대한 이익

표본	노드	노드별						누적					
		노드		이득				노드		이득			
		N	퍼센트	N	퍼센트	응답	지수	N	퍼센트	N	퍼센트	응답	지수
훈련	9	3446	10.8%	955	20.9%	27.7%	192.8%	3446	10.8%	955	20.9%	27.7%	192.8%
	8	2859	9.0%	577	12.6%	20.2%	140.4%	6305	19.8%	1532	33.4%	24.3%	169.0%
	10	533	1.7%	76	1.7%	14.3%	99.2%	6838	21.5%	1608	35.1%	23.5%	163.6%
	11	4672	14.7%	614	13.4%	13.1%	91.4%	11510	36.1%	2222	48.5%	19.3%	134.3%
	7	18166	57.0%	2182	47.6%	12.0%	83.6%	29676	93.1%	4404	96.2%	14.8%	103.2%
	14	229	0.7%	26	0.6%	11.4%	79.0%	29905	93.9%	4430	96.7%	14.8%	103.1%
	12	649	2.0%	57	1.2%	8.8%	61.1%	30554	95.9%	4487	98.0%	14.7%	102.2%
	13	1308	4.1%	93	2.0%	7.1%	49.5%	31862	100.0%	4580	100.0%	14.4%	100.0%

대상 범주: 3.00 Bystander

노드에 대한 이익

표본	노드	노드별						누적					
		노드		이득				노드		이득			
		N	퍼센트	N	퍼센트	응답	지수	N	퍼센트	N	퍼센트	응답	지수
훈련	11	4672	14.7%	1096	28.7%	23.5%	195.8%	4672	14.7%	1096	28.7%	23.5%	195.8%
	9	3446	10.8%	666	17.4%	19.3%	161.3%	8118	25.5%	1762	46.1%	21.7%	181.1%
	14	229	0.7%	43	1.1%	18.8%	156.7%	8347	26.2%	1805	47.3%	21.6%	180.5%
	10	533	1.7%	80	2.1%	15.0%	125.3%	8880	27.9%	1885	49.4%	21.2%	177.1%
	13	1308	4.1%	157	4.1%	12.0%	100.2%	10188	32.0%	2042	53.5%	20.0%	167.3%
	12	649	2.0%	75	2.0%	11.6%	96.4%	10837	34.0%	2117	55.4%	19.5%	163.0%
	8	2859	9.0%	287	7.5%	10.0%	83.8%	13696	43.0%	2404	63.0%	17.6%	146.5%
	7	18166	57.0%	1414	37.0%	7.8%	65.0%	31862	100.0%	3818	100.0%	12.0%	100.0%

- [위험도]→[선택]

위험도

표본	추정값	표준오차
훈련	.264	.002
검정	.269	.004

성장방법: CHAID

4 | 사이버따돌림 검색요인 다변량 분석[2]

4-1 연구목적

2012년 우리나라 청소년의 66.9%가 '전반적인 생활'이나 '학교생활'로 스트레스를 받고 있으며, 11.2%가 지난 1년 동안 한 번이라도 자살을 하고 싶다는 생각을 한 것으로 나타났다(통계청, 2013). 스트레스는 우울을 직접적으로 야기하며(Gong-Guy & Hammen, 1980; Mitchell et al., 1983; Billings & Moos, 1984; Bolger et al., 1989; Kim et al., 2007), 많은 연구에서 우울과 같은 감정적 불균형이 사이버따돌림과 관계가 있다고 보고되었다(Dempsey et al., 2009; Butler et al., 2009; Perren et al., 2010). 스트레스가 우울을 설명하는 변량이 4~15% 정도라는 연구결과들(Hammen, 1988; Cohen & Edwads, 1989)이 보고되면서 스트레스와 우울의 관계에 대해 다른

---

2. 본 논문은 '송주영·장준호(2014). 소셜 빅데이터를 활용한 한국인의 사이버불링 검색 결정요인분석. 한국범죄학, **8**(1), pp. 133-162'에 게재된 내용임을 밝힌다.

변인들을 고려하는 시도로 스트레스–취약모델(stress-vulnerability model)이 제시되었다. 우울은 스트레스로 인해 나타나는 일반적인 증상으로 기분이 우울할 때 기분을 좋게 하기 위해 술을 마시게 되지만 문제성 음주자는 기분이 좋아지기보다는 더 우울해지는 것을 경험하게 된다. 특히 과도한 음주는 심리적으로 짜증, 신경질, 불면증, 죄책감, 불안 및 우울 등을 유발하며 자기통제가 힘든 상태에서 자살충동을 쉽게 유발할 수 있는 것으로 보고되었다(Tapert et al., 2003; Izadinia et al., 2010; Yoon, 2011). 그리고 건강을 유지·증진하기 위한 생활습관 가운데 운동요인은 질병예방뿐 아니라 질병으로부터의 빠른 회복과 현재의 건강상태를 유지·증진시킴으로써 궁극적으로 삶의 질을 향상시켜 스트레스를 감소시킬 수 있다고 보고되었다(Chapman & Beaulet, 1983; Bae & Woo, 2011). 따라서 스트레스로 인해 우울이 증가하여 사이버따돌림을 유발하고 나아가 자살을 시도할 수 있기 때문에 스트레스와 사이버따돌림의 인과관계와 중재요인을 검증함에 따라 사이버따돌림을 예방할 수 있는 실천전략은 달라질 수 있다.

한편, 산업화와 도시화에 따른 급격한 인구의 증가로 인해 지역사회에 대한 사회적 통제가 약화되면서 지역사회의 변인이 개인(청소년)의 범죄에 미치는 원인에 대한 연구가 진행되어 왔다(Coleman, 1990; Agnew, 1999; Brezina et al., 2001; Warner & Fowler, 2003; 박정선, 2007; 송주영, 2013 재인용). Merton(1938)의 상대적 결핍이론(relative deprivation theory)은 지역사회의 고소득 또는 사회적 불평등이 개인의 긴장을 유발한다고 보았고, Coleman(1990)은 지역사회 공동체의 가치와 규범이 범죄와 관련이 있다고 보았다. Agnew(1999)의 거시긴장이론(Macro-level Strain Theory, MST)에서는 지역사회에 대한 개인의 경제적 결핍, 가정파괴, 아동학대, 사회분열 등이 혐오자극(aversive stimuli)에 영향을 미치고 분노한 개인이 지역사회에 대한 긴장의 정도와 부정적 영향을 심화시킨다고 보았다. Brezina 등(2001)은 개인의 비행 원인에 대한 지역사회 변인으로 주거 이동률, 가족 해체, 경제적 파산, 사회적 혼란징후, 높은 범죄율, 지역사회의 소극적인 사회참여, 취약한 사명감, 지역사회 기관과 청소년 감독의 부재가 포함된다고 고찰하였다. Warner and Fowler(2003)는 지역사회의 주거이동성, 경제상태, 범죄율, 인구밀도, 가정파탄 비율 등의 요인이 긴장을 유발하여 비행의 원인이 된다고 보았다.

본 연구는 소셜 빅데이터를 활용하여 사이버따돌림 검색의 개인별 요인과 환경적 요인을 검증함으로써 한국의 사이버따돌림 검색의 결정요인을 분석하고자 한다. 본 연구에서는 구조모형과 다층모형에 일수준의 변수로 Agnew의 GST 긴장요인으로 판단된 스트레스검색, 분노검색, 자살검색을 사용하였고, 매개변수로는 스트레스–취약모델의 건강생활실천요인(운동검색, 음주검색)을 사용하였다. 그리고 다층모형에 월수준의 변수로 Agnew의 MST 이론에서 제시한 경제적 결핍요인으로 판단된 경제활동인구 수와 전세가격지수를 사용하였고, 긴장요인으로는 자살자 수를 사용하였다.

4-2 연구모형 및 연구가설

본 연구의 목적은 소셜 빅데이터를 활용하여 우리나라의 사이버따돌림 검색에 영향을 미치는 요인을 분석하는 것이다. [그림 4-2]와 같이 2011년과 2012년 사이버따돌림 검색요인의 비교 분석은 다중집단 구조모형(multiple group structural model)으로 구성하였다. 그리고 월별 요인(경제활동인구 수, 전세가격지수, 자살자 수)과 일별 요인(자살검색, 스트레스검색, 음주검색, 운동검색, 분노검색)이 사이버따돌림 검색의 결정요인에 미치는 영향분석은 다층모형(multi-level model)으로 구성하였다.

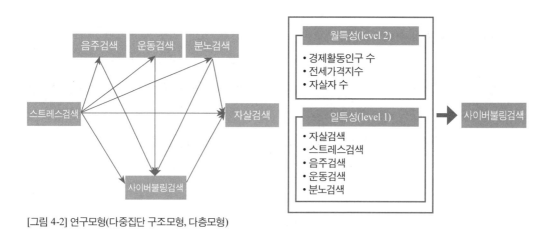

[그림 4-2] 연구모형(다중집단 구조모형, 다층모형)

　　본 연구모형에 따른 구체적인 연구가설을 도출하면 다음과 같다.
　　첫째, 사이버따돌림 검색의 예측요인은 무엇인가?
　　둘째, 사이버따돌림 검색의 구조모형은 집단(연도) 간 차이가 있는가?
　　셋째, 사이버따돌림 검색에 영향을 주는 일별 요인과 월별 요인은 무엇인가?

4-3 연구대상 및 측정도구

본 연구는 국내의 온라인 뉴스 사이트, 블로그, 카페, SNS, 게시판 등 인터넷을 통해 수집된 소셜 빅데이터를 대상으로 하였다. 2011년 1월 1일부터 2012년 12월 31일까지 해당 채널에서 사이버따돌림 관련 토픽 371,209 버즈(입소문: 온라인상의 담론)를 수집하였으며, 수집된 토픽 중 자살(10,719 버즈), 스트레스(5,344 버즈), 음주(7,341 버즈), 운동(6,565 버즈), 분노(1,645 버즈) 토픽을 추출하여 분석하였다.[3]

본 연구의 측정도구 중 종속변수로는 소셜 빅데이터에서 수집된 사이버따돌림 검색량을 사용하였으며, 다층분석의 일별(level 1) 독립변수로는 소셜 빅데이터에서 수집된 자살·스트레스·음주·운동·분노 검색량을 사용하였다. 그리고 월별(level 2) 독립변수로는 통계청의 사망원인 통계자료 중 2011년과 2012년 월별 전체 자살자 수와 월별 경제활동인구 수를 사용하였고, 한국은행의 월별 전세가격지수 통계자료를 사용하였다.

4-4 통계분석

본 연구의 구조모형 적합도 비교에는 증분적합지수(incremental fit index)인 NFI(Normed Fit Index), CFI(Comparative Fit Index), TLI(Tucker-Lewis Index)와 절대적합지수(absolute fit index)인 RMSEA(Root Mean Squared Error of Approximation)를 사용하였다. 일반적으로 CFI를 비롯한 증분적합지수들은 0.9보다 크면 모형 적합도가 양호하다고 해석한다(Hu et al., 1999). RMSEA 는 대표본이나 다수의 관측변수들로 인해 발생하는 χ^2통계량의 문제점을 보완하기 위해 개발된 적합지수이다. 일반적으로 RMSEA가 0.05 이하이면 적합도가 매우 좋고, 0.05~0.08의 값을 나타내면 양호하다고 해석하며, 0.10 이상이면 적합도가 좋지 않다고 해석한다(Bollen et al., 1993).

본 연구의 산섭효과에 대한 유의성 검증은 모든 자료가 정규성 분포를 따른다는 가정하에 유의성을 검증하는 Sobel test(Preacher & Hayes, 2004)를 실시하였다. 그리고 본 연구의 다층모형의 모수 추정방식은 무선효과(random effect) 분산을 추정하는 과정에서 고정효과 (fixed effect)의 자유도 감소를 고려하는 한정최대우도추정법(REstricted Maximum Likelihood, REML)을 사용하였다(Raudenbush & Bryk, 2002).

본 연구의 기술통계 분석은 SPSS 22.0을 사용하였고, 구조모형과 다중집단 분석은 AMOS 22.0을 사용하였다. 그리고 한국인의 사이버따돌림 검색 결정요인의 다층모형 분석은 HLM 7.0을 사용하였다.

---

3. 본 연구를 위한 소셜 빅데이터의 수집 및 토픽 분류는 한국보건사회연구원과 SK텔레콤이 수행하였다. 자료 수집에는 크롤러를 사용하였고, 토픽 분류에는 텍스트마이닝 기법을 사용하였다.

6 연구대상 수집하기(다변량 분석)

- 본 연구대상인 '사이버따돌림 관련 소셜 빅데이터 수집'은 소셜 빅데이터 수집로봇(웹크롤)
  과 담론분석(주제어 및 감성분석) 기술을 보유한 SKT에 의뢰하여 수집하였다.

- 사이버따돌림 수집조건

토픽	유사어	불용어
왕따	은따, 영따, 영원히 따, 전따, 반따, 뚱따, 뚱뚱해서 따돌림, 직따, 직장 왕따, 직장 따돌림, 이지매, 카카오톡 왕따, 카카오톡 따돌림, 카톡 왕따, 카톡 따돌림, 카카오스토리 왕따, 카카오스토리 따돌림, 카스 왕따, 카스 따돌림(* 트위터: "카따"로 수집), 집단 따돌림, 집단 괴롭힘, 불링, 사이버 불링, 싸이버 불링, 또래폭력, 집단폭력, 동료학대, 집단학대, 담배셔틀, 빵셔틀, 온라인 따돌림, 사이버 따돌림	점프3대, 호야왕따, 왕따소설, 왕따만화, 카따마르카, 푸켓, 푸껫, 카페왕따, 힌디어, 전따소설

수집기간	수집채널
2011. 01. 01 ~ 2013. 03. 31	1. 뉴스: 온라인상에 게재되는 214개 뉴스 사이트 2. 블로그: 네이트블로그, 네이버블로그, 다음블로그, 티스토리 3. 카페: 네이버카페, 다음카페, 뽐뿌 4. SNS: 트위터, 미투데이 5. 게시판: 네이버지식인, 네이트지식, 네이트톡, 네이트판

자살	스트레스	음주	운동	분노
자살	스트레스, 우울, 불안, 홧병, 만성피로, 불면증, 공황, 긴장, 인지행동치료, stress, depress	음주, 술, 알콜, 알코올, 만취, 숙취, 해장, 소주, 맥주, 양주, 막걸리, 와인, 취한다, 한잔, 원샷, 폭탄주, 정종, 사케, 일본술, 매실주, 백세주, 음주운전, 알코올(알콜)중독, 음주예방, 절주, 알코올(알콜) 치료, 문제음주, drinking	운동, 스포츠, 헬스, 축구, 야구, 농구, 조깅, 걷기, 달리기, 골프, 배구, 탁구, 스크린골프, 몸만들기, 태권도, 유도, PT, 휘트니스, 유산소운동, 근력운동, 보디빌딩, 식스팩, 등산, 트레킹, 산악자전거, 살빼기운동, 다이어트운동, 요가, 스트레칭, 피트니스, 몸살림, 근육운동, 운동방법, 체력단련, exercise	분노, 화난다, 성난다, 죽이고 싶다, 미치겠다, 분하다, 억울하다, 환장한다, 죽어버려, 미쳐버려, 노여움, 역정, anger

- 사이버따돌림 정형화(파일명: 왕따_2011_최종.sav)
  - 왕따와 왕따 유사어로 문서를 수집한 후, 수집된 문서 중 왕따와 관련한 긴장요인(자살,
    스트레스, 음주, 운동, 분노)의 속성을 가진 문서의 1일 발생 건수를 합산하여 정형화 데이터
    로 변환한다.

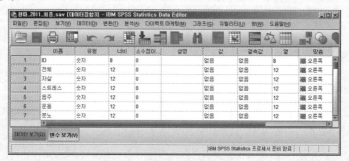

4-5 주요 변인들의 기술통계

사이버따돌림과 관련한 온라인 커뮤니케이션은 2011년에는 일평균 약 270건, 2012년에는 약 744건으로 나타났으며, 2011년 12월 20일 '대구중학생 왕따로 인한 자살사건', 2012년 2월 6일 '왕따 방관혐의 교사 첫 입건 사건', 2012년 7월 30일 '유명 걸그룹 티아라 왕따설 사건'이 사회적 이슈가 되면서 온라인상에서 이에 대한 커뮤니케이션이 매우 활발하게 나타났다(그림 4-3).

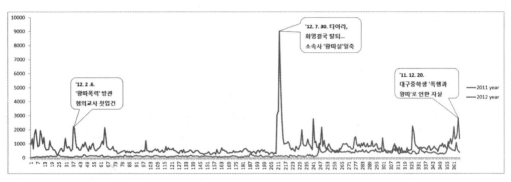

[그림 4-3] 한국의 사이버따돌림 검색 일별 추이(2011년, 2012년)

본 연구의 주요 변인들의 다변량 정규성을 확인한 결과, 소셜 빅데이터에서 수집된 모든 변인(사이버따돌림, 자살, 스트레스, 음주, 운동, 분노) 검색량의 왜도가 3 이상, 첨도가 10 이상인 것으로 나타나 상용로그(lg10)로 치환하여 사용하였다(표 4-5).

[표 4-5] 주요 변인들의 기술통계

연도	사이버따돌림 검색				자살검색				스트레스검색			
	Mean±S.D.	K[a]	S[b]	N[c]	Mean±S.D.	K[a]	S[b]	N[c]	Mean±S.D.	K[a]	S[b]	N[c]
2011	270.13±302.27	21.87	3.87	98,082	7.36±33.49	41.44	6.29	8,033	4.90±4.04	13.07	3.09	1,788
2012	744.84±651.88	79.63	7.38	271,808	21.95±35.52	69.48	6.83	8,033	9.72±5.32	8.97	2.05	3,556

연도	음주검색				운동검색				분노검색			
	Mean±S.D.	K[a]	S[b]	N[c]	Mean±S.D.	K[a]	S[b]	N[c]	Mean±S.D.	K[a]	S[b]	N[c]
2011	7.86±8.12	45.50	5.88	2,868	6.89±5.24	26.41	4.01	2,515	1.85±2.63	32.59	4.56	674
2012	12.22±7.16	9.41	2.34	4,473	11.07±6.45	24.42	3.37	4,050	2.65±2.43	18.55	3.00	971

[a] Kurtosis, [b] Skewness, [c] Number of case

❼ 다변량 정규성 검증

- 다변량 분석의 기본적인 가정은 정규분포이다. 모든 변수의 왜도가 절대값 3 미만, 첨도가 절대값 10 미만일 경우 변수들의 분포는 정규성이 있다고 본다(Kline, 2010). 왜도와 첨도는 SPSS의 기술통계에서 분석한다.

1단계: 데이터파일을 불러온다(분석파일: 2011년: 왕따_2011_최종.sav, 2012년: 왕따_2012_최종.sav).

2단계: [분석]→[기술통계량]→[기술통계]→[변수: 전체(왕따), 자살, 스트레스, 음주, 운동, 분노] 선택→[옵션]→[분포: 첨도, 왜도] 지정→[계속]→[확인]을 누른다.

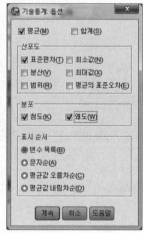

3단계: 결과를 확인한다.

기술통계량

	N	평균	표준편차	왜도		첨도	
	통계량	통계량	통계량	통계량	표준오차	통계량	표준오차
전체	365	270.13	302.272	3.872	.128	21.865	.255
자살	365	7.36	33.487	6.290	.128	41.438	.255
스트레스	365	4.90	4.038	3.086	.128	13.068	.255
음주	365	7.86	8.119	5.884	.128	45.495	.255
운동	365	6.89	5.240	4.012	.128	26.410	.255
분노	365	1.85	2.632	4.561	.128	32.589	.255
유효수 (목록별)	365						

- 소셜 빅데이터[전체(왕따), 스트레스, 자살, 음주, 운동]의 왜도는 3 이상, 첨도는 10 이상으로 정규성의 가정을 벗어나 모든 독립변수를 상용로그(lg10)로 치환하여 사용하였다.
  - 왕따검색량 로그변환 syntax: COMPUTE L전체=LG10(전체).

8 사이버따돌림 일일 버즈 현황(그래프 작성)

- [그림 4-2]와 같이 사이버따돌림 일일 버즈 현황 그래프를 작성한다.

1단계: 데이터파일을 불러온다(분석파일: 왕따_2011_12_버즈.sav).

2단계: [분석]→[기술통계량]→[교차분석]→[행: 일, 열: 월, 레이어: 년]을 선택한다.

3단계: 결과를 확인한다.

4단계: [Excel]에 교차분석(월×일)값을 복사하여 붙인다.

5단계: 꺾은선그래프를 그린다.

6단계: 주요 온라인 신문에서 꺾은선의 피크가 높은 날의 주요 이슈를 검색하여 설명문을 작성한다.

7단계: 사이버따돌림 일일 버즈 현황을 저장한다(파일명: 왕따일별버즈량.xls).

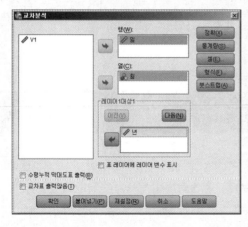
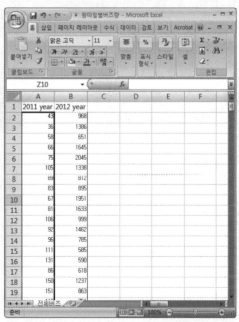

4-6 다중집단 구조모형 분석

사이버따돌림 검색요인의 다중집단 구조모형 분석은 연구모형의 적합성을 검증한 후 집단 간 등가제약 과정을 거쳐 경로계수 간 유의미한 차이를 검증하였다. 2011년과 2012년 모두 스트레스검색에서 음주, 운동, 분노, 자살검색으로 가는 경로와 사이버따돌림 검색에서 분노와 자살검색으로 가는 경로가 양(+)으로 유의한 영향을 미치는 것으로 나타났다.

구조모형 내 사이버따돌림 검색요인 변수 간의 인과관계에 있어 두 집단(2011년, 2012년) 사이에 유의미한 차이가 존재할 수 있어 모형 내 존재하는 모든 경로계수에 대해 각각 동일성 제약을 가한 모형을 기저모형과 비교하기 위해 집단 간 구조모형 분석을 실시하였다. 두 집단 간의 경로에 동일성 제약을 가한 모형은 '스트레스→운동', '스트레스→분노', '음주→사이버따돌림', '운동→사이버따돌림', '사이버따돌림→분노', '사이버따돌림→자살' 경로에서 집단 간 유의미한 차이를 보였다. 따라서, '음주→사이버따돌림' 경로를 제외한 '스트레스→운동', '스트레스→분노', '사이버따돌림→분노', '사이버따돌림→자살'로 가는 경로가 2011년에 비해 2012년이 더 강하게 영향을 받은 것으로 나타났다(표 4-6).

[표 4-6] 한국의 사이버따돌림 검색 결정요인의 다중집단 구조모형 분석

경로	2011년			2012년			C.R.[1]
	B(β)	C.R.	p	B(β)	C.R.	p	
스트레스→음주	.404(.430)	9.088	***	.511(.482)	10.512	***	1.63
스트레스→운동	.369(.402)	8.382	***	.517(.511)	11.366	***	2.33*
스트레스→사이버따돌림	.079(.070)	1.209	.227	.052(.055)	.919	.358	-.29
스트레스→분노	.276(.284)	5.677	***	.585(.440)	9.452	***	3.90**
스트레스→자살	.307(.192)	4.375	***	.523(.287)	5.566	***	1.84
음주→사이버따돌림	.244(.203)	3.506	***	.045(.050)	.831	.406	-2.38**
운동→사이버따돌림	.088(.072)	1.255	.210	.242(.259)	4.188	***	1.79*
사이버따돌림→분노	.097(.112)	2.269	**	.182(.128)	2.723	***	1.24
사이버따돌림→자살	.581(.408)	9.549	***	.611(.316)	6.710	***	.28
분노→자살	.434(.263)	5.972	***	.088(.064)	1.228	.220	-3.40**

*** $p<.01$, ** $p<.05$, * $p<.1$, [1] Critical Ratios for differences

'스트레스→사이버따돌림, 자살'과 '사이버따돌림→자살'의 경로에 스트레스 취약요인(운동, 음주)과 분노, 사이버따돌림의 매개효과를 살펴보기 위해 효과분해를 실시한 결과 모

든 경로에 부분 매개효과(partial mediation)가 있는 것으로 나타났다(표 4-7). 따라서 우리나라는 스트레스를 경험할 경우 건강생활실천요인(음주, 운동)을 많이 찾게 되고, 이러한 건강생활실천요인이 사이버따돌림 검색에 영향을 미치며 궁극적으로 자살검색에 영향을 주는 것으로 나타났다. 또한 사이버따돌림 검색이 분노검색을 매개하여 자살검색에 영향을 주는 것으로 나타났다.

[표 4-7] 건강생활실천요인(운동, 음주)과 분노검색요인의 효과분해와 매개효과 검증

경로	음주			운동		
	total effect	direct effect	indirect effect[1]	total effect	direct effect	indirect effect[1]
스트레스→사이버따돌림	.488	.354	.135*	.488	.355	.133*
DP→MP[2]	.488*→.354*			.488*→.355*		

경로	분노			사이버따돌림		
	total effect	direct effect	indirect effect	total effect	direct effect	indirect effect[1]
스트레스→자살	.595	.517	.078*	.595	.322	.273*
DP→MP[2]	.595*→.517*			.595*→.322*		
사이버따돌림→자살	.716	.654	.062*			
DP→MP[2]	.716*→.654*					

[1] Sobel test: *p<.01
[2] mediator effect: DP(Direct Path coefficient), MP(Mediator Path coefficient)

⑨ 집단 간 구조모형 분석

• 집단 간 경로계수 크기의 비교는 다중집단 구조모형 분석에서 가능하다. 다중집단 구조모형 분석은 측정 동일성 제약이 끝난 후, 집단 간 등가제약 과정을 거쳐 경로계수 간 유의미한 차이가 있는지 확인해야 한다. 본 연구의 다중집단 구조모형은 경로모형으로, 각 요인에 대한 측정 동일성의 검증은 필요가 없어서 요인 사이의 경로계수로 집단 간 차이를 검정하였다.

1단계: 집단 간 등가제약을 수행한다.

- 2011년의 경로를 (b1~b10)으로 지정한다. 이때 [All groups]는 해제한다.

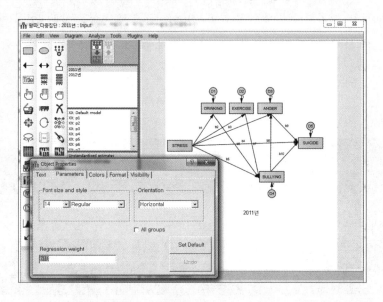

- 2012년의 경로를 (bb1~bb10)으로 지정한다.

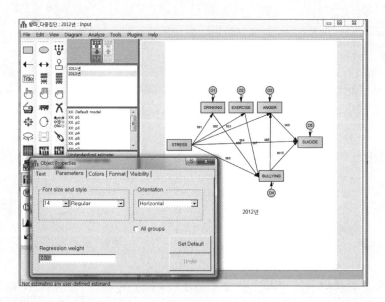

2단계: 집단 간 등가제약을 실시한다.
- [Manage Models] 창에서 [Model Name: p1-p10]을 입력한다.
- [Parameter Constrains] 창에 'b1=bb1~b10=bb10'을 입력한다.

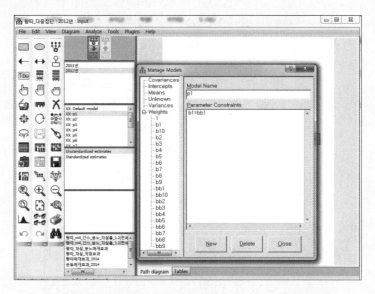

- 개별경로에 대한 제약이 끝나면 모든 경로에 대한 제약모형을 만들어 준다.
- [Manage Models] 창에서 [New]를 클릭한 후 [Model Name: all constrains]를 입력하고 모든 경로를 입력한 다음 [Close]를 클릭한다.

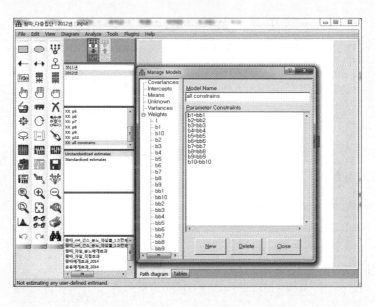

3단계: 집단 간 경로계수의 유의미한 차이는 Amos의 [Critical ratios for differences]에서 집
　　　단 간 C.R.값을 확인하여 검증할 수 있다.

　 - [View]→[Analysis Properties]→[Output]→[Critical ratios for differences]를 선택
　한다.

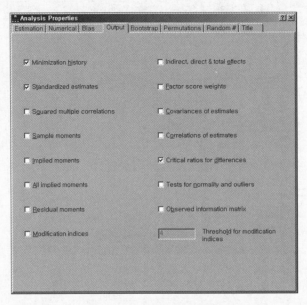

4단계: 집단 간 등가제약모형(왕따_다중집단_등가제약.amw)을 실행한다.

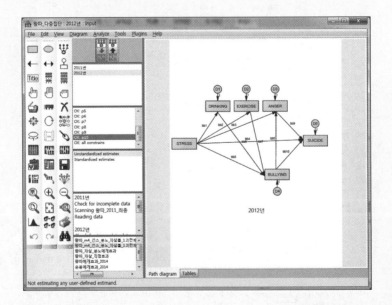

5단계: 결과를 확인한다.

- [Pairwise Parameter Comparisons]→[Critical ratios for difference]에서 [b1-bb1]의
차이를 나타내는 C.R.값(1.627)을 확인한다.

- 계속하여 'b2-bb2 ~ b10-bb10' 계수를 확인한다.

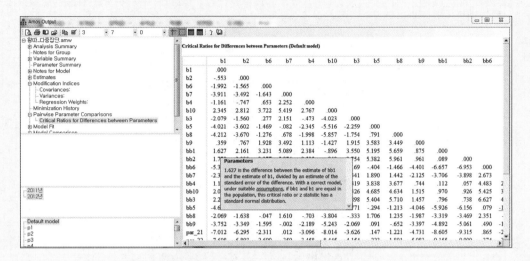

⑩ 다중집단 구조모형의 효과분해

- 매개효과는 독립변수와 종속변수 사이에 제3의 변수인 매개변수가 개입될 때 발생한다. 본
연구의 구조모형의 매개효과 모형은 스트레스와 사이버따돌림 사이의 음주와 운동 2개의
구조모형으로 구성할 수 있다.

  - 음주 매개효과 구조모형: 음주 매개효과_2014.amw

  - 운동 매개효과 구조모형: 운동 매개효과_2014.amw

  - 연결 데이터파일: 2011_2012전체모형.sav

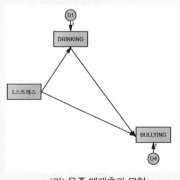

(가) 음주 매개효과 모형

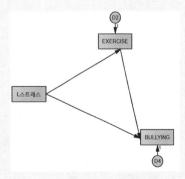

(나) 운동 매개효과 모형

• 음주 매개효과 분석

1단계: 위의 그림 (가)의 모형에서 [View]→[Analysis Properties]에서 표준화 회귀계수
(Standardized estimates)와 효과(Indirect, direct & total effects)를 선택한다(실행파일: 음주
매개효과_2014.amw).

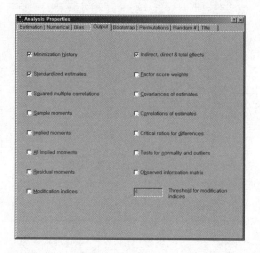

2단계: 실행한 후 결과를 확인한다.
- [View]→[Text Output]→[Estimates]→[Matrices]에서 '스트레스→사이버따돌림' 간
의 [Standardized]→[Total Effect, Direct Effect, Indirect Effect]를 확인한다.

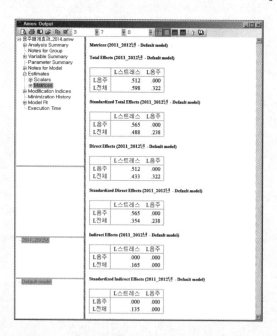

• 운동 매개효과 분석

1단계: 그림 (나)의 모형을 실행한 후 결과를 확인한다(실행파일: 운동 매개효과_2014.amw).

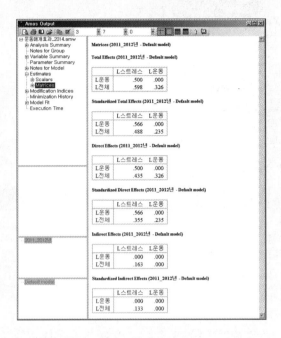

11 다중집단 구조모형의 매개효과

• 매개효과는 독립변수(X)와 종속변수(Y) 사이에 제3의 변수인 매개변수(M)가 개입될 때 발생한다. 본 연구에서 Hair 등(2006)이 제안한 매개효과 검증을 위한 절차는 다음과 같다.

1단계: 구조모형에서 '스트레스→사이버따돌림' 간의 직접적인 상관관계(경로계수)를 분석한다[기존 구조모형에서 삭제 아이콘을 이용하여 관측변수와 구조오차를 삭제한 후 실행한다(스트레스_왕따_직접효과.amw)].

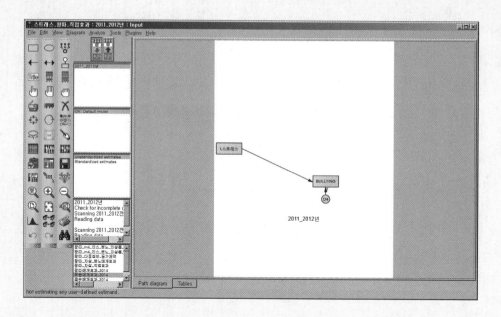

2단계: 실행한 후 결과를 확인한다.

- [View]→[Text Output]→[Estimates]에서 '스트레스→사이버따돌림' 간의 직접효과를 확인한다(β=.488, p<.001).

- '스트레스→사이버따돌림' 간에 '음주'는 부분매개(partial mediation)하여 사이버따돌림에 대한 직접적인 영향이 조금 감소[β=.488(p<.001) → β=.354(p<.001)]하였으며, '스트레스→사이버따돌림' 간에 '운동'도 부분매개하여 사이버따돌림에 대한 직접적인 영향이 조금 감소[β=.488(p<.001) → β=.355(p<.001)]한 것으로 나타났다.

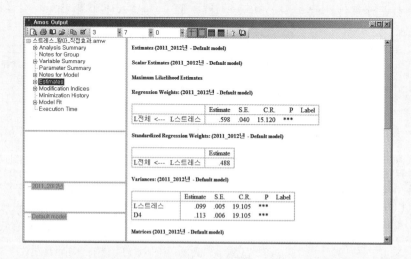

12 매개효과(간접효과)의 유의성 검증(Sobel test)

- 간접효과의 유의성을 평가하는 Sobel test는 모든 자료가 정규분포를 따른다는 가정하에 통계적 유의성을 검증한다.

1단계: '음주'의 간접효과 유의성 검증

  - '스트레스→음주' 간의 C.R.(18.488), '음주→사이버따돌림' 간 C.R.(6.249)을 Preacher 교수의 웹사이트(http://quantpsy.org/sobel/sobel.htm)에 접속하여 분석한다[(Input)에 해당 수치를 입력한 후, (Calculate) 버튼을 누르면 (p-value)가 자동 계산된다(p=.000이 산출된 것을 알 수 있다)].

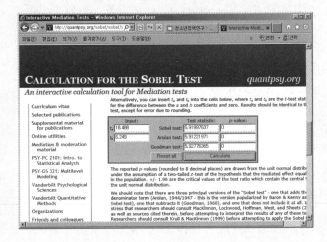

2단계: '운동'의 간접효과 유의성 검증

  - '스트레스→운동' 간의 C.R.(18.536), '운동→사이버따돌림' 간 C.R.(6.152)로 http://quantpsy.org/sobel/sobel.htm에 접속하여 분석한다.

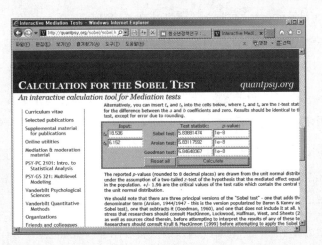

기초모형(무조건 모형)은 설명변수(독립변수)를 투입하지 않은 상태에서 한국인의 일별 사이버불링 검색에 대한 월별 분산을 분석함으로써 이후 모형에서 투입된 다른 독립변수들의 설명력을 살펴볼 수 있다. 즉, 기초모형은 다층분석을 통해 일별 사이버불링 검색이 월별로 차이를 보이고 있는지 검증하고자 하는 것이다.

무조건 모형에서 고정효과를 살펴보면, 일별 사이버불링 검색의 전체 평균은 506.7건으로 95% 신뢰구간($p<.01$)에서 기초 통계치 자료에서 산출된 평균(507.8)과 비슷함을 알 수 있다. 이는 한국인의 월평균 사이버불링 검색이 506.7건이 될 확률을 나타내는 것으로 통계적으로 유의하다($\beta=2.58$, $p<.001$). 무선효과를 살펴보면 일별 수준의 사이버불링 검색의 분산은 .03이며, 월별 수준의 분산은 .124로 통계적으로 유의한 것으로 나타난다($\chi^2=2961.63$, $p<.01$). 따라서 사이버불링 검색은 월별로 상당한 변량이 존재한다고 볼 수 있다.

동일한 수준에 속한 하위수준 간의 유사성을 보여주는 집단 내 상관계수(Intraclass Correlation Coefficient, ICC)를 통해 월별 사이버불링 검색의 분산비율을 계산해 보면 0.805[.124/(.124+.03)]이다. 이는 곧 일별 사이버불링 검색에 대한 총분산 중 월별 수준의 분산이 차지하는 비율이 80.5%임을 나타내는 것이다. 따라서 일별 수준의 분산이 차지하는 비율은 약 19.5%임을 알 수 있다. 이 결과는 모든 월의 사이버불링 검색이 같다는 χ^2의 귀무가설(null hypothesis)을 기각함으로써 일별 사이버불링 검색의 평균이 월별로 통계적으로 유의한 차이가 있음을 보여주는 것이다($p<.01$). 이는 사이버불링 검색이 일별 요인에 의해서도 영향을 받지만, 월별 요인에도 영향을 받는다는 점을 나타냄으로써 일별 검색량과 월별 검색량의 차이를 분석하기 위해서는 일별 변수 및 월별 변수를 모두 투입하여 연구모형(다층모형) 분석을 실시하는 것이 타당함을 입증해 주는 결과라 할 수 있다.

무조건적 기울기 모형의 검증은 일별 요인들이 일별 사이버불링 검색에 미치는 영향에서 월별에 따라서도 차이가 나는지를 알아보고자 하는 것이다. 따라서 일별 자살·스트레스·음주·운동·분노 검색이 사이버불링 검색에 미치는 영향을 고정효과를 통해 파악하고 이들 개별 요인이 월별에 따라 차이를 보이는가에 대해 무선효과를 통해 살펴보았다(표 4-8). 일별(level 1) 사이버불링 검색에 대한 고정효과를 분석한 결과, 스트레스검색과 분노검색은 사이버불링 검색에 영향을 주지 않는 것으로 나타났고, 자살·음주·운동 검색은 통계적으로 유

---

4. 본 장에서는 다층모형의 분석실습은 생략하였다. 분석파일 참고[왕따_2014_0113.mdmt(MDM 파일을 실행시킨 후 분석을 실시), 왕따_2014_무조건모형_1.hlm, 왕따_2014_무조건기울기모형_1.hlm, 왕따_2014_조건모형_1.hlm)].

의미하여 사이버불링 검색에 영향을 주는 것으로 나타났다. 확인된 일별 특성변수와 사이버불링 검색의 관련성에서 각 변수가 월별로 차이가 나는지에 대해 무선효과 검증을 실시한 결과, 자살검색의 적합도(χ^2=48.28, p<.01), 운동검색의 적합도(χ^2=37.00, p<.05), 분노검색의 적합도(χ^2=38.50, p<.05)가 통계적으로 유의미한 것으로 확인되어 일별 수준의 변수들이 사이버불링 검색에 미치는 영향에서 월별 간 차이가 있음(χ^2=215.66, p<.01)을 확인하였다. 이는 분석할 때 월별 요인의 투입이 필요함을 입증하는 결과라 할 수 있다. 따라서 일별 특성에서 자살검색이 높아질수록 사이버불링 검색이 높아지는 것으로 이러한 효과는 월별에 따라서 차이가 있음을 보여준다. 그리고 무선효과 검증에서 유의미한 일별 특성 변수(자살·운동·분노 검색)는 조건적 모형 검증에서 미지수로 투입하여 분석할 필요가 있는 것으로 나타났다. 무조건적 기울기 모형에서 월별 사이버불링 검색의 ICC는 .882로 산출되었다.

조건적 모형은 한국인의 일별 요인과 월별 경제활동인구, 전세가격지수, 자살률이 사이버불링 검색에 미치는 영향을 분석한 것이다. 즉, 앞서 무조건적 기울기 모형에서 월별 변수를 투입할 수 있는 일별 요인 변수인 자살·스트레스·음주·운동·분노 검색을 동시에 투입하는 연구모형을 검증한 것이다. 일별 요인과 월별 요인을 동시에 고려하였을 때 사이버불링 검색에 영향을 미치는 요인의 영향력을 검증하기 위해 사이버불링 검색에 대한 고정효과를 분석한 결과, 수준 1인 일별 요인 변수는 무조건적 기울기 모형의 검증과 비슷한 결과를 보였다. 수준 2인 경제활동인구 수는 사이버불링 검색에 음(-)의 영향을 미치는 것으로 나타났다. 이는 월별 경제활동인구 수가 증가하면 사이버불링 검색이 감소하는 것을 의미한다. 그리고 전세가격지수는 사이버불링 검색에 양(+)의 영향을 미치는 것으로 나타났다. 이는 월별 전세가격지수가 높으면 사이버불링 검색이 증가하는 것을 의미한다. 월별 자살률은 사이버불링 검색에 영향을 미치지 않는 것으로 나타났다. 무선효과 검증 결과, 일별 자살검색(χ^2=52.71, p<.01)과 운동검색(χ^2=47.33, p<.05)은 월별로 차이가 있는 것으로 나타났다. 조건적 모형에서 연도별 사이버불링 검색의 ICC는 .714로 산출되었다.

[표 4-8] 한국의 사이버불링 검색 결정요인의 다층모형 분석

모수 \ 모형		무조건 모형		무조건적 기울기 모형		조건적 모형	
고정효과		Coef.	S.E.	Coef.	S.E.	Coef.	S.E.
	Intercept (γ_{00})	2.58	0.07**	2.30	0.08**	2.31	0.05**
Level 1	자살검색			0.09	0.02**	0.09	0.02**
	스트레스검색			0.02	0.02	0.02	0.02
	음주검색			0.05	0.02**	0.06	0.02**
	운동검색			0.14	0.03**	0.14	0.03**
	분노검색			0.02	0.03	0.02	0.02
Level 2	경제활동인구					-0.00	0.00*
	전세가격지수					0.07	0.01**
	자살률					-0.01	0.01
무선효과		σ^2	χ^2	σ^2	χ^2	σ^2	χ^2
Level 2, u_0		0.124	2961.63**	0.135	215.66**	0.045	100.28**
Level 1, r		0.030		0.018		0.018	
자살검색				0.01	48.28**	0.01	52.71**
스트레스검색				0.00	30.39		
음주검색				0.00	13.39		
운동검색				0.02	37.00*	0.02	47.33**
분노검색				0.01	38.50*	0.01	31.77
ICC		.805		.882		.714	

**$p<.01$, *$p<.05$

4-8 다변량 분석 결론

본 연구는 Agnew의 일반긴장이론(GST), 거시긴장이론(MST), 스트레스–취약모델을 바탕으로 소셜 빅데이터를 이용하여 우리나라의 사이버불링 검색요인을 검증하기 위해 다변량 분석을 실시하였다. 우리나라의 2011년과 2012년 사이버불링 검색요인의 차이는 다중집단 구조모형으로, 일별 요인과 월별 요인은 다층모형으로 검증하였다. 본 연구의 논의와 결과는 다음과 같다.

첫째, 다중집단 구조모형 분석결과 스트레스검색에서 사이버불링 검색으로 가는 직접경로는 두 집단(2011년, 2012년) 모두 영향이 없는 것으로 나타나, 스트레스검색은 건강생활실천요인(운동, 음주) 검색을 매개하여 사이버불링 검색에 영향을 주는 것으로 나타났다. 이는 기

존의 스트레스 취약요인의 연구(Chapman & Beaulet, 1983; Izadinia et al., 2010)를 지지하는 것으로, 2011년에는 스트레스검색이 음주검색을 부분매개하여 사이버불링 검색에 영향을 주었고, 2012년에는 운동검색이 부분매개하여 사이버불링 검색에 영향을 준 것으로 보인다.

둘째, 스트레스검색에서 자살검색으로 가는 경로에 사이버불링 검색과 분노검색이 부분매개하는 것으로 나타났다. 이는 자살검색이나 사이버불링 검색의 예측모형에도 Agnew의 일반긴장이론이 적용될 수 있다는 것을 검증한 것으로, 한국인은 스트레스를 검색할 때 사이버불링을 검색하게 되고 이것이 자살검색에 영향을 주는 것으로 보인다.

셋째, 다층모형 분석에서 일별 요인인 자살·음주·운동 검색이 사이버불링 검색에 영향을 주는 것으로 나타났다. 이는 스트레스검색이 많아지면 자살검색이 많아진다는 기존의 연구(Song et al., 2014)와 비교하면 본 연구에서는 스트레스검색이 사이버불링 검색에 직접적인 영향을 주는 것이 아니라 운동·음주와 같은 스트레스–취약요인을 매개하여 사이버불링 검색과 자살검색에 영향을 주는 것으로 나타났다.

넷째, 월별 요인에서 경제활동인구와 전세가격지수가 사이버불링 검색에 영향을 주는 것으로 나타났다. 이는 사이버불링 검색의 예측에 Agnew의 거시긴장이론을 적용할 수 있으며, 지역사회의 경제적 결핍과 주거안정성 등의 거시적인 긴장이 사이버불링 검색에 영향을 준다는 것을 검증한 것이다. 따라서 우리나라는 경제활동인구가 많으면 사이버불링 검색이 감소하고, 전세가격지수가 높으면 사이버불링 검색이 증가하는 것으로 나타났다. 그러나 월별 자살률(자살자 수)은 사이버불링 검색에 영향을 주지 않은 것으로 나타나, 자살률이 높으면 자살검색이 증가한다는 기존의 연구(Song et., al, 2014) 결과와 비교했을 때 본 연구에서의 일별 자살검색은 사이버불링 검색에 양(+)의 영향을 주고 있으나, 월별 실제 자살률은 사이버불링 검색에 영향을 주지 않는 것으로 나타났다. 따라서 인터넷을 통해 전달되는 유명인의 자살이나 집단따돌림으로 인한 자살 관련 뉴스는 자살검색에 실질적인 영향을 주지만 자살률이 직접적으로 사이버불링 검색에는 영향을 주지 않는 것으로 나타나, 향후 사이버불링으로 인한 자살과 사이버불링 검색과의 인과관계에 대한 후속 연구가 수행되어야 할 것이다.

본 연구를 근거로 우리나라의 사이버불링 예방과 관련한 정책적 함의를 도출하면 다음과 같다. 첫째, 본 연구결과를 통해 우리나라는 다양한 스트레스를 경험하면서 사이버불링과 자살을 검색한다는 사실을 알 수 있다. 따라서 청소년이 스트레스를 해소할 수 있는 학교차원의 다양한 프로그램과 성인이 스트레스를 해소할 수 있는 직장차원의 프로그램이 개발되어야 한다. 둘째, 사이버불링 검색에 스트레스검색과 분노검색이 영향을 주는 것으로 볼 때, 건강생활실천을 통하여 긴장과 분노를 조절할 수 있는 프로그램의 개발이 필요할 것으로 본다

(송주영, 2013). 셋째, 우리나라 청소년과 성인은 온라인상에서 사이버불링과 관련한 담론을 주고받고 있으며, 이러한 언급이 우울증, 자해, 자살과 같은 심리적·행동적 특성으로 노출될 수 있기 때문에 온라인상에서 실시간으로 사이버불링의 위험을 예측할 수 있는 애플리케이션을 개발해야 한다.

5 | 논의

본 연구에서는 한국의 사이버따돌림 유형별 위험요인에 대한 예측모형을 검증하기 위해 소셜 빅데이터를 활용하여 데이터마이닝의 의사결정나무 분석을 실시하였다. 본 연구에서 사용된 의사결정나무 분석모형은 기존의 회귀분석이나 구조방정식과 달리 특별한 통계적 가정 없이 결정규칙에 따라 나무구조로 도표화하여 분류와 예측을 수행한다. 이 방법은 소셜 빅데이터에서 여러 개의 독립변수 중 종속변수에 대한 영향력이 높은 변수의 패턴이나 관계를 찾아내는 데 유용하다. 특히 본 연구의 분석 알고리즘으로 사용된 CHAID는 이산형 목표변수에 대해 χ^2-검정량의 p-값을 분리기준으로 사용함으로써 예측이 간편하다. 본 연구에서 사이버따돌림의 유형은 감성분석(opinion mining)과 주제분석(text mining)을 통해 각각 피해자집단, 가해자집단, 방관자집단의 세 집단으로 정의하였다. 주요 분석결과를 요약하면 다음과 같다.

첫째, 한국의 사이버따돌림과 관련한 온라인 커뮤니케이션은 사이버따돌림과 관련한 사회적 이슈가 있을 경우 매우 활발하게 나타났다.

둘째, 사이버따돌림 유형별 위험요인에 대한 다중 로지스틱 회귀분석 결과 충동요인은 피해자와 방관자에게 영향을 미치는 것으로 나타났으며, 비만요인과 외모요인은 일반인보다 세 집단 모두에게 영향을 많이 미치는 것으로 나타났다. 스트레스요인은 일반인보다 세 집단 모두에게 영향을 적게 미치는 것으로 나타났으며, 사회성 부족요인과 문화적 요인은 피해자와 방관자에게 영향을 미치는 것으로 나타났다. 다문화요인은 피해자에게만 영향을 미치는 것으로 나타났다. 그리고 일진요인은 일반인보다 가해자와 방관자에게 영향을 많이 미치지만 피해자에게는 영향을 적게 미치는 것으로 나타났다.

셋째, 사이버따돌림 유형별 위험요인의 예측모형에 대한 의사결정나무 분석결과 사이버따돌림 피해자의 위험이 가장 높은 경우는 '충동요인'의 위험이 높으면서 '일진요인'의 위험이 낮고 '문화요인'의 위험이 높은 조합으로 나타났다. 사이버따돌림 가해자의 위험이 가장 높은 경우는 '충동요인'의 위험이 낮으면서 '일진요인'의 위험이 높고 '문화요인'의 위험이 낮은 조합으로 나타났다. 사이버따돌림 방관자의 위험이 가장 높은 경우는 '충동요인'의 위험이 높으면서 '일진요인'의 위험이 낮고 '문화요인'의 위험이 낮은 조합으로 나타났다.

본 연구결과를 중심으로 논의하면 다음과 같다.

첫째, 한국의 사이버따돌림 유형은 피해자, 가해자, 방관자의 세 집단으로 구분되며, 이들 세 집단이 전체 집단에서 차지하는 비율은 44%(피해자: 32.3%, 가해자: 6.4%, 방관자: 5.3%)로 나타났다. 이는 기존의 조사 자료(한국청소년패널조사)를 이용한 '집단따돌림 가해경험과 피해경험 변화 형태에 대한 잠재계층 분류' 연구결과(No & Hong, 2013)인 세 집단(가해경험집단, 피해경험집단, 가해피해집단)의 비율(38.2%) 결과와 비슷한 것으로 나타나, 소셜 빅데이터의 주제분석과 감성분석을 통한 사이버따돌림 유형의 분류와 예측이 어느 정도 타당함을 입증하였다. 즉, 기존의 연구에서 전통적 따돌림 유형의 분류방법은 범주화된 응답 자료에서 표준편차와 중앙값에 의해 분류하거나, 가해경험과 피해경험에 대한 잠재계층의 수를 비교하여 분류하는 방식을 사용하였다. 본 연구의 감성분석에서는 피해자 성향 표현이 가해자나 방관자 성향 표현보다 많이 나타나면 피해자 집단으로 분류하고, 가해자 성향 표현이 피해자나 방관자 성향 표현보다 많이 나타나면 가해자 집단으로 분류하였으며, 방관자 성향 표현이 피해자나 가해자 성향 표현보다 많이 나타나면 방관자 집단으로 분류하였다. 따라서 본 연구에서는 감성분석에 의한 사이버따돌림 유형의 예측과 전통적 따돌림 유형의 예측이 비슷하게 나타나, 비정형 소셜 빅데이터의 분류에 감성분석의 적용이 타당하다는 것을 보여주었다.

둘째, 다중 로지스틱 회귀분석 결과 충동요인의 위험이 피해자에게 더 크게 나타나 전통적 따돌림을 당하는 학생들은 충동성이 높다는 기존의 연구(Kim et al., 2001)를 지지하는 것으로 나타났다. 비만요인의 위험은 피해자에게 더 크게 나타나 외모가 뚱뚱해서 전통적 따돌림을 당하는 경우가 있다는 기존의 연구결과(Noh, 2011)를 지지하는 것으로 나타났다. 스트레스요인의 위험은 세 집단에 모두 음(-)의 영향이 있는 것으로 나타나 전통적 따돌림이 개인이 지각한 스트레스와 양(+)의 관련이 있다는 연구(Coie, 1999; Chon et al., 2004)의 결과를 지지하지 않는 것으로 나타났다. 이는 사이버상의 스트레스요인과 조사 자료상의 스트레스요인의 조작적 정의가 다른 데 기인한 것으로, 후속 연구에서의 검증이 필요하다. 외모요인의 위험은 세 집단 모두 영향이 있는 것으로 나타나 전통적 따돌림 행동은 피해아동의 외모에 있다는 기존의 연구(Roland, 1988) 결과를 지지하는 것으로 나타났다. 사회성 부족요인의 위험은 피해자에게 가장 크게 나타나 전통적 따돌림 행동은 피해아동의 대인관계와 사회적 기술에 있다는 연구결과(Randoll, 1997)를 지지하는 것으로 나타났다. 문화적 요인의 위험은 피해자에게 영향을 주는 것으로 나타나 전통적 따돌림이 개인과 집단 간 문화적 차이에서 오며(Park, 2000), 집단문화를 모방하면서 전통적 따돌림 현상이 발생할 수 있다는 기존의 연구(Lee, 2007)를 지지하는 것으로 나타났다. 다문화 위험은 피해자에게만 영향이 있는 것으로 나타나 기존의 보도(Kim, 2012)와 같이 한국의 다문화가정은 사이버따돌림의 피해가 심각하다는 것을 보여주고 있다. 일진요인의 위험은 피해자에게는 음의 영향을 미치나 가해자에게는 양의 영향을 미치는 것으로 나타나 전통적 따돌림이 가해자의 지배성에 양의 상관이 있다는 기존의 연구(Olweus, 1994; Pellegrini et al., 1999)를 지지하는 것으로 나타났다. 즉, 사이버따돌림 유형에 가장 큰 영향을 미치는 요인은 피해자는 사회성 부족요인, 가해자는 외모요인, 그리고 방관자는 충동요인으로 나타났다. 따라서 피해자는 대인관계에서 과도한 불안을 보이고 지나치게 민감한 반응을 보이기 때문에 사회성을 증진시킬 수 있는 학교차원의 다양한 의사소통의 통로 마련과 함께 적극적으로 자기를 표현하고 주장하는 사회기술훈련이 필요하다. 그리고, 따돌림의 유형이 가해자, 피해자, 방관자로 고정된 것이 아니고 주위 환경에 따라 피해자-가해자-방관자의 관계가 수시로 변화할 수 있기 때문에 해당 학생이 처한 환경과 주변의 변화가 유형에 미치는 영향에 대한 구체적인 연구가 필요하다(Lee, 2007).

셋째, 한국의 사이버따돌림 유형별 위험요인을 예측하는 가장 중요한 변인은 충동요인으로 나타났다. 충동요인이 높을 경우 피해자와 가해자의 위험은 감소하였으나, 방관자의 위험은 증가한 것으로 나타났다. 이는 다수의 방관자들이 또래의 괴롭힘 행위를 유지 또는 악화시킨다는 기존의 연구(Jang & Choi, 2010; Hawkins et al.,2001)를 지지하는 것이다. 본 연구에서는 세 집단 중 방관자의 충동성 위험이 가장 높게 나타나, 피해자와 가해자뿐만 아니라 방관자를 대상으로 충동을 완화할 수 있는 맞춤형 프로그램의 제공이 필요할 것으로 본다. 충동요인이 사이버따돌림 유형별 위험요인 예측에서 가장 중요한 변인으로 나타난 결과에서 일진요인이 세 집단에 모두 영향을 미치는 것으로 나타났다. 즉, 충동요인이 낮을 경우 가해자의 위험은 조금 증가하였지만 지배성(dominance)을 가진 일진요인이 높은 경우 가해자의 위험은 약 1.71배(15.3%→26.1%) 증가하였다. 따라서 가해 성향이 높은 집단은 자기 자신을 우월하고 특별한 존재로 생각하여 타인을 함부로 지배하려는 경향이 있어 이에 적절하게 대처할 수 있는 상담 프로그램과 부모교육 프로그램의 개입이 시급하다. 충동요인과 일진요인 다음으로 문화요인과 스트레스요인이 사이버따돌림 유형에 영향을 미치는 것으로 나타났다. 따라서 문화와 스트레스로 인한 사이버따돌림을 예방하기 위해서는 사이버따돌림의 이해를 위한 토론으로 공감능력을 향상시키고 친구들과 친밀감을 형성하기 위한 프로그램과 스트레스 대처 훈련 프로그램 등 다양한 심리교육 프로그램의 도입이 필요하다.

넷째, 본 연구는 사이버따돌림 분석에 소셜 빅데이터를 활용하였다. 이처럼 사회 각 분야에서 다양한 형태로 존재하는 빅데이터를 효율적으로 활용할 경우, 국가차원의 위험요인에 대한 예방대책을 수립하는 데 기여할 수 있을 것이다. 그리고 빅데이터를 활용하여 사이버따돌림과 같은 복잡한 사회문제를 실시간으로 예측하고 대처하기 위해서는 빅데이터를 분석할 수 있는 기술개발과 표준화는 물론, 대규모 데이터 속에 숨겨진 정보를 찾아내는 데이터 사이언티스트(data scientist)를 양성하여야 할 것이다.

본 연구는 개개인의 특성을 가지고 분석한 것이 아니라 그 구성원이 속한 전체 집단의 자료를 대상으로 분석하였기 때문에 이를 개인에게 적용하였을 경우 생태학적 오류(ecological fallacy)가 발생할 수 있다. 또한, 본 연구에서 정의된 사이버따돌림 관련 요인(용어)은 버즈 내에서 발생한 감성이나 단어의 빈도로 정의되었기 때문에 기존의 이론적 모형에서의 사이버따돌림 요인과 의미가 다를 수 있으므로 후속 연구에서의 검증이 필요할 것이다. 그러나 이러한 제한점에도 불구하고 본 연구는 소셜 빅데이터에서 수집된 사이버따돌림 버즈를 주제분석과 감성분석을 통하여 한국의 사이버따돌림 유형의 분류와 예측이 타당함을 검증하려 하였고, 데이터마이닝 분석을 통하여 한국의 사이버따돌림 유형별 위험요인의 예측모형을 제시한 점에서 분석방법론적으로 의의가 있다. 또한, 실제적인 내용을 빠르게 효과적으로 파악하여 사회통계가 지닌 한계를 보완할 수 있는 새로운 조사방법으로서 빅데이터의 가치를 확인하였다는 점에서 조사방법론적 의의를 가진다고 할 수 있다.

참고문헌

1. 박정선(2007). 지역사회중심의 청소년 비행대책. 한국범죄학, **1**(2), 3-39.

2. 송주영(2013). 청소년의 집단따돌림에 영향을 미치는 요인 – Agnew의 일반긴장이론(GST)과 거시긴장이론(MST)을 중심으로. 한양법학, **24**(2), 221-246.

3. 통계청 (2013). 2013년 청소년 통계.

4. Agnew, R. (1999). A general strain theory of community differences in crime rates. *Journal of Research in Crime and Delinquency*, **36**, 123, DOI: 10.1177/0022427899036002001.

5. Bae, S. B. & Woo, J. M. (2011). Suicide prevention strategies from medical perspective. *Journal of the Korean Medical Association*, **54**(4), 386-391.

6. Barbara, D. W. & Shannon, K. F. (2003). Strain and violence: Testing a general strain theory model of community violence. *Journal of Criminal Justice*, **31**, 511-521.

7. Billings, A. G. & Moos, R. H. (1984). Coping, stress and social resources among adults with unipolar depression. *Journal of Personality and Social Psychology*, **46**, 877-891.

8. Bolger, N., DeLongis, A., Kessler, R. C. & Schilling, E. A. (1989). Effects of daily stress on negative mood. *Journal of Personality and Social Psychology*, **57**, 808-818.

9. Bollen, K. A. & Long, J. S. (1993). *Testing Structural Equation Models*. Sage: Newbury Park, CA, 136-162.

10. Bond, L., Carlin, J. B., Thomas, L., Rubin, K. & Patton, G. (2011) Does bullying cause emotional problems? A prospective study of young teenagers. *British Medical Journal*, **323**, 480-484.

11. Brezina, T., Alex, R. & Mazerolle, P. (2001). Student anger and aggressive behavior in school: an initial test of Agnew's macro-level strain theory. *Journal of Research in Crime and Delinquency*, **8**, 362, DOI: 10.1177/0022427801038004002.

12. Butler, D., Kift, S. & Campbell, M. (2009) Cyber bullying in schools and the law: Is there an effective means of addressing the power imbalance. *eLaw Journal: Murdoch University Electronic Journal of Law*, **16**, 84-114.

13. Chapman, N. J. & Beaulet, M. (1983). Environmental predictor of well-being for at risk older adults in mid-sized city. *Journal of Gerontology*, **38**(2), 237-244.

14. Choi, Y. J., Jhin, H. K. & Kim, J. W. (2001). A study on the personality trait of bullying & victimized school childrens. *Journal of Child & Adolescent Psychiatry*, **12**(1), 94-102.

15. Chon, J. Y., Lee, E. K., Yoo, N. H. & Lee, K. H. (2004). A study on the relation between conformity in group bullying and psychological characteristics. *Korean Journal of Psychology: School*, **1**(1), 23-35.

16. Cohen, S. & Edwards, J. R. (1989). Personality Characteristics as Moderators of the Relationship between Stress and Disorder. In Meufeld, R. W. J. (Ed.), *Advanced in Investigation of Psychological Stress*. New York, NY: Wiley, 235-283.

17. Coie, J. D. (1990). *Toward a Theory of Peer Rejection*. In Asher, S. R. & Coie, J. D. (Eds.), *Peer Rejection in Childhood*. New York: Cambridge University Press, 365-401.

18. Coleman, J. S. (1990). *Foundations of Social Theory*. Cambridge, MA: Havard University Press.

19. Dempsey, A. G., Sulkowski, M. L., Nichols, R. & Storch, E. A. (2009). Differences between peer victimization in cyber and physical settings and associated psychosocial adjustment in early adolescence. *Psychology in the Schools*, **46**(10), 962-972.

20. Gini, G., Albiero, P., Benelli, B., & Altoè, G. (2008). Determinants of adolescents' active defending and passive bystanding behavior in bullying. *Journal of Adolescence*, **31**, 91-105.

21. Gong-Guy, E. & Hammen, C. (1980). Causal perceptions of stressful events in depression: A cross-lagged panel correlational analysis. *Journal of Abnormal Psychology*, **89**, 662-669.

22. Hammen, C. (1988). *Depression and Cognitions about Personal Stressful Life Events*. In L. B. Alloy (Ed.), *Cognitive Processes in Depression*. New York, NY: The Guilford Press, 77-108.

23. Hawkins, D. L., Pepler, D. J. & Craig, W. M. (2001). Naturalistic observation of peer interventions in bullying. *Social Development*, **10**, 512-527.

24. Hu, L. T. & Bentler, P. M. (1999). Cutoff criteria for fit indices in covariance structure analysis: Conventional criteria versus new alternatives. *Structural Equation Modeling*, **6**, 1-55. http://dx.doi.org/10.1080/10705519909540118

25. Izadinia, N., Amiri, M., Jahromi, R. G. & Hamidi, S. (2010). A study of relationship between suicidal ideas, depression, anxiety, resiliency, daily stresses and mental health among Teheran university students. *Procedia-Social and Behavioral Sciences*, **5**, 1615-1619. http://dx.doi.org/10.1016/j.sbspro.2010.07.335

26. Jang, S. J. & Choi, Y. K. (2010). Development and validation of choldren's reactions scale to peer bullying. *The Korean Journal of School Psychology*, **7**(2), 251-267.

27. Katzer, C., Fetchenhauer, D. & Belschank, F. (2009). Cyberbullying: Who are the victims? A comparison of victimization in internet chatrooms and victimization in school. *Journal of Media Psychology*, **21**(1), 25-36.

28. Kim, W. J. (2004). Wang-Ta: A review on its significance, realities, and cause. *Korea Journal of Counseling*, **5**(2), 451-472.

29. Kim, Y. j. (2012). 37% of children of multicultural families bullying. *The Chosun Daily*, January 12. http://news.chosun.com/site/data/html_dir/2012/01/10/2012011000131.html

30. Kim, Y. S., Koh, Y. J., Noh, J. S., Park, M. S., Sohn, S. H. & Suh, D. H., et al. (2001).

School Bullying and Related Psychopathology in Elementary School Students. *J Korean Neuropsychiatr Assoc*, **40**(5), 876-884.

31. Kim, S. Y., Ko, S. G. & Kwon, J. H. (2007). The moderating effect of social support and coping on widowed elderly. *The Korean Journal of Clinical Psychology*, **26**(3), 573-596.

32. Korea Communications Commission · Korea Internet & Security Agency (2013). *2013 Survey on Cyber Bullying.* Seoul, Korea: Author.

33. Lee, J. G. (2007). Bullying and Alternative of Criminal Policy. *Victimology*, **15**(2), 285-309.

34. Merton, R. K. (1938). Social structure and Anomie. *American Sociological Review*, **3**, 672-682.

35. Mitchell, R. E., Cronkite, R. C. & Moos, R. H. (1983). Stress, coping and depression among married couples. *Journal of Abnormal Psychology*, **92**, 443-448.

36. Moon, B, Hwang, H. & McCluskey, J. D. (2011). Causes of school bullying: Empirical test of a general theory of crime, differential association theory, and general strain theory. *Crime & Delinquency*, **57**, 849-877.

37. No, U. & Hong, S. (2013). Classification and Prediction of early Adolescents' Bullying and Victimized Experiences Using Dual Trajectory Modeling Approach. *Survey Research*, **14**(2), 49-76.

38. Noh, K. A. & Baik, J. S. (2013). A Discriminant Analysis on the Determinants of Adolescent Group Bullying Type. *Youth Facility & Environment*, **11**(3), 113-124.

39. Noh, S. H. (2011). Some Aspects of Bullying in School. *Victimology*, **9**(2), 5-29.

40. Olweus, D. (1994). Bullying at school: Long-term outcomes for the victims and an effective school-based intervention program. In L. R. Huesmann (Ed.), *Aggressive behavior: Current Perspectives.* New York: Plenum.

41. Park, J. K. (2000). A Socio-Cultural Study on Peer Rejection Phenomenon of Adolescent Group. *Korean Journal of Youth Studies*, **7**(2), 39-71.

42. Pellegrini, A. D., Bartini, M. & Brooks, F. (1999). School bullies, victims and aggressive victims; factors relating to group affiliation and victimization in early adolescence. *Journal of Educational Psychology*, **91**(2), 216-224.

43. Perren, S., Dooley, J., Shaw, T. & Cross, D. (2010). Bullying in school and cyberspace: Associations with depressive symptoms in Swiss and Australian adolescents. *Child and Adolescent Psychiatry and Mental Health*, **4**(28), 1-10.

44. Perry, D. G., Kusel, S. J. & Perry, L. C. (1998). Victims of peer aggression. *Developmental Psychology*, **24**(6), 807-814.

45. Preacher, K. J. & Hayes, A. F. (2004). SPSS and SAS procedures for estimating indirect effects in simple mediation models. *Behavior Research Methods, Instruments & Computers,*

36, 717-731.

46. Randoll, P. (1997). *Adult Bullying: Perpetrators and Victims*. London: Routledge.

47. Raudenbush, S. W. & Bryk, A. S. (2002). *Hirearchical Linear Models: Application and Data Analysis Methods*(2nd ed.). Thousand Oaks, CA: Sage.

48. Roland, E. (1988). *School Influences on Bullying*. Durharn: University of Durham.

49. Slonje, R., Smith, P. K. & Frisén, A. (2013). The nature of cyberbullying and strategies for prevention. *Computers in Human Behavior*, **29**, 26-32.

50. Smith, P. K., Mahdavi, J., Carvalho, M., Fisher, S., Russell, S. & Tippett, N. (2008). Cyberbullying: Its nature and impact in secondary school pupils. *Journal of Child Psychology and Psychiatry*, **49**, 376–385.

51. Smith, P. K. (2012). Cyberbullying and Cyber Aggression. In Jimerson, S. R., Nickerson, A. B., Mayer, M. J. & Furlong, M. J. (Eds.), *Handbook of School Violence and School Safety: International Research and Practice*. New York, NY: Routledge, 93-103.

52. Şahin, M., Aydin, B. & Sari, S. V. (2012). Cyber bullying, cyber victimization and psychological symptoms: A study in adolescents. *Cukurova University Faculty of Education Journal*, **41**(1), 53-59.

53. Song, J. (2013). Examining bullying among Korean Youth: An empirical test of GST and MST. *Hanyang Law Review*, **24**(2), 221-246.

54. Song, T. M., Song, J., An, J. Y. & Jin, D. (2013). Multivariate analysis of factors for search on suicide using social big data. *Korean Journal of Health Education and Promotion*, **30**(3), 59-73.

55. Song, T. M., Song, J., An, J. Y., Hayman, L. L. & Woo, J. M. (2014). Psychological and social factors affecting internet searches on suicide in Korea: A big data analysis of google search trends. *Yonsei Med*, **55**(1), 254-263.

56. Tapert, S. F., Colby, S. M., Barnett, N. P., Spirito, A., Rohsenow, D. J., Myers, M. G., et al. (2003). Depressed mood, gender, and problem drinking in youth. *J Child Adolesc Subst Abuse*, **12**, 55-68.

57. Willard, N. (2007). *Educator's Guide to Cyberbullying and Cyberthreats*, 1-16.

58. Yoon, M. S. (2011). Suicidal ideation among alcoholics moderating effect of alcohol use. *Korean Academ Ment Health Soc Work*, **38**, 113-140.

인터넷 중독 위험 예측

정보화의 진전에 따라 시의성·현장성·편의성·공개성·보편성 등을 특징으로 하는 인터넷 서비스는 현대생활에 필수적인 수단으로 자리매김하여 이용률이 매년 증가[2]하고 있는 추세다. 또한 휴대폰 및 태블릿 PC 등 스마트기기의 보유율도 2011년 31.3%에서 2013년 71.6%로 40.3%가 증가한 것으로 나타났다(미래창조과학부·한국정보화진흥원, 2013). 이와 같이 일상생활에서의 인터넷 및 스마트 미디어의 사용량이 증가함에 따라 긍정적인 효과와 더불어 중독 등 역기능의 문제가 제기되고 있다. 2011년 이후 유아동 인터넷 중독위험군과 성인 인터넷 중독위험군은 매년 감소추세를 보이는 반면, 청소년 인터넷 중독위험군은 상승하는 추세를 보이고 있다.[3] 특히 만 10~54세 스마트폰 중독위험군은 2011년 8.4%에서 2013년 11.8%로 상승하였으며, 2013년 청소년의 스마트폰 중독위험군은 25.5%로 청소년의 4분의 1이 중독위험군인 것으로 나타났다(미래창조과학부·한국정보화진흥원, 2014).

보건복지부의 정신건강실태 역학조사에 따르면 18~29세 남성, 미취업자의 인터넷 중독률이 높으며, 인터넷 중독자의 경우 하나 이상의 정신장애를 경험한 경우가 75.1%에 이르는 등 정신건강 차원에서 문제로 발전할 가능성이 상존하는 것으로 나타났다(보건복지부, 2011). 특히, 게임 이용이 증가하면서 선정성, 폭력성, 사행성 등의 문제와 과다 사용으로 인해 중독의 문제가 제기되고 있고, 청소년의 경우 성인에 비해 자기통제력이 약해 정서적으로 문제를 일으키는 경우가 발생하면서 게임중독에 대한 사회적 우려가 증가하고 있다(한국콘텐츠진흥원, 2013). 이에 정부는 인터넷 중독 및 예방을 위해 3개 부처(미래창조과학부, 여성가족부, 문화체육관광부)를 중심으로 한 생애주기별·단계별 인터넷 중독 대응방안을 추진하고 있으나, 담당부처 및 관련 단체의 다원화에 의한 서비스 중복, 연계성 미흡 등으로 통합 관리에 대한 필요성이 제기되고 있다(한국정보화진흥원, 2010).

한편, 스마트기기의 급속한 보급과 소셜미디어의 확산으로 데이터량이 기하급수적으로

---

1. 본 논문은 '송태민·송주영·진달래(2014). 소셜 빅데이터를 활용한 인터넷 중독 위험 예측 모형. 보건사회연구, **34**(3), pp. 106-134'에 게재된 내용임을 밝힌다.
2. 전 국민(만 3세 이상) 인터넷 이용률은 '77.8%(2010)→78.0%(2011)→78.4%(2012)→82.1%(2013)'로 2010년 이후 매년 증가하는 추세이다(미래창조과학부·한국정보화진흥원, 2014).
3. 인터넷 중독률은 2011년 7.7%(233만 9천 명), 2012년 7.2%(220만 3천 명), 2013년 7.0%(228만 6천 명)로 감소하였으나, 청소년 인터넷 중독률은 2012년 10.7%에서 2013년 11.7%로 증가하였으며, 2013년의 성인 인터넷 중독률(6.0%)의 약 2배 수준인 것으로 나타났다.

증가하고 데이터의 생산, 유통, 소비 체계에 큰 변화를 주면서 데이터가 경제적 자산이 될 수 있는 빅데이터 시대를 맞이하게 되었다(송태민, 2013). 세계 각국의 정부와 기업들은 빅데이터가 향후 국가와 기업의 성패를 가름할 새로운 경제적 가치의 원천이 될 것으로 기대하고 있으며, McKinsey, The Economist, Gartner 등은 빅데이터를 활용한 시장변동 예측과 신사업 발굴 등 경제적 가치창출 사례 및 효과를 제시하고 있다. 한국은 최근 정부3.0[4]과 창조경제의 추진과 실현을 위한 현 정부의 주요 정책과제를 지원하기 위하여 다양한 분야에서 빅데이터의 활용가치가 강조되고 있다. 특히, 트위터·페이스북 등 소셜미디어에 남긴 정치·경제·사회·문화에 대한 메시지는 그 시대의 감성과 정서를 파악할 수 있는 원천으로 등장함에 따라, 개인이 주고받은 수많은 댓글과 소셜 로그정보는 공공정책을 위한 공공재로서 진화 중에 있다(송영조, 2012).

인터넷 중독의 원인과 관련 요인을 규명하기 위하여 기존에 실시하던 횡단적 조사나 종단적 조사 등을 대상으로 한 연구는 정해진 변인들에 대한 개인과 집단의 관계를 보는 데는 유용하나 사이버상에서 언급된 개인별 문서(버즈: buzz)에서 논의된 관련 정보 상호 간의 연관관계를 밝히고 원인을 파악하는 데는 한계가 있다. 또한 기존의 설문조사는 제한된 문항과 표본추출을 통해 정보를 얻어냄으로써 분석 데이터의 신뢰도나 타당도에 대해 여러 관점에서 검증해야 하는 어려움이 있다. 이에 반해 소셜 빅데이터는 훨씬 방대한 양의 데이터를 활용하여 다양한 참여자의 의견과 생각을 확인할 수 있기 때문에 기존의 오프라인 조사와 함께 활용하면 인터넷 중독의 위험을 보다 정확히 예측할 수 있다. 따라서 본 연구는 우리나라 온라인 뉴스사이트, 블로그, 카페, SNS, 게시판 등에서 수집한 소셜 빅데이터를 바탕으로 우리나라의 인터넷 중독 위험요인을 예측하고자 한다.

---

4. 정부3.0이란 공공정보를 적극 개방·공유하고, 부처 간 칸막이를 없애 소통·협력함으로써 국민 맞춤형 서비스를 제공하고, 일자리 창출과 창조 경제를 지원하는 새로운 정부운영 패러다임을 의미한다.

2-1 인터넷 중독과 관련한 이론적 배경

인터넷 중독에 영향을 미치는 체계별 변인을 찾기 위해 개인요인, 가족요인, 사회·환경적 요인과의 상호작용에 대한 생태학적 변인들의 상호 관련성을 파악하는 연구가 활발히 진행되고 있다(이준기·최웅용, 2011). Young(1996)은 인터넷 중독을 인터넷 사용자가 약물, 알코올 또는 도박에 중독되는 것과 유사한 방식으로 인터넷에 중독되는 심리적 장애로서, 인터넷에 탐닉하여 의존성·내성 및 금단증상과 같은 병리적인 증상을 보이는 중독 상태로 정의하였다. 미래창조과학부와 한국정보화진흥원(2013)에서는 인터넷 중독을 인터넷을 과다 사용하여 인터넷 사용에 대한 금단증상과 내성을 지니고 있으며, 이로 인한 일상생활의 장애가 유발되는 상태로 정의하였다. 이러한 인터넷 중독에 대한 정의와 범위에 따라 중독 정도를 진단하기 위해 다양한 방법 및 척도를 활용하는데, 국내에서는 Young(1996)의 척도를 보완하여 한국형 인터넷 중독 진단척도(K척도)를 개발하여 사용하고 있다.

인터넷 사용빈도가 높을수록 인터넷 의존도가 높아지고 자기통제력은 낮아지며, 현실에서 대인관계에 영향을 주는 것으로 보고되었다(최현석·하정철, 2011; Moreno et al., 2011). 또 매일 인터넷을 사용하는 중독 그룹이 비중독 그룹에 비하여 신체장애, 강박장애, 대인민감성, 우울, 불안, 적대감, 공포불안, 편집형 사고에 유의한 상관관계가 있는 것으로 연구되었다(Mustafa, 2011). 그리고 많은 연구에서 자신을 잘 통제하지 못하거나 조절하지 못하는 사람들이 인터넷에 보다 쉽게 중독되는 특성을 보인다고 주장하면서 인터넷 중독을 병적인 도박과 같은 충동조절장애라고 보았다(Young, 1996; Shapira et al., 2000). 인터넷 중독으로 인한 행동 특성으로는 학업에 곤란을 겪거나 심리적 불안정 및 대인관계에 곤란을 겪고, 우울한 기분이 자주 들고, 성격적으로 자기조절이 어려워 충동성이 높은 것으로 보았다(보건복지부·가톨릭대학교, 2012).

많은 연구에서 우울수준이 높을수록 인터넷 중독에 빠질 위험이 높다고 보았으며(Young & Rodsers, 1998; Lam et al., 2009; Yen et al., 2009; 남영옥·이상준, 2005), 인터넷 중독과 문제음주는 우울감에 영향을 미칠 뿐만 아니라 공존할 경우 우울수준을 높이는 것으로 나타났다(윤명숙 외, 2009). 또한, 우울감이 증가할수록 인터넷 중독이 증가하였으며(박영욱·김정태, 2009), 인터넷 중독과 우울, 자살사고는 모두 유의한 양의 상관관계가 있다고 나타났다(류은정 외,

2004). 청소년기의 인터넷 중독은 자살 의도와 시도를 높이는 유의미한 요인이며, 중독이 있는 학생은 없는 학생보다 자살 의도에서 남녀 각각 1.72배(남자), 1.73배(여자) 높았으며, 실제 자살 시도 역시 남녀 각각 2.05배(남자), 1.74배(여자) 높은 것으로 나타났다(김유숙 외, 2012; 고기숙·이지숙, 2013).

인터넷 중독과 관련된 정신건강 문제 중 우울과 동반되는 증상으로 불안을 들 수 있으며, 많은 연구에서 인터넷 중독 집단은 우울과 함께 불안이 유의미하게 높게 나타났다(김윤희, 2006; 장재홍 외 2003; 이석범 외, 2001; Young, 1996; 김동일 외, 2013 재인용). 충동성은 다양한 중독 행동과 관련이 깊으며(윤혜미·남영옥, 2009), Young(1996)은 인터넷 중독자의 충동조절장애를 병적인 도박자의 특성과 유사한 양상으로 보았고 이를 인터넷 중독의 핵심요인으로 주장한다(김동일 외, 2013 재인용).

부모의 양육행동이 지나치게 통제적이고 간섭과 과잉보호가 심하면 인터넷 중독수준이 높아진다고 보고되었으며(이계원, 2001), 부모의 양육행동이 적절할수록 인터넷 중독수준이 낮게 나타났다(남영옥, 2002; 조아미·방희정, 2003). 인터넷 중독과 가족 내 의사소통 수준은 상호 밀접한 관련을 가지고 있어, 가족 내 의사소통에 문제가 있는 경우 청소년의 인터넷 중독이 보다 강하게 나타났다(김기리 외, 2008). 가정폭력을 경험한 집단 중 피학대만을 경험한 집단과 부모 간 폭력을 목격하거나 피학대를 경험한 집단에서 청소년의 인터넷 중독이 심각한 것으로 나타났다(박영욱·김정태, 2009).

인터넷 중심의 친구관계가 많을수록 게임중독에 더 많이 빠지며(이희경, 2003), 친구의 영향력이 인터넷 중독에 영향을 주는 것으로 나타났다(남영옥·이상준, 2005). 반면, 친구와의 긍정적 상호작용과 유사한 친구지지가 인터넷 중독수준을 낮추는 데 긍정적인 영향을 미치는 것으로 보고되었다(류진아·김광웅, 2004). 인터넷에 중독된 청소년은 공격성이 강하고, 청소년 범죄·비행을 발생시키는 요인으로 작용하는 것으로 나타났다(조제성, 2013). 학교폭력 및 가해를 동시에 경험한 학생들의 인터넷 중독률이 심각한 수준으로 나타났으며, 인터넷 중독이 학교폭력 피해경험과 가해행위 간의 관계에서 유의미한 매개효과가 있음을 보여주었다(아영아·정원철, 2012). 인터넷 중독집단은 비중독집단에 비해 충동성은 커지는 반면, 학교생활 적응수준은 낮아지는 것으로 나타났다(박완석·김창석, 2013).

인터넷 중독은 여러 개의 하위차원으로 이루어진 복합개념으로(조아미, 2001), 인터넷의 사용용도가 게임·오락·정보검색·전자우편·채팅·쇼핑 등으로 다양하게 있듯이, 인터넷 중독의 유형도 다양하게 나누어진다(남영옥·이상준, 2005). Young(1996)은 인터넷 중독의 하위유형을 사이버섹스 중독, 사이버 관계 중독, 인터넷 강박증, 정보중독, 컴퓨터 중독 등으로 분류하였고, 조아미(2001)는 통신중독, 게임중독, 음란물중독으로 구분하였다. 특히 청소년에게 가장 부정적인 영향을 미치고 있는 대표적인 중독으로는 게임중독, 채팅중독, 사이버섹스 중독으로 보고되었다(조아미, 2001; 남영옥·이상준, 2005). 인터넷 중독 집단의 인터넷의 주된 이용 용도는 게임이며(이상주·이약회, 2004), 청소년의 사이버섹스 중독과 인터넷 중독 간에 유의한 상관관계가 있는 것으로 나타났다(김성숙·구현영, 2007). 트위터와 SNS, 소셜 애플리케이션, 온라인 게임 사용의 증가는 인터넷 중독을 증가시키는 것으로 나타났다(Daria et al., 2013).

인터넷 중독은 불규칙한 식습관, 사교능력의 저하, 신경질적 성향과 관련성이 높은 것으로 연구되었다(Hsing et al., 2009). 중고생의 인터넷 중독과 약물사용과의 관련성을 연구한 결과 인터넷 중독인 경우 중고생의 약물 사용 빈도가 더 높은 것으로 나타났으며, 인터넷 중독 여부에 따라 약물 사용 여부에서 통계학적으로 유의미한 차이가 있는 것으로 나타났다(이현숙 외, 2013). Winkler 등(2013)은 인터넷 중독 치료를 위해서는 심리적 치료 및 약물 개입이 인터넷 중독을 완화시키는 데 도움이 된다고 보았다.

인터넷 중독으로 인한 사회경제적 비용을 여성가족부(이해국 외, 2011)에서는 5조 4천억 원으로 예측하고, 교육과학기술부(2010)에서는 개인과 가족의 학습·소득·시간손실·상담비 등을 포함한 인터넷 중독의 사회경제적 비용이 연 7조 8천 억~10조 1천 억 원으로 추정하였다. 정부에서는 인터넷 중독을 예방하기 위하여 이용시간 제한을 통한 인터넷 게임의 규제(셧다운제)를 실시하고, 경기도는 방송통신위원회와 함께 청소년의 스마트폰 중독과 인터넷 유해정보 노출을 예방하는 '사이버안심존'을 운영하고 있다. 그리고 보건복지부에서는 알코올, 도박, 약물, 인터넷 중독에 대한 예방 및 치료 전반에 걸친 통합관리 방안으로 '중독·예방관리 및 치료를 위한 법률안'을 발의(2013년 4월)한 바 있다.

2-2 소셜 빅데이터 분석방법

소셜미디어에서 정보를 추출하고 분석하는 방법은 크게 3가지로 나눌 수 있다. 첫째, 주제분석(text mining)은 인간이 언어로 쓰인 비정형 텍스트에서 자연어처리기술을 이용하여 유용한 정보를 추출하거나, 연계성을 파악·분류 혹은 군집화, 요약 등 빅데이터의 숨겨진 의미 있는 정보를 발견하는 것이다. 둘째, 오피니언마이닝(opinion mining)은 소셜미디어의 텍스트 문장을 대상으로 자연어처리기술과 감성분석기술을 적용하여 사용자의 의견을 분석하는 것으로, 마케팅에서는 버즈(buzz; 입소문)분석이라고도 한다. 셋째, 네트워크분석(network analytics)은 네트워크 연결구조와 연결강도를 분석하여 어떤 메시지가 어떤 경로를 통해 전파되는지,

누구에게 영향을 미칠 수 있는지를 파악하는 것이다.

소셜 빅데이터는 일반적인 웹환경(HTTP, RSS)에서 수집 가능한 정보들을 웹 크롤러를 이용하여 수집하고, 연계정보는 각 출처에서 제공하는 Open API를 이용하여 필요한 정보를 수집한다. 이렇게 수집한 데이터는 데이터의 중복성 및 품질을 검사하여 유의미한 정보만을 선별한 후 분석과정에서 쉽게 처리하기 위해 다양한 수집형식을 고려하여 다음과 같이 일관된 방식으로 저장 및 관리해야 한다(권정은·정지선, 2012). 기초분석을 하기 위해 수집된 정보의 구조를 해석하여 함께 수집된 메타데이터를 추출하여 저장하고, 형태소 분석을 통하여 추출된 텍스트 데이터의 언어적 형태를 분석하여 구성요소들(명사, 동사, 형용사, 전치사, 조사 등)을 식별 및 분류한다. 구문분석을 통하여 언어적 구성요소들의 배치나 구조적 특성을 분석하여 의미적 연관관계를 유추하고, 감성분석을 통해 내용에 언급된 감성 표현들을 선별하여 감성 표현 대상을 식별하고, 감성의 종류를 구분한다. 분석 기초자료인 언어분석을 위한 각종 용어사전, 개체명 사전, 이형태어 사전, 감성어 사전, 분류체계, 분류규칙, 분류학습 데이터 등을 지속적으로 수정·관리해야 한다. 이와 같이 수집된 소셜 빅데이터는 정보의 양이 방대하기 때문에 중요 정보를 상당수 담고 있는 데이터 세트로 축소(data reduction or factor analysis)하는 과정이 필요하다. 소셜 빅데이터를 활용한 데이터마이닝의 의사결정나무 분석은 통계적 가정 없이 분석과정에 근거한 결정규칙에 따라 새로운 상관관계나 패턴 등을 발견함으로써 빅데이터와 같은 다양한 토픽에서 발생하는 다양한 요소들의 상호작용 관계를 효과적으로 분석하는 데 유용한 도구라고 할 수 있다.

3 | 연구방법

3-1 연구대상

본 연구는 국내의 온라인 뉴스 사이트, 블로그, 카페, SNS, 게시판 등 인터넷을 통해 수집된 소셜 빅데이터를 대상으로 하였다. 본 분석에서는 120개의 온라인 뉴스사이트, 4개의 블로그(네이버, 네이트, 다음, 티스토리), 2개의 카페(네이버, 다음), 2개의 SNS(트위터, 미투데이), 6개의 게시판(네이버지식인, 네이트지식, 네이트톡, 네이트판, 더게임스, 데일리게임) 등 총 134개의 온라인 채널을 통해 수집 가능한 텍스트 기반의 웹문서(버즈)를 소셜 빅데이터로 정의하였다. 인터넷 중독 관련 토픽(topic)[5]의 수집은 2011년 10월 1일~2011년 12월 31일, 2012년 10월 1일~2012년 12월 31일, 2013년 10월 1일~2013년 12월 31일까지(9개월간) 해당 채널에서 요일, 주말, 휴일을 고려하지 않고 매 시간단위로 수집하였으며, 수집된 총 44,504건(2011년: 8,748건, 2012년: 11,820건, 2013년: 23,936건)의 텍스트(text) 문서를 본 연구의 분석에 포함시켰다. 인터넷 중독 토픽은 모든 관련 문서를 수집하기 위해 '인터넷 중독'을 사용하였으며, 토픽 유사어[6]로는 '사이버 중독, 스마트폰 중독, PC 중독, 피씨 중독, 컴퓨터 중독, 채팅 중독, 온라인 중독' 용어를 사용하였다. 본 연구를 위해 소셜 빅데이터 수집[7]에는 크롤러를 사용하였고, 이후 주제분석을 통해 분류된 명사형 어휘를 유목화(categorization)하여 분석요인으로 설정하였다.

① 연구대상 수집하기

- 본 연구대상인 '인터넷 중독 관련 소셜 빅데이터 수집'은 소셜 빅데이터 수집 로봇(웹크롤)과 담론분석(주제어 및 감성분석) 기술을 보유한 SKT에 의뢰하여 수집하였다.
    - SKT의 소셜 빅데이터 수집절차는 다음과 같다.

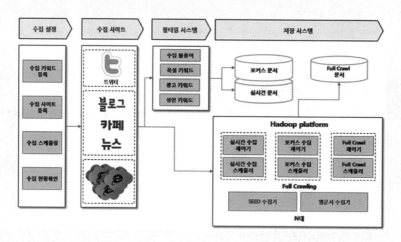

---

5. 토픽은 소셜 분석 및 모니터링의 '대상이 되는 주제어'를 의미하며, 문서 내에 관련 토픽이 포함된 문서를 수집하였다.

6. 토픽 유사어는 토픽과 같은 의미로 사용되는 별칭으로 영문명 등을 토픽 유사어로 설정하였다.

7. 본 연구를 위한 소셜 빅데이터의 수집 및 토픽 분류는 (주)SK텔레콤 스마트인사이트에서 수행하였다.

- **인터넷 중독 수집조건**

분석기간	2011년/2012년/2013년 10월~12월	
수집 사이트	수집 사이트 시트 참고	
토픽[1]	토픽 유사어[2]	불용어[3]
인터넷 중독	사이버 중독, 스마트폰 중독, PC 중독, 피씨 중독, 컴퓨터 중독, 채팅 중독, 온라인 중독	

[1] 토픽: 소셜 분석 및 모니터링의 '대상이 되는 주제어'를 의미. 문서 내에 '토픽'이 포함된 문서를 수집함. '토픽'이 포함된 '버즈'를 수집하여 '버즈, 키워드, 표현어 분석 및 감성분석' 등에 대한 분석결과를 제공한다.

[2] 토픽 유사어: '토픽'과 같은 의미로 사용되는 별칭, 영문명 등을 '토픽 유사어'로 설정 가능하며 '토픽 유사어' 설정 시 '토픽'이 포함되지 않아도 '토픽 유사어'가 포함되어 있으면 해당 문서를 수집한다.

[3] 불용어: 문서 내 포함된 특정 키워드를 '불용어'로 등록 시 해당 '불용어'가 포함된 문서는 모두 수집/분석에서 제외된다.

- **인터넷 중독 수집키워드**

	A 쟤폐	B 질병	C 기기	D 감정	E 대상_청소년	F 대상_일반	G 분야	H 도움/지료	I 제도/법률	J 기관/인물_정치	K 기관/인물_의학	L 기관/인물_게임	M 지역/국가	N 영향	O 환경
	키워드	키워드	키워드	키워드	키워드	키워드	키워드	키워드	키워드	키워드	키워드	키워드	키워드	키워드	키워드
3	4대중독	게임중독	PC	서명	6	20대	LOL	감사	4대중독법	MOBA	대한의사협회	CJ	강남	공부	가상공간
4	가정폭력	담배	게임기	반대	11	30대	MMORPG	관리	게임규제	경찰	병원	E&M	경기도	건강	PC방
5	강도	도박중독	노트북	심각	16	40대	PC온라인게임	관심	게임법	공동대책위원회	의대	K-IDEA	경북	교육시간	가정
6	과몰입	뒷목	단말기	문제	19	50대	SNS	교육	경기사이버안심존	공직자	의료기관	NC소프트	국가	대인관계	고등학교
7	노출	리셋증후군	모바일	논란	10남	60대	TV	규제	공청회	교섭단체	의료인	NHN엔터테인먼트	국내	생활비	군대
8	단절	마비	문명기기	비난	10대남성	KAIST학생	게임	노력	국정감사	국가중독관리위원회	의사	개발자	글로벌	성적	대학교
9	도박	사망	스마트폰	기쁨	10대여성	가족	게임물	대화	규정	국제연합	의학	게임개발자연대	남한	육아	도시
10	마약	스마트폰중독	아이폰	즐거움	10살	가족들	게임어들	도움	대책	국회	전문의	게임나	뉴욕	의사소통	사회
11	무감각	알콜중독	컴퓨터	중독성	10세	가해자	다중접속역할수행게임	문화	대통령령	국회의원	정신과	게임사들	대구	인간관계	아파트
12	방화	악몰	태블릿	재미	10아	게이머	동영상	방지	발의	김금래	정신의학계	게임산업	대전	정신건강	어린이집
13	범죄	우울증	태블릿PC	피로	11남	게모	드라마	보류	법률	김대중	정신의학회	게임산업협회	대한민국	창의력	일상생활
14	부작용	인터넷게임중독	핸드폰	따뜻	11남자	게부	디펜스게임	사랑	법률안	김영삼	한국중독정신의학회	게임시장	독일	체중	중학교
15	불법	인터넷중독	휴대전화	스트레스	11살	교사	레이싱게임중	상담	법안	김현숙	치료시설	게임업계	러시아	친구관계	지역사회
16	불안감	일중독	휴대전화기	걱정	11세	국민	리니지	설득	셧다운	남경필	인터넷중독대응센터	게임업체	미국	학습	지하철
17	사행산업	장애	휴대폰	한숨	11여	기초수급자	마이스페이스	설명	셧다운과담	노무현	경기인터넷중독대응센터	게임업체들	부산	학업	직장
18	사회문제	중독증		사회악	11여자	남녀	마이피플	수면권	셧다운제	대통령	한국청소년상담원	게임회사	북한		집
19	살해	중독증상			11남	남성	만화	여행	셧다운제도	문제부		게임회사들	서울		초등학교
20	성인정보	질병			12살	남자	메신저	연구	스마트보안관	문화체육관광부		김종동	세계		학교
21	성폭력	질환			12세	남편	메이플	예방교육	시범학교	미래창조과학부		넥슨	수원시		

- 본 연구의 인터넷 중독 토픽은 수집 로봇(웹크롤)으로 해당 토픽을 수집한 후 유목화(범주화)하는 bottom-up 수집방식을 사용하였다.

3-2 연구도구

인터넷 중독과 관련하여 수집된 문서는 주제분석(text mining)과 요인분석(factor analysis)의 과정을 거쳐 다음과 같이 정형화 데이터로 코드화하여 사용하였다.

1) 인터넷 중독 관련 감정

본 연구의 인터넷 중독 감정 키워드는 문서 수집 후 주제분석을 통하여 총 16개(서명, 반대, 심각, 문제, 논란, 비난, 기쁨, 즐거움, 중독성, 재미, 피로, 따뜻, 스트레스, 걱정, 한숨, 사회악)로 분류하였다. 본 연구에서는 16개 인터넷 중독 감정 키워드(변수)가 가지는 중독 정도를 판단하기 위해 요인분석을 통하여 변수축약을 실시한 후, 감성분석을 실시하였다. 첫째, 고유값 1을 기준으로 요인분석을 실시한 결과 요인1(서명, 반대), 요인2(심각, 문제), 요인3(중독성, 재미), 요인4(기쁨, 즐거움), 요인5(피로, 따뜻, 스트레스, 걱정), 요인6(비난, 논란), 요인7(한숨, 사회악)의 7개 요인으로 결정되었다. 둘째, 요인분석에서 결정된 7개의 요인에 대한 주제어의 의미를 파악하여 '부정, 보통, 긍정'으로 감성분석을 실시하였다. 일반적으로 감성분석은 긍정과 부정의 감성어 사전으로 분석해야 하나, 본 연구에서는 요인분석의 결과로 분류된 주제어의 의미를 파악하여 감성분석을 실시하였다. 따라서 본 연구에서는 부정[요인1(서명, 반대), 요인2(심각, 문제), 요인6(논란, 비난), 요인7(한숨, 사회악)], 보통[요인5(피로, 따뜻, 스트레스, 걱정)], 긍정[요인4(기쁨, 즐거움), 요인3(중독성, 재미)]으로 분류하였다. 최종 인터넷 중독 여부 부정의 경우 일반적으로 긍정과 보통은 중독으로 분류하였다. 따라서 종속변수인 인터넷 중독 관련 감정(일반, 중독)은 '일반[서명, 반대, 심각, 문제, 논란, 비난, 한숨, 사회악, 기타 감정(갈등, 강력반발, 단절 등)], 중독(피로, 따뜻, 스트레스, 걱정, 기쁨, 즐거움, 중독성, 재미)'으로 정의하였다. 즉, 일반은 인터넷 중독을 부정적으로 생각하는 감정이고, 중독은 인터넷 중독을 긍정적으로 생각하는 감정을 나타낸다.

2) 인터넷 중독에 대한 폐해

인터넷 중독에 대한 폐해는 주제분석과 요인분석의 과정을 거쳐 '폭력요인(성폭력, 가정폭력, 학교폭력, 왕따, 폭력행위, 음란, 폭력, 폭력성), 불안요인(불안감, 강도, 죽음, 사망, 살해, 존속살인, 방화, 자살, 질환, 통증, 질병), 이혼요인(도박, 마약, 알코올, 폭주, 마비, 이혼, 사행산업), 음주요인(음주문화, 폭탄주, 술자리, 범죄, 음주), 과몰입요인(죄책감, 증후군, 사회문제, 과몰입), 유해요인(유해정보, 성인정보, 노출, 무감각)'의 6개 요인으로 분류하고 폐해요인이 있는 경우는 '1', 없는 경우는 '0'으로 코드화하였다.

3) 인터넷 중독에 대한 유형

인터넷 중독에 대한 유형은 주제분석 과정을 거쳐 '게임중독(게임중독, 인터넷 게임중독), 도박중독, 스마트폰 중독, 알코올 중독'의 4개 유형으로 분류하고 유형이 있는 경우는 '1', 없는 경우는 '0'으로 코드화하였다.

4) 인터넷 중독에 대한 예방치료

인터넷 중독에 대한 예방치료는 주제분석과 요인분석 과정을 거쳐 '지원요인(방지, 제한, 지원, 관리, 도움), 지도요인(지도, 문화, 관심, 환경), 예방요인(예방교육, 교육, 상담), 사랑요인(사랑, 이해, 노력, 종교), 설득요인(설득, 연구, 설명, 효과), 규제요인(수면권, 규제, 보호), 힐링요인(힐링, 프로그램), 진료요인(진료, 검사), 운동요인(운동, 여행), 캠페인요인(캠페인, 자유토론, 중독예방), 치유지원요인(치유지원)'의 11개 요인으로 분류하고 예방치료 요인이 있는 경우는 '1', 없는 경우는 '0'으로 코드화하였다.

5) 인터넷 중독에 대한 법·제도

인터넷 중독에 대한 법·제도는 주제분석과 요인분석 과정을 거쳐 '셧다운제(시행, 셧다운제, 제도, 셧다운, 법률, 셧다운제도, 셧다운괴담), 사이버안심존(시범학교, 경기사이버안심존, 스마트보안관), 게임중독법(발의, 법안, 게임중독법), 쿨링오프제(쿨링오프제, 국정감사), 중독법(통제법, 중독법, 중독방지법안)'의 5개로 분류하고 해당 법·제도가 있는 경우는 '1', 없는 경우는 '0'으로 코드화하였다.

6) 인터넷 중독에 대한 정부기관

인터넷 중독에 대한 정부기관은 주제분석과 요인분석의 과정을 거쳐 '국회(새누리, 국회, 신의진, 새누리당, 민주당), 여성가족부(여가부, 여성가족부, 여성부), 청와대(대통령, 박근혜), 방송통신위원회(방송통신위원회, MOIBA, 방통위), 보건복지부(보건복지부, 복지부), 문화체육관광부(문체부)'의 6개 정부기관으로 분류하고 해당 정부기관이 있는 경우는 '1', 없는 경우는 '0'으로 코드화하였다.

7) 인터넷 중독에 대한 영향

인터넷 중독에 대한 영향의 정의는 주제분석과 요인분석의 과정을 거쳐 '학업요인(학업, 대인관계), 의사소통요인(인간관계, 의사소통), 친구관계(체중, 친구관계, 성적), 정신건강(육아, 건강, 정신건강), 창의력요인(창의력, 교육시간, 학습)'의 5개 영향요인으로 분류하고 해당 영향요인이 있는 경우는 '1', 없는 경우는 '0'으로 코드화하였다.

8) 인터넷 중독에 대한 공간

인터넷 중독에 대한 공간은 주제분석의 과정을 거쳐 '가정(가정, 지역사회, 사회, 아파트), 학교(중학교, 고등학교, 초등학교, 대학교), 직장(직장, 일상생활), PC방, 지하철'의 5개 공간요인으로 분류하고 해당 공간요인이 있는 경우는 '1', 없는 경우는 '0'으로 코드화하였다.

---

❷ 연구도구 만들기(주제분석, 요인분석)

1. 인터넷 중독 감정요인분석

- 인터넷 중독 감정의 주제분석 및 요인분석
  - 인터넷 중독 감정은 주제분석을 통하여 총 16개(서명, 반대, 심각, 문제, 논란, 비난, 기쁨, 즐거움, 중독성, 재미, 피로, 따뜻, 스트레스, 걱정, 한숨, 사회악) 키워드로 분류되었다.
  - 따라서 16개 키워드(변수)에 대한 요인분석을 통하여 변수축약을 실시한다.

1단계: 데이터파일을 불러온다(분석파일: 인터넷 중독_감정요인분석.sav).
2단계: [분석]→[차원감소]→[요인분석]→[변수: 걱정~한숨]을 선택한다.
3단계: [요인회전]→[베리멕스]를 지정한다.
4단계: [옵션]→[계수출력형식: 크기순 정렬]을 지정한다.
5단계: 결과를 확인한다.

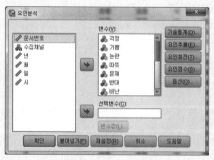
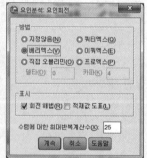

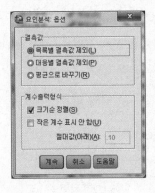

설명된 총분산

성분	초기 고유값			추출 제곱합 적재값			회전 제곱합 적재값		
	합계	% 분산	% 누적	합계	% 분산	% 누적	합계	% 분산	% 누적
1	1.698	10.613	10.613	1.698	10.613	10.613	1.670	10.435	10.435
2	1.638	10.237	20.849	1.638	10.237	20.849	1.332	8.327	18.762
3	1.145	7.159	28.008	1.145	7.159	28.008	1.173	7.334	26.096
4	1.078	6.736	34.744	1.078	6.736	34.744	1.173	7.333	33.429
5	1.051	6.569	41.313	1.051	6.569	41.313	1.131	7.067	40.496
6	1.040	6.500	47.813	1.040	6.500	47.813	1.120	7.002	47.498
7	1.003	6.269	54.083	1.003	6.269	54.083	1.053	6.584	54.083
8	.977	6.109	60.192						
9	.969	6.057	66.248						
10	.933	5.834	72.082						
11	.903	5.643	77.725						
12	.876	5.475	83.200						
13	.855	5.342	88.542						
14	.812	5.075	93.617						
15	.697	4.357	97.974						
16	.324	2.026	100.000						

결과 해석 16개의 감정 변수가 총 7개의 요인(고유값 1 이상)으로 축약되었음을 알 수 있다.

회전된 성분행렬[a]

	성분						
	1	2	3	4	5	6	7
서명	.912	-.055	-.034	.001	-.023	-.008	-.011
반대	.910	.036	.031	.009	.021	.072	.019
심각	-.014	.799	-.057	.023	-.025	-.061	-.012
문제	-.009	.707	.105	.068	.080	.213	.059
중독성	.012	.101	.709	-.090	-.009	.090	.037
재미	-.022	-.073	.656	.253	.062	-.017	-.007
기쁨	.017	.075	-.034	.716	-.030	-.060	.017
즐거움	-.008	.018	.145	.679	.024	.075	.007
피로	.020	.056	.026	-.094	.665	-.051	-.211
따뜻	-.028	-.154	.039	.015	.532	.061	.170
스트레스	.027	.312	.290	.070	.426	-.077	-.084
걱정	-.007	.161	-.144	.074	.394	.071	.244
비난	-.005	-.006	-.081	.128	.128	.734	-.089
논란	.070	.118	.162	-.123	-.112	.694	.069
한숨	-.017	-.035	-.137	.188	.134	.044	.694
사회악	.030	.054	.207	-.188	-.096	-.090	.643

요인추출 방법: 주성분 분석.
회전 방법: Kaiser 정규화가 있는 베리멕스.
a. 7 반복계산에서 요인회전이 수렴되었습니다.

결과 해석 회전된 성분행렬 분석결과 요인1(서명, 반대), 요인2(심각, 문제), 요인3(중독성, 재미), 요인4(기쁨, 즐거움), 요인5(피로, 따뜻, 스트레스, 걱정), 요인6(비난, 논란), 요인7(한숨, 사회악)로 결정되었다.

1-1. 인터넷 중독 감성분석

- 요인분석 결과 7개의 요인으로 결정된 주제어의 의미를 파악하여 '부정, 보통, 긍정'으로 감성분석을 실시해야 한다. 일반적으로 감성분석은 긍정과 부정의 감성어 사전으로 분석해야 하지만, 본 연구에서는 요인분석의 결과로 분류된 주제어의 의미를 파악하여 감성분석을 실시하였다.

- 본 연구에서 부정[요인1(서명, 반대), 요인2(심각, 문제), 요인6(논란, 비난), 요인7(한숨, 사회악)], 보통[요인5(피로, 따뜻, 스트레스, 걱정)], 긍정[요인4(기쁨, 즐거움), 요인3(중독성, 재미)]으로 분류하였다.
- 인터넷 중독 여부는 부정은 일반으로, 긍정과 보통은 중독으로 최종 분류하였다.

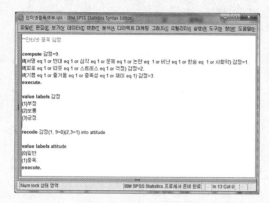

※ 명령문 이해하기
- compute(감정변수 생성)
- if(조건문 감정변수 생성)
- value label(변수값)
- recode(변수값 그룹) into(변수 생성)
- execute.(실행)

※ 좌측 명령문을 전체 선택하여 실행(▶)하면 attitude 변수가 생성된다.
(명령문: 인터넷 중독 여부.sps)

2. 인터넷 중독 폐해요인분석

- 인터넷 중독 폐해 주제분석 및 요인분석
  - 인터넷 중독 폐해는 주제분석을 통하여 총 45개(가정폭력, 강도, 과몰입, 노출, 도박, 마약, 무감각, 방화, 범죄, 부작용, 불법, 불안감, 사행산업, 사회문제, 살해, 성인정보, 성폭력, 술자리, 알코올, 왕따, 욕설, 유해정보, 음란, 음주, 음주문화, 이혼, 인권침해, 자살, 존속살인, 죄책감, 죽음, 증후군, 폭력, 폭력성, 폭력행위, 폭주, 폭탄주, 학교폭력, 해킹, 마비, 사망, 장애, 질병, 질환, 통증) 키워드로 분류되었다.
  - 따라서 45개 키워드(변수)에 대한 요인분석을 통하여 변수축약을 실시해야 한다.

1단계: 데이터파일을 불러온다(분석파일: 인터넷 중독_폐해요인분석.sav).

2단계: [분석]→[차원감소]→[요인분석]→[변수: 가정폭력~통증]을 선택한다.

3단계: [요인회전]→[베리멕스]를 지정한다.

4단계: [옵션]→[계수출력형식: 크기순 정렬]을 지정한다.

5단계: 결과를 확인한다.
  - 1차 요인분석 결과 공통성(communality)이 0.4 미만인 변수(부작용, 불법, 알코올, 욕설, 해킹, 장애)를 제거한 후 2단계부터 실행한다.
  - 2차 요인분석 결과 공통성이 0.4 미만인 변수(인권침해)를 제거한 후 2단계부터 실행한다.

- 1차 요인분석 결과(공통성)

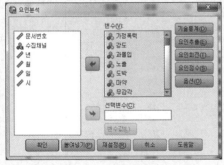

가정폭력	강도	과몰입	노출	도박	마약	무감각
1.000	1.000	1.000	1.000	1.000	1.000	1.000
.651	.500	.558	.429	.673	.630	.752

방화	범죄	부작용	불법	불안감	사행산업	사회문제
1.000	1.000	1.000	1.000	1.000	1.000	1.000
.896	.507	.253	.368	.575	.417	.516

살해	성인정보	성폭력	술자리	알코올	알콜	음따
1.000	1.000	1.000	1.000	1.000	1.000	1.000
.450	.517	.672	.427	.563	.329	.483

욕설	유해정보	음란	음주	음주문화	이혼	인권침해
1.000	1.000	1.000	1.000	1.000	1.000	1.000
.372	.599	.428	.472	.603	.479	.542

자살	존속살인	죄책감	죽음	증후군	폭력	폭력성
1.000	1.000	1.000	1.000	1.000	1.000	1.000
.550	.913	.601	.424	.588	.506	.539

폭력행위	폭주	폭탄주	학교폭력	해킹	마비
1.000	1.000	1.000	1.000	1.000	1.000
.490	.565	.520	.572	.360	.527

사망	장애	질병	질환	통증
1.000	1.000	1.000	1.000	1.000
.513	.392	.427	.519	.472

- 2차 요인분석 결과(공통성)

가정폭력	강도	과몰입	노출	도박	마약	무감각	방화	범죄	불안감	사행산업	사회문제
1.000	1.000	1.000	1.000	1.000	1.000	1.000	1.000	1.000	1.000	1.000	1.000
.660	.506	.617	.466	.677	.656	.740	.897	.550	.414	.458	.512

인권침해	자살	존속살인	죄책감	죽음	증후군	폭력	폭력성	폭력행위	폭주	폭탄주	학교폭력	마비	사망	질병	질환	통증
1.000	1.000	1.000	1.000	1.000	1.000	1.000	1.000	1.000	1.000	1.000	1.000	1.000	1.000	1.000	1.000	1.000
.379	.558	.915	.603	.454	.606	.535	.482	.441	.593	.528	.581	.569	.489	.464	.531	.507

2-1. 인터넷 중독 폐해요인분석

- 1, 2차 요인분석에서 공통성이 0.4 미만인 변수(부작용, 불법, 알코올, 욕설, 해킹, 장애, 인권침해)를 제거한 후 3차 요인분석을 실행한다.

1단계: 데이터파일을 불러온다(분석파일: 인터넷 중독_폐해요인분석.sav).

2단계: [분석] → [차원감소] → [요인분석] → [변수: 가정폭력~통증)]을 선택한다.

3단계: [요인회전] → [베리멕스]를 지정한다.

4단계: [옵션] → [계수출력형식: 크기순 정렬]을 지정한다.

5단계: 결과를 확인한다.

결과 해석 39개의 폐해 변수가 총 16개 요인(고유값 1 이상)으로 축약되어 나타났다.

설명된 총분산

성분	초기 고유값			추출 제곱합 적재값			회전 제곱합 적재값		
	합계	% 분산	% 누적	합계	% 분산	% 누적	합계	% 분산	% 누적
1	2.498	6.404	6.404	2.498	6.404	6.404	2.259	5.791	5.791
2	2.193	5.622	12.026	2.193	5.622	12.026	1.936	4.965	10.757
3	1.920	4.922	16.948	1.920	4.922	16.948	1.701	4.362	15.119
4	1.722	4.415	21.363	1.722	4.415	21.363	1.696	4.349	19.468
5	1.596	4.093	25.456	1.596	4.093	25.456	1.450	3.718	23.186
6	1.460	3.744	29.200	1.460	3.744	29.200	1.398	3.585	26.771
7	1.291	3.311	32.511	1.291	3.311	32.511	1.368	3.508	30.279
8	1.201	3.080	35.590	1.201	3.080	35.590	1.360	3.487	33.766
9	1.150	2.947	38.538	1.150	2.947	38.538	1.231	3.157	36.923
10	1.116	2.863	41.400	1.116	2.863	41.400	1.218	3.124	40.047
11	1.093	2.803	44.203	1.093	2.803	44.203	1.192	3.057	43.104
12	1.080	2.770	46.973	1.080	2.770	46.973	1.168	2.996	46.100
13	1.037	2.658	49.631	1.037	2.658	49.631	1.148	2.945	49.045
14	1.029	2.637	52.269	1.029	2.637	52.269	1.114	2.856	51.901
15	1.020	2.616	54.884	1.020	2.616	54.884	1.111	2.848	54.749
16	1.015	2.602	57.486	1.015	2.602	57.486	1.067	2.737	57.486
17	.967	2.479	59.965						

결과 해석 회전된 성분행렬 분석결과 '살인요인(존속살인, 방화, 자살), 도박요인(도박, 마약, 알코올), 음주요인(음주문화, 폭탄주, 술자리), 폭력요인(성폭력, 가정폭력, 학교폭력), 유해요인(유해정보, 성인정보, 노출), 죄책감요인(죄책감, 증후군, 사회문제), 질환요인(질환, 통증, 질병), 음란요인(음란, 폭력, 폭력성), 왕따요인(왕따, 폭력행위), 범죄요인(범죄, 음주), 마비요인(폭주, 마비), 사망요인(사망, 살해), 과몰입요인, 불안요인(불안감, 강도, 죽음), 이혼요인(이혼, 사행산업), 무감각요인'으로 결정되었다.

회전된 성분행렬[a]

	성분															
	1	2	3	4	5	6	7	8	9	10	11	12	13	14	15	16
존속살인	.952	-.010	-.006	-.010	.009	-.008	-.011	-.046	-.055	-.017	-.002	-.022	-.012	-.024	-.037	.017
방화	.943	-.003	-.005	-.018	.006	-.014	.001	-.031	-.053	-.017	-.004	-.036	-.008	-.022	-.043	.024
자살	.674	.042	.016	.067	-.025	.048	.029	.141	.173	.072	.003	.122	.026	.072	.128	-.041
도박	.013	.817	-.016	.006	-.003	-.002	-.007	.072	.007	.039	.041	.000	.025	.007	.013	-.003
마약	-.004	.806	-.036	-.006	-.007	.013	-.017	.013	-.031	-.016	.028	.041	.034	.015	-.024	.007
알코올	.015	.744	.113	.032	-.005	.015	.082	-.023	.037	.072	.095	.010	.017	.031	.101	-.016
음주문화	-.003	.020	.778	.000	.014	-.009	.007	-.007	-.009	.041	-.011	.000	-.007	-.014	-.014	.016
폭탄주	.008	.018	.721	.002	.002	.022	.038	.010	.007	-.021	-.017	.048	-.014	-.037	-.012	.002
술자리	-.002	.006	.646	-.006	-.009	.024	-.028	-.003	.000	.074	.044	-.031	.035	.013	-.010	-.007
성폭력	.005	.014	-.007	.815	-.004	.017	-.020	.080	-.027	.083	-.008	-.028	-.024	.023	-.012	.023
가정폭력	.010	.009	-.007	.796	.002	-.013	.011	-.049	-.085	.008	.009	.073	-.007	-.003	.097	.035
학교폭력	.028	.011	.016	.598	.029	.008	.016	.083	.448	-.020	.001	-.045	.060	-.010	-.053	-.081
유해정보	-.003	-.013	.004	.002	.764	-.026	-.009	.157	.074	-.009	-.007	-.024	.016	-.011	-.010	.010
성인정보	-.002	-.008	.009	.003	.753	.036	-.014	-.051	-.004	-.042	.005	.028	.001	-.006	.014	-.075
노출	-.006	.020	-.023	.024	.454	.015	.133	.189	.029	.209	-.007	.042	.017	.072	-.057	.391
죄책감	.022	.015	.063	.008	-.069	.741	-.019	.164	-.041	-.002	-.012	.035	-.066	.072	.064	-.002
증후군	-.004	.007	-.025	-.010	.110	.692	.305	-.034	.003	.063	.009	-.030	-.068	-.097	-.057	.041
사회문제	.006	.008	-.004	.015	.005	.540	-.163	-.109	.120	.095	.001	.050	.398	.077	-.008	-.008
질환	.016	.057	.044	-.002	.034	.037	.712	-.020	-.007	.064	.028	.031	.045	.040	.073	.033
통증	-.006	-.025	-.046	-.007	-.012	.056	.688	-.034	.024	.019	.034	.016	-.092	.014	-.114	-.036

2-2. 인터넷 중독 폐해요인분석

- 3차 요인분석 결과로 결정된 16개 요인을 축약하기 위해 각 요인에 포함된 변수를 합산한 후 이분형 변수변환을 실시한다.

```
compute 살인요인=존속살인+ 방화+자살.
compute 도박요인=도박+ 마약+알코올.
compute 음주요인=음주문화+폭탄주+술자리.
compute 폭력요인=성폭력+가정폭력+학교폭력.
compute 유해요인=유해정보+성인정보+노출.
compute 죄책감요인=죄책감+증후군+사회문제.
compute 질환요인=질환+통증+질병.
compute 음란요인=음란+폭력+폭력성.
compute 왕따요인=왕따+폭력행위.
compute 범죄요인=범죄+음주.
compute 마비요인=폭주+마비.
compute 사망요인=사망+살해.
compute 과몰입요인=과몰입.
compute 불안요인=불안감+강도+죽음.
compute 이혼요인=이혼+사행산업.
compute 무감각요인=무감각.
execute.
compute N살인요인=0.
if(살인요인 ge 1) N살인요인=1.
compute N도박요인=0.
if(도박요인 ge 1) N도박요인=1.
compute N음주요인=0.
if(음주요인 ge 1) N음주요인=1.
compute N폭력요인=0.
if(폭력요인 ge 1) N폭력요인=1.

compute N유해요인=0.
if(유해요인 ge 1) N유해요인=1.
compute N죄책감요인=0.
if(죄책감요인 ge 1) N죄책감요인=1.
compute N질환요인=0.
if(질환요인 ge 1) N질환요인=1.
compute N음란요인=0.
if(음란요인 ge 1) N음란요인=1.
compute N왕따요인=0.
if(왕따요인 ge 1) N왕따요인=1.
compute N범죄요인=0.
if(범죄요인 ge 1) N범죄요인=1.
compute N마비요인=0.
if(마비요인 ge 1) N마비요인=1.
compute N사망요인=0.
if(사망요인 ge 1) N사망요인=1.
compute N과몰입요인=0.
if(과몰입요인 ge 1) N과몰입요인=1.
compute N불안요인=0.
if(불안요인 ge 1) N불안요인=1.
compute N이혼요인=0.
if(이혼요인 ge 1) N이혼요인=1.
compute N무감각요인=0.
if(무감각요인 ge 1) N무감각요인=1.
execute.
```

※ 상기 명령문(명령문: 인터넷 중독폐해.sps)을 실행하면 16개의 이분형 요인(N살인요인~N무감각요인)이 생성된다.

2-3. 인터넷 중독 폐해요인분석

• 새로 생성된 16개의 이분형 요인(N살인요인~N무감각요인)을 4차 요인분석을 실시하여 축약한다.

1단계: 데이터파일을 불러온다(분석파일: 인터넷 중독_폐해요인분석.sav).

2단계: [분석]→[차원감소]→[요인분석]→[변수: N살인요인~N무감각요인]을 선택한다.

3단계: [요인회전]→[베리멕스]를 선택한다.

4단계: [옵션]→[계수출력형식: 크기순 정렬]을 지정한다.

5단계: 결과를 확인한다.

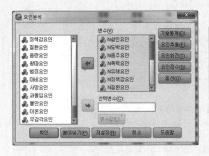

설명된 총분산									
성분	초기 고유값			추출 제곱합 적재값			회전 제곱합 적재값		
	합계	% 분산	% 누적	합계	% 분산	% 누적	합계	% 분산	% 누적
1	1.915	11.967	11.967	1.915	11.967	11.967	1.535	9.593	9.593
2	1.263	7.895	19.862	1.263	7.895	19.862	1.245	7.779	17.372
3	1.094	6.839	26.701	1.094	6.839	26.701	1.175	7.345	24.717
4	1.042	6.513	33.215	1.042	6.513	33.215	1.149	7.184	31.900
5	1.020	6.373	39.587	1.020	6.373	39.587	1.129	7.054	38.955
6	1.004	6.276	45.864	1.004	6.276	45.864	1.105	6.909	45.864
7	.978	6.110	51.974						

결과 해석: 16개 폐해요인이 총 6개의 요인(고유값 1 이상)으로 축약되었다.

결과 해석 회전된 성분행렬 분석결과 '폭력요인(폭력, 왕따, 음란), 불안요인(불안, 사망, 살인, 질환), 이혼요인(도박, 마비, 이혼), 음주요인(음주, 범죄), 과몰입요인(과몰입, 죄책감), 유해요인(무감각, 유해)' 으로 결정되었다.

회전된 성분행렬[a]

	성분					
	1	2	3	4	5	6
N폭력요인	.658	-.021	.047	.059	-.039	-.040
N왕따요인	.644	-.010	-.025	-.056	-.033	.050
N음란요인	.570	.079	.052	.100	.134	.157
N불안요인	-.012	.661	.017	.005	-.029	.123
N사망요인	.038	.568	.065	-.017	.011	-.156
N살인요인	.381	.414	.107	.010	-.020	-.149
N질환요인	-.124	.388	.102	.129	.376	.183
N도박요인	.051	.052	.645	.162	.184	-.065
N마비요인	-.122	.023	.588	.002	-.156	.274
N이혼요인	.122	.077	.561	-.026	.016	-.090
N음주요인	-.095	-.130	.008	.814	-.049	-.073
N범죄요인	.232	.168	.132	.565	.066	.050
N과몰입요인	.041	-.167	.115	-.136	.827	-.111
N죄책감요인	.065	.270	-.161	.253	.447	.196
N무감각요인	-.052	-.040	.055	-.097	-.043	.702
N유해요인	.311	-.002	-.079	.118	.121	.586

2-4. 인터넷 중독 폐해요인분석

• 4차 요인분석 결과 결정된 6개 요인(NN폭력요인~NN유해요인)의 각 요인에 포함된 변수를 합산한 후 이분형 변수변환을 실시한다.

```
compute NN폭력=성폭력+가정폭력+학교폭력+왕따+폭
력행위+음란+폭력+폭력성.
compute NN불안=불안감+강도+죽음+사망+살해+존속
살인+ 방화+자살+질환+통증+질병.
compute NN이혼=도박+ 마약+알코올+폭주+마비+이혼+
사행산업.
compute NN음주=음주문화+폭탄주+술자리+범죄+음주.
compute NN과몰입=죄책감+증후군+사회문제+과몰입.
compute NN유해=유해정보+성인정보+노출+무감각.
execute.
```

```
compute NN폭력요인=0.
if(NN폭력 ge 1) NN폭력요인=1.
compute NN불안요인=0.
if(NN불안 ge 1) NN불안요인=1.
compute NN이혼요인=0.
if(NN이혼 ge 1) NN이혼요인=1.
compute NN음주요인=0.
if(NN음주 ge 1) NN음주요인=1.
compute NN과몰입요인=0.
if(NN과몰입 ge 1) NN과몰입요인=1.
compute NN유해요인=0.
if(NN유해 ge 1) NN유해요인=1.
execute.
```

3-3 분석방법

본 연구에서는 우리나라의 인터넷 중독 위험요인을 설명하는 가장 효율적인 예측모형을 구축하기 위해 특별한 통계적 가정이 필요하지 않은 데이터마이닝의 의사결정나무 분석방법을 사용하였다. 데이터마이닝의 의사결정나무 분석은 방대한 자료 속에서 종속변인을 가장 잘 설명하는 예측모형을 자동적으로 산출해 줌으로써 각기 다른 속성을 가진 인터넷 중독 위험에 대한 요인을 쉽게 파악할 수 있다.

　　본 연구의 의사결정나무 형성을 위한 분석 알고리즘은 CHAID(Chi-squared Automatic Interaction Detection)를 사용하였다. CHAID(Kass, 1980)는 이산형인 종속변수의 분리기준으로 카이제곱(χ^2) 검정을 사용하며, 모든 가능한 조합을 탐색하여 최적분리를 찾는다. 정지규칙(stopping rule)으로 관찰값이 충분하여 상위 노드(부모마디)의 최소 케이스 수는 100으로, 하위 노드(자식마디)의 최소 케이스 수는 50으로 설정하였고, 나무깊이는 3수준으로 정하였다. 본 연구의 기술분석, 다중응답분석, 의사결정나무 분석은 SPSS 22.0을 사용하였고, 소셜 네트워크 분석은 NetMiner[8]를 사용하였다.

---

4 | 연구결과

4-1 인터넷 중독 관련 문서(버즈) 현황

인터넷 중독과 관련된 사건·사고 발생 시 커뮤니케이션이 급증하는 양상을 보이며, 특히 게임중독법과 관련한 이슈 발생 시 버즈량이 급증한 것으로 나타났다(그림 5-1).

---

8. NetMiner v4.2.0.140122 Seoul: Cyram Inc.

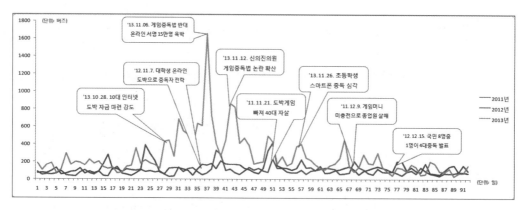

[그림 5-1] 인터넷 중독 관련 일일 버즈 현황

[표 5-1]과 같이 인터넷 중독과 관련하여 중독의 위험을 나타내는 버즈는 9.5%(2011년: 11.5%, 2012년: 10.0%, 2013년: 8.5%)로 나타났다. 인터넷 중독 관련 폐해는 이혼요인(31.4%), 불안요인(20.9%), 폭력요인(16.7%) 등의 순으로 나타났다. 인터넷 중독 관련 예방치료는 지원요인(20.7%), 지도요인(14.2%), 사랑요인(14.0%), 설득요인(13.0%), 예방요인(10.4%), 규제요인(9.4%) 등의 순으로 나타났다. 인터넷 중독 관련 유형으로는 게임중독(76.8%), 스마트폰 중독(15.7%), 도박중독(4.6%), 알코올 중독(2.9%)의 순으로 나타났다. 인터넷 중독 관련 법·제도로는 중독법(32.4%), 셧다운제(29.4%), 게임중독법(29.3%), 사이버안심존(6.4%), 쿨링오프제(2.4%)의 순으로 나타났다. 인터넷 중독 관련 영향으로는 정신건강요인(46.0%), 창의력(18.0%), 학업(14.4%), 친구관계(11.9%), 의사소통(9.7%)의 순으로 나타났다. 인터넷 중독 관련 정부기관으로는 국회(43.1%), 여성가족부(29.0%), 방송통신위원회(9.2%), 청와대(9.2%), 보건복지부(8.4%), 문화체육관광부(1.1%)의 순으로 나타났다. 인터넷 중독 관련 공간으로는 가정(49.4%), 학교(20.5%), 직장(15.1%), PC방(10.4%), 지하철(4.6%)의 순으로 나타났다. 인터넷 중독 관련 채널은 SNS(39.1%), 블로그(26.3%), 뉴스(16.5%), 카페(16.4%), 게시판(1.6%)의 순으로 나타났다.

[표 5-1] 인터넷 중독 관련 버즈 현황

구분	항목	N(%)	구분	항목	N(%)
중독 여부	일반	40,279(90.5)	유형	도박중독	215(4.6)
	중독	4,225(9.5)		스마트폰 중독	731(15.7)
	계	44,504		알코올 중독	135(2.9)
폐해	폭력	1,629(16.7)		게임중독	3,581(76.8)
	불안	2,044(20.9)		계	4,662
	이혼	3,066(31.4)	법제도	셧다운제	2,636(29.4)
	음주	804(9.8)		사이버안심존	576(6.4)
	과몰입	961(9.8)		게임중독법	2,625(29.3)
	유해	1,253(12.8)		쿨링오프제	219(2.4)
	계	9,757		중독법	2,898(32.4)
예방치료	지원	5,370(20.7)		계	8,954
	지도	3,670(14.2)	영향	학업	627(14.4)
	예방	2,687(10.4)		의사소통	422(9.7)
	사랑	3,641(14.0)		친구관계	518(11.9)
	설득	3,382(13.0)		정신건강	2,001(46.0)
	규제	2,435(9.4)		창의력	785(18.0)
	힐링	1,921(7.4)		계	4,353
	진료	445(1.7)	공간	가정	3,085(49.4)
	운동	1,581(6.1)		학교	1,281(20.5)
	캠페인	705(2.7)		직장	944(15.1)
	치유지원	92(0.4)		PC방	649(10.4)
	계	25,929		지하철	287(4.6)
정부	청와대	439(9.2)		계	6,246
	국회	2,057(43.1)	채널	블로그	11,721(26.3)
	여성가족부	1,381(29.0)		카페	7,309(16.4)
	보건복지부	399(8.4)		SNS	17,422(39.1)
	문화체육관광부	53(1.1)		게시판	709(1.6)
	방송통신위원회	439(9.2)		뉴스	7,343(16.5)
	계	4,768		계	44,504

[표 5-2]와 같이 인터넷 중독과 관련한 법·제도의 전체 버즈는 청와대(42.7%), 국회(27.5%), 보건복지부(11.3%), 문화체육관광부(11.1%), 여성가족부(6.0%), 방송통신위원회(1.4%)의 순으로 언급된 것으로 나타났다. 셧다운제와 관련한 버즈는 국회(45.6%), 청와대(28.6%), 문화체육

관광부(10.3%), 보건복지부(7.7%), 여성가족부(7.2%), 방송통신위원회(0.5%)의 순으로, 사이버 안심존과 관련된 버즈는 보건복지부(90.3%), 국회(8.1%), 청와대(1.3%) 등의 순으로, 게임중독 법과 관련된 버즈는 청와대(63.2%), 문화체육관광부(14.1%), 국회(12.4%), 여성가족부(5.5%) 등 의 순으로, 쿨링오프제와 관련된 버즈는 청와대(53.2%), 국회(27.1%), 문화체육관광부(8.6%) 등 의 순으로, 중독법과 관련된 버즈는 청와대(65.9%), 문화체육관광부(16.7%), 국회(10.2%) 등의 순으로 언급된 것으로 나타났다.

[표 5-2] 인터넷 중독 관련 법·제도의 기관별 버즈 현황   N(%)

속성	셧다운제	사이버안심존	게임중독법	쿨링오프제	중독법	합계
청와대	487(28.6)	4(1.3)	799(63.2)	167(53.2)	213(65.9)	1,670(42.7)
국회	776(45.6)	25(8.1)	157(12.4)	85(27.1)	33(10.2)	1,076(27.5)
여성가족부	123(7.2)	0(0.0)	69(5.5)	23(7.3)	20(6.2)	235(6.0)
보건복지부	131(7.7)	280(90.3)	18(1.4)	11(3.5)	3(0.9)	443(11.3)
문화체육관광부	175(10.3)	1(0.3)	178(14.1)	27(8.6)	54(16.7)	435(11.1)
방송통신위원회	9(0.5)	0(0.0)	44(3.5)	1(0.3)	0(0.0)	54(1.4)
계	1,701	310	1,265	314	323	3,913

❸ 인터넷 중독 일일 버즈 현황(그래프 작성)

• [그림 5-1]과 같이 인터넷 중독 일일 버즈 현황 그래프를 작성한다.

1단계: 데이터파일을 불러온다(분석파일: 인터넷 중독_2011_13_최종.sav).
2단계: [분석]→[기술통계량]→[교차분석]→[행: 일, 열: 월, 레이어: 년]을 선택한다.
3단계: 결과를 확인한다.
4단계: 출력결과를 [Excel]에 교차분석(월×일)값을 복사하여 붙인다.
5단계: 꺾은선그래프를 그린다.
6단계: 주요 온라인 신문에서 꺾은선의 피크가 높은 날의 주요 이슈를 검색하여 설명문을 작 성한다(주요 신문 검색결과: 인터넷 중독 이슈정리.xls).

7단계: 인터넷 중독 일일 버즈 현황을 저장한다(파일명: 인터넷 중독버즈.xls).

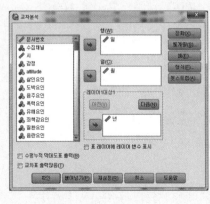 

④ 인터넷 중독 관련 버즈 현황(빈도분석, 다중응답 빈도분석)

- [표 5-1]과 같이 인터넷 중독 관련 버즈 현황을 작성한다.
- 빈도분석을 실행한다.

1단계: 데이터파일을 불러온다(분석파일: 인터넷 중독_2011_13_최종.sav).

2단계: [분석]→[기술통계량]→[빈도분석]→[변수: attitude, 채널]을 선택한다.

3단계: 결과를 확인한다.

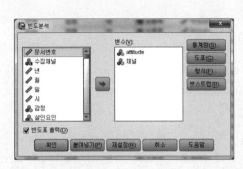

attitude

		빈도	퍼센트	유효 퍼센트	누적퍼센트
유효	.00 일반	40279	90.5	90.5	90.5
	1.00 중독	4225	9.5	9.5	100.0
	합계	44504	100.0	100.0	

채널

		빈도	퍼센트	유효 퍼센트	누적퍼센트
유효	1.00 블로그	11721	26.3	26.3	26.3
	2.00 카페	7309	16.4	16.4	42.8
	3.00 SNS	17422	39.1	39.1	81.9
	4.00 게시판	709	1.6	1.6	83.5
	5.00 뉴스	7343	16.5	16.5	100.0
	합계	44504	100.0	100.0	

• 다중응답분석을 실행한다(사례: 폐해요인, 법제도).

1단계: 데이터파일을 불러온다(분석파일: 인터넷 중독_2011_13_최종.sav).

2단계: [분석] → [다중응답] → [변수군 정의]를 선택한다.

3단계: [변수군에 포함된 변수: NN폭력요인~NN유해요인]을 선택한다.

4단계: [변수들의 코딩형식: 이분형(1), 이름: 폐해요인]을 지정한 후 [추가]를 선택한다.

5단계: [분석] → [다중응답] → [다중응답 빈도분석]을 선택한다.

6단계: 결과를 확인한다.

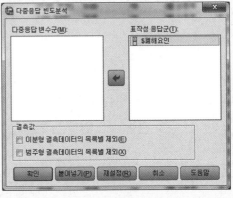

$폐해요인 빈도

		응답		케이스 퍼센트
		N	퍼센트	
$폐해요인[a]	NN폭력요인	1629	16.7%	22.5%
	NN불안요인	2044	20.9%	28.3%
	NN이혼요인	3066	31.4%	42.4%
	NN음주요인	804	8.2%	11.1%
	NN과몰입요인	961	9.8%	13.3%
	NN유해요인	1253	12.8%	17.3%
합계		9757	100.0%	134.9%

$법제도요인 빈도

		응답		케이스 퍼센트
		N	퍼센트	
$법제도요인[a]	N셧다운제요인	2636	29.4%	33.9%
	N사이버안심존요인	576	6.4%	7.4%
	N게임중독법요인	2625	29.3%	33.8%
	N쿨링오프제요인	219	2.4%	2.8%
	N중독법요인	2898	32.4%	37.3%
합계		8954	100.0%	115.3%

5 인터넷 중독 관련 버즈 현황(다중응답 교차분석)

- [표 5-2]와 같이 인터넷 중독 관련 법·제도의 기관별 버즈현황 교차표를 작성한다.
- 다중응답 교차분석을 실행한다.

1단계: 데이터파일을 불러온다(분석파일: 인터넷 중독_2011_13_최종.sav).

2단계: [분석]→[다중응답]→[변수군 정의: 기관요인, 법제도요인]을 선택한다.

3단계: [분석]→[다중응답]→[교차분석]→[행: 기관요인, 열: 법제도요인]을 지정한다.

4단계: [옵션]→[셀 퍼센트: 열, 퍼센트 계산 기준: 응답]을 선택한다.

5단계: 결과를 확인한다.

 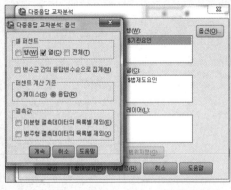

$기관요인*$법제도요인 교차표

			$법제도요인[a]					
			N셋다문제요인	N사이버안심존요인	N게임중독법요인	N쿨링오프제요인	N중독법요인	합계
$기관요인[a]	N국회요인	총계	487	4	799	167	213	1670
		$법제도요인 중 %	28.6%	1.3%	63.2%	53.2%	65.9%	
	N여가부요인	총계	776	25	157	85	33	1076
		$법제도요인 중 %	45.6%	8.1%	12.4%	27.1%	10.2%	
	N청와대요인	총계	123	0	69	23	20	235
		$법제도요인 중 %	7.2%	0.0%	5.5%	7.3%	6.2%	
	N방통위요인	총계	131	280	18	11	3	443
		$법제도요인 중 %	7.7%	90.3%	1.4%	3.5%	0.9%	
	N복지부요인	총계	175	1	178	27	54	435
		$법제도요인 중 %	10.3%	0.3%	14.1%	8.6%	16.7%	
	N문제부요인	총계	9	0	44	1	0	54
		$법제도요인 중 %	0.5%	0.0%	3.5%	0.3%	0.0%	
합계		총계	1701	310	1265	314	323	3913

퍼센트 및 합계는 응답을 기준으로 합니다.

4-2 인터넷 중독 관련 소셜 네트워크 분석

소셜 네트워크 분석(Social Network Analysis)은 개인 및 집단 간의 관계를 노드와 링크로써 모델링하여 그 위상구조, 확산/진화 과정을 계량적으로 분석하는 방법이다. 본 연구에서는 SNS상의 인터넷 중독 관련으로 언급된 버즈(문서)에서 발생한 인터넷 중독의 폐해를 노드화 하여 노드 간의 링크 구조를 분석하였다. [그림 5-2a]는 소셜 빅데이터에서 언급된 인터넷 중독 폐해의 응집(cohesion)구조의 특성을 파악하기 위한 것으로, 분산되어 있는 인터넷 중독의 폐해에 대해 긴밀하게 연결되어 있는 노드들의 그룹으로 묶어본 결과 '존속살인, 이혼, 증후군, 폭력, 학교폭력, 도박'의 6개 노드에 응집되어 있는 것을 알 수 있다.

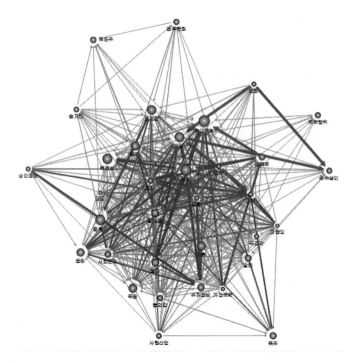

[그림 5-2a] 인터넷 중독의 폐해 관련 응집구조 분석

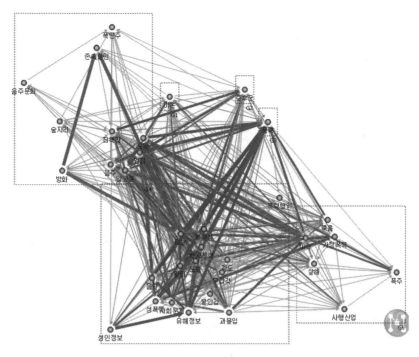

[그림 5-2b] 인터넷 중독의 폐해 관련 응집구조 분석

연결 정도(degree)는 한 노드가 연결되어 있는 이웃 노드 수(링크 수)를 의미한다. 내부 연결 정도(in-degree)는 내부 노드에서 외부 노드의 연결 정도를, 외부 연결 정도(out-degree)는 외부 노드에서 내부 노드의 연결 정도를 나타낸다. 근접중심성(closeness centrality)은 평균적으로 다른 노드들과의 거리가 짧은 노드의 중심성이 높은 경우로, 근접중심성이 높은 노드는 확률적으로 가장 빨리 다른 노드에 영향을 주거나 받을 수 있다. 따라서 [그림 5-3]의 정부기관과 인터넷 중독 관련 법·제도 간의 외부 근접중심성(out closeness centrality)을 살펴보면 청와대는 셧다운제, 게임중독법, 쿨링오프제와 밀접하게 연결되어 있으며, 국회는 셧다운제, 쿨링오프제, 게임중독법, 중독법과 밀접하게 연결되어 있는 것으로 나타났다. 보건복지부는 셧다운제와 게임중독법, 여성가족부는 게임중독법과 중독법, 방송통신위원회는 사이버안심존과 셧다운제와 밀접하게 연결되어 있는 것으로 나타났다. 그리고 게임중독법을 제외한 대부분의 인터넷 중독 관련 법·제도에서 문화체육관광부의 영향력은 약한 것으로 나타났다.

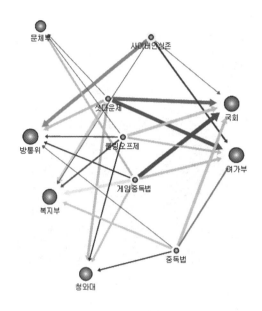

[그림 5-3] 정부기관과 인터넷 관련 중독 법·제도 간 외부 근접중심성

⑥ 인터넷 중독 소셜 네트워크 분석

• NetMiner를 이용한 소셜 네트워크 분석

- 소셜 네트워크 분석(SNA)은 개인 및 집단 간의 관계를 노드와 링크로써 모델링하여 그 위상구조, 확산/진화 과정을 계량적으로 분석하는 방법이다.
- SNA를 분석할 수 있는 대표적인 프로그램으로 NetMiner, UCINET, Pajek이 있다.
- 본 연구에서는 NetMiner 프로그램을 활용하여 인터넷 중독 소셜 빅데이터의 네트워크 분석을 실시하였다.

1. NetMiner 개요

- NetMiner는 SNA 분석을 위해 한국의 사이람(Cyram)에서 개발되었다.
- NetMiner는 데이터 변환, 네트워크 분석, 통계분석, 네트워크 시각화 기능 등을 유연하게 통합하여 편리한 사용환경을 제공하며, 데이터 분석과 시각화를 통해 수행할 수 있

어 탐색적 분석이 가능하다.

- NetMiner의 작업환경(화면 구성)은 다음과 같다.

· 데이터 관리영역은 현재 작업파일(current workfile)과 작업파일 목록(workfile tree)으로
구성되며, 현재 다루고 있는 자료 및 실행한 프로세스를 살펴볼 수 있다.

· 데이터 시각화 영역은 데이터 관리영역의 연결망 데이터를 실행(더블클릭)할 경우 연결
망 그래프가 표현되는 영역이다.

· 프로세스 관리영역은 연결망 분석 및 시각화를 실행하기 위한 절차들을 지정영역에서
연속적으로 설정할 수 있다.

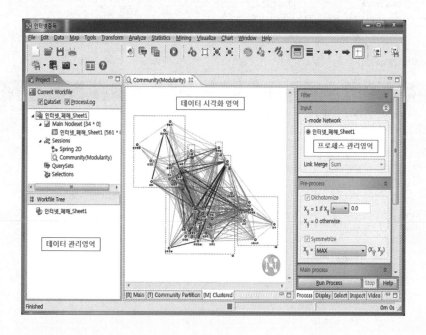

2. NetMiner 데이터파일 만들기

- 소셜 네트워크에서 데이터는 Matrix, Edge List, Linked List 형식으로 작성할 수 있다.
이 중 소셜 빅데이터를 표현하는 데는 Edge List가 가장 적합하다.

- 네트워크 데이터는 한 개의 자료 파일 내에 결점들 간의 직접관계를 나타내는 1-mode
network와 공동참여 연결망처럼 두 차원의 결점들 간의 관계를 나타내는 2-mode
network로 구성되어 있다(김용학, 2013).

- 1-mode network[1]

Matrix							Edge List			Linked List		
	A	B	C	D	E	F	Source	Target	Weight	Source	Target 1	Target 2
A	0	1	1	0	0	0	A	B	1	A	B	C
B	0	0	0	2	0	0	C	B	3	B	D	
C	0	3	0	0	0	0	A	C	1	B	D	
D	0	0	0	0	1	2	B	D	2	C	B	
E	0	0	0	0	0	0	D	E	1	D	E	F
F	0	0	0	0	0	0	D	F	2	D	E	F

[1] 사이람(2014). NetMiner를 이용한 소셜 네트워크 분석 – 기본과정. p. 42.

- 2-mode network

Matrix				Edge List			Linked List		
	Sports	Movie	Cook	Source	Target	Weight	Source	Target1	Target2
A	1	1	0	A	Sports	1	A	Sports	Movie
A	1	1	0	A	Movie	1	A	Sports	Movie
B	0	1	0	B	Movie	1	B	Movie	
C	1	0	1	C	Sports	1	C	Sports	Cook
C	1	0	1	C	Cook	1	C	Sports	Cook
D	0	0	1	D	Cook	1	D	Cook	
E	0	1	1	E	Movie	1	E	Movie	Cook
E	0	1	1	E	Cook	1	E	Movie	Cook
F	1	0	1	F	Sports	1	F	Sports	Cook
F	1	0	1	F	Cook	1	F	Sports	Cook

3. NetMiner 데이터파일 만들기(인터넷_폐해)

- [그림 5-2a]의 네트워크 응집구조를 분석하기 위해서는 자료의 표현형식을 edge list로 하고, 네트워크 데이터는 1-mode network로 구성해야 한다.
- NetMiner에서 네트워크를 분석하기 위해 데이터를 만드는 방법은 직접 입력할 수도 있지만, Excel 형식의 데이터로 불러올 수도 있다.

- 인터넷 중독 소셜 빅데이터의 1-mode network(edge list) 구성하기
  - [그림 5-2a]의 네트워크 분석은 인터넷 중독의 폐해와 관련된 주제어에 대한 응집구조를 분석한 것이다.
  - 인터넷 중독 폐해 주제어의 1-mode network(edge list) 데이터는 다음 절차에 따라 구성할 수 있다.

1단계: 데이터파일을 불러온다(분석파일: 인터넷 중독_폐해요인분석.sav).

2단계: [분석] → [기술통계량] → [교차분석] → [행: 가정폭력, 열: 강도~학교폭력]을 지정한다.

3단계: 결과를 확인한다.

4단계: [2단계]~[3단계]의 교차분석의 행/열을 교차 투입하여 최종 주제어(학교폭력)까지 실행한다.

가정폭력 * 강도 교차표

빈도

		강도		전체
		0	1	
가정폭력	0	44244	136	44380
	1	123	1	124
전체		44367	137	44504

가정폭력 * 과몰입 교차표

빈도

		과몰입		전체
		0	1	
가정폭력	0	44039	341	44380
	1	124	0	124
전체		44163	341	44504

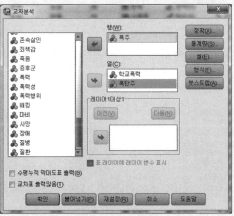

폭주 * 학교폭력 교차표

빈도

		학교폭력		전체
		0	1	
폭주	0	43922	510	44432
	1	72	0	72
전체		43994	510	44504

폭주 * 폭탄주 교차표

빈도

		폭탄주		전체
		0	1	
폭주	0	44424	8	44432
	1	72	0	72
전체		44496	8	44504

- 인터넷 중독 폐해 주제어의 교차분석 결과를 Excel로 작성한다.
- 각 주제어의 교차표에서 행(1)과 열(1)의 교차지점값을 Excel의 해당 weight 값으로 작성한다.

※ 교차분석 파일: 네트1.spv~네트34.spv, Excel 파일: 인터넷_폐해.xls

빈도	강도		전체
	0	1	
가정폭력 0	44244	136	44380
1	123	1	124
전체	44367	137	44504

빈도	과몰입		전체
	0	1	
가정폭력 0	44039	341	44380
1	124	0	124
전체	44163	341	44504

빈도	노출		전체
	0	1	
가정폭력 0	43601	779	44380
1	116	8	124
전체	43717	787	44504

통계량빈도	도박		전체
	0	1	
가정폭력 0	42850	1530	44380
1	113	11	124
전체	42963	1541	44504

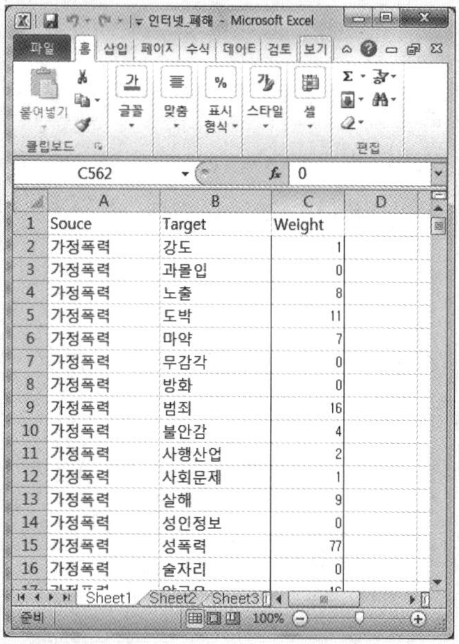

	A	B	C	D
1	Souce	Target	Weight	
2	가정폭력	강도	1	
3	가정폭력	과몰입	0	
4	가정폭력	노출	8	
5	가정폭력	도박	11	
6	가정폭력	마약	7	
7	가정폭력	무감각	0	
8	가정폭력	방화	0	
9	가정폭력	범죄	16	
10	가정폭력	불안감	4	
11	가정폭력	사행산업	2	
12	가정폭력	사회문제	1	
13	가정폭력	살해	9	
14	가정폭력	성인정보	0	
15	가정폭력	성폭력	77	
16	가정폭력	술자리	0	

4. NetMiner로 네트워크 분석하기(Centrality)

- NetMiner에서 [그림 5-2a]와 같은 네트워크를 분석하기 위해서는 1-mode network(edge list) 데이터를 사전에 구성하여야 한다.
- 1-mode network(edge list)로 구성된 Excel 파일이 작성되면 다음 절차에 따라 분석할 수 있다.

1단계: NetMiner 프로그램을 불러온다.

2단계: [File]→[Import]→[Excel File]을 선택한다.

3단계: [Import Excel File]→[Browser, 데이터(인터넷_폐해.xls)]를 선택하여 불러온 후 [1-mode Network]→[Edge List]를 선택한 후 OK를 누른다.

4단계: [Analyze]→[Centrality]→[Degree]를 선택한다.

5단계: 프로세스 관리영역창에서 [Process Tab]→[Main Process, Sum of Weight]를 선택
한 후 [Run Process]를 선택한다.

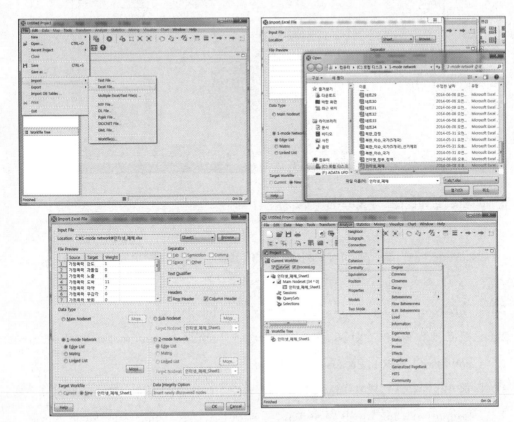

6단계: 데이터 시각화 영역에서 [M Spring] 탭을 선택한 후 [Map]→[Node & Link Att..
Styling]→[Link Attribute Styling] 탭에서 [Use User-defined Color Scale, Start(하
늘색)/End(붉은색) Color]를 지정한다.

7단계: [Apply]를 선택하여 결과를 확인한다.

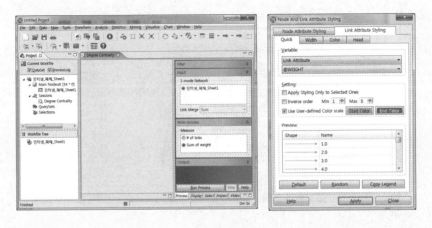

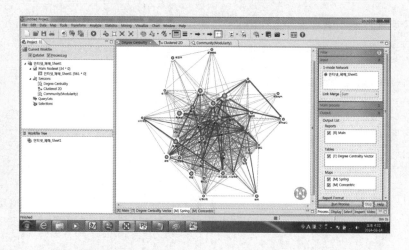

5. NetMiner로 네트워크 분석하기(Cohesion)

- NetMiner에서 [그림 5-2b]의 그림을 다음의 절차로 수행할 수 있다.

1단계: [Analyze]→[Cohesion]→[Community]→[Modularity]

2단계: 프로세스 관리영역창에서 [Process Tab]→[Include Nonoptimal output]→[2≤#of comms≤6]→[Run Process]를 선택한다.

3단계: 데이터 시각화 영역에서 [M Clustered] 탭을 선택한 후 [Map]→[Node & Link Att.. Styling]→[Link Attribute Styling] 탭에서 [Use User-define Color Scale, Start(하늘색)/End(붉은색) Color]를 지정한다.

4단계: [Apply]를 선택하여 결과를 확인한다.

5단계: [File]→[Save as…]를 선택한 후, 분석결과를 저장(파일명: 인터넷 중독_폐해.nmf)한다.

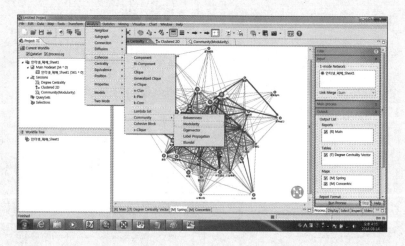

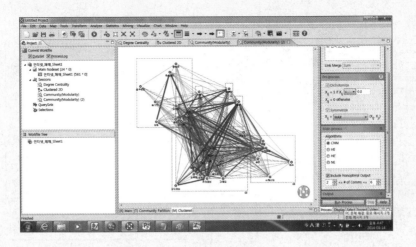

6. NetMiner로 데이터파일 만들기(인터넷_정부_정책)

- NetMiner에서 [그림 5-3]과 같은 네트워크를 분석하기 위해서는 기관과 법제도로 연결된 1-mode network(edge list) 데이터를 사전에 구성해야 한다.
- [그림 5-3]의 네트워크 분석은 인터넷 중독에 대한 법·제도와 정부기관과의 외부 근접 중심성의 구조를 분석한 것이다.

1단계: 데이터파일을 불러온다(분석파일: 인터넷 중독_2011_13_최종.sav).

2단계: [분석] → [기술통계량] → [교차분석] → [행: N셧다운제요인~N중독법요인, 열: N국회요인~문체부요인]을 지정한다.

3단계: 결과를 확인한다.
- 인터넷 중독 법·제도와 정부기관의 교차분석 결과를 Excel로 작성한다.
- 각 주제어의 교차표에서 행(1)과 열(1)의 교차지점값을 Excel의 해당 weight 값으로 작성한다.

※ 교차분석 파일: 네트_정부_제도.spv, Excel 파일: 인터넷_정부_정책.xls

N섯다운제요인 * N국회요인 교차표

비도

		N국회요인		전체
		.00	1.00	
N섯다운제요인	.00	40298	1570	41868
	1.00	2149	487	2636
전체		42447	2057	44504

N섯다운제요인 * N여가부요인 교차표

비도

		N여가부요인		전체
		.00	1.00	
N섯다운제요인	.00	41263	605	41868
	1.00	1860	776	2636
전체		43123	1381	44504

N섯다운제요인 * N청와대요인 교차표

비도

		N청와대요인		전체
		.00	1.00	
N섯다운제요인	.00	41552	316	41868
	1.00	2513	123	2636
전체		44065	439	44504

N사이버안심존요인 * N국회요인 교차표

비도

		N국회요인		전체
		.00	1.00	
N사이버안심존요인	.00	41875	2053	43928
	1.00	572	4	576
전체		42447	2057	44504

N사이버안심존요인 * N여가부요인 교차표

비도

		N여가부요인		전체
		.00	1.00	
N사이버안심존요인	.00	42572	1356	43928
	1.00	551	25	576
전체		43123	1381	44504

N사이버안심존요인 * N청와대요인 교차표

비도

		N청와대요인		전체
		.00	1.00	
N사이버안심존요인	.00	43489	439	43928
	1.00	576	0	576
전체		44065	439	44504

7. NetMiner로 네트워크 분석하기(Closeness)

- NetMiner에서 [그림 5-3]과 같은 인터넷 중독 법·제도와 정부기관과의 연결성에 대한
네트워크 분석을 위해서는 1-mode network(edge list) 데이터를 사전에 구성하여야 한다.
- 1-mode network(edge list)로 구성된 Excel 파일이 작성되면 다음의 절차로 분석할 수 있다.

1단계: NetMiner 프로그램을 불러온다.
2단계: [File]→[Import]→[Excel File]을 선택한다.

3단계: [Import Excel File]→[Browser, 데이터(인터넷_정부_정책.xls)]를 선택하여 불러온 후 [1-mode Network-Edge List]를 선택한 후 OK를 누른다.

4단계: [Analyze]→[Centrality]→[Closeness]를 선택한다.

5단계: 프로세스 관리영역창에서 [Process Tab]→[Run Process]를 선택한다.

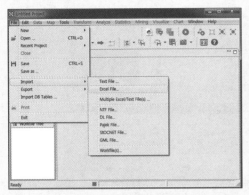

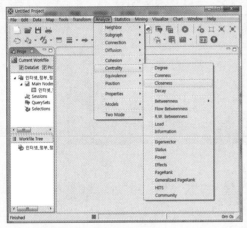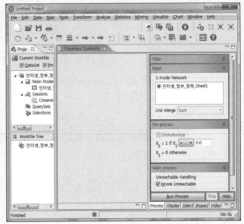

6단계: 데이터 시각화 영역에서 [M Spring] 탭을 선택한 후 [Map]→[Node & Link Att.. Styling]→[Link Attribute Styling] 탭에서 [Setting]→[Inverse order: Min(8), Max(1)]을 지정한다.

7단계: [Apply]를 선택하여 결과를 확인한다.

8단계: 문화체육관광부와 여성가족부의 해당 링크에서 우측 마우스를 클릭하여 Link Property[문화체육관광부←셧다운제(9.0), 여성가족부←셧다운제(776)]를 확인한다(문화체육관광부보다 여성가족부가 셧다운제와 밀접한 연결성을 보여주고 있다).

9단계: [File]→[Save as…]를 선택한 후, 분석결과를 저장(파일명: 인터넷 중독_정부_정책.nmf)한다.

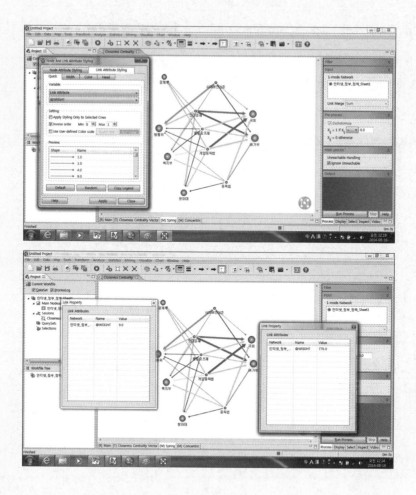

※ 해당 노드(예: 사이버안심존)에서 우측 마우스를 클릭하면 노드 스타일을 변경할 수 있다.

- [Transparent Background]→[Change the background color]를 지정한다.

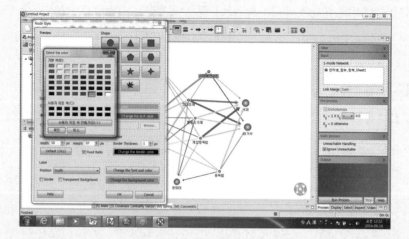

4-3 인터넷 중독에 영향을 미치는 요인

[표 5-3]과 같이 모든 인터넷 중독의 폐해요인은 인터넷 중독에 양(+)의 영향을 미치는 것으로 나타나 유해, 불안, 이혼, 과몰입, 폭력, 음주의 순으로 영향을 주는 것으로 확인되었다. 인터넷 중독의 유형으로 도박, 알코올, 게임의 순으로 양의 영향을 주는 것으로 나타났으나, 스마트폰 중독은 일반인에게 더 많은 영향을 주는 것으로 나타났다. 인터넷 중독의 예방치료로 사랑, 지원, 설득, 지도, 운동, 진료, 규제, 힐링의 순으로 양의 영향을 주는 것으로 나타났으나, 캠페인은 일반인에게 더 많은 영향을 주는 것으로 나타났다. 인터넷 중독의 법·제도로 사이버안심존, 쿨링오프제, 셧다운제의 순으로 양의 영향을 주는 것으로 나타났으나, 중독법은 일반인에게 더 많은 영향을 주는 것으로 나타났다. 인터넷 중독과 관련한 영향요인은 친구관계, 정신건강, 학업, 의사소통, 창의력의 순으로 인터넷 중독에 양의 영향을 주는 것으로 나타났다. 인터넷 중독과 관련한 공간은 직장, 지하철, 가정, PC방, 학교의 순으로 인터넷 중독에 양의 영향을 주는 것으로 나타났다.

[표 5-3] 인터넷 중독에 영향을 미치는 요인[*]

변수		b[a)]	S.E.[b)]	OR[c)]	P	변수		b[a)]	S.E.[b)]	OR[c)]	P
폐해	폭력	.547	.068	1.728	.000	법제도	셧다운제	.766	.055	2.152	.000
	불안	.972	.057	2.644	.000		사이버	1.051	.098	2.860	.000
	이혼	.955	.049	2.599	.000		게임중독	−.050	.070	.952	.481
	음주	.528	.090	1.696	.000		쿨링오프	.831	.166	2.295	.000
	과몰입	.872	.080	2.391	.000		중독법	−1.393	.118	.248	.000
	유해	1.219	.068	3.382	.000	정부	국회	.197	.072	1.218	.007
유형	도박	1.006	.161	2.735	.000		여가부	.560	.076	1.750	.000
	스마트폰	−.474	.150	.623	.002		청와대	.498	.133	1.645	.000
	알코올	.980	.205	2.664	.000		방통위	.767	.123	2.154	.000
	게임	.817	.047	2.263	.000		복지부	.086	.157	1.090	.582
예방치료	지원	.903	.043	2.466	.000		문체부	−.542	.530	.582	.307
	지도	.725	.049	2.066	.000	영향	학업	1.294	.093	3.648	.000
	예방	−.056	.061	.945	.359		의사소통	1.136	.116	3.115	.000
	사랑	1.272	.045	3.567	.000		친구관계	1.479	.101	4.388	.000
	설득	.771	.049	2.161	.000		정신건강	1.330	.055	3.781	.000
	규제	.183	.062	1.201	.003		창의력	.852	.091	2.344	.000
	힐링	.130	.068	1.138	.058	공간	가정	1.010	.048	2.747	.000
	진료	.618	.120	1.854	.000		학교	.947	.070	2.578	.000
	운동	.694	.069	2.002	.000		직장	1.235	.076	3.438	.000
	캠페인	−.226	.121	.798	.063		PC방	.968	.097	2.633	.000
	치유지원	−19.830	3825.1	.000	.996		지하철	1.098	.139	2.998	.000

주: [*]기준범주: 일반인, [a)] Standardized coefficients, [b)] Standard error, [c)] Adjusted odds ratio

- [표 5-3]은 인터넷 중독에 영향을 미치는 요인들에 대한 이분형 로지스틱 회귀분석 결과다.
- 이분형 로지스틱 회귀분석을 실행한다.

  - 독립변수들이 양적인 변수를 가지고 종속변수가 2개의 범주(0, 1)를 가지는 회귀모형을 말한다(소셜 빅데이터에서 수집된 독립변수들은 2개의 범주(0, 1)인 양적 변수를 가진다).

1단계: 데이터파일을 불러온다(분석파일: 인터넷 중독_2011_13_최종.sav).

2단계: 연구문제: 종속변수(인터넷 중독 여부)에 영향을 미치는 요인들은 무엇인가?

3단계: [분석]→[회귀분석]→[이분형 로지스틱]→[종속변수[인터넷 중독 여부(attitude)], 공변량(폐해: NN폭력요인, NN불안요인, NN이혼요인, NN음주요인, NN과몰입요인, NN유해요인)]을 지정한다.

   ☞ 공간요인 로지스틱 회귀분석의 경우에는 종속변수[인터넷 중독 여부(attitude)], 공변량(공간: NN가정요인, NN학교요인, NN직장요인, NNPC방요인, NN지하철요인)]을 지정한다.

4단계: 결과를 확인한다.

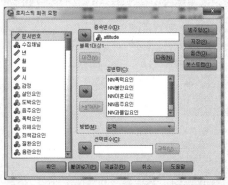

방정식에 포함된 변수

		B	S.E.	Wals	자유도	유의확률	Exp(B)
1 단계[a]	NN폭력요인	.547	.068	65.540	1	.000	1.728
	NN불안요인	.972	.057	287.338	1	.000	2.644
	NN이혼요인	.955	.049	375.244	1	.000	2.599
	NN음주요인	.528	.090	34.397	1	.000	1.696
	NN과몰입요인	.872	.080	119.731	1	.000	2.391
	NN유해요인	1.219	.068	316.713	1	.000	3.382
	상수항	-2.563	.019	17575.780	1	.000	.077

a. 변수가 1: 단계에 진입했습니다. NN폭력요인, NN불안요인, NN이혼요인, NN음주요인, NN과몰입요인, NN유해요인. NN폭력요인, NN불안요인, NN이혼요인, NN음주요인, NN과몰입요인, NN유해요인.

방정식에 포함된 변수

		B	S.E.	Wals	자유도	유의확률	Exp(B)
1 단계[a]	N가정요인	1.010	.048	437.637	1	.000	2.747
	N학교요인	.947	.070	181.899	1	.000	2.578
	N직장요인	1.235	.076	267.145	1	.000	3.438
	NPC방요인	.968	.097	100.624	1	.000	2.633
	N지하철요인	1.098	.139	62.828	1	.000	2.998
	상수항	-2.485	.019	17881.833	1	.000	.083

a. 변수가 1: 단계에 진입했습니다. N가정요인, N학교요인, N직장요인, NPC방요인, N지하철요인. N가정요인, N학교요인, N직장요인, NPC방요인, N지하철요인.

4-4 인터넷 중독 관련 위험 예측모형

본 연구에서는 인터넷 중독 관련 위험을 예측하기 위하여 인터넷 중독의 폐해요인과 영향요인에 대해 데이터마이닝 분석을 실시하였다. 인터넷 중독의 폐해요인이 인터넷 중독의 위험 예측모형에 미치는 영향은 [그림 5-4]와 같다. 나무구조의 최상위에 있는 네모는 뿌리마디로서, 예측변수(독립변수)가 투입되지 않은 종속변수(중독, 일반)의 빈도를 나타낸다. 뿌리마디에서 인터넷 중독의 위험은 9.5%(4,225건), 일반인은 90.5%(40,279건)로 나타났다. 뿌리마디 하단의 가장 상위에 위치하는 요인이 인터넷 중독 위험예측에 가장 영향력이 큰(관련성이 깊은) 폐해요인으로, '불안요인'의 영향력이 가장 큰 것으로 나타났다. '불안요인'이 높을 경우 인터넷 중독의 위험은 이전의 9.5%에서 28.5%로 증가한 반면, 일반인은 이전의 90.5%에서 71.5%로 감소하였다. '불안요인'이 높고 '유해요인'이 높은 경우 인터넷 중독의 위험은 이전의 28.5%에서 56.2%로 증가한 반면, 일반인은 이전의 71.5%에서 43.8%로 감소하였다. [표 5-4]의 인터넷 중독 폐해요인의 위험예측모형에 대한 이익도표와 같이 인터넷 중독의 위험에 가장 영향력이 높은 경우는 '불안요인'이 높고 '유해요인'이 높은 조합으로 나타났다. 즉, 6번 노드의 지수(index)가 592.1%로 뿌리마디와 비교했을 때 6번 노드의 조건을 가진 집단이 인터넷 중독자일 확률이 5.92배로 나타났다. 일반인에게 가장 영향력이 높은 경우는 '불안요인'이 낮고 '이혼요인'이 낮고, '유해요인'이 낮은 조합으로 나타났다. 즉 7번 노드의 지수가 102.4%로 뿌리마디와 비교했을 때 7번 노드의 조건을 가진 집단이 일반인일 확률이 1.02배로 나타났다.

인터넷 중독의 영향요인이 인터넷 중독의 위험예측모형에 미치는 영향은 [그림 5-5]와 같다. 인터넷 중독 위험예측에 가장 영향력이 큰 요인은 '정신건강요인'으로 나타났다. '정신건강요인'이 높을 경우 인터넷 중독의 위험은 이전의 9.5%에서 31.8%로 증가한 반면, 일반인은 이전의 90.5%에서 68.2%로 감소하였다. '정신건강요인'이 높고 '친구관계요인'이 높은 경우 인터넷 중독의 위험은 이전의 31.8%에서 60.4%로 증가한 반면, 일반인은 이전의 68.2%에서 39.6%로 감소하였다. [표 5-5]의 인터넷 중독 영향요인의 위험예측모형에 대한 이익도표와 같이 인터넷 중독의 위험에 가장 영향력이 큰 경우는 '정신건강요인'이 높고 '친구관계요인'이 높은 조합으로 나타났다. 즉, 6번 노드의 지수가 636.6%로 뿌리마디와 비교했을 때 6번 노드의 조건을 가진 집단이 인터넷 중독자일 확률이 6.37배로 나타났다. 일반인에게 가장 영향력이 큰 경우는 '정신건강요인'이 낮고 '학업요인'이 낮고 '친구관계요인'이 낮은 조합으로 나타났다. 즉 7번 노드의 지수가 101.8%로 뿌리마디와 비교했을 때 7번 노드의 조건을 가진 집단이 일반인 확률의 1.02배로 나타났다.

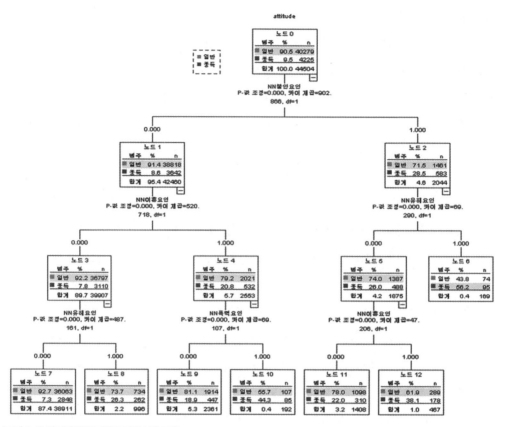

[그림 5-4] 인터넷 중독 폐해요인의 예측모형

[표 5-4] 인터넷 중독 폐해요인의 예측모형에 대한 이익도표

구분	노드	이익지수				누적지수			
		노드(n)	노드(%)	이익(%)	지수(%)	노드(n)	노드(%)	이익(%)	지수(%)
일반	7	38,911	87.4	89.5	102.4	38,911	87.4	89.5	102.4
	9	2,361	5.3	4.8	89.6	41,272	92.7	94.3	101.7
	11	1,408	3.2	2.7	86.2	42,680	95.9	97.0	101.2
	8	996	2.2	1.8	81.4	43,676	98.1	98.8	100.7
	12	467	1.0	0.7	68.4	44,143	99.2	99.6	100.4
	10	192	0.4	0.3	61.6	44,335	99.6	99.8	100.2
	6	169	0.4	0.2	48.4	44,504	100.0	100.0	100.0
중독	6	169	0.4	2.2	592.1	169	0.4	2.2	592.1
	10	192	0.4	2.0	466.3	361	0.8	4.3	525.2
	12	467	1.0	4.2	401.5	828	1.9	8.5	455.4
	8	996	2.2	6.2	277.1	1,824	4.1	14.7	358.0
	11	1,408	3.2	7.3	231.9	3,232	7.3	22.0	303.1
	9	2,361	5.3	10.6	199.4	5,593	12.6	32.6	259.3
	7	38,911	87.4	67.4	77.1	44,504	100.0	100.0	100.0

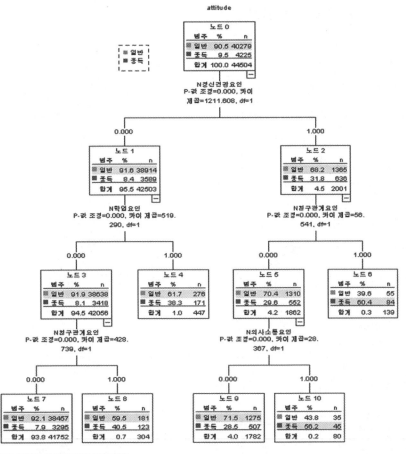

[그림 5-5] 인터넷 중독 유형요인의 예측모형

[표 5-5] 인터넷 중독 유형요인의 예측모형에 대한 이익도표

구분	노드	이익지수				누적지수			
		노드(n)	노드(%)	이익(%)	지수(%)	노드(n)	노드(%)	이익(%)	지수(%)
일반	7	41,752	93.8	95.5	101.8	41,752	93.8	95.5	101.8
	9	1,782	4.0	3.2	79.1	43,534	97.8	98.6	100.8
	4	447	1.0	0.7	68.2	43,981	98.8	99.3	100.5
	8	304	0.7	0.4	65.8	44,285	99.5	99.8	100.3
	10	80	0.2	0.1	48.3	44,365	99.7	99.9	100.2
	6	139	0.3	0.1	43.7	44,504	100.0	100.0	100.0
중독	6	139	0.3	2.0	636.6	139	0.3	2.0	636.6
	10	80	0.2	1.1	592.5	219	0.5	3.1	620.5
	8	304	0.7	2.9	426.2	523	1.2	6.0	507.5
	4	447	1.0	4.0	403.0	970	2.2	10.0	459.3
	9	1,782	4.0	12.0	299.7	2,752	6.2	22.0	356.0
	7	41,752	93.8	78.0	83.1	44,504	100.0	100.0	100.0

1. 연구목적

본 연구는 데이터마이닝의 의사결정나무 분석을 통하여 인터넷 중독의 다양한 변인들 간의 상호작용 관계를 분석함으로써 인터넷 중독에 대한 위험요인을 파악하고자 한다.

2. 조사도구

가. 종속변수

인터넷 중독 여부(0: 일반, 1: 중독)

나. 독립변수(0: 없음, 1: 있음)

폐해요인(폭력, 불안, 이혼, 음주, 과몰입, 유해)과 영향요인(학업, 의사소통, 친구관계, 정신건강, 창의력)

1단계: 의사결정나무를 실행시킨다(파일명: 인터넷 중독_2011_13_최종.sav).

- [SPSS 메뉴]→[분류분석]→[트리]를 선택한다.

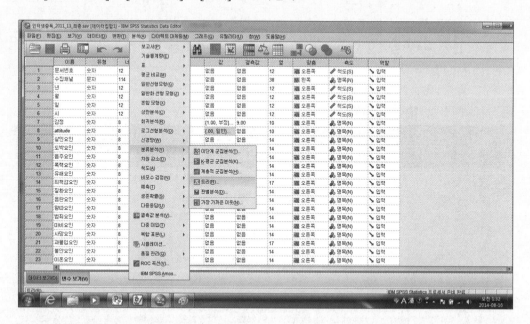

2단계: 종속변수(목표변수: attitude)를 선택하고 이익도표(gain chart)를 산출하기 위하여 목표 범주를 선택한다(본 연구에서는 '일반'과 '중독' 모두를 목표 범주로 설정하였다).

☞ [범주]를 활성화시키기 위해서는 반드시 범주에 value label을 부여해야 한다. [예(syntax): value labels attitude (0)일반 (1)중독]

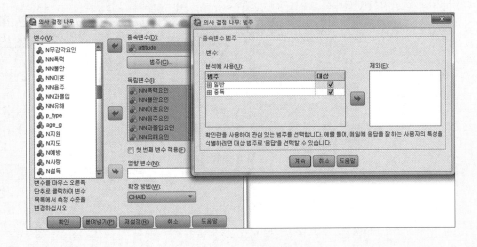

3단계: 독립변수(예측변수)를 선택한다.

   - 본 연구의 독립변수는 6개의 폐해요인으로, 이분형 변수(NN폭력요인, NN불안요인, NN이혼요인, NN음주요인, NN과몰입요인, NN유해요인)를 선택한다.

4단계: 확장방법(growing method)을 결정한다.

   - 본 연구에서는 목표변수와 예측변수 모두 명목형으로 CHAID를 사용하였다.

5단계: 타당도(validation)를 선택한다.

6단계: 기준(criteria)을 선택한다.

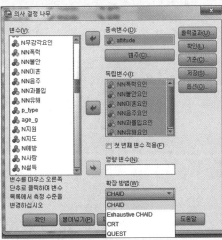

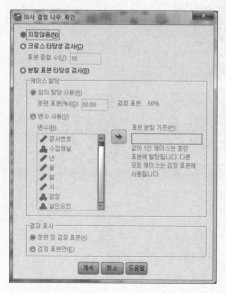

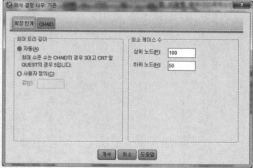

7단계: [출력결과(U)]를 선택한 후 [계속]을 누른다.

- 출력결과에서는 트리표시, 통계량, 노드성능, 분류규칙을 선택할 수 있다.

- 이익도표를 산출하기 위해서는 [통계량]에서 [비용, 사전확률, 점수 및 이익값]을 선택한 후 [누적통계량]을 선택한다.

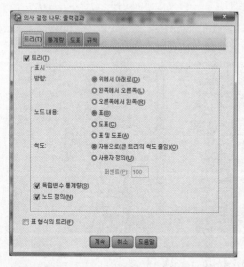

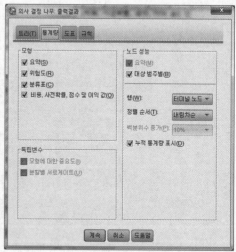

8단계: 결과를 확인한다.

- [트리다이어그램] → [선택]

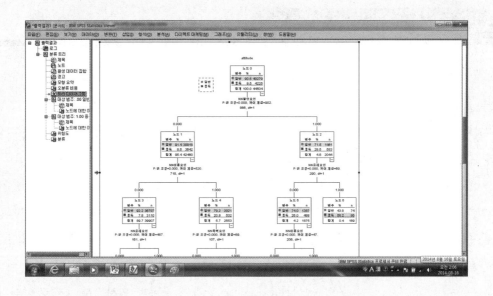

- [노드에 대한 이익]→[선택]

대상 범주: **.00** 일반

노드에 대한 이익

노드	노드별						누적					
	노드		이득				노드		이득			
	N	퍼센트	N	퍼센트	응답	지수	N	퍼센트	N	퍼센트	응답	지수
7	38911	87.4%	36063	89.5%	92.7%	102.4%	38911	87.4%	36063	89.5%	92.7%	102.4%
9	2361	5.3%	1914	4.8%	81.1%	89.6%	41272	92.7%	37977	94.3%	92.0%	101.7%
11	1408	3.2%	1098	2.7%	78.0%	86.2%	42680	95.9%	39075	97.0%	91.6%	101.2%
8	996	2.2%	734	1.8%	73.7%	81.4%	43676	98.1%	39809	98.8%	91.1%	100.7%
12	467	1.0%	289	0.7%	61.9%	68.4%	44143	99.2%	40098	99.6%	90.8%	100.4%
10	192	0.4%	107	0.3%	55.7%	61.6%	44335	99.6%	40205	99.8%	90.7%	100.2%
6	169	0.4%	74	0.2%	43.8%	48.4%	44504	100.0%	40279	100.0%	90.5%	100.0%

성장방법: CHAID
종속변수: attitude

대상 범주: **1.00** 중독

노드에 대한 이익

노드	노드별						누적					
	노드		이득				노드		이득			
	N	퍼센트	N	퍼센트	응답	지수	N	퍼센트	N	퍼센트	응답	지수
6	169	0.4%	95	2.2%	56.2%	592.1%	169	0.4%	95	2.2%	56.2%	592.1%
10	192	0.4%	85	2.0%	44.3%	466.3%	361	0.8%	180	4.3%	49.9%	525.2%
12	467	1.0%	178	4.2%	38.1%	401.5%	828	1.9%	358	8.5%	43.2%	455.2%
8	996	2.2%	262	6.2%	26.3%	277.1%	1824	4.1%	620	14.7%	34.0%	358.0%
11	1408	3.2%	310	7.3%	22.0%	231.9%	3232	7.3%	930	22.0%	28.8%	303.1%
9	2361	5.3%	447	10.6%	18.9%	199.4%	5593	12.6%	1377	32.6%	24.6%	259.3%
7	38911	87.4%	2848	67.4%	7.3%	77.1%	44504	100.0%	4225	100.0%	9.5%	100.0%

본 연구는 국내의 온라인 뉴스 사이트, 블로그, 카페, SNS, 게시판 등 인터넷을 통해 수집된 소셜 빅데이터를 네트워크 분석과 데이터마이닝의 의사결정나무 분석기법을 적용하여 분석함으로써 우리나라의 인터넷 중독 관련 위험에 대한 예측모형을 개발하고자 하였다.

본 연구의 결과를 요약하면 다음과 같다. 첫째, 인터넷 중독의 위험은 9.5%(2011년: 11.5%, 2012년: 10.0%, 2013년: 8.5%)로 나타났다. 이는 우리나라의 미래창조과학부와 한국정보화진흥원이 매년 실시하는 인터넷과 스마트폰 중독률 조사결과(2011년: 8.1%, 2012년: 9.2%, 2013년: 9.4%)와 비슷한 결과이다(미래창조과학부·한국정보화진흥원, 2014). 둘째, 인터넷 중독 관련 폐해와 영향으로는 이혼, 불안, 폭력, 정신건강, 창의력, 학업, 친구관계, 의사소통 등으로 나타나, 기존 연구에서 나타난 인터넷 중독 원인과 비슷한 것으로 확인되었다. 셋째, 인터넷 중독의 폐해에 대한 네트워크 분석결과 존속살인, 이혼, 증후군, 폭력, 학교폭력, 도박의 6개 노드에 응집되어 있는 것으로 나타났다. 이는 '존속살인-방화-자살', '이혼-도박', '증후군-죄책감', '폭력-(도박, 범죄), (자살, 유해정보)-성인정보', '학교폭력-(왕따, 사회문제)', '도박(범죄)-마약-가정폭력'과 긴밀하게 연결되어 있는 것을 나타내는 것이다. 넷째, 네트워크 분석에서 외부 근접중심성을 살펴본 결과 보건복지부는 셧다운제와 게임중독법, 여성가족부는 게임중독법과 중독법, 방송통신위원회는 사이버안심존과 셧다운제와 밀접하게 연결되어 있는 것으로 나타났으나, 문화체육관광부는 게임중독법을 제외한 대부분의 인터넷 중독 관련법·제도에서 영향력이 약한 것으로 나타났다. 다섯째, 인터넷 중독 폐해요인의 위험예측에 가장 영향력이 큰 경우는 '불안요인'이 높고 '유해요인'이 높은 조합으로 나타났으며, 인터넷 중독 영향요인의 위험예측에 가장 영향력이 큰 경우는 '정신건강요인'이 높고 '친구관계요인'이 높은 조합으로 나타났다.

본 연구를 근거로 한국의 인터넷 중독 위험요인에 대한 예측과 관련하여 다음과 같은 정책적 함의를 도출할 수 있다.

첫째, 소셜 빅데이터로 분석한 인터넷 중독률과 오프라인 조사에 의한 인터넷 중독률이 비슷하게 나타난 것은 소셜 빅데이터의 주제분석과 요인분석을 통하여 인터넷 중독과 관련한 문서(버즈)에 담긴 내용이 인터넷 중독을 긍정적으로 생각하는 감정(중독)인지, 부정적으로 생각하는 감정(일반)인지에 대한 의사결정이 가능했기 때문이다.

둘째, 인터넷 중독의 폐해와 영향으로 폭력, 불안, 이혼, 음주, 과몰입, 학업, 의사소통, 친구관계, 정신건강, 창의력이 일반인보다 중독자에게 큰 영향을 미치는 것으로 나타난 것은, 인터넷 중독이 대인관계(최현석·하정철, 2011; Moreno et al., 2011)와 신체장애, 우울, 불안, 적대감(Mustafa, 2011)에 영향을 주고, 인터넷 중독과 문제음주가 관련이 있다는 연구(윤명숙 외, 2009)와 학교적응 수준이 낮아지고(박원석·김창석, 2013) 학업에 곤란을 겪을 수 있다는 연구(보건복지부·가톨릭대학교, 2012)를 지지하는 결과다. 이에 따라 그동안 오프라인 조사에서 나타난 인터넷 중독의 원인은 물론 소셜 빅데이터에서 언급된 다양한 원인의 종합적인 분석을 통하여 인터넷 중독을 사전에 예방하고 치료할 수 있는 맞춤형 서비스의 제공이 가능할 것으로 본다. 또한 인터넷 이용에 대한 과도한 집착으로 발생하는 인터넷 중독 현상은 우울증, 대인관계, 학교생활 및 사회생활 등 여러 방면에서 사회문제를 발생시키므로 아동기부터 올바른 인터넷 사용을 교육시켜 청소년기, 대학생활, 성인에 이르러서도 효과적으로 인터넷을 사용할 수 있도록 하여야 할 것이다(최현석·하정철, 2011). 그리고 가족 간의 부정적인 의사소통은 인터넷 중독 수준을 높일 수 있으므로 청소년의 인터넷 중독을 낮추기 위해서는 자녀에 대한 관리감독에 초점을 맞추기보다는 가족 간의 긍정적인 의사소통을 향상시키기 위한 노력이 필요하다(이준기·최웅용, 2011).

셋째, 네트워크 분석의 외부 근접중심성 분석결과 인터넷 중독과 관련된 다양한 법·제도가 여러 부처에 밀접하게 연결된 것으로 나타났다. 이는 현재 인터넷 중독에 대해 이미 여성가족부는 셧다운제, 문화체육관광부는 게임시간 선택제를 실시하고 있고, 보건복지부는 게임중독법에 대한 발의가 진행 중에 있어 부처 간 제도의 중복과 비정합성으로 인한 제도의 실효성이 축소될 우려가 있다. 따라서 법령 및 정책의 정합성 제고를 위한 일원화 방안의 검토와 함께, 각 부처에서 시행하는 정책과 사업의 중복성과 연계성을 해결하기 위한 범 정부 차원의 거버넌스 구축이 필요할 것으로 본다.

마지막으로 본 연구에서 인터넷 중독 영향요인의 위험예측에 '정신건강요인'이 가장 큰 영향을 주는 것으로 나타나, 우울수준이 높을수록 인터넷 중독에 빠질 위험이 높다는 연구(Young & Rodsers, 1998; Lam et al., 2009; Yen et al., 2009; 남영옥·이상준, 2005)를 지지하는 것으로 나타났다. 따라서 인터넷 중독의 효과적인 치료를 위해서는 보건복지부 정신건강증진센터와의 연계가 필요할 것으로 본다.

본 연구는 개개인의 특성을 가지고 분석한 것이 아니고 그 구성원이 속한 전체 집단의 자료를 대상으로 분석하였기 때문에 이를 개인에게 적용하였을 경우 생태학적 오류(ecological fallacy)가 발생할 수 있다(Song et al., 2014). 또한 본 연구에서 정의된 인터넷 관련 요인(용어)은 버즈 내에서 발생된 단어의 빈도로 정의되었기 때문에 기존의 조사 등을 통한 이론적 모형에서의 의미와 다를 수 있으므로 후속 연구에서의 검증이 필요할 것으로 본다. 그리고 본 연구에서 사용된 주요 요인들에 대한 이론적 근거를 충분히 제시하지 못하였으며 요인 간의 인과관계를 제시하지 못한 부분이 있다. 이는 이분형 자료로 수집된 소셜 텍스트 빅데이터의 해당 요인들을 일자별 문서로 합산하여 연속형 자료로 변환하여 분석한다면 요인 간 인과관계를 밝힐 수 있을 것으로 본다. 또한 본 연구에서는 2011~2013년(9개월간)의 제한된 소셜 빅데이터를 분석함으로써 전체적인 인터넷 중독 위험요인의 예측에 한계가 있을 수 있다. 그럼에도 불구하고 본 연구는 소셜 빅데이터에서 수집된 인터넷 관련 문서에 대한 네트워크 분석과 데이터마이닝 분석을 통하여 우리나라의 인터넷 중독 위험에 대한 예측모형을 제시한 점에서 정책적·분석방법론적으로 의의가 있다. 또한, 실제적인 내용을 빠르게 효과적으로 파악하여 사회조사가 지닌 한계를 보완할 수 있는 새로운 조사방법으로서의 소셜 빅데이터의 가치를 확인하였다는 점에서 조사방법론적 의의를 가진다고 할 수 있다.

참고문헌

1. 고기숙 · 이지숙(2013). 청소년의 인터넷 중독과 우울이 자살사고에 미치는 영향. 한국학교사회복지학회지, **25**, 131-156.

2. 교육과학기술부(2010). 인터넷 중독 예방 및 해소 종합계획.

3. 권정은 · 정지선(2012). 청소년 위기극복을 위한 빅데이터 기반 정책시나리오. 한국정보화진흥원.

4. 김윤희(2006). 인터넷 중독 청소년의 정신건강문제 모형구축. 중앙대학교, 박사학위논문.

5. 김기리 · 이선정 · 신효식(2008). 청소년의 인터넷 중독이 가족 의사소통에 미치는 영향. 한국가정과교육학회지, **20**(4), 187-203.

6. 김동일 · 이윤희 · 강민철 · 정여주(2013). 정신건강문제와 인터넷 중독: 다층메타분석을 통한 효과크기 검증. 상담학연구, **14**(1), 285-303.

7. 김성숙 · 구현영(2007). 청소년 사이버섹스 중독과 인터넷 중독 및 성태도의 관계. 상담학연구, **8**(3), 1137-1149.

8. 김용학(2013). 사회 연결망 분석. 박영사.

9. 김유숙 · 김보은 · 박일순 · 이성진 · 권기한 · 박종(2012). 청소년의 인터넷 중독과 자살의도 · 시도와의 관련성. 한국소년정책학회, **22**, 1-22.

10. 남영옥(2002). 청소년의 인터넷 및 사이버 성중독의 심리사회적 변인과 문제행동 연구. 한국사회복지학, **50**, 173-207.

11. 남영옥 · 이상준(2005). 청소년 인터넷 중독유형에 따른 위험요인 및 보호요인과 정신건강 비교연구. 한국사회복지학, **57**(3), 195-222.

12. 류은정 · 최귀선 · 서정석 · 남범우(2004). 청소년 인터넷 중독과 우울, 자살사고와의 관계 연구. 대한간호학회지, **34**(1), 102-110.

13. 류진아 · 김광웅(2004). 청소년의 인터넷 중독에 영향을 미치는 생태체계 변인. 청소년상담연구, **12**(1), 65-80.

14. 미래창조과학부 · 한국정보화진흥원(2013). 2012년 인터넷 중독실태조사.

15. 미래창조과학부 · 한국정보화진흥원(2014). 2013년 인터넷 중독실태조사.

16. 박영욱 · 김정태(2009). 고등학교 남학생의 인터넷 중독과 자존감, 자기통제력 및 충동성과의 관계. 인간이해, **30**(2), 119-134.

17. 박완석 · 김창석(2013). 초등학생의 인터넷 중독이 충동성과 학교생활 적응에 미치는 영향. 한국지능시스템학회논문집, **22**(2), 232-238.

18. 보건복지부(2011). 2011년 정신질환실태 역학조사.

19. 보건복지부 · 가톨릭대학교(2012). 국가중독예방관리 정책 및 서비스 전달체계 개발.

20. 송영조(2012). 빅데이터 시대! SNS의 진화와 공공정책. 한국정보화진흥원.

21. 송태민(2013). 우리나라 보건복지 빅데이터 동향 및 활용방안. 과학기술정책, **192**, 56-73.

22. 아영아·정원철(2012). 학교폭력 피해경험이 가해행위에 미치는 영향에서 인터넷 중독의 매개효과 검증. 청소년학연구, **19**(2), 331-354.

23. 윤명숙·조혜정·이희정(2009). 청소년의 인터넷 사용과 음주행위가 우울에 미치는 영향. 사회과학연구, **25**(4), 347-370.

24. 윤혜미·남영옥(2009). 인터넷 중독 청소년의 자존감, 우울, 충동성과 사회관계. 생활과학연구 논총, **13**(1), 125-143.

25. 이계원(2001). 청소년의 인터넷 중독에 관한 연구. 이화여자대학교 대학원, 박사학위논문.

26. 이상주·이약회(2004). 인터넷 중독적 사용에 관한 원인과 결과 변인 탐색. 한국청소년연구, **15**(2), 305-332.

27. 이석범·이경규·백기청·김현우·신수경(2001). 중고교 학생들의 인터넷 중독과 불안, 우울, 자기효능감의 연관성. 신경정신의학, **40**(6), 1174-1183.

28. 이준기·최웅용(2011). 청소년 인터넷 중독의 위험요인과 보호요인에 관한 연구. 상담학연구, **12**(6), 2085-2104.

29. 이현숙·김광선·김광회·남길우·민경원·이삼순·정찬희·이홍직·박지현(2013). 중고생의 인구학적 특성, 건강, 인터넷 중독과 약물사용과의 관계. *JKIECS*, **8**(6), 963-970.

30. 이해국·김현수·이태진(2011). 온라인게임 셧다운제 도입에 따른 비용편익분석연구. 여성가족부.

31. 이희경(2003). 청소년의 게임 이용요인과 개인·사회적 요인이 게임 몰입과 게임 중독에 미치는 영향. 청소년학연구, **10**(4), 355-380.

32. 장재홍·유정이·김형수·최한나(2003). 중학생의 인터넷 중독 및 인터넷 보상경험에 영향을 주는 심리, 환경적 요인. 상담학연구, **4**(2), 237-252.

33. 조아미(2001). 청소년의 인터넷 이용 및 중독관련 문제점 및 대책. 청소년정책연구, **2**, 152-179.

34. 조아미·방희정(2003). 부모, 교사, 친구의 사회적 지지가 청소년의 게임중독에 미치는 영향. 청소년학연구, **10**(1), 249-275.

35. 조제성(2013). 인터넷 중독이 청소년 공격성에 미치는 영향. 보호관찰, **13**(1), 321-351.

36. 최현석, 하정철(2011). 대학생의 인터넷 중독 유발요인에 관한 연구. 한국데이터정보과학회지, **22**(3), 437-448.

37. 한국정보화진흥원(2010). 인터넷 중독의 예방과 해소를 위한 법제 정비 방향. 한국정보화진흥원.

38. 한국콘텐츠진흥원(2013). 게임과몰입 종합실태조사. 한국정보화진흥원.

39. Kuss, D. J., Rooij, A. J., Shorter, G. W., Friffiths, M. D. & Van de Mheen, D. (2013). Internet addiction in adolescents: prevalence and risk factors. *Computers in Human Behavior*, **29**(5), 1987-1996.

40. Tasi, H. F., Cheng, S. H., Yeh, T. L., Shih, C. C., Chen, K. C. & Yang, Y. C. et al. (2009). The risk factors of internet addiction: A survey of university freshmen. *Psychiatry Research*, **167**(3), 294-299.

41. Kass, G. V. (1980). An exploratory technique for investigating large quantities of categorical

data. *Applied Statistics*, **29**(2), 119-127.

42. Lam, L. T., Peng, Z. W., Mai, J. C. & Jing, J. (2009). Factors associated with internet addiction among adolescents. *CyberPsychology & Behavior*, **12**(5), 551-555.

43. Moreno, M. A., Jelenchick, L., Cox, E., Young, H. & Christakis, D. A. (2011). Problematic internet use among US youth: A systematic review. *Archives of Pediatrics and Adolescent Medicine*, **165**(9), 797-805.

44. Mustafa KOC. (2011). Internet addiction and psychopathology. *The Turkish Online Journal of Educational Technology*, **10**(1), 143-148.

45. Shapira, N. A., Goldsmith, T. D., Keck, P. E., Khosla, U. M. & McElroy, S. L. (2000). Psychiatric features of individuals with problematic internet use. *Journal of Affective Disorders*, **57**, 267-272.

46. Song, T. M., Song, J., An, J. Y., Hayman, L. L. & Woo, J. M. (2014). Psychological and social factors affecting internet searches on suicide in Korea: A big data analysis of Google search trends. *Yonsei Medical Journal*, **55**(1), 254-263.

47. Yen, C. F., Ko, C. H., Yen, J. Y., Chang, Y. P. & Cheng, C. P. (2009). Multi-dimensional discriminative factors for internet addiction among adolescents regarding gender and age. *Psychiatry & Clinical Neuro Sciences*, **63**(3), 357-364.

48. Young, K. S. (1996). Internet addition: the emergence of a new clinical disorder. *Cyber Psychology and Behavior*, **1**(3), 237-244.

49. Young, K. S. & Rodsers, R. C. (1998). The relationship between depression and internet addiction. *CyberPsychology & Behavior*, **1**(1), 25-28.

50. Winkler, A., Dorsing, N., Rief, W., Shen, Y. & Glombiewski, J. A. (2013). Treatment of internet addiction: A meta analysis. *Clinical Psychology Review*, **33**(2), 317-329.

6장

북한동향
예측

● 주요 내용 ●

최근의 동북아 안보정세는 중국의 부상에 따른 미·중 관계의 변화와 센카쿠열도를 둘러싼 중·일의 갈등, 그리고 북한의 핵실험 계획 등으로 인해 협력과 경쟁의 불확실성과 불안정성이 증가하고 있다(통일연구원, 2013: p. 3). 특히, 2012년까지 한·중·일 3국은 인적 교류와 경제적 상호 의존성 증대를 배경으로 한·중·일 정상회의를 개최하고, 한·중·일 FTA협상에 합의하는 등 지역협력의 제도화를 추진해 왔으나, 2013년 동북아 정세에는 한·일 및 중·일 관계의 악화와 한·중 관계의 개선이 병행되면서 한·중·일 3국 관계에 미묘한 구도가 형성되었다(통일연구원, 2013: p. 4). 또한 러시아가 최근 한반도에 대한 공공외교를 강화하면서 남북한에 대해 균형 있는 정책을 추진함에 따라 향후 한·러 및 북·러 관계뿐만 아니라, 남북관계와 통일에도 적지 않은 영향을 미칠 것으로 전망된다.

최근 남북 간의 관계는 2013년 4월 개성공단의 가동중단과 2013년 2월 북한의 3차 핵실험과 3~4월 북한의 전쟁위협 등으로 남북관계 개선을 위한 실마리를 찾기 어려운 상황에 처해 있다(통일연구원, 2013: p. 79). 현 정부의 국가안보를 위한 국가전략은 신뢰외교(Trustpolitik)를 통하여 대북도발을 방지하고 주권과 안보를 확고히 지키며, 북핵 문제해결을 위한 외교적 노력과 병행하여 북한의 핵과 미사일 위협에 대한 강력한 방위력과 억지력을 구축하여 "지속 가능한 평화"를 유지하는 것이다(박형중 외, 2013: p. 29). 북한의 인권을 개선하기 위한 국제사회의 노력에도 불구하고 북한 주민들의 인권 상황은 열악하다. 특히 만성적인 경제난과 식량난으로 일부 상류층을 제외한 대부분의 북한 주민들은 생존 자체를 위협받고 있으며, 무상교육과 무상치료도 붕괴된 지 오래되어 취약계층에 속하는 북한 주민들의 상황은 더욱 심각하다(이규창 외, 2013: p. 3).

현재 우리나라는 미국과 일본이 북한인권 관련 법률을 제정함에 따라 내부적으로도 북한인권법을 제정하려는 움직임이 구체화되고 있다(이금순, 2013: pp. 44-45). 19대 국회에는 새누리당 윤상현 의원, 황진하 의원, 조명철 의원, 이인제 의원, 심윤조 의원이 각각 대표발의한 북한인권법이 계류 중에 있으며, 민주당 심재권 의원도 '북한주민인권증진법안'을 대표발의한 상황이다. 북한인권증진법안은 인도적 지원사업의 활성화를 통해 북한 주민의 사회권, 생존권 등 인간다운 생활을 할 권리를 향상시키고자 한다고 밝히고 있으나, 법안들은 내용상의

---

1. 본 논문은 '송주영·송태민(2014). 소셜 빅데이터를 활용한 북한 관련 위협 인식 요인 예측. 국제문제연구, 가을호, pp. 209-243'에 게재된 내용임을 밝힌다.

현격한 차이 및 북한인권 사안별 우선순위의 차이 등 인식의 차이로 인해 본격적인 협상이 진행되지 못하고 있는 실정이다.

과거에는 북한정보의 수집 및 분석은 주로 국가정보기관에 의해 수행되었지만 1990년대 말 이후 북한정보 환경의 급격한 변화에 따라 기존의 정보기관뿐만 아니라 민간 분야의 역할도 증가하였다. 북한정보 활동은 실제로 북한에 대한 정책결정 과정에서도 중요하지만, 대국민 여론조성이라는 점에서도 매우 민감한 사안으로, 북한정보의 수집·분석·평가·예측을 효율적으로 수행하기 위해서는 정부가 보유한 정보와 민간 영역이 보유한 정보를 연계·활용할 수 있는 전략이 시급하다.[2] 특히, 안보위협의 영역이 전통적인 군사안보뿐만 아니라 경제·자원·환경·생태 등 비군사적 요소로까지 확대되어 수집 목표가 다양해지고 다양한 분야의 첩보가 상호 복잡하게 연계되어 있기 때문에 이를 체계적으로 파악하기 위해서는 종합적인 정보관리체계의 확립이 요구된다.[3] 오늘날 인터넷을 비롯한 정보혁명으로 북한 정보의 수집 활동이 용이해지면서 국가정보 관리체계에 획기적인 변화를 야기하고 있다. 그러나 아직 정보에 대한 접근성이 제한되고 지나치게 편중되어 있을 뿐만 아니라 신뢰성의 문제로 인하여 정보활용 단계에서 정책결정권자가 오판하거나 정보가 정치화되어 정보실패가 발생하기도 하였다.[4]

정보의 활용은 정보의 대상이 아니라 활용 주체인 국가나 개인이 국가 차원의 정책이나 개인 차원의 이익을 위한 분야별 전략과 활동으로 나타난다.[5] 북한의 정보관리체계의 문제점으로는 수집단계에서 무리한 정보요구 및 정보수집 채널 제약과, 분석단계에서 소수 분석자에 의한 편향에 의한 왜곡과 조작 가능성, 정보 주체의 정치적 선입견과 편견으로 인한 인지적 오류(cognitive failure)를 지적한다.[6] 현재 북한 관련 정보는 정치·외교·군사·대남정책·경제·사회문화·인권의 7개 분야로 분류하여 수집한다. 이러한 북한정보를 한국이 독자적으로 확보하는 데는 어려움이 있고, 제한적인 정보를 가지고 북한 실상을 분석·평가할 때 오독과 부작용이 발생할 소지 또한 존재한다. 또한 북한문제가 국제문제로서의 특징을 강하게 지니고 북한정보에 대한 접근성이 취약하므로 북한정보 수집·분석 과정에서 북한문제에 깊은 관

---

2. 통일연구원(2011). 북한정보관리체계 개선방안(상). p. 6.

3. 통일연구원(2011). 북한정보관리체계 개선방안(상). p. 7.

4. 통일연구원(2011). 북한정보관리체계 개선방안(상). p. 17.

5. 통일연구원(2011). 북한정보관리체계 개선방안(중). p. 8.

6. 통일연구원(2011). 북한정보관리체계 개선방안(중). p. 14.

심이 있는 주변국 및 국제기구와의 긴밀한 공조체제를 가동하는 것이 필요하다.[7]

한편, 스마트기기의 급속한 보급과 소셜미디어의 확산으로 데이터량이 기하급수적으로 증가하고 데이터의 생산·유통·소비 체계에 큰 변화를 주면서 데이터가 경제적 자산이 될 수 있는 빅데이터 시대를 맞이하게 되었다(송태민, 2012). 세계 각국의 정부와 기업들은 빅데이터가 향후 국가와 기업의 성패를 가름할 새로운 경제적 가치의 원천이 될 것으로 기대하고 있으며, McKinsey, The Economist, Gartner 등은 빅데이터를 활용한 시장변동 예측과 신사업 발굴 등 경제적 가치창출 사례와 효과를 제시하고 있다(송태민, 2013). 특히, 많은 국가와 기업에서는 SNS를 통하여 생산되는 소셜 빅데이터의 활용과 분석을 통하여 새로운 경제적 효과와 일자리 창출은 물론, 사회적 문제의 해결을 위하여 적극적으로 노력하고 있다. 한국은 최근 정부3.0과 창조경제의 추진과 실현을 위하여 모든 분야에 빅데이터의 효율적 활용을 적극적으로 모색하고 있다. 이와 같이 빅데이터가 공공서비스 개선과 기업의 생산성 제고에 이르기까지 다양한 분야에서 활용되고, 많은 국가에서 빅데이터가 공공과 민간에 미치는 파급효과를 전망함에 따라 빅데이터의 활용은 정부의 정책을 효율적으로 추진하기 위한 새로운 동력이 될 것으로 보인다. 특히, 소셜미디어 사용의 증가로 공공부문에서의 정책결정 패러다임이 정치적 영향력을 가진 소수집단에서 일반시민으로 확산되고, 정책의제의 설정과 정보제공 및 권력의 감시자로서 매스미디어의 역할이 소셜미디어로 전이됨에 따라(한국정보화진흥원, 2013: p. 499), 빅데이터의 활용으로 기존의 하향식 정책결정 방식에서 벗어나 실수요자인 일반 국민들의 의견을 반영한 과학적 정책수립이 가능하게 되었다.

앞에 기술한 바와 같이 북한의 정보를 수집하여 위협요인을 예측하기 위해서는 국가정보 기관과 민간의 협조뿐만 아니라 인터넷 등 다양한 채널을 통해 수집한 정보를 분석해야 한다. 그러나 현재의 북한 관련 정보는 정보에 대한 접근성 제한, 소수 분석자에 의한 편중, 분석 결과의 신뢰성 등의 문제로 정보를 활용하는 데 걸림돌이 되고 있다. 또한 사이버상에서 일반 국민이나 집단이 언급한 문서(담론 혹은 버즈)에서 논의된 관련 정보 상호 간의 연관관계를 밝히고 원인을 파악하는 데는 한계가 있다. 따라서 본 연구는 우리나라의 온라인 뉴스사이트, 블로그, 카페, SNS, 게시판 등에서 수집한 소셜 빅데이터를 바탕으로 한국에서의 북한 관련 위협인식요인[8]을 예측하고자 한다.

---

7. 통일연구원(2011). 북한정보관리체계 개선방안(하). p. 4.

8. 김정일 사망 이후 김정은 통치체제에서 북한에 대해 긍정적인 의견과 부정적인 의견이 온라인 뉴스상에 다양하게 나타남에 따라, 본 연구는 소셜미디어상에 북한에 대한 국민들의 감정(위협, 찬양, 합의)에 영향을 미치는 요인을 예측하고자 한다.

2-1 연구대상

본 연구는 국내의 온라인 뉴스 사이트, 블로그, 카페, SNS, 게시판 등 인터넷을 통해 수집된 소셜 빅데이터를 대상으로 하였다. 본 분석에서는 139개의 온라인 뉴스사이트, 4개의 블로그(네이버, 네이트, 다음, 티스토리), 2개의 카페(네이버, 다음), 2개의 SNS(트위터, 미투데이), 4개의 게시판(네이버지식인, 네이트지식, 네이트톡, 네이트판) 등 총 151개의 온라인 채널을 통해 수집 가능한 텍스트 기반의 웹문서(버즈)를 소셜 빅데이터로 정의하였다. 북한 관련 토픽은 2011년 10월 1일~2011년 12월 31일, 2012년 10월 1일~2012년 12월 31일, 2013년 10월 1일~2013년 12월 31일까지(9개월간)[9] 해당 채널에서 요일별, 주말, 휴일을 고려하지 않고 매 시간단위로 수집하였으며, 수집된 총 1,628,662건(2011년: 242,847건, 2012년: 993,060건, 2013년: 392,755건)의 텍스트(text) 문서를 본 연구의 분석에 포함시켰다. 이 중 트위터에서 수집된 문서는 97.7%(1,590,984건)로 나타났다. 본 연구를 위해 소셜 빅데이터 수집[10]에는 크롤러를 사용하였고, 토픽 분류에는 텍스트마이닝 기법을 사용하였다. 북한 토픽은 모든 관련 문서를 수집하기 위해 '북한 용어'를 사용하였다.

---

9. 본 연구의 대상은 온라인 기사(조선, 동아, 중앙, 한국 등) 검색 결과 2011년 12월 9일 김정일 사망을 전후하여 북한 관련 이슈가 많은 것으로 나타나, 김정은 통치주기(12월 17)의 분기(4/4분기)를 분석시기로 결정하였다.
10. 본 연구를 위한 소셜 빅데이터의 수집 및 토픽 분류는 (주)SK텔레콤 스마트인사이트에서 수행하였다.

① 연구대상 수집하기

- 본 연구대상인 '북한 관련 소셜 빅데이터 수집'은 소셜 빅데이터 수집 로봇(웹크롤)과 담론 분석(주제어 및 감성분석) 기술을 보유한 SKT에서 수집하였다.
- 북한 수집조건: '북한'
- 북한 수집 키워드

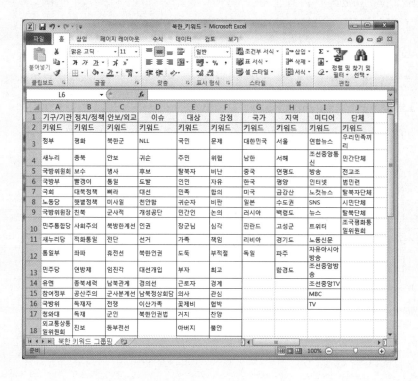

- 본 연구의 북한 토픽은 수집 로봇(웹크롤)으로 해당 토픽을 수집한 후 유목화(범주화)하는 bottom-up 수집방식을 사용하였다.

2-2 연구도구

북한과 관련하여 수집된 문서는 주제분석[11] 과정을 거쳐 다음과 같이 정형화 데이터로 코드화하여 사용하였다.

1) 북한 관련 감정

본 연구의 종속변수인 북한 관련 감정(위협, 찬양, 합의)은 감성분석과 주제분석 과정을 거쳐 '위협(문제, 위협, 심각, 협박, 불안, 경계, 비난, 비판), 찬양(찬양, 추종), 합의(합의, 논의)'로 정의하였다. 즉, 위협은 북한이 문제가 있고 위협적인 감정, 찬양은 북한을 추종하고 찬양하는 감정, 합의는 북한과 논의하고 합의하자는 감정을 나타낸다.

2) 북한 관련 기관

북한 관련 기관은 주제분석 과정을 거쳐 '정부(통일부, 외교통상부, 국무부, 대법원), 새누리당, 국방부(국방위원회, 국방부, 합동참모본부), 국회, 최고인민회의(국방위원장, 국가안전보위부, 최고인민회의), 민주통합당, 유엔, 청와대, 국정원(검찰, 국정원), 노동당'의 10개 기관으로 분류하고 기관이 있는 경우는 '1', 없는 경우는 '0'으로 코드화하였다.

3) 북한 관련 정책

북한 관련 정책은 주제분석 과정을 거쳐 '햇볕정책, 종북(종북, 친북, 좌파), 보수, 진보, 민주화'의 5개 정책으로 분류하고 정책이 있는 경우는 '1', 없는 경우는 '0'으로 코드화하였다.

4) 북한 관련 국가안보

북한 관련 국가안보는 주제분석 과정을 거쳐 '안보, NLL(북방한계선, NLL, 군사분계선, 휴전선), 통일, 삐라, 핵실험'의 5개로 분류하고 해당 국가안보가 있는 경우는 '1', 없는 경우는 '0'으로 코드화하였다.

---

11. 주제분석에 사용되는 사전은 《21세기 세종계획》과 같은 범용사전도 있지만 대부분 분석의 목적에 맞게 사용자가 설계한 사전을 사용한다. 본 연구의 북한 관련 주제분석은 SKT에서 관련 문서 수집 후 원시자료(raw data)에서 나타난 상위 2,000개의 키워드를 대상으로 유목화(범주화)하여 사용자 사전을 구축하였다.

5) 북한 관련 이슈

북한 관련 이슈는 주제분석 과정을 거쳐 '선거(대선, 선거, 선거개입), 천안함, 개성공단, 인권(인권, 북한인권, 북한인권법), 남북정상회담, 이산가족'의 6개로 분류하고 해당 이슈가 있는 경우는 '1', 없는 경우는 '0'으로 코드화하였다.

6) 북한 관련 국가

북한 관련 국가는 주제분석 과정을 거쳐 '대한민국, 미국, 중국, 일본, 러시아, 독일, 리비아, 핀란드'의 8개 국가로 분류하고 해당 국가가 있는 경우는 '1', 없는 경우는 '0'으로 코드화하였다.

---

② 연구도구 만들기(감성분석, 주제분석)

- 북한 관련 감정의 감성분석 및 주제분석
  - 북한 관련 감정은 주제분석을 통하여 총 12개(문제, 위협, 비난, 합의, 비판, 논의, 심각, 경계, 협박, 찬양, 불안, 추종) 키워드로 분류하였다.
  - 따라서 12개 키워드(변수)에 대해 의미를 파악하여 감성분석(위협, 찬양, 합의)을 실시하였다.
  - 본 연구에서는 북한 관련 감정은 위협(문제, 위협, 심각, 협박, 불안, 경계, 비난, 비판), 찬양(찬양, 추종), 합의(합의, 논의)로 분류하였다.

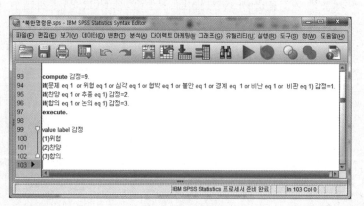

※명령문 이해하기
- compute(감정변수 생성)
- if(조건문 감정변수 생성)
- value label(변수값)

2-3 분석방법

본 연구에서는 북한 관련 위협요인을 설명하는 가장 효율적인 예측모형을 구축하기 위해 특별한 통계적 가정이 필요하지 않은 데이터마이닝의 의사결정나무 분석방법을 사용하였다. 데이터마이닝의 의사결정나무 분석은 방대한 자료 속에서 종속변인을 가장 잘 설명하는 예측모형을 자동적으로 산출해 줌으로써 각기 다른 속성을 가진 북한 관련 위협에 대한 요인을 쉽게 파악할 수 있다. 본 연구의 의사결정나무 형성을 위한 분석 알고리즘은 CHAID(Chi-squared Automatic Interaction Detection)(Kass, 1980)를 사용하였다. CHAID는 이산형인 종속변수의 분리기준으로 카이제곱(χ^2) 검정을 사용하며, 모든 가능한 조합을 탐색하여 최적분리를 찾는다. 정지규칙(stopping rule)으로 관찰값이 충분하여 상위 노드(부모마디)의 최소 케이스 수는 100으로, 하위 노드(자식마디)의 최소 케이스 수는 50으로 설정하였고, 나무깊이는 3수준으로 정하였다. 본 연구의 기술분석, 다중응답분석, 의사결정나무 분석은 SPSS 22.0을 사용하였고, 소셜 네트워크 분석에는 NetMiner[12]를 사용하였다.

---

3 | 연구결과

3-1 북한 관련 문서(버즈) 현황

북한과 관련한 이슈 발생 시 커뮤니케이션이 급증하는 양상을 보이고, 특히 2011년 12월 19일 김정일 사망 전후와 김정은 통치체제 이후 위성과 미사일 발사실험 등과 관련한 이슈 발생 시 버즈량이 급증한 것으로 나타났다(그림 6-1).

---

12. NetMiner v4.2.0.140122 Seoul: Cyram Inc.

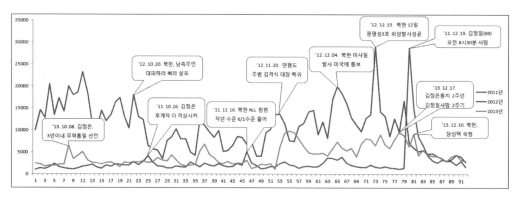

[그림 6-1] 북한 관련 버즈량 일별 추이

[표 6-1] 북한 관련 버즈 현황

구분	항목	N(%)	구분	항목	N(%)
감정	위협	154,807(74.9)	국가안보	안보	40,652(14.7)
	찬양	32,089(15.5)		NLL	84,147(30.5)
	합의	19,773(9.6)		통일	38,467(13.9)
	계	206,669		삐라	21,955(8.0)
기관	정부	98,861(26.0)		핵개발	90,587(32.8)
	새누리당	46,502(12.2)		계	275,808
	국방부	40,486(10.7)	주요 이슈	선거	80,051(37.5)
	국회	23,638(6.2)		천안함	54,415(25.5)
	최고인민회의	25,814(6.8)		개성공단	15,104(7.1)
	민주통합당	43,311(11.4)		북한인권	55,183(25.8)
	유엔	15,853(4.2)		남북정상회담	5,147(2.4)
	청와대	15,345(4.0)		이산가족	3,692(1.7)
	국정원	51,232(13.5)		계	213,592
	노동당	19,068(5.0)	국가	중국	73,910(16.6)
	계	380,110		미국	59,683(13.4)
정책	햇볕정책	7,595(7.2)		대한민국	251,075(56.4)
	종북	61,753(58.6)		일본	39,018(8.8)
	보수	12,912(12.3)		러시아	11,989(2.7)
	진보	11,792(11.2)		핀란드	1,743(0.4)
	민주화	11,294(10.7)		리비아	3,189(0.7)
	계	105,346		독일	4,905(1.1)
				계	445,512

[표 6-1]과 같이 북한과 관련하여 위협 감정을 나타내는 버즈는 74.9%로 나타났다. 북한과 관련한 주요 기관으로는 정부(26.0%), 국정원(13.5%), 새누리당(12.2%), 민주통합당(11.4%), 국방부(10.7%) 등의 순으로 언급되는 것으로 나타났다. 북한과 관련한 정책으로는 종북(58.6%), 보수(12.3%), 진보(11.2%), 민주화(10.7%), 햇볕정책(7.2%)의 순으로, 국가안보는 핵개발(32.8%), NLL(30.5%), 통일(13.9%), 안보(14.7%), 삐라(8.0%)의 순으로 언급되는 것으로 나타났다. 북한과 관련한 주요 이슈로는 선거(37.5%), 북한인권(25.8%), 천안함(25.5%), 개성공단(7.1%) 등의 순으로 언급되는 것으로 나타났다. 북한과 관련한 주요 국가로는 대한민국(56.4%), 중국(16.6%), 미국(13.4%), 일본(8.8%), 러시아(2.7%) 등의 순으로 언급되는 것으로 나타났다.

[표 6-2]와 같이 청와대와 관련한 주요 이슈는 이산가족, 천안함, 남북정상회담, 개성공단, 북한인권의 순으로 나타났다. 정부와 관련한 주요 이슈는 천안함, 북한인권, 개성공단, 남북정상회담, 이산가족의 순으로 나타났다. 국정원과 관련한 주요 이슈는 북한인권, 천안함, 남북정상회담, 개성공단, 이산가족의 순으로 나타났다. 국회와 관련한 주요 이슈는 이산가족, 남북정상회담, 개성공단, 천안함, 이산가족의 순으로 나타났다. 새누리당과 관련한 주요 이슈는 북한인권, 천안함, 남북정상회담, 개성공단, 이산가족의 순으로 나타났다. 민주통합당과 관련한 주요 이슈는 북한인권, 천안함, 남북정상회담, 이산가족, 개성공단의 순으로 나타났다.

[표 6-2] 기관별 북한 관련 주요 이슈 버즈 현황   N(%)

속성	천안함	개성공단	북한인권	남북정상회담	이산가족	합계
정부	5,166 (42.9)	2,730 (22.7)	3,343 (27.8)	421 (3.5)	382 (3.2)	12,042 (32.6)
새누리당	1,038 (27.9)	195 (5.2)	1,555 (41.8)	787 (21.1)	148 (4.0)	3,723 (10.1)
국방부	933 (51.7)	434 (24.0)	320 (17.7)	66 (3.7)	53 (2.9)	1,806 (4.9)
국회	607 (15.6)	617 (15.8)	1,906 (48.9)	675 (17.3)	90 (2.3)	3,895 (10.5)
최고인민회의	151 (7.5)	197 (9.7)	183 (9.1)	1,460 (72.2)	30 (1.5)	2,021 (5.5)
민주통합당	1,156 (20.8)	203 (3.6)	2,614 (46.9)	1,003 (18.0)	592 (10.6)	5,568 (15.1)
유엔	200 (5.7)	62 (1.8)	3,153 (90.2)	17 (0.5)	63 (1.8)	3,495 (9.5)
청와대	414 (20.2)	137 (6.7)	95 (4.6)	215 (10.5)	1,191 (58.0)	2,052 (5.6)
국정원	629 (36.2)	113 (6.5)	815 (46.9)	162 (9.3)	19 (1.1)	1,738 (4.7)
노동당	124 (20.7)	246 (41.1)	163 (27.3)	41 (6.9)	24 (4.0)	598 (1.6)
계	10,418	4,934	14,147	4,847	2,592	36,938

❸ 북한 일일 버즈 현황(그래프 작성)

- [그림 6-1]과 같이 북한 일일 버즈 현황 그래프를 작성한다.

1단계: 데이터파일을 불러온다(분석파일: 북한빅데이터_최종.sav).

2단계: [분석]→[기술통계량]→[교차분석]→[행: 일, 열: 월, 레이어: 년]을 선택한다.

3단계: 결과를 확인한다.

4단계: 출력결과인 교차분석(월×일)값을 [Excel]에 복사하여 붙인다.

5단계: 꺾은선그래프를 그린다.

6단계: 주요 온라인 신문에서 꺾은선의 피크가 높은 날의 주요 이슈를 검색하여 설명문을 작성한다(주요 신문 검색결과: 북한_3년정리.xls).

7단계: 북한 일일 버즈 현황을 저장한다(파일명: 북한버즈_1.xls).

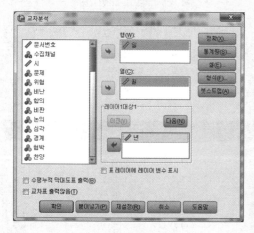

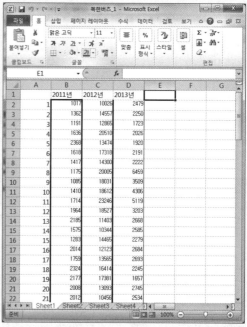

❹ 북한 관련 버즈 현황(빈도분석, 다중응답 빈도분석)

- [표 6-1]과 같이 북한 관련 버즈 현황을 작성한다.
- 빈도분석을 실행한다.

1단계: 데이터파일을 불러온다(분석파일: 북한빅데이터_최종.sav).

2단계: [분석]→[기술통계량]→[빈도분석]→[변수: 감정, 년, 수집채널]을 선택한다.

3단계: 결과를 확인한다.

감정

		빈도	퍼센트	유효 퍼센트	누적퍼센트
유효	1.00 위협	154807	9.5	74.9	74.9
	2.00 찬양	32089	2.0	15.5	90.4
	3.00 합의	19773	1.2	9.6	100.0
	합계	206669	12.7	100.0	
결측	9.00	1421993	87.3		
합계		1628662	100.0		

년

		빈도	퍼센트	유효 퍼센트	누적퍼센트
유효	2011 2011년	242847	14.9	14.9	14.9
	2012 2012년	993060	61.0	61.0	75.9
	2013 2013년	392755	24.1	24.1	100.0
	합계	1628662	100.0	100.0	

수집채널

		빈도	퍼센트	유효 퍼센트	누적퍼센트
유효	AP연합뉴스	2	.0	.0	.0
	bnt뉴스	4	.0	.0	.0
	CBS노컷뉴스	134	.0	.0	.0
	EBN산업뉴스	6	.0	.0	.0
	enews24	6	.0	.0	.0
	IT동아	1	.0	.0	.0
	JTBC	192	.0	.0	.0
	JTBCTV	88	.0	.0	.0
	KBS	46	.0	.0	.0

- 다중응답분석을 실행한다(사례: 기관, 이슈).

1단계: 데이터파일을 불러온다(분석파일: 북한빅데이터_최종.sav).

2단계: [분석]→[다중응답]→[변수군 정의]를 선택한다.

3단계: [변수군에 포함된 변수: 기관1~기관10]을 선택한다.

4단계: [변수들의 코딩형식: 이분형(1), 이름: 기관요인]을 지정한 후 [추가]를 선택한다.

5단계: [분석]→[다중응답]→[다중응답 빈도분석]

6단계: 결과를 확인한다.

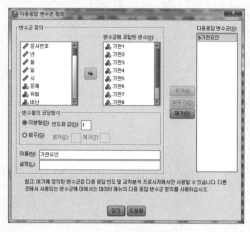
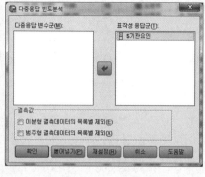

$기관요인 빈도

		응답		케이스 퍼센트
		N	퍼센트	
$기관요인ᵃ	기관1 정부	98861	26.0%	32.1%
	기관2 새누리당	46502	12.2%	15.1%
	기관3 국방부	40486	10.7%	13.1%
	기관4 국회	23638	6.2%	7.7%
	기관5 최고인민회의	25814	6.8%	8.4%
	기관6 민주통합당	43311	11.4%	14.1%
	기관7 유엔	15853	4.2%	5.1%
	기관8 청와대	15345	4.0%	5.0%
	기관9 국정원	51232	13.5%	16.6%
	기관10 노동당	19068	5.0%	6.2%
합계		380110	100.0%	123.4%

$이슈요인 빈도

		응답		케이스 퍼센트
		N	퍼센트	
$이슈ᵃ	이슈3 선거	80051	37.5%	38.6%
	이슈4 천안함	54415	25.5%	26.2%
	이슈5 개성공단	15104	7.1%	7.3%
	이슈6 북한인권	55183	25.8%	26.6%
	이슈7 남북정상회담	5147	2.4%	2.5%
	이슈8 이산가족	3692	1.7%	1.8%
합계		213592	100.0%	102.9%

⑤ 기관별 북한 관련 버즈 현황(다중응답 교차분석)

- [표 6-2]와 같이 기관별 북한 관련 주요 이슈 버즈 현황 교차표를 작성한다.
- 다중응답 교차분석을 실행한다.

1단계: 데이터파일을 불러온다(분석파일: 북한빅데이터_최종.sav).

2단계: [분석]→[다중응답]→[변수군 정의(기관요인, 이슈요인)]를 선택한다.

3단계: [분석]→[다중응답]→[교차분석]→[행: 기관요인, 열: 이슈요인]을 지정한다.

4단계: [옵션]→[셀 퍼센트: 행, 퍼센트 계산 기준: 응답]을 선택한다.

5단계: 결과를 확인한다.

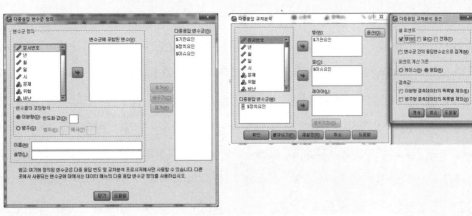

$기관요인*$이슈요인 교차표

			$이슈요인[a]					
			이슈4 천안함	이슈5 개성공단	이슈6 북한인권	이슈7 남북정상회담	이슈8 이산가족	합계
$기관요인[a]	기관1 정부	총계	5166	2730	3343	421	382	12042
		$기관요인 중 %	42.9%	22.7%	27.8%	3.5%	3.2%	
	기관2 새누리당	총계	1038	195	1555	787	148	3723
		$기관요인 중 %	27.9%	5.2%	41.8%	21.1%	4.0%	
	기관3 국방부	총계	933	434	320	66	53	1806
		$기관요인 중 %	51.7%	24.0%	17.7%	3.7%	2.9%	
	기관4 국회	총계	607	617	1906	675	90	3895
		$기관요인 중 %	15.6%	15.8%	48.9%	17.3%	2.3%	
	기관5 최고인민회의	총계	151	197	183	1460	30	2021
		$기관요인 중 %	7.5%	9.7%	9.1%	72.2%	1.5%	
	기관6 민주통합당	총계	1156	203	2614	1003	592	5568
		$기관요인 중 %	20.8%	3.6%	46.9%	18.0%	10.6%	
	기관7 유엔	총계	200	62	3153	17	63	3495
		$기관요인 중 %	5.7%	1.8%	90.2%	0.5%	1.8%	
	기관8 청와대	총계	414	137	95	215	1191	2052
		$기관요인 중 %	20.2%	6.7%	4.6%	10.5%	58.0%	
	기관9 국정원	총계	629	113	815	162	19	1738
		$기관요인 중 %	36.2%	6.5%	46.9%	9.3%	1.1%	
	기관10 노동당	총계	124	246	163	41	24	598
		$기관요인 중 %	20.7%	41.1%	27.3%	6.9%	4.0%	
합계		총계	10418	4934	14147	4847	2592	36938

퍼센트 및 합계는 응답을 기준으로 합니다.

a. 값 1에서 표로 작성된 이분형 집단입니다.

3-2 북한 관련 소셜 네트워크 분석

소셜 네트워크 분석(Social Network Analysis)은 개인 및 집단 간의 관계를 노드와 링크로써 모델링하여 그 위상구조, 확산/진화 과정을 계량적으로 분석하는 방법이다. 본 연구에서는 SNS상의 북한과 관련하여 언급된 버즈(문서)에서 발생한 주요 속성(국가, 이슈, 감정 등)을 노드화하여 노드 간의 링크 구조를 분석하였다. [그림 6-2a]는 소셜 빅데이터에서 언급된 북한에 대한 감정의 응집(cohesion)구조 특성을 파악하기 위한 것으로, 분산되어 있는 북한 감정을 긴밀하게 연결되어 있는 노드들의 그룹으로 묶어본 결과 '사과, 추종, 이해' 3개의 노드에 응집되어 있는 것을 알 수 있다.

연결 정도(degree)는 한 노드가 연결되어 있는 이웃 노드 수(링크 수)를 의미한다. 내부 연결 정도(in-degree)는 내부 노드에서 외부 노드의 연결 정도를, 외부 연결 정도(out-degree)는 외부 노드에서 내부 노드의 연결 정도를 나타낸다. 근접중심성(closeness centrality)은 평균적으로 다른 노드들과의 거리가 짧은 노드의 중심성이 높은 경우로, 근접중심성이 높은 노드는 확률적으로 가장 빨리 다른 노드에 영향을 주거나 받을 수 있다. 따라서 [그림 6-3]의 국가와 이슈 간의 외부 근접중심성(out closeness centrality)을 살펴보면 대한민국은 북한인권, 개성공단, 천안함, 도발, NLL, 남북정상회담과, 미국은 북한인권, 천안함, 도발, 남북정상회담과 밀접하게 연결되어 있는 것으로 나타났다. 그리고 중국은 북한인권과 개성공단, 일본은 북한인권, 도발과 밀접하게 연결되어 있는 것으로 나타났으며, 대부분의 이슈에서 러시아의 영향력은 약한 것으로 나타났다.

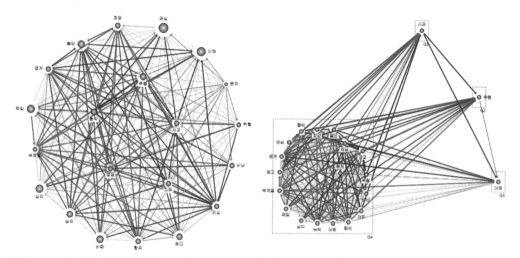

[그림 6-2a] 북한 감정 응집구조 분석(Centrality)   [그림 6-2b] 북한 감정 응집구조 분석(Cohesion)

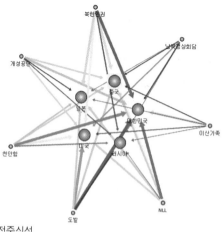

[그림 6-3] 국가와 이슈 간 외부 근접중심성

6 북한 소셜 네트워크 분석

1. NetMiner 데이터파일 만들기(북한_감정)

- [그림 6-2a]의 네트워크 응집구조를 분석하기 위해서는 자료의 표현형식을 edge list로 하고, 네트워크 데이터는 1-mode network로 구성해야 한다.
- NetMiner에서 네트워크를 분석하기 위한 데이터는 직접 입력할 수도 있지만, Excel 형식의 데이터로 불러올 수도 있다.

• 북한 소셜 빅데이터의 1-mode network(edge list) 구성하기
  - [그림 6-2a]는 북한의 감정과 관련된 주제어에 대한 응집구조를 분석한 것이다.
  - 북한 감정 주제어의 1-mode network(edge list) 데이터는 다음 절차에 따라 구성할 수 있다.

1단계: 데이터파일을 불러온다(분석파일: 북한빅데이터_최종.sav).

2단계: [분석]→[기술통계량]→[교차분석]→[행: 문제, 열: 위협~이해]를 지정한다.

3단계: 결과를 확인한다.

4단계: [2단계]~[3단계]의 교차분석의 행/열을 교차 투입하여 최종 주제어(이해)까지 실행한다.

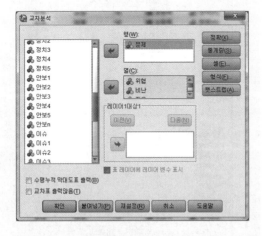

문제 * 위협 교차표

비도

| | | 위협 | | |
		0	1	전체
문제	0	1546409	29768	1576177
	1	51257	1228	52485
전체		1597666	30996	1628662

문제 * 비난 교차표

비도

| | | 비난 | | |
		0	1	전체
문제	0	1550020	26157	1576177
	1	51296	1189	52485
전체		1601316	27346	1628662

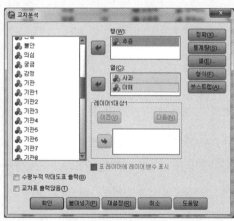

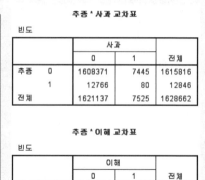

추종 * 사과 교차표

빈도

		사과		전체
		0	1	
추종	0	1608371	7445	1615816
	1	12766	80	12846
전체		1621137	7525	1628662

추종 * 이해 교차표

빈도

		이해		전체
		0	1	
추종	0	1603731	12085	1615816
	1	12732	114	12846
전체		1616463	12199	1628662

- 북한 감정 주제어의 교차분석 결과를 Excel로 작성한다.

- 각 주제어의 교차표에서 행(1)과 열(1)의 교차지점값을 Excel의 해당 weight 값으로 작성
한다.

※ Excel 파일: 북한_감정.xls

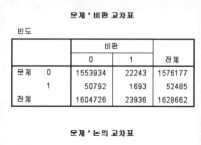

문제 * 비판 교차표

빈도

		비판		전체
		0	1	
문제	0	1553934	22243	1576177
	1	50792	1693	52485
전체		1604726	23936	1628662

문제 * 논의 교차표

빈도

		논의		전체
		0	1	
문제	0	1567564	8613	1576177
	1	50903	1582	52485
전체		1618467	10195	1628662

문제 * 심각 교차표

빈도

		심각		전체
		0	1	
문제	0	1564860	11317	1576177
	1	50064	2421	52485
전체		1614924	13738	1628662

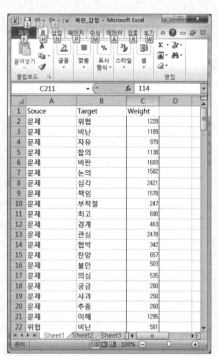

2. NetMiner로 네트워크 분석하기(Centrality)

- NetMiner에서 [그림 6-2a]와 같은 네트워크를 분석하기 위해서는 1-mode network(edge list) 데이터를 사전에 구성하여야 한다.
- 1-mode network(edge list)로 구성된 Excel 파일이 작성되면 다음 절차에 따라 분석할 수 있다.

1단계: NetMiner 프로그램을 불러온다.

2단계: [File]→[Import]→[Excel File]을 선택한다.

3단계: [Import Excel File]→[Browser, 데이터(북한_감정.xls)]를 선택하여 불러온 후 [1-mode Network]→[Edge List]를 선택한 후 OK를 누른다.

4단계: [Analyze]→[Centrality]→[Degree]를 선택한다.

5단계: 프로세스 관리영역창에서 [Process Tab]→[Main Process, Sum of Weight] 선택 후 [Run Process]를 선택한다.

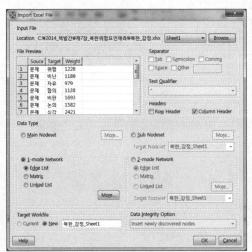

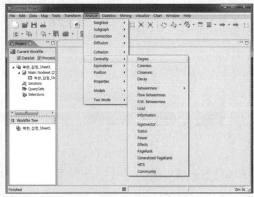

6단계: 데이터 시각화 영역에서 [M Spring] 탭을 선택한 후 [Map]→[Node & Link Att..
    Styling]→[Link Attribute Styling] 탭에서 [Setting]→[Inverse order: Min(1),
    Max(4)]를 지정한다.
7단계: [Apply]를 선택하여 결과를 확인한다.

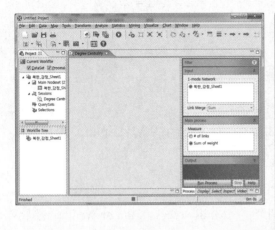
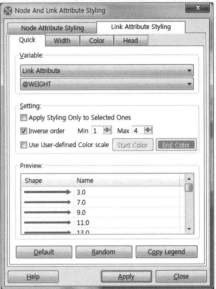

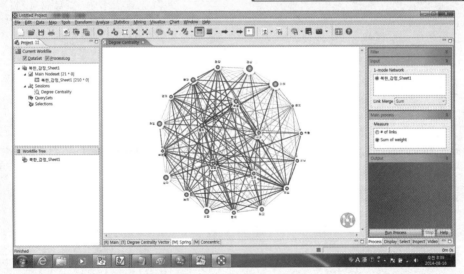

※ 해당 Node(예: 추종)에서 우측 마우스를 클릭하면 Node Style을 변경할 수 있다.

   - [Node Style]→[Position-South]를 지정한다.

   - [Transparent Background]→[Change the background color]를 지정한다.

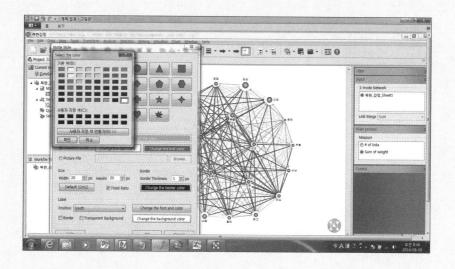

3. NetMiner로 네트워크 분석하기(Cohesion)

- NetMiner에서 [그림 6-2b]의 그림은 다음 절차에 따라 수행할 수 있다.

1단계: [Analyze]→[Cohesion]→[Community]→[modularity]

2단계: 프로세스 관리영역창에서 [Process] 탭→[Include Nonoptimal output]→[2≤#of comms≤4]→[Run Process]를 선택한다.

3단계: 데이터 시각화 영역에서 [M Clustered] 탭을 선택한 후 [Map]→[Node & Link Att.. Styling]→[Link Attribute Styling] 탭에서 [Setting]→[Inverse order: Min(1), Max(4)]를 시정한다.

4단계: [Apply]를 선택하여 결과를 확인한다.

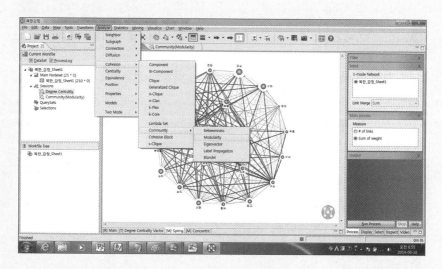

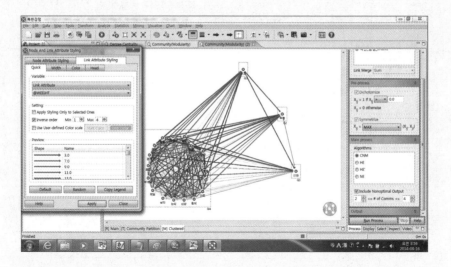

※ 해당 Node(예: 문제)에서 우측 마우스를 클릭하면 Node Style을 변경할 수 있다.

- [Node Style]→[Position]→[North]

- [Transparent Background]→[Change the background color]

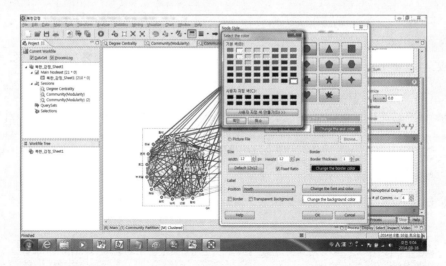

5단계: [File]→[Save as…]를 선택한 후 분석결과를 저장한다(파일명: 북한감정.nmf).

4. NetMiner로 데이터파일 만들기(북한_이슈_국가)

- NetMiner에서 [그림 6-3]과 같은 네트워크를 분석하기 위해서는 기관과 법제도로 연결
된 1-mode network(edge list) 데이터를 사전에 구성하여야 한다.
- [그림 6-3]은 북한의 이슈와 국가 간의 외부 근접중심성의 구조를 분석한 것이다.

1단계: 데이터파일을 불러온다(분석파일: 북한빅데이터_최종.sav).

2단계: [분석]→[기술통계량]→[교차분석]→[행: 이슈1(NLL), 이슈2(도발), 이슈4(천안함), 이슈5(개성공단), 이슈6(북한인권), 이슈7(남북정상회담), 이슈8(이산가족)], [열: 국가1(중국), 국가2(미국), 국가3(대한민국), 국가4(일본), 국가5(러시아)]를 지정한다.

3단계: 결과를 확인한다.

   - 북한의 이슈와 국가의 교차분석 결과를 [Excel]로 작성한다.

   - 각 주제어의 교차표에서 행(1)과 열(1)의 교차지점값을 Excel의 해당 weight 값으로 작성한다.

※ Excel 파일: 북한_이슈_국가.xls

이슈1 NLL * 국가1 중국 교차표

빈도

		국가1 중국		전체
		.00	1.00	
이슈1 NLL	.00	1483988	73170	1557158
	1.00	70764	740	71504
전체		1554752	73910	1628662

이슈1 NLL * 국가2 미국 교차표

빈도

		국가2 미국		전체
		.00	1.00	
이슈1 NLL	.00	1498827	58331	1557158
	1.00	70152	1352	71504
전체		1568979	59683	1628662

이슈1 NLL * 국가3 대한민국 교차표

빈도

		국가3 대한민국		전체
		.00	1.00	
이슈1 NLL	.00	1314586	242572	1557158
	1.00	63001	8503	71504
전체		1377587	251075	1628662

이슈2 도발 * 국가1 중국 교차표

빈도

		국가1 중국		전체
		.00	1.00	
이슈2 도발	.00	1490601	72664	1563265
	1.00	64151	1246	65397
전체		1554752	73910	1628662

이슈2 도발 * 국가2 미국 교차표

빈도

		국가2 미국		전체
		.00	1.00	
이슈2 도발	.00	1506892	56373	1563265
	1.00	62087	3310	65397
전체		1568979	59683	1628662

이슈2 도발 * 국가3 대한민국 교차표

빈도

		국가3 대한민국		전체
		.00	1.00	
이슈2 도발	.00	1322253	241012	1563265
	1.00	55334	10063	65397
전체		1377587	251075	1628662

5. NetMiner로 네트워크 분석하기(Closeness)

- NetMiner에서 [그림 6-3]과 같은 북한의 이슈와 국가의 연결성에 대한 네트워크를 분석하기 위해서는 1-mode network(edge list) 데이터를 사전에 구성하여야 한다.
- 1-mode network(edge list)로 구성된 Excel 파일이 작성되면 다음 절차에 따라 분석할 수 있다.

1단계: NetMiner 프로그램을 불러온다.

2단계: [File]→[Import]→[Excel File]을 선택한다.

3단계: [Import Excel File]→[Browser, 데이터(북한_이슈_국가.xls)]를 선택하여 불러온 후 [1-mode Network]→[Edge List]를 선택한 후 OK를 누른다.

4단계: [Analyze]→[Centrality]→[Closeness]를 선택한다.

5단계: 프로세스 관리영역창에서 [Process] 탭→[Run Process]를 선택한다.

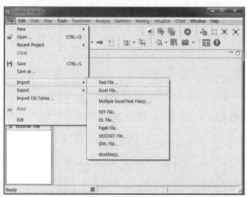

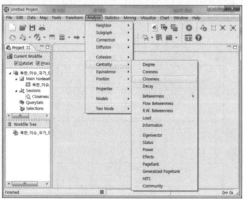
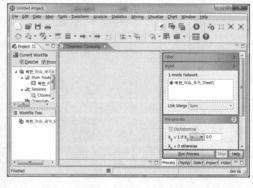

6단계: 데이터 시각화 영역에서 [M Spring] 탭을 선택한 후 [Map]→[Node & Link Att.. Styling]→[Link Attribute Styling] 탭에서 [Setting]→[Inverse order: Min(8), Max(1)]를 지정한다.

7단계: [Apply]를 선택하여 결과를 확인한다.

8단계: 중국과 러시아의 해당 링크에서 우측 마우스로 클릭하여 Link Property[중국←NLL(740), 러시아←NLL(46)]를 확인한다(※ 러시아보다 중국이 NLL과 밀접한 연결성을 보여주고 있다).

9단계: [File]→[Save as...]를 선택한 후 분석결과를 저장한다(파일명: 북한이슈국가.nmf).

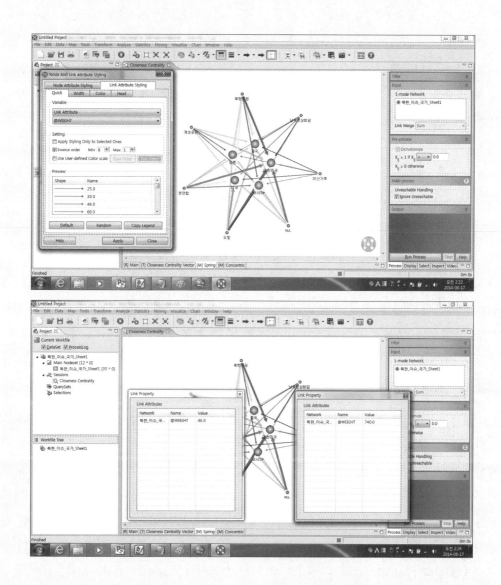

본 연구에서는 북한 관련 위협요인을 예측하기 위하여 정책, 국가안보, 주요 이슈, 국가 요인에 대한 데이터마이닝 분석을 실시하였다. 주요 정책이 북한 관련 위협 예측모형에 미치는 영향은 [그림 6-4]와 같다. 나무구조의 최상위에 있는 네모는 뿌리마디로서, 예측변수(독립변수)가 투입되지 않은 종속변수(위협, 찬양, 합의)의 빈도를 나타낸다. 뿌리마디에서 북한 관련 위협은 74.9%(154,807건), 찬양은 15.5%(32,089건), 합의는 9.6%(19,773건)로 나타났다. 뿌리마디 하단의 가장 상위에 위치하는 요인이 북한 관련 위협 예측에 가장 영향력이 높은(관련성이 깊은) 정책요인으로, '종북요인'의 영향력이 가장 큰 것으로 나타났다. '종북요인'이 높을 경우 북한 관련 위협은 이전의 74.9%에서 65.2%로 감소한 반면, 북한 관련 찬양은 이전의 15.5%에서 33.4%로 증가하였고, 북한 관련 합의는 이전의 9.6%에서 1.5%로 감소하였다. '종북요인'이 높고 '민주화 요인'이 높은 경우 북한 관련 위협은 이전의 65.2%에서 40.8%로 감소한 반면, 북한 관련 합의는 이전의 1.5%에서 21.0%로 크게 증가한 것으로 나타났다.

[표 6-3]의 북한 관련 정책 위협에 대한 이익도표와 같이 북한 관련 정책의 위협에 가장 영향력이 높은 경우는 '종북요인'이 낮고 '보수요인'과 '진보요인'이 높은 조합으로 나타났다. 즉, 10번 노드의 지수(index)가 124.3%로 뿌리마디와 비교했을 때 10번 노드의 조건을 가진 집단이 북한이 위협적이라고 보는 확률이 약 1.24배로 나타났다. 북한 관련 정책의 찬양에 가장 영향력이 높은 경우는 '종북요인'이 높고 '민주화 요인'과 '진보요인'이 낮은 조합으로 나타났다. 즉, 11번 노드의 지수가 217.1%로 뿌리마디와 비교했을 때 11번 노드의 조건을 가진 집단이 북한을 찬양할 확률이 약 2.17배로 나타났다. 북한 관련 정책의 합의에 가장 영향력이 높은 경우는 '종북요인'이 높고 '민주화 요인'이 높은 조합으로 나타났다. 즉, 6번 노드의 지수가 219.2%로 뿌리마디와 비교했을 때 6번 노드의 조건을 가진 집단이 북한과 합의할 확률은 약 2.19배로 나타났다.

주요 국가안보가 북한 관련 위협 예측모형에 미치는 영향은 [그림 6-5]와 같다. 북한 관련 위협 예측에 가장 영향력이 큰 국가안보요인은 'NLL요인'인 것으로 나타났다. 'NLL요인'이 높을 경우 북한 관련 위협은 이전의 74.9%에서 52.6%로, 찬양은 15.5%에서 3.0%로 감소한 반면, 북한 관련 합의는 이전의 9.6%에서 44.4%로 크게 증가하였다. 'NLL요인'이 높고 '삐라 요인'이 높은 경우 북한 관련 위협은 이전의 52.6%에서 98.7%로 크게 증가한 반면, 북한 관련 합의는 이전의 44.4%에서 1.3%로 크게 감소한 것으로 나타났다. [표 6-4]의 북한 관련 국가안보 위협에 대한 이익도표와 같이 북한 관련 국가안보의 위협에 가장 영향력이 큰 경우는 'NLL요인'이 높고 '삐라요인'이 높은 조합으로 나타났다. 즉, 5번 노드의 지수가 131.8%로 뿌리마디와 비교했을 때 5번 노드의 조건을 가진 집단이 북한이 위협적이라고 할 확률이 약 1.32배로 나타났다. 북한 관련 국가안보의 찬양에 가장 영향력이 높은 경우는 'NLL요인'이 낮고 '핵개발요인'이 낮고 '삐라요인'이 낮은 조합으로 나타났다. 즉, 8번 노드의 지수가 121.0%로 뿌리마디와 비교했을 때 8번 노드의 조건을 가진 집단이 북한을 찬양할 확률이 약 1.21배로 나타났다. 북한 관련 국가안보의 합의에 가장 영향력이 높은 경우는 'NLL요인'이 높고 '삐라요인'이 낮고 '핵개발요인'이 낮은 조합으로 나타났다. 즉, 11번 노드의 지수가 502.9%로 뿌리마디와 비교했을 때 11번 노드의 조건을 가진 집단이 북한과 합의할 확률이 약 5.03배로 나타났다.

주요 이슈가 북한 관련 위협 예측모형에 미치는 영향은 [그림 6-6]과 같다. 북한 관련 위협 예측에 가장 영향력이 큰 주요 이슈 요인으로 '남북정상회담요인'의 영향력이 가장 큰 것으로 나타났다. '남북정상회담요인'이 높을 경우 북한 관련 위협은 이전의 74.9%에서 9.3%로, 찬양은 15.5%에서 0.4%로 크게 감소한 반면, 북한 관련 합의는 이전의 9.6%에서 90.4%로 크게 증가하였다. '남북정상회담요인'이 높고 '선거요인'이 높은 경우 북한 관련 위협은 이전의 9.3%에서 13.4%로 증가한 반면, 북한 관련 합의는 이전의 90.4%에서 85.6%로 감소한 것으로 나타났다. [표 6-5]의 북한 관련 주요 이슈의 위협에 대한 이익도표와 같이 북한 관련 주요 이슈의 위협에 가장 영향력이 큰 경우는 '남북정상회담요인'이 낮고 '북한인권요인'이 높고, '이산가족요인'이 낮은 조합으로 나타났다. 즉, 7번 노드의 지수가 107.5%로 뿌리마디와 비교했을 때 7번 노드의 조건을 가진 집단이 북한이 위협적이라고 할 확률이 약 1.08배로 나타났다. 북한 관련 주요 이슈의 찬양에 가장 영향력이 큰 경우는 '남북정상회담요인'이 낮고 '북한인권요인'이 낮고 '선거요인'이 낮은 조합으로 나타났다. 즉, 9번 노드의 지수가 107.5%로 뿌리마디와 비교했을 때 9번 노드의 조건을 가진 집단이 북한을 찬양할 확률은 약 1.08배로 나타났다. 북한 관련 주요 이슈의 합의에 가장 영향력이 큰 경우는 '남북정상회담요인'이 높고 '선거요인'이 낮은 조합으로 나타났다. 즉, 5번 노드의 지수가 955.8%로 뿌리마디와 비교했을 때 5번 노드의 조건을 가진 집단이 북한에 합의할 확률이 약 9.56배로 나타났다.

주요 국가가 북한 관련 위협 예측모형에 미치는 영향은 [그림 6-7]과 같다. 북한 관련 위협 예측에 가장 영향력이 큰 주요 국가로는 '미국요인'의 영향력이 가장 큰 것으로 나타났다. '미국요인'이 높을 경우 북한 관련 위협은 이전의 74.9%에서 67.7%로, 찬양은 15.5%에서 5.8%로 감소한 반면, 북한 관련 합의는 이전의 9.6%에서 26.4%로 증가하였다. '미국요인'이 높고 '중국요인'이 높은 경우 북한 관련 위협은 이전의 67.7%에서 60.5%로, 찬양은 이전의 5.8%에서 4.0%로 감소한 반면, 북한 관련 합의는 이전의 26.4%에서 35.5%로 증가한 것으로 나타났다. [표 6-6]의 북한 관련 주요 국가의 위협에 대한 이익도표와 같이 북한 관련 주요 국가의 위협에 가장 영향력이 큰 경우는 '미국요인'이 낮고 '중국요인'이 높고 '일본요인'이 높은 조합으로 나타났다. 즉, 8번 노드의 지수가 121.9%로 뿌리마디와 비교했을 때 8번 노드의 조건을 가진 집단이 북한이 위협적이라고 할 확률이 약 1.22배로 나타났다. 북한 관련 국가의 찬양에 가장 영향력이 큰 경우는 '미국요인'이 낮고 '중국요인'이 낮고 '러시아요인'이 높은 조합으로 나타났다. 즉, 9번 노드의 지수가 106.9%로 뿌리마디와 비교했을 때 9번 노드의 조건을 가진 집단이 북한이 위협적이라고 할 확률이 약 1.07배로 나타났다. 북한 관련 국가의 합의에 가장 영향력이 큰 경우는 '미국요인'이 낮고 '중국요인'이 낮고 '러시아요인'이 높은 조합으로 나타났다. 즉, 10번 노드의 지수가 435.1%로 뿌리마디와 비교했을 때 10번 노드의 조건을 가진 집단이 북한에 합의할 확률이 약 4.35배로 나타났다.

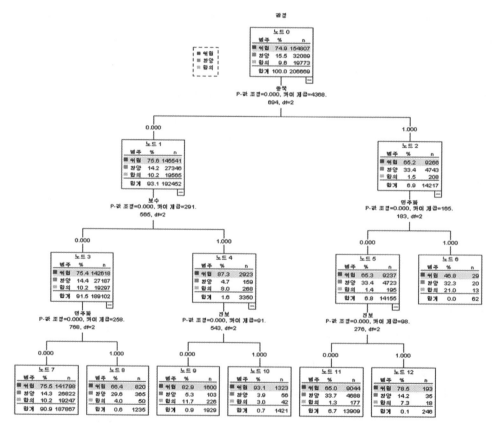

[그림 6-4] 북한 관련 정책 위협 예측모형

[표 6-3] 북한 관련 정책 위협 예측 모형에 대한 이익도표

구분	노드	이익지수				누적지수			
		노드(n)	노드(%)	이익(%)	지수(%)	노드(n)	노드(%)	이익(%)	지수(%)
위협	10	1,421	0.7	0.9	124.3	1,421	0.7	0.9	124.3
	9	1,929	0.9	1.0	110.7	3,350	1.6	1.9	116.5
	12	246	0.1	0.1	104.7	3,596	1.7	2.0	115.7
	7	187,867	90.9	91.6	100.8	191,463	92.6	93.6	101.0
	8	1,235	0.6	0.5	88.6	192,698	93.2	94.1	101.0
	11	13,909	6.7	5.8	86.8	206,607	100.0	100.0	100.0
	6	62	0.0	0.0	62.4	206,669	100.0	100.0	100.0
찬양	11	13,909	6.7	14.6	217.1	13,909	6.7	14.6	217.1
	6	62	0.0	0.1	207.8	13,971	6.8	14.7	217.0
	8	1,235	0.6	1.1	190.3	15,206	7.4	15.8	214.9
	7	187,867	90.9	83.6	92.0	203,073	98.3	99.4	101.2
	12	246	0.1	0.1	91.6	203,319	98.4	99.5	101.1
	9	1,929	0.9	0.3	34.4	205,248	99.3	99.8	100.5
	10	1,421	0.7	0.2	25.4	206,669	100.0	100.0	100.0
합의	6	62	0.0	0.1	219.2	62	0.0	0.1	219.2
	9	1,929	0.9	1.1	122.5	1,991	1.0	1.2	125.5
	7	187,867	90.9	97.3	107.1	189,858	91.9	98.5	107.3
	12	246	0.1	0.1	76.5	190,104	92.0	98.6	107.2
	8	1,235	0.6	0.3	42.3	191,339	92.6	98.9	106.8
	10	1,421	0.7	0.2	30.9	192,760	93.3	99.1	106.3
	11	13,909	6.7	0.9	13.3	206,669	100.0	100.0	100.0

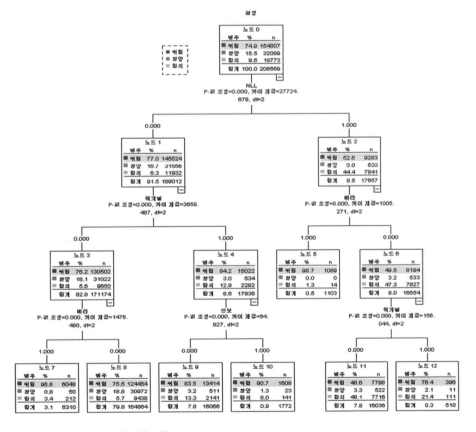

[그림 6-5] 북한 관련 국가안보 위협 예측모형

[표 6-4] 북한 관련 국가안보 위협 예측모형에 대한 이익도표

구분	노드	이익지수				누적지수			
		노드(n)	노드(%)	이익(%)	지수(%)	노드(n)	노드(%)	이익(%)	지수(%)
위협	5	1,103	0.5	0.7	131.8	1,103	0.5	0.7	131.8
	7	6,310	3.1	3.9	128.0	7,413	3.6	4.6	128.5
	10	1,772	0.9	1.0	121.1	9,185	4.4	5.6	127.1
	9	16,066	7.8	8.7	111.5	25,251	12.2	14.3	117.2
	12	518	0.3	0.3	102.1	25,769	12.5	14.6	116.9
	8	164,864	79.8	80.4	100.8	190,633	92.2	95.0	103.0
	11	16,036	7.8	5.0	64.9	206,669	100.0	100.0	100.0
찬양	8	164,864	79.8	96.5	121.0	164,864	79.8	96.5	121.0
	11	16,036	7.8	1.6	21.0	180,900	87.5	98.1	112.1
	9	16,066	7.8	1.6	20.5	196,966	95.3	99.7	104.7
	12	518	0.3	0.0	13.7	197,484	95.6	99.8	104.4
	10	1,772	0.9	0.1	8.4	199,256	96.4	99.8	103.6
	7	6,310	3.1	0.2	5.1	205,566	99.5	100.0	100.5
	5	1,103	0.5	0.0	0.0	206,669	100.0	100.0	100.0
합의	11	16,036	7.8	39.0	502.9	16,036	7.8	39.0	502.9
	12	518	0.3	0.6	224.0	16,554	8.0	39.6	494.2
	9	16,066	7.8	10.8	139.3	32,620	15.8	50.4	319.4
	10	1,772	0.9	0.7	83.2	34,392	16.6	51.1	307.2
	8	164,864	79.8	47.7	59.8	199,256	96.4	98.9	102.5
	7	6,310	3.1	1.1	35.1	205,566	99.5	99.9	100.5
	5	1,103	0.5	0.1	13.3	206,669	100.0	100.0	100.0

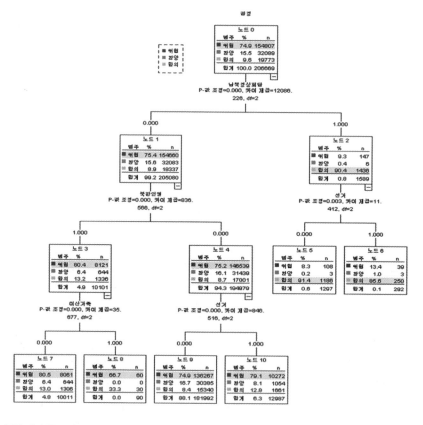

[그림 6-6] 북한 관련 주요 이슈 위협 예측모형

[표 6-5] 북한 관련 주요 이슈 위협 예측 모형에 대한 이익도표

구분	노드	이익지수				누적지수			
		노드(n)	노드(%)	이익(%)	지수(%)	노드(n)	노드(%)	이익(%)	지수(%)
위협	7	10,011	4.8	5.2	107.5	10,011	4.8	5.2	107.5
	10	12,987	6.3	6.6	105.6	22,998	11.1	11.8	106.4
	9	181,992	88.1	88.0	100.0	204,990	99.2	99.9	100.7
	8	90	0.0	0.0	89.0	205,080	99.2	99.9	100.7
	6	292	0.1	0.0	17.8	205,372	99.4	99.9	100.6
	5	1,297	0.6	0.1	11.1	206,669	100.0	100.0	100.0
찬양	9	181,992	88.1	94.7	107.5	181,992	88.1	94.7	107.5
	10	12,987	6.3	3.3	52.3	194,979	94.3	98.0	103.8
	7	10,011	4.8	2.0	41.4	204,990	99.2	100.0	100.8
	6	292	0.1	0.0	6.6	205,282	99.3	100.0	100.7
	5	1,297	0.6	0.0	1.5	206,579	100.0	100.0	100.0
	8	90	0.0	0.0	0.0	206,669	100.0	100.0	100.0
합의	5	1,297	0.6	6.0	955.8	1,297	0.6	6.0	955.8
	6	292	0.1	1.3	894.9	1,589	0.8	7.3	944.6
	8	90	0.0	0.2	348.4	1,679	0.8	7.4	912.6
	7	10,011	4.8	6.6	136.4	11,690	5.7	14.0	247.8
	10	12,987	6.3	8.4	133.7	24,677	11.9	22.4	187.8
	9	181,992	88.1	77.6	88.1	206,669	100.0	100.0	100.0

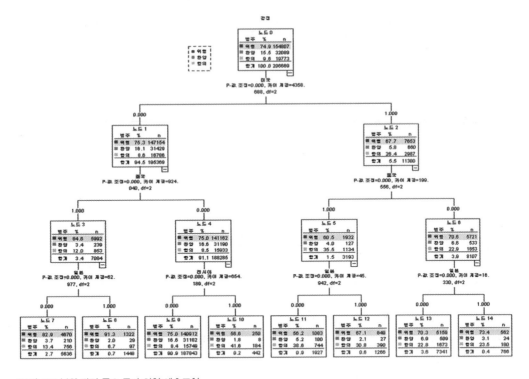

[그림 6-7] 북한 관련 주요 국가 위협 예측모형

[표 6-6] 북한 관련 주요 국가 위협 예측모형에 대한 이익도표

구분	노드	이익지수				누적지수			
		노드(n)	노드(%)	이익(%)	지수(%)	노드(n)	노드(%)	이익(%)	지수(%)
위협	8	1,448	0.7	0.9	121.9	1,448	0.7	0.9	121.9
	7	5,636	2.7	3.0	110.6	7,084	3.4	3.9	112.9
	9	187,843	90.9	91.0	100.1	194,927	94.3	94.9	100.6
	14	766	0.4	0.4	97.9	195,693	94.7	95.3	100.6
	13	7,341	3.6	3.3	93.8	203,034	98.2	98.6	100.4
	12	1,266	0.6	0.5	89.5	204,300	98.9	99.1	100.3
	10	442	0.2	0.2	75.5	204,742	99.1	99.3	100.2
	11	1,927	0.9	0.7	75.0	206,669	100.0	100.0	100.0
찬양	9	187,843	90.9	97.2	106.9	187,843	90.9	97.2	106.9
	13	7,341	3.6	1.6	44.7	195,184	94.4	98.8	104.6
	11	1,927	0.9	0.3	33.4	197,111	95.4	99.1	103.9
	7	5,636	2.7	0.7	24.0	202,747	98.1	99.7	101.7
	14	766	0.4	0.1	20.2	203,513	98.5	99.8	101.3
	12	1,266	0.6	0.1	13.7	204,779	99.1	99.9	100.8
	8	1,448	0.7	0.1	12.9	206,227	99.8	100.0	100.2
	10	442	0.2	0.0	11.7	206,669	100.0	100.0	100.0
합의	10	442	0.2	0.9	435.1	442	0.2	0.9	435.1
	11	1,927	0.9	3.8	403.5	2,369	1.1	4.7	409.4
	12	1,266	0.6	2.0	322.0	3,635	1.8	6.7	379.0
	14	766	0.4	0.9	245.6	4,401	2.1	7.6	355.8
	13	7,341	3.6	8.5	238.2	11,742	5.7	16.0	282.3
	7	5,636	2.7	3.8	140.2	17,378	8.4	19.9	236.2
	9	187,843	90.9	79.6	87.6	205,221	99.3	99.5	100.2
	8	1,448	0.7	0.5	70.0	206,669	100.0	100.0	100.0

❼ 데이터마이닝 의사결정나무 분석

1. 연구목적

본 연구는 데이터마이닝의 의사결정나무 분석을 통하여 북한과 관련한 다양한 변인들 간의 상호작용 관계를 분석함으로써 북한에 대한 위협요인을 파악하고자 한다.

2. 조사도구

가. 종속변수

북한감정(1: 위협, 2: 찬양, 3: 합의)

나. 독립변수(0: 없음, 1: 있음)

정치요인(햇볕정책, 종북, 보수, 진보, 민주화)

1단계: 의사결정나무를 실행시킨다(파일명: 북한빅데이터_최종.sav).

- [SPSS 메뉴]→[분류분석]→[트리]

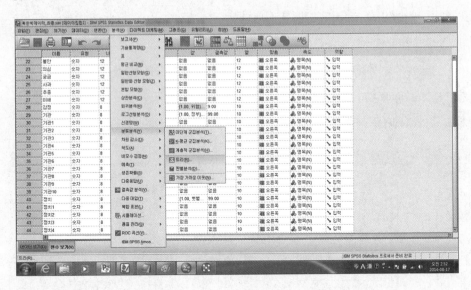

2단계: 종속변수(목표변수: attitude)를 선택하고 이익도표(gain chart)를 산출하기 위하여 목표

범주를 선택한다(본 연구에서는 '위협'과 '찬양', '합의' 모두를 목표 범주로 설정하였다).

☞ [범주]를 활성화시키기 위해서는 반드시 범주에 value label을 부여해야 한다. [예(syntax): value label 감
정 (1)위협 (2)찬양 (3)합의]

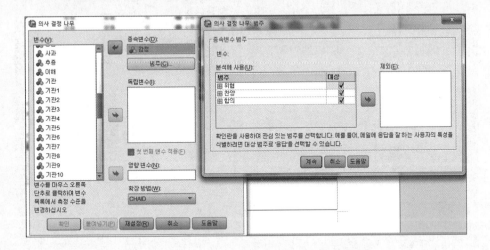

3단계: 독립변수(예측변수)를 선택한다.

- 본 연구의 독립변수는 5개의 정치요인으로 이분형 변수[정치1(햇볕정책), 정치2(종북), 정치
3(보수), 정치4(진보), 정치5(민주화)]를 선택한다.

4단계: 확장방법(growing method)을 결정한다.

- 본 연구에서는 목표변수와 예측변수 모두 명목형으로 CHAID를 사용하였다.

5단계: 타당도(validation)를 선택한다.

6단계: 기준(criteria)을 선택한다.

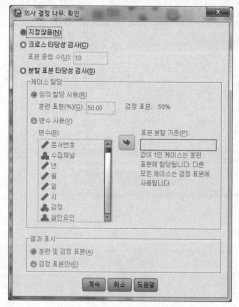
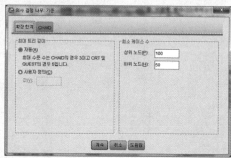

7단계: [출력결과(U)]를 선택한 후 [계속] 버튼을 누른다.

- 출력결과에서는 트리표시, 통계량, 노드성능, 분류규칙을 선택할 수 있다.

- 이익도표를 산출하기 위해서는 [통계량]→[비용, 사전확률, 점수 및 이익값]을 선택한 후 [누적통계량]을 선택해야 한다.

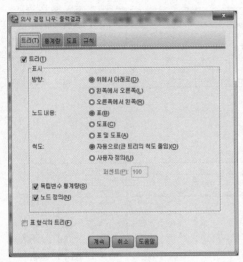
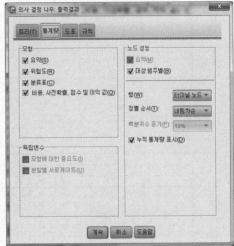

8단계: 결과를 확인한다.

- [트리다이어그램]→[선택]

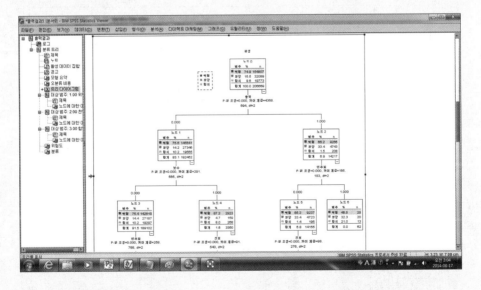

- [노드에 대한 이익]→[선택]

대상 범주: **1.00** 위협

노드에 대한 이익

| 노드 | 노드별 | | | | | | 누적 | | | | | |
| | 노드 | | 이득 | | | | 노드 | | 이득 | | | |
	N	퍼센트	N	퍼센트	응답	지수	N	퍼센트	N	퍼센트	응답	지수
10	1421	0.7%	1323	0.9%	93.1%	124.3%	1421	0.7%	1323	0.9%	93.1%	124.3%
9	1929	0.9%	1600	1.0%	82.9%	110.7%	3350	1.6%	2923	1.9%	87.3%	116.5%
12	246	0.1%	193	0.1%	78.5%	104.7%	3596	1.7%	3116	2.0%	86.7%	115.7%
7	187867	90.9%	141798	91.6%	75.5%	100.8%	191463	92.6%	144914	93.6%	75.7%	101.0%
8	1235	0.6%	820	0.5%	66.4%	88.6%	192698	93.2%	145734	94.1%	75.6%	101.0%
11	13909	6.7%	9044	5.8%	65.0%	86.8%	206607	100.0%	154778	100.0%	74.9%	100.0%
6	62	0.0%	29	0.0%	46.8%	62.4%	206669	100.0%	154807	100.0%	74.9%	100.0%

성장방법: CHAID
종속변수: 감정

대상 범주: **2.00** 찬양

노드에 대한 이익

| 노드 | 노드별 | | | | | | 누적 | | | | | |
| | 노드 | | 이득 | | | | 노드 | | 이득 | | | |
	N	퍼센트	N	퍼센트	응답	지수	N	퍼센트	N	퍼센트	응답	지수
11	13909	6.7%	4688	14.6%	33.7%	217.1%	13909	6.7%	4688	14.6%	33.7%	217.1%
6	62	0.0%	20	0.1%	32.3%	207.8%	13971	6.8%	4708	14.7%	33.7%	217.0%
8	1235	0.6%	365	1.1%	29.6%	190.3%	15206	7.4%	5073	15.8%	33.4%	214.9%
7	187867	90.9%	26822	83.6%	14.3%	92.0%	203073	98.3%	31895	99.4%	15.7%	101.2%
12	246	0.1%	35	0.1%	14.2%	91.6%	203319	98.4%	31930	99.5%	15.7%	101.1%
9	1929	0.9%	103	0.3%	5.3%	34.4%	205248	99.3%	32033	99.8%	15.6%	100.5%
10	1421	0.7%	56	0.2%	3.9%	25.4%	206669	100.0%	32089	100.0%	15.5%	100.0%

대상 범주: **3.00** 합의

노드에 대한 이익

| 노드 | 노드별 | | | | | | 누적 | | | | | |
| | 노드 | | 이득 | | | | 노드 | | 이득 | | | |
	N	퍼센트	N	퍼센트	응답	지수	N	퍼센트	N	퍼센트	응답	지수
6	62	0.0%	13	0.1%	21.0%	219.2%	62	0.0%	13	0.1%	21.0%	219.2%
9	1929	0.9%	226	1.1%	11.7%	122.5%	1991	1.0%	239	1.2%	12.0%	125.5%
7	187867	90.9%	19247	97.3%	10.2%	107.1%	189858	91.9%	19486	98.5%	10.3%	107.3%
12	246	0.1%	18	0.1%	7.3%	76.5%	190104	92.0%	19504	98.6%	10.3%	107.2%
8	1235	0.6%	50	0.3%	4.0%	42.3%	191339	92.6%	19554	98.9%	10.2%	106.8%
10	1421	0.7%	42	0.2%	3.0%	30.9%	192760	93.3%	19596	99.1%	10.2%	106.3%
11	13909	6.7%	177	0.9%	1.3%	13.3%	206669	100.0%	19773	100.0%	9.6%	100.0%

본 연구는 국내의 온라인 뉴스 사이트, 블로그, 카페, SNS, 게시판 등 인터넷을 통해 수집된 소셜 빅데이터를 네트워크 분석과 데이터마이닝의 의사결정나무 분석기법을 적용하여 분석함으로써 한국의 북한 관련 위협요인에 대한 예측모형을 개발하고자 하였다.

본 연구의 결과를 요약하면 다음과 같다. 첫째, 국가안보와 관련한 문서는 핵개발, NLL, 통일, 안보, 삐라의 순으로 언급되며, 북한과 관련한 주요 이슈로는 선거, 북한인권, 천안함, 개성공단 등의 순으로 언급되는 것으로 나타났다. 둘째, 북한의 주요 이슈와 정부와 관련한 문서는 천안함, 북한인권, 개성공단, 남북정상회담, 이산가족의 순으로 나타났다. 국회와 관련한 주요 이슈는 이산가족, 남북정상회담, 개성공단, 천안함, 이산가족의 순으로 나타났다. 셋째, 북한 감정의 네트워크 분석결과 사과, 추종, 이해 3개의 노드에 응집되어 있는 것으로 나타났다. 넷째, 주요 주변 국가와 이슈 간의 외부 근접중심성을 살펴보면 북한 인권은 미국, 중국, 일본과 밀접하게 연관되어 있는 것으로 나타났다. 다섯째, 북한 관련 정책의 위협에 가장 영향력이 큰 경우는 '종북요인'이 낮고 '보수요인'이 높고 '진보요인'이 높은 조합으로 나타났다. 북한 관련 국가안보 위협에 가장 영향력이 큰 경우는 'NLL요인'이 높고 '삐라요인'이 높은 조합으로 나타났다. 북한 관련 주요 이슈의 위협에 가장 영향력이 큰 경우는 '남북정상회담요인'이 낮고 '북한인권요인'이 높고, '이산가족요인'이 낮은 조합으로 나타났다. 북한 관련 주요 국가의 위협에 가장 영향력이 큰 경우는 '미국요인'이 낮고, '중국요인'이 높고 '일본요인'이 높은 조합으로 나타났다.

본 연구를 근거로 한국의 북한 관련 위협요인에 대한 예측과 관련하여 다음과 같은 정책적 함의를 도출할 수 있다.

첫째, 이산가족과 관련된 문서는 청와대와 국회에서 많이 언급되고 있으며, 새누리당과 민주통합당은 북한인권에 대해 많이 언급하고 있는 것으로 나타났다. 이는 2010년 천안함 폭침 사건 이후 정부의 5.24 대북제재 조치가 시행된 이후 북한과의 인적·물적 교류가 단절되고 남북관계가 상당기간 냉각기를 이어감에도 불구하고, 남북 고위급 접촉을 통한 남북이산가족 상담의 노력과 북한의 인권문제 해결을 위한 국회에서의 새누리당과 민주통합당의 북한 영유아지원법에 대한 북한인권법 포함 등의 논의가 해당 기관의 북한 관련 버즈 증가의 원인으로 보인다.

둘째, 소셜네트워크 분석결과 사과, 추종, 이해 3개의 노드에 응집되어 있는 것으로 나타났다. 이는 본 연구의 감성분석과 주제분석을 통해 분류된 북한 관련 감정(위협, 찬양, 합의)의 결과와 비슷한 것으로, 소셜 빅데이터의 감성분석을 통하여 북한 관련 문서에 담긴 내용이 '북한을 위협적으로 생각하는 의견이 많은가', '북한을 찬양하는 의견이 많은가', '북한과 합의하려는 의견이 많은가'에 대한 의사결정이 가능한 것으로 나타났다.

셋째, 북한 관련 정책의 찬양에 가장 영향력이 큰 경우는 '종북요인'이 높고 '민주화 요인'이 낮고 '진보요인'이 낮은 조합으로 나타났다. 이는 '종북요인'이 북한 관련 찬양에 직접적인 영향력이 있으며, '민주화 요인'과 '진보요인'은 북한 관련 찬양에 큰 영향을 주지 않는 것을 의미하는 것이다.

넷째, 북한 관련 국가안보의 합의에 가장 영향력이 큰 경우는 'NLL요인'이 높고 '삐라요인'이 낮고 '핵개발요인'이 낮은 조합으로 나타났다. 따라서 국가안보와 관련하여 북한과의 합의에 영향을 주는 것은 'NLL요인'이며, '삐라요인'과 '핵개발요인'은 북한과의 합의에 큰 영향을 주지 않는 것으로 나타났다.

다섯째, 북한 관련 주요 이슈의 합의에 가장 영향력이 큰 경우는 '남북정상회담요인'이 높고 '선거요인'이 낮은 조합으로 나타났다. 따라서 주요 이슈와 관련하여 북한과의 합의에 가장 영향을 많이 주는 요인은 '남북정상회담요인'이며 '선거요인'은 큰 영향을 주지 않는 것으로 나타났다.

마지막으로 북한 관련 국가의 합의에 가장 영향력이 큰 경우는 '미국요인'과 '중국요인'이 낮고 '러시아요인'이 높은 조합으로 나타났다. 이는 미국과 중국이 개입하지 않고 러시아만 개입하면 합의할 확률이 높다는 것을 나타낸다.

본 연구는 개개인의 특성을 가지고 분석한 것이 아니고 그 구성원이 속한 전체 집단의 자료를 대상으로 분석하였기 때문에 이를 개인에게 적용하였을 경우 생태학적 오류(ecological fallacy)가 발생할 수 있다(Song et al., 2014). 또한, 본 연구에서 정의된 북한 관련 요인(용어)은 버즈 내에서 발생된 단어의 빈도로 정의되었기 때문에 기존의 조사 등을 통한 이론적 모형에서의 의미와 다를 수 있으며, 2011년부터 2013년까지(9개월간)의 제한된 소셜 빅데이터를 분석함으로써 전체적인 북한 관련 위협요인의 예측에 한계가 있을 수 있다. 그럼에도 불구하고 본 연구는 소셜 빅데이터에서 수집된 북한 관련 문서에 대한 네트워크 분석과 데이터마이닝 분석을 통하여 한국의 북한 관련 위협요인에 대한 예측모형을 제시하였다는 점에서 정책적·분석방법론적으로 의의가 있다. 또한, 소셜 빅데이터에서 북한 관련 주요 이슈에 대한 실제적인 내용을 빠르게 효과적으로 파악함으로써 기존의 북한 관련 정보수집체계의 한계를 보완할 수 있는 새로운 조사방법으로서의 소셜 빅데이터의 가치를 확인하였다는 점에서 조사방법론적 의의를 가진다고 할 수 있다. 끝으로 현정부의 국가안보 전략인 신뢰외교를 성공적으로 추진하고 북한에 대한 위협요인의 동향을 실시간으로 파악하기 위해서는 정부와 민간영역에 의한 기존의 정보 수집과 함께, 소셜 빅데이터의 지속적인 활용과 분석을 통한 과학적인 북한 정보관리체계가 구축되어야 할 것이다.

참고문헌

1. 박형중·전성훈·박영호·김영호·윤은기·전재성(2013). Trustpolitik: 박근혜정부의 국가안보전략. 통일연구원.

2. 송태민(2012). 보건복지 빅데이터 효율적 활용방안. 보건복지포럼, 통권 제193호.

3. 송태민(2013). 우리나라 보건복지 빅데이터 동향 및 활용방안. 과학기술정책, 통권 제192호.

4. 이규창·김수암·이금순·조정현·한동호(2013). 인도적 지원을 통한 북한 취약계층 인권증진 방안 연구. 통일연구원.

5. 이금순(2013). 박근혜정부에서의 북한 인권문제와 인도적 대북지원. KDI 북한경제리뷰, 12월호.

6. 통일연구원(2013). 통일환경 및 남북한관계 전망: 2013~2014.

7. 통일연구원(2011). 북한정보관리체계 개선방안(상).

8. 통일연구원(2011). 북한정보관리체계 개선방안(중).

9. 통일연구원(2011). 북한정보관리체계 개선방안(하).

10. 한국정보화진흥원(2013). 새로운 미래를 여는 빅데이터 시대 - 빅데이터 시대! SNS의 진화와 공공정책-.

11. Kass, G. V. (1980). An exploratory technique for investigating large quantities of categorical data. *Applied Statistics*, **29**(2), 119-127.

12. Song, T. M., Song, J., An, J. Y., Hayman, L. L. & Woo, J. M. (2014). Psychological and social factors affecting internet searches on suicide in Korea: A big data analysis of Google search trends. *Yonsei Medical Journal*, **55**(1), 254-263.

7장

보건복지정책 수요 예측

새정부 출범 이후 2013년부터 건강보험의 보장성 강화에 대한 국민적 요구가 커지고 고령화로 인해 진료비 지출증가 등이 예상[2]됨에 따라 진료비 지출을 억제하고, 건강보험을 안정적으로 운영하기 위한 정책개발이 요구되고 있다. 특히, 인구의 고령화가 사회적 문제로 대두되면서 전체 인구의 고령화와 함께 장애인구 또한 고령화되는 현상을 보임에 따라 노인과 장애인을 위한 정책 수요가 증가할 것으로 전망된다.[3] 그리고 고령화로 인한 노인인구의 양적 증가와 특성의 다양화로 인해 보건복지 서비스에 대한 관심의 증가와 함께 향후 노인의 보건복지서비스에 대한 욕구도 폭발적으로 늘어날 것으로 예측된다.[4]

그동안 정부의 보육정책은 저소득층 위주의 경제적 부담 완화에 초점을 맞추어 왔으나, 새정부 출범과 함께 전 계층의 무상보육과 양육수당 지급정책이 도입됨에 따라 대상자들의 정책 체감도는 상당히 높아질 것으로 예견되고 있다.[5] 또한 2014년 7월부터 상대적으로 형편이 어려운 노인에게 차등 지급하는 기초연금에 관한 정책이 결정되어 많은 국민이 공적연금 혜택을 받을 수 있게 되었다. 그러나, 영리병원을 비롯한 의료민영화 정책과 원격의료정책은 정부와 의료계의 합의가 아직 이루어지지 않았다. 이와 같이 대상자별·분야별로 다양한 보건복지정책이 요구됨에 따라 정부는 보건복지정책 동향을 파악하여 보건복지 욕구를 충족시키기 위해 노력해야 할 것이다.

한편, 스마트기기의 급속한 보급과 소셜미디어의 확산으로 데이터량이 기하급수적으로 증가하고 데이터의 생산·유통·소비 체계에 큰 변화를 주면서 데이터가 경제적 자산이 될 수 있는 빅데이터[6] 시대를 맞이하게 되었다.[7] 세계 각국의 정부와 기업들은 빅데이터가 향후 국가와 기업의 성패를 가름할 새로운 경제적 가치의 원천이 될 것으로 기대하며, McKinsey,

---

1. 본 논문은 '송태민(2014). 소셜 빅데이터를 활용한 보건복지정책 동향 분석. 보건복지포럼, 통권 제213호'에 게재된 내용임을 밝힌다.
2. 신현웅(2013). 건강보험 진료비 분석 및 정책방향. 보건·복지 Issue & Focus, 186호.
3. 김성희(2013). 장애노인의 실태와 과제. 보건·복지 Issue & Focus, 208호.
4. 이윤경·염주희·이선희(2013). 고령화 대응 노인복지서비스 수요전망과 공급체계 개편. 한국보건사회연구원.
5. 김은정(2013). 소득계층별 출산행태 분석과 시사점. 보건·복지 Issue & Focus, 191호.
6. 빅데이터란 기존의 데이터베이스 관리도구로 데이터를 수집·저장·관리·분석할 수 있는 역량을 넘어서는 대량의 정형 또는 비정형 데이터 집합 및 이러한 데이터로부터 가치를 추출하고 결과를 분석하는 기술을 의미한다(위키백과, 2014. 5. 24).
7. 송태민(2012). 보건복지 빅데이터 효율적 활용방안. 보건복지포럼, 통권 제193호.

The Economist, Gartner 등은 빅데이터를 활용한 시장변동 예측과 신사업 발굴 등 경제적 가치창출 사례와 효과를 제시하고 있다.[8] 특히, 많은 국가와 기업에서는 SNS를 통하여 생산되는 소셜 빅데이터의 활용과 분석으로 새로운 경제적 효과와 일자리 창출은 물론 사회적 문제의 해결을 위하여 적극적으로 노력하고 있다. 한국은 최근 정부3.0[9]과 창조경제의 추진과 실현을 위하여 모든 분야에 빅데이터의 효율적 활용을 적극적으로 모색하고 있다. 이와 같이 많은 국가에서 빅데이터가 공공과 민간에 미치는 파급효과를 전망함에 따라 빅데이터의 활용은 정부의 정책을 효율적으로 추진하기 위한 새로운 동력이 될 것으로 보인다.

국민이 요구하는 보건복지정책 수요를 분석하기 위해서는 다양한 산업의 종사자나 일반인을 대상으로 설문조사를 실시해야 한다. 그러나 기존에 실시하던 횡단적 조사나 종단적 조사 등을 대상으로 한 연구는 정해진 변인들에 대한 개인과 집단의 관계를 보는 데에는 유용하나, 사이버상에서 언급된 개인별 담론(buzz)에서 논의된 관련 변인의 상호 간의 연관관계를 밝히고 원인을 파악하는 데는 한계가 있다. 특히, 트위터, 페이스북 등 소셜미디어에 남긴 정치·경제·사회·문화에 대한 메시지는 그 시대의 감성과 정서를 파악할 수 있는 원천으로 등장함에 따라, 대중매체에 의해 수립된 정책의제는 이제 소셜미디어로부터 파악할 수 있게 되었다.[10] 따라서 본 연구는 2014년 1월과 2월 우리나라 온라인 뉴스사이트, 블로그, 카페, SNS, 게시판 등에서 수집한 소셜 빅데이터를 바탕으로 보건복지정책의 동향을 분석하고자 한다.

2 | 연구방법

2-1 연구대상

본 연구는 국내의 온라인 뉴스 사이트, 블로그, 카페, SNS, 게시판 등 인터넷을 통해 수집된 소셜 빅데이터를 대상으로 하였다. 본 분석에서는 116개의 온라인 뉴스사이트, 4개의 블로그 (네이버, 네이트, 다음, 티스토리), 2개의 카페(네이버, 다음), 2개의 SNS(트위터, 미투데이), 4개의 게

---

8. 송태민(2013). 우리나라 보건복지 빅데이터 동향 및 활용방안. 과학기술정책, 통권 제192호.
9. 정부3.0이란 공공정보를 적극 개방·공유하고, 부처 간 칸막이를 없애 소통·협력함으로써 국민 맞춤형 서비스를 제공하고, 일자리 창출과 창조 경제를 지원하는 새로운 정부운영 패러다임을 의미한다.
10. 송영조(2012). 빅데이터 시대! SNS의 진화와 공공정책. 한국정보화진흥원.

시판(네이버지식인, 네이트지식, 네이트톡, 네이트판) 등 총 128개의 온라인 채널을 통해 수집 가능한 텍스트 기반의 웹문서(버즈)를 소셜 빅데이터로 정의하였다. 보건복지 관련 토픽은 2014년 1월 1일부터 2014년 2월 28일까지 해당 채널에서 요일별, 주말, 휴일을 고려하지 않고 매 시간 단위로 수집하였으며, 수집된 총 111,596건(1월: 57,830건, 2월: 53,766건)[11]의 텍스트(text) 문서를 본 연구의 분석에 포함시켰다. 본 연구를 위해 소셜 빅데이터 수집[12]에는 크롤러를 사용하였고, 토픽 분류에는 주제분석(text mining) 기법을 사용하였다. 보건복지 토픽은 모든 관련 문서를 수집하기 위해 '보건', '복지', 그리고 '보건복지'를 사용하였다.

---

11. 본 연구에서 수집된 문서는 SNS 77.7%[트위터: 75.9%(84,721건), 미투데이: 1.8%(2,010건)], 온라인 뉴스사이트 7.4%(8,345건), 카페 6.8%(7,508건), 블로그 5.9%(6,704건), 게시판 2.2%(2,317건)의 순으로 나타났다.
12. 본 연구를 위한 소셜 빅데이터의 수집 및 토픽 분류는 (주)SK텔레콤 스마트인사이트에서 수행하였다.

❶ 연구대상 수집하기

• 본 연구대상인 '보건복지 관련 소셜 빅데이터 수집'은 소셜 빅데이터 수집 로봇(웹크롤)과 담론분석(주제어 및 감성분석) 기술을 보유한 SKT에서 수행하였다.
• 보건복지 수집조건: '보건', '복지', '보건복지'
• 보건복지 수집 키워드
  - 보건복지 토픽은 수집 로봇(웹크롤)으로 해당 토픽을 수집한 후 유목화(범주화)하는 bottom-up 수집방식을 사용하였다.

	A 공공기관	B 정책/제도	C 대상	D 민간기관	E 분야	F 항목	G 감정/태도	H
1	공공기관	정책/제도	대상	민간기관	분야	항목	감정/태도	
2	키워드	키워드	키워드	키워드	키워드	키워드	키워드	
3	보건복지부	민영화	국민	복지시설	교육	건강	지원	
4	정부	의료민영화	노인	병원	사회복지	세금	필요	
5	박근혜	포괄수가제	장애인	사회복지시설	보건의료	일자리	문제	
6	대통령	경제민주화	의원	학교	경제	연봉	반대	
7	장관	증세	공무원	기업	문화	취업	추진	
8	민주당	방만경영	여성	삼성	환경	소득	운영	
9	근로복지공단	과다복지	환자	보건의료노조	통일	치료	가능	
10	공기업	맞춤형	가족	대학	가정	결혼	진행	
11	국회	포퓰리즘	모녀	대기업	노동	자살	행복	
12	공공기관	기초연금	서민	회사	주거복지	과잉진료	계획	
13	코레일	행복온도	저소득층	보건의료단체연합	공공서비스	출산율	주장	
14	보건소	국민연금	의사	대한의사협회	보건위생	의료비	확대	
15	새누리	원격의료	부자	의료기관	보육	진료	관심	
16	영리병원	민간보험	노동자	보건의료단체	서비스산업	국민행복지수	도움	
17	보건복지위원회	노동제도	아이	의사협회	사회안전망	부동산	방문	
18	세계보건기구	희망누리	동물복지	보건약국	주거안정	행복지수	실시	

2-2 연구도구

보건복지와 관련하여 수집된 버즈는 주제분석(text mining)과 요인분석(factor analysis) 과정을 거쳐 다음과 같이 정형화 데이터로 코드화하여 사용하였다.

1) 보건복지 관련 수요

본 연구의 종속변수인 보건복지 수요(찬성, 반대)는 주제분석과 요인분석 과정을 거쳐 '운영, 지원, 계획, 예정, 강화, 실시, 확대, 진행, 이용, 사용, 도입, 추진, 참여'는 찬성의 감정으로, '문제, 지적, 반대, 거짓말, 논란, 비판, 걱정, 억울, 외면'은 반대의 감정으로 정의하였다.

2) 보건복지 관련 정책

보건복지 관련 정책은 주제분석과 요인분석 과정을 거쳐 '연금(기초연금, 국민연금), 기초생활(최저생계비, 기초생활보장, 기초생활수급권), 양육수당(양육수당, 보조금, 맞춤형), 무상정책(무상보육, 무상의료, 무상급식), 의료민영화(포괄수가제, 의료상업화, 민영화, 의료민영화), 건강보험(국민건강보험, 민간보험, 건강보험), 원격의료(법인약국, 의료영리화, 원격의료), 전세대책(전세대책, 서민정책), 반값등록금(반값등록금, 4대강), 퇴직연금(희망누리, 퇴직연금, 산재보험), 증세(증세, 세법개정안, 부자증세, 부자감세), 과다복지(방만경영, 과다복지, 복리후생비, 복지카드),[13] 행복온도, 육아휴직(출산휴가, 보건휴가, 육아휴직), 중독법(중독법, 게임중독법)'의 15개 정책으로 정의하고, 해당 정책이 있는 경우는 '1', 없는 경우는 '0'으로 코드화하였다.

3) 보건복지 관련 공공기관

보건복지 관련 공공기관은 주제분석과 요인분석 과정을 거쳐 '국회(보건복지위원회, 국회), 보건복지부(보건복지부, 질병관리본부), 청와대, 고용여성부처(고용노동부, 여성가족부), 공기업(공기업, 공공기관, 근로복지공단, 근로복지넷), 교육농림부처(교육부, 농림축산식품부), 지자체(보건소, 주민센터)'의 7개 기관으로 정의하였다. 정의된 모든 공공기관은 해당 공공기관이 있는 경우는 '1', 없는 경우는 '0'으로 코드화하였다.

---

13. '과다복지'는 '비정상의 정상화'와 관련하여 공기업·공공기관의 '방만경영'의 실태를 나타내는 개념으로 보건복지 정책과는 무관하여 본 분석에서는 제외시켰다.

4) 보건복지 관련 민간기관

보건복지 관련 민간기관은 주제분석과 요인분석 과정을 거쳐 '요양병원(인증요양병원, 요양병원, 의료기관), 관련협회(약사회, 의사협회, 보건의료노조, 보건의료단체, 대한의사협회), 기업(대기업, 중소기업, 회사, 기업, 삼성, 복지시설), 대학(대학, 학교), 시민단체(시민단체, 병원), 사회복지시설(장애인복지시설, 아동복지시설, 사회복지시설, 장애인복지단체)'의 6개 기관으로 정의하였다. 정의된 모든 민간기관은 해당 민간기관이 있는 경우는 '1', 없는 경우는 '0'으로 코드화하였다.

5) 보건복지 관련 대상

보건복지 관련 대상은 주제분석과 요인분석 과정을 거쳐 '가족(모녀, 부자, 가족, 할머니, 자식들, 아이), 청소년(아동, 청소년), 환자, 의사, 저소득층(저소득층, 취약계층, 기초생활수급자, 소외계층, 빈곤층), 장애인(장애인, 노약자), 여성, 노동자(노동자, 노동자들, 근로자), 서민(서민, 서민들), 중산층, 노인(노인들, 노인, 어르신들, 어르신), 피해자, 공무원(공무원, 군인), 비정규직, 학생(대학생, 학생, 청년), 노숙자(노숙자, 노숙자들), 외국인'의 17개 대상으로 정의하였다. 정의된 모든 대상은 해당 대상이 있는 경우는 '1', 없는 경우는 '0'으로 코드화하였다.

6) 보건복지 관련 분야

보건복지 관련 분야는 주제분석 과정을 거쳐 '주거(주거복지, 주거안정), 교육, 사회복지, 보건의료, 경제, 문화, 환경, 통일, 가정, 노동, 보육, 범죄, 안보, 다문화'의 14개로 정의하였다. 정의된 모든 분야는 해당 분야가 있는 경우는 '1', 없는 경우는 '0'으로 코드화하였다.

7) 보건복지 관련 주요 이슈

보건복지 관련 주요 이슈는 주제분석과 요인분석 과정을 거쳐 '중증질환, 의료비, 담배, 건강, 일자리(일자리, 취업), 의료수가, 자살, 등록금(등록금, 학자금), 세금, 행복지수(행복지수, 국민행복지수), 개인정보, 부동산, 정규직, 위안부, 결혼, 출산율, 양극화, 성폭행, 반려동물'의 19개 이슈로 정의하였다. 정의된 모든 이슈는 해당 대상이 있는 경우는 '1', 없는 경우는 '0'으로 코드화하였다.

② 연구도구 만들기(주제분석, 요인분석)

1. 보건복지 감정 주제분석 및 요인분석

- 보건복지 감정은 주제분석을 통하여 총 59개(지원, 필요, 문제, 반대, 추진, 운영, 가능, 진행, 행복, 계획, 주장, 확대, 관심, 도움, 방문, 실시, 이용, 마련, 다양, 노력, 확인, 개선, 참여, 발표, 혜택, 지적, 중요, 논란, 기부, 사용, 최고, 폐지, 규제, 시행, 준비, 신청, 예정, 강화, 도입, 부담, 정의, 비판, 저지, 실현, 추천, 거짓말, 축소, 걱정, 증가, 부족, 어려움, 복지잔치, 억울, 무시, 소중, 외면, 신속, 최우선, 눈물) 키워드로 분류되었다.
- 따라서 59개 키워드(변수)에 대한 요인분석을 통하여 변수를 축약해야 한다.

1-1. 보건복지 감정요인 1차 요인분석

1단계: 데이터파일을 불러온다(분석파일: 보건복지빅데이터_감정요인.sav).

2단계: [분석]→[차원감소]→[요인분석]→[변수: 지원~눈물]을 선택한다.

3단계: [요인회전]→[베리멕스]를 지정한다.

4단계: [옵션]→[계수출력형식: 크기순 정렬, 작은 계수 표시 안 함]을 지정한다.

5단계: 결과를 확인한다.

    - 59개의 감정변수가 총 18개의 요인(고유값 1 이상)으로 축약되었다.

 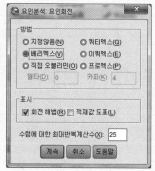 

- 1차 요인분석 결과

회전된 성분행렬[a]

	성분											
	1	2	3	4	5	6	7	8	9	10	11	12
운영	.496			.125								
지원	.485	.102		.199								
계획	.484						.337					
예정	.482			.152								
강화	.482			-.105		.120	.176			.135		
실시	.468									.105	.109	
확대	.421					.244	.205					
다양	.421	.328			.147							
마련	.416	.105	.115							-.118		

결과 해석 회전된 성분행렬 분석결과 운영요인(운영, 지원, 계획, 예정, 강화, 실시, 확대, 다양, 마련), 진행요인(진행, 관심, 중요, 노력, 준비, 필요, 추천), 축소요인(복지잔치, 축소, 폐지, 혜택), 이용요인(신청, 가능, 이용), 도움요인(어려움, 도움, 행복), 부족요인(주장, 시행, 문제, 부족, 증가, 지적), 도입요인(도입, 추진), 반대요인(반대, 거짓말), 논란요인(논란, 비판), 최고요인(최고, 확인, 사용, 신속), 개선요인(방문, 개선), 정의요인(정의, 걱정, 실현), 규제요인(규제, 발표), 저지요인(저지, 참여), 무시요인(무시, 눈물), 억울요인(억울, 외면), 기부요인(기부), 소중요인(소중)으로 결정되었다.

- 1차 요인분석 결과로 결정된 18개 요인을 축약하기 위해 각 요인에 포함된 변수를 합산한 후, 이분형 변수변환을 실시한다.

```
compute 운영요인=운영+ 지원+ 계획+ 예정+강화+ 실시+확대+
다양+ 마련.
compute 진행요인=진행+ 관심+ 중요+ 노력+준비+ 필요+추천.
compute 축소요인=복지잔치+ 축소+ 폐지+ 혜택.
compute 이용요인=신청+ 가능+ 이용.
compute 도움요인=어려움+ 도움+ 행복.
compute 부족요인=주장+ 시행+ 문제+ 부족+ 증가+ 지적.
compute 도입요인=도입+ 추진.
compute 반대요인=반대+ 거짓말.
compute 논란요인=논란+ 비판.
compute 최고요인=최고+ 확인+ 사용+ 신속.
compute 개선요인=방문+ 개선.
compute 정의요인=정의+ 걱정+ 실현.
compute 규제요인=규제+ 발표.
compute 저지요인=저지+ 참여.
compute 무시요인=무시+ 눈물.
compute 억울요인=억울+ 외면.
compute 기부요인=기부.
compute 소중요인=소중.
execute.

compute n운영요인=0.
if(운영요인 ge 1) n운영요인=1.
compute n진행요인=0.
if(진행요인 ge 1) n진행요인=1.
compute n축소요인=0.
if(축소요인 ge 1) n축소요인=1.
compute n이용요인=0.
```

```
if(이용요인 ge 1) n이용요인=1.
compute n도움요인=0.
if(도움요인 ge 1) n도움요인=1.
compute n부족요인=0.
if(부족요인 ge 1) n부족요인=1.
compute n도입요인=0.
if(도입요인 ge 1) n도입요인=1.
compute n반대요인=0.
if(반대요인 ge 1) n반대요인=1.
compute n논란요인=0.
if(논란요인 ge 1) n논란요인=1.
compute n최고요인=0.
if(최고요인 ge 1) n최고요인=1.
compute n개선요인=0.
if(개선요인 ge 1) n개선요인=1.
compute n정의요인=0.
if(정의요인 ge 1) n정의요인=1.
compute n규제요인=0.
if(규제요인 ge 1) n규제요인=1.
compute n저지요인=0.
if(저지요인 ge 1) n저지요인=1.
compute n무시요인=0.
if(무시요인 ge 1) n무시요인=1.
compute n억울요인=0.
if(억울요인 ge 1) n억울요인=1.
compute n기부요인=0.
if(기부요인 ge 1) n기부요인=1.
compute n소중요인=0.
if(소중요인 ge 1) n소중요인=1.
execute.
```

※ 상기 명령문(보건복지_감정.sps)을 실행하면 18개의 이분형 요인(n운영요인~n소중요인)이 생성된다.

1-2. 보건복지 감정요인 2차 요인분석

• 새로 생성된 18개의 이분형 요인(n운영요인~n소중요인)에 대해 2차 요인분석을 실시하여 축약한다.

1단계: 데이터파일을 불러온다(분석파일: 보건복지빅데이터_감정요인.sav).
2단계: [분석]→[차원감소]→[요인분석]→[변수: n운영요인~n소중요인]을 선택한다.
3단계: [요인회전]→[베리멕스]를 지정한다.
4단계: [옵션]→[계수출력형식: 크기순 정렬, 작은 계수 표시 안 함]을 지정한다.
5단계: 결과를 확인한다.
   - 해석: 18개의 감정요인이 총 5개의 요인(고유값 1 이상)으로 축약되었다.

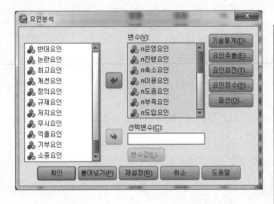

회전된 성분행렬

	성분				
	1	2	3	4	5
n진행요인	.623	.153		.110	
n도움요인	.608				
n최고요인	.580				
n이용요인	.569	.113		.108	-.130
n운영요인	.446	.432		.125	-.218
n도입요인		.598	.144	.111	-.131
n규제요인		.596			.210
n개선요인	.242	.513	-.141		
n반대요인			.620		
n논란요인	-.105		.572	.115	-.162
n무시요인	.233	-.164	.417	-.121	.269
n부족요인	.310	.247	.319		-.115
n정의요인	.215		.283		.169
n기부요인		-.186		.772	
n저지요인		.250	.122	.603	
n축소요인	.227		.128	-.113	-.700
n소중요인	.203				.393
n억울요인		.102	.204	-.115	.335

결과 해석 회전된 성분행렬 분석결과 진행운영요인(운영, 지원, 계획, 예정, 강화, 실시, 확대, 진행, 이용, 사용), 부족반대요인(문제, 지적, 반대, 거짓말, 논란, 비판, 걱정), 도입개선요인(도입, 추진), 참여기부요인(참여), 억울외면요인(억울, 외면)으로 결정되었다.

   - 2차 요인분석 결과로 결정된 5개 요인(진행운영요인~억울외면요인)의 각 요인에 포함된 변수를 합산한 후 이분형 변수변환을 실시한다(명령문: 보건복지_감정.sps).

compute 진행운영요인=운영+ 지원+ 계획+ 예정+ 강화+실시+ 확대+진행+이용+사용.
compute 부족반대요인=문제+지적+반대+거짓말+논란+ 비판+걱정.
compute 도입개선요인=도입+ 추진.
compute 참여기부요인=참여.
compute 억울외면요인=억울+ 외면.
execute.
	compute n진행운영요인=0.
	if(진행운영요인 ge 1) n진행운영요인 =1.
	compute n부족반대요인=0.
	if(부족반대요인 ge 1) n부족반대요인 =1.
	compute n도입개선요인=0.
	if(도입개선요인 ge 1) n도입개선요인 =1.
	compute n참여기부요인=0.
	if(참여기부요인 ge 1) n참여기부요인 =1.
	compute n억울외면요인=0.
	if(억울외면요인 ge 1) n억울외면요인 =1.
	execute.

1-3. 보건복지 감정 감성분석

- 2차 요인분석 결과 5개 요인으로 결정된 주제어의 의미를 파악하여 '찬성, 반대'로 감성분석을 실시해야 한다. 일반적으로 감성분석은 긍정과 부정의 감성어 사전으로 분석해야 하나, 본 연구에서는 요인분석 결과로 분류된 주제어의 의미를 파악하여 감성분석을 실시하였다.

- 본 연구에서는 찬성요인(운영, 지원, 계획, 예정, 강화, 실시, 확대, 진행, 이용, 사용, 도입, 추진, 참여)과 반대요인(문제, 지적, 반대, 거짓말, 논란, 비판, 걱정, 억울, 외면)으로 분류하였다.

- 최종 보건복지정책의 감정은 nattitute(0: 반대, 1: 찬성)로 분류하였다.

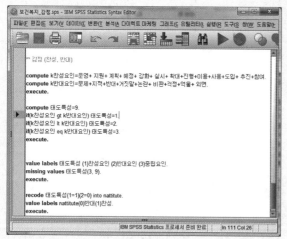

※ 명령문 이해하기
- compute(감정변수 생성)
- if(조건문 감정변수 생성)
- value label(변수값)
- recode(변수값 그룹) into(변수생성)
- execute.(실행)

※ 좌측 명령문(보건복지_감정.sps)을 전체 선택하여 실행(▶)하면 nattitude 변수가 생성된다.

2. 보건복지정책의 주제분석 및 요인분석

- 보건복지정책은 주제분석을 통하여 총 57개(민영화, 의료민영화, 포괄수가제, 경제민주화, 증세, 방만경영, 과다복지, 맞춤형, 포퓰리즘, 기초연금, 행복온도, 국민연금, 원격의료, 민간보험, 노동제도, 희망누리, 의료영리화, 철도민영화, 건강보험, 연금, 무상급식, 4대강, 의료상업화, 퇴직연금, 세법개정안, 반값등록금, 원격진료, 최저생계비, 육아휴직, 무상보육, 국민건강보험, 무상복지, 새마을운동, 보건휴가, 무상의료, 출산휴가, 최저임금, 복지카드, 기초생활수급권, 하향평준화, 게임중독법, 산재보험, 부자감세, 근로자가요제, 부자증세, 보조금, 중독법, 복리후생비, 인증제, 법인약국, 기초생활보장, 양육수당, 전세대책, 서민정책, 보건증, 박근혜기초연금법, 소득증대) 키워드로 분류되었다.
- 따라서 57개 키워드(변수)에 대한 요인분석을 통하여 변수를 축약한다.

2-1. 보건복지정책 1차 요인분석

1단계: 데이터파일을 불러온다(분석파일: 보건복지빅데이터_정책요인.sav).

2단계: [분석]→[차원감소]→[요인분석]→[변수: 민영화~소득증대]를 선택한다.

3단계: [요인회전]→[베리멕스]를 지정한다.

4단계: [옵션]→[계수출력형식: 크기순 정렬, 작은 계수 표시 안 함]을 지정한다.

5단계: 결과를 확인한다.

- 57개의 감정변수가 총 28개의 요인(고유값 1 이상)으로 축약되었다.

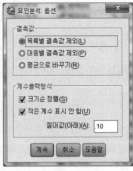

	성분														
	1	2	3	4	5	6	7	8	9	10	11	12	13	14	15
박근혜기초연금법	.962														
소득증대	.953														
최저임금	.818														
출산휴가		.905													
보건휴가		.893													
특아휴직		.850													
전세대책			.982												
서민정책			.981												
방만경영				.961											
과다복지				.961											
국민건강보험					.858										
민간보험					.846										
희망누리						.888									
퇴직연금						.888									
기초연금							.874								
국민연금	.334						.772						.127		
증세								.852							
세법개정안								.851							
철도민영화									.756						
민영화									.663					.199	
의료민영화			.226		.343				.589	.135	.175				
법인약국										.624					
의료영리화										.622					
원격진료										.534					
원격의료									.134	.532					

결과 해석 회전된 성분행렬 분석결과 최저임금요인(최저임금), 육아휴직요인(출산휴가, 보건휴가, 육아휴직), 전세대책요인(전세대책, 서민정책), 과다복지요인(방만경영, 과다복지), 건강보험요인(국민건강보험, 민간보험, 건강보험), 퇴직연금요인(희망누리, 퇴직연금), 기초연금요인(기초연금, 박근혜기초연금법), 국민연금요인(국민연금), 증세요인(증세, 세법개정안), 의료민영화요인(민영화, 의료민영화), 원격진료요인(법인약국, 의료영리화, 원격진료, 원격의료), 포괄수가제요인(포괄수가제, 의료상업화), 기초생활보장요인(기초생활보장, 기초생활수급권), 최저생계비요인(최저생계비), 산재보험요인(산재보험), 무상보육요인(무상보육), 무상의료요인(무상의료), 무상급식요인(무상급식), 맞춤형 요인(맞춤형), 사대강요인(4대강), 반값등록금요인(반값등록금), 양육수당요인(양육수당, 보조금), 중독법요인(중독법, 게임중독법), 경제민주화 요인(경제민주화), 부자증세요인(부자증세, 부자감세), 복리후생비요인(복리후생비, 복지카드), 새마을운동요인(새마을운동), 행복온도요인(행복온도)으로 결정되었다.

- 1차 요인분석 결과로 결정된 28개 요인을 축약하기 위해 각 요인에 포함된 변수를 합산한 후 이분형 변수변환을 실시한다.

```
compute 최저임금요인=최저임금.
compute 육아휴직요인=출산휴가+보건휴가+육아휴직.
compute 전세대책요인=전세대책+서민정책.
compute 과다복지요인=방만경영+과다복지.
compute 건강보험요인=국민건강보험+민간보험+건강보험.
compute 퇴직연금요인=희망누리+퇴직연금.
compute 기초연금요인=기초연금+박근혜기초연금법.
compute 국민연금요인=국민연금.
compute 증세요인=증세+세법개정안.
compute 의료민영화요인=민영화+의료민영화.
compute 원격진료요인=법인약국+의료영리화+원격진료+원격의료.
compute 포괄수가제요인=포괄수가제+의료상업화.
compute 기초생활보장요인=기초생활보장+기초생활수급권.

compute 최저생계비요인=최저생계비.
compute 산재보험요인=산재보험.
compute 무상보육요인=무상보육.
compute 무상의료요인=무상의료.
compute 무상급식요인=무상급식.
compute 맞춤형요인=맞춤형.
compute 사대강요인=@4대강.
compute 반값등록금요인=반값등록금.
compute 양육수당요인=양육수당+보조금.
compute 중독법요인=중독법+게임중독법.
compute 경제민주화요인=경제민주화.
compute 부자증세요인=부자증세+부자감세.
compute 복리후생비요인=복리후생비+복지카드.
compute 새마을운동요인=새마을운동.
compute 행복온도요인=행복온도.
execute.
```

```
compute n최저임금요인=0.
if(최저임금요인 ge 1) n최저임금요인=1.
compute n육아휴직요인=0.
if(육아휴직요인 ge 1) n육아휴직요인=1.
compute n전세대책요인=0.
if(전세대책요인 ge 1) n전세대책요인=1.
compute n과다복지요인=0.
if(과다복지요인 ge 1) n과다복지요인=1.
compute n건강보험요인=0.
if(건강보험요인 ge 1) n건강보험요인=1.
compute n퇴직연금요인=0.
if(퇴직연금요인 ge 1) n퇴직연금요인=1.
compute n기초연금요인=0.
if(기초연금요인 ge 1) n기초연금요인=1.
compute n국민연금요인=0.
if(국민연금요인 ge 1) n국민연금요인=1.
compute n증세요인=0.
if(증세요인 ge 1) n증세요인=1.
compute n의료민영화요인=0.
if(의료민영화요인 ge 1) n의료민영화요인=1.
compute n원격진료요인=0.
if(원격진료요인 ge 1) n원격진료요인=1.
compute n포괄수가제요인=0.
if(포괄수가제요인 ge 1) n포괄수가제요인=1.
compute n기초생활보장요인=0.
if(기초생활보장요인 ge 1) n기초생활보장요인=1.
compute n최저생계비요인=0.
if(최저생계비요인 ge 1) n최저생계비요인=1.
compute n산재보험요인=0.

if(산재보험요인 ge 1) n산재보험요인=1.
compute n무상보육요인=0.
if(무상보육요인 ge 1) n무상보육요인=1.
compute n무상의료요인=0.
if(무상의료요인 ge 1) n무상의료요인=1.
compute n무상급식요인=0.
if(무상급식요인 ge 1) n무상급식요인=1.
compute n맞춤형요인=0.
if(맞춤형요인 ge 1) n맞춤형요인=1.
compute n사대강요인=0.
if(사대강요인 ge 1) n사대강요인=1.
compute n반값등록금요인=0.
if(반값등록금요인 ge 1) n반값등록금요인=1.
compute n양육수당요인=0.
if(양육수당요인 ge 1) n양육수당요인=1.
compute n중독법요인=0.
if(중독법요인 ge 1) n중독법요인=1.
compute n경제민주화요인=0.
if(경제민주화요인 ge 1) n경제민주화요인=1.
compute n부자증세요인=0.
if(부자증세요인 ge 1) n부자증세요인=1.
compute n복리후생비요인=0.
if(복리후생비요인 ge 1) n복리후생비요인=1.
compute n새마을운동요인=0.
if(새마을운동요인 ge 1) n새마을운동요인=1.
compute n행복온도요인=0.
if(행복온도요인 ge 1) n행복온도요인=1.
execute.
```

※ 상기 명령문(보건복지_정책.sps)을 실행하면 28개의 이분형 요인(n최저임금요인~n행복온도요인)이 생성된다.

- 새로 생성된 28개의 이분형 요인(n최저임금요인~n행복온도요인)에 대해 2차 요인분석을 실시하여 축약한다.

1단계: 데이터파일을 불러온다(분석파일: 보건복지빅데이터_정책요인.sav).

2단계: [분석]→[차원감소]→[요인분석]→[변수: n최저임금요인~n행복온도요인]을 선택한다.

3단계: [요인회전]→[베리멕스]를 지정한다.

4단계: [옵션]→[계수출력형식: 크기순 정렬, 작은 계수 표시 안 함]을 지정한다.

5단계: 결과를 확인한다.

　- 28개의 감정요인이 총 13개의 요인(고유값 1 이상)으로 축약되었다.

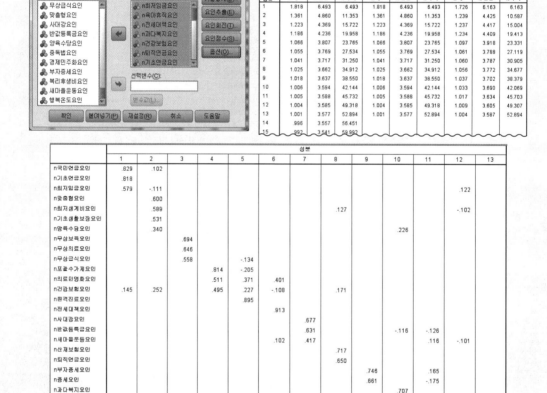

설명된 총분산

성분	초기 고유값			추출 제곱합 적재값			회전 제곱합 적재값		
	합계	%분산	%누적	합계	%분산	%누적	합계	%분산	%누적
1	1.818	6.493	6.493	1.818	6.493	6.493	1.726	6.163	6.163
2	1.361	4.860	11.353	1.361	4.860	11.353	1.239	4.425	10.587
3	1.223	4.369	15.722	1.223	4.369	15.722	1.237	4.417	15.004
4	1.186	4.236	19.958	1.186	4.236	19.958	1.234	4.409	19.413
5	1.066	3.807	23.765	1.066	3.807	23.765	1.097	3.918	23.331
6	1.055	3.769	27.534	1.055	3.769	27.534	1.061	3.788	27.119
7	1.041	3.717	31.250	1.041	3.717	31.250	1.060	3.787	30.905
8	1.025	3.662	34.912	1.025	3.662	34.912	1.056	3.772	34.677
9	1.018	3.637	38.550	1.018	3.637	38.550	1.037	3.702	38.379
10	1.006	3.594	42.144	1.006	3.594	42.144	1.033	3.690	42.069
11	1.005	3.588	45.732	1.005	3.588	45.732	1.017	3.634	45.703
12	1.004	3.585	49.318	1.004	3.585	49.318	1.009	3.605	49.307
13	1.001	3.577	52.894	1.001	3.577	52.894	1.004	3.587	52.894
14	.996	3.557	56.451						
15	.992	3.541	59.992						

	성분												
	1	2	3	4	5	6	7	8	9	10	11	12	13
n국민연금요인	.829	.102											
n기초연금요인	.818												
n최저임금요인	.579	-.111										.122	
n맞춤형요인		.600											
n최저생계비요인		.589						.127				-.102	
n기초생활보장요인		.531											
n양육수당요인		.340								.226			
n무상보육요인			.694										
n무상의료요인			.646										
n무상급식요인			.558		-.134								
n표준수가제요인				.814	-.205								
n의료민영화요인				.511	.371	.401							
n건강보험요인	.145	.252		.495	.227	-.108		.171					
n원격진료요인					.895								
n전세대책요인						.913							
n사대강요인							.677						
n반값등록금요인							.631			-.116	-.126		
n새마을운동요인						.102	.417				.116	-.101	
n산재보험요인								.717					
n퇴직연금요인								.650					
n부자증세요인									.746		.165		
n종세요인									.661		-.175		
n과다복지요인										.707			
n복리후생비요인										.492			
n경제민주화요인					-.127					-.254	-.700		-.201
n행복온도요인					-.145			-.106	-.106	-.355	.655		-.278
n육아휴직요인												.952	
n중독법요인										-.102			.930

결과 해석 회전된 성분행렬 분석결과 15개 요인(13개 요인으로 분류되었으나 양육수당요인과 건강보험요인은 별도로 분류하였다.), 즉 연금(기초연금, 국민연금), 기초생활(최저생계비, 기초생활보장, 기초생활수급권), 양육수당(양육수당, 보조금, 맞춤형), 무상정책(무상보육, 무상의료, 무상급식), 의료민영화(포괄수가제, 의료상업화, 민영화, 의료민영화), 건강보험(국민건강보험, 민간보험, 건강보험), 원격의료(법인약국, 의료영리화, 원격의료), 전세대책(전세대책, 서민정책), 반값등록금(반값등록금, 4대강), 퇴직연금(희망누리, 퇴직연금, 산재보험), 증세(증세, 세법개정안, 부자증세, 부자감세), 과다복지(방만경영, 과다복지, 복리후생비, 복지카드), 행복온도, 육아휴직(출산휴가, 보건휴가, 육아휴직), 중독법(중독법, 게임중독법)으로 결정되었다.

2-3 분석방법

본 연구에서는 한국의 보건복지정책 수요를 설명하는 가장 효율적인 예측모형을 구축하기 위해 특별한 통계적 가정이 필요하지 않은 데이터마이닝의 의사결정나무 분석방법을 사용하였다. 데이터마이닝의 의사결정나무 분석은 방대한 자료 속에서 종속변인을 가장 잘 설명하는 예측모형을 자동적으로 산출해 줌으로써 각기 다른 속성을 가진 보건복지정책 수요에 대한 요인을 쉽게 파악할 수 있다. 본 연구의 의사결정나무 형성을 위한 분석 알고리즘은 CHAID(Chi-squared Automatic Interaction Detection)[14]를 사용하였다. CHAID는 이산형인 종속변수의 분리기준으로 카이제곱(χ^2) 검정을 사용하며, 모든 가능한 조합을 탐색하여 최적분리를 찾는다. 정지규칙(stopping rule)으로 관찰값이 충분하여 상위 노드(부모마디)의 최소 케이스 수는 100으로, 하위 노드(자식마디)의 최소 케이스 수는 50으로 설정하였고, 나무깊이는 3 수준으로 정하였다. 본 연구의 기술분석, 다중응답분석, 로지스틱 회귀분석, 의사결정나무 분석은 SPSS 22.0을 사용하였다.

---

14. Kass, G. (1980). An exploratory technique for investigating large quantities of categorical data. *Applied Statistics*, **292**, pp. 119-127.

3-1 보건복지 관련 분야 버즈 현황

보건복지 관련 수요는 찬성의 감정을 가진 버즈가 62.6%로 나타났다. 보건복지 관련 주요 정책으로는 의료민영화의 버즈가 40.3%로 가장 높게 나타났으며, 증세(8.8%), 양육수당(7.8%),

[표 7-1] 보건복지 관련 버즈 현황

구분	항목	N(%)	구분	항목	N(%)	구분	항목	N(%)
이슈	중증질환	266(1.9)	정책	연금	1,419(6.8)	수요	반대	9,912(37.4)
	의료비	823(5.8)		기초생활	693(3.3)		찬성	16,594(62.6)
	담배	283(2.0)		양육수당	1,644(7.8)		계	26,506
	건강	2,345(16.4)		무상정책	968(4.6)	민간 기관	요양병원	902(5.8)
	일자리	2,970(20.8)		의료민영화	8,456(40.3)		관련협회	2,430(15.6)
	의료수가	154(1.1)		건강보험	1,322(6.3)		기업	5,104(32.8)
	자살	844(5.9)		원격의료	1,573(7.5)		대학	2,592(16.6)
	등록금	502(3.5)		전세대책	117(0.6)		시민단체	1,982(12.7)
	세금	2,245(15.7)		반값등록금	705(3.4)		사회복지시설	2,563(16.5)
	행복지수	499(3.5)		퇴직연금	855(4.1)		계	15,573
	개인정보	307(2.1)		증세	1,856(8.8)	대상	가족	4,300(15.2)
	부동산	356(2.5)		행복온도	733(3.5)		청소년	1,516(5.4)
	정규직	262(1.8)		육아휴직	366(1.7)		환자	1,310(4.6)
	위안부	239(1.7)		중독법	267(1.3)		의사	1,063(3.8)
	결혼	909(6.4)		계	20,974		저소득층	2,511(8.9)
	출산율	662(4.6)	분야	주거	429(2.0)		장애인	2,166(7.7)
	양극화	205(1.4)		교육	4,019(19.2)		여성	1,514(5.4)
	성폭행	240(1.7)		사회복지	3,790(18.1)		노동자	1,838(6.5)
	반려동물	182(1.3)		보건의료	3,299(15.7)		서민	1,473(5.2)
	계	14,293		경제	2,884(13.8)		중산층	278(1.0)
공공 기관	국회	2,183(7.0)		문화	1,458(7.0)		노인	4,400(15.5)
	보건복지부	10,041(32.1)		환경	1,297(6.2)		피해자	250(0.9)
	청와대	10,778(34.4)		통일	870(4.1)		공무원	2,652(9.4)
	고용여성부	488(1.6)		가정	1,019(4.9)		비정규직	417(1.5)
	공기업	5,469(17.5)		노동	802(3.8)		학생	1,591(5.6)
	교육농림부	468(1.5)		보육	427(2.0)		외국인	501(1.8)
	지자체	1,890(6.0)		범죄	241(1.1)		노숙자요인	516(1.8)
	계	31,317		안보	233(1.1)		계	28,296
				다문화	197(0.9)			
				계	20,965			

원격의료(7.5%), 연금(6.8%), 건강보험(6.3%)의 순으로 나타났다. 보건복지 관련 주요 이슈로는 일자리의 버즈가 20.8%로 가장 높게 나타났으며, 건강(16.4%), 세금(15.7), 결혼(6.4%), 자살(5.9), 의료비(5.8%), 출산율(4.6%) 등의 순으로 나타났다. 보건복지 관련 분야의 버즈로는 교육(19.2%), 사회복지(18.1%), 보건의료(15.7%), 경제(13.8%), 문화(7.0%), 환경(6.2%), 가정(4.9%) 등의 순으로 나타났다. 보건복지 관련 대상의 버즈로는 노인(15.5%), 가족(15.2%), 공무원(9.4%), 저소득층(8.9%), 장애인(7.7%), 노동자(6.5%), 학생(5.6%) 등의 순으로 나타났다. 보건복지 관련 공공기관의 버즈로는 청와대(34.4%), 보건복지부(32.1%), 공기업(17.5%), 국회(7.0%), 지자체(6.0%) 등의 순으로 나타났다. 보건복지 관련 민간기관의 버즈로는 기업(32.8%), 대학(16.6%), 사회복지시설(16.5%), 관련협회(15.6%) 등의 순으로 나타났다.

[표 7-2]와 같이 청와대와 관련한 정책 버즈는 의료민영화, 증세, 연금, 원격의료, 양육수당 등의 순으로 나타났다. 국회와 관련한 정책 버즈는 의료민영화, 연금, 원격의료, 중독법, 양육수당, 건강보험 등의 순으로 나타났다. 보건복지부와 관련한 정책 버즈는 의료민영화, 건강보험, 행복온도, 연금, 원격의료, 양육수당 등의 순으로 나타났다. 청와대와 관련한 주요 이슈 버즈는 세금, 일자리, 의료비, 건강, 개인정보, 등록금 등의 순으로 나타났다. 국회와 관련한 주요 이슈 버즈는 일자리, 건강, 의료비, 중증질환, 세금, 담배 등의 순으로 나타났다. 보건복지부와 관련한 주요 이슈 버즈는 건강, 일자리, 중증질환, 의료비, 세금, 담배 등의 순으로 나타났다.

[표 7-3]과 같이 기업과 관련한 정책 버즈는 양육수당, 의료민영화, 연금, 건강보험, 무상정책, 원격의료 등의 순으로 나타났다. 시민단체와 관련한 정책 버즈는 의료민영화, 원격의료, 건강보험, 연금, 양육수당, 기초생활 등의 순으로 나타났다. 기업과 관련한 주요 이슈 버즈는 일자리, 건강, 세금, 결혼, 의료비, 등록금 등의 순으로 나타났다. 시민단체와 관련한 주요 이슈 버즈는 건강, 일자리, 의료비, 의료수가, 중증질환, 등록금 등의 순으로 나타났다.

[표 7-2] 공공기관별 보건복지정책 및 이슈 버즈 현황   N(%)

분야	속성	국회	보건복지부	청와대	고용여성부처	공기업	교육농림부처	지자체	합계
정책	연금	245(16.6)	615(10.0)	479(10.2)	25(11.8)	89(4.5)	14(18.9)	57(10.8)	1,524
	기초생활	61(4.1)	115(1.9)	57(1.2)	17(8.0)	45(2.3)	10(13.5)	75(14.3)	380
	양육수당	122(8.2)	268(4.3)	362(7.7)	88(41.5)	214(10.7)	17(23.0)	190(36.1)	1,261
	무상정책	59(4.0)	48(0.8)	79(1.7)	4(1.9)	92(4.6)	9(12.2)	6(1.1)	297
	의료민영화	358(24.2)	2,763(44.8)	2,484(52.7)	6(2.8)	495(24.8)	10(13.5)	58(11.0)	6,174
	건강보험	112(7.6)	893(14.5)	127(2.7)	31(14.6)	74(3.7)	7(9.5)	76(14.4)	1,320
	원격의료	218(14.7)	430(7.0)	369(7.8)	6(2.8)	19(1.0)	4(5.4)	46(8.7)	1,092
	전세대책	2(0.1)	3(0.0)	4(0.1)	1(0.5)	2(0.1)	-	-	12
	반값등록금	29(2.0)	145(2.4)	65(1.4)	2(0.9)	32(1.6)	2(2.7)	5(1.0)	280
	퇴직연금	3(0.2)	26(0.4)	9(0.2)	13(6.1)	708(35.5)	-	4(0.8)	763
	증세	92(6.2)	29(0.5)	624(13.2)	2(0.9)	184(9.2)	1(1.4)	2(0.4)	934
	행복온도	-	732(11.9)	-	-	-	-	-	732
	육아휴직	13(0.9)	21(0.3)	54(1.1)	15(7.1)	38(1.9)	-	7(1.3)	148
	중독법	166(11.2)	82(1.3)	2(0.0)	2(0.9)	-	-	-	252
	계	1,480	6,170	4,715	212	1,992	74	526	15,169
이슈	중증질환	63(10.0)	151(9.4)	72(3.5)	22(7.3)	50(5.6)	-	51(8.0)	409
	의료비	76(12.0)	142(8.8)	326(16.1)	12(4.0)	131(14.7)	2(1.8)	83(13.0)	772
	담배	43(6.8)	96(6.0)	25(1.2)	1(0.3)	27(3.0)	-	30(4.7)	222
	건강	103(16.3)	376(23.4)	121(6.0)	54(18.0)	83(9.3)	29(26.4)	236(36.9)	1,002
	일자리	123(19.4)	339(21.1)	423(20.8)	154(51.3)	127(14.2)	37(33.6)	117(18.3)	1,320
	의료수가	16(2.5)	34(2.1)	16(0.8)	-	3(0.3)	2(1.8)	1(0.2)	72
	자살	14(2.2)	32(2.0)	70(3.4)	5(1.7)	7(0.8)	2(1.8)	9(1.4)	139
	등록금	17(2.7)	28(1.7)	76(3.7)	4(1.3)	154(17.3)	14(12.7)	14(2.2)	307
	세금	52(8.2)	126(7.9)	548(27.0)	7(2.3)	192(21.5)	5(4.5)	16(2.5)	946
	행복지수	1(0.2)	2(0.1)	4(0.2)	-	1(0.1)	-	-	8
	개인정보	31(4.9)	57(3.6)	99(4.9)	6(2.0)	27(3.0)	4(3.6)	20(3.1)	244
	부동산	14(2.2)	28(1.7)	41(2.0)	4(1.3)	17(1.9)	1(0.9)	7(1.1)	112
	정규직	15(2.4)	18(1.1)	33(1.6)	4(1.3)	21(2.4)	2(1.8)	7(1.1)	100
	위안부	8(1.3)	20(1.2)	9(0.4)	5(1.7)	4(0.4)	2(1.8)	8(1.3)	56
	결혼	24(3.8)	76(4.7)	70(3.4)	13(4.3)	27(3.0)	4(3.6)	18(2.8)	232
	출산율	5(0.8)	21(1.3)	16(0.8)	3(1.0)	3(0.3)	2(1.8)	10(1.6)	60
	양극화	17(2.7)	16(1.0)	61(3.0)	2(0.7)	12(1.3)	3(2.7)	-	111
	성폭행	11(1.7)	43(2.7)	20(1.0)	3(1.0)	5(0.6)	1(0.9)	10(1.6)	93
	반려동물	-	-	-	1(0.3)	1(0.1)	-	2(0.3)	4
	계	633	1,605	2,030	300	892	110	639	6,209

[표 7-3] 민간기관별 보건복지정책 및 이슈 버즈 현황   N(%)

분야	속성	요양병원	관련협회	기업	대학	시민단체	사회복지시설	합계
정책	연금	57(10.4)	18(1.1)	136(12.7)	81(16.4)	97(8.4)	20(9.8)	409
	기초생활	44(8.1)	-	51(4.8)	47(9.5)	44(3.8)	19(9.3)	205
	양육수당	87(15.9)	14(0.9)	213(19.9)	103(20.9)	90(7.8)	118(57.6)	625
	무상정책	8(1.5)	10(0.6)	90(8.4)	39(7.9)	31(2.7)	13(6.3)	191
	의료민영화	76(13.9)	1,071(65.0)	183(17.1)	29(5.9)	325(28.3)	8(3.9)	1,692
	건강보험	131(24.0)	93(5.6)	102(9.6)	76(15.4)	199(17.3)	13(6.3)	614
	원격의료	111(20.3)	436(26.5)	83(7.8)	11(2.2)	284(24.7)	-	925
	전세대책	-	-	4(0.4)	1(0.2)	3(0.3)	-	8
	반값등록금	15(2.7)	1(0.1)	38(3.6)	31(6.3)	17(1.5)	-	102
	퇴직연금	9(1.6)	-	50(4.7)	14(2.8)	15(1.3)	7(3.4)	95
	증세	2(0.4)	4(0.2)	70(6.6)	41(8.3)	22(1.9)	7(3.4)	146
	육아휴직	6(1.1)	-	46(4.3)	21(4.3)	11(1.0)	-	84
	중독법	-	-	2(0.2)	-	12(1.0)	-	14
	계	546	1,647	1,068	494	1,150	205	5,110
이슈	중증질환	63(10.8)	17(6.4)	36(2.1)	43(3.6)	53(4.6)	8(2.9)	220
	의료비	104(17.9)	64(24.2)	111(6.6)	71(6.0)	205(17.8)	18(6.6)	573
	담배	27(4.6)	11(4.2)	38(2.3)	42(3.5)	27(2.3)	2(0.7)	147
	건강	158(27.1)	60(22.7)	265(15.8)	198(16.7)	267(23.2)	62(22.8)	1,010
	일자리	101(17.4)	35(13.3)	417(24.9)	376(31.7)	261(22.7)	80(29.4)	1,270
	의료수가	19(3.3)	28(10.6)	15(0.9)	3(0.3)	82(7.1)	0(0.0)	147
	자살	4(0.7)	6(2.3)	18(1.1)	26(2.2)	25(2.2)	9(3.3)	88
	등록금	16(2.7)	-	90(5.4)	167(14.1)	44(3.8)	6(2.2)	323
	세금	12(2.1)	10(3.8)	233(13.9)	61(5.1)	43(3.7)	18(6.6)	377
	행복지수	-		5(0.3)	4(0.3)	2(0.2)	1(0.4)	12
	개인정보	24(4.1)	7(2.7)	26(1.6)	17(1.4)	25(2.2)	16(5.9)	115
	부동산	1(0.2)	-	61(3.6)	29(2.4)	13(1.1)	5(1.8)	109
	정규직	10(1.7)	2(0.8)	53(3.2)	24(2.0)	20(1.7)	2(0.7)	111
	위안부	5(0.9)	6(2.3)	32(1.9)	23(1.9)	7(0.6)	2(0.7)	75
	결혼	13(2.2)	5(1.9)	162(9.7)	59(5.0)	33(2.9)	8(2.9)	280
	출산율	9(1.5)	-	21(1.3)	8(0.7)	13(1.1)	2(0.7)	53
	양극화	14(2.4)	9(3.4)	36(2.1)	21(1.8)	19(1.6)	3(1.1)	102
	성폭행	2(0.3)	4(1.5)	51(3.0)	13(1.1)	11(1.0)	29(10.7)	110
	반려동물	-	-	5(0.3)	2(0.2)	2(0.2)	1(0.4)	10
	계	582	264	1,675	1,187	1,152	272	5,132

❸ 보건복지 버즈 현황(빈도분석, 다중응답 빈도분석)

- [표 7-1]과 같이 보건복지 버즈 현황을 작성한다.
- 빈도분석을 실행한다.

1단계: 데이터파일을 불러온다(분석파일: 보건복지빅데이터_최종.sav).

2단계: [분석]→[기술통계량]→[빈도분석]→[변수: 수요(nattitude)]를 선택한다.

3단계: 결과를 확인한다.

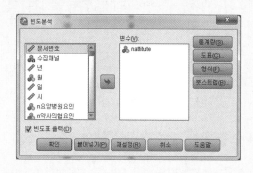

nattitute 수요예측

		빈도	퍼센트	유효 퍼센트	누적퍼센트
유효	.00 반대	9912	8.9	37.4	37.4
	1.00 찬성	16594	14.9	62.6	100.0
	합계	26506	23.7	100.0	
결측	시스템 결측값	85099	76.3		
합계		111605	100.0		

- 다중응답 빈도분석을 실행한다(사례: 이슈).

1단계: 데이터파일을 불러온다(분석파일: 보건복지빅데이터_최종.sav).

2단계: [분석]→[다중응답]→[변수군 정의]를 선택한다.

3단계: [변수군에 포함된 변수: n중증질환요인~n반려동물요인]을 선택한다.

4단계: [변수들의 코딩형식: 이분형(1), 이름: 이슈]를 지정한 후 [추가]를 선택한다.

5단계: [분석]→[다중응답]→[다중응답 빈도분석]을 선택한다.

6단계: 결과를 확인한다.

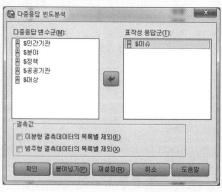

• 다중응답 빈도분석을 실행한다(사례: 정책).

1단계: 데이터파일을 불러온다(분석파일: 보건복지빅데이터_최종.sav).

2단계: [분석]→[다중응답]→[변수군 정의]를 선택한다.

3단계: [변수군에 포함된 변수: 1연금요인~1중독법요인]을 선택한다.

4단계: [변수들의 코딩형식: 이분형(1), 이름: 정책]을 지정한 후 [추가]를 선택한다.

5단계: [분석]→[다중응답]→[다중응답 빈도분석]을 선택한다.

6단계: 결과를 확인한다.

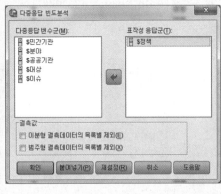

$이슈 빈도

		응답		케이스 퍼센트
		N	퍼센트	
$이슈[a]	n중증질환요인	266	1.9%	2.1%
	n의료비요인	823	5.8%	6.6%
	n담배요인	283	2.0%	2.3%
	n건강요인	2345	16.4%	18.7%
	n일자리요인	2970	20.8%	23.7%
	n의료수가요인	154	1.1%	1.2%
	n자살요인	844	5.9%	6.7%
	n등급요인	502	3.5%	4.0%
	n세금요인	2245	15.7%	17.9%
	n행복지수요인	499	3.5%	4.0%
	n개인정보요인	307	2.1%	2.4%
	n부동산요인	356	2.5%	2.8%
	n정규직요인	262	1.8%	2.1%
	n위안부요인	239	1.7%	1.9%
	n결혼요인	909	6.4%	7.3%
	n출산율요인	662	4.6%	5.3%
	n양극화요인	205	1.4%	1.6%
	n성폭행요인	240	1.7%	1.9%
	n반려동물요인	182	1.3%	1.5%
합계		14293	100.0%	114.0%

$정책 빈도

		응답		케이스 퍼센트
		N	퍼센트	
$정책[a]	1연금요인 연금	1419	6.2%	6.9%
	1기초생활요인 기초생활	693	3.0%	3.4%
	1양육수당요인 양육수당	1644	7.2%	8.0%
	1무상정책요인 무상정책	968	4.2%	4.7%
	1의료민영화요인 의료민영화	8456	36.9%	41.3%
	1건강보험요인 건강보험	1322	5.8%	6.5%
	1원격진료요인 원격의료	1573	6.9%	7.7%
	1전세대책요인 전세대책	117	0.5%	0.6%
	1반값등록금요인 반값등록금	705	3.1%	3.4%
	1퇴직연금요인 퇴직연금	855	3.7%	4.2%
	1증세요인 증세	1856	8.1%	9.1%
	1과다복지요인 과다복지	1923	8.4%	9.4%
	1행복온도요인 행복온도	733	3.2%	3.6%
	1육아휴직요인 육아휴직	366	1.6%	1.8%
	1중독법요인 중독법	267	1.2%	1.3%
합계		22897	100.0%	111.9%

④ 보건복지 관련 버즈 현황(다중응답 교차분석)

[표 7-2]와 같이 보건복지 관련 정책과 이슈의 공공기관별 버즈현황 교차표를 작성한다.

• 다중응답 교차분석을 실행한다.

1단계: 데이터파일을 불러온다(분석파일: 보건복지빅데이터_최종.sav).

2단계: [분석]→[다중응답]→[변수군 정의(이슈, 정책, 공공기관)]를 선택한다.

3단계: [분석]→[다중응답]→[교차분석]→[행: 정책·이슈, 열: 공공기관]을 지정한다.

4단계: [옵션]→[셀 퍼센트: 열, 퍼센트 계산기준: 응답]을 선택한다.

5단계: 결과를 확인한다.

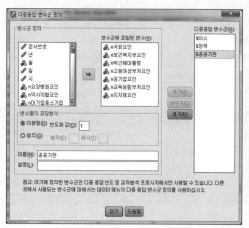 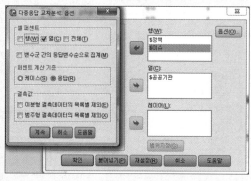

$정책*$공공기관 교차표

$정책ᵃ			n국회요인	n보건복지부요인	n박근혜대통령	n고용여성부처요인	n공기업요인	n교육농림부처요인	n지자체요인	합계
l연금요인 연금		총계	245	615	479	25	89	14	57	1524
		$공공기관 중 %	16.4%	9.9%	9.5%	11.7%	3.6%	18.9%	10.4%	
l기초생활요인 기초생활		총계	61	115	57	17	45	10	75	380
		$공공기관 중 %	4.1%	1.9%	1.1%	7.9%	1.8%	13.5%	13.7%	
l양극수당요인 양극수당		총계	122	268	362	88	214	17	190	1261
		$공공기관 중 %	8.2%	4.3%	7.2%	41.1%	8.6%	23.0%	34.8%	
l무상정책요인 무상정책		총계	59	48	79	4	92	9	6	297
		$공공기관 중 %	4.0%	0.8%	1.6%	1.9%	3.7%	12.2%	1.1%	
l의료민영화요인 의료민영화		총계	358	2763	2484	6	495	10	58	6174
		$공공기관 중 %	24.0%	44.6%	49.4%	2.8%	20.0%	13.5%	10.6%	
l건강보험요인 건강보험		총계	112	893	127	31	74	7	76	1320
		$공공기관 중 %	7.5%	14.4%	2.5%	14.5%	3.0%	9.5%	13.9%	
l원격진료요인 원격의료		총계	218	430	369	6	19	4	46	1092
		$공공기관 중 %	14.6%	6.9%	7.3%	2.8%	0.8%	5.4%	8.4%	
l전세대책요인 전세대책		총계	2	3	4	1	2	0	0	12
		$공공기관 중 %	0.1%	0.0%	0.1%	0.5%	0.1%	0.0%	0.0%	
l반값등특금요인 반값등특금		총계	29	145	65	2	32	2	5	280
		$공공기관 중 %	1.9%	2.3%	1.3%	0.9%	1.3%	2.7%	0.9%	
l퇴직연금요인 퇴직연금		총계	3	26	9	13	708	0	4	763
		$공공기관 중 %	0.2%	0.4%	0.2%	6.1%	28.6%	0.0%	0.7%	
l증세요인 증세		총계	92	29	624	2	184	1	2	934
		$공공기관 중 %	6.2%	0.5%	12.4%	0.9%	7.4%	1.4%	0.4%	
l과다복지요인 과다복지		총계	13	21	310	2	484	0	20	850
		$공공기관 중 %	0.9%	0.3%	6.2%	0.9%	19.5%	0.0%	3.7%	

3-2 보건복지정책 수요에 미치는 영향요인

보건복지정책에서 전세대책, 기초생활, 양육수당, 건강보험, 퇴직연금, 중독법, 원격의료 요인은 양(+)의 영향을 미치는 것으로 나타나, 동 요인들에 대한 찬성의 확률이 높은 것으로 나타났다. 그리고 반값등록금, 증세, 무상정책, 의료민영화, 연금 요인은 음(–)의 영향을 미치는 것으로 나타나, 동 요인들에 대한 반대의 확률이 높은 것으로 나타났다(표 7-4).

[표 7-4] 보건복지정책 수요에 미치는 영향요인*

변수	b[a)	S.E.[b)	OR(95%CI)[c)	p
연금	−0.725	0.097	0.484(0.400–0.586)	0.000
기초생활	2.696	0.312	14.813(8.031–27.324)	0.000
양육수당	2.637	0.163	13.969(10.157–19.213)	0.000
무상정책	−0.860	0.123	0.423(0.333–0.538)	0.000
의료민영화	−0.858	0.038	0.424(0.393–0.457)	0.000
건강보험	2.285	0.144	9.828(7.405–13.046)	0.000
원격의료	0.330	0.082	1.391(1.185–1.634)	0.000
전세대책	3.309	0.460	27.356(11.109–67.363)	0.000
반값등록금	−1.957	0.170	0.141(0.101–0.197)	0.000
퇴직연금	2.270	0.464	9.680(3.901–24.017)	0.000
증세	−1.488	0.094	0.226(0.188–0.271)	0.000
행복온도	0.804	1.118	2.235(0.250–20.000)	0.472
육아휴직	0.155	0.262	1.167(0.699–1.951)	0.555
중독법	0.939	0.254	2.556(1.554–4.207)	0.000
상수	0.582	0.015	1.790	0.000

주: *기준범주: 반대, [a) Standardized coefficients, [b) Standard error, [c) Adjusted odds ratio(95% Confidence Interval)

5 로지스틱 회귀분석

- [표 7-4]는 보건복지정책에 영향을 미치는 요인들에 대한 이분형 로지스틱 회귀분석의 결과다.
- 이분형 로지스틱 회귀분석을 실행한다.
  - 독립변수들이 양적인 변수를 가지고 종속변수가 2개의 범주(0, 1)를 가지는 회귀모형을 말한다[소셜 빅데이터에서 수집된 독립변수들은 2개의 범주(0, 1)인 양적 변수를 가진다].

1단계: 데이터파일을 불러온다(분석파일: 보건복지빅데이터_최종.sav).

2단계: 연구문제: 종속변수(보건복지수요)에 영향을 미치는 독립변수(정책요인)들은 무엇인가?

3단계: [분석]→[회귀분석]→[이분형 로지스틱]을 선택한다.

4단계: [종속변수: 보건복지수요(nattitude)]→[공변량: 정책요인(1연금요인, 1기초생활요인, 1양육수당요인, 1무상정책요인, 1의료민영화요인, 1건강보험요인, 1원격진료요인, 1전세대책요인, 1반값등록금요인, 1퇴직연금요인, 1증세요인, 1행복온도요인, 1육아휴직요인, 1중독법요인)]을 선택한다.

5단계: [옵션]→[exp에 대한 신뢰구간]을 선택한다.

6단계: 결과를 확인한다.

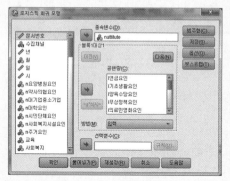
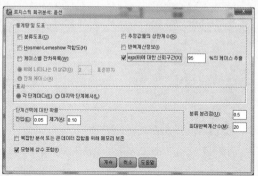

방정식에 포함된 변수

		B	S.E.	Wals	자유도	유의확률	Exp(B)	EXP(B)에 대한 95% 신뢰구간 하한	상한
1 단계[a]	1연금요인	-.725	.097	55.380	1	.000	.484	.400	.586
	1기초생활요인	2.696	.312	74.470	1	.000	14.813	8.031	27.324
	1양육수당요인	2.637	.163	262.916	1	.000	13.969	10.157	19.213
	1무상정책요인	-.860	.123	49.145	1	.000	.423	.333	.538
	1의료민영화요인	-.858	.038	501.500	1	.000	.424	.393	.457
	1건강보험요인	2.285	.144	250.171	1	.000	9.828	7.405	13.046
	1원격진료요인	.330	.082	16.213	1	.000	1.391	1.185	1.634
	1전세대책요인	3.309	.460	51.793	1	.000	27.356	11.109	67.363
	1반값등록금요인	-1.957	.170	132.655	1	.000	.141	.101	.197
	1퇴직연금요인	2.270	.464	23.970	1	.000	9.680	3.901	24.017
	1증세요인	-1.488	.094	251.969	1	.000	.226	.188	.271
	1행복온도요인	.804	1.118	.517	1	.472	2.235	.250	20.000
	1육아휴직요인	.155	.262	.349	1	.555	1.167	.699	1.951
	1중독법요인	.939	.254	13.644	1	.000	2.556	1.554	4.207
	상수항	.582	.015	1527.741	1	.000	1.790		

3-3 보건복지정책 수요 예측모형

본 연구에서는 주요 정책에 대한 수요를 예측하기 위하여 연금, 무상정책, 의료민영화, 원격의료, 증세 요인에 대한 데이터마이닝 분석을 실시하였다. 보건복지정책 수요 예측모형에 미치는 영향은 [그림 7-1]과 같다. 나무구조의 최상위에 있는 네모는 뿌리마디로서, 예측변수(독립변수)가 투입되지 않은 종속변수(찬성, 반대)의 빈도를 나타낸다. 뿌리마디에서 보건복지 전체 정책의 찬성은 62.6%(16,594건), 반대는 37.4%(9,912건)로 나타났다. 뿌리마디 하단의 가장 상위에 위치하는 요인이 보건복지정책 수요 예측에 가장 영향력이 큰(관련성이 깊은) 요인이며 '의료민영화요인'의 영향력이 가장 큰 것으로 나타났다. '의료민영화요인'이 높을 경우 보건복지정책 찬성이 이전의 62.6%에서 48.0%로 감소한 반면, 보건복지정책의 반대는 이전의 37.4%에서 52.0%로 증가하였다. '의료민영화요인'이 높고 '원격의료요인'이 높은 경우 보건복지정책의 찬성이 이전의 48.0%에서 69.4%로 증가한 반면, 보건복지정책의 반대는 이전의 52.0%에서 30.6%로 감소하였다. [표 7-5]의 보건복지정책 수요 예측에 대한 이익도표와 같이 보건복지정책의 찬성에 가장 영향력이 높은 경우는 '의료민영화요인'이 높고 '원격의료요인'이 높은 조합으로 나타났다. 즉, 6번 노드의 지수(index)가 110.8%로 뿌리마디와 비교했을 때 6번 노드의 조건을 가진 집단이 보건복지정책을 찬성할 확률이 약 1.11배로 나타났다. 보건복지정책의 반대에 가장 영향력이 높은 경우는 '의료민영화요인'이 높고 '원격의료요인'이 낮고, '증세요인'이 높은 조합으로 나타났다. 즉, 10번 노드의 지수가 255.1%로 뿌리마디와 비교했을 때 10번 노드의 조건을 가진 집단이 보건복지정책을 반대할 확률이 약 2.56배로 나타났다.

[표 7-5] 보건복지정책 수요 예측모형에 대한 이익도표

구분	노드	이익지수				누적지수			
		노드(n)	노드(%)	이익(%)	지수(%)	노드(n)	노드(%)	이익(%)	지수(%)
찬성	6	405	1.5	1.7	110.8	405	1.5	1.7	110.8
	7	21,879	82.5	87.2	105.6	22,284	84.1	88.9	105.7
	9	3,326	12.5	9.4	74.9	25,610	96.6	98.3	101.7
	8	273	1.0	0.7	66.7	25,883	97.6	99.0	101.4
	4	514	1.9	1.0	51.6	26,397	99.6	100.0	100.4
	10	109	0.4	0.0	7.3	26,506	100.0	100.0	100.0
반대	10	109	0.4	1.0	255.1	109	0.4	1.0	255.1
	4	514	1.9	3.5	181.1	623	2.4	4.6	194.0
	8	273	1.0	1.6	155.7	896	3.4	6.2	182.4
	9	3,326	12.5	17.8	142.1	4,222	15.9	24.0	150.6
	7	21,879	82.5	74.8	90.6	26,101	98.5	98.7	100.3
	6	405	1.5	1.3	81.9	26,506	100.0	100.0	100.0

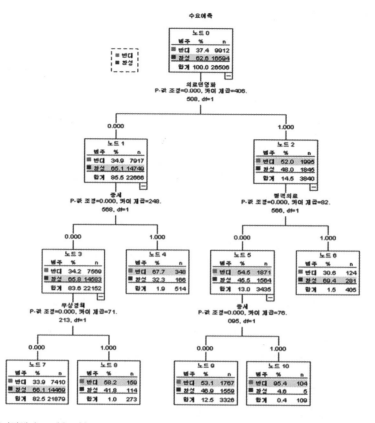

[그림 7-1] 보건복지정책 수요 예측모형

6 데이터마이닝 의사결정나무 분석

1. 연구목적

본 연구는 데이터마이닝의 의사결정나무 분석을 통하여 보건복지정책의 다양한 변인들 간의
상호작용 관계를 분석함으로써 보건복지정책 수요를 예측하고자 한다.

2. 조사도구

가. 종속변수

보건복지정책 수요(0: 반대, 1: 찬성)

나. 독립변수(0: 없음, 1: 있음)

　　페해요인(연금요인, 무상정책요인, 의료민영화요인, 원격의료요인, 증세요인)

1단계: 의사결정나무를 실행시킨다(파일명: 보건복지빅데이터_최종.sav).

　- [SPSS 메뉴]→[분류분석]→[트리]

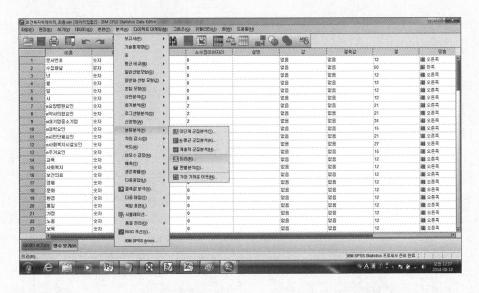

2단계: 종속변수(목표변수: nattitude)를 선택하고 이익도표(gain chart)를 산출하기 위하여 목표

　　범주를 선택한다(본 연구에서는 '반대'와 '찬성' 모두를 목표 범주로 설정하였다).

　☞ [범주]를 활성화시키기 위해서는 반드시 범주에 value label을 부여해야 한다. [예(syntax): value labels
nattitude (0)반대 (1)찬성]

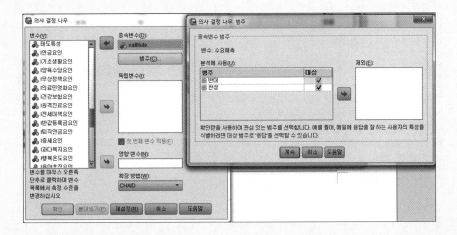

3단계: 독립변수(예측변수)를 선택한다.

- 본 연구의 독립변수는 5개의 정책요인으로 이분형 변수(l연금요인, l무상정책요인, l의료민영화요인, l원격의료요인, l증세요인)를 선택한다.

4단계: 확장방법(growing method)을 결정한다.

- 본 연구에서는 목표변수와 예측변수 모두 명목형으로 CHAID를 사용하였다.

5단계: 타당도(validation)를 선택한다.

6단계: 기준(criteria)을 선택한다.

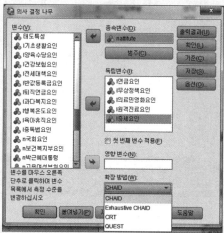

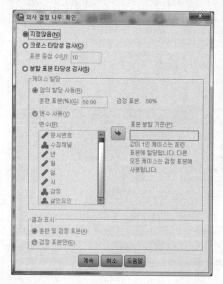
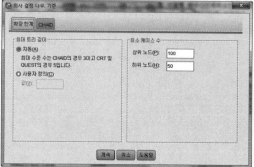

7단계: [출력결과(U)]를 선택한 후 [계속] 버튼을 누른다.

- 출력결과에서는 트리표시, 통계량, 노드성능, 분류규칙을 선택할 수 있다.

- 이익도표를 산출하기 위해서는 [통계량]에서 [비용, 사전확률, 점수 및 이익값]을 선택한 후 [누적통계량]을 선택해야 한다.

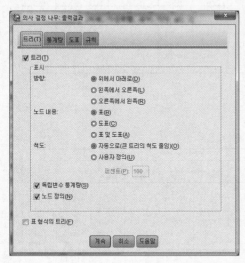
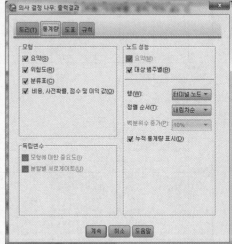

8단계: 결과를 확인한다.

- [트리다이어그램]→[선택]

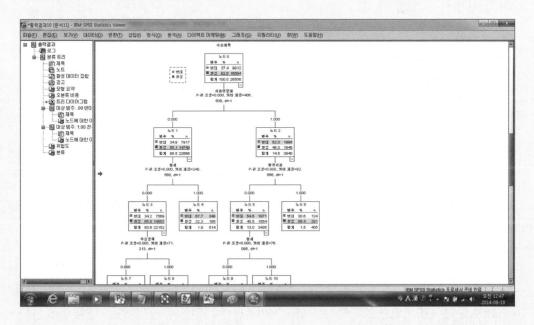

- [노드에 대한 이익]→[선택]

대상 범주: .00 반대

노드에 대한 이익

노드	노드별						누적					
	노드		이득		응답	지수	노드		이득		응답	지수
	N	퍼센트	N	퍼센트			N	퍼센트	N	퍼센트		
10	109	0.4%	104	1.0%	95.4%	255.1%	109	0.4%	104	1.0%	95.4%	255.1%
4	514	1.9%	348	3.5%	67.7%	181.1%	623	2.4%	452	4.6%	72.6%	194.0%
8	273	1.0%	159	1.6%	58.2%	155.7%	896	3.4%	611	6.2%	68.2%	182.4%
9	3326	12.5%	1767	17.8%	53.1%	142.1%	4222	15.9%	2378	24.0%	56.3%	150.6%
7	21879	82.5%	7410	74.8%	33.9%	90.6%	26101	98.5%	9788	98.7%	37.5%	100.3%
6	405	1.5%	124	1.3%	30.6%	81.9%	26506	100.0%	9912	100.0%	37.4%	100.0%

성장방법: CHAID
종속변수: nattitute 수요예측

대상 범주: **1.00 찬성**

노드에 대한 이익

노드	노드별						누적					
	노드		이득		응답	지수	노드		이득		응답	지수
	N	퍼센트	N	퍼센트			N	퍼센트	N	퍼센트		
6	405	1.5%	281	1.7%	69.4%	110.8%	405	1.5%	281	1.7%	69.4%	110.8%
7	21879	82.5%	14469	87.2%	66.1%	105.6%	22284	84.1%	14750	88.9%	66.2%	105.7%
9	3326	12.5%	1559	9.4%	46.9%	74.9%	25610	96.6%	16309	98.3%	63.7%	101.7%
8	273	1.0%	114	0.7%	41.8%	66.7%	25883	97.6%	16423	99.0%	63.5%	101.4%
4	514	1.9%	166	1.0%	32.3%	51.6%	26397	99.6%	16589	100.0%	62.8%	100.4%
10	109	0.4%	5	0.0%	4.6%	7.3%	26506	100.0%	16594	100.0%	62.6%	100.0%

성장방법: CHAID
종속변수: nattitude 수요예측

4 | 결론

본 연구는 국내의 온라인 뉴스 사이트, 블로그, 카페, SNS, 게시판 등 인터넷을 통해 수집된 소셜 빅데이터를 데이터마이닝의 의사결정나무 분석기법을 적용하여 분석함으로써 한국의 보건복지정책 수요에 대한 예측모형을 개발하고자 하였다. 본 연구의 결과를 요약하면 다음과 같다.

첫째, 보건복지정책과 관련한 버즈는 의료민영화, 과다복지, 증세, 양육수당, 원격의료, 연금, 건강보험 등의 순으로 많이 언급되는 것으로 나타났다.

둘째, 청와대와 관련한 보건복지정책 관련 버즈는 의료민영화, 증세, 연금, 양육수당, 과다복지 등의 순이며, 보건복지부는 의료민영화, 건강보험, 행복온도, 연금, 원격의료, 양육수당 등의 순으로 나타났다. 그리고 시민단체와 관련한 정책 버즈는 의료민영화, 원격의료, 건강보험, 연금, 양육수당, 기초생활 등의 순으로 나타났다.

셋째, 보건복지 관련 정책은 전세대책, 양육수당, 기초생활, 건강보험, 퇴직연금, 중독법, 원격의료정책에 대한 찬성의 확률이 높은 것으로 나타났다. 그리고 과다복지, 증세, 반값등록금, 무상정책, 의료민영화, 연금정책은 반대의 확률이 높은 것으로 나타났다.

넷째, 보건복지정책 수요 예측에 가장 영향력이 높은 정책은 '의료민영화요인'으로 나타났다. 따라서 보건복지정책의 찬성에 가장 영향력이 큰 경우는 '의료민영화요인'이 높고 '원격의료요인'이 높은 조합으로 나타났다. 반면, '의료민영화요인'이 높고 '원격의료요인'이 낮고 '증세요인'이 높으면 보건복지정책에 반대할 확률이 높은 것으로 나타났다.

본 연구를 근거로 한국의 보건복지정책 수요에 대한 예측과 관련하여 다음과 같은 정책적 함의를 도출할 수 있다.

첫째, 의료민영화(포괄수가제, 의료상업화, 민영화, 의료민영화), 연금(기초연금, 국민연금), 원격의료(법인약국, 의료영리화, 원격의료, 원격의료), 건강보험(국민건강보험, 민간보험, 건강보험)에 대해서 보건복지정책에 대한 관심이 많은 것으로 나타났다. 이는 최근 정부의 원격의료 추진과 의료법인의 영리 자법인 허용 계획, 그리고 기초연금의 논의와 무관하지 않은 것으로 보인다.

둘째, 원격의료정책은 찬성의 확률이 높은 것으로 나타났지만 의료민영화요인은 반대의 확률이 높은 것으로 나타났다. 따라서 정부는 원격의료정책이 의료민영화의 시작이라는 인식을 불식시키기 위한 의료계와의 충분한 논의와 합의가 있어야 할 것으로 본다.

셋째, '의료민영화요인'이 높고 '원격의료요인'이 낮고 '증세요인'이 높은 집단의 보건복지정책에 대한 반대가 높은 것으로 나타났다. 따라서 원격의료와 관련한 보건복지정책의 실행을 위해서는 의료민영화 논의와는 분리하여 원격의료 시범사업을 실시해야 할 것으로 본다.

본 연구는 개개인의 특성을 가지고 분석한 것이 아니고 그 구성원이 속한 전체 집단의 자료를 대상으로 분석하였기 때문에 이를 개인에게 적용하였을 경우 생태학적 오류(ecological fallacy)가 발생할 수 있다.[15] 또한, 본 연구에서 정의된 보건복지 관련 요인(용어)은 버즈 내에서 발생된 단어의 빈도로 정의되었기 때문에 기존의 조사 등을 통한 이론적 모형에서의 의미와 다를 수 있으며, 2개월간의 제한된 소셜 빅데이터를 분석함으로써 보건복지정책의 동향 분석에 한계가 있을 수 있다. 그럼에도 불구하고 본 연구는 소셜 빅데이터에서 수집된 빅데이터

---

15. Song, T. M., Song, J., An, J. Y., Hayman, L. L. & Woo, J. M. (2014). Psychological and social factors affecting internet searches on suicide in Korea: A big data analysis of google search trends. *Yonsei Med Journal*, **55**(1), pp. 254-263.

주제분석과 데이터마이닝 분석을 통하여 한국의 보건복지정책에 대한 수요 예측모형을 제시했다는 점에서 정책적·분석방법론적으로 의의가 있다. 또한, 실제적인 내용을 빠르게 효과적으로 파악하여 사회통계가 지닌 한계를 보완할 수 있는 새로운 조사방법으로서의 빅데이터의 가치를 확인하였다는 점에서도 조사방법론적 의의를 가진다고 할 수 있다. 끝으로 국민의 보건복지에 대한 욕구를 사전에 파악하여 보건복지 수요를 신속·정확하게 예측하고 계획을 수립하기 위해서는 오프라인 보건복지 수요 조사와 함께 소셜 빅데이터의 지속적인 활용과 분석을 통한 과학적 보건복지정책을 수립해야 할 것이다.

참고문헌

1. 김성희(2013). 장애노인의 실태와 과제. 보건·복지 Issue & Focus, 208호.

2. 김은정(2013). 소득계층별 출산행태 분석과 시사점. 보건·복지 Issue & Focus, 191호.

3. 송영조(2012). 빅데이터 시대! SNS의 진화와 공공정책. 한국정보화진흥원.

4. 송태민(2012). 보건복지 빅데이터 효율적 활용방안. 보건복지포럼, 통권 제193호.

5. 송태민(2013). 우리나라 보건복지 빅데이터 동향 및 활용방안. 과학기술정책, 통권 제192호.

6. 신현웅(2013). 건강보험 진료비 분석 및 정책방향. 보건·복지 Issue & Focus, 186호.

7. 이윤경·염주희·이선희(2013). 고령화 대응 노인복지서비스 수요전망과 공급체계 개편. 한국보건사회연구원.

8. Kass, G. (1980). An exploratory technique for investigating large quantities of categorical data. *Applied Statistics*, **292**, 119-127.

9. Song, T. M., Song, J., An, J. Y., Hayman, L. L. & Woo, J. M. (2014). Psychological and social factors affecting internet searches on suicide in Korea: A big data analysis of google search trends. *Yonsei Med Journal*, **55**(1), 254-263.

8장

청소년 범죄지속 예측

최근 우리나라의 청소년범죄는 양적인 측면에서 감소하는 추세를 보이고 있으나 질적인 측면에서는 더욱 흉포화·전문화되고 있으며, 특히 청소년의 높은 재범률은 우리 사회의 삶의 질을 위협하는 큰 요인이 되고 있다. 최근 우리나라의 범죄율은 1983년 인구 10만 명당 1,970명이던 범죄건수가 2012년에는 3,817건으로 약 2배 정도의 큰 증가세를 보이고 있다. 또한, 소년분류심사원에 1회 입원한 청소년은 2008년에 69.7%에서 2012년에는 64.8%로 감소하였으나, 2회 이상 입원한 경험을 가진 청소년은 2008년 30.3%에서 이후 증가하여 2012년에는 35.2%를 기록하였다(법무연수원, 2013: p. 463). 청소년범죄자의 재범을 방지하기 위해서는 범죄를 중단하고 지속하는 원인에 대한 파악이 매우 중요하다. 기존 범죄학은 생애기간 동안 발생하는 범죄의 패턴 변화를 설명하지 못하였지만, 발전범죄학에서는 인생궤도(trajectory)와 인생전환(transition)으로 구분하여 설명한다. 즉, 인생궤도는 직업경력과 같이 일생 동안 계속 이어지는 선(line)과 같은 개념이고, 인생전환은 인생궤도 내에서 발생하는 첫 직장, 승진, 실직 등과 같이 긍정적이거나 부정적인 사건(event)을 의미한다(Laub et al., 1998).

발전범죄학은 범죄경력에서 개인별로 상이한 유형을 보인다는 사실이 확인되면서 범죄학의 중요한 연구분야가 되었다(Thornberry, 1997). 특히, 발전범죄학은 범죄경력연구에서 밝혀진 경험적 사실들에 대해 유발원인이나 과정에 관한 이론모형을 개발함으로써 그동안 전통적인 범죄학에서 설명하지 못한 다양한 설명을 제공한다는 점에서 청소년의 범죄지속 연구에 매우 중요하다. 그동안 범죄학 연구는 범죄원인에 대한 연구는 많이 이루어진 데 비하여 범죄의 지속 또는 중단에 관한 연구는 상대적으로 부족한 것이 사실이다(Kim, 2009). 발전범죄학은 기존 범죄학에서 설명하지 못한 범죄행위와 생애주기의 범죄경력을 분석하여 범죄현상을 파악하는 것으로, 범죄지속현상에 대한 인과관계를 상황의존론과 모집단차별론으로 설명한다(이순래, 1995).

발전범죄학을 연구하기 위해서는 횡단적 자료는 물론 종단적 자료의 수집이 필요하다. 상황의존론을 설명하기 위해서는 범죄 이후의 동태적 요인에 대한 접근이 필요하며 모집단차별론은 개인이 가진 구조적이고 정태적인 요인에 대한 접근이 필요하다. 본 연구는 1998년 우리나라 전국의 소년분류심사원에 입원한 위탁소년에 대한 환경조사 자료와 1998년부터 2009년

---

1. 본 논문은 '송주영·한영선(2014). 한국 남자 청소년의 범죄지속 위험예측 요인분석-데이터마이닝 의사결정나무 적용-. 형사정책연구, **25**(2), pp. 239-260'에 게재된 내용임을 밝힌다.

12월까지의 범죄경력 자료를 활용하여 모집단차별론에 근거하여 청소년 범죄지속의 위험을 예측할 수 있는 모형과 연관 규칙을 제시하고자 한다. 본 연구의 목적은 청소년의 범죄경력 자료를 활용하여 데이터마이닝의 의사결정나무 분석을 통해 한국의 청소년 범죄지속 예측모형을 제시하는 데 있으며, 구체적인 목적은 다음과 같다. 첫째, 청소년 범죄지속에 영향을 미치는 요인을 파악한다. 둘째, 청소년 범죄지속을 예측할 수 있는 의사결정나무를 개발한다.

2 | 이론적 논의

발전범죄학(developmental criminology)의 등장으로 기존 범죄학이 설명하지 못한 범죄행위와 생애주기 동안에 겪는 범죄경력 등 동태적 특성을 분석함으로써 보다 포괄적으로 범죄현상을 파악할 수 있게 되었다. 발전범죄학은 범죄의 시작(onset), 지속(duration), 중단(termination), 심각화(seriousness), 전문화(specialization) 등 다양한 분야에 관심을 가지고 있으며(한영선, 2011), 상황의존론(state dependency perspective)과 모집단차별론(population heterogeneity perspective)을 이론적 배경으로 범죄지속 현상에 대한 인과적 설명을 시도한다(이순래, 1995, p. 108). 상황의존론은 범죄가 발생한 이후의 상황 변화를 중심으로 범죄경력을 설명하며, 모집단차별론은 개인의 기본성향을 범죄경력의 중요한 인과요인으로 설명한다. 상황의존론은 개인의 범죄경력이 연령의 증가에 따라 발전하는 과정을 이론화하려는 것으로, 범죄가 발생한 이후의 변화를 중심으로 범죄경력을 설명한다(양문승·송재영, 2012). 그리고 상황의존론은 발전학습론, 발전긴장론, 발전통제론으로 범죄경력을 설명한다.

발전학습론은 비행이나 범죄도 학습을 통하여 이루어진다는 이론으로, 어떤 사람이 범죄를 저지르게 되면 다른 범죄자들과 상호 작용할 수 있는 기회가 많아지므로 범죄를 옹호하는 가치나 의미 등을 학습할 수 있는 기회가 많아져 또 다른 범죄로 나아가게 된다는 이론이다(양문승·송재영, 2012, p. 217). Moffitt(1997)은 연령과 비행률과의 관계를 발전학습론에 근거하여 청소년기 한정형 범죄자(adolescence limited offenders)와 평생지속형 범죄자(life course persistent)로 구분하여 설명하였다. 청소년기 한정형 범죄자의 경우, 10대 후반에 가장 높은 범죄발생률을 기록하다가 성인기 초기에 급격히 감소하지만, 평생지속형 범죄자는 범죄를 중단하지 않는다. 청소년기 한정형 범죄자들은 평생지속형 범죄자를 모방하여 범죄를 저지르며, 이들이 모방하는 행위들은 주로 성인으로부터 자율권을 획득하기 위한 일탈행위로 보고 있다. 따라서 청소년기 한정형 범죄자들은 생물학적 연령이 증가하면서 성인 역할이 충족됨으로써 상황변화를 겪게 되고, 범죄로 인해 자신의 미래가 위협 받을 수 있다는 사실을 지각하는 인식의 변화, 그리고 지속범죄자와 달리 성격장애나 인지능력 자체에 큰 결함이 없고 범죄 참여 기간이 비교적 짧아 쉽게 범죄로부터 이탈할 수 있다고 보았다. 반면, 평생지속형 범죄자는 정신적·심리적 기능의 장애와 어렸을 때의 부적합한 성장환경이 강조되고 있으며, 이들의 범죄 행위는 흥분성, 높은 활동성, 낮은 자아통제력, 낮은 인지능력 등에 기인한 것으로 보았다.

발전긴장론을 제안한 Agnew(1992)는 타인들과의 긴장관계를 중요한 범죄발생의 원인으로 보았다. 그는 범죄지속현상이 발생하는 원인으로 조기에 형성된 공격성향을 보았으며, 공격성향이 강한 사람은 성격장애, 인내력 부족, 문제해결능력의 결핍 등으로 범죄를 지속할 가능성이 높다고 보았다. 이러한 공격성향은 주위환경에 의해 변화될 수 있으며, 특히 도와주는 사람이 있거나 성인기의 시작과 같이 중요한 역할 전이를 겪는 과정에서 공격성향이 변화하여 한정범죄에 영향을 주는 것으로 보았다.

발전통제론은 한 사람이 성장하면서 접하게 되는 사회생활을 중시하는 이론으로(Laub & Sampson, 1993), 취업연령에 들어 직업을 가진다든지 결혼적령기에 결혼을 하는 것과 같은 전환점이 범죄를 중단하고 정상적인 생활로 돌아오는 계기로 보았다.

모집단차별론은 개인의 기본성향을 범죄지속의 중요한 인과요인으로 보는 이론으로, 범죄를 저지를 수 있는 성향은 사람마다 서로 차별적이며 또한 시간의 흐름에 관계없이 대체로 불변한다는 것이다(이순래, 1995). Gottfredson·Hirschi(1990)는 10~12세 이전에 형성된 자아통제력을 범죄성향과 관련이 있다고 보았다. 자아통제력은 어린 나이에 형성되면 일생 동안 크게 변하지 않는다고 보고 자아통제력이 낮은 상태를 판별할 수 있는 6가지 징후를 제안하였다. 첫째, 장기적인 목표보다는 목전의 이익을 우선하는 경향이 있다. 둘째, 복잡한 일은 편하고 간편한 방법으로 자기 만족을 구하려고 한다. 셋째, 신중하지 못하고 모험을 즐긴다. 넷째, 지적인 활동보다 육체적인 활동을 선호한다. 다섯째, 자기중심적이고 다른 사람의 입장이나 사정에 대해 무관심하다. 여섯째, 좌절감을 참을 수 있는 인내력이 부족하며 어떤 문제가 발생했을 경우 대화로서 해결할 수 있는 능력이 부족하다(이순래, 1995, p. 116).

Polakowski(1994)는 자아통제력이 일생동안 대체로 변하지 않고 어렸을 때의 상태를 유지한다는 사실을 시계열 자료를 이용하여 증명하였다. 따라서 자아통제력이 낮은 사람은 개인성향의 불변성으로 인하여 단순히 한 번의 범죄에 그치는 것이 아니라 재범과 같은 지속적인 범죄에 빠질 가능성이 높다(이순래, 1995). Nagin·Farrington(1993)은 런던 시계열 자료를 이용하여 IQ, 부모의 양육, 부모의 전과 여부, 소년의 모험심이 범죄지속현상에 영향을 미치는 것을 증명하였다. 이순래(1995)의 1983~1985년 서울 근교지역 소년원에서 출원한 소년들을 대상으로 실시한 모집단차별론 검증에서, 도시지역에서 성장한 소년일수록, 가정훈육에 문제가 있는 소년일수록, 과시적이거나 반항적이거나 심리적으로 불안정한 소년일수록, 지능지수가 낮은 소년일수록 범죄지속 정도가 높게 나타났다. 박철현(2000)의 1987년 출소한 출소자에 대한 범죄경력 조사자료 분석에 따르면 10대 청소년은 첫 비행연령이 낮을수록, 학력이 낮을수록 범죄지속 가능성이 높은 것으로 나타났다. 이순래(2005)의 2004년과 2005년 청소년패널자료 분석에서 자아통제력이 낮은 소년일수록, 비정상가정에서 양육된 소년일수록, 인지능력이 낮은 소년일수록 지속비행 가능성이 높은 것으로 나타났다. 이순래·박혁기(2007)의 연구에서는 비행친구들과의 교제가 많고, 주위 사람들로부터 낙인을 많이 찍힐수록 비행이 악화되는 경향이 있다고 보고하였다. 곽대경(2012)의 연구에서는 경비행친구와 중비행친구가 많을수록 폭력비행을 지속할 가능성이 높아지는 것으로 나타났다. Smith·Thornberry(1995)는 비행지속의 위험요인으로 부모교육, 부모실업, 부모사회복지수혜, 10대부모, 빈번한 이사, 약물남용 부모, 범죄적 부모, 부실한 아동양육, 가족 외에 위탁 아동 등을 고려하였다. 그리고 이순래(2011)는 청소년 비행지속의 위험요인으로 개인, 친구, 학교 위험요인이 중요하게 작용하는 것으로 보고하였다.

한편, 발전범죄학에서 범죄중단은 가장 연구가 이루어지지 않은 분야이며 범죄중단의 개념이 무엇인지 아직 불분명하다(한영선, 2011). Shover(1996)는 범죄중단을 죽음이나 수감에 의한 것을 제외하고 자발적인 의지에 의한 중한 범죄(serious crime)를 중단하는 것으로 보았다. Maruna(2001)는 범죄중난을 이전의 상습적으로 범죄행위를 하던 사람이 장기간 동안 범죄를 저지르지 않고 유지하는 상태로 보았다. Wolfgang 등(1990)은 필라델피아 출생집단 연구를 통하여 17세 이전까지 5회 이상 범죄를 저지른 만성범죄자(chronic offender)가 6%이고 이들 만성범죄자가 전체 범죄의 52%를 저지른다는 사실을 밝혔다. Piquero 등(2003)은 남녀를 구분하여 여성의 경우 4회 이상, 남성은 5회 이상일 때 만성범죄자로 보았다. Blumstein 등(1985)은 기본적으로 경찰접촉이 6회 이상이어야 하며, 13세 이전에 기소되어야 하고, 형제자매 중에 기소된 자나 문제아동이 있어야 한다고 보았다. Elliott 등(1987)은 중범죄자(serious criminal)의 범죄지속기간은 1.58년에 불과하고 그중 4%의 범죄자는 지속기간을 5년으로 보았다. 이와 같은 범죄중단의 대표적인 이유로는 신체적 능력의 감소(Maruna, 2001), 성숙(Shover, 1996; Moffitt, 1997), 생애전환사건(Warr, 1998), 비공식적 사회통제(Laub et al., 1998)로 보았다. 한영선의 연구(2011)에서는 개인범죄율이 0.1 미만인 범죄중단자는 74.0%, 0.1 이상 0.5 미만인 잠정적 범죄지속자는 19.2%, 0.5 이상인 평생 범죄지속자는 6.8%로 분류하였다. 그리고 이들 범죄중단자들이 범죄를 지속한 기간은 최소 2년 1개월에서 최대 5년 1개월로 보고하였다.

3 | 연구대상 및 분석방법

3-1 연구대상 및 측정도구

본 연구에서는 두 종류의 자료를 수집·활용하였다. 첫 번째 자료는 1998년 한국의 전국 소년분류심사원에 입원한 13,515명의 위탁소년 중 3,102명에 대한 환경조사 자료이고, 두 번째 자료는 3,102명 모두에 대해 1998년 1월 1일부터 2009년 12월 31일까지(12년간)의 범죄경력(구속기록) 중 구치소 입출소에 대한 자료이다. 본 연구의 최종 분석은 두 자료(환경조사 자료, 구치소 입출소 자료)를 연결(merge)하여 남자범죄자 2,970명을 대상으로 하였다. 청소년범죄자의 범죄지속에 영향을 주는 요인을 분석하기 위해 이분형 로지스틱 회귀분석과 데이터마이닝분석을 실시하였다. 측정도구는 Moffitt(1997)의 발전범죄학을 근거로 종속변수로는 범죄지속 여부(0: 범죄중단, 1: 범죄지속)[2]를 사용하였다. 종속변수에 영향을 주는 범죄요인 관련변수[3]로는 첫비행연령, 공동비행 수, 비행유형, 재학 시 비행 유무, 부모질책 정도, 약물 유무, 가정결손 친구 유무, 비행친구 유무, 가출경험, 자해경험, 부모의 양육태도, 부모에 대한 태도, 입소횟수, 위탁기간을 사용하였다. 종속변수에 영향을 주는 선행요인[4] 관련 변수로는 지능지수, 부의 학력, 모의 학력, 모의 연령, 결손가정 유무, 소년의 학력, 최종 학업성적, 성장지역을 사용하였다(표 8-1).

---

2. 본 연구에서 범죄지속 여부는 개인범죄율[총범죄횟수×365일/[전체 활동기간(일)−수감기간(일)]]이 0.1 미만은 범죄중단, 0.1 이상 0.5 미만은 잠정적 범죄지속, 0.5 이상은 평생범죄지속으로 정의하였다. 따라서 범죄지속의 정의는 범죄를 중단하지 않는 상태가 지속되는 것으로, 개인범죄율이 0.1 이상인 경우를 말한다. 그러나 본 연구의 연구대상자 3,102명 중에는 12년 동안 5회 이상 구속된 자의 개인범죄율이 0.5 이상인 자가 대부분이므로 개인범죄율 0.1 이상인 자 중에서 0.5 이상인 자는 평생지속형 범죄자로 정의하고, 개인범죄율이 0.1 이상 0.5 미만인 자는 범죄지속자나 만성범죄자가 아니므로 잠정적 범죄자로 정의하였다. 그리고 본 연구에서는 잠정적 범죄지속과 평생범죄지속을 범죄지속으로 분류하였다.

3. 본 연구에서 사용된 범죄 관련 변수는 소년분류심사원에 입원한 위탁소년의 환경조사에서 작성된 것으로, 이론적 모형에서 도출된 변수가 아님을 밝힌다.

4. 선행요인(predisposing factors)은 욕구발생 이전에 개인의 의지와 상관없이 이미 지니고 있는 특징이며, 연령이나 성별과 같은 인구사회학적 특성이나 교육, 계층과 같은 사회경제적 요인을 포함한다(Andersen & Newman, 1973; 강상경, 2010).

[표 8-1] 변수의 정의 및 설명

구분		변수명	변수 설명
종속변수		범죄지속 여부	범죄중단=0, 범죄지속=1
독립변수	범죄요인 관련변수	첫비행연령	10~19세
		공동비행 수	0~6명
		비행유형	일반범(교통사고, 사기 등)=0, 강력범(강간, 살인, 폭행 등)=1
		재학 시 비행	없음=0, 있음(강도, 살인, 우범, 절도, 폭행 등)=1
		부모질책 정도	설득=1, 잔소리=2, 무관심=3, 체벌/설득=4, 체벌=5, 구타=6 [1~3=0(약함), 4~6=1(강함)]
		약물 유무	없음=0, 있음=1
		가정결손친구 유무	없음=0, 있음=1
		비행친구 유무	없음=0, 있음=1
		가출경험	없음=0, 있음=1
		자해경험	없음=0, 있음=1
		부모의 양육태도	보호적=0, 거부적(복종적, 지배적 등)=1
		부모에 대한 태도	온정적(의존적, 존경)=0, 반항적(무관심, 감정적, 두려움 등)=1
		입소횟수	1~10회
		위탁기간	1~61일
	선행요인 관련변수	생활수준	극빈=1, 하=2, 중하=3, 중상=4, 상=5, 최상=6
		지능지수	69 이하=1, 70~79=2, 80~89=3, 90~109=4, 110~119=5, 120~129=6, 130 이상=7 [1~4(낮음)=0, 5~7(높음)=1]
		부의 학력	미취학=1, 초퇴=2, 초졸=3, … 대퇴=8, 대졸=9, 대학원졸=10
		모의 학력	미취학=1, 초퇴=2, 초졸=3, … 대퇴=8, 대졸=9, 대학원졸=10
		모의 연령	35세 이하=1, 36~40세=2, … 56~60세=6, 61세 이상=7
		결손가정 유무	없음=0, 있음(모 사망, 부 사망, 부모 사망, 별거, 이혼 등)=1
		소년의 학력	미취학=0, 초퇴=1, 초재 =2, … 고재=8, 고졸=9, 대학 이상=10
		최종 학업성적	하=1, 중=2, 상=3
		성장지역	주택가=0, 우범가=1

3-2 통계분석

본 연구에서는 한국의 청소년 범죄지속 위험요인을 설명하는 가장 효율적인 예측모형을 구축하기 위해 특별한 통계적 가정이 필요하지 않은 데이터마이닝의 의사결정나무 분석방법을 사용하였다. 데이터마이닝의 의사결정나무 분석은 방대한 자료 속에서 종속변인을 가장 잘 설명하는 예측모형을 자동적으로 산출해 줌으로써 각기 다른 원인을 가진 청소년 범죄지속에 대한 위험요인을 쉽게 파악할 수 있다. 본 연구의 의사결정나무 형성을 위한 분석 알고리즘은 지니지수(Gini index)나 분산(variance)의 감소량을 분리기준으로 사용하는 CRT(Classification and Regression Trees)를 사용하였다(Breiman et al., 1984). 본고의 목표변수(종속변수)인 범죄지속 여부는 이분형으로, CRT 분리기준으로는 지니지수가 사용되었다. 정지규칙(stopping rule)으로 상위 노드(부모마디)의 최소 케이스 수는 100으로, 하위 노드(자식마디)의 최소 케이스 수는 50으로 설정하였고, 나무깊이는 5수준으로 정하였다. 본 연구의 기술분석, 로지스틱 회귀분석, 의사결정나무 분석은 SPSS 22.0을 사용하였다.

① 변수의 정의

- 빅데이터는 5V와 1C의 개념이 포함되어야 하지만 대부분의 빅데이터 분석사례에서는 일부만 충족되는 경우가 많다. 본 연구에서 사용된 범죄경력 자료는 12년간 구치소의 입출력 자료를 추적하여 작성된 것이다. 따라서 본 연구에서는 데이터량이 적음에도 불구하고 12년간 범죄경력 데이터와 연결하였다는 의미에서 정형화된 빅데이터 분석대상으로 삼았다.
- 본 연구에는 두 종류의 자료가 수집·활용되었다.
  - 1998년 한국의 전국 소년분류심사원에 입원한 13,515명의 위탁소년 중 3,102명에 대한 환경조사 자료
  - 3,102명 모두에 대해 1998년 1월 1일부터 2009년 12월 31일까지(12년간)의 범죄경력(구속기록) 중 구치소 입출소 자료
  - 본 연구의 최종 분석은 두 자료(환경조사자료, 구치소 입출소 자료)를 연결하여 남자범죄자 2,970명을 대상으로 하였다.

변수의 정의

구분		변수명	변수 설명
종속변수		NN5	범죄지속 여부
독립 변수	범죄요인 관련변수	V8	첫비행연령
		NEW18	공동비행 수
		NN14	비행유형
		NN3941	재학 시 비행
		NEW31	부모질책 정도
		NN50	약물 유무
		NN53	가정결손 친구 유무
		NN54	비행친구 유무
		NN60	가출경험
		NN56	자해경험
		NN2829	부모의 양육태도
		NN32	부모에 대한 태도
	선행요인 관련변수	NEWIN	입소횟수
		NEWCP	위탁기간
		NEW21	생활수준
		NEW19	지능지수
		NN22	부의 학력
		NN23	모의 학력
		NN24	모의 연령
		NN26	결손가정 유무
		NN34	소년의 학력
		NN35	최종 학업성적
		region613	성장지역

※ 파일명: 범죄지속_남자.sav

4-1 주요 변수들의 기술통계

[표 8-2] 주요 변수의 기술통계   N(%)

변수			중단	지속	χ^2
범죄요인 관련변수	공동비행 수 (Mean: 3.32)	3 이하	1,218(72.9)	452(27.1)	2.429
		4 이상	981(75.5)	319(24.5)	
	비행유형	일반범	282(72.9)	105(27.1)	0.318
		강력범	1,917(74.2)	666(25.8)	
	재학 시 비행	없음	735(76.0)	232(24.0)	5.205**
		있음	1,266(72.0)	493(28.0)	
	질책 정도	약함	1,315(74.9)	441(25.1)	0.451
		강함	738(73.7)	263(26.3)	
	약물 유무	없음	1,843(74.4)	633(25.6)	1.203
		있음	356(72.1)	138(27.9)	
	가정결손친구 유무	없음	1,055(76.8)	318(23.2)	10.405***
		있음	1,144(71.6)	453(28.4)	
	비행친구 유무	없음	854(76.0)	270(24.0)	3.535*
		있음	1,345(72.9)	501(27.1)	
	가출 유무	없음	685(77.8)	196(22.2)	8.980***
		있음	1,514(72.5)	575(27.5)	
	자해 유무	없음	1,857(73.7)	663(26.3)	1.060
		있음	342(76.0)	108(24.0)	
	부모양육태도	보호적	894(75.4)	292(24.6)	0.394
		지배적	877(74.3)	304(25.7)	
	부모에 대한 태도	온정적	1,502(75.0)	500(25.0)	3.740*
		반항적	574(71.5)	229(28.5)	
	입소횟수 (Mean: 1.95)	2 이하	2,182(97.9)	47(2.1)	2644.209***
		3 이상	17(2.3)	724(97.7)	
	위탁기간 (Mean: 26.85)	26일 이하	1,074(76.9)	323(23.1)	4.403**
		27일 이상	1,113(73.5)	401(26.5)	
선행요인 관련변수	생활수준	하	942(72.5)	357(27.5)	2.787
		중 이상	1,257(75.2)	414(24.8)	
	지능지수	109 이하	1,901(72.7)	714(27.3)	20.573
		110 이상	298(83.9)	57(16.1)	
	결손가정 유무	없음	1,235(75.8)	394(24.2)	5.901**
		있음	964(71.9)	377(28.1)	
	최종 학업성적	하	1,393(73.5)	501(26.5)	3.465
		중 이상	748(74.4)	258(25.6)	
	성장지역	주택가	2,018(76.2)	630(23.8)	4.445**
		우범가	129(69.4)	57(30.6)	

변수	전체 평균(표준편차)	중단 평균(표준편차)	지속 평균(표준편차)	t-검정
모의 연령	2.44(1.60)	2.50(1.59)	2.26(1.61)	3.582***
첫비행연령	14.12(1.72)	14.30(1.65)	13.58(1.79)	10.091***
입소횟수	1.95(1.55)	1.18(.41)	4.15(1.51)	−53.957***
위탁기간	26.85(7.98)	26.71(8.01)	27.29(7.87)	−1.703*
지능지수	3.46(1.11)	3.54(1.12)	3.26(1.04)	6.157***
소년학력	5.69(1.71)	5.88(1.71)	5.14(1.60)	10.877***

주: ***p<.01, **p<.05, *p<.1

전체 연구대상 2,970명 중 범죄중단율은 74.0%(2,199명), 잠정적 범죄지속률은 19.2%(570명), 평생 범죄지속률은 6.8%(201명)로 나타났다. 연구대상의 평균 공동비행 수는 3.32회, 평균 입소횟수는 1.95회, 평균 위탁기간은 26.85일로 나타났다. 재학 시 비행이 있는 경우, 가정결손 친구가 있는 경우, 비행친구가 있는 경우, 가출경험이 있는 경우, 결손가정인 경우, 부모에 대한 태도가 반항적인 경우, 입소횟수가 많은 경우, 위탁기간이 긴 경우, 우범가에서 성장한 경우, 모의 연령이 낮을수록, 첫비행연령이 낮을수록, 지능지수와 소년의 학력이 낮을수록, 위탁기간과 입소횟수가 많을수록 범죄지속률이 높게 나타났다.

❷ 교차분석

• [표 8-2]는 주요 변수들의 교차분석 결과다.

1단계: 데이터파일을 불러온다(분석파일: 범죄지속_남자.sav).
2단계: [분석]→[기술통계량]→[교차분석]→[행: NEW18~region613, 열: NN5]를 선택한다.
3단계: [셀형식]→[빈도: 관측빈도, 퍼센트: 행, 열]을 선택한다.
4단계: [통계량]→[카이제곱]을 선택한다.
5단계: 결과를 확인한다.

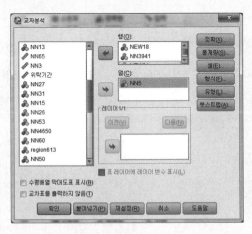
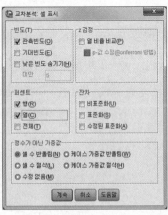

NN53 가정결손친구유무 * NN5 범죄지속여부

교차표

			NN5 범죄지속여부		전체
			0 desistance	1 persistent	
NN53 가정결손친구유무	0	빈도	1055	318	1373
		NN53 가정결손친구유무 중 %	76.8%	23.2%	100.0%
		NN5 범죄지속여부 중 %	48.0%	41.2%	46.2%
	1	빈도	1144	453	1597
		NN53 가정결손친구유무 중 %	71.6%	28.4%	100.0%
		NN5 범죄지속여부 중 %	52.0%	58.8%	53.8%
전체		빈도	2199	771	2970
		NN53 가정결손친구유무 중 %	74.0%	26.0%	100.0%
		NN5 범죄지속여부 중 %	100.0%	100.0%	100.0%

카이제곱 검정

	값	자유도	점근 유의확률 (양측검정)	정확한 유의확률 (양측검정)	정확한 유의확률 (단측검정)
Pearson 카이제곱	10.405[a]	1	.001		
연속수정[b]	10.136	1	.001		
우도비	10.453	1	.001		
Fisher의 정확한 검정				.001	.001
선형 대 선형결합	10.402	1	.001		
유효 케이스 수	2970				

a. 0 셀 (0.0%)은(는) 5보다 작은 기대 빈도를 가지는 셀입니다. 최소 기대빈도는 356.43입니다.

③ 평균의 검정(독립표본 t-검정)

• [표 8-2]는 두 모집단(범죄중단, 범죄지속)에 대한 평균의 차이를 검정하는 것으로, 독립표본 t-검정을 실시한다.

1단계: 데이터파일을 불러온다(분석파일: 범죄지속_남자.sav).

2단계: 가설을 세운다.

☞ 등분산 검정(H_0: $\sigma_1^2 = \sigma_2^2$) 후 평균의 차이 검정(H_0: $\mu_1 = \mu_2$)을 실시한다. 즉, 등분산 검정에서 $p > .01$이면 99% 신뢰구간에서 등분산이 성립되어 평균의 차이 검정을 위한 t 값은 '등분산이 가정됨'을 확인한 후 해석해야 한다.

3단계: [분석]→[평균비교]→[독립표본 t-검정]을 실시한다.

4단계: 평균을 구하고자 하는 연속변수(NN18, NN31, IN, CP, NN21, NN19, NN22, NN23, NN34)를 검정변수로, 집단변수(NN5)를 독립변수로 옮겨 집단을 정의(1, 2)한다.

5단계: [옵션]→[평균, 표준편차, 분산분석표]를 선택한다.

6단계: 결과를 확인한다.

독립표본 검정

		Levene의 등분산 검정		평균의 등일성에 대한 t-검정						
								차이의	차이의 95% 신뢰구간	
		F	유의확률	t	자유도	유의확률 (양쪽)	평균차	표준오차	하한	상한
NN18 공동비행수	등분산이 가정됨	1.324	.250	.768	2968	.442	.056	.072	-.086	.197
	등분산이 가정되지 않음			.761	1323.953	.447	.056	.073	-.088	.199
NN31 질책정도	등분산이 가정됨	5.991	.014	-1.774	2755	.076	-.12508	.07051	-.26334	.01318
	등분산이 가정되지 않음			-1.724	1160.298	.085	-.12508	.07256	-.26744	.01729
IN 입소	등분산이 가정됨	1559.665	.000	-83.990	2968	.000	-2.965	.035	-3.034	-2.896
	등분산이 가정되지 않음			-53.957	809.639	.000	-2.965	.055	-3.073	-2.857
CP 위탁	등분산이 가정됨	.087	.768	-1.703	2909	.089	-.58224	.34199	-1.25280	.08833
	등분산이 가정되지 않음			-1.718	1255.268	.086	-.58224	.33894	-1.24719	.08272
NN21 생활	등분산이 가정됨	5.149	.023	.078	2968	.938	.003	.042	-.078	.085
	등분산이 가정되지 않음			.076	1296.793	.939	.003	.042	-.080	.087
NN19 지능	등분산이 가정됨	2.005	.157	6.157	2968	.000	.283	.046	.193	.373
	등분산이 가정되지 않음			6.378	1439.252	.000	.283	.044	.196	.370
NN22 부학력	등분산이 가정됨	1.956	.162	.785	2346	.432	.065	.083	-.098	.229
	등분산이 가정되지 않음			.795	1082.780	.427	.065	.082	-.096	.227
NN23 모학력	등분산이 가정됨	.191	.662	.091	2168	.928	.008	.088	-.165	.181
	등분산이 가정되지 않음			.090	905.676	.928	.008	.089	-.166	.182
NN34 소년학력	등분산이 가정됨	71.356	.000	10.524	2968	.000	.741	.070	.603	.879
	등분산이 가정되지 않음			10.877	1432.688	.000	.741	.068	.607	.875

4-2 청소년 범죄지속에 미치는 영향요인

재학 시 비행과 가정결손친구가 있는 경우, 부모에 대한 태도가 반항적인 경우, 지능지수가 110 미만인 경우, 우범가에서 성장한 경우, 결손가정인 경우 범죄지속 가능성이 높은 것으로 나타났다.

[표 8-3] 로지스틱 회귀분석 결과

변수[#]	b[a)]	S.E.[b)]	OR[c)]	p
상수	−1.431	.112	.239	***
재학 시 비행	.191	.101	1.211	*
가정결손친구 유무	.215	.096	1.239	**
부모에 대한 태도	.201	.108	1.223	*
지능지수	−.636	.164	.529	***
성장지역	.319	.180	1.376	*
결손가정 유무	.168	.098	1.183	*

주: 기준범주: 범죄중단, [#]: 예측변수 간의 다중공선성과 유의하지 않은 변수는 제외하고 모형에 투입함.
    [a)] Standardized coefficients, [b)] Standard error, [c)] Adjusted odds ratio
    [***]$p<.01$, [**]$p<.05$, [*]$p<.1$

❹ 로지스틱 회귀분석

• [표 8-3]은 청소년 지속범죄에 영향을 미치는 요인들에 대한 이분형 로지스틱 회귀분석 결과다.

• 이분형 로지스틱 회귀분석을 실행한다.

   - 독립변수들이 양적인 변수를 가지고, 종속변수가 2개의 범주(0, 1)를 가지는 회귀모형을 말한다. (※ 본 연구의 독립변수들은 2개의 범주(0, 1)인 양적 변수를 가진다)

1단계: 데이터파일을 불러온다(분석파일: 범죄지속_남자.sav).

2단계: [분석]→[회귀분석]→[이분형 로지스틱]

3단계: [종속변수: NN5]→[공변량: NN3941, NN53, NN32, NEW19, region613, NN26]을 선택한다.

4단계: 결과를 확인한다.

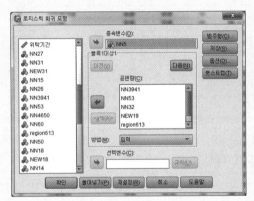 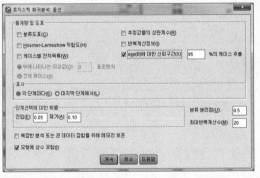

방정식에 포함된 변수

		B	S.E.	Wals	자유도	유의확률	Exp(B)	EXP(B)에 대한 95% 신뢰구간 하한	EXP(B)에 대한 95% 신뢰구간 상한
1 단계[a]	NN3941	.191	.101	3.564	1	.059	1.211	.993	1.477
	NN53	.215	.096	5.045	1	.025	1.239	1.028	1.494
	NN32	.201	.108	3.451	1	.063	1.223	.989	1.512
	NEW19	-.636	.164	15.027	1	.000	.529	.384	.730
	region613	.319	.180	3.154	1	.076	1.376	.967	1.957
	NN26	.168	.098	2.921	1	.087	1.183	.976	1.435
	상수항	-1.431	.112	162.692	1	.000	.239		

a. 변수가 1: 단계에 진입했습니다 NN3941, NN53, NN32, NEW19, region613, NN26. NN3941, NN53, NN32, NEW19, region613, NN26.

4-3 청소년 범죄지속 예측모형

한국의 청소년 범죄지속 예측모형에 대한 의사결정나무 분석결과는 [그림 8-1]과 같다. 나무 구조의 최상위에 있는 네모는 뿌리마디로서, 예측변수(독립변수)가 투입되지 않은 종속변수(청소년 범죄지속 여부)의 빈도를 나타낸다. 뿌리마디에서 청소년의 범죄지속 위험은 26.0%(771명), 범죄중단은 74.0%(2,199명)로 나타났다. 뿌리마디 하단의 가장 상위에 위치하는 요인이 청소년 범죄지속 위험예측에 가장 영향력이 큰(관련성이 깊은) 요인이며 '지능지수'의 영향력이 가장 큰 것으로 나타났다.

　'지능지수'가 낮을 경우 청소년 범죄지속 위험이 이전의 26.0%에서 27.3%로 증가한 반면, 청소년 범죄중단은 이전의 74.0%에서 72.7%로 낮아졌다. '지능지수'가 낮고 '가출경험'이 있는 경우 청소년 범죄지속 위험이 이전의 27.3%에서 29.1%로 증가한 반면, 청소년 범죄중단은 이전의 72.7%에서 70.9%로 낮아졌다. '지능지수'가 낮고 '가출경험'이 있고 '성장지역'이 우범지역일 경우 청소년 범죄지속 위험은 이전의 29.1%에서 35.1%로 증가한 반면, 청소년 범죄중단은 이전의 70.9%에서 64.9%로 낮아졌다.

　'지능지수'가 높을 경우 청소년 범죄지속 위험이 이전의 26.0%에서 16.1%로 감소하였고, 청소년 범죄중단은 이전의 74.0%에서 83.9%로 증가하였다. '지능지수'가 높고 '비행친구'가 있는 경우 청소년 범죄지속 위험은 이전의 16.1%에서 17.9%로 증가한 반면, 청소년 범죄중단은 이전의 83.9%에서 82.1%로 낮아졌다. '지능지수'가 높고 '비행친구'가 있으며 '가출경험'이 있는 경우 청소년 범죄지속 위험은 이전의 17.9%에서 19.4%로 증가한 반면, 청소년 범죄중단은 이전의 82.1%에서 80.6%로 낮아졌다.

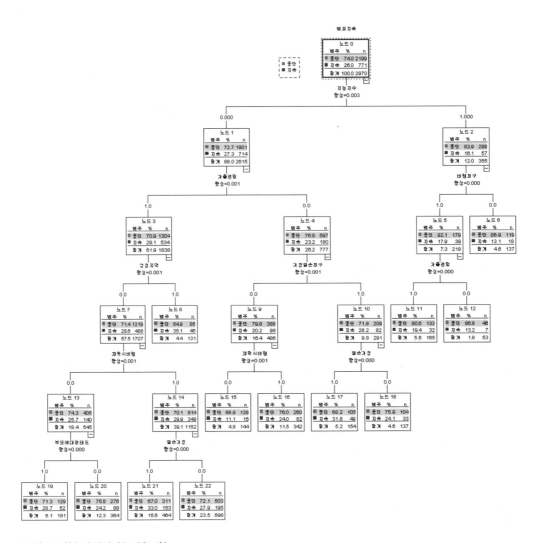

[그림 8-1] 청소년 범죄지속 예측모형

⑤ 데이터마이닝 의사결정나무 분석

1. 연구목적

본 연구는 데이터마이닝의 의사결정나무 분석을 통하여 청소년 범죄지속의 다양한 변인들 간의 상호작용 관계를 분석하여 청소년 범죄지속에 대한 위험을 예측하고자 한다.

2. 조사도구

　가. 종속변수

　　NN5(0: 범죄중단, 1: 범죄지속)

　나. 독립변수(0: 없음, 1: 있음)

　　NN3941, NN53, NN54, NN60, NN32, NEW19, NN26, region613

1단계: 의사결정나무를 실행시킨다(파일명: 범죄지속_남자.sav).

　- [SPSS 메뉴] → [분류분석] → [트리]

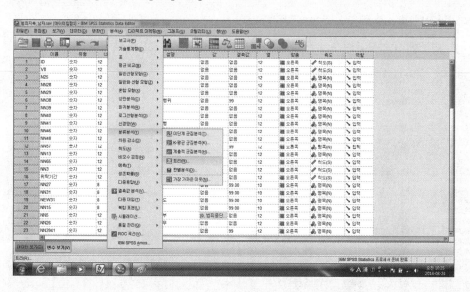

2단계: 종속변수(목표변수: NN5)를 선택하고 이익도표(gain chart)를 산출하기 위하여 목표 범주를 선택한다(본 연구에서는 '범죄중단'과 '범죄지속' 모두를 목표 범주로 설정하였다).

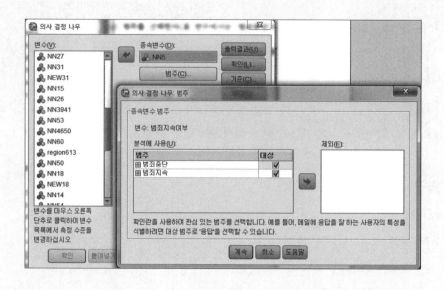

3단계: 독립변수(예측변수)를 선택한다.

- 본 연구의 독립변수는 8개의 요인으로 이분형 변수(NN3941, NN53, NN54, NN60, NN32, NEW19, NN26, region613)를 선택한다.

4단계: 확장방법(growing method)을 결정한다.

- 본 연구에서는 목표변수와 예측변수 모두 명목형으로 CRT를 사용하였다.

5단계: 타당도(validation)를 선택한다.

6단계: 기준(criteria)을 선택한다.

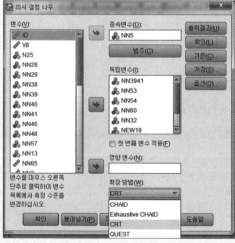

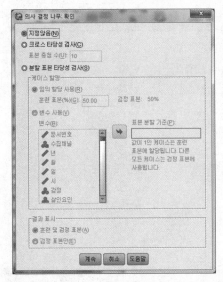
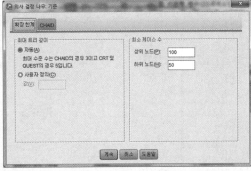

7단계: [출력결과(U)]를 선택한 후 [계속] 버튼을 누른다.

- 출력결과에서는 트리표시, 통계량, 노드성능, 분류규칙을 선택할 수 있다.

- 이익도표를 산출하기 위해서는 [통계량]에서 [비용, 사전확률, 점수 및 이익값]을 선택한 후 [누적통계량]을 선택한다.

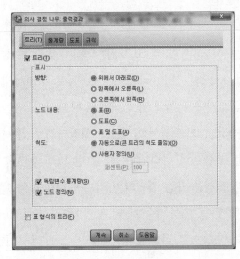
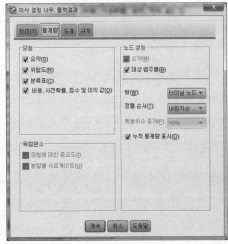

8단계: 결과를 확인한다.

- [트리다이어그램]→[선택]

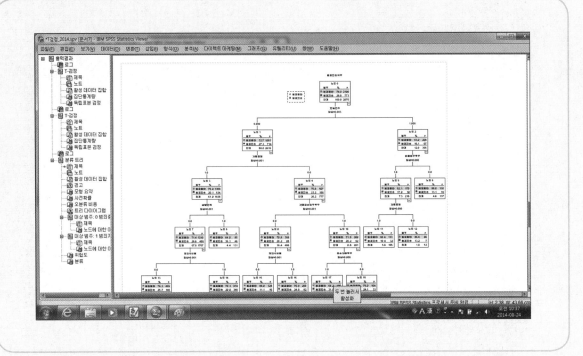

4-4 청소년 범죄지속 예측모형에 대한 이익도표

본 연구에서 범죄지속 위험이 가장 높은 경우는 '지능지수'가 낮고 '가출경험'이 있으며 '성장지역'이 우범지역인 조합으로 나타났다. 즉, 8번 노드의 지수(index)가 135.3%로 뿌리마디와 비교했을 때 8번 노드의 조건을 가진 집단의 범죄지속 위험이 약 1.35배로 나타났다. 범죄지속 위험이 두 번째로 높은 경우는 '지능지수'가 낮고, '가출경험'이 있고, '성장지역'이 주택가이고, '재학 시 비행'이 있고, '결손가정'이 있는 조합으로 나타났다. 즉, 21번 노드의 지수가 128.8%로 뿌리마디와 비교했을 때 21번 노드의 조건을 가진 집단의 범죄지속 위험이 약 1.29배로 나타났다(표 8-4). 범죄중단이 가장 높은 경우는 '지능지수'가 낮고, '가출경험'이 없고, '가정결손친구'가 없으며, '재학 시 비행'이 없는 조합으로 나타났다. 즉, 15번 노드의 지수가 120.1%로 뿌리마디와 비교했을 때 15번 노드의 조건을 가진 집단의 범죄지속 위험이 약 1.20배로 나타났다. 범죄중단이 두 번째로 높은 경우는 '지능지수'가 높고, '비행친구'가 없는 조합으로 나타났다. 즉, 6번 노드의 지수가 118.7%로 뿌리마디와 비교했을 때 6번 노드의 조건을 가진 집단의 범죄지속 위험이 약 1.19배로 나타났다(표 8-4).

[표 8-4] 청소년 범죄지속 예측모형에 대한 이익도표

범죄지속 유형	노드	이익지수				누적지수			
		노드(n)	노드(%)	이익(%)	지수(%)	노드(n)	노드(%)	이익(%)	지수(%)
범죄지속	8	131	4.4	6.0	135.3	131	4.4	6.0	135.3
	21	464	15.6	19.8	127.0	595	20.0	25.8	128.8
	17	154	5.2	6.4	122.6	749	25.2	32.2	127.5
	19	181	6.1	6.7	110.7	930	31.3	38.9	124.3
	22	698	23.5	25.3	107.6	1,628	54.8	64.2	117.1
	20	364	12.3	11.4	93.1	1,992	67.1	75.6	112.7
	18	137	4.6	4.3	92.8	2,129	71.7	79.9	111.5
	16	342	11.5	10.6	92.4	2,471	83.2	90.5	108.8
	11	165	5.6	4.2	74.7	2,636	88.8	94.7	106.7
	12	53	1.8	.9	50.9	2,689	90.5	95.6	105.6
	6	137	4.6	2.3	50.6	2,826	95.2	97.9	102.9
	15	144	4.8	2.1	42.8	2,970	100.0	100.0	100.0
범죄중단	15	144	4.8	5.8	120.1	144	4.8	5.8	120.1
	6	137	4.6	5.4	117.3	281	9.5	11.2	118.7
	12	53	1.8	2.1	117.2	334	11.2	13.3	118.5
	11	165	5.6	6.0	108.9	499	16.8	19.4	115.3
	16	342	11.5	11.8	102.7	841	28.3	31.2	110.2
	18	137	4.6	4.7	102.5	978	32.9	35.9	109.1
	20	364	12.3	12.6	102.4	1,342	45.2	48.5	107.3
	22	698	23.5	22.9	97.3	2,040	68.7	71.4	103.9
	19	181	6.1	5.9	96.3	2,221	74.8	71.2	103.3
	17	154	5.2	4.8	92.1	2,375	80.0	82.0	102.5
	21	464	15.6	14.1	90.5	2,839	95.6	96.1	100.6
	8	131	4.4	3.9	87.6	2,970	100.0	100.0	100.0

데이터마이닝 의사결정나무 분석(계속)

※ 결과를 확인한다.

- [노드에 대한 이익]→[선택]

대상 범주: **1 범죄지속**

노드에 대한 이익

| 노드 | 노드별 | | | | | | 누적 | | | | | |
| | 노드 | | 이득 | | | | 노드 | | 이득 | | | |
노드	N	퍼센트	N	퍼센트	응답	지수	N	퍼센트	N	퍼센트	응답	지수
8	131	4.4%	46	6.0%	35.1%	135.3%	131	4.4%	46	6.0%	35.1%	135.3%
21	464	15.6%	153	19.8%	33.0%	127.0%	595	20.0%	199	25.8%	33.4%	128.8%
17	154	5.2%	49	6.4%	31.8%	122.6%	749	25.2%	248	32.2%	33.1%	127.5%
19	181	6.1%	52	6.7%	28.7%	110.7%	930	31.3%	300	38.9%	32.3%	124.3%
22	698	23.5%	195	25.3%	27.9%	107.6%	1628	54.8%	495	64.2%	30.4%	117.1%
20	364	12.3%	88	11.4%	24.2%	93.1%	1992	67.1%	583	75.6%	29.3%	112.7%
18	137	4.6%	33	4.3%	24.1%	92.8%	2129	71.7%	616	79.9%	28.9%	111.5%
16	342	11.5%	82	10.6%	24.0%	92.4%	2471	83.2%	698	90.5%	28.2%	108.8%
11	165	5.6%	32	4.2%	19.4%	74.7%	2636	88.8%	730	94.7%	27.7%	106.7%
12	53	1.8%	7	0.9%	13.2%	50.9%	2689	90.5%	737	95.6%	27.4%	105.6%
6	137	4.6%	18	2.3%	13.1%	50.6%	2826	95.2%	755	97.9%	26.7%	102.9%
15	144	4.8%	16	2.1%	11.1%	42.8%	2970	100.0%	771	100.0%	26.0%	100.0%

성장방법: CRT
종속변수: NN5 범죄지속여부

대상 범주: **0 범죄중단**

노드에 대한 이익

| 노드 | 노드별 | | | | | | 누적 | | | | | |
| | 노드 | | 이득 | | | | 노드 | | 이득 | | | |
노드	N	퍼센트	N	퍼센트	응답	지수	N	퍼센트	N	퍼센트	응답	지수
15	144	4.8%	128	5.8%	88.9%	120.1%	144	4.8%	128	5.8%	88.9%	120.1%
6	137	4.6%	119	5.4%	86.9%	117.3%	281	9.5%	247	11.2%	87.9%	118.7%
12	53	1.8%	46	2.1%	86.8%	117.2%	334	11.2%	293	13.3%	87.7%	118.5%
11	165	5.6%	133	6.0%	80.6%	108.9%	499	16.8%	426	19.4%	85.4%	115.3%
16	342	11.5%	260	11.8%	76.0%	102.7%	841	28.3%	686	31.2%	81.6%	110.2%
18	137	4.6%	104	4.7%	75.9%	102.5%	978	32.9%	790	35.9%	80.8%	109.1%
20	364	12.3%	276	12.6%	75.8%	102.4%	1342	45.2%	1066	48.5%	79.4%	107.3%
22	698	23.5%	503	22.9%	72.1%	97.3%	2040	68.7%	1569	71.4%	76.9%	103.9%
19	181	6.1%	129	5.9%	71.3%	96.3%	2221	74.8%	1698	77.2%	76.5%	103.3%
17	154	5.2%	105	4.8%	68.2%	92.1%	2375	80.0%	1803	82.0%	75.9%	102.5%
21	464	15.6%	311	14.1%	67.0%	90.5%	2839	95.6%	2114	96.1%	74.5%	100.6%
8	131	4.4%	85	3.9%	64.9%	87.6%	2970	100.0%	2199	100.0%	74.0%	100.0%

성장방법: CRT
종속변수: NN5 범죄지속여부

본 연구에서는 한국의 청소년 범죄지속 위험요인에 대한 예측모형을 검증하고자 횡단적 자료(소년분류심사원의 환경조사 자료)와 종단적 자료(12년간 구치소 입출소 자료)를 활용하여 데이터마이닝의 의사결정나무 분석을 실시하였다. 본 연구에서 사용한 의사결정나무 분석모형은 기존의 회귀분석이나 구조방정식과 달리 특별한 통계적 가정 없이 결정규칙에 따라 나무구조로 도표화하여 분류와 예측을 수행하는 방법으로, 청소년 범죄지속과 관련된 여러 개의 독립변수 중 종속변수(범죄지속)에 대한 영향력이 높은 변수의 패턴이나 관계를 찾아내는 데 유용하다. 주요 분석결과를 요약하면 다음과 같다.

첫째, 우리나라 청소년의 범죄지속률은 26.0%이며, 재학 시 비행경험이 있는 경우, 가정결손 친구가 있는 경우, 비행친구가 있는 경우, 가출 경험이 있는 경우, 결손가정인 경우 범죄지속률이 높게 나타났다. 부모에 대한 태도가 반항적인 경우와 우범지역에서 성장한 경우 범죄지속률이 높게 나타났으며, 모의 연령이 낮을수록, 첫 비행연령이 낮을수록 범죄지속률이 높게 나타났다. 또한 지능지수와 청소년의 학력이 낮을수록 범죄지속률은 높게 나타났다.

둘째, 청소년 범죄지속 위험요인에 대한 로지스틱 회귀분석 결과 재학 시 비행과 가정결손 친구가 있는 경우, 부모에 대한 태도가 반항적일 경우, 지능지수가 110 미만일 경우, 우범지역에서 성장한 경우, 결손가정인 경우 범죄지속 가능성이 높은 것으로 나타났다.

셋째, 청소년 범죄지속 위험요인의 예측모형에 대한 의사결정나무 분석결과 범죄지속 위험이 가장 높은 경우는 '지능지수'가 낮고, '가출경험'이 있으며, '성장지역'이 우범지역인 조합으로 나타났다. 그리고 범죄중단이 가장 높은 경우는 '지능지수'가 낮고, '가출경험'이 없고, '가정결손 친구'가 없으며, '재학 시 비행'이 없는 조합으로 나타났다.

본 연구의 결과를 중심으로 논의하면 다음과 같다.

첫째, 2,970명의 청소년 범죄자는 범죄중단자, 잠정적 범죄지속자, 평생 범죄지속자의 세 종류로 분류할 수 있다. 이는 우리나라의 청소년 범죄자는 Moffitt(1997)이 말하는 한정형 범죄자는 74.0%이고, 평생 지속형 범죄자는 6.8%라고 할 수 있으며, Moffitt이 청소년 범죄자의 분류에 속하지 않는 잠정적 범죄지속자는 19.2%라는 사실을 보여준다. 또한 발전범죄학 연구인 Wolfgang 등(1990)의 '6%의 법칙'이 우리나라에서도 적용될 수 있다는 사실을 확인하였다.

둘째, 로지스틱 회귀분석 결과 재학 시 비행, 가정결손 친구, 부모에 대한 태도, 지능지수,

성장지역, 결손가정이 범죄지속에 영향을 미치는 것으로 나타났다. 따라서 재학 시 비행요인의 범죄지속 위험은 첫 비행연령이 낮을수록 범죄지속 가능성이 높다는 기존의 연구(박철현, 2000)를 지지하는 것이다. 또 가정결손 친구의 범죄지속 위험은 경비행친구와 중비행친구가 많을수록 폭력비행을 지속할 가능성이 높다는 기존의 연구(곽대경, 2012)를 지지하는 것이다. 부모에 대한 태도 요인의 범죄지속 위험은 과시적이거나 반항적이거나 심리적으로 불안정한 소년일수록 범죄지속 정도가 높다는 기존의 연구(이순래, 1995)를 지지하는 것이다. 지능지수 요인의 범죄지속 위험은 지능지수가 낮은 소년일수록 범죄지속 가능성이 높다는 기존의 연구(Nagin & Farrington, 1993; 이순래, 1995, 2005; 박철현, 2000)를 지지하는 것이며, 성장지역요인의 범죄지속 위험은 도시지역에서 성장한 소년일수록 범죄지속 정도가 높다는 연구(이순래, 1995)를 어느 정도 지지하는 것으로 나타났다. 결손가정요인의 범죄지속 위험은 비정상적인 가정에서 성장한 소년일수록 범죄지속이 높다는 기존의 연구(이순래, 2005)를 지지하는 결과다.

셋째, 청소년 범죄지속위험 예측에 가장 영향력이 높은 요인은 지능지수인 것으로 확인되었다. 지능지수가 낮을 경우 범죄지속의 위험은 높아졌으나 범죄중단의 예측은 낮아진 것으로 나타났다. 이는 지능지수가 낮은 청소년일수록 범죄지속 가능성이 높다는 기존의 연구(Nagin & Farrington, 1993; 이순래, 1995, 2005; 박철현, 2000)를 지지하는 것이다. 그러나 본 연구에서 지능지수가 낮더라도 가출경험이 없는 경우 범죄지속의 위험이 낮아지는 것으로 볼 때, 가출청소년에 대한 정부차원의 지원대책이 시급하다고 볼 수 있다. 따라서 청소년 대상의 가출예방교육, 또래상담훈련, 가족중재, 아웃리치 등 보다 다양한 정부지원 정책이 실시되어야 할 것이다.

넷째, 지능지수가 높더라도 비행친구가 있는 경우 청소년 범죄지속 위험이 증가한 것으로 나타나, 과거 비행력이 있는 친구에게 전통적 가치를 가진 친구들로 친구관계를 바꾸어주는 노력은 물론, 비행력이 있는 친구와의 단절을 위한 환경조성이나 프로그램의 개발이 무엇보다 중요하다고 본다. 또한 건전하고 지속적인 친구관계를 유지하기 위해서는 서로의 정서를 공감하고 이해할 수 있는 감수성 훈련과 또래상담 등의 프로그램이 필요할 것으로 본다. 그리고, 가정과 친구관계에 어려움을 겪고 있는 범죄청소년들에게 자신의 인생을 스스로 주도하고 결정할 수 있는 직업훈련 교육을 제공하여야 할 것이다(한영선, 2011).

마지막으로 우리나라 청소년의 범죄지속은 복합적인 요인에 영향을 받기 때문에 범죄지속의 위험이 예측되는 집단에 대한 정부차원의 맞춤형 프로그램이 제공되어야 할 것이다.

본 연구에서는 소년분류심사원 입원 당시의 환경조사를 범죄지속 관련 요인으로 사용하였기 때문에 발전범죄학의 모집단차별론에 대한 검증은 이루어졌으나, 상황의존론의 검증은 실시하지 못하였다. 그러나 본 연구대상 일부 청소년의 범죄추적 연구(한영선, 2011) 결과 범죄 이후의 가정의 안정성, 직장의 안정성, 친구의 안정성이 범죄중단에 중요한 영향을 미친다는 것을 밝혀 본 연구자료에 대한 상황의존론의 검증은 어느 정도 선행되었다고 볼 수 있다.

본 연구는 발전범죄학의 이론적 검토를 통해 범죄지속에 대한 원인을 살펴보고 우리나라 청소년의 횡단적·종단적 범죄경력 기록을 분석함으로써 모집단차별론에 근거한 범죄지속의 원인과 범죄지속의 위험요인을 예측하였다는 점에서 학술적·정책적 의의를 가진다고 볼 수 있다. 끝으로 본 연구에서 제시된 우리나라 청소년 범죄지속 예측모형을 교정교육 프로그램 에 적용하면 청소년의 범죄상습화를 사전에 예방할 수 있을 것이다.

참고문헌

1. 강상경(2010). 노년기 외래이용서비스 이용 궤적 및 예측요인: 연령 차이를 중심으로. 한국사회복지학, **62**(3), 83-108.

2. 곽대경(2012). 청소년의 지속적 폭력비행에 영향을 미치는 요인. 한국공안행정학회지, **47**, 47-82.

3. 박철현(2000). 범죄경력에서의 합리적인 발전. 형사정책연구, **12**(1), 205-227.

4. 법무연수원(2013). 범죄백서 2013.

5. 양문승·송재영(2012). 소년범의 범죄지속에 대한 이론적 분석. 경찰학논총, **7**(1), 213-241.

6. 이순래(1995). 범죄지속의 원인에 관한 연구. 형사정책연구, **6**(3), 107-138.

7. 이순래(2005). 지속적 소년비행의 원인에 관한 연구. 형사정책연구, **16**(4), 269-300.

8. 이순래·박혁기(2007). 비행소년의 발전경향에 관한 연구. 한국범죄학, **1**(2), 149-190.

9. 이순래(2011). 비행지속현상에 있어 위험요인·보호요인의 영향에 관한 연구. 범죄와 비행, 창간호, 23-47.

10. 한영선(2011). 소년범죄자의 범죄중단에 관한 연구. 동국대학교 대학원 경찰행정학과, 박사학위논문.

11. Agnew, R. (1992). Foundation for a general strain theory of crime and delinquency. *Criminology*, **30**, 47-87.

12. Andersen, R. M. & Newman, J. F. (1973). Societal and individual determinants of medical care utilization in the United States. *The Milbank Memorial Fund Quarterly: Health and Society*, **51**(1), 95-124.

13. Blumstein, A., Farrington, D. P. & Moitra, S. (1985). Delinquency careers: Innocents, desisters, and persisters. *Crime and Justice: An Annual Review of Research 6*.

14. Breiman, L., Friedman, J. H., Olshen, R. A. & Stone, C. J. (1984). *Classification and Regression Trees*. Wadsworth, Belmont.

15. Elliott, D. S., Huizinga, D. & Morse, B. (1987). Self-reported violent offending: A descriptive analysis of juvenile violent offenders and their offending careers. *Journal of Interpersonal Violence*, **1**, 472-514.

16. Gottfredson, M. R. & Hirschi, T. (1990). *A General Theory of Crime*. Stanford, CA: Stanford University Press.

17. Kim, K. D. (2009). *Sanction Threats and Desistance from Criminality*. New York, Oxford.

18. Laub, J. H. & Sampson, R. J. (1993). Turning points in the life course: Why change matters to the study of crime. *Criminology*, **31**, 301-325.

19. Laub, J. H., Nagin, D. S. & Sampson, R. J. (1998). Trajectories of change in criminal offending: Good marriages and the desistance process. *American Sociological Review*, **63**,

225-238.

20. Maruna, S. (2001). *Making Good; How Ex-convicts Reform and Rebuild Their Lives*. Washington, American Psychological Association.

21. Moffitt, T. E. (1997). *Adolescence-Limited and Life-Course-Persistent Offending: A Complementary Pair of Developmental Theories*. New Jersey, Transaction Publishers.

22. Nagin, D. S. & Farrington, D. P. (1993). The stability of criminal potential from childhood to adulthood. *Criminology*, **30**(2), 235-260.

23. Piquero, A. R., Farrington, D. P. & Blumstein, A. (2003). The criminal career paradigm. *Crime And Justice*, 359-506.

24. Polakowski, M. (1994). linking self- and social control with deviance: Illuminating the structure underlying a General Theory of Crime and its relation to deviant activity. *Journal of Quantitative Criminology*, **10**, 4-77.

25. Shover, N. (1996). *Great Pretenders: Pursuits and Careers of Persistent Thieves*. Boulder, Westview.

26. Smith, C. A. & Thornberry, T. P. (1995). The relationship between childhood maltreatment and adolescent involvement in delinquency. *Criminology*, **33**, 451-477.

27. Thornberry, T. P. (1997). Developmental theories of crime and delinquency. *Advances in Criminoical Theory 7*.

28. Warr, M. (1998). Life-course transitions and desistance from crime. *Criminology*, **36**(2), 183-216.

29. Wolfgang, M. E., Tracy, P. E. & Figlio, R. M. (1990). *Delinquency Careers in Two Birth Cohorts*. Boston, Kluwer Boston, Inc.

9장

인터넷 중독 사업 성과평가

인터넷과 스마트 미디어 이용의 일상화 및 보편화에 따른 인터넷 중독으로 인한 사회적 폐해가 만연함에 따라 인터넷 중독의 문제는 이제 개인적인 문제를 넘어 가정파괴 등 새로운 사회적인 문제로 확대되어 국민행복 실현의 저해요소로 등장하게 되었다. 특히, 2012년 인터넷 중독자 수는 전체 233만 4천 명(유아동 15만 6천 명, 청소년 71만 1천 명, 성인 146만 7천 명)이며, 전체 인터넷 인구의 7.2%로 전 세대에 걸쳐 심각한 것으로 나타났다. 그동안 정부에서는 인터넷 중독의 해소를 위해 생애주기별 인터넷 중독 예방교육 및 전문상담서비스를 확대하여 중독률을 완화시키기 위한 노력을 하였으나, 2011년에 비해 전체 인터넷 중독률은 감소한 반면, 청소년의 인터넷 중독률은 증가한 것으로 나타났다.[2] 특히, 스마트폰 중독률은 2011년 8.4%에서 2012년 11.1%로 증가하여 인터넷 중독률은 지속적으로 증가할 것으로 보인다.

급속한 정보화의 진전에 따라 발생하는 역기능인 인터넷 중독을 예방·해소하기 위해서는 전국민을 대상으로 한 정부차원의 서비스가 필요하다. 그동안 인터넷 중독 예방과 해소를 위한 성과지표로는 예방교육과 상담에 대한 실적평가[3]에 국한되어 투입/과정/산출 지표가 아닌 결과지표 중심으로 평가가 실시되어 사업의 효과성과 효율성을 체계적으로 분석하는 '재정사업 심층평가'는 실시되지 못하였다. 현재의 인터넷 중독 '재정자율 평가방법'은 해당 연도에 사업계획서에서 설정한 사업목표의 달성 정도를 사업계획의 타당성, 성과계획의 적정성, 사업관리의 적정성, 사업성과 및 환류의 단계로 평가하고 있으며, 대부분 목표 달성률로 평가하여 세부사업의 효율성 평가는 적절히 추진되지 못하고 있는 실정이다. 일반적으로 성과평가는 사업의 효과성·효율성 및 영향에 대해 평가하는 것으로, 효과성은 자원의 효율적 활용 범위, 기대되는 결과나 목표를 평가지표로 활용하며, 효율성은 투입된 시간·자원 등의 비용과 산출결과를 비교하여 평가한다. 그리고 영향은 사업의 장기적 영향을 분석하는 것으로, 단기적인 사업결과보다는 장기적이며 궁극적인 효과에 초점을 둔다.

정부에 대한 국민의 신뢰에 기반이 될 수 있는 세금의 효율적 활용은 세금을 지출하는 재정사업의 효율성과 효과성 평가를 통해 판단할 수 있으며, 이러한 노력이 정부의 재정사업 평

---

1. 본 논문의 인터넷 중독 사업 성과평가는 각 부처에서 수행한 인터넷 중독 사업의 결과로 제시된 빅데이터(실적 요약 자료 등)를 활용하여 분석하였다.
2. 미래창조과학부·한국정보화진흥원(2013). 2012년 인터넷 중독실태조사.
3. 인터넷 중독 집단상담 후 인터넷 중독에 대한 증상완화율 개선도를 성과지표로 제시하고 있으나 집단상담에만 국한하고 있어 인터넷 중독 사업 전체의 성과지표로는 미흡하다.

가라고 할 수 있다(이종욱, 2007). 우리 정부에서는 공공부문 사업의 효율성과 효과성을 평가하기 위하여 '재정사업 자율평가'와 '재정사업 심층평가'를 실시한다. 특히, '재정사업 심층평가'는 효과성이 입증되지 않은 사업이나 비효율적인 사업의 축소 및 중단뿐만 아니라 과거의 경험으로부터 배운 교훈을 바탕으로 장래에 보다 효과적·효율적으로 사업을 기획하여 운영할 수 있도록 하는 기반을 마련하는 데 있다(김용성 외, 2013).

'재정사업 심층평가'는 2010년부터 성과목표 및 상호 연계되어 있는 사업들을 하나의 사업군으로 묶어 심층평가를 실시하며, 단일사업 측면에서 '적정성', '효과성', '효율성' 분석을 통해 평가의 일관성을 확보하고 있다(김용성 외, 2013). 우선 적정성(relevance) 평가는 평가 대상이 되는 재정사업을 정부가 수행하는 것이 논리적·현실적으로 필요한지 여부를 판단하고 설정된 목표를 달성하는 데 적절한 수단이 있는지 점검하는 과정으로, 사회문제의 원인과 사회적 욕구의 결핍을 해결하기 위해 사업의 목표와 정책적 개입의 수단이 적절한지를 살핀다. 효과성(effectiveness) 평가는 사업대상에 대하여 창출된 부가가치(value-add)를 측정하는 것으로, 평가대상 사업이 의도한 목적을 달성하였는지의 여부를 판단하는 기준이다. 그리고 효율성(efficiency)은 공공부문 사업의 산출과 투입의 비율로 측정되며, 투입 대비 산출이 적절한지를 평가한다. 이들 평가 중 특히 효과성 평가는 개별사업의 효과성 평가와 사업군에 대한 효과성 평가로 추진할 수 있는데, 개별사업의 효과성 평가는 정립된 이론을 바탕으로 실증 데이터를 이용하기 때문에 평가가 가능하다. 하지만 사업군에 대한 평가는 그 개념 자체가 명확하지 않고 현실 행정에 사용된 전례가 없기 때문에 사업군의 효과성(주효과와 교차효과) 측정과 사업군 내 개별사업들 간의 효과를 비교하는 데 초점이 맞추어져 있다(김용성 외, 2013). 효율성 평가는 정책의 기획과 전략 수립에 활용할 수 있게 하며, 업무량이 과다하거나 반대로 과소한 기관을 파악함으로써 합리적인 인력운용과 과학적 예산운용의 배분을 가능하게 한다.

본 연구에서는 인터넷 중독 예방·해소사업에 대한 효과성을 평가하기 위하여 다층모형(Multilevel Model), 구조방정식모형(Structural Equation Modeling, SEM), 데이터마이닝(Data Mining)을 사용하였다. 그리고 효율성을 평가하는 방안으로 자료포락분석(Data Envelopment Analysis, DEA) 모형을 사용하였다.

본 연구의 구조모형과 다중집단 분석은 AMOS 22.0을 사용하였고, 다층모형 분석은 HLM 7.0을 사용하였다. 그리고 인터넷 중독의 위험요인 예측을 위한 데이터마이닝 분석은 SPSS 22.0을 사용하였다.

2-1 다층모형을 이용한 효과성 평가

재정사업 심층평가의 중요한 목적 중 하나는 세출 구조조정 및 재정 효율화로 요약할 수 있다. 이러한 목적을 달성하기 위해 수행되는 사업군 평가는 객관적인 사업 간 비교가 가능한 비교가능성(comparability)의 확보가 매우 중요하다. 그러나 대부분의 경우 동일한 성과변수를 측정하기 위한 데이터를 얻기가 어렵고 설문방식이 상이하여 성과변수의 측정단위가 일치하지 않을 수 있다(김용성 외, 2013). 인터넷 중독 사업의 경우, 인터넷 중독 예방 상담사업(미래창조과학부), 게임과몰입 예방 및 해소사업(문화체육관광부), 그리고 청소년 인터넷 중독 예방 해소사업(여성가족부)으로 구분하여 추진하고 있으며, 서비스 대상과 제공기관이 각각 상이하다. 따라서 본 연구에서는 사업별로 서비스 대상자의 중독현황과 사업의 만족도를 측정하는 지표가 서로 달라 ○○○부처의 인터넷 중독 사업에 대한 예산과 집행실적의 효과성에 대해 평가하였다.

1) 분석모형

개인특성의 변수와 지역특성의 변수들이 인터넷 중독에 미치는 영향을 알아보기 위하여 이 연구에서 설정한 다층모형은 [그림 9-1]과 같다. 종속변수는 인터넷 중독이고, 독립변수를 개인특성과 지역특성으로 구분하였다. 이 연구모형에 따른 구체적인 연구가설은 다음과 같다.

첫째, 인터넷 중독 여부는 지역 간 차이가 있을 것이다.
둘째, 개인요인이 인터넷 중독 여부에 미치는 영향은 지역 간 차이가 있을 것이다.
셋째, 개인요인과 지역요인(예산, 실적)은 인터넷 중독 여부에 영향을 미칠 것이다.

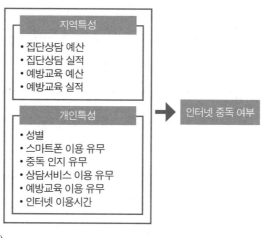

[그림 9-1] 분석모형(다층모형)

2) 다층모형 분석

기초모형(unconditional model)은 연구가설 1을 검증하는 과정으로, 설명변수(독립변수)를 투입하지 않은 상태에서 인터넷 중독 조사대상자의 인터넷 중독 여부에 대한 지역 간 분산을 분석함으로써 이후의 모형에서 다른 독립변수들의 설명력을 살펴보게 된다. 즉, 기초모형은 다층분석을 통해 개인별 인터넷 중독 여부가 지역 간 차이가 있는지를 검증하는 것이다. [표 9-1], [표 9-2]의 Model 1에서 고정효과(fixed effect)를 살펴보면, 전체 지역의 인터넷 중독 조사대상자의 인터넷 중독 로그승산 평균값에 대한 추정값은 2011년이 –2.58, 2012년이 –2.59로 이는 한 지역의 인터넷 중독 조사대상자의 인터넷 중독 확률이 2011년은 $1/[1+\exp(2.58)]$ ≒ .07, 2012년은 $1/[1+\exp(2.59)]$ ≒ .069임을 의미하여 통계적으로 모두 유의하였다($p<.001$). 기초모형의 무선효과(random effect)를 살펴보면, 지역별 인터넷 중독 조사대상자의 인터넷 중독 여부의 차이를 나타내는 2수준 분산(μ_0)이 통계적으로 유의하였으며[2011년: $\chi^2=33.36$ ($p<.001$), 2012년: $\chi^2=47.87$($p<.001$)], 인터넷 중독의 로그승산에 있어서 지역별로 변량이 존재하고 있음을 알 수 있다. 동일한 수준에 속한 하위 수준 간의 유사성을 보여주는 집단 내 상관계수(Intraclass Correlation Coefficient, ICC)를 통해 인터넷 중독 여부의 지역별 분산비율을 계산해 보면 2011년은 0.009[0.03/(0.03+3.29)], 2012년은 0.012[0.04/(0.04+3.29)]로 개인의 인터넷 중독 여부에 대한 총 분산 중 지역 수준의 분산이 차지하는 비율이 약 0.9%와 1.2%로 적었다. ICC는 0.05 이상이면 지역 간 변이가 있다고 보며, ICC가 0.05보다 작더라도 지역 간 변이에 대한 경험적 연구결과들이 있을 경우 다수준 분석을 실시할 수 있다(Heck & Thomas, 2009). 기초모형 분석결과 인터넷 중독 조사대상자의 인터넷 중독은 지역 간 차이가 유의미하게 발생하고 있으므로 지역변수를 투입하여 다층모형 분석을 실시하는 것이 타당한 것으로

입증되었다.

무조건적 기울기 모형의 검증은 연구가설 2의 검증으로, 개인별 요인들이 개인별 인터넷 중독 여부에 대한 영향에서 지역 간 차이가 있는가를 검증하는 것이다. 첫 번째 단계로 본 연구의 개인요인으로 설정된 변수인 성별, 스마트폰 이용 유무, 중독 인지 유무, 상담서비스 이용 유무, 예방교육 이용 유무, 이용시간이 인터넷 중독 여부에 미치는 영향을 고정효과를 통해 파악하였다. 그 다음 단계로 각 개인요인이 지역에 따라 차이가 있는가는 무선효과를 통해 분석하였다. 무조건적 기울기 모형의 검증결과는 [표 9-1], [표 9-2]의 Model 2와 같이 개인(Level 1)의 인터넷 중독 여부에 대한 고정효과를 분석한 결과 스마트폰 이용 유무와 인터넷 중독 인지 유무를 제외한 모든 개인요인이 인터넷 중독 여부에 영향을 주었다. 성별[2011년: β=0.020(p<.001), 2012년: β=0.029(p<.001)], 상담서비스 이용 유무[2011년: β=0.84(p<.001), 2012년: β=0.80(p<.001)], 예방교육 이용 유무[2011년: β=0.16(p<.05), 2012년: β=0.50(p<.001)], 이용시간[2011년: β=0.11(p<.001), 2012년: β=0.09(p<.001)]은 인터넷 중독 여부의 로그승산에 양(+)의 효과를 보였다. 각 변수가 지역별 차이가 나는지에 대해 무선효과 검증을 실시한 결과 스마트폰 이용 유무, 중독 인지 유무, 상담서비스 이용 유무, 인터넷 이용시간의 적합도가 통계적으로 유의미한 것으로 확인되었다. 무선효과 검증결과 유의미성이 있다는 것은 개인 수준의 변수들이 인터넷 중독 여부에 미치는 영향에서 지역 간 차이가 있음을 의미하며 지역요인의 투입이 필요함을 알 수 있다. 그리고, 무선효과 검증에서 유의미하지 않았던 개인특성 변수(성별, 예방교육 이용 유무)는 조건적 모형 검증에서 고정미지수로 묶어서 분석할 필요가 있는 것으로 나타났다. 무조건적 기울기 모형에서의 인터넷 중독 여부의 지역 간 차이(ICC)는 2011년 0.247, 2012년 0.078로 나타났다.

조건적 모형의 검증은 연구가설 3의 개인요인과 지역요인이 인터넷 중독 여부에 미치는 영향을 검증하는 것이다. 즉, 앞서 무조건적 기울기 모델에서 지역별 변수를 투입할 수 있는 개인요인 변수(스마트폰 이용 유무, 중독 인지 유무, 상담서비스 이용 유무, 인터넷 이용시간)와 고정미지수로 묶어야 하는 개인요인 변수(성별, 예방교육 이용 유무)를 동시에 투입하는 연구모형을 검증한다. 인터넷 중독 여부에 영향을 미치는 요인을 개인요인과 지역요인을 동시에 고려하였을 때의 영향력 검증결과는 [표 9-1], [표 9-2]의 Model 3과 같다. 조건적 모델에서 인터넷 중독 여부에 대한 고정효과를 분석한 결과 수준 1인 개인요인 변수는 무조건적 기울기 모형의 검증과 차이가 있는 것으로 나타났다. 이는 연도별 예산과 실적의 통제로 개인요인들이 영향을 받았음을 의미한다. 수준 2인 지역요인 변수는 집단상담의 투입예산[2011년: β=−.00 (p<.01), 2012년: β=−.00(p<.01)]과 2012년 예방교육예산(β=−.00(p<.01)은 인터넷 중독 여부의

로그승산에 음(–)의 효과를 보였다.

[표 9-1] 인터넷 중독 다층분석(2011년)

Parameter \ Model		Model 1 Unconditional model		Model 2 Unconditional Slope model		Model 3 Conditional model 집단상담		Model 3 Conditional model 예방교육	
Fixed effect		Coef.	Odds ratio	Coef.	Odds ratio	Coef.	Odds ratio	Coef.	Odds ratio
Level 1	Intercept, γ_{00}	−2.58	0.08***	−3.72	0.02***	−3.99	0.02***	−4.04	0.02***
	성별			0.20	1.23***	0.21	1.22***	0.21	1.23***
	스마트폰 이용			0.22	1.25***	0.22	1.25**	0.23	1.26*
	중독 인지			0.06	1.06	0.08	1.08	0.09	1.09
	상담 이용			0.84	2.31***	0.84	2.31**	0.84	2.32
	예방교육 이용			0.16	1.17**	0.14	1.15	0.13	1.14
	이용시간			0.11	1.12***	0.13	1.14***	0.13	1.14***
Level 2	집단예산					−0.00	0.99***		
	집단실적					0.00	1.00***		
	예방예산							−0.00	0.99
	예방실적							0.00	1.00***
Random effect		σ^2	χ^2	σ^2	χ^2	σ^2	χ^2	σ^2	χ^2
Level 2, u_0		0.03	33.36***	1.08	32.54***	1.15	33.81***	1.06	33.26***
성별				0.05	13.58				
스마트폰 이용				0.14	17.90*	0.11	17.25*	0.10	17.26*
중독 인지				0.06	25.39***	0.06	24.85***	0.06	25.02***
상담 이용				3.12	21.66**	2.65	22.80**	2.59	22.69**
예방교육 이용				0.06	11.37				
이용시간				0.00	21.77**	0.00	21.86**	0.00	21.93**
ICC		0.009		0.247		0.259		0.244	

*** p<.01, ** p<.05, * p<.1

[표 9-2] 인터넷 중독 다층분석(2012년)

Parameter / Model		Model 1 Unconditional model		Model 2 Unconditional Slope model		Model 3 Conditional model 집단상담		Model 3 Conditional model 예방교육	
Fixed effect		Coef.	Odds ratio	Coef.	Odds ratio	Coef.	Odds ratio	Coef.	Odds ratio
Level 1	Intercept, γ_{00}	−2.59	0.08***	−3.62	0.03***	−3.63	0.03***	−4.04	0.18***
	성별			0.29	1.33***	0.31	1.36***	0.31	1.36***
	스마트폰 이용			0.11	1.11	0.09	1.09	0.09	1.10
	중독 인지			0.06	1.06	0.04	1.05	0.05	1.06
	상담 이용			0.80	2.23***	0.75	2.13***	0.76	2.14***
	예방교육 이용			0.50	1.65***	0.52	1.68***	0.51	1.66***
	이용시간			0.09	1.10***	0.10	1.10***	0.10	1.10***
Level 2	집단예산					−0.00	0.99***		
	집단실적					0.00	1.00***		
	예방예산							−0.00	0.99**
	예방실적							0.00	1.00
Random effect		σ^2	χ^2	σ^2	χ^2	σ^2	χ^2	σ^2	χ^2
level 2, u_0		0.04	47.87***	0.28	22.36**	0.23	25.07**	0.21	23.86**
성별				0.02	16.93				
스마트폰 이용				0.09	29.46***	0.11	31.07***	0.12	31.27***
중독 인지				0.02	23.52**	0.02	23.24*	0.02	23.15*
상담 이용				0.21	13.86				
예방교육 이용				0.22	38.25***	0.20	38.59***	0.20	38.82***
이용시간				0.00	12.20				
ICC		0.012		0.078		0.065		0.060	

*** $p<.01$, ** $p<.05$, * $p<.1$

1 인터넷 중독 사업 다층모형 MDM 파일 만들기

- HLM 7.0을 실행한다.
  - [시작]→[프로그램]→[SSI, Inc]→[HLM7]
- MDM 파일을 만든다.

1단계: [File]→[Make new MDM file]→[Stat package input]을 선택한다.

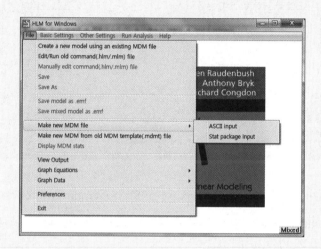

- 상기 [File]→[Make new MDM file]→[Stat package input]을 실행하면 다음과 같은 MDM 파일 형태의 선택화면이 나타난다. 본고의 인터넷 중독 다층분석 데이터는 2수준이며 1수준의 개인요인이 2수준의 지역요인에 위계적으로 포섭(nested)되어 있기 때문에 Default Model(HLM2)을 선택한 후 [OK]를 선택한다.

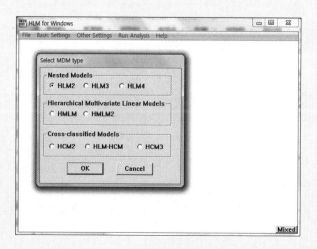

2단계: 아래와 같이 MDM- HLM2 대화상자가 나타나면 다음의 순서대로 MDM 파일을 작
성한다.

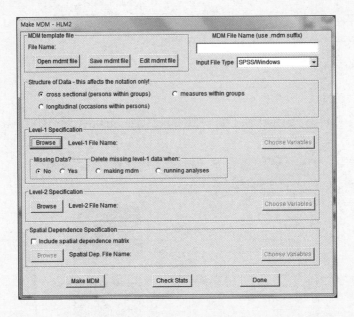

가. pull-down menu의 [Input File Type]에서 [SPSS/Windows]를 선택한다.

나. Date structure(cross-sectional, longitudinal, measures within groups)를 정의한다. 본 실전
자료는 cross-sectional data이다.

다. Level-1 명세서(Specification)에서 [Browse] 선택 후 [Open Data File]에서 Level-1
SPSS file(2011_개인_1.sav)을 선택[열기]한다. 이때, Level 1과 Level 2를 연결시킬
ID(SIDO)는 오름차순으로 정렬한다.

- [데이터]→[케이스 정렬]→[정렬기준: SIDO] 지정→[확인]을 선택한 후 파일을 저장한다.

라. [Choose Variables] 선택 후 [Choose Variables – HLM2] 대화상자에서 Level-2(지역요인)와 연결할 수 있는 ID(SIDO)를 선택하고, Level-1에서 사용될 변수들을 선택한 후 [종속변수(인터넷 중독 여부): THOLIC, 독립변수(성별: SEX, 스마트폰 이용 유무: SMART1, 중독 인지 유무: UND, 상담 이용 유무: SER, 예방교육 이용 유무: EDU, 이용시간: TIME1)] [OK]를 선택한다.

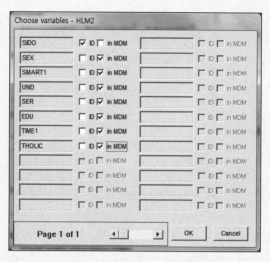

마. Level-1 파일에 결측값(Missing Data)이 있는 경우 [Yes]를 선택하고 결측값 데이터를 언제 제외시킬 것인지 선택[MDM 파일 작성 시 제외(making mdm), 분석실행 시 제외(running analyses)]한다. 본 연구 데이터는 결측값이 없으므로 [Missing Data: No]를 선택한다.

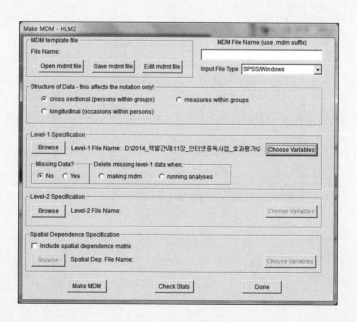

바. Level-2 명세서에서 [Browse]를 선택한 후 [Open Data File]에서 Level-2 SPSS file(2011년_시도(다층)_1.sav)을 선택[열기]한다.

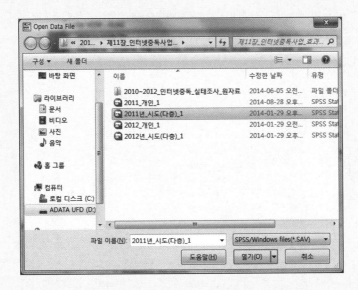

사. [Choose Variable] 선택 후 [Choose Variables – HLM2] 대화상자에서 Level-1(개인요인)과 연결할 수 있는 ID(SIDO)를 선택하고 Level-2에서 사용될 변수(집단예산: 예산1, 예방예산: 예산2, 집단실적: 실적1, 예방실적: 실적2)를 선택한 후 [OK]를 누른다.

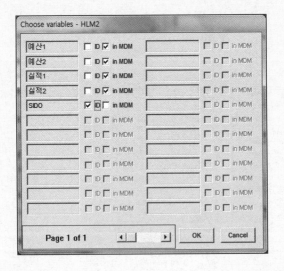

아. [MDM File Name]에 MDM 파일명(인터넷 중독_2011)을 입력한 후 [Save mdmt file]
선택 후 [Save As MDM Template File] 대화상자에서 MDMT 파일명(인터넷 중
독_2011_SPSS)을 입력한다.

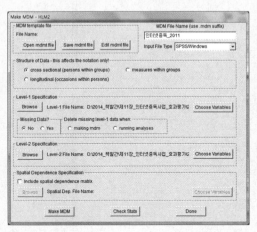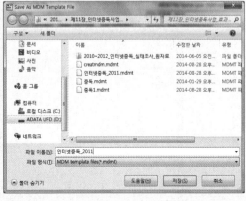

자. [Make MDM] 버튼을 누른 후 MDM 파일의 기술통계를 확인한다. Level-1과
Level-2에 사용된 모든 변수의 기술통계를 확인할 수 있다.

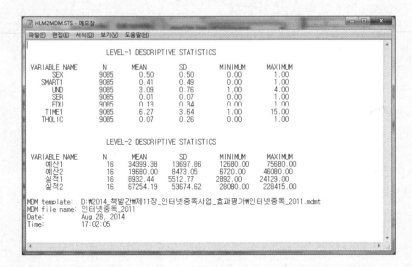

차. [Done] 버튼을 누르면 최종 작성된 MDM 파일(인터넷 중독_2011.mdmt)을 확인할 수 있다.

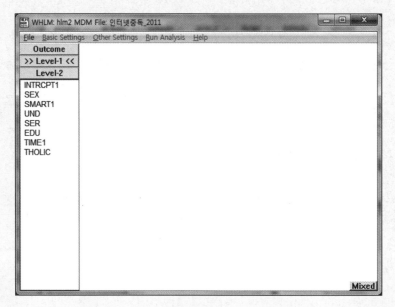

② 인터넷 중독 사업 다층모형 MDM 파일 분석하기

• MDM 파일이 구축되고 나면 2장의 [표 2-8]의 다층모형 분석 절차와 같이 세 단계로 모형을 검증한다.

1단계: 무조건 모형
- 기초모형으로 설명변수(독립변수)를 투입하지 않은 상태에서 인터넷 중독 여부에 대한 지역 간 분산을 분석한다(고정효과, 무선효과 확인).

가. 종속변수(THOLIC)를 선택한 후 [Outcome variable] 탭을 선택한다.
나. 기본값은 Level-1 모형의 종속변수가 연속형 변수로 설정되어 있다.
다. 종속변수는 이항변수로 베르누이 분포를 따르므로 확률을 로짓으로 변환하여 분석한다. [Basic Settings]→[Distribution of Outcome Variable]→[Bernoulli]를 선택한 후 [OK]를 누른다.
라. Level-1 모형의 종속변수가 이항변수로 설정되어 있다.

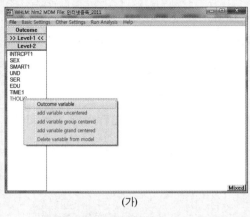

(가)

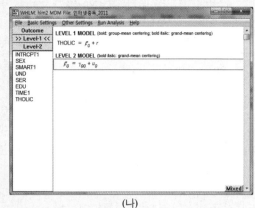

(나)

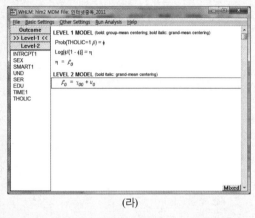

(다)

(라)

마. [Run Analysis]→[Run the model shown]을 선택한다.

바. 반복연산(iteration)이 실행되고 결과파일을 확인한다.

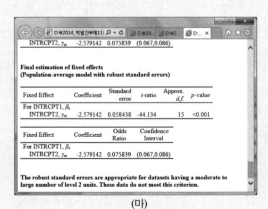

(마)

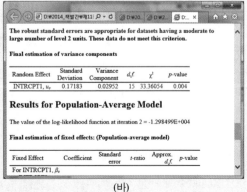

(바)

- 무조건 모형을 실행한 결과는 다음과 같다.
  - [표 9-1]의 Model 1의 [Intercept, γ_{00}]는 그림 (마)의 Fixed Effect(robust standard error)에서 Coefficient(–2.58), Standard Error(0.06), Odds Ratio(0.08), *p*-value(<.001)를 참조하여 작성한다.
  - [표 9-1]의 Model 1의 [Level 2, u_0]는 그림 (바) Random Effect의 Standard Deviation(0.172), Variance Component(0.029), χ^2(33.36), *p*-value(.004)를 참조하여 작성한다.

- 기초모형에서 산출된 계수와 결과해석은 다음과 같다.
  - 인터넷 중독 조사대상자의 인터넷 중독 로그승산 추정값은 –2.58이고, 인터넷 중독 확률은 1/[1+exp(2.58)] ≃ .07로 나타났다. 'exp(2.58)=13.1972'이므로 인터넷 중독 확률은 1/(1+13.1972) ≃ .0704이다.
  - 인터넷 중독의 지역별 차이는 무선효과(2수준 분산의 차이)로 알 수 있다. 본고에서 무선효과는 통계적으로 유의(χ^2=33.36, p<.01)하여 지역별 변량이 존재하고 있음을 알 수 있다.
  - 집단 내 상관계수(ICC)는 종속변수가 이분형인 경우 1수준 분산값이 산출되지 않기 때문에 1수준 분산값으로 '$\pi^2/3$=3.29'를 사용하여 산출한다. 따라서 기초모형의 ICC=[.03/(.03+3.29)]=.009이다. ICC는 .05 이상일 때 지역 간 변이가 있다고 보지만 ICC가 .05보다 작더라도 지역 간 변이에 대한 경험적 연구결과들이 있을 경우 다수준 분석을 실시할 수 있다.

2단계: 무조건 기울기 모형
  - 개인별 요인들이 종속변수(개인별 인터넷 중독 여부)에 대한 영향에서 지역 간 차이가 있는지를 검증하는 것으로, 개인요인이 종속변수에 미치는 영향은 고정효과로 분석하고, 개인요인이 지역에 따라 차이가 있는지는 무선효과로 분석한다.

가. 독립변수(성별: SEX)를 선택한 후 중심화하지 않고(add variable uncentered) 지정한다.
나. Level-2의 무선효과(u_1)는 더블클릭하여 미지수로 지정한다.

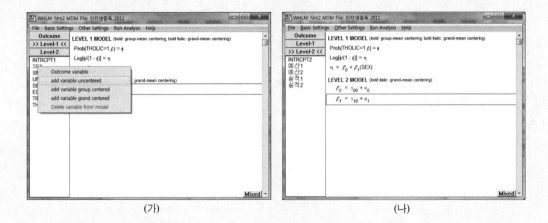

| (가) | (나) |

다. 독립변수(SMART1, UND, SER, EDU, TIME1)를 연속해서 선택한 후 중심화하지 않고 지정한다.

라. Level-2의 무선효과(u_2, u_3, u_4, u_5, u_6)는 더블클릭하여 미지수로 지정한다.

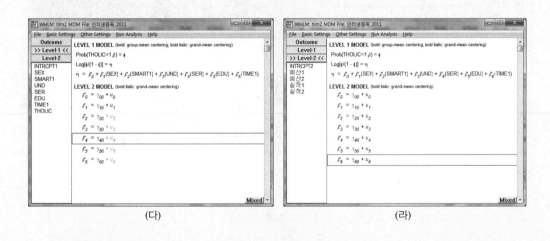

| (다) | (라) |

마. [Other Settings]→[Iteration Settings]에서 [Number of macro iterations: 500]을 지정하고 Iteration이 최대값(500)일 때 중단 지정[Stop iterating] 후 [OK]를 누른다. (본 연구자료는 9,085건으로 모든 변수의 미지수 추정값의 수렴값을 .0001로 하기 위해서는 수천 번의 Iteration이 요구되어, 본 연구에서는 500회로 제한하였다.)

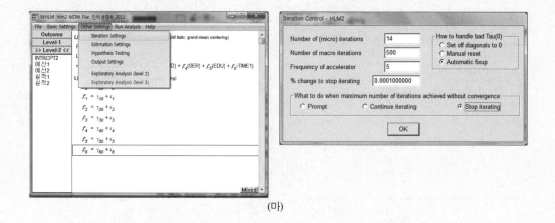

(마)

바. [Run Analysis]→[Run the model shown]을 선택한다.

사. 반복연산(iteration)이 실행되고 결과파일을 확인한다.

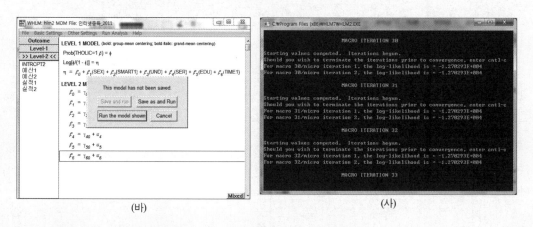

(바)　　　　　　　　　　　　　　　　　　　　　　　(사)

- 무조건적 기울기 모형을 실행한 결과는 다음과 같다.

  - [표 9-1]의 Model 2의 [Intercept, γ_{00}], 성별(SEX), 스마트폰 이용(SMART1), 중독 인지 (UND), 상담 이용(SER), 예방교육 이용(EDU), 이용시간(TIME1)은 그림 [가]의 Fixed Effect(robust standard error)에서 [Intercept, γ_{00}]의 경우 Coefficient(–3.72), Standard Error(0.18), Odds Ratio(0.02), p-value(<.001)를 참조하여 작성한다.

  - 계속하여 성별(SEX)의 경우 Coefficient(0.20), Standard Error(0.06), Odds Ratio(1.22), p-value(.003)를 참조하여 작성한다(나머지 독립변수들을 차례로 작성한다).

  - [표 9-1]의 Model 2의 [Level 2, u_0], 성별(SEX), 스마트폰 이용(SMART1), 중독 인지 (UND), 상담 이용(SER), 예방교육 이용(EDU), 이용시간(TIME1)은 그림 [나]의 Random Effect에서 [Level 2, u_0]의 경우 Standard Deviation(1.04), Variance Component(1.08),

χ^2(32.54), *p*-value(<.001)를 참조하여 작성한다.

- 계속하여 성별(SEX)의 경우 Standard Deviation(0.23), Variance Component(0.05), χ^2(13.58), *p*-value(.257)를 참조하여 작성한다(나머지 독립변수들을 차례로 작성한다).

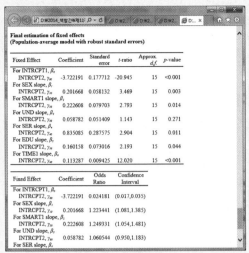

Final estimation of fixed effects
(Population-average model with robust standard errors)

Fixed Effect	Coefficient	Standard error	*t*-ratio	Approx. *d.f.*	*p*-value
For INTRCPT1, β_0					
INTRCPT2, γ_{00}	-3.722191	0.177712	-20.945	15	<0.001
For SEX slope, β_1					
INTRCPT2, γ_{10}	0.201668	0.058132	3.469	15	0.003
For SMART1 slope, β_2					
INTRCPT2, γ_{20}	0.222608	0.079703	2.793	15	0.014
For UND slope, β_3					
INTRCPT2, γ_{30}	0.058782	0.051409	1.143	15	0.271
For SER slope, β_4					
INTRCPT2, γ_{40}	0.835085	0.287575	2.904	15	0.011
For EDU slope, β_5					
INTRCPT2, γ_{50}	0.160158	0.073016	2.193	15	0.044
For TIME1 slope, β_6					
INTRCPT2, γ_{60}	0.113287	0.009425	12.020	15	<0.001

Fixed Effect	Coefficient	Odds Ratio	Confidence Interval
For INTRCPT1, β_0			
INTRCPT2, γ_{00}	-3.722191	0.024181	(0.017,0.035)
For SEX slope, β_1			
INTRCPT2, γ_{10}	0.201668	1.223441	(1.081,1.385)
For SMART1 slope, β_2			
INTRCPT2, γ_{20}	0.222608	1.249331	(1.054,1.481)
For UND slope, β_3			
INTRCPT2, γ_{30}	0.058782	1.060544	(0.950,1.183)
For SER slope, β_4			

[가]

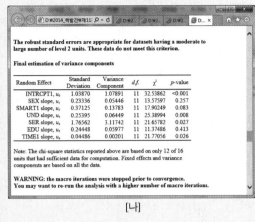

The robust standard errors are appropriate for datasets having a moderate to large number of level 2 units. These data do not meet this criterion.

Final estimation of variance components

Random Effect	Standard Deviation	Variance Component	*d.f.*	χ^2	*p*-value
INTRCPT1, u_0	1.03870	1.07891	11	32.53862	<0.001
SEX slope, u_1	0.23336	0.05446	11	13.57597	0.257
SMART1 slope, u_2	0.37125	0.13783	11	17.90249	0.083
UND slope, u_3	0.25395	0.06449	11	25.38994	0.008
SER slope, u_4	1.76562	3.11742	11	21.65782	0.027
EDU slope, u_5	0.24448	0.05977	11	11.37486	0.413
TIME1 slope, u_6	0.04486	0.00201	11	21.77056	0.026

Note: The chi-square statistics reported above are based on only 12 of 16 units that had sufficient data for computation. Fixed effects and variance components are based on all the data.

WARNING: the macro iterations were stopped prior to convergence. You may want to re-run the analysis with a higher number of macro iterations.

[나]

• 무조건 기울기 모형에서 산출된 계수와 결과해석은 다음과 같다.

- 성별(β=0.020), 스마트폰 이용(β=0.22), 상담서비스 이용 유무(β=0.84), 예방교육 이용 유무(β=0.16), 이용시간(β=0.11)은 인터넷 중독 여부의 로그승산에 양(+)의 효과를 보였다.

- 즉, 남자, 스마트폰을 이용하는 사람, 상담서비스를 받은 사람, 예방교육을 이용한 사람, 이용시간이 많은 사람의 인터넷 승녹 성향이 높은 것으로 나타났다.

- 각 변수가 지역별 차이가 나는지에 대해 무선효과 검증을 실시한 결과 초기값(INTRCPT1, *p*<.001), 스마트폰 이용(SMART1, *p*=.083), 중독 인지(UND, *p*=.008), 상담 이용(SER, *p*=.027), 이용시간(TIME1, *p*=.026)의 적합도가 통계적으로 유의미한 것으로 확인되었다. 그리고, 성별(SEX, *p*=.257)과 예방교육 이용(EDU, *p*=.413)은 통계적으로 유의미하지 않았다.

- 무선효과 검증결과 유의미성이 있는 변수(초기값, 스마트폰 이용, 중독 인지, 상담 이용, 이용시간)는 개인수준의 변수들이 인터넷 중독 여부에 미치는 영향에서 지역 간 차이가 있음을 의미하는 것으로, 지역요인 투입[조건적 모형(Model 3) 검증 시 미지수로 설정]을 필요로함을 알 수 있다. 그리고, 무선효과 검증에서 유의미하지 않았던 개인특성 변수(성별, 예방교육 이용)는 조건적 모형(Model 3) 검증에서 고정미지수로 묶어서 분석할 필요가 있는

것으로 나타났다.

- 집단 내 상관계수(ICC)는 종속변수가 이분형인 경우 1수준 분산값이 산출되지 않기 때문에 1수준 분산값으로 '$\pi^2/3=3.29$'를 사용하여 산출한다. 따라서 무조건적 기울기 모형의 ICC=1.08/(1.08+3.29) =.247이다. 따라서 인터넷 중독에 대한 총분산 중 지역수준의 분산이 차지하는 비율이 24.7%인 것으로 나타났다.

3단계: 조건적 모형

- 개인요인과 지역요인이 인터넷 중독 여부에 미치는 영향을 검증하는 것으로, 무조건적 기울기 모형에서 무선효과 검증에서 유의성이 있는 개인요인[초기값(INTRCPT1), 스마트폰 이용(SMART1), 중독 인지(UND), 상담 이용(SER), 이용시간(TIME1)]은 지역요인의 무선효과를 검증하고, 유의미하지 않았던 개인요인[성별(SEX), 예방교육 이용(EDU)]은 고정미지수로 투입하여 검증한다.

가. Level-2의 초기값(ζ_0)을 클릭한 후 Level-2의 독립변수[집단예산(예산1)]를 선택한 후 전체 평균으로 중심화한다.

나. 계속해서 나머지 Level-2의 독립변수[집단실적(실적1)]를 전체 평균으로 중심화하여 투입한다.

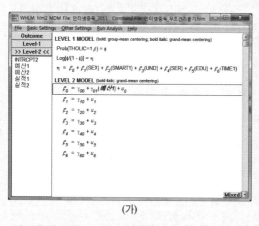

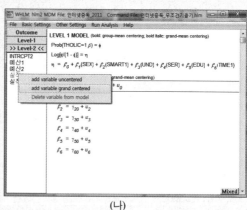

(가)   (나)

다. 무조건적 기울기 모형에서 무선효과 검증에서 유의성이 있는 개인요인[초기값(INTRCPT1), 스마트폰 이용(SMART1), 중독 인지(UND), 상담 이용(SER), 이용시간(TIME1)]은 지역요인의 무선효과를 검증한다. 즉, Level-2의 무선효과(u_0, u_2, u_4, u_6)는 더블클릭하여 미지수로 지정해야 한다.

라. 유의미하지 않았던 개인요인[성별(SEX), 예방교육이용(EDU)]은 고정미지수로 투입하여 검증한다. 즉, Level-2의 무선효과(u_1, u_5)는 더블클릭하여 고정미지수로 지정해야 한다.

마. [Run Analysis]→[Run the model shown]을 선택한다.

바. 반복연산이 실행되고 결과파일을 확인한다.

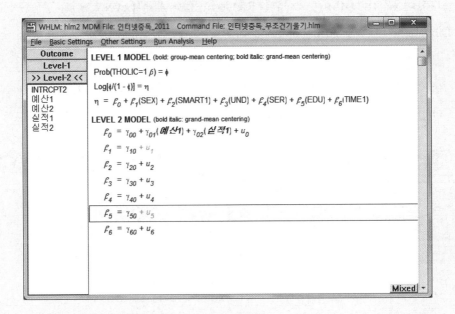

- 조건적 모형을 실행한 결과는 다음과 같다.

  - [표 9-1] Model 3의 Level 1의 [Intercept, γ_{00}], 성별(SEX), 스마트폰 이용(SMART1), 중독 인지(UND), 상담 이용(SER), 예방교육 이용(EDU), 이용시간(TIME1)은 그림 [가] 의 Fixed Effect(Results for Population-average model with robust standard errors.)에서 [Intercept, γ_{00}]의 경우 Coefficient(−3.99), Standard Error(0.23), Odds Ratio(0.02), p-value(<.001)를 참조하여 작성한다(나머지 독립변수들을 차례로 작성한다).

  - 계속하여 성별(SEX)의 경우 Coefficient(0.21), Standard Error(0.07), Odds Ratio(1.23), p-value(.006)를 참조하여 작성한다.

  - [표 9-1] Model 3의 Level 2의 집단예산(예산1), 집단실적(실적1)은 그림 [가]의 Fixed Effect(Results for Population-average model with robust standard errors.)에서 집단예산(예산1) 의 경우 [For INTRCPT1, β_0] 하단의 [□□□□1, γ_{01}]에서 Coefficient(−0.00), Standard Error(0.00), Odds Ratio(0.99), p-value(<.001)를 참조하여 작성한다(HLM에서는 한글(예산1) 은 □□□□1로 표기된다).

- 계속하여 집단실적(실적1)의 경우 [For INTRCPT1, β_0] 하단의 [□□□□1, γ_{02}]에서 Coefficient(.00), Standard Error(0.00), Odds Ratio(1.00), p-value(<.001)를 참조하여 작성한다.

- [표 9-1] Model 3의 [Level 2, u_0], 스마트폰 이용(SMART1), 중독 인지(UND), 상담 이용(SER), 이용시간(TIME1)은 그림 [나] Random Effect에서 [Level 2, u_0]의 경우 Standard Deviation(1.07), Variance Component(1.15), χ^2(33.81), p-value(<.001)를 참조하여 작성한다(나머지 독립변수들을 차례로 작성한다).

- 계속하여 스마트폰 이용(SMART1)의 경우 Standard Deviation(0.33), Variance Component(0.11), χ^2(17.25), p-value(<.100)를 참조하여 작성한다.

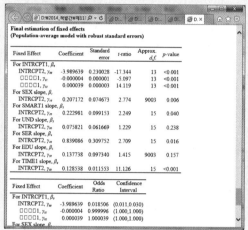

[가]

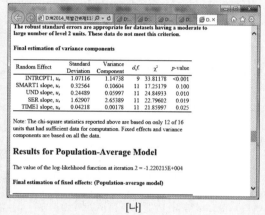

[나]

• 조건적 모형에서 산출된 계수와 결과해석은 다음과 같다.

- 조건적 모델에서 인터넷 중독 여부에 대한 고정효과를 분석한 결과 수준 1인 개인요인 변수는 무조건적 기울기 모형의 검증과 차이가 있는 것으로 나타났다. 이는 연도별 예산과 실적의 통제로 개인요인들이 영향을 받았음을 의미한다. 수준 2인 지역요인 변수는 집단상담의 투입예산(β=-.00, p<.01)은 인터넷 중독 여부의 로그승산에 음(−)의 효과를 보여 지역별로 차별화된 예산투입이 인터넷 중독을 완화시키는 데 약간의 기여를 한 것으로 나타났다(즉, 예산 투입이 많을수록 인터넷 중독 확률이 어느 정도 감소한 것으로 나타났다).

- 집단 내 상관계수(ICC)는 종속변수가 이분형인 경우 1수준 분산값이 산출되지 않기 때문에 1수준 분산값으로 '$\pi^2/3$=3.29'를 사용하여 산출한다. 따라서 조건적 모형의 ICC=.15/(.15+3.29)=.259이다.

2-2 구조방정식 모형을 이용한 효과성 평가

인터넷 중독은 '인터넷을 과다 사용하여 인터넷 사용에 대한 금단 증상과 내성을 지니고 있으며, 이로 인한 일상생활의 장애가 유발되는 상태'로 정의한다(미래창조과학부·한국정보화진흥원, 2012). 인터넷 중독은 여러 개의 하위 차원으로 이루어진 복합개념으로(조아미, 2000), 인터넷의 사용용도가 게임, 오락, 정보검색, 전자우편, 채팅, 쇼핑 등으로 다양하게 있듯이, 인터넷 중독의 유형도 다양하게 나누어진다(남영옥·이상준, 2005). Young(1998)은 인터넷 중독의 하위 유형을 사이버섹스 중독, 사이버 관계 중독, 인터넷 강박증, 정보중독, 컴퓨터 중독 등으로 분류하였으며, 조아미(2000)는 통신중독, 게임중독, 음란물 중독으로 구분하였다. 특히 청소년에게 가장 부정적인 영향을 미치는 대표적인 중독으로는 게임중독, 채팅중독, 인터넷섹스 중독으로 보고하였다(조아미, 2000; 남영옥·이상준, 2005). 본 연구는 전국 단위로 조사된 인터넷 중독 실태조사(2011년, 2012년)를 활용하여 인터넷 중독에 영향을 미치는 하위 유형을 살펴보고 인터넷 중독 유형의 재정투입에 대한 우선순위를 제시하고자 한다.

1) 분석모형

본 분석의 목적은 일상적인 인터넷 사용 정도를 이용하여 인터넷 중독에 영향을 미치는 하위 유형을 살펴보는 데 있다. 이를 위해 인터넷 유형별 사용 정도가 인터넷 중독 여부에 미치는 영향을 [그림 9-2]와 같이 다중집단(청소년, 성인) 구조모형을 통하여 검증하였다.

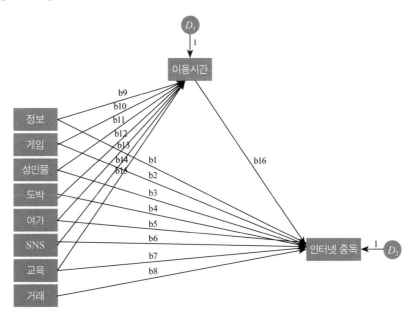

[그림 9-2] 분석모형(다중집단 구조모형)

2) 구조모형 분석

분석모형(그림 9-2)에서 제시한 인터넷 유형별 사용 정도가 인터넷 중독 여부에 미치는 영향에 어떠한 구조적 관계를 가지는지 청소년집단과 성인집단에 대해 구조방정식모형을 통해 검증하였다. 2011년과 2012년에 청소년집단과 성인집단 모두 연구모형과 실제 자료와의 적합도(χ^2=17.594, NFI=.998, TLI=.918, CFI=.999)가 χ^2을 제외하고 모두 적합한 것으로 나타났다. 다중집단 구조모형 분석은 집단 간 경로계수를 가지고 서로 간에 통계적인 차이가 있는지를 검증하는 것이다. 다중집단 구조모형 분석은 측정 동일성 제약이 끝난 후, 집단 간 등가제약 과정을 거쳐 경로계수 간의 유의미한 차이를 검증할 수 있다. 본 연구는 각 요인에 대한 측정 동일성 검증은 필요가 없어, 요인 간의 경로도형으로 집단 간(청소년, 성인) 차이를 검증하였다.

[표 9-3], [표 9-4]와 같이 분석대상에 대해 예측변수와 매개변수(이용시간)가 인터넷 중독에 미치는 영향을 살펴보았다. 2011년의 인터넷 중독의 영향은 분석대상 전체에서는 게임, 성인물, SNS, 이용시간이 인터넷 중독에 양(+)의 영향을 미치는 것으로 나타났으며, 거래는 음(-)의 영향을 미치는 것으로 나타났다. 그리고 전체 집단에서 이용시간에 가장 큰 영향을 미치는 요인은 게임, 여가, SNS의 순으로 나타났다. 청소년집단은 정보, 게임, 성인물, SNS, 이용시간이 인터넷 중독에 양의 영향을 미치는 것으로 나타났으며, 청소년집단의 이용시간에 가장 큰 영향을 미치는 요인은 게임, 여가, SNS의 순으로 나타났다. 성인집단은 게임, SNS, 교육, 이용시간이 인터넷 중독에 양의 영향을 미치는 것으로 나타났으며, 성인집단의 이용시간에 가장 큰 영향을 미치는 요인은 여가, SNS, 게임의 순으로 나타났다. 인터넷 중독에 대한 두 집단(청소년, 성인)의 차이는 교육에서 나타났으나 집단 내의 차이는 없는 것으로 나타났다.

2012년의 인터넷 중독의 영향은 분석대상 전체에서는 게임, 도박, SNS, 이용시간이 인터넷 중독에 양의 영향을, 정보, 교육은 음의 영향을 미치는 것으로 나타났다. 그리고 전체 집단에서 이용시간에 가장 큰 영향을 미치는 요인은 SNS, 도박, 여가, 게임의 순으로 나타났다. 청소년집단은 도박, 이용시간이 인터넷 중독에 양의 영향을, 여가는 음의 영향을 미치는 것으로 나타났다. 그리고 청소년집단의 이용시간에 가장 큰 영향을 미치는 요인은 게임, SNS의 순으로 나타났다. 성인집단은 게임, SNS, 이용시간이 인터넷 중독에 양의 영향을, 교육은 음의 영향을 미치는 것으로 나타났다. 그리고 성인집단의 이용시간에 가장 큰 영향을 미치는 요인은 SNS, 도박, 여가의 순으로 나타났다. 인터넷 중독에 대한 두 집단(청소년, 성인)의 차이는 여가에서 나타났으나 집단 내의 차이는 청소년집단만 음의 영향을 미치는 것으로 나타났다.

[표 9-3] 청소년과 성인의 다중집단 구조모형 분석 결과(2011년)

구분	경로	전체(2011)		청소년		성인		C.R.[2]
		β[1]	C.R.	β	C.R.	β	C.R.	
예측 변수	정보→중독	.011	.87	.062	2.23[b]	.017	1.13	−1.65
	게임→중독	.047	3.30[a]	.056	2.00[b]	.037	2.04[b]	−.75
	성인물→중독	.126	2.96[a]	.202	2.85[a]	.066	1.20	−1.66
	도박→중독	−.083	−1.61	−.106	−1.26	−.022	−.33	.93
	여가→중독	−.006	−.41	.011	.38	−.003	−.17	−.42
	SNS→중독	.073	4.47[a]	.081	2.44[b]	.066	3.49[a]	.76
	교육→중독	.014	.61	−.054	−1.53	.056	1.92	2.36[b]
	거래→중독	−.028	−2.00[b]	−.052	−1.18	−.013	−.84	1.02
	이용시간→중독	.120	10.52[a]	.158	6.79[a]	.096	7.29[a]	−1.14
매개 변수	정보→이용시간	−.058	−4.73[a]	−.024	−.99	−.057	−3.95[a]	−1.50
	게임→이용시간	.120	8.64[a]	.168	6.87[a]	.107	6.02[a]	.38
	성인물→이용시간	.012	.28	.024	.34	−.101	−.19	.62
	도박→이용시간	.066	1.30	.000	.01	.064	.99	1.96[b]
	여가→이용시간	.126	9.25[a]	.088	3.39[a]	.145	8.80[a]	1.98[b]
	SNS→이용시간	.129	8.20[a]	.070	2.39[b]	.132	7.12[a]	3.61[a]
	교육→이용시간	−.051	−2.32[b]	−.127	−3.97[a]	.032	1.12	−3.39[a]

[a] $p<.01$, [b] $p<.05$

[1] Standardized estimates, [2] Critical ratios for differences

[표 9-4] 청소년과 성인의 다중집단 구조모형 분석결과(2012년)

구분	경로	전체(2012)		청소년		성인		C.R.[2]
		β[1]	C.R.	β	C.R.	β	C.R.	
예측 변수	정보→중독	−.031	−3.04[a]	−.014	−.53	−.014	−1.27	.10
	게임→중독	.084	6.18[a]	.051	1.39	.084	5.31[a]	.50
	성인물→중독	−.028	−1.17	−.061	−.99	−.008	.30	.83
	도박→중독	.097	2.59[a]	.142	1.83[c]	.074	1.71	−1.20
	여가→중독	−.011	−.94	−.095	−2.67[a]	.009	.65	2.73[a]
	SNS→중독	.054	3.45[a]	.020	.64	.064	3.65[a]	.94
	교육→중독	−.035	−2.22[b]	−.017	−.62	−.071	−3.49[a]	−1.18
	거래→중독	−.013	−1.02	−.046	−1.21	.001	.08	−1.19
	이용시간→중독	.069	6.60[a]	.107	5.32[a]	.062	5.09[a]	−.27
매개 변수	정보→이용시간	.038	3.72[a]	.044	1.80	.035	2.92[a]	−2.50[a]
	게임→이용시간	.079	5.74[a]	.170	4.90[a]	.064	3.93[a]	−1.28
	성인물→이용시간	−.072	−3.09[a]	−.012	−.20	−.082	−3.16[a]	2.14[b]
	도박→이용시간	.138	3.93[a]	−.055	−.72	.152	3.76[a]	2.63[a]
	여가→이용시간	.097	7.95[a]	.049	1.46	.126	8.62[a]	4.30
	SNS→이용시간	.192	13.65[a]	.090	3.34[a]	.210	13.04[a]	2.27[b]
	교육→이용시간	.003	.20	−.029	−1.13	.044	2.21[b]	−2.78[a]

[a] $p<.01$, [b] $p<.05$, [c] $p<.1$

[1] Standardized estimates, [2] Critical ratios for differences

③ 집단 간 구조모형 분석

- [표 9-3], [표 9-4]의 전체(2011, 2012)는 인터넷 중독_전체.amw 파일을 실행하여 결과를 확인한다.

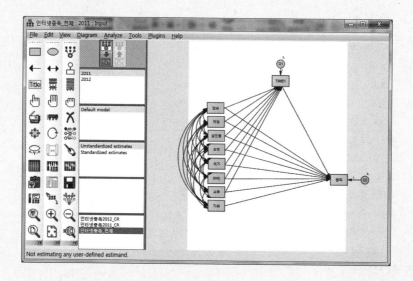

- [표 9-3], [표 9-4]의 2011년(청소년, 성인)과 2012년(청소년, 성인)의 분석결과는 인터넷 중독 2011_CR.amw와 인터넷 중독2012_CR.amw 파일을 실행하여 확인한다.

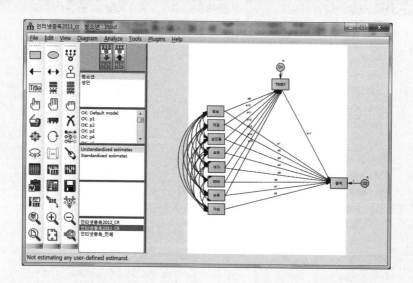

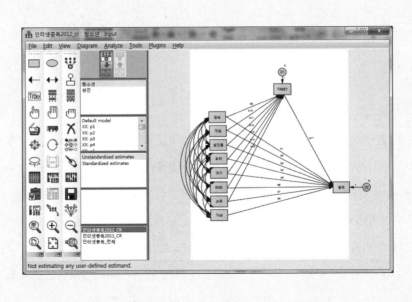

2-3 데이터마이닝을 이용한 효과성 평가

개인은 다양한 환경에서 살아가기 때문에 개인이 경험하는 여러 가지 위험은 수많은 요인들 간의 상호작용에 영향을 받게 된다. 인터넷 중독은 인터넷을 과다 사용함으로 인해 나타나는 위험으로, 주로 게임·오락·정보검색·전자우편·채팅·쇼핑 등의 과다 사용에 영향을 받는다. 인터넷 중독의 위험은 인터넷 사용의 하위 유형 간 상호작용에 영향을 받지만, 기존의 연구는 수많은 변인들 간의 상호작용 효과를 모두 고려하지 못하였다.

이에 본 연구는 2012년 인터넷 중독 실태조사 자료를 사용하여 인터넷 중독의 위험요인을 설명하는 가장 효율적인 예측모형을 구축하기 위해 특별한 통계적 가정이 필요하지 않은 데이터마이닝의 의사결정나무 분석방법을 실시하였다. 데이터마이닝의 의사결정나무 분석은 방대한 자료 속에서 종속변인을 가장 잘 설명하는 예측모형을 자동적으로 산출해 줌으로써 각기 다른 원인을 가진 인터넷 중독에 대한 위험요인을 쉽게 파악할 수 있다. 본 연구의 의사결정나무 형성을 위한 분석 알고리즘은 CRT(Classification and Regression Trees)를 사용하였다. CRT(Breiman et al., 1984) 알고리즘은 지니지수(Gini index) 또는 분산(variance)의 감소량을 분리기준으로 사용하며 이지분리(binary split)를 수행한다. 정지규칙(stopping rule)으로 상위 노드(부모마디)의 최소 케이스 수는 10으로, 하위 노드(자식마디)의 최소 케이스 수는 5로 설정하였고, 나무깊이는 4수준으로 정하였다. 본 연구의 의사결정나무 분석은 SPSS 22.0을 사용하였다.

1) 인터넷 중독 위험요인 예측모형

한국의 인터넷 중독 위험요인 예측모형에 대한 의사결정나무 분석결과는 [그림 9-3], [그림 9-4]와 같다. 나무구조의 최상위에 있는 네모는 뿌리마디로서, 예측변수(독립변수)가 투입되지 않은 종속변수(인터넷 중독)의 빈도를 나타낸다. [그림 9-3]의 청소년의 의사결정나무 뿌리마디에서 인터넷 중독 위험(위험군)은 10.8%(360명), 일반인(위험하지 않은 군)은 89.2%(2,978명)로 나타났다. 뿌리마디 하단의 가장 상위에 위치하는 요인이 인터넷 중독 위험요인 예측에 가장 영향력이 큰(관련성이 깊은) 요인이며 '도박요인'의 영향력이 가장 큰 것으로 나타났다. 즉, '도박요인'의 위험이 높은 경우 인터넷 중독 위험이 이전의 10.8%에서 20.0%로 증가한 반면, 일반인은 이전의 89.2%에서 80.0%로 낮아졌다. '도박요인'의 위험이 낮더라도 '게임요인'이 높으면 인터넷 중독 위험이 이전의 10.7%에서 11.4%로 증가한 반면, 일반인은 이전의 89.3%에서 88.6%로 낮아졌다. [그림 9-4]의 성인의 의사결정나무 뿌리마디에서 인터넷 중독 위험은 6.0%(621명), 일반인은 94.0%(9,671명)로 나타났다. 뿌리마디 하단의 가장 상위에 위치하는 요인이 인터넷 중독 위험요인 예측에 가장 영향력이 큰 요인이며 '도박요인'의 영향력이 가장 큰 것으로 나타났다. 즉, '도박요인'의 위험이 높은 경우 인터넷 중독 위험이 이전의 6.0%에서 15.6%로 크게 증가한 반면, 일반인은 이전의 94.0%에서 84.4%로 낮아졌다. '도박요인'의 위험이 낮더라도 '게임요인'이 높으면 인터넷 중독 위험이 이전의 5.9%에서 13.0%로 크게 증가한 반면, 일반인은 이전의 94.1%에서 87.0%로 낮아졌다.

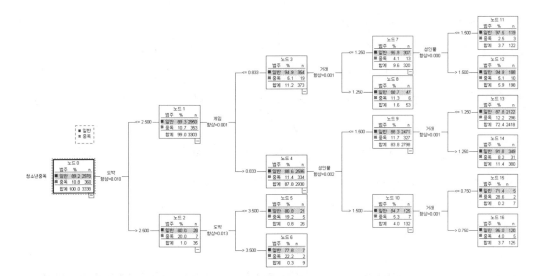

[그림 9-3] 데이터마이닝 CRT 모델(청소년의 인터넷 중독)

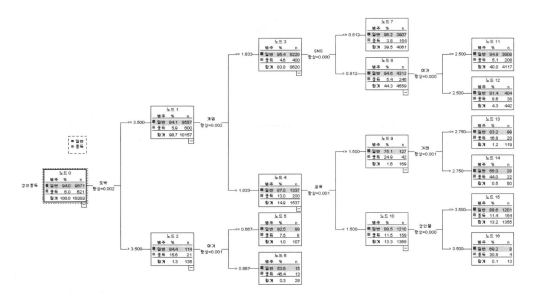

[그림 9-4] 데이터마이닝 CRT 모델(성인의 인터넷 중독)

2) 인터넷 중독 위험예측 이익도표

본 연구에서 청소년의 인터넷 중독 위험이 가장 높은 경우는 '도박요인'의 위험이 낮으면서 '게임요인'의 위험이 높고 '성인물'의 위험이 높고 '온라인거래'의 위험이 낮은 조합으로 나타났다. 즉, 15번 노드의 지수(index)가 264.9%로 뿌리마디와 비교했을 때 15번 노드의 조건을 가진 집단의 인터넷 중독 위험이 약 2.65배로 나타났다. 성인의 인터넷 중독 위험이 가장 높은 경우는 '도박요인'의 위험이 높으면서 '여가요인'의 위험이 높은 조합으로 나타났다. 즉, 6번 노드의 지수가 769.5%로 뿌리마디와 비교했을 때 7번 노드의 조건을 가진 집단의 인터넷 중독 위험이 약 7.70배로 나타났다(표 9-5).

[표 9-5] 인터넷 중독 위험예측모형 이익도표

구분	노드	이익지수				누적지수			
		노드(n)	노드(%)	이익(%)	지수(%)	노드(n)	노드(%)	이익(%)	지수(%)
청소년 중독	15	7	0.2	0.6	264.9	7	0.2	0.6	264.9
	6	9	0.3	0.6	206.0	16	0.5	1.1	231.8
	5	26	0.8	1.4	178.3	42	1.3	2.5	198.7
	13	2,418	72.4	82.2	113.5	2,460	73.7	84.7	115.0
	8	53	1.6	1.7	105.0	2,513	75.3	86.4	114.7
	14	380	11.4	8.6	75.6	2,893	86.7	95.0	109.6
	12	198	5.9	2.8	46.8	3,091	92.6	97.8	105.6
	16	125	3.7	1.4	37.1	3,216	96.3	99.2	102.9
	11	122	3.7	0.8	22.8	3,338	100.0	100.0	100.0
성인 중독	6	28	0.3	2.1	769.5	28	0.3	2.1	769.5
	14	50	0.5	3.5	729.2	78	0.8	5.6	743.7
	16	13	0.1	0.6	509.9	91	0.9	6.3	710.3
	13	119	1.2	3.2	278.5	210	2.0	9.5	465.6
	15	1,355	13.2	24.8	188.4	1,565	15.2	34.3	225.6
	12	442	4.3	6.1	142.5	2,007	19.5	40.4	207.3
	5	107	1.0	1.3	123.9	2,114	20.5	41.7	203.0
	11	4,117	40.0	33.5	83.7	6,231	60.5	75.2	124.2
	7	4,061	39.5	24.8	62.8	10,292	100.0	100.0	100.0

④ 데이터마이닝의 의사결정나무 분석

1. 연구목적

본 연구는 데이터마이닝의 의사결정나무 분석을 통하여 인터넷 중독의 다양한 변인들 간의 상호작용 관계를 분석함으로써 인터넷 중독 위험을 예측하고자 한다.

2. 조사도구

　가. 종속변수

　　청소년중독(0: 일반, 1: 중독), 성인중독(0: 일반, 1: 중독)

　나. 독립변수(0: 없음, 1: 있음)

　　정보, 게임, 성인물, 도박, 여가, SNS, 교육, 거래

1단계: 의사결정나무를 실행시킨다(파일명: 2012_중독인과관계_명목.sav).

　- [SPSS 메뉴]→[분류분석]→[트리]

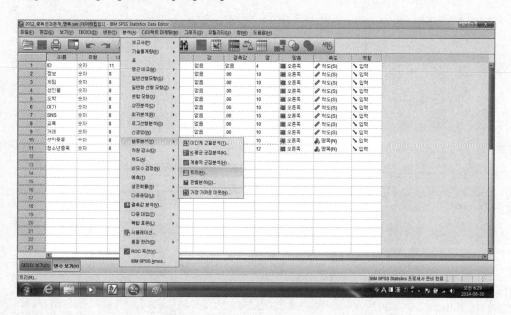

2단계: 종속변수(청소년중독)를 선택하고 이익도표(gain chart)를 산출하기 위하여 목표(target) 범주를 선택한다(본 연구에서는 '일반'과 '중독' 모두를 목표 범주로 설정하였다).

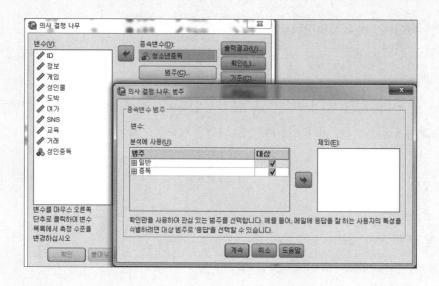

3단계: 독립변수(예측변수)를 선택한다.

- 본 연구의 독립변수는 8개의 요인으로 이분형 변수(정보, 게임, 성인물, 도박, 여가, SNS, 교육, 거래)를 선택한다.

4단계: 확장방법(growing method)을 결정한다.

- 본 연구에서는 목표변수와 예측변수 모두 명목형으로 CRT를 사용하였다.

5단계: 타당도(validation)를 선택한다.

6단계: 기준(criteria)을 선택한다.

- 확장한계: 4, 최소 케이스 수: 상위 노드 10, 하위 노드 5

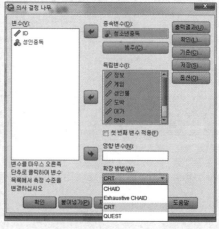

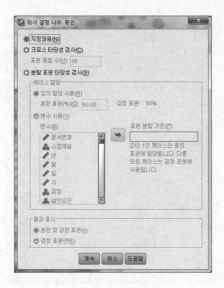
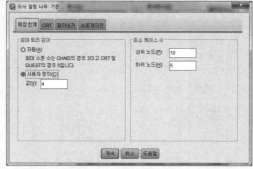

7단계: [출력결과(U)]를 선택한 후 [계속] 버튼을 누른다.

- 출력결과에서는 트리표시, 통계량, 노드성능, 분류규칙을 선택할 수 있다.
- 이익도표를 산출하기 위해서는 통계량에서 [비용, 사전확률, 점수 및 이익값]을 선택한 후 [누적통계량]을 선택해야 한다.

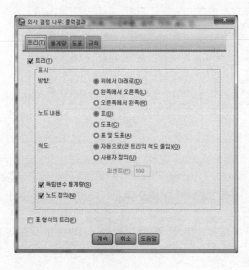
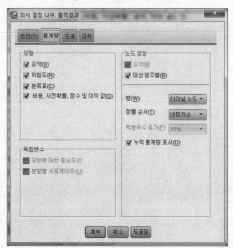

8단계: 결과를 확인한다.

- [트리다이어그램]→[선택]

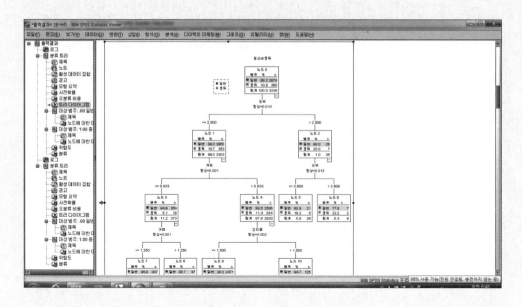

- [노드에 대한 이익]→[선택]

대상 범주: **1.00** 중독

노드에 대한 이익

	노드별					누적					
	노드		이득				노드		이득			
노드	N	퍼센트	N	퍼센트	응답	지수	N	퍼센트	N	퍼센트	응답	지수
15	7	0.2%	2	0.6%	28.6%	264.9%	7	0.2%	2	0.6%	28.6%	264.9%
6	9	0.3%	2	0.6%	22.2%	206.0%	16	0.5%	4	1.1%	25.0%	231.8%
5	26	0.8%	5	1.4%	19.2%	178.3%	42	1.3%	9	2.5%	21.4%	198.7%
13	2418	72.4%	296	82.2%	12.2%	113.5%	2460	73.7%	305	84.7%	12.4%	115.0%
8	53	1.6%	6	1.7%	11.3%	105.0%	2513	75.3%	311	86.4%	12.4%	114.7%
14	380	11.4%	31	8.6%	8.2%	75.6%	2893	86.7%	342	95.0%	11.8%	109.6%
12	198	5.9%	10	2.8%	5.1%	46.8%	3091	92.6%	352	97.8%	11.4%	105.6%
16	125	3.7%	5	1.4%	4.0%	37.1%	3216	96.3%	357	99.2%	11.1%	102.9%
11	122	3.7%	3	0.8%	2.5%	22.8%	3338	100.0%	360	100.0%	10.8%	100.0%

성장방법: CRT
종속변수: 청소년중독

※ [그림 9-4]의 성인 인터넷 중독 예측모형 분석

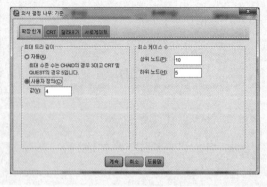

대상 범주: **1.00 중독**

노드에 대한 이익

노드	노드별						누적					
	노드		이득				노드		이득			
	N	퍼센트	N	퍼센트	응답	지수	N	퍼센트	N	퍼센트	응답	지수
6	28	0.3%	13	2.1%	46.4%	769.5%	28	0.3%	13	2.1%	46.4%	769.5%
14	50	0.5%	22	3.5%	44.0%	729.2%	78	0.8%	35	5.6%	44.9%	743.7%
16	13	0.1%	4	0.6%	30.8%	509.9%	91	0.9%	39	6.3%	42.9%	710.3%
13	119	1.2%	20	3.2%	16.8%	278.5%	210	2.0%	59	9.5%	28.1%	465.6%
15	1355	13.2%	154	24.8%	11.4%	188.4%	1565	15.2%	213	34.3%	13.6%	225.6%
12	442	4.3%	38	6.1%	8.6%	142.5%	2007	19.5%	251	40.4%	12.5%	207.3%
5	107	1.0%	8	1.3%	7.5%	123.9%	2114	20.5%	259	41.7%	12.3%	203.0%
11	4117	40.0%	208	33.5%	5.1%	83.7%	6231	60.5%	467	75.2%	7.5%	124.2%
7	4061	39.5%	154	24.8%	3.8%	62.8%	10292	100.0%	621	100.0%	6.0%	100.0%

성장방법: CRT
종속변수: 성인중독

3 | 인터넷 중독 사업의 효율성 평가

효율성 평가는 합리적인 인력운용과 과학적 예산운용의 배분을 위하여, 업무량이 과다하거나 반대로 과소한 기관을 파악함으로써 더 높은 질의 서비스를 고객인 국민들에게 돌려주고 정부에 대한 신뢰도를 높일 수 있는 방법으로 많이 활용되고 있다. 효율성은 투입된 시간, 자원 등의 비용과 산출결과를 비교하여 평가한다. 그러나 정책사업에서의 '산출·투입' 지표를 정확히 측정하기 어렵고, 특히 사업대상이 이질적일 경우 사업 간의 효율성을 측정하기가 어렵다. 따라서 본 연구는 사업군 내에서 사업별로 서비스와 실적 평가를 표준화하여 운용하는 지역센터를 기준으로 객관적이고 정량적인 측정방법인 DEA 모형을 적용하여 동일사업 내에서의 상대적 효율성을 평가하는 데 의의가 있다. 본 연구에서는 ○○○부처에서 인터넷 중독 해소를 위해 지원한 16개 시도의 인터넷 중독 상담센터 사업에 대해 DEA 모형을 적용하여 효율성을 평가하였다. 본 연구의 인터넷 중독 상담센터 사업의 효율성 평가를 위한 분석도구로는 영국의 Warwick 대학에서 개발한 Warwick DEA Software Version 0.99를 사용하였다.

1) 분석모형

본 연구에서는 [그림 9-5]와 같이 한 시점(2011년, 2012년)에서 다수의 인터넷 중독 상담센터의 상대적 비교를 위하여 정태적·횡단면 DEA 모형을 적용하여 효율성을 측정하였다.

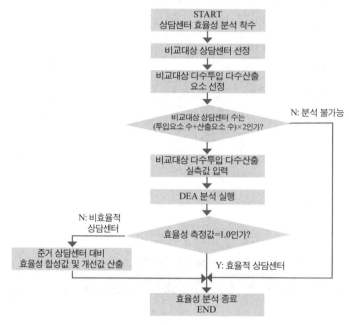

[그림 9-5] DEA 모형을 이용한 상대적 효율성 측정방법 및 절차

2) 효율성 평가

본 연구는 한 시점에서 다수의 DMU 간의 효율성을 비교하기 위하여 2011년, 2012년의 전국 16개 시도의 인터넷 중독 상담센터의 집단상담 운영실적 자료를 사용하였다. 효율성을 측정하기 위한 다수의 DMU는 평가 대상 상담센터를 시도단위로 그룹화하였으며, DEA 모형의 투입·산출의 실측값은 [표 9-6]과 같이 정량적 분석이 가능한 4개 항목을 투입·산출 요소로 설정하였다. 투입요소로는 투입인력, 예산, 목표량을 사용하였고, 산출요소로는 실적을 사용하였다.

효율성 평가 대상 자료의 성격상 한 시점, 다수 DMU 간의 상대적 효율성을 측정하면 [표 9-7]과 같다. 이 표를 보면 2011년에는 J시도와 A시도의 효율성 측정값이 1.0으로 가장 높게 나타났으며, 2012년에는 A시도, E시도, I시도의 DMU의 효율성 측정값이 1.0으로 가장 높게 나타나, 2011년의 효율성 측정값이 1.0인 DMU가 2개소에서 2012년에는 3개소[4]로 증가

---

4. 2012년의 DMU 순위는 준거횟수를 기준으로 정할 수는 있으나 대체로 효율적으로 운영되는 DMU라고 할 수 있어 순위는 큰 의미가 없다고 할 수 있다. 효율성 측정값이 1인 DMU의 순위를 준거횟수로 측정하면 1위는 A시도, 2위는 E시도, 3위는 I시도로 나타난다.

하였다. 2011년에는 효율성 측정값이 1.0인 DMU에 비해 측정값이 낮은 DMU는 14개이며 효율성 측정값이 0.7 이하로 낮은 시도는 13개로 나타났으며, 2012년에는 효율성 측정값이 1.0인 DMU에 비해 측정값이 낮은 DMU는 13개로 나타났으며 이 중 효율성 측정값이 0.7 이하로 낮은 효율성을 보이는 시도는 2개의 DMU로 분석되었다.

[표 9-6] 16개 DMU(시도)의 인터넷 상담센터 집단상담 사업 투입·산출 자료

DMUs[1]	2011년				2012년			
	투입요소			산출요소	투입요소			산출요소
	투입인력	예산	목표량	실적	투입인력	예산	목표량	실적
A시도	520	42,240	7,200	24,129	200	70,150	7,930	22,536
B시도	515	45,940	7,840	11,674	138	129,145	14,600	18,561
C시도	321	35,200	6,000	8,245	108	99,935	11,300	16,903
D시도	210	22,880	3,900	4,286	44	76,935	8,700	9,197
E시도	220	29,310	5,000	7,159	57	91,080	10,300	13,022
F시도	275	29,310	5,000	6,778	116	84,065	9,500	13,763
G시도	96	12,680	2,160	2,892	52	48,645	5,500	6,162
H시도	541	75,680	12,900	19,420	258	281,290	31,800	44,159
I시도	624	35,200	6,000	8,260	93	104,420	11,800	17,953
J시도	62	29,040	4,950	5,332	64	81,420	9,200	12,149
K시도	247	29,310	5,000	6,384	122	86,710	9,800	13,172
L시도	202	41,010	7,000	10,316	133	106,145	12,000	18,512
M시도	368	35,200	6,000	7,597	67	94,645	10,700	13,256
N시도	231	22,880	3,900	5,428	52	84,410	9,542	11,242
O시도	289	35,200	6,000	8,266	181	103,500	11,700	13,069
P시도	232	29,310	5,000	6,753	63	86,710	9,800	11,560

[1] 효율성 측정에 사용된 DMU 수는 16개 시도로 기호화하였으며, 비교집합 규모(투입요소와 산출요소 합의 2배 이상)의 조건을 만족한다.

[표 9-7] 16개 DMU(시도)의 상담센터 집단상담 사업의 상대적 효율성 측정 결과

순위	2011년						2012년					
	각 DMU	효율성 측정값(Es)	준거 DMU	S.P.(λ*)	준거 DMU	S.P.(λ*)	각 DMU	효율성 측정값(Es)	준거 DMU	S.P.(λ*)	준거 DMU	S.P.(λ*)
1	J	1.0000	J	1.0000			A	1.0000	A	1.0000		
2	A	1.0000	A	1.0000			E	1.0000	E	1.0000		
3	L	0.8677	A	0.231	J	0.889	I	1.0000	I	1.0000		
4	H	0.6850	A	0.605	J	0.906	N	0.9463	E	0.863		
5	E	0.6292	A	0.230	J	0.300	J	0.9299	E	0.327	I	0.439
6	G	0.5839	A	0.094	J	0.119	M	0.9218	E	0.661	I	0.259
7	P	0.5706	A	0.225	J	0.249	D	0.9149	E	0.706		
8	O	0.5658	A	0.282	J	0.276	C	0.9074	A	0.125	I	0.784
9	C	0.5209	A	0.298	J	0.198	H	0.9025	A	0.049	I	2.398
10	K	0.5146	A	0.221	J	0.146	L	0.8741	A	0.244	I	0.724
11	F	0.5031	A	0.249	J	0.146	P	0.8659	E	0.510	I	0.274
12	N	0.4873	A	0.206	J	0.084	F	0.7826	A	0.234	I	0.473
13	B	0.4801	A	0.466	J	0.082	B	0.7749	A	0.129	I	0.871
14	M	0.4312	A	0.294	J	0.095	K	0.7191	A	0.234	I	0.440
15	D	0.4145	A	0.155	J	0.101	G	0.6828	A	0.043	I	0.289
16	I	0.4108	A	0.342			O	0.5321	A	0.344	I	0.297

[표 9-8] 인터넷 중독 상담센터 집단상담 사업의 효율성 개선값

		2011년						2012년			
DMUs	투입/산출요소	I/O벡터	I/O 효율성 합성값	과다과소 투입/산출값	효율값(%)	DMUs	투입/산출요소	I/O벡터	I/O 효율성 합성값	과다과소 투입/산출값	효율값(%)
I시도	투입인력	624	178	446	28.5	O시도	투입인력	181	96	85	53.2
	예산	35,200	14,459	20,741	41.1		예산	103,500	55,075	48,425	53.2
	목표량	6,000	2,469	3,531	41.1		목표량	11,700	6,225	5,475	53.2
	실적	8,260	8,260	0	100		실적	13,069	13,069	0	100
D시도	투입인력	210	87	123	41.5	G시도	투입인력	52	35.5	16.5	68.3
	예산	22,880	9,484	13,396	41.5		예산	48,645	33,216	15,429	68.3
	목표량	3,900	1,617	2,283	41.5		목표량	5,500	3,754	1,746	68.2
	실적	4,286	4,286	0	100		실적	6,162	6,162	0	100
M시도	투입인력	368	158	210	43.1	K시도	투입인력	122	88	34	71.9
	예산	35,200	15,178	20,022	43.1		예산	86,710	62,349	24,361	71.9
	목표량	6,000	2,587	3,413	43.1		목표량	9,800	7,046	2,754	71.9
	실적	7,597	7,597	0	100		실적	13,172	13,172	0	100
B시도	투입인력	515	247	268	48.0	B시도	투입인력	138	107	31	77.5
	예산	45,940	22,055	23,885	48.0		예산	129,145	100,068	29,077	77.5
	목표량	7,840	3,759	4,081	48.0		목표량	14,600	11,309	3,291	77.5
	실적	11,674	11,674	0	100		실적	18,561	18,561	0	100
N시도	투입인력	231	113	118	48.7	F시도	투입인력	116	91	25	78.3
	예산	22,880	11,149	11,731	48.7		예산	84,065	65,788	18,277	78.3
	목표량	3,900	1,900	2,000	48.7		목표량	9,500	7,435	2,065	78.3
	실적	5,428	5,428	0	100		실적	13,763	13,763	0	100
F시도	투입인력	275	138	137	50.3	P시도	투입인력	63	55	8	86.6
	예산	29,310	14,745	14,565	50.3		예산	86,710	75,058	11,652	86.6
	목표량	5,000	2,513	2,487	50.3		목표량	9,800	8,486	1,314	86.6
	실적	6,778	6,778	0	100		실적	11,560	11,560	0	100
K시도	투입인력	247	127	120	51.5	L시도	투입인력	133	116	17	87.4
	예산	29,310	15,082	14,228	51.5		예산	106,145	92,777	133,68	87.4
	목표량	5,000	2,571	2,429	51.4		목표량	12,000	10,485	1,515	87.4
	실적	6,384	6,384	0	100		실적	18,512	18,512	0	100
C시도	투입인력	321	167	154	52.1	H시도	투입인력	258	233	25	90.2
	예산	35,200	18,336	16,864	52.1		예산	281,290	253,854	27,436	90.2
	목표량	6,000	3,125	2,875	52.1		목표량	31,800	28,687	3,113	90.2
	실적	8,245	8,245	0	100		실적	44,159	44,159	0	100
O시도	투입인력	289	164	125	56.6	C시도	투입인력	108	98	10	90.7
	예산	35,200	19,916	15,284	56.6		예산	99,935	90,677	9,258	90.7
	목표량	6,000	3,395	2,605	56.6		목표량	11,300	10,247	1,053	90.7
	실적	8,266	8,266	0	100		실적	16,903	16,903	0	100
P시도	투입인력	232	132	100	57.1	D시도	투입인력	44	40	4	91.5
	예산	293,310	16,723	276,587	57.1		예산	76,935	64,327	12,608	83.6
	목표량	5,000	2,851	2,149	57.1		목표량	8,700	7,275	1,425	83.6
	실적	6,753	6,753	0	100		실적	9,197	9,197	0	100
G시도	투입인력	96	56.1	40	58.4	M시도	투입인력	67	62	5	92.2
	예산	12,680	7,399	5,281	58.4		예산	94,645	87,237	7,408	92.2
	목표량	2,160	1,261	899	58.4		목표량	10,700	9,863	837	92.2
	실적	2,892	2,892	0	100		실적	13,256	13,256	0	100
E시도	투입인력	220	138	82	62.9	J시도	투입인력	64	60	4	93.0
	예산	29,310	18,441	10,869	62.9		예산	81,420	75,682	5,738	93.0
	목표량	5,000	3,143	1,857	62.9		목표량	9,200	8,555	645	93.0
	실적	7,159	7,159	0	100		실적	12,149	12,149	0	100
H시도	투입인력	541	371	170	68.5	N시도	투입인력	52	49	3	94.6
	예산	75,680	51,843	23,837	68.5		예산	84,410	78,630	5,780	93.2
	목표량	12,900	8,837	4,063	68.5		목표량	9,542	8,892	650	93.2
	실적	19,420	19,420	0	100		실적	11,242	11,242	0	100
L시도	투입인력	202	175	27	86.8						
	예산	41,010	35,583	5,427	86.8						
	목표량	7,000	6,065	935	96.6						
	실적	10,316	10,316	0	100						

한 시점, 다수 DMU 간 효율성 비교를 통하여 효율성이 낮은 DMU의 효율성 개선값을 쌍대이론에 의하여 산출하면 [표 9-8]과 같다. 2011년 D시도의 인터넷 상담센터 준거 DMU[5]인 A시도, J시도의 인터넷 상담센터에 대하여 산출되었으므로 이들 준거 DMU가 효율성 1.0인 경우에 비하여 D시도는 0.4145의 효율성을 보이고 있다. 따라서 D시도의 인터넷 상담센터가 효율적으로 운영되기 위해서는 2개의 준거 DMU의 투입·산출값에 준거 DMU에 대한 잠재가격(또는 부여원가)인 shadow price($\lambda*$)를 결합한다. 즉, D시도의 인터넷 상담센터의 효율성 향상을 위한 개선값은 투입인력 123명, 예산 13,396,000원, 목표량 2,283명이 과다 투입되었다. 따라서 D시도 인터넷 상담센터의 효율적인 투입·산출 규모는 [표 9-8]의 효율성 합성값과 같이 투입인력 87명, 예산 9,484,000원, 목표량 1,617명이어야 한다. 2012년 O시도의 인터넷 상담센터의 효율성은 준거 DMU인 A시도, I시도 인터넷 상담센터에 대하여 산출되었으므로 이들 준거 DMU가 효율성 1.0인 경우에 비하여 O시도는 0.5321의 효율성을 보이고 있다. 따라서 O시도의 인터넷 상담센터가 효율적으로 운영되기 위해서는 2개의 준거 DMU의 투입·산출값에 준거 DMU에 대한 잠재가격의 결합으로 합성된다. 즉, O시도 인터넷 상담센터의 효율성 향상을 위한 개선값은 투입인력 85명, 예산 48,425,000원, 목표량 5,475명이 과다 투입되었다. 따라서 O시도 인터넷 상담센터의 효율적인 투입·산출 규모는 [표 9-8]의 효율성 합성값과 같이 투입인력 96명, 예산 55,075,000원, 목표량 6,225명이어야 한다.

---

5. 비효율적으로 운영되는 인터넷 상담센터를 효율적으로 운영되는 인터넷 상담센터가 되도록 하기 위해 표준으로 설정하는 인터넷 상담센터(benchmarking brench)를 뜻한다.

⑤ Warwick DEA 소프트웨어 사용

1. 자료포락분석(DEA) 모형

효율성은 예상 표준 산출량에 대한 실제 산출량의 비율(actual output attained)을 의미하며, 결과를 달성하기 위하여 자원을 얼마나 잘 활용하였는가를 나타내는 것이다. 따라서 조직이나 기업 등 특정한 활동을 수행하는 경영체인 의사결정단위(Decision Making Unit, DMU)가 지속적으로 발전하기 위해서는 효율적인 경영활동을 수행하여야 하며, 그 효율성을 측정하여 향후의 통제요인으로 적용하는 것은 경영의 기본원리다. 효율성 측정을 위해서는 대부분의 기관들이 적절한 비교 대상이나 경쟁 대상이 없기 때문에 방만한 경영을 하여도 상대적인 비효율성을 찾아내기 어렵기 때문에 DMU가 자신의 효율성을 측정하기 위해서는 다른 DMU와 상대적으로 비교하는 방법을 사용한다. 널리 알려진 DEA(Data Envelopment Analysis, 자료포락분석) 모형은 상대적 효율성을 측정하는 가장 대표적인 방법이다(김우식, 2001).

2. 분석도구

- 본 연구의 분석도구는 영국 Warwick 대학에서 개발한 DEA 전용 컴퓨터 프로그램인 Warwick DEA Software for Windows를 이용하였다.
- DEA 모형은 선형계획모형의 풀이가 가능한 모든 소프트웨어가 가능하나 본 연구에서는 스프레드시트 형태로 투입·산출 요소를 입력하고, DEA의 세부적인 모형을 지원하는 Warwick DEA 소프트웨어를 사용하였다.

1단계: [표 9-6]의 16개 DMU에 대한 투입·산출 요소를 입력한다.
- 1행에 투입/산출 항목을 입력하고 각 항목은 '탭키'로 구분한다.
- 2행은 공란으로 둔다.
- 3행부터 DMU와 투입/산출 항목값을 입력한다.
- 마지막 행은 'end'를 입력한다.

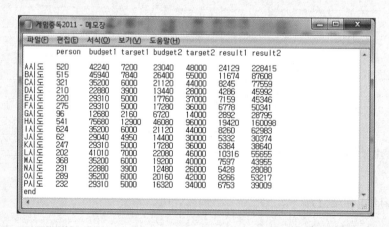

2단계: Warwick 프로그램을 실행한다.
- 'DEAWIN.exe'는 32 bit 운영체제에서 실행할 수 있다.

3단계: 파일을 불러온다(파일명: 게임중독2011.txt).

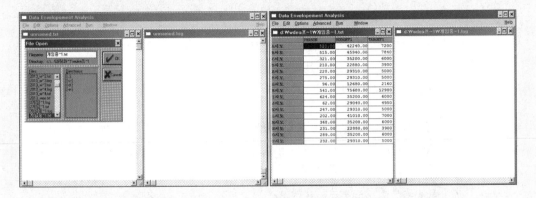

4단계: [Run] → [Select |Os]를 선택한다.

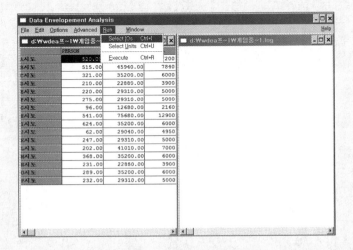

5단계: 투입요소(Inputs)와 산출요소(Outputs)를 선택한다.

- Inputs: 투입인력(PERSON), 예산(BUDGET1), 목표량(TARGET1)

- Outputs: 실적(RESULT1)

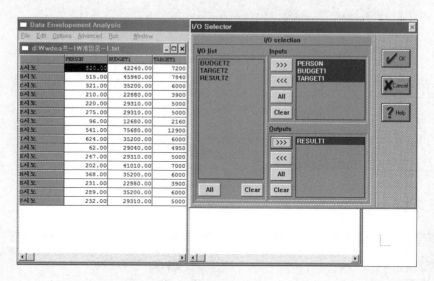

6단계: [Run]→[Execute]를 선택한다.

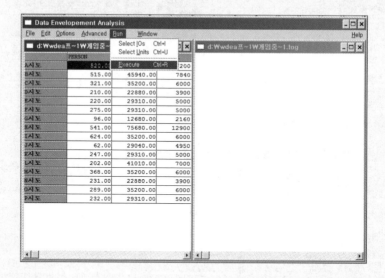

7단계: 분석 테이블을 선택한다.

- [Efficiencies, Peers, Targets, Weights]를 지정한다.

- [OK]를 선택한다.

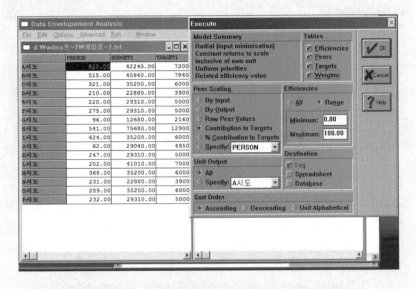

8단계: [표 9-7]의 결과를 확인한다.

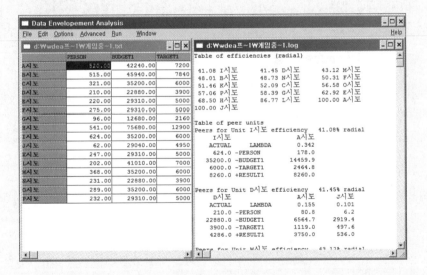

9단계: [표 9-8]의 결과를 확인한다.

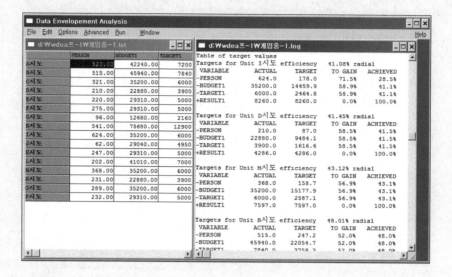

10단계: 결과를 인쇄하여 확인한다.

본 연구에서는 효과성을 평가하기 위해 다변량 분석(다층모형, 구조방정식모형, 데이터마이닝)을 실시하였다. 첫째, 개인요인의 효과와 지역요인의 효과를 동시에 살펴보기 위해 다층분석을 시도하였다. 둘째, 인터넷 중독에 영향을 미치는 하위 유형을 살펴보고 인터넷 중독 유형의 재정투입에 대한 우선순위를 제시하기 위해 구조방정식모형 분석을 실시하였다. 셋째, 한국의 인터넷 중독 위험요인에 대한 예측모형을 검증하기 위해 데이터마이닝의 의사결정나무 분석을 실시하였다. 마지막으로 본 연구의 효율성 평가는 객관적이고 정량적인 분석모형을 적용하여 상대적 효율성을 분석하였다. 본 연구결과를 바탕으로 인터넷 중독 성과평가의 주요 결과 및 정책제언은 다음과 같다.

첫째, 다층모형의 기초모형(unconditional model) 분석에서 한 지역의 인터넷 중독은 2011년 7.0%, 2012년 6.9%로 나타났으며, 인터넷 중독의 로그승산이 지역별로 차이가 있는 것으로 나타났다. 개인요인 변수를 투입한 무조건적 기울기 모형의 검증에서 상담서비스 이용과 예방교육 이용이 인터넷 중독 여부에 영향을 주었다. 즉, 상담서비스와 예방교육 이용자가 중독대상자이기 때문에 대상자가 많을수록 인터넷 중독이 증가하는 것으로 나타났으며, 이는 지역별로 차이가 있는 것으로 나타났다. 지역의 효과성을 측정하는 조건적 모형 분석에서는 집단상담 예산과 예방교육 예산이 인터넷 중독 로그승산에 음(−)으로 유의한 효과가 있는 것으로 나타나, 지역별로 차별화된 예산투입이 지역별 인터넷 중독을 감소시키는 데 어느 정도 효과가 있는 것으로 나타났다. 본 연구의 인터넷 중독사업의 효과성 평가에서 인터넷 중독 여부의 결정이 개인단위에 서비스된 요소에 영향을 받으며, 지역별로 투입된 예산과 집행실적에 따라 차이가 있다는 것을 다층모형을 통해 검증함으로써 재정평가방법론적으로 의미를 가진다고 할 수 있다. 이와 같은 결과는 인터넷 사업군 내의 사업에 대한 효과성 측정이 사업별로 실시된 중독조사 자료와 실제 투입된 예산과 실적 그리고 지역의 환경적 요소를 고려하여 효과성을 평가할 수 있다는 것을 확인하였다. 그러나, 사업 내 효과성 평가를 실시하는 데 있어 전년도 사업의 결과는 다음 연도 중독률에 반영되기 때문에 이러한 효과성을 분석하기 위해서는 인터넷 중독패널이 구축되어야 할 것이다. 인터넷 중독패널이 구축되면 인터넷 중독의 변화 궤적에 영향을 미치는 개인요인과 지역요인을 파악할 수 있고, 사업 전후의 효과성을 측정할 수 있는 근거를 확보할 수 있다. 또한 인터넷 중독의 부처 간 사업의 효과성을 평가하기 위해서는 상담과 교육에 대해 효과성을 측정할 수 있는 표준화된 지표가 개발되어야 할 것이다.

둘째, 구조방정식모형분석 결과 2011년 인터넷 중독에 영향을 미치는 요인은 청소년의 경우 정보, 게임, 성인물, SNS, 이용시간으로 나타났으며, 이 요인들이 인터넷 중독에 양(+)의 영향을 미쳐 정보, 게임, 성인물, SNS의 이용 정도가 많을 경우 인터넷 중독에 영향을 주는 것으로 나타났다. 성인의 경우 게임, SNS, 교육, 이용시간이 인터넷 중독에 양의 영향을 미쳐 게임, SNS, 교육의 이용 정도가 많을 경우 인터넷 중독에 영향을 주는 것으로 나타났다. 2012년 인터넷 중독에 영향을 미치는 요인은 청소년의 경우 도박, 이용시간으로 나타났으며, 인터넷 중독에 양의 영향을 미쳐 도박의 이용 정도가 많을 경우 인터넷 중독에 영향을 주는 것으로 나타났다. 성인의 경우 게임, SNS, 이용시간이 인터넷 중독에 양의 영향을 미쳐 게임, SNS의 이용 정도가 많을 경우 인터넷 중독에 영향을 주는 것으로 나타났다. 반면, 교육은 음(-)의 영향을 주는 것으로 나타나 교육의 이용 정도가 많을 경우 인터넷 중독은 감소하는 것으로 나타났다. 따라서 인터넷 유형에 따라 인터넷 중독 정도가 다르게 나타나기 때문에 청소년과 성인집단별 인터넷 중독에 영향을 미치는 요인에 대한 상담과 치료 프로그램에 우선적으로 예산지원이 필요할 것이다. 청소년의 경우 게임, 도박, SNS 이용으로 인한 인터넷 중독 예방 프로그램의 예산지원이 있어야 하며, 성인의 경우 게임과 SNS 이용으로 인한 인터넷 중독 예방 프로그램의 예산지원이 있어야 할 것으로 본다. 그리고, 인터넷 중독을 감소시키는 요인인 여가와 교육의 이용을 유도하는 프로그램의 예산지원도 필요할 것으로 본다.

셋째, 데이터마이닝 분석 결과 청소년과 성인의 인터넷 중독에 영향을 미치는 위험요인은 도박과 게임으로 나타났다. 즉, 청소년과 성인 모두 인터넷 중독에 도박요인의 위험이 가장 높으나, 도박요인의 위험이 낮더라도 게임요인의 위험이 높으면 인터넷 중독의 위험이 높은 것으로 나타났다. 그리고 청소년의 인터넷 중독 위험이 가장 높은 경우는 '도박요인'의 위험이 낮으면서 '게임요인'의 위험이 높고 '성인물'의 위험이 높고 '온라인거래'의 위험이 낮은 조합으로 나타났다. 성인 인터넷 중독 위험이 가장 높은 경우는 '도박요인'의 위험이 높으면서 '여가요인'의 위험이 높은 조합으로 나타났다. 따라서, 청소년과 성인 모두 인터넷을 통한 도박과 게임의 이용이 많을 경우 중독의 위험이 증가하는 것으로 나타나, 청소년과 성인 모두 도박과 게임의 예방과 치료 프로그램의 도입이 필요할 것으로 본다. 그리고, 일반인들은 도박과 게임의 위험은 적으나 SNS의 이용이 많을 경우 인터넷 중독의 위험이 증가하는 것으로 나타나, 일반인 대상의 SNS 이용을 절제할 수 있는 자기통제 프로그램의 도입이 필요할 것으로 본다.

마지막으로 상대적 효율성 분석결과 2011년의 인터넷 중독 상담센터사업의 상대적 효율성이 1.0인 DMU는 J시도와 A시도로 나타났으며, 2012년에는 A시도, E시도, I시도의 3개

지역으로 나타났다. 그리고 2011년에 비해 2012년의 효율성 측정값이 증가한 것으로(2011년 0.8677~0.4108에서 2012년 0.9463~0.5321로 증가) 나타나, 효율성이 1.0인 DMU가 증가하고, 효율성이 낮은 DMU의 효율성도 증가한 것으로 분석된다. 투입요소의 효율값은 투입인력(2011년: 53.9%→2012년: 82.7%), 예산(2011년: 54.8%→2012년: 82.0%), 목표량(2011년: 55.5%→2012년: 82.2%)이 모두 증가한 것으로 나타났으며, 전체적인 효율성은 2011년 54.7%에서 2012년 82.2%로 증가한 것으로 분석되었다.

　본 연구에서는 인터넷 중독 상담사업을 지원하는 상담센터를 16개의 DMU(16개 시도)로 그룹화하여 효율성을 측정한 것이기 때문에 인터넷 중독 상담센터의 실질적인 효율성을 개선하기 위해서는 상담센터 각각의 DMU의 투입/산출 요소를 측정하여야만 가능하다. 또한 비교집단 DMU의 수가 늘어나면 보다 많은 투입/산출 요소의 측정이 필요하다. 공공부문은 민간부문과는 달리 산출물이 무형이거나 공공재의 성격을 가진 것이 많기 때문에 산출물의 가치를 화폐가치로 환산하기 어려운 것이 일반적이다. 그러므로 공공부문에서는 민간부문과 같은 효율성 또는 성과를 측정하는 데는 많은 어려움이 따른다. 이러한 문제로 그동안 공공부문 사업인 인터넷 중독 상담사업의 실질적인 성과평가는 실적과 질적인 평가지표를 사용하여 주로 측정하여 왔다. 그러나 인터넷 중독 상담사업은 표준화된 체계와 서비스를 제공하고 운영되고 있기 때문에 투입/산출 요소의 양적인 측정과 서비스에 대한 질적인 요소(중독완화율 등)의 측정이 가능할 수 있다. 따라서 인터넷 중독 상담사업 운영기관 간의 경쟁을 유도하고 효율성과 책임성을 확보하기 위해서는 질적인 평가와 더불어 양적인 평가도 충분히 고려되어야 할 것이다.

참고문헌

1. 김용성·김상진·이석원·고길곤·박창균(2013). 재정사업 심청평가 지침. 한국개발연구원.

2. 김우식(2001). DEA 모형을 이용한 단일의사결정단위의 다시점 간 상대적 효율성 측정에 관한 연구. 건국대학교 대학원 경영학과, 박사학위논문.

3. 남영옥·이상준(2005). 청소년 인터넷 중독 유형에 따른 위험요인 및 보호요인과 정신건강 비교연구. 한국사회복지학, **57**(3), 195-222.

4. 미래창조과학부·한국정보화진흥원(2013). 2012년 인터넷 중독실태조사.

5. 이종욱(2007). 재정사업 성과평가 목표와 재정정책 목표의 조화에 관한 연구. 감사원 평가연구원.

6. 조아미(2000). 청소년의 인터넷 이용 및 중독 관련 문제점 및 대책. 청소년정책연구, **2**, 152-179.

7. Breiman, L., Friedman, J. H., Olshen, R. A. & Stone, C. J. (1984). *Classification and Regression Trees*. Wadsworth, Belmont.

8. Heck, R. & Thomas, S. (2009). *An Introduction to Multilevel Modeling Techniques*(2nd ed.). New York, NY: Routledge.

9. Young, K. S. (1996). Internet addition: the emergence of a new clinical disorder. *Cyberpsychol. Behav.*, **1**(3), 237-244.

부록

◆ 표준정규분포표

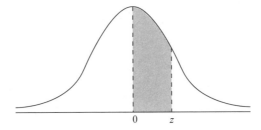

이 표는 $Z=0$에서 Z값까지의 면적을 나타낸다. 예를 들어 $Z=1.25$일 때 0~1.25 사이의 면적은 0.3944이다.

Z	0.00	0.01	0.02	0.03	0.04	0.05	0.06	0.07	0.08	0.09
0.0	0.0000	0.0040	0.0080	0.0120	0.0160	0.0199	0.0239	0.0279	0.0319	0.0359
0.1	0.0398	0.0438	0.0478	0.0517	0.0557	0.0596	0.0636	0.0675	0.0714	0.0753
0.2	0.0793	0.0832	0.0871	0.0910	0.0948	0.0987	0.1026	0.1064	0.1103	0.1141
0.3	0.1179	0.1217	0.1255	0.1293	0.1331	0.1368	0.1406	0.1443	0.1480	0.1517
0.4	0.1554	0.1591	0.1628	0.1664	0.1700	0.1736	0.1772	0.1808	0.1844	0.1879
0.5	0.1915	0.1950	0.1985	0.2019	0.2054	0.2088	0.2123	0.2157	0.2190	0.2224
0.6	0.2257	0.2291	0.2324	0.2357	0.2389	0.2422	0.2454	0.2486	0.2517	0.2549
0.7	0.2580	0.2611	0.2642	0.2673	0.2704	0.2734	0.2764	0.2794	0.2823	0.2852
0.8	0.2881	0.2910	0.2939	0.2967	0.2995	0.3023	0.3051	0.3078	0.3106	0.3133
0.9	0.3159	0.3186	0.3212	0.3238	0.3264	0.3289	0.3315	0.3340	0.3365	0.3389
1.0	0.3413	0.3438	0.3461	0.3485	0.3508	0.3531	0.3554	0.3577	0.3599	0.3621
1.1	0.3643	0.3665	0.3686	0.3708	0.3279	0.3749	0.3770	0.3790	0.3810	0.3830
1.2	0.3849	0.3869	0.3888	0.3907	0.3925	0.3944	0.3962	0.3980	0.3997	0.4015
1.3	0.4032	0.4049	0.4066	0.4082	0.4099	0.4115	0.4131	0.4147	0.4162	0.4177
1.4	0.4192	0.4207	0.4222	0.4236	0.4251	0.4265	0.4279	0.4292	0.4306	0.4319
1.5	0.4332	0.4345	0.4357	0.4370	0.7382	0.4394	0.4406	0.4418	0.4429	0.4441
1.6	0.4452	0.4463	0.4474	0.4484	0.4495	0.4505	0.4515	0.4525	0.4535	0.4545
1.7	0.4554	0.4564	0.4573	0.4582	0.4591	0.4599	0.4608	0.4616	0.4625	0.4633
1.8	0.4641	0.4649	0.4656	0.4664	0.4671	0.4678	0.4686	0.4693	0.4699	0.4706
1.9	0.4713	0.4719	0.4726	0.4732	0.4738	0.4744	0.4750	0.4756	0.4761	0.4767
2.0	0.4772	0.4778	0.4783	0.4788	0.4793	0.4798	0.4803	0.4808	0.4812	0.4817
2.1	0.4821	0.4826	0.4830	0.4834	0.4838	0.4842	0.4846	0.4850	0.4856	0.4857
2.2	0.4861	0.4864	0.4868	0.4871	0.4875	0.4878	0.4881	0.4884	0.4887	0.4890
2.3	0.4893	0.4896	0.4898	0.4901	0.4904	0.4906	0.4909	0.4911	0.4913	0.4916
2.4	0.4918	0.4920	0.4922	0.4925	0.4927	0.4929	0.4931	0.4932	0.4934	0.4936
2.5	0.4938	0.4940	0.4941	0.4943	0.4945	0.4946	0.4948	0.4949	0.4951	0.4952
2.6	0.4953	0.4955	0.4956	0.4957	0.4959	0.4960	0.4961	0.4962	0.4963	0.4964
2.7	0.4965	0.4966	0.4967	0.4968	0.4969	0.4970	0.4971	0.4972	0.4973	0.4974
2.8	0.4974	0.4975	0.4976	0.4977	0.4977	0.4978	0.4979	0.4979	0.4980	0.4981
2.9	0.4981	0.4982	0.4982	0.4983	0.4984	0.4984	0.4985	0.4985	0.4986	0.4986
3.0	0.4987	0.4987	0.4987	0.4988	0.4988	0.4989	0.4989	0.4989	0.4990	0.4990

◆ χ^2 – 분포표

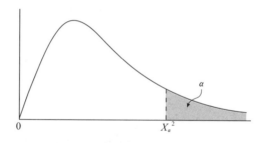

d.f.	$\chi_{0.990}$	$\chi_{0.975}$	$\chi_{0.950}$	$\chi_{0.900}$	$\chi_{0.500}$	$\chi_{0.100}$	$\chi_{0.050}$	$\chi_{0.025}$	$\chi_{0.010}$	$\chi_{0.005}$
1	0.0002	0.0001	0.004	0.02	0.45	2.71	3.84	5.02	6.63	7.88
2	0.02	0.05	0.10	0.21	1.39	4.61	5.99	7.38	9.21	10.60
3	0.11	0.22	0.35	0.58	2.37	6.25	7.81	9.35	11.34	12.84
4	0.30	0.48	0.71	1.06	3.36	7.78	9.49	11.14	13.28	14.86
5	0.55	0.83	1.15	1.61	4.35	9.24	11.07	12.83	15.09	16.75
6	0.87	1.24	1.64	2.20	5.35	10.64	12.59	14.45	16.81	18.55
7	1.24	1.69	2.17	2.83	6.35	12.02	14.07	16.01	18.48	20.28
8	1.65	2.18	2.73	3.49	7.34	13.36	15.51	17.53	20.09	21.95
9	2.09	2.70	3.33	4.17	8.34	14.68	16.92	19.02	21.67	23.59
10	2.56	3.25	3.94	4.87	9.34	15.99	18.31	20.48	23.21	25.19
11	3.05	3.82	4.57	5.58	10.34	17.28	19.68	21.92	24.72	26.76
12	3.57	4.40	5.23	6.30	11.34	18.55	21.03	23.34	26.22	28.30
13	4.11	5.01	5.89	7.04	12.34	19.81	22.36	24.74	27.69	29.82
14	4.66	5.63	6.57	7.79	13.34	21.06	23.68	26.12	29.14	31.32
15	5.23	6.26	7.26	8.55	14.34	22.31	25.00	27.49	30.58	32.80
16	5.81	6.91	7.96	9.31	15.34	23.54	26.30	28.85	32.00	34.27
17	6.41	7.56	8.67	10.09	16.34	24.77	27.59	30.19	33.41	35.72
18	7.01	8.23	9.39	10.86	17.34	25.99	28.87	31.53	34.81	37.16
19	7.63	8.91	10.12	11.65	18.34	27.20	30.14	32.85	36.19	38.58
20	8.26	9.59	10.85	12.44	19.34	28.41	31.14	34.17	37.57	40.00
21	8.90	10.28	11.59	13.24	20.34	29.62	32.67	35.48	38.93	41.40
22	9.54	10.98	12.34	14.04	21.34	30.81	33.92	36.78	40.29	42.80
23	10.20	11.69	13.09	14.85	22.34	32.01	35.17	38.08	41.64	44.18
24	10.86	12.40	13.85	15.66	23.34	33.20	36.74	39.36	42.98	45.56
25	11.52	13.12	14.61	16.47	24.34	34.38	37.92	40.65	44.31	46.93
26	12.20	13.84	15.38	17.29	25.34	35.56	38.89	41.92	45.64	48.29
27	12.83	14.57	16.15	18.11	26.34	36.74	40.11	43.19	46.96	49.64
28	13.56	15.31	16.93	18.94	27.34	37.92	41.34	44.46	48.28	50.99
29	14.26	16.05	17.71	19.77	28.34	39.09	42.56	45.72	49.59	52.34
30	14.95	16.79	18.49	20.60	29.34	40.26	43.77	46.98	50.89	53.67
40	22.16	24.43	26.51	29.05	39.34	51.81	55.76	59.34	63.69	66.77
50	29.71	32.36	34.76	37.69	49.33	63.17	67.50	71.42	76.15	79.49
60	37.48	40.48	43.19	46.46	59.33	74.40	79.08	83.30	88.38	91.95
70	45.44	48.76	51.74	55.33	69.33	85.53	90.53	95.02	100.43	104.21
80	53.54	57.15	60.39	64.28	79.33	96.58	101.88	106.63	112.33	116.32
90	61.75	65.65	69.13	73.29	89.33	107.57	113.15	118.14	124.12	128.30
100	70.06	74.22	77.93	82.36	99.33	118.50	124.34	129.56	135.81	140.17

IBM SPSS Statistics

Package 구성

Premium

IBM SPSS Statistics를 이용하여 할 수 있는 모든 분석을 지원하고 Amos가 포함된 패키지입니다. 데이터 준비부터 분석, 전개까지 분석의 전 과정을 수행할 수 있으며 기초통계분석에서 고급분석으로 심층적이고 정교화된 분석을 수행할 수 있습니다.

Professional

Standard의 기능과 더불어 예측분석과 관련한 고급통계분석을 지원합니다. 또한 시계열 분석과 의사결정나무모형분석을 통하여 예측과 분류의 의사 결정에 필요한 정보를 위한 분석을 지원합니다.

Standard

SPSS Statistics의 기본 패키지로 기술통계, T-Test, ANOVA, 요인분석 등 기본적인 통계분석 외에 고급회귀분석과 다변량분석, 고급 선형모형분석 등 필수통계분석을 지원합니다.

소프트웨어 구매 문의

㈜데이타솔루션 소프트웨어사업부

대표전화:02.3467.7200   이메일:sales@datasolution.kr
홈페이지:http://www.datasolution.kr

데이타솔루션
Formerly SPSS Korea